高等学校教材 17

运筹学概论

INTRODUCTION TO OPERATIONS RESEARCH

吴振奎　钱智华　于亚秀　编著

哈爾濱工業大學出版社
HARBIN INSTITUTE OF TECHNOLOGY PRESS

内 容 提 要

本书共12章.本书选材上力求详略得当,知识内容力求新颖,方法技巧多样,且适当介绍了一些重要的数学思想.本书力求科学系统严谨,讲解方法由浅入深,注重对读者的启发性.

本书适合作为相关专业数学教材和参考书使用.

图书在版编目(CIP)数据

运筹学概论/吴振奎,钱智华,于亚秀编著.—哈尔滨:哈尔滨工业大学出版社,2015.2

ISBN 978-7-5603-5096-7

Ⅰ.①运… Ⅱ.①吴…②钱…③于… Ⅲ.①运筹学－高等学校－教材 Ⅳ.①O22

中国版本图书馆CIP数据核字(2014)第302535号

策划编辑 刘培杰 张永芹
责任编辑 张永芹 王勇钢
封面设计 孙茵艾
出版发行 哈尔滨工业大学出版社
社　　址 哈尔滨市南岗区复华四道街10号 邮编150006
传　　真 0451－86414749
网　　址 http://hitpress.hit.edu.cn
印　　刷 哈尔滨工业大学印刷厂
开　　本 787mm×960mm 1/16 印张28 字数526千字
版　　次 2015年2月第1版 2015年2月第1次印刷
书　　号 ISBN 978－7－5603－5096－7
定　　价 48.00元

前　言

运筹学是20世纪30年代末期诞生并逐步发展起来的一门应用性学科，它是根据实际问题，利用科学的方法特别是数学的方法，通过建立数学模型以及求解模型，对复杂系统、组织的内部行为结构等进行定量分析，并为系统结构的优化设计或组织行为的管理决策等提供依据的科学. 如今，运筹学已广泛地应用于科学技术、政治、经济、军事、国防等诸多领域. 运筹学也成为高校的一门主干课程，它所涉及的专业主要有应用数学、工商管理、工程管理、交通管理、物流工程、邮电通信、市场营销、系统工程、微机会计、电子信息、电脑网络、管理信息、工业经济、技术经济以及其他许多工程技术专业. 然而对大多数非应用数学专业而言，囿于学时及数学基础限制，必须撰写一本适合他们的运筹学教材.

人类进入21世纪后，随着社会经济的迅速发展，科学技术的进步创新，运筹学同样在不断地发展，新的分支以及新的方法日益涌现，其应用也更深、更广、更宽. 随着高校众多专业增设运筹学课程，运筹学已经且必将成为各类人群成才所必需的一门学问.

本书编写时始终秉承以下原则：

1. 选材力求详略得当. 从整体上讲，线性规划部分较详，其他内容较略；方法讲述较详，理论证明较略.

2. 知识内容力求新颖. 由于本课程系新兴学科，不少内容、方法在不断改进和完善，我们力求将其写入，以开阔读者视野.

3. 方法技巧注意多样（意让读者从中比较优劣），且适当介绍了一些重要的数学思想.

4. 科学系统力求严谨，讲解方法由浅入深，注重对读者的启发性.

5. 文字叙述尽量简洁.

如前所述，由于本教程重在应用，因而对书中某些方法原理未能一一严格证明，但这不会影响方法的使用.

诚然，要在这样一个篇幅里，包罗这样多分支内容，对笔者而言确是一件难事.

因而，内容取舍，方法介绍，无不留下笔者喜恶的痕迹．当否？只有敬请读者去品鉴了．

本书在编写过程中，参考了大量的文献，且引用了其中的一些例子和叙述，在此对原作者深表谢意．还要谢谢钱智华、于亚秀后生才俊对于本书的贡献．此外，书稿中融入了我们的某些工作与成果，这也是本书的一个特点．

一本好教材的形成，要经多次使用和反复修改（这是一个复杂和漫长的过程），即便如此它仍不能算是至臻至美——因为知识在不断更新，方法在不断改进．在这里我们殷切期望广大读者及同行专家们的批评指正．

作　者

2014 年 1 月

本书内容结构

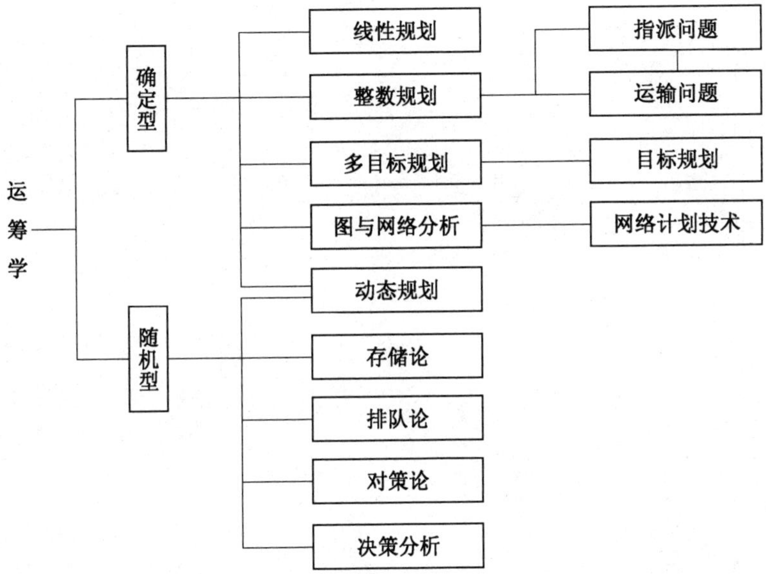
运筹学
确定型
随机型
线性规划
整数规划
多目标规划
图与网络分析
动态规划
存储论
排队论
对策论
决策分析
指派问题
运输问题
目标规划
网络计划技术

本书常用的数学符号、缩写及某些常数

常用的数学符号

$\boldsymbol{A},\boldsymbol{B},\boldsymbol{C},\cdots$	表示矩阵，如 $\boldsymbol{A}=(a_{ij})_{m\times n}$
$\boldsymbol{x},\boldsymbol{y},\boldsymbol{z},\cdots$	表示向量，如 $\boldsymbol{x}=(x_1,x_2,\cdots,x_n)$
$x,y,z,\cdots$	表示变元
$a,b,\alpha,\beta,\cdots$	表示数量
$\lceil x \rceil$	不小于 x 的最小整数（x 的顶，又称上取整）
$\lfloor x \rfloor$	不大于 x 的最大整数（x 的底，又称下取整）
$\{\boldsymbol{x} \mid p(\boldsymbol{x})\}$	表示具有 $p(\boldsymbol{x})$ 性质的元素 $\boldsymbol{x}$ 的集合
$\boldsymbol{I}$	表示单位矩阵
$\boldsymbol{A}^{\mathrm{T}}$	表示矩阵 $\boldsymbol{A}$ 的转置
rank $\boldsymbol{A}$	表示矩阵 $\boldsymbol{A}$ 的秩，简记 $\mathrm{r}(\boldsymbol{A})$ 表示矩阵 $\boldsymbol{A}$ 的迹
$Tr(\boldsymbol{A})$	表示矩阵 $\boldsymbol{A}$ 的迹
dim D	表示空间 D 的维数
$\boldsymbol{e}_i$	表示 $(0,0,\cdots,0,\underset{\text{第}i\text{个}}{1},0,\cdots,0)$
$\vee$	表示关系 $\geqslant,\leqslant,>,<,=$ 之一
$\gg(\ll)$	表示远大（小）于
$\alpha=O(\beta)$	表示 α 与 β 同阶，即 $\left\lvert\frac{\alpha}{\beta}\right\rvert\to M$（常数）
$\alpha=o(\beta)$	表示 $\frac{\alpha}{\beta}\to 0$
$\alpha\sim\beta$	表示 $\frac{\alpha}{\beta}\to 1$

数学名词记号

O. R.	运筹学	MP	数学规划

LP	线性规划	NLP	非线性规划
ILP	整数线性规划	LGP	多目标线性规划
AHP	层次分析法	MOP	多目标问题
PERT	计划评审方法	A/B/C/D/E/F	排队论 Kendall 记号
V	表示目标	s. t.	表示约束
mod p	表示与模 p 同余	max	表示极(最)大
$\Leftrightarrow$	表示充分必要	min	表示极(最)小
$\succ$	表示优于	opt	表示最优
$d^{\pm}$	表示偏差	parero	解　非劣解

几种重要常数

$e \approx 2.718\ 281\ 828\cdots$

$\pi \approx 3.141\ 592\ 654\cdots$

$\gamma \approx 0.577\ 215\ 664\ 9\cdots$ （欧拉常数：$\sum_{k=1}^{n} \frac{1}{k} - \ln n \xrightarrow{n \to \infty} \gamma$）

$\tau = \frac{1}{2}(\sqrt{5} - 1) \approx 0.618\ 033\ 988\cdots$ （黄金数）

两个常用公式

$$n! \approx \sqrt{2n\pi}\left(\frac{n}{e}\right)^n\left(1 + \frac{1}{12n}\right)$$

Fibonacci 数列通项：$F_n = \frac{1}{\sqrt{5}}(\varphi_1^n - \varphi_2^n)$，其中 $\varphi_1 = \frac{1+\sqrt{5}}{2}$，$\varphi_2 = \frac{1-\sqrt{5}}{2}$

目　　录

绪　论

运筹学是一门新兴的应用科学，它是利用科学方法，特别是数学方法，在建立模型的基础上，解决有关人力、物资、货币等复杂系统的运行、组织、管理等方面所出现的问题，并力求优化的学科.

运筹学一词的英文"operations research"（简记 O.R.）原意为"作战研究"，它是 1938 年英国空军为了研究诸如雷达和新型作战飞机等而建立的组织名称. 在第二次世界大战期间盟军中同类组织不断增加和扩大，其所建立起来的方法在第二次世界大战后被转移到民用事业中去，从而 O.R. 一词的含义不再局限于军事方面.

"运筹"的中文译名取自《史记 · 高祖本纪》里"运筹帷幄之中，决胜千里之外"中的两字（运筹系运算算筹之意，算筹是我国古代计算工具，此处意思已引申），它恰当地反映了这门学科的性质和内涵.

1976 年美国运筹学会定义"运筹学是研究用科学方法来决定在资源不充分的情况下如何最好地设计人－机系统，且使之最好地运行的一门学科".

1978 年联邦德国科学辞典上定义"运筹学是人事决策模型的数学解法的一门学科."

英国运筹学杂志认为"运筹学是运用科学方法（特别是数学方法）来解决那些在工业、商业、国防等部门中有关人力、机器、物资、金钱等大型系统的指挥和管理方面出现的问题，其目的是帮助管理者科学地决定其策略和行动".

简而言之，运筹学是一门可以使办事情变得多、快、好、省的应用科学.

运筹学是一门内容丰富、应用广泛、发展迅速的新兴（应用数学）学科，它通常包含的一些分支和内容如图 1.

运筹学处理各类问题的方法步骤为：

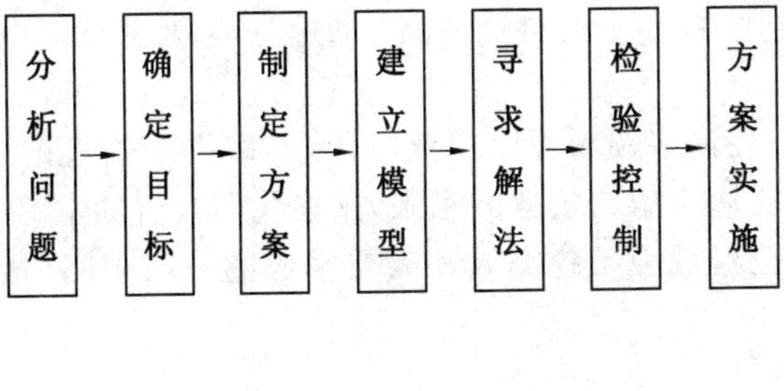

- 运筹学
  - 数学规划
    - 线性规划
    - 整数规划　0-1 规划——指派问题
    - 非线性规划*
    - 组合规划（组合最优化）*
    - 随机规划*
    - 多目标规划
    - 参数规划*
    - 动态规划
    - 几何规划*
  - 图与网络分析——网络计划技术
  - 库存（存贮）论
  - 排队论
  - 对策论
  - 决策分析
  - 可靠性理论*
  - 系统模拟方法*

（这里带“*”号者系本书未涉及的内容）

图 1

为了运筹学的研究和发展，同其他自然科学一样，各国运筹学工作者相继建立了自己的学会组织.

第一个运筹学会于 1952 年在美国成立，尔后不少国家陆续成立了运筹学会.

1959 年成立国际运筹学会联盟，到 1986 年为止已有 35 个会员国和 6 个兄弟学会. 其会刊为《运筹国际文摘》.

第一份运筹学杂志创刊于 1950 年的英国.

1980 年中国数学会运筹学会成立，1982 年我国加入国际运筹学会联盟，同年《运筹学杂志》（如今已改为《运筹学学报》）在我国上海创刊.

此外，1992 年《运筹与管理》杂志在合肥工业大学系统工程研究所问世.

运筹学在 20 世纪 40 年代以后得到迅速发展，其原因：(1) 大规模的新兴工业崛起；(2) 产品更新换代（特别是高科技产品）加速；(3) 大型高速电子计算机的出现及普遍应用.

如今，运筹学已在诸多领域得以广泛应用，且取得了灼人的成果，它有着无限广阔的发展前景和充满希望与机遇的未来，这在我们今后的学习中将会看到.

运筹学必将且已经成为了各类人才需要掌握的一门学问，这一点也已为实践所验证.

第 1 章　线性规划及单纯形法

1.1　线性规划及其几何解法

1. 数学规划

数学规划是应用数学的一个重要分支，主要研究如何有效地利用有限资源，合理分配生产任务或选择最佳生产布置及恰当安排调运方案等，以获得最佳经济效益的问题. 用数学语言描述：它是研究在给定的约束条件下，求所得目标函数的极(最) 大(max) 或极(最) 小(min) 值，故有时亦称此类问题为最优化问题.

一个极(最) 大(或极(最) 小) 化的数学模型可表为

$$\text{(MP)}\quad \begin{aligned} &\text{V: } \max(\text{或 } \min) f(\boldsymbol{x}) \\ &\text{s.t.}\quad g_i(\boldsymbol{x}) \vee 0 \quad (i=1,2,\cdots,m) \end{aligned}$$

$$\vee \text{ 表示 } <, >, = \text{或} \leqslant, \geqslant \text{之一}$$

或记为

$$\max(\text{或 } \min)\{f(\boldsymbol{x}) \mid g_i(\boldsymbol{x}) \vee 0, i=1,2,\cdots,m\}$$

其中，$f(\boldsymbol{x})$，$g_i(\boldsymbol{x})$ 是 n 元实函数，且 $\boldsymbol{x}=(x_1,x_2,\cdots,x_n)$. $f(\boldsymbol{x})$ 称为目标函数(简记为 V)，$g_i(\boldsymbol{x}) \vee 0$，称为约束条件(简记为 s.t.).

目标函数亦称评价函数. 一般它是 n 元单值函数.

约束条件是指在数学规划中变量必须满足的条件. 其中用等式表示的条件称为等式约束，用不等式表示的条件称为不等式约束.

有些规划问题没有约束，常称其为无约束最优化问题；而有约束则称为有约束最优化问题. 这样数学规划问题可分为：

$$\text{数学规划问题(最优化问题)}\begin{cases}\text{有约束最优化问题}\\ \text{无约束最优化问题}\end{cases}$$

可行域　指模型(MP) 中满足所有约束条件的解(称其为可行解) 所形成的集合，记为 $G=\{\boldsymbol{x} \mid g_i(\boldsymbol{x}) \vee 0, i=1,2,\cdots,m\}$.

比如 $\boldsymbol{x} \in \mathbf{R}^2$，$m=3$ 时的 G 图形如图 1.1.1 所示.

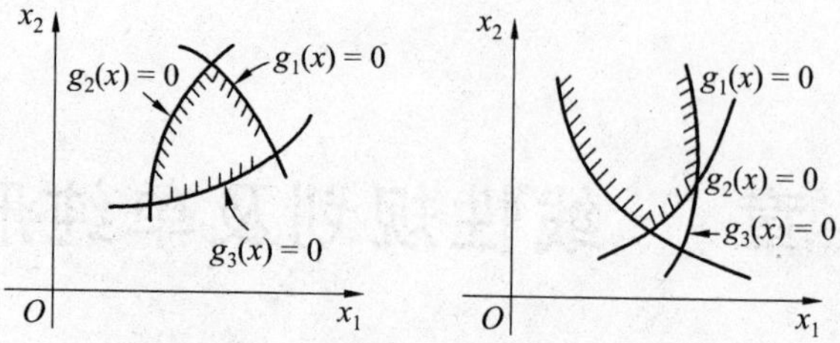

图 1.1.1

模型(MP)的可行域可以是有界的,也可以是无界的.

最优解 模型(MP)中满足所有约束条件且使目标函数取得极大(或极小)的点 $\boldsymbol{x}^*$,称为最优点,而称 $f(\boldsymbol{x}^*)$ 为最优值,称$\{\boldsymbol{x}^*, f(\boldsymbol{x}^*)\}$为最优解.有时也简称 $\boldsymbol{x}^*$ 为最优解.

2. 线性规划问题实例

在有约束最优化问题中,有一类重要的模型即线性规划问题.它的历史可追溯到 20 世纪 30 年代,苏联学者 Л. В. Канторович 发表的《生产组织与计划的数学方法》一书所论及的问题,首次向人们提出了线性规划模型.

1947 年,美国学者 G. B. Dantzig 提出了解决线性规划问题的方法 —— 单纯形法,这为该问题的研究、发展奠定了坚实的理论基础.

有人曾做过调查:世界 500 强企业中有 85% 以上曾使用线性规划进行经营管理,而使它们获得数以万亿计的财富.全世界计算机进行的数值计算大部分用于线性规划的求解上.

20 世纪后叶,全球范围兴起的数学建模活动,因其中绝大多数为线性规划模型,这也使得线性规划更加为世人瞩目.

下面我们先来看几个属于该问题的简单例子.

例 1.1.1(利润问题) 某工厂生产 n 种产品,每种产品均需要 m 道工序(具体数据见表 1.1.1),且:

(1) 第 j 种单位产品在第 i 道工序上所需工时为 a_{ij};

(2) 第 j 种单位产品利润为 c_j;

(3) 由于设备限制每月第 i 道工序最多可提供 b_i 工时.

试问:如何安排生产,可使工厂每月所获利润最高?

表 1.1.1

工时 / 产品 / 序号	1	2	…	n	每月最多工时
1	a_{11}	a_{12}	…	a_{1n}	b_1
1	a_{21}	a_{22}	…	a_{2n}	b_2
⋮	⋮	⋮		⋮	⋮
m	a_{m1}	a_{m2}	…	a_{mn}	b_m
单位产品利润	c_1	c_2	…	c_n	

解　设 x_j 表示第 $j(1\leqslant j\leqslant n)$ 种产品月产量，z 为总利润，依题意可建立模型

$$\mathrm{V}:\max z=\sum_{j=1}^{n}c_jx_j \quad (\text{目标函数})$$

$$\text{s.t.}\begin{cases}\sum_{j=1}^{n}a_{ij}x_j\leqslant b_i & (j=1,2,\cdots,n) \quad (\text{工时约束})\\ x_j\geqslant 0 & (j=1,2,\cdots,n) \quad (\text{符号约束})\end{cases}$$

具体地，若 $\boldsymbol{c}=(2,3)$，$\boldsymbol{A}=\begin{pmatrix}2&2\\1&2\\4&0\\0&4\end{pmatrix}$，$\boldsymbol{b}=\begin{pmatrix}12\\8\\16\\12\end{pmatrix}$，则问题化为

$$\mathrm{V}:\max z=2x_1+3x_2$$

$$(*)\qquad \text{s.t.}\begin{cases}2x_1+2x_2\leqslant 12 & ①\\ x_1+2x_2\leqslant 8 & ②\\ 4x_1\leqslant 16 & ③\\ 4x_2\leqslant 12 & ④\\ x_1\sim x_2\geqslant 0 & ⑤\end{cases}$$

稍后，我们将介绍该问题的解法.

例 1.1.2(饮食问题)　某人欲从 n 种食品中(每种食品含有 m 种营养成分)选择在保证满足最低必需营养需要的前提下，使其花费最少的食品. 假设 a_{ij} 为第 j 种食品所含第 i 种营养成分的数量，b_i 为每天对第 i 种营养的最低需要，c_j 为第 j 种食品单价；又设 x_j 为选购第 j 种食品的数量，其中 $1\leqslant j\leqslant n$，$1\leqslant i\leqslant m$. 这样可建立数学模型

$$V: \min z=\sum_{j=1}^{n} c_j x_j$$

$$\text{s.t.}\begin{cases}\sum_{j=1}^{n} a_{ij} x_j \geqslant b_i & (i=1,2,\cdots,m)\\ x_j \geqslant 0 & (j=1,2,\cdots,n)\end{cases}$$

例 1.1.3(配套率问题) 某车间用机床 $A_1,A_2,\cdots,A_m$ 生产零件 $B_1,B_2,\cdots,B_n$,各零件配套比例(即所占百分比)为 $p_1,p_2,\cdots,p_n$.又机床 A_i 生产零件 B_j 的效率(每日生产零件数)为 c_{ij},问应如何安排生产可使成套零件数目达到最多?

解 设 x_{ij} 为机床 A_i 用于生产零件 B_j 的时间(单位:日),依题设则有数学模型

$$V: \max z=\sum_{j=1}^{n}\sum_{i=1}^{m}\frac{1}{p_j} c_{ij} x_{ij}$$

$$\text{s.t.}\begin{cases}\sum_{j=1}^{n} x_{ij}=1 \quad (1\leqslant i\leqslant m) \quad (A_i\text{ 每天生产时间和为 }1)\\ \frac{1}{p_1}\sum_{i=1}^{m} c_{i1}x_{i1}=\frac{1}{p_2}\sum_{i=1}^{m} c_{i2}x_{i2}=\cdots=\frac{1}{p_n}\sum_{i=1}^{m} c_{in}x_{in} \quad (\text{各零件配套要求})\\ x_{ij}\geqslant 0 \quad (1\leqslant i\leqslant m, 1\leqslant j\leqslant n)\end{cases}$$

3. 线性规划问题的数学模型

线性规划 我们把这类目标函数和约束条件都是线性的数学规划叫做线性规划,简记 LP(Linear Programming 的缩写).

(1)LP **问题的一般数学模型**.这类问题的一般模型为

$$V: \max(\text{或 }\min)\sum_{j=1}^{n} c_j x_j \qquad (\text{目标函数})$$

$$(\text{LP})\quad \text{s.t.}\begin{cases}\sum_{j=1}^{n} a_{ij}x_j \vee b_i & (i=1,2,\cdots,m) & (\text{系统约束})\\ x_j \vee 0 & (j=1,2,\cdots,n) & (\text{符号约束})\end{cases}$$

$\vee$ 表示 $<,\leqslant,=,\geqslant,>$ 之一

若用向量、矩阵记号可记为

$$V: \max(\text{或 }\min)\ \boldsymbol{cx} \qquad (\text{目标函数})$$

$$\text{s.t.}\begin{cases}\boldsymbol{Ax}\vee \boldsymbol{b} & (\text{系统约束})\\ \boldsymbol{x}\vee \boldsymbol{0} & (\text{符号约束})\end{cases}$$

其中，$\boldsymbol{c}=(c_1,c_2,\cdots,c_n)$，$\boldsymbol{x}=(x_1,x_2,\cdots,x_n)^{\mathrm{T}}$，$\boldsymbol{A}=(a_{ij})_{m\times n}$，$\boldsymbol{b}=(b_1,b_2,\cdots,b_m)^{\mathrm{T}}$. 且 $\vee$ 表示 $\leqslant, \geqslant, =, >, <$ 之一.

人们常称 $\boldsymbol{x}$ 为决策变元(或称系统变元)，$\boldsymbol{c}$ 为价格(值) 系数，a_{ij} 为技术系数，$\boldsymbol{b}$ 为资源限度(或称资源限制、资源系数)，具体情况见以上例题. 此外，这里记号 $\boldsymbol{x}\geqslant\boldsymbol{0}$ 指向量 $\boldsymbol{x}$ 的所有分量皆不小于($\geqslant$)0.

为了简便起见，上述模型我们有时也简记为集合形式

$$\max(\text{或 }\min)\{\boldsymbol{cx}\mid \boldsymbol{Ax}\vee\boldsymbol{b},\boldsymbol{x}\vee\boldsymbol{0}\}$$

(2) **用于单纯形法的 LP 问题的标准形.** 为了处理和研究方便起见，需对 LP 模型进行规范，这就是 LP 问题的标准形，它是为研究单纯形法而设定的，并且一般线性规划模型皆可转化为该标准形，这种模型是这样的

$$\mathrm{V}:\max\ z=\boldsymbol{cx}$$

$$\text{s. t.}\begin{cases}\boldsymbol{Ax}=\boldsymbol{b}\\ \boldsymbol{x}\geqslant\boldsymbol{0}\end{cases}$$

有时也简记为

$$\max\{\boldsymbol{cx}\mid\boldsymbol{Ax}=\boldsymbol{b},\boldsymbol{x}\geqslant\boldsymbol{0}\}$$

注意这里要求：

(i) 目标函数一定是求极大.

它可通过 $\max(-z)$ 将 $\min z$ 转化(注意求得最优值后，请务必变回原来的符号).

又目标由最小(min) 变成最大(max) 的另一种方法是取倒数，即化为 $\max\left(\dfrac{1}{z}\right)$，但这样一来目标已不再是线性表达式，故不妥.

(ii) 资源系数 $\boldsymbol{b}\geqslant\boldsymbol{0}$.

(iii) 系统约束均为等式.

对于 $\sum\limits_{j=1}^{n}a_{ij}x_j\leqslant b_i$，可通过“+” 松弛变元(亦称剩余变元)$x_{n+k}$ 化为

$$\sum_{j=1}^{n}a_{ij}x_j+x_{n+k}=b_i$$

对于 $\sum\limits_{j=1}^{n}a_{ij}x_j\geqslant b_i$，可通过“—” 松弛变元 x_{n+k} 化为

$$\sum_{j=1}^{n}a_{ij}x_j-x_{n+k}=b_i$$

(iv) 变元约束一律为非负.

对于某个变元要求非正或小于0,比如 $x_k \leqslant 0$,则可令 $x'_k = -x_k$,则 $x'_k \geqslant 0$.

对于 $x_j \geqslant l_j$ 的约束,可令 $y_j = x_j - l_j$;对于 $x_j \leqslant l_j$ 的约束,可令 $y_j = l_j - x_j$,则此时 $y_j \geqslant 0$.

对于 $\lambda \leqslant x_k \leqslant \mu$ 的不等式约束,可化为两个约束:$x_k \leqslant \mu$ 和 $x_k \geqslant \lambda$.

对于 x_j 为自由变量者,可令 $x_j = x'_j - x''_j$,其中 $x'_j, x''_j \geqslant 0$. 或直接由 $0 \leqslant x_k - \lambda \leqslant \mu - \lambda$,令 $y_k = x_k - \lambda$,化为 $0 \leqslant y_k \leqslant \mu - \lambda$. 不等式右半部分化归系统约束.

有些情况我们会遇到全部变元有界的 LP 问题(这类问题通常记为 BP 问题),它的数学模型是

$$\mathrm{V}: \min z = \boldsymbol{cx}$$

$$\text{s.t.} \begin{cases} \boldsymbol{Ax} = \boldsymbol{b} & ① \\ \boldsymbol{r} \leqslant \boldsymbol{x} \leqslant \boldsymbol{s} & ② \end{cases}$$

此类模型可通过线性变换将约束 ② 下界变为 $\mathbf{0}$,而化为一般 LP 问题.

若令 $\boldsymbol{x} = \tilde{\boldsymbol{x}} + \boldsymbol{r}$,则 $\mathbf{0} \leqslant \tilde{\boldsymbol{x}} \leqslant \boldsymbol{s} - \boldsymbol{r}$ 问题化为

$$\mathrm{V}: \min \tilde{z} = \boldsymbol{c}(\tilde{\boldsymbol{x}} + \boldsymbol{r})$$

$$\text{s.t.} \begin{cases} \boldsymbol{A}\tilde{\boldsymbol{x}} = \boldsymbol{b} - \boldsymbol{Ar} \\ \tilde{\boldsymbol{x}} \leqslant \boldsymbol{s} - \boldsymbol{r} \\ \tilde{\boldsymbol{x}} \geqslant \mathbf{0} \end{cases}$$

经过这样的变换,势必会增加变元个数或约束个数,它给计算带来了一些困难. 为此人们引入了有界变元单纯形法,从而可避免上述现象的出现.

显然上述的假定均是可行的. 换言之,无论何种 LP 问题皆可化为上面的标准形. 下面举例来说明.

例 1.1.4 将下面 LP 化为标准形

$$\mathrm{V}: \min z = 2x_1 - x_2 + x_3$$

$$\text{s.t.} \begin{cases} x_1 + 3x_2 - x_3 \leqslant 20 & ① \\ -2x_1 + x_2 - x_3 \geqslant -12 & ② \\ x_1 - 4x_2 - 4x_3 \geqslant 2 & ③ \\ x_1, x_2 \geqslant 0, x_3 \text{ 为自由变量} \end{cases}$$

解 先将目标极大化;再将约束 ② 两边同乘"—"号实现 $\boldsymbol{b} \geqslant \mathbf{0}$;其次设 $x = x'_3 - x''_3$ 以使 $x'_3 \geqslant 0, x''_3 \geqslant 0$;最后加减松弛变量. 即

$$\mathrm{V}: \max z' = -2x_1 + x_2 - x'_3 + x''_3$$

$$\text{s.t.}\begin{cases}x_1+3x_2-x_3'+x_3''+x_4=20\\2x_1-x_2+x_3'-x_3''+x_5=12\\x_1-4x_2-4x_3'+4x_3''-x_6=2\\x_i\geqslant 0(i=1,2,4,5,6),x_3',x_3''\geqslant 0\end{cases}$$

由此可以看出，将 LP 问题化为标准形的步骤为：

(1) 规范目标函数(使之极大化)；

(2) 使约束不等式或等式右端 $\boldsymbol{b}\geqslant\mathbf{0}$；

(3) 变系统约束为等式(即加减松弛变元)；

(4) 规范变元非负.

1.2　LP 问题的几何解法

对于变元个数不大于 3 的 LP 问题可用几何方法去解. 因为其可行域能在平面或三维坐标系中描画出，故较容易观察最优点位置. 然后再由联立方程组解出最优点坐标. 以例 1.1.1 为例，具体步骤是：

(1) 建立直角坐标系，画出系统约束中 ① ～ ③ 为等式时的直线.

(2) 依据约束不等号方向，确定不等式 ① ～ ③ 的范围，结合 ④ 找出其公共部分(如图 1.2.1 中阴影所示的凸多边形)，即为可行域 G(可行域详细定义见后文).

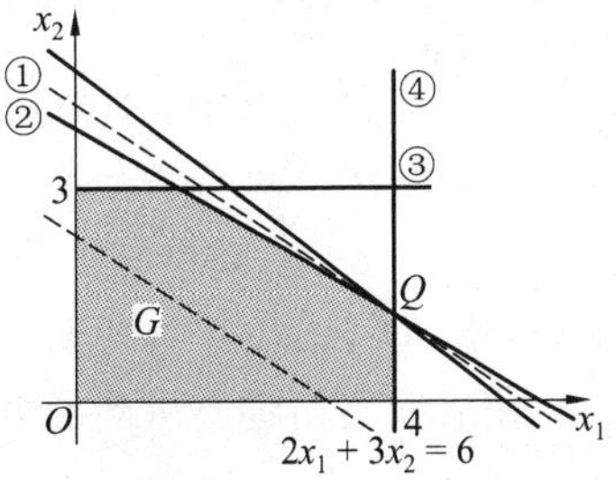

图 1.2.1

(3) 令 $2x_1+3x_2=k$，绘出等值线(因为该线上所有点的坐标值代入目标函数时，值皆相等且均为 k). 如图 1.2.1，令 $2x_1+3x_2=6$(注意到 6 是 2,3 的最小公倍数)，所绘虚线即是其图像.

(4) 显然，$2x_1+3x_2=k$ 均是与 $2x_1+3x_2=6$ 平行的直线族，且沿右上方移动时 k 值变大(即目标函数值变大)，直线平移至将与 G 相离，即与凸多边形相切时，则切点(等值线即将离开阴影区的点)为代表最优解的点(即图中点 Q).

Q 坐标或由求直线 ①,②(或 ①,③，或 ②,③) 交点求得

$$\begin{cases}2x_1+2x_2=12\\x_1+2x_2=8\end{cases}$$

解得 $\boldsymbol{x}^*=(4,2)$ 且 $z^*=16$.

应该强调的是，图解法只是给出解的大致位置，而真正的最终求解过程，仍是依据解相应线性方程组的方法实现的.

下面看两个三维的例子.

例 1.2.1 求解 LP 问题

$$\text{V}: \max z = 3x_1 - 6x_2 + 2x_3$$

$$\text{s.t.}\begin{cases} 3x_1 + 3x_2 + 2x_3 \leqslant 6 & ① \\ x_1 + 4x_2 + 8x_3 \leqslant 8 & ② \\ x_1, x_2, x_3 \geqslant 0 & ③ \end{cases}$$

解 在空间坐标系中画出式①，②取等号时所代表的平面，再结合式①，②，③找出可行域(图 1.2.2 所示四棱锥体).

依法线方向 $\boldsymbol{c}=(3,-6,2)$ 画出目标函数等值面.

容易看出，等值面与法线方向垂直变化时，其面上的函数(目标)值处在变化中，当其与锥体 $N-RMOP$ 切于 M 时，值最大.

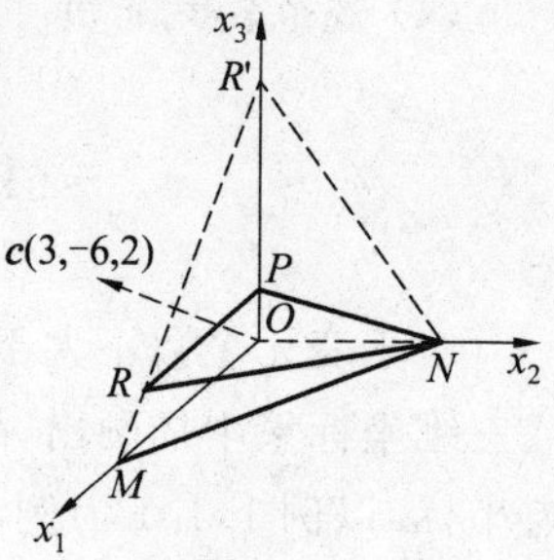

图 1.2.2

而点 M 坐标由

$$\begin{cases} 3x_1 + 3x_2 + 2x_3 = 6 \\ x_2 = 0 \\ x_3 = 0 \end{cases}$$

求得，即 M 为 $(2,0,0)$，则 $\boldsymbol{x}^* = (2,0,0)$，$z^* = 6$.

用后面我们将要讲到的方法(单纯形法)和理论去考虑，可知，这个问题有无穷多解，比如 $\left(\frac{16}{11}, 0, \frac{9}{11}\right)$ 亦为其最优解.

当然有些多解问题亦可从图中直观得到，这需稍稍留心.

例 1.2.2 求解 LP 问题

$$\text{V}: \max z = 10x_1 + 5x_2 + 5x_3$$

$$\text{s.t.}\begin{cases} 3x_1 + 4x_2 + 9x_3 \leqslant 9 & ① \\ 5x_1 + 2x_2 + x_3 \leqslant 8 & ② \\ x_1, x_2, x_3 \geqslant 0 & ③ \end{cases}$$

解 如图 1.2.3 所示，当式①，②取等式时，作出相应的平面，得该问题的可行域为一个三棱台内部.

我们可求得点 A,B 的坐标分别为 $\left(\frac{3}{2},0,\frac{1}{2}\right),\left(1,\frac{3}{2},0\right)$. 它们的连线在等高面

$$10x_1+5x_2+5x_3=k$$

上，知 A,B 坐标的线性组合

$$\boldsymbol{x}=\alpha\left(\frac{3}{2},0,\frac{1}{2}\right)+(1-\alpha)\left(1,\frac{3}{2},0\right),\alpha\in[0,1]$$

均为该问题最优解.

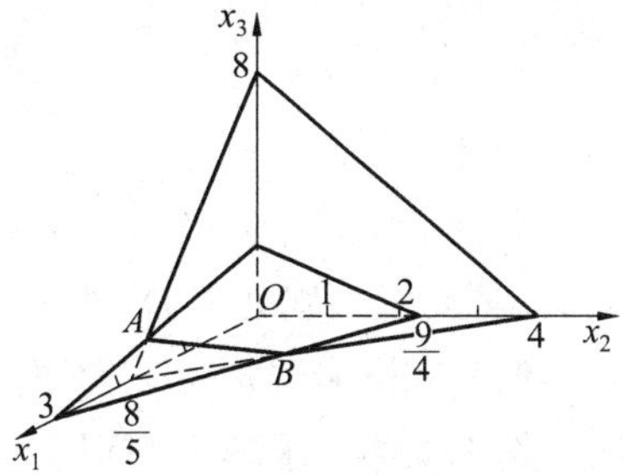

图 1.2.3

例 1.2.3　求解 LP 问题

$$\text{V}: \max\ z=x_1+3x_2+3x_3$$

$$\text{s.t.}\begin{cases}x_2+x_3\leqslant 3\\x_1-x_2\geqslant 0\\3x_1+x_2\leqslant 15\\x_2\geqslant 1\\x_i\geqslant 0, i=1,2,3\end{cases}$$

解　仿前例如图 1.2.4 所示，求得问题可行域为一三棱柱 $SMN\text{-}RQP$，画出等值面法向量 $\boldsymbol{c}=(1,3,3)$.

分析等值面的变动，求得最优点 M 的坐标 $\boldsymbol{x}^*=\left(\frac{14}{3},1,2\right)$，且最优值 $z^*=13\frac{2}{3}$.

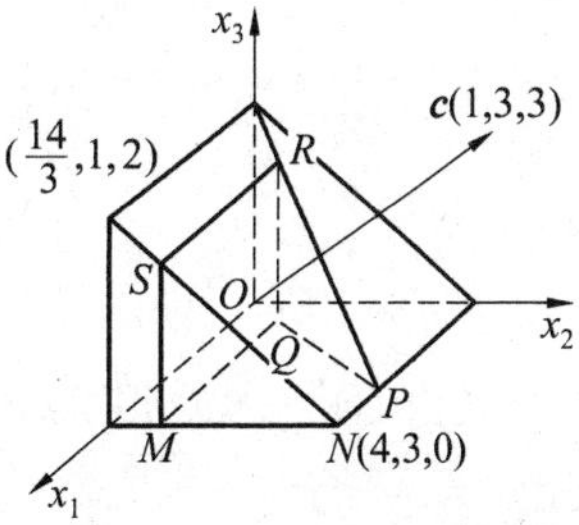

图 1.2.4

由以上诸例可以看出，图解法固然有其直观、简便的优点，但它也有不足：① 不精确（当然若结合线性方程组解法当属例外）；② 不方便；③ 不普适（多于 3 个变元便无能为力）.

综上所述，我们可以得到：LP 问题的最优解均在其可行域顶点处实现. 是巧合？还是必然？

这个问题我们稍后再作回答.

我们回过头来看：如前所述，对于变元个数少于 4 的情形，一般可用图解法，但对变元个数大于 3 的情形，图解法一般无法实施，但这也有例外，如：

对于 LP 问题

$$\text{V}: \max(\min)\ z=\boldsymbol{cx}$$

$$\text{s.t.}\begin{cases}\boldsymbol{Ax}=\boldsymbol{b}\\ \boldsymbol{x}\geqslant\boldsymbol{0}\end{cases}$$

若令

$$D=\{\boldsymbol{x}\mid \boldsymbol{Ax}=\boldsymbol{b},\boldsymbol{x}\geqslant\boldsymbol{0}\}$$

又 $\operatorname{rank}\boldsymbol{A}=m$，则 $\dim D\leqslant n-m$. 这里 $\operatorname{rank}\boldsymbol{A}$ 为 $\boldsymbol{A}$ 的秩，$\dim D$ 为 D 的维数.

但若 $\dim D=n-m=2$ 时，也可用图解法[1]. 请看下例.

例 1.2.4 求解 LP 问题

$$\min z=x_1+2x_2+x_3-x_4$$

$$\begin{cases}2x_1+4x_2+x_3+x_4=6 & ①\\ 2x_1+x_4+x_5=3 & ②\\ x_1-x_2+x_5=1 & ③\\ x_i\geqslant 0,i=1,2,\cdots,5\end{cases}$$

解 对原问题系统约束实施初等变换 ③ ×(−1)+② 后得 ②′，再由 ②′×(−1)+① 得 ①′ 后，约束条件又化为

$$\min z=2+x_1$$

$$\begin{cases}x_1+3x_2+x_3=4 & ①'\\ x_1+x_2+x_4=2 & ②'\\ x_1-x_2+x_5=1 & ③'\\ x_i\geqslant 0,i=1,2,\cdots,5\end{cases}$$

又由 ①′−②′ 得 $2x_2+x_3-x_4=2$，故原目标函数可化为 $2+x_1$. 这时可先解问题

$$\min z=2+x_1$$

$$\begin{cases}x_1+3x_2\leqslant 4\\ x_1+x_2\leqslant 2\\ x_1-x_2\leqslant 1\\ x_1,x_2\geqslant 0\end{cases}$$

然后再代回原问题，求出 x_3,x_4,x_5 即可.

下面也是一种用几何方法解高维 LP 的例题[2]，这种方法虽然不能解所有 LP，但它仍不失为一种方法. 我们结合例子谈谈此方法.

例 1.2.5 解 LP 问题

(*)
$$\begin{cases}\max z = 2x_1 + 2x_2 + x_3 \\ \begin{cases} x_1 + x_2 + x_3 \leqslant 12 & ① \\ x_1 + 2x_2 - x_3 \leqslant 5 & ② \\ x_1 - x_2 + x_3 \leqslant 2 & ③ \\ x_1, x_2, x_3 \geqslant 0 & ④ \end{cases}\end{cases}$$

解　令 $X = 2x_2 + x_3$，则目标 V 变为：$\max z = 2x_1 + X$.

为使约束条件中变元化为 X 与 x_1，先将 ②$\times k +$①，其中 k 的选取使不等式中"x_2 的系数：x_3 的系数 $= 2 : 1$"（注意到 $X = 2x_2 + x_3$），而

$$(x_1 + x_2 + x_3) + k(x_1 + 2x_2 - x_3) \leqslant 12 + 5k \qquad ⑤$$

即

$$(1 + k)x_1 + (1 + 2k)x_2 + (1 - k)x_3 \leqslant 12 + 5k$$

这样

$$\frac{1 + 2k}{1 - k} = \frac{2}{1}$$

解得 $k = \dfrac{1}{4}$.

则式 ⑤ 化为

$$5x_1 + 3X \leqslant 53 \qquad ⑥$$

显然原问题的任一可行解必满足式 ①，②，故需满足式 ⑥.

类似地考虑 ③$\times k +$②，有 $\dfrac{2 - k}{k - 1} = \dfrac{2}{1}$，得 $k = \dfrac{4}{3}$.

这样 ③$\times k +$② 化为 $7x_1 + X \leqslant 23$.

则原来 LP 问题化为

(* *)
$$\begin{cases}\max z_1 = 2x_1 + X \\ \begin{cases} 5x_1 + 3X \leqslant 53 \\ 7x_1 + X \leqslant 23 \\ x_1 \geqslant 0, X \geqslant 0 \end{cases}\end{cases}$$

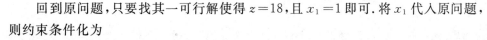

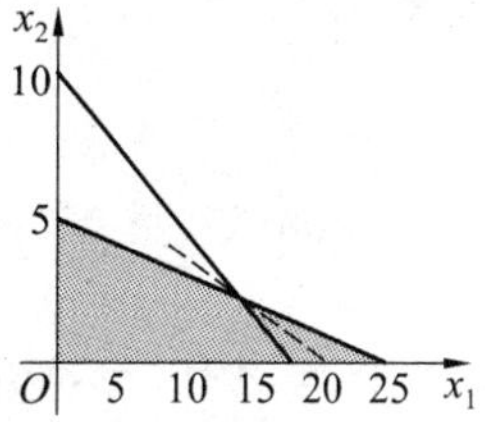

图 1.2.5

由图解法（图 1.2.5），可得

$$(X, x_1) = (16, 1)\text{，且 } z_1^* = 18$$

回到原问题，只要找其一可行解使得 $z = 18$，且 $x_1 = 1$ 即可. 将 x_1 代入原问题，则约束条件化为

$$\begin{cases}2x_2+x_3=16 & ⑦\\ x_2+x_3\leqslant 11 & ⑧\\ 2x_2-x_3\leqslant 4 & ⑨\\ -x_2+x_3\leqslant 1 & ⑩\\ x_2\geqslant 0,x_3\geqslant 0\end{cases}$$

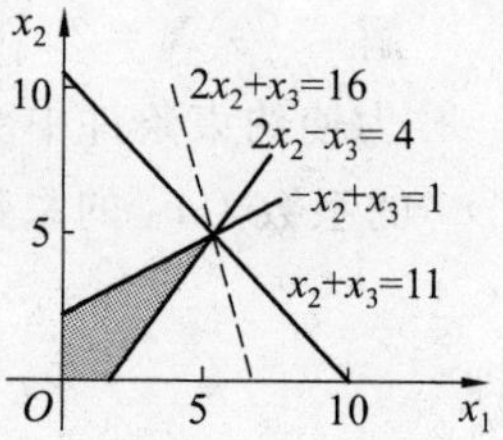

图 1.2.6

图解(图 1.2.6,⑨+⑩,得 $x_2\leqslant 5$,⑦−⑩,得 $3x_2\geqslant 15$)有 $5\leqslant x_2\leqslant 5$,即 $x_2=5$,从而 $x_3=6$.

故原问题(∗)的最优解为 $\boldsymbol{x}^*=(1,5,6)$,$z^*=18$.

例 1.2.6 求解 LP 问题

$$(*)\quad\begin{cases}\max\ z=4x_1+5x_2+7x_3-x_4\\ \begin{cases}2x_1-x_2+3x_3+4x_4\leqslant 10 & ①\\ x_1+x_2+x_3-x_4\leqslant 5 & ②\\ x_1+2x_2-2x_3+4x_4\leqslant 12 & ③\\ x_i\geqslant 0,i=1,\cdots,4 & ④\end{cases}\end{cases}$$

解 仿上例先令 $X=5x_2+7x_3$ 作第一次变换.且用①+②·k 和①+③·k,可得问题

$$(**)\quad\begin{cases}\max\ z_1=4x_1+X-x_4\\ \begin{cases}13x_1+2X-7x_4\leqslant 65\\ 35x_1+2X+92x_4\leqslant 252\\ x_1\geqslant 0,X\geqslant 0,x_4\geqslant 0\end{cases}\end{cases}$$

再令 $Y=X-x_4$ 可得

$$(***)\quad\begin{cases}\max\ z_2=4x_1+Y\\ \begin{cases}1\ 397x_1+198Y\leqslant 7\ 370\\ x_1\geqslant 0,Y\text{ 任意}\end{cases}\end{cases}$$

图解之有 $(x_1,Y)=(0,\frac{335}{9})$,$z_2^*=\frac{335}{9}$.

由 $x_1=0$,仿前例有 $(X,x_4)=(\frac{352}{9},\frac{17}{9})$,$z_1^*=z_2^*=\frac{315}{9}$.

由 $x_1=0$,$x_4=\frac{17}{9}$,且解不等式组

$$\begin{cases}5x_2+7x_3=\dfrac{352}{9}\\ -x_2+3x_3\leqslant\dfrac{22}{9}\\ x_2+x_3\leqslant\dfrac{62}{9}\\ 2x_2-2x_3\leqslant\dfrac{40}{9}\\ x_2\geqslant 0,x_3\geqslant 0\end{cases}$$

得

$$\begin{cases}x_2=\dfrac{41}{9}\\ x_3=\dfrac{7}{3}\end{cases}$$

此时 $z^*=\dfrac{335}{9}$,且 $\boldsymbol{x}^*=(0,\dfrac{41}{9},\dfrac{7}{3},\dfrac{17}{9})$.

应该指出的是:此方法并非所有情况下均有效.此外在各步变换中 $z^*=z_j^*$ 不一定成立,关于这方面的进一步探讨可参见文献[2].

关于使用几何法求解 LP 问题的讨论可参阅本章习题.

1.3　LP 问题的单纯形解法

1. LP 问题中的基本概念

对于 LP 问题:$\max\{\boldsymbol{cx}\mid\boldsymbol{Ax}=\boldsymbol{b},\boldsymbol{x}\geqslant\boldsymbol{0}\}$ 或

$$\mathrm{V}:\max z=\boldsymbol{cx}\tag{1}$$

$$\text{s.t.}\begin{cases}\boldsymbol{Ax}=\boldsymbol{b} & (2)\\ \boldsymbol{x}\geqslant\boldsymbol{0} & (3)\end{cases}$$

若秩 $\mathrm{rank}(\boldsymbol{A}\mid\boldsymbol{b})=\mathrm{rank}(\boldsymbol{A})=m$(或记 $r(\boldsymbol{A}\mid\boldsymbol{b})=r(\boldsymbol{A})=m$),且 $n\geqslant m$[①],则

$$\boldsymbol{A}=(\boldsymbol{B}\mid\boldsymbol{N})$$

其中 $\mathrm{rank}(\boldsymbol{B})=m$.

---

① 这是显然的:n 维空间上 $n+1$ 个向量必线性相关,因而有效约束至多有 n 个.

这样 $\boldsymbol{Ax}=\boldsymbol{b}$(图 1.3.1) 可化为

$$\boldsymbol{Bx}_B+\boldsymbol{Nx}_N=\boldsymbol{b} \tag{2'}$$

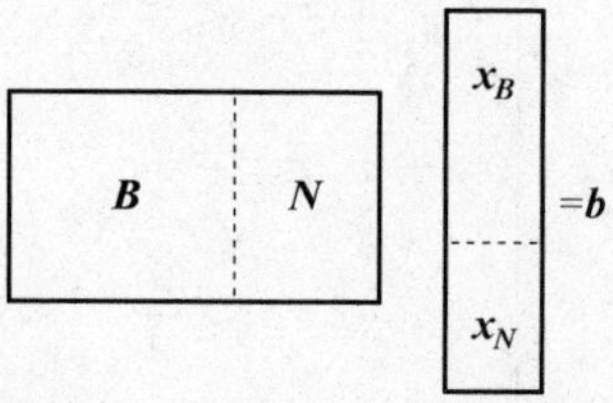

图 1.3.1

下面我们来介绍几个重要概念:

可行解、可行域 满足式(2),(3) 的 $\boldsymbol{x}$ 称为可行解.全体可行解 $\boldsymbol{x}$ 的集合称为可行域.记 $S=\{\boldsymbol{x}\in\mathbf{E}^n\mid\boldsymbol{Ax}=\boldsymbol{b},\boldsymbol{x}\geqslant\boldsymbol{0}\}$,这里 $\mathbf{E}^n$ 表示 n 维欧氏空间,它有时也记成 $\mathbf{R}^n$.

基矩阵 式(2)′中称 $\boldsymbol{B}$ 为 LP 的一个基,其列向量称为基向量,基也称为基矩阵.

基变元、非基变元 式(2) 中 $\boldsymbol{x}_B$ 称为基变元,$\boldsymbol{x}_N$ 称为非基变元(关于基 $\boldsymbol{B}$ 的).

基本解 由(2)′,有 $\boldsymbol{x}_B=\boldsymbol{B}^{-1}\boldsymbol{b}-\boldsymbol{B}^{-1}\boldsymbol{Nx}_N$(这一点请读者自行推导),此时 $\boldsymbol{x}=\begin{pmatrix}\boldsymbol{x}_B\\ \boldsymbol{x}_N\end{pmatrix}$.若 $\boldsymbol{x}_N=\boldsymbol{0}$,则称 $\boldsymbol{x}$ 为 LP 的基本解(关于基 $\boldsymbol{B}$ 的).

基本解的最多个数不超过 $C_n^m=\begin{pmatrix}n\\ m\end{pmatrix}=\dfrac{n!}{m!\ (n-m)!}$,这里 $m\leqslant n$.

基本可行解 满足式(3) 的基本解称为基本可行解(关于基 $\boldsymbol{B}$ 的).

由于基本解 $\boldsymbol{x}=\begin{pmatrix}\boldsymbol{x}_B\\ \boldsymbol{0}\end{pmatrix}=\begin{pmatrix}\boldsymbol{B}^{-1}\boldsymbol{b}\\ \boldsymbol{0}\end{pmatrix}$,则当且仅当 $\boldsymbol{B}^{-1}\boldsymbol{b}\geqslant\boldsymbol{0}$ 时,此基本解为基本可行解(它对应可行域的顶点).

此时,基本解中基变元皆取正值者此解称为非退化的;否则(基变元有 0 者) 称为退化的.显然当 $\boldsymbol{B}^{-1}\boldsymbol{b}>\boldsymbol{0}$,此基本可行解是非退化的,否则为退化的.

最优解 使目标实现的可行解(满足全部约束条件).

例 1.3.1 给出下面 LP 问题的一个基、基本解、基本可行解

$$\text{V}: \max\ z=70x_1+120x_2$$

$$
\text{s. t.}\begin{cases}9x_1+4x_2+x_3=360 & ①\\4x_1+5x_2+x_4=200 & ②\\3x_1+10x_2+x_5=300 & ③\\x_1\sim x_5\geqslant 0\end{cases}
$$

解　显然$\boldsymbol{B}=\begin{pmatrix}1&&\\&1&\\&&1\end{pmatrix}=\boldsymbol{I}$可作为$\boldsymbol{A}$的一个基(这是最简单的一个,但不是唯一的一个),$x_3,x_4,x_5$为基变元.

又$\boldsymbol{x}=(0,0,360,200,300)^{\mathrm{T}}$可为上面LP的(关于基$\boldsymbol{B}$的)一个基本解,同时它也是一个基本可行解.

这里应该指出的是:基的选取是随意的(只要它们线性无关),但首先要考虑可能、方便和简洁.因而单位矩阵成为首选.

顺便一提,在约束中若①,②,③之一式右为负值,比如式①若为

$$9x_1+4x_2+x_3=-360$$

这时对于基$\boldsymbol{B}$而言,$(0,0,-360,200,300)^{\mathrm{T}}$是一个基本解,但它已不再是可行解,因为$x_3=-360<0$.

从本例亦可看出,若$\boldsymbol{A}$中有单位矩阵$\boldsymbol{I}$的"成分",即$\boldsymbol{A}$的列向量中有能构成单位阵的向量组,则可将它们作为基向量构成一个基,此时的(对于此基的)基本解极易求出.

2. 凸集和顶点

凸集　$C\subset\mathbf{R}^n$,$\boldsymbol{x},\boldsymbol{y}\in C$,$\lambda\in[0,1]$,可推得$\lambda\boldsymbol{x}+(1-\lambda)\boldsymbol{y}\in C$,则$C$称为凸集.空集及仅含一点的集合亦为凸集.

又$\lambda\boldsymbol{x}+(1-\lambda)\boldsymbol{y}$称为$\boldsymbol{x},\boldsymbol{y}$的凸组合,其中$\lambda\in[0,1]$.

更一般地,若$\boldsymbol{x}_k\in C$,又$0\leqslant\lambda_k\leqslant 1(k=1,2,\cdots,m)$且$\sum\limits_{k=1}^{m}\lambda_k=1$,称$\boldsymbol{x}=\sum\limits_{k=1}^{m}\lambda_k\boldsymbol{x}_k$为$\boldsymbol{x}_1,\boldsymbol{x}_2,\cdots,\boldsymbol{x}_m$的凸组合.

而若$0<\lambda_k<1(k=1,2,\cdots,m)$且$\sum\limits_{k=1}^{m}\lambda_k=1$,称$\boldsymbol{x}=\sum\limits_{k=1}^{m}\lambda_k\boldsymbol{x}_k$为$\boldsymbol{x}_1,\boldsymbol{x}_2,\cdots,\boldsymbol{x}_m$的严格凸组合.

顶点　若凸集合C的某点不能表示成该凸集中的两个不同点的严格凸组合,则称该点为凸集C的顶点,又称极点.

例 1.3.2　如图 1.3.2,若 $\boldsymbol{x}_1,\boldsymbol{x}_2,\boldsymbol{x}_3$ 为平面上三个不共线的相异点,则以此三点为顶点的三角形上的点皆可表为该三顶点的凸组合;反之,表为三顶点凸组合的点一定在三角形上.

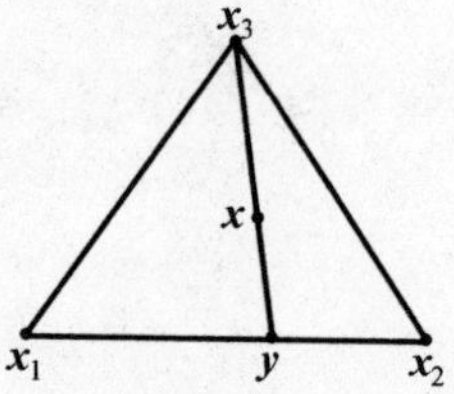

图 1.3.2

证　若 $\boldsymbol{x}$ 在 $\triangle \boldsymbol{x}_1\boldsymbol{x}_2\boldsymbol{x}_3$ 上,分两种情形:

(1) 若 $\boldsymbol{x}$ 在某一边上,比如在 $\boldsymbol{x}_1\boldsymbol{x}_3$ 上,此时 $\boldsymbol{x}$ 显然可表为

$$\boldsymbol{x}=\lambda\boldsymbol{x}_1+(1-\lambda)\boldsymbol{x}_3\quad 0<\lambda<1$$

(2) 若 $\boldsymbol{x}$ 在 $\triangle \boldsymbol{x}_1\boldsymbol{x}_2\boldsymbol{x}_3$ 内,如图 1.3.2,连 $\boldsymbol{x}_3\boldsymbol{x}$ 交 $\boldsymbol{x}_1\boldsymbol{x}_2$ 于 $\boldsymbol{y}$.
则 $\boldsymbol{y}=\lambda\boldsymbol{x}_1+(1-\lambda)\boldsymbol{x}_2$,且 $\boldsymbol{x}=\mu\boldsymbol{y}+(1-\mu)\boldsymbol{x}_3$.

这样 $\boldsymbol{x}=\mu[\lambda\boldsymbol{x}_1+(1-\lambda)\boldsymbol{x}_2]+(1-\mu)\boldsymbol{x}_3=\lambda\mu\boldsymbol{x}_1+(1-\lambda)\mu\boldsymbol{x}_2+(1-\mu)\boldsymbol{x}_3$.

注意到 $\lambda\mu+(1-\lambda)\mu+(1-\mu)=1$.

反之,若 $\boldsymbol{x}=\alpha_1\boldsymbol{x}_1+\alpha_2\boldsymbol{x}_2+\alpha_3\boldsymbol{x}_3$,及 $\alpha_3\neq 1$,则 $\boldsymbol{x}$ 可写成

$$\boldsymbol{x}=(1-\alpha_3)\boldsymbol{y}+\alpha_3\boldsymbol{x}_3$$

其中,$\boldsymbol{y}=\dfrac{\alpha_1}{1-\alpha_3}\boldsymbol{x}_1+\dfrac{\alpha_2}{1-\alpha_3}\boldsymbol{x}_2$,又因 $\alpha_1+\alpha_2+\alpha_3=1$,则

$$\frac{\alpha_1}{1-\alpha_3}+\frac{\alpha_2}{1-\alpha_3}=\frac{\alpha_1+\alpha_2}{\alpha_1+\alpha_2}=1$$

故 $\boldsymbol{y}$ 在 $\boldsymbol{x}_1\boldsymbol{x}_2$ 边上. 又 $\boldsymbol{x}$ 在 $\boldsymbol{y}\boldsymbol{x}_3$ 线段上,则 $\boldsymbol{x}$ 在 $\triangle \boldsymbol{x}_1\boldsymbol{x}_2\boldsymbol{x}_3$ 上.

若 $\alpha_3=1$,则 $\boldsymbol{x}=\boldsymbol{x}_3$,知 $\boldsymbol{x}$ 亦在 $\triangle \boldsymbol{x}_1\boldsymbol{x}_2\boldsymbol{x}_3$ 上.

上例的结论可以推广. 此外,关于凸集我们还可有下面的命题:

命题 1　$\mathbf{R}^n$ 中点集 C 为凸集 $\Leftrightarrow$ 对任何正整数 m,C 中任意 m 个点 $\boldsymbol{x}^1,\boldsymbol{x}^2,\cdots,\boldsymbol{x}^m$ 的凸组合仍在 C 内.

它的证明可仿例 1.3.2 的方法并结合数学归纳法完成.

证　先证 $\Rightarrow$. 1) $m=2$,结论显然成立.

2) 若 $m=k$ 时,命题为真,今考虑 $m=k+1$ 的情形:

对于 $\sum\limits_{i=1}^{k+1}\alpha_i=1$,若有 $\alpha_1=0$,问题化为 $m=k$ 的情形;否则 α_i 均大于 $0(i=1,2,\cdots,k+1)$,则由

$$\sum_{i=1}^{k+1}\alpha_i\boldsymbol{x}^i=\alpha_1\boldsymbol{x}^1+(1-\alpha_1)\sum_{i=2}^{k+1}\frac{\alpha_i}{1-\alpha_1}\boldsymbol{x}^i$$

上式可视为 $\boldsymbol{x}^1$ 与 $\sum\limits_{i=2}^{k+1}\dfrac{\alpha_i}{1-\alpha_1}\boldsymbol{x}^i$ 的凸组合,注意到

$$\sum_{i=2}^{k+1}\frac{\alpha_i}{1-\alpha_i}=\frac{1}{1-\alpha_1}\sum_{i=2}^{k+1}\alpha_i=\frac{1}{1-\alpha_1}\cdot(1-\alpha_1)=1$$

知 $\sum_{i=2}^{k+1} \frac{\alpha_i}{1-\alpha_1}\boldsymbol{x}^i \in C$，从而得 $\sum_{i=1}^{k+1}\alpha_i\boldsymbol{x}^i \in C$.

再证 $\Leftarrow$. 由假设，特别地当 $m=2$ 时，若 $\boldsymbol{x}^1,\boldsymbol{x}^2 \in C$，则有 $\alpha_1\boldsymbol{x}^1+\alpha_2\boldsymbol{x}^2(\alpha_1,\alpha_2 \geqslant 0,\alpha_1+\alpha_2=1)$ 在 C 内，知 C 是凸集.

系　凸集合内任一点皆可表示成该集合顶点的凸组合.

命题 2　有限个凸集的交集仍是凸集.

我们必须指出：有限个凸集的并集不一定是凸集，但是我们仍有以下命题.

命题 3　若 C_1,C_2 是凸集，则 $C_1 \pm C_2=\{\boldsymbol{x}_1 \pm \boldsymbol{x}_2 \mid \boldsymbol{x}_1 \in C_1,\boldsymbol{x}_2 \in C_2\}$ 也是凸集.

定义　若 $b \in \mathbf{R}^1,\boldsymbol{a} \in \mathbf{R}^n$，且 $\boldsymbol{a} \neq \mathbf{0}$，则 $\{\boldsymbol{x} \in \mathbf{R}^n \mid \boldsymbol{a}^{\mathrm{T}}\boldsymbol{x}=\boldsymbol{c}\}$ 是 $\mathbf{R}^n$ 中的一个超平面.

系　有限个半空间：$\{\boldsymbol{x} \mid \boldsymbol{px} \leqslant b,\boldsymbol{p},\boldsymbol{x} \in \mathbf{R}^n$，且 $\boldsymbol{p} \neq \mathbf{0}$ 给定，$b \in \mathbf{R}^1\}$ 的交集是凸集.

这个命题直接验证可证得(请读者自行完成).

在数学分析中我们已熟知凸函数的概念，对于凸函数 $f(\boldsymbol{x})$①而言，我们有下面的定理(它对于 LP 问题的求解方法来讲，也是至关重要的命题).

定理 1.3.1　设 $f(\boldsymbol{x})$ 是定义在凸集 $D \subset \mathbf{R}^n$ 上的一个凸函数，则 $f(\boldsymbol{x})$ 的任何极大(小)点 $\boldsymbol{x}^*$ 必为 $f(\boldsymbol{x})$ 在 D 上的一个最大(最小)点.

证　反证法. 若 $\boldsymbol{x}^*$ 为 f 在 D 上的局部极小但非最小，则必有 $\boldsymbol{x}_0$ 使 $f(\boldsymbol{x}^*) > f(\boldsymbol{x}_0)$，对 $\lambda \in (0,1)$，有

$$f(\lambda\boldsymbol{x}^*+(1-\lambda)\boldsymbol{x}_0) \leqslant \lambda f(\boldsymbol{x}^*)+(1-\lambda)f(\boldsymbol{x}_0) \leqslant \lambda f(\boldsymbol{x}^*)+(1-\lambda)f(\boldsymbol{x}^*)=f(\boldsymbol{x}^*)$$

令 $\lambda \to 0$，有 $\lambda\boldsymbol{x}^*+(1-\lambda)\boldsymbol{x}_0 \to \boldsymbol{x}_0$ 与 $\boldsymbol{x}^*$ 是局部极小矛盾!

3. 单纯形法原理

为了引入单纯形方法，今考虑下面的结论.

定理 1.3.2　LP 的可行域 $D=\{\boldsymbol{x} \mid \boldsymbol{Ax}=\boldsymbol{b},\boldsymbol{x} \geqslant \mathbf{0}\}$ 是凸集.

证　它可直接由命题 3 系理给出，当然我们也可直接证明：

设 $\boldsymbol{x},\boldsymbol{y} \in D$，考虑 $\boldsymbol{w}=\lambda\boldsymbol{x}+(1-\lambda)\boldsymbol{y},0 \leqslant \lambda \leqslant 1$，则

① 凸函数有两种定义：向上凸(当 $f''(x) \leqslant 0$ 时)和向下凸(当 $f''(x) \geqslant 0$ 时).

$$A\boldsymbol{w}=\boldsymbol{A}(\lambda\boldsymbol{x}+(1-\lambda)\boldsymbol{y})=\lambda\boldsymbol{b}+(1-\lambda)\boldsymbol{b}=\boldsymbol{b}$$

又 $\boldsymbol{x},\boldsymbol{y}\geqslant\boldsymbol{0}$,且 $0\leqslant\lambda\leqslant1,0\leqslant1-\lambda\leqslant1$,则 $\boldsymbol{w}\geqslant\boldsymbol{0}$.

故 $\boldsymbol{w}\in D$,知 D 为凸集.

系　目标(数积)$\boldsymbol{cx}$($\boldsymbol{c},\boldsymbol{x}\in\mathbf{R}^n$,且分别为行、列向量) 在 $D=\{\boldsymbol{x}\mid\boldsymbol{Ax}=\boldsymbol{b},\boldsymbol{x}\geqslant\boldsymbol{0}\}$ 上的任一极大(小) 值点 $\boldsymbol{x}^*$,其必为 $\boldsymbol{cx}$ 在 D 上的一个最大(小) 值点.

该系可视为解 LP 问题方法的基础,它可由上节定理或本节定理推出.

定理 1.3.3　若 $D=\{\boldsymbol{Ax}=\boldsymbol{b},\boldsymbol{x}\geqslant\boldsymbol{0}\}\neq\varnothing$,则 D 有极点.

限于篇幅,证明略,详见参考文献[1].

定理 1.3.4　LP 的可行解 $\bar{\boldsymbol{x}}$ 是基本可行解 ⇔ 其正分量所对应 $\boldsymbol{A}$ 的列向量线性无关.

证　先证 ⇒. 设 $\bar{\boldsymbol{x}}=(\bar{x}_1,\cdots,\bar{x}_k,0,\cdots,0)$,其中 $\bar{x}_j>0(j=1,2,\cdots,k)$.

显然 $\bar{x}_j$ 对应的变量必为基变量,其对应的列向量必无关(它们是基向量).(注意:若向量组 $\boldsymbol{a}_1,\boldsymbol{a}_2,\cdots,\boldsymbol{a}_m$ 线性无关,则其部分向量组也线性无关)

再证 ⇐. 若 $\boldsymbol{A}$ 中列向量 $\boldsymbol{a}_1,\boldsymbol{a}_2,\cdots,\boldsymbol{a}_k$ 线性无关,必有 $k\leqslant m$.

又 $\bar{\boldsymbol{x}}$ 是可行解. 即 $\boldsymbol{A}\bar{\boldsymbol{x}}=\boldsymbol{b}$,则 $\sum_{j=1}^{k}\bar{x}_j\boldsymbol{a}_j=\boldsymbol{b}$.

若 $k=m$,则 $\boldsymbol{B}=(\boldsymbol{a}_1,\boldsymbol{a}_2,\cdots,\boldsymbol{a}_k)$,即为基,$\bar{\boldsymbol{x}}$ 即为基 $\boldsymbol{B}$ 的基本可行解.

若 $k<m$,则可从其余 $n-k$ 个列向量中再挑出 $n-k$ 个使之与前面 k 个列向量一起构成基,则 $\bar{\boldsymbol{x}}$ 为基 $\boldsymbol{B}$ 的基本可行解.

当然,这个定理亦可用下面结论推出:

定理 1.3.4′　若 $D=\{\boldsymbol{x}\mid\boldsymbol{Ax}=\boldsymbol{b},\boldsymbol{x}\geqslant\boldsymbol{0}\}\neq\varnothing$,则 $\boldsymbol{x}$ 为极(顶) 点 ⇔$\boldsymbol{x}$ 的非 0 分量对应的 $\boldsymbol{A}$ 的列线性无关.

系 1　D 的极(顶) 点的非 0 分量个数不大于 m.

系 2　D 的极(顶) 点的个数是有限的.

定理 1.3.4′ 的证明可参见有关线性规划问题的专著,如参见参考文献[1] 等.

定理 1.3.5　LP 的可行解 $\bar{\boldsymbol{x}}$ 的基本可行解 ⇔$\bar{\boldsymbol{x}}$ 是 D 的顶(极) 点.

证明参见参考文献[1].

定理 1.3.6　LP 若有可行解,则其必有基本可行解.

由定理 1.3.3 和定理 1.3.5 可直接证得,参见参考文献[1].

定理 1.3.7　LP 若有最优解,则其必在 D 的某个顶(极) 点处达到(实现).

证　令 $\boldsymbol{x}_i(i=1,2,\cdots,k)$ 为 D 的极点. 若有 $1\leqslant r\leqslant k$ 使 $z^*=\boldsymbol{cx}_r$ 最优,问题得解. 否则,若有 $\boldsymbol{x}_0$,使 $z^*=\boldsymbol{cx}_0$ 为最优,则由前述定理知

$$\boldsymbol{x}_0=\sum_{i=1}^{k}\lambda_i\boldsymbol{x}_i\text{，其中 }0\leqslant\lambda_i\leqslant 1(i=1,2,\cdots,k)\text{ 且}\sum_{i=1}^{k}\lambda_i=1$$

令 $\boldsymbol{x}^*$ 使 $\boldsymbol{cx}^*=\max\{\boldsymbol{cx}_1,\boldsymbol{cx}_2,\cdots,\boldsymbol{cx}_k\}$，故

$$\boldsymbol{cx}_0=\sum_{i=1}^{k}\lambda_i\boldsymbol{cx}_i\leqslant\sum_{i=1}^{k}\lambda_i\boldsymbol{cx}^*\left(\sum_{i=1}^{k}\lambda_i\right)\boldsymbol{cx}^*=\boldsymbol{cx}^*$$

又 $\boldsymbol{cx}_0$ 最优，故 $\boldsymbol{cx}^*\leqslant\boldsymbol{cx}_0$，从而 $\boldsymbol{cx}^*=\boldsymbol{cx}_0$.

注　定理 1.3.7 的证明思路较为直观，因它基于下面的命题.

命题 1　若线性函数 f 在两个不同的点 $\boldsymbol{x},\boldsymbol{y}$ 上有相同的值，则 f 在直线 $\boldsymbol{xy}$ 上都取同样的值；若 f 在 $\boldsymbol{x},\boldsymbol{y}$ 上取不同的值，则 f 在线段 $\boldsymbol{xy}$ 上的取值，严格介于 $f(\boldsymbol{x})$ 和 $f(\boldsymbol{y})$ 之间.

命题 2　定义在凸多边形区域 D 上的线性函数 f 的极值必在凸集 D 的极点处实现.

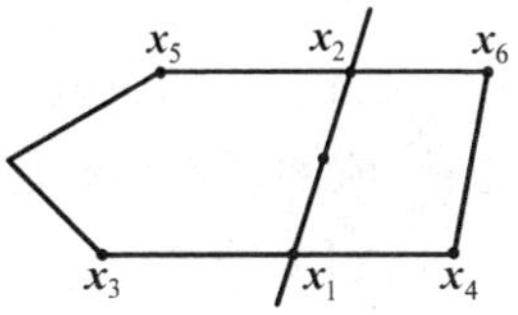

图 1.3.3

证　如图 1.3.3，在 D 的边界上任取两点 $\boldsymbol{x}_1,\boldsymbol{x}_2$，又 $\boldsymbol{x}$ 为线段 $\boldsymbol{x}_1\boldsymbol{x}_2$ 上任一点，故它在 D 内.

今设 $f(\boldsymbol{x}_1)\leqslant f(\boldsymbol{x}_2)$，据命题 1 有 $f(\boldsymbol{x}_1)\leqslant f(\boldsymbol{x})\leqslant f(\boldsymbol{x}_2)$.

考虑 $\boldsymbol{x}_1$ 点并假定 $f(\boldsymbol{x}_3)\leqslant f(\boldsymbol{x}_4)$，再由命题 1，有（注意 $\boldsymbol{x}_1$ 在 $\boldsymbol{x}_3,\boldsymbol{x}_4$ 连线上）

$$f(\boldsymbol{x}_3)\leqslant f(\boldsymbol{x}_1)\leqslant f(\boldsymbol{x}_4)$$

综上，有 $f(\boldsymbol{x}_3)\leqslant f(\boldsymbol{x})$.

再考虑点 $\boldsymbol{x}_2$，假设 $f(\boldsymbol{x}_5)\leqslant f(\boldsymbol{x}_6)$，由命题 1 有

$$f(\boldsymbol{x}_5)\leqslant f(\boldsymbol{x}_2)\leqslant f(\boldsymbol{x}_6)$$

综合上面诸式，我们有 $f(\boldsymbol{x}_3)\leqslant f(\boldsymbol{x})\leqslant f(\boldsymbol{x}_6)$.

这个不等式意指凸集内部任一点上的线性函数 f 的取值，受界于 f 在凸集边界上的取值；而 f 在边界上的取值，又被界于 f 在凸集极点上的取值之间，从而 f 在凸集上的极值应在凸集点处实现.

系理　LP 的可行域 $D\neq\varnothing$ 且有界，则 LP 的最优解一定存在，且至少在某个顶点处实现.

关于最优解个数的讨论，还可以参见后文或本章习题.

4. 单纯形方法

有了上一节讲述的定理，对于 LP 最优解的求解，原则上可用枚举法，即先求出其全部基本可行解（若无，则 LP 无最优解或只有无穷解），然后通过比较可求出最

优解.

然而当 n,m 较大时,此法不可行. 比如 $n=60,m=30$ 时,这种比较将进行(基本解个数 $C_n^m=\dfrac{n!}{m!\ (n-m)!}$,故基本可行解至多有 C_n^m 个)

$$\frac{60!}{30!\ 30!}\approx 10^{17}(\text{次})$$

即使使用最快的计算机,如每秒能处理运算 10^8 次,则至少需 30 年.

在巴黎的一次国际学术会议上,有人列举 70 艘油轮驶向 70 个港口问题,方案总数约有 70! 个. 若从中选优,即使使用当今最高速(每秒万亿次)的电子计算机完成此项计算也将是不可想象的(要上亿年),但在同样的机器上使用单纯形法只需几秒钟.

C. B. Dantzig 在 1947 年提出的单纯形法是一种较实用的方法,它的基本思想是:

当LP的可行域 $D\neq\varnothing$ 时,先取 D 的一个顶点 $\boldsymbol{x}$ 作为关注点,再把它与其他具有某些信息的顶点做比较. 若其中的某个 $\boldsymbol{x}'$ 较 $\boldsymbol{x}$ 更优,则将关注点的 $\boldsymbol{x}$ 移至 $\boldsymbol{x}'$,如图 1.3.4 所示.

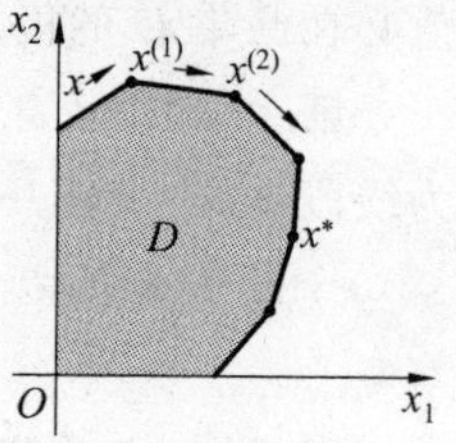

图 1.3.4

重复上面步骤,直到关注点为最优解为止.

单纯形法基本数学原理.

对于 LP 问题

$$\text{V}:\max\ z=\boldsymbol{cx}$$

$$\text{s.t.}\begin{cases}\boldsymbol{Ax}=\boldsymbol{b}\\ \boldsymbol{x}\geqslant\boldsymbol{0}\end{cases}\quad\text{或}\quad\begin{cases}\boldsymbol{Bx}_B+\boldsymbol{Nx}_N=\boldsymbol{b} & (1)\\ \boldsymbol{x}_B\geqslant\boldsymbol{0},\boldsymbol{x}_N\geqslant\boldsymbol{0} & (2)\end{cases}$$

用图形表示为:

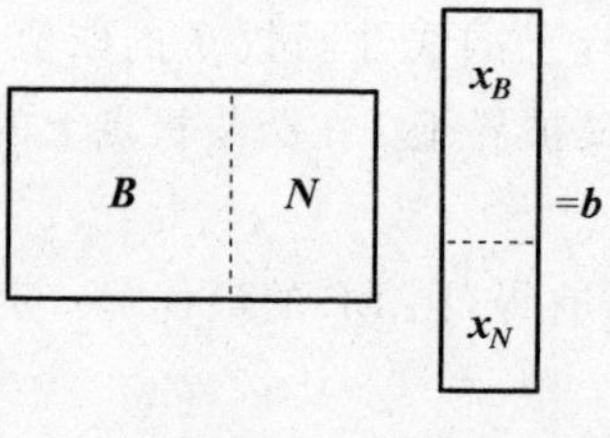

如前面指出的那样:显然矩阵 $\boldsymbol{A}$ 是"矮矩阵",至多是方阵. 因为对于 $\boldsymbol{A}$ 是"高矩阵"情形,其行向量一定线性相关($n+1$ 个 n 维向量一定线性相关),因而某些约束(可表为其他约束的线性组合)可去掉,这样矩阵 $\boldsymbol{A}$ 的无关行数目,即有效约束个数 $\leqslant n$.

这样我们有

$$\max\ z=(\boldsymbol{c}_B,\boldsymbol{c}_N)\begin{pmatrix}\boldsymbol{x}_B\\ \boldsymbol{x}_N\end{pmatrix} \tag{3}$$

$$\text{s. t.}\begin{cases}(\boldsymbol{B},\boldsymbol{N})\begin{pmatrix}\boldsymbol{x}_B\\ \boldsymbol{x}_N\end{pmatrix}=\boldsymbol{b} & (4)\\ \boldsymbol{x}_B\geqslant\boldsymbol{0},\boldsymbol{x}_N\geqslant\boldsymbol{0} & (5)\end{cases}$$

式(4) 两边同乘 $\boldsymbol{B}^{-1}$(注意 $\boldsymbol{B}$ 满秩),有

$$(\boldsymbol{I},\boldsymbol{B}^{-1}\boldsymbol{N})\begin{pmatrix}\boldsymbol{x}_B\\ \boldsymbol{x}_N\end{pmatrix}=\boldsymbol{B}^{-1}\boldsymbol{b}$$

上述问题化为

$$\max\ z=\boldsymbol{c}_B\boldsymbol{x}_B+\boldsymbol{c}_N\boldsymbol{x}_N$$

$$\text{s. t.}\begin{cases}\boldsymbol{x}_B+\boldsymbol{B}^{-1}\boldsymbol{N}\boldsymbol{x}_N=\boldsymbol{B}^{-1}\boldsymbol{b}\\ \boldsymbol{x}_B\geqslant\boldsymbol{0},\boldsymbol{x}_N\geqslant\boldsymbol{0}\end{cases}$$

解得 $\boldsymbol{x}_B=\boldsymbol{B}^{-1}\boldsymbol{b}-\boldsymbol{B}^{-1}\boldsymbol{N}\boldsymbol{x}_N$,代入 z,即有

$$\max\ z=\boldsymbol{c}_B\boldsymbol{B}^{-1}\boldsymbol{b}+(\boldsymbol{c}_N-\boldsymbol{c}_B\boldsymbol{B}^{-1}\boldsymbol{N})\boldsymbol{x}_N$$

$$\text{s. t.}\begin{cases}\boldsymbol{x}_B=\boldsymbol{B}^{-1}\boldsymbol{b}-\boldsymbol{B}^{-1}\boldsymbol{N}\boldsymbol{x}_N\\ \boldsymbol{x}_B\geqslant\boldsymbol{0},\boldsymbol{x}_N\geqslant\boldsymbol{0}\end{cases}$$

显然,这是用非基变元来表示基变元及目标函数.由此我们还可有:

(1)$\boldsymbol{x}=\begin{pmatrix}\boldsymbol{x}_B\\ \boldsymbol{0}\end{pmatrix}$ 是基本解;

(2)$\boldsymbol{x}$ 是基本可行解($\boldsymbol{x}\geqslant\boldsymbol{0}$,$\boldsymbol{B}$ 为可行基)$\Leftrightarrow\boldsymbol{B}^{-1}\boldsymbol{b}\geqslant\boldsymbol{0}$;

(3)$\boldsymbol{x}$ 是基本可行解,且

$$\boldsymbol{\sigma}=\boldsymbol{c}_B\boldsymbol{B}^{-1}\boldsymbol{N}-\boldsymbol{c}\geqslant\boldsymbol{0}$$

则 $\boldsymbol{x}$ 是最优解(或 $\boldsymbol{\sigma}=\boldsymbol{c}-\boldsymbol{c}_B\boldsymbol{B}^{-1}\boldsymbol{N}\leqslant\boldsymbol{0}$).

当然我们还可以另外方式叙述,如若其基本可行解为 $\tilde{\boldsymbol{x}}$,则

$$\tilde{\boldsymbol{x}}=\begin{pmatrix}\boldsymbol{B}^{-1}\boldsymbol{b}\\ \boldsymbol{0}\end{pmatrix},\quad \tilde{\boldsymbol{b}}=\begin{pmatrix}\boldsymbol{b}\\ \tilde{\boldsymbol{b}}_N\end{pmatrix}$$

又记 $\boldsymbol{c}=(\boldsymbol{c}_B,\boldsymbol{c}_N)$,则目标函数值 $\bar{z}=\boldsymbol{c}_B\boldsymbol{B}^{-1}\boldsymbol{b}$.

对任一可行解 $\boldsymbol{x}=\begin{pmatrix}\boldsymbol{x}_B\\ \boldsymbol{x}_N\end{pmatrix}$,设其目标函数值为 z,今比较 z 与 $\bar{z}$.

由式(1),有 $\boldsymbol{x}_B=\boldsymbol{B}^{-1}\boldsymbol{b}-\boldsymbol{B}^{-1}\boldsymbol{N}\boldsymbol{x}_N$,这样

$$z=\boldsymbol{c}_B(\boldsymbol{B}^{-1}\boldsymbol{b}-\boldsymbol{B}^{-1}\boldsymbol{N}\boldsymbol{x}_N)+\boldsymbol{c}_N\boldsymbol{x}_N=$$

$$\boldsymbol{c}_N\boldsymbol{B}^{-1}\boldsymbol{b}+(\boldsymbol{c}_N-\boldsymbol{c}_B\boldsymbol{B}^{-1}\boldsymbol{N})\boldsymbol{x}_N$$

若令 $\boldsymbol{\sigma}_N=\boldsymbol{c}_N-\boldsymbol{c}_B\tilde{\boldsymbol{b}}_N$,则 $z=\bar{z}+\boldsymbol{\sigma}_N\boldsymbol{x}_N$ 或 $\bar{z}=z-\boldsymbol{\sigma}_N\boldsymbol{x}_N$.

由于 $\boldsymbol{x}_N\geqslant\boldsymbol{0}$,则 $\boldsymbol{\sigma}_N\leqslant\boldsymbol{0}$,故 $\bar{z}$ 最优.

否则,若 $\boldsymbol{\sigma}_N$ 中有大于 0 者,则 $\bar{z}$ 非最优(与 z 比较),至少 $\boldsymbol{x}$ 换 $\bar{\boldsymbol{x}}$ 后目标函数值会增大(改进).

由此可看出:$\boldsymbol{\sigma}_N$ 起到判断 $\bar{\boldsymbol{x}}$ 是否最优的功效.为了讨论方便,我们将这一概念拓广.

定义 称 $\sigma_j=c_j-\boldsymbol{c}_B\boldsymbol{B}^{-1}\boldsymbol{a}_j(j=1,2,\cdots,n)$ 为变量 x_j 关于基 $\boldsymbol{B}$ 的检验数(或称判别数).

由此知 $\boldsymbol{\sigma}_N$ 为(关于基 $\boldsymbol{B}$ 的)非基变元 $\boldsymbol{x}_N$ 的检验数向量,其分量为相应检验数.

对于基变元 $\boldsymbol{x}_B$ 而言,注意到

$$\begin{aligned}\boldsymbol{\sigma}_B=&(\sigma_1,\sigma_2,\cdots,\sigma_m)=\\&(c_1-\boldsymbol{c}_B\boldsymbol{B}^{-1}\boldsymbol{a}_1,c_2-\boldsymbol{c}_B\boldsymbol{B}^{-1}\boldsymbol{a}_2,\cdots,c_m-\boldsymbol{c}_B\boldsymbol{B}^{-1}\boldsymbol{a}_m)=\\&\boldsymbol{c}_B-\boldsymbol{c}_B\boldsymbol{B}^{-1}(\boldsymbol{a}_1,\boldsymbol{a}_2,\cdots,\boldsymbol{a}_m)=\\&\boldsymbol{c}_B-\boldsymbol{c}_B\boldsymbol{B}^{-1}\boldsymbol{B}=\boldsymbol{0}\end{aligned}$$

根据每次迭代时目标函数变化即 Δz 的情况,可知

$$\begin{aligned}\Delta z=&\boldsymbol{c}_B\boldsymbol{B}^{-1}\boldsymbol{b}+(-\boldsymbol{c}_B\boldsymbol{B}^{-1}\boldsymbol{A}+\boldsymbol{c})\boldsymbol{x}=\\&\boldsymbol{c}_B\boldsymbol{B}^{-1}\boldsymbol{b}+[-\boldsymbol{c}_B\boldsymbol{B}^{-1}(\boldsymbol{B},\boldsymbol{N})+(\boldsymbol{c}_B,\boldsymbol{c}_N)]\begin{pmatrix}\boldsymbol{x}_B\\\boldsymbol{x}_N\end{pmatrix}=\\&\boldsymbol{c}_B\boldsymbol{B}^{-1}\boldsymbol{b}+[\boldsymbol{0}\cdot\boldsymbol{x}_B+(-\boldsymbol{c}_B\boldsymbol{B}^{-1}\boldsymbol{N}+\boldsymbol{c}_N)\boldsymbol{x}_N]\end{aligned}$$

又从约束式 $\boldsymbol{I}\boldsymbol{x}_B+\boldsymbol{B}^{-1}\boldsymbol{N}\boldsymbol{x}_N=\boldsymbol{B}^{-1}\boldsymbol{b}$,可知基变元的列对应于 $\boldsymbol{e}_1,\boldsymbol{e}_2,\boldsymbol{e}_3,\cdots,\boldsymbol{e}_n$.

当所求之解并非最优时,这时需进行基的转换(换基),它可以通过约束系数增广矩阵的行初等变换实现(即称迭代).

可以证明:上述(行)初等变换(迭代)使得矩阵 $\boldsymbol{A}$ 的列与列之间线性关系(相关或无关)被保存下来.换句话说:基底向量形成单纯形.

所谓单纯形是指由点张成的空间.

而由 $k+1$ 个线性无关向量 $\boldsymbol{a}_1,\boldsymbol{a}_2,\cdots,\boldsymbol{a}_{k+1}$ 为顶点的凸多面体记为

$$\langle\boldsymbol{a}_1,\boldsymbol{a}_2,\cdots,\boldsymbol{a}_{k+1}\rangle=\left\{\sum_{i=1}^{k+1}\lambda_i\boldsymbol{a}_i\mid\lambda_i\geqslant0(i=1,2,\cdots,k+1),\text{且}\sum_{i=1}^{k+1}\lambda_i=1\right\}$$

称为 k 维单纯形,且称 $\boldsymbol{a}_i$ 为其顶点,即 $n+1$ 个在 $n-1$ 维超平面中的点的 n 维凸包(含这些点的最小集合).

比如,0 维单纯形是一个点,1 维单纯形是一条线段,2 维单纯形是一个三角形,

3 维单纯形是一个四面体等,如图 1.3.5 所示.

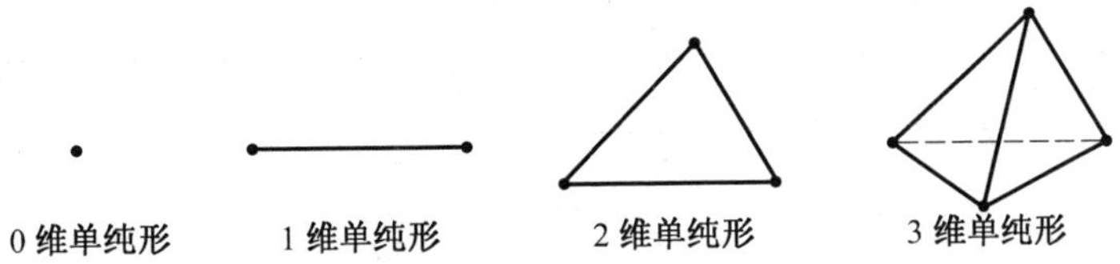

图 1.3.5

一般地,n 维单纯形是一个有 $n+1$ 个顶点的广义多面体,它是包含这些点的最小多面体(n 维凸包,即包含这些点的最小凸集).

这便是上面的迭代过程,俗称单纯形法的来历.

5. 单纯形法表解

将 LP 用表格形式写出,且依据单纯形法理论及矩阵运算法则(行初等变换)求解最优解的方法称为单纯形表解法. 单纯形法为 G. B. Dantzig 于 1947 年发明,而表解单纯形法则是由 A. Orden, G. B. Dantzig 和 A. J. Hoffman 共同完成的(详见参考文献[35]). 单纯形表解法具体步骤如下:

$$\left(\begin{array}{cc|c} \boldsymbol{c}_B & \boldsymbol{c}_N & \\ \hline \boldsymbol{B} & \boldsymbol{N} & \boldsymbol{b} \end{array}\right) \quad \text{(初表原始数据或准备表)}$$

$\Downarrow$ 运算(将基 $\boldsymbol{B}$ 单位化,乘以 $\boldsymbol{B}^{-1}$)

$$\left(\begin{array}{cc|c} \boldsymbol{c}_B & \boldsymbol{c}_N & \\ \hline \boldsymbol{I} & \boldsymbol{B}^{-1}\boldsymbol{N} & \boldsymbol{B}^{-1}\boldsymbol{b} \\ \hline \boldsymbol{0} & \boldsymbol{\sigma}_N & \bar{z} \end{array}\right) \quad \text{中间表(单纯形表)}$$

$\Downarrow$ 运算(换基)

$\vdots$

$\Downarrow$

$$\left(\begin{array}{cc|c} \boldsymbol{c}_B & \boldsymbol{c}_N & \\ \hline \boldsymbol{I} & \boldsymbol{B}^{-1}\boldsymbol{N} & \boldsymbol{B}^{-1}\boldsymbol{b} \\ \hline \boldsymbol{0} & \boldsymbol{\sigma}_N & z^* \end{array}\right) \quad \text{终表(此时 } \boldsymbol{\sigma}_N \leqslant \boldsymbol{0}\text{)}$$

我们想强调一点:单纯形表实质上是用非基变元来表示基变元及目标函数值. 这一点我们只需将原问题稍稍改写(其实上一节我们已经进行推导了)

$$\begin{cases} 0 \cdot z + \boldsymbol{I}\boldsymbol{x}_B + \boldsymbol{B}^{-1}\boldsymbol{N}\boldsymbol{x}_N = \boldsymbol{B}^{-1}\boldsymbol{b} \\ 1 \cdot 0 + \boldsymbol{O}\boldsymbol{x}_B + (\boldsymbol{c}_N - \boldsymbol{c}_B\boldsymbol{B}^{-1}\boldsymbol{N})\boldsymbol{x}_N = \boldsymbol{c}_B\boldsymbol{B}^{-1}\boldsymbol{b} \end{cases}$$

它显然可表示(即在基 $\boldsymbol{B}$ 下的单纯形表)为表 1.3.1.

表 1.3.1

z	$\boldsymbol{x}_B$	$\boldsymbol{x}_N$		
0	$\boldsymbol{I}$	$\boldsymbol{B}^{-1}\boldsymbol{N}$	$\boldsymbol{B}^{-1}\boldsymbol{b}$	$\boldsymbol{x}_B$
1	$\boldsymbol{O}$	$\boldsymbol{c}_N-\boldsymbol{c}_B\boldsymbol{B}^{-1}\boldsymbol{N}$	$\boldsymbol{c}_B\boldsymbol{B}^{-1}\boldsymbol{b}$	z

因为 $\boldsymbol{B}^{-1}\boldsymbol{A}=\boldsymbol{B}^{-1}(\boldsymbol{B},\boldsymbol{N})=(\boldsymbol{I},\boldsymbol{B}^{-1}\boldsymbol{N})$,且

$$\boldsymbol{c}-\boldsymbol{c}_B\boldsymbol{B}^{-1}\boldsymbol{A}=(\boldsymbol{c}_B,\boldsymbol{c}_N)-(\boldsymbol{c}_B,\boldsymbol{c}_B\boldsymbol{B}^{-1}\boldsymbol{N})=(0,\boldsymbol{c}_N-\boldsymbol{c}_B\boldsymbol{B}^{-1}\boldsymbol{N})$$

这样基 $\boldsymbol{B}$ 下的单纯形表可简写为表 1.3.2 或表 1.3.3(它更为常用).

表 1.3.2

$\boldsymbol{x}$		
$\boldsymbol{B}^{-1}\boldsymbol{A}$	$\boldsymbol{B}^{-1}\boldsymbol{b}$	$\boldsymbol{x}_B$
$\boldsymbol{c}-\boldsymbol{c}_B\boldsymbol{B}^{-1}\boldsymbol{A}$	$\boldsymbol{c}_B\boldsymbol{B}^{-1}\boldsymbol{b}$	z

表 1.3.3

	$\boldsymbol{x}$	
$\boldsymbol{x}_B$	$\boldsymbol{B}^{-1}\boldsymbol{A}$	$\boldsymbol{B}^{-1}\boldsymbol{b}$
$\boldsymbol{\sigma}$	$\boldsymbol{c}-\boldsymbol{c}_B\boldsymbol{B}^{-1}\boldsymbol{A}$	z

同时我们也可看出:若初表中 $\boldsymbol{B}=\boldsymbol{I}$,显然它对应了通常标准形的 LP 问题,这对于系统约束为 $\boldsymbol{Ax}\leqslant\boldsymbol{b}$ 的情形是方便的,此时可化为

$$(\boldsymbol{A},\boldsymbol{I})\begin{pmatrix}\boldsymbol{x}\\ \tilde{\boldsymbol{x}}\end{pmatrix}=\boldsymbol{b}$$

这里 $\boldsymbol{x}$ 为系统变元,$\tilde{\boldsymbol{x}}$ 为松弛变元,显然它首先可给出问题的一个基本可行解. 下面我们举例说明此方法.

例 1.3.3 求解 LP 问题

$$\text{V}:\max\ z=2x_1+3x_2$$

$$(*)\qquad \text{s.t.}\begin{cases}2x_1+2x_2\leqslant 12\\ x_1+2x_2\leqslant 8\\ 4x_1\leqslant 16\\ 4x_2\leqslant 12\\ x_1,x_2\geqslant 0\end{cases}$$

解 ① 先将问题(*)标准化

$$\text{V}:\max\ z=2x_1+3x_2$$

$$\text{s.t.}\begin{cases}2x_1+2x_2+x_3=12\\x_1+2x_2+x_4=8\\4x_1+x_5=16\\4x_2+x_6=12\\x_1\sim x_6\geqslant 0\end{cases}$$

一般来讲，若系统变元为 n 个，则其约束中至多有 n 个有效(无关) 等式，对于不等式约束而言，情况则不同. 原问题由两个变元的不等式组化为 6 个变元的等式组后，有效约束等式可增至 6 个(注意松弛变元的引入).

由于松弛变元的引入，它们的系统向量恰好构成一个单位阵，这些变元首先作为基变元是合适和方便的. 当然，若系统约束中有等式，且其中某个变元所对应的 $\boldsymbol{A}$ 的列向量为 $\boldsymbol{e}_i$，则该约束无需添加松弛变元，同时相应的 x_i 可作为基变元.

这样立刻有 $\boldsymbol{x}^{(1)}=(0,0,12,8,16,12)$，严格地写，应是 $\boldsymbol{x}^{(1)\mathrm{T}}$，以下均简记如此.

② 求(非基变元) 检验数.

我们从前面分析中了解到检验数 σ 的含义(其实际意义是指某非基变元置换基元一个单位的产品数量所引起的目标函数值的贡献)，因而在作基变元调整时，当考虑 $\boldsymbol{\sigma}_N$ 中(注意基变元检验数皆为 0 的事实) 正值大的相应变元进基(它可导致目标函数增加较快). 注意到 $\boldsymbol{\sigma}_N=\boldsymbol{c}_N-\boldsymbol{c}_B\boldsymbol{B}^{-1}\boldsymbol{N}$ 中因为 $\boldsymbol{B}=\boldsymbol{I}$，因而有

$$\boldsymbol{\sigma}_N=\boldsymbol{c}_N-\boldsymbol{c}_B\boldsymbol{N}$$

请注意：$\boldsymbol{\sigma}_N$ 表示下一次迭代与本次迭代时目标函数值的变化，它实际上是对上一步迭代后的检验，这一点我们前面已指出过. 这样它可直接由表上算得(每列表头数减去基系数与该列向量数积).

③ 确定进基变元.

由于检验数的实际(经济) 意义，当目标函数求最大时，倘有非基变元检验数为正，此时应考虑实施变换 —— 换基. 当然换基时应考虑效果最佳者，即正检验数最大的变元换到基中，称为**进基变元**. 注意到非基变元检验数中

$$\max\{2,3\}=3$$

这样应选 x_2 为进基变元(在相应检验数处标上“↑”).

④ 选出基变元.

选定进基变元后，还应考虑替换对象，哪个变元出基(基变元个数是固定的). 再考虑进基变元相应列向量 $\boldsymbol{a}_j$ 与 $\boldsymbol{b}$ 分量比值的实际意义为产出系数(效率)，显然其越小越不好(注意到 $\boldsymbol{b}$ 为资源系数，$\boldsymbol{a}_j$ 为资源消耗系数)，这样的基变元应先考虑出基(从数学意义上讲，这样做可保证迭代原解的可行性).

应该指出的是：$\boldsymbol{a}_j$ 中的 0 和负数(即 $\leqslant 0$ 的分量) 在$\dfrac{\boldsymbol{b}}{\boldsymbol{a}_j}$(这里指相应分量比) 中不必计算(下式中"—" 表示)，这样由

$$\min\left\{\frac{12}{2},\frac{8}{2},-,\frac{12}{4}\right\}=3$$

而 x_6 出基，且称基为**出基变元**；a_{42}(在相应行的最右端标上"→" 进出基变元列、行交汇处元素) 为**枢轴元素**(在每步迭代中，矩阵的行初等变换实则相当于乘以某个矩阵，该矩阵几何意义是一次旋转变换，此可视为旋转中心)，且标以[　]. 此外表中 z' 表示用 $\boldsymbol{x}'$ 代入目标函数的值，它的计算可从表中 $\boldsymbol{c}_B^{\mathrm{T}}\boldsymbol{b}$ 得到.

⑤ 实施矩阵初等变换.

接下来是对 $\boldsymbol{A}$ 进行初等变换(其几何意义相当于作一次**旋转变换**)，以使 x_2，x_3，x_4，x_5 相应的基组成的矩阵化为单位矩阵(注意务必是以 x_2 行系数乘以某因子去与其他行系数加减的行初等变换，方可使 $\boldsymbol{I}$ 的其他列不变)，这样直接可从表中找出 $\boldsymbol{x}^{(2)}$ 来.

其实我们只需在以 x_2 行系数为基准的行初等变换中设法使 $\boldsymbol{a}_2$ 化为(0,0,0,1) 即可.(若每步按规定运算总可以保证 $\boldsymbol{b}\geqslant\boldsymbol{0}$) 详见表 1.3.4.

表 1.3.4

	$\boldsymbol{c}$		2	3	0	0	0	0	$\boldsymbol{b}$	$\boldsymbol{b}/\boldsymbol{a}_i$
	$\boldsymbol{c}_B$	$\boldsymbol{x}_B$	x_1	x_2	x_3	x_4	x_5	x_6		
(Ⅰ)	0	x_3	2	2	1				12	6
	0	x_4	1	2		1			8	4
	0	x_5	4				1		16	—
	0	x_6		[4]				1	12	$\overrightarrow{3}$
	$\boldsymbol{\sigma}_N$		2	3↑					$z^{(1)}=0$	

还要强调一点，与进出基无关的原来的基向量 $\boldsymbol{a}_3$，$\boldsymbol{a}_4$，$\boldsymbol{a}_5$ 在实施行初等变换中是不变的(由单位矩阵性质可推得)，这样需计算的列可以减少许多.

重复上面步骤，直至全部非基变元检验数皆非正，此时已获最优解.

简言之，单纯形表解步骤是：(1) 给出初始基本可行解(可行域顶点)，(2) 通过求 $\boldsymbol{\sigma}_N$ 确定进出基变元(换基) 后，再通过矩阵变换(旋转) 最快地求出改进解直至最优.

其余求解迭代(表解) 过程如表 1.3.5 所示.

表 1.3.5

	c		2	3	0	0	0	0	b	b/a_i
	c_B	x_B	x_1	x_2	x_3	x_4	x_5	x_6		
(Ⅱ)	0	x_3	2		1			$-\frac{1}{2}$	6	3
	0	x_4	[1]			1		$-\frac{1}{2}$	2	$\to$ 2
	0	x_5	4				1	0	16	4
	3	x_2		1				$\frac{1}{4}$	3	—
	σ_N		2 ↑					$-\frac{3}{4}$	$z^{(2)}=9$	
	0	x_3	0	0	1	-2	0	$\left[\frac{1}{2}\right]$	2	4
	2	x_1	1	0	0	1	0	$-\frac{1}{2}$	2	—
	0	x_5	0	0	0	-4	1	2	8	$\to$ 4
	3	x_2	0	1	0	0	0	$\frac{1}{4}$	3	12
	σ_N					-2.5		$\frac{1}{4}$ ↑	$z^{(3)}=13$	
	0	x_3	0	0	1	-1	$-\frac{1}{4}$	0	0	
	2	x_1	1	0	0	0	$\frac{1}{4}$	0	4	
	0	x_6	0	0	0	-2	$\frac{1}{2}$	1	4	
	3	x_2	0	1	0	$\frac{1}{2}$	$-\frac{1}{8}$	0	2	
	σ_N					$-\frac{3}{2}$	$-\frac{1}{4}$		$z^*=14$	

严格地讲，表头中 $\boldsymbol{c}_B$ 应为 $\boldsymbol{c}_B^{\mathrm{T}}$，为方便，记此为 $\boldsymbol{c}_B$（符号 $\boldsymbol{c}_B$ 表示行向量还是列向量，要根据能实施矩阵运算为准，余亦然，今后不再一一声明）.

这里还需说明几点：

(1) 检验数或产出系数有几个相同时，一般遵循下列原则处理：

下标较小者先进基，下标较大者先出基.

实际上它对计算结果无影响，但是哪个迭代得更快，这时还较难判定.

(2) 每步迭代均可给出相应的基本可行解：

（Ⅰ）给出 $\boldsymbol{x}_1=(0,0,12,8,16,12)$.

（Ⅱ）给出 $\boldsymbol{x}_2=(0,3,6,2,16,0)$.

（Ⅲ）给出 $\boldsymbol{x}_3=(2,3,2,0,8,0)$.

（Ⅳ）给出 $\boldsymbol{x}_4=(4,2,0,0,0,4)$.

且 $\boldsymbol{x}^*=\boldsymbol{x}_4=(4,2)$，同时 $z^*=14$.

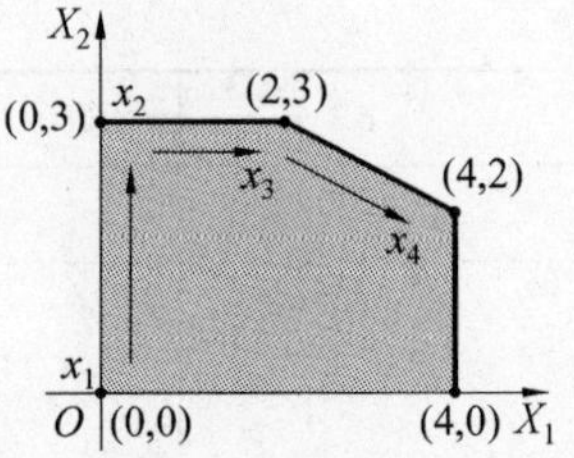

图 1.3.6

容易看出：单纯形法的迭代过程几何意义是（图 1.3.6）

每次解的迭代均是在可行域顶点处（徘徊）选择，每次解（注意解向量中的前两个分量，即斜体数字者）均为可行域的顶点（更确切地讲，若 LP 非退化，每迭代一次所得基本可行解与上次的基本可行解为相邻的顶（极）点）.

而迭代方向（顺逆时针）是由进出基准则而定（显然这有时会影响迭代收敛的速度，如本例似乎逆时针方向迭代收敛较快，但这是相对的）.

(3) 每次迭代所得（基本可行）解的目标函数值 $z^{(k)}=\boldsymbol{c}_B\boldsymbol{x}_B^{(k)}$，可在表上直接算出，这里 k 表示第 k 步迭代.

(4) 由 $\boldsymbol{\sigma}_B=\mathbf{0}$（即基变元检验数为 $\mathbf{0}$），故每次计算时只需求 $\boldsymbol{\sigma}_N$ 即非基变元检验数便可.

(5) 前面我们已经说过，在实施行初等变换时，未变动的基变元（仍在基变元中者）相应的列向量（它们均系组成单位矩阵的向量）不变，这样在表格迭代时无需计算它们. 只需注意到（若 $a_{11}\neq 0$ 时）若矩阵

$$\begin{pmatrix} a_{11} & 0 & 0 & \cdots & 0 \\ a_{21} & 1 & 0 & \cdots & 0 \\ a_{31} & 0 & 1 & \cdots & 0 \\ \vdots & \vdots & \vdots & & \vdots \\ a_{m1} & 0 & 0 & \cdots & 1 \end{pmatrix}_{m\times n} \xrightarrow[\text{（行变）}]{\text{化为}} \begin{pmatrix} 1 & \\ 0 & \\ \vdots & \boldsymbol{B}' \\ 0 & \end{pmatrix}_{m\times n}$$

时，其中

$$\boldsymbol{B}'=\begin{pmatrix} 0 & 0 & \cdots & 0 \\ 1 & 0 & \cdots & 0 \\ 0 & 1 & \cdots & 0 \\ \vdots & \vdots & & \vdots \\ 0 & 0 & \cdots & 1 \end{pmatrix}_{m\times(n-1)}$$

并无变化.

(6) 由于矩阵行初等变换有性质

$$(\boldsymbol{A} \vdots \boldsymbol{I}) \xrightarrow{\text{行初等变换}} (\boldsymbol{I} \vdots \boldsymbol{A}^{-1})$$

这样我们从单纯形表解法中也可求得(或找到)某些矩阵的逆阵来. 容易看出,若记 $\boldsymbol{I}=(\boldsymbol{e}_1,\boldsymbol{e}_2,\boldsymbol{e}_3,\boldsymbol{e}_4)$,则

$$\begin{pmatrix} 1 & -1 & 0 & -\frac{1}{4} \\ 0 & 0 & 0 & \frac{1}{4} \\ 0 & -2 & 1 & \frac{1}{2} \\ 0 & \frac{1}{2} & 0 & -\frac{1}{8} \end{pmatrix}$$

是

$$\begin{pmatrix} 1 & 2 & 2 & 0 \\ 0 & 1 & 2 & 0 \\ 0 & 4 & 0 & 0 \\ 0 & 0 & 4 & 1 \end{pmatrix}$$

$$\begin{matrix} \downarrow & \downarrow & \downarrow & \downarrow \\ \boldsymbol{e}_1 & \boldsymbol{e}_2 & \boldsymbol{e}_4 & \boldsymbol{e}_3 \end{matrix} \quad \text{(行初等变换后变成)}$$

的逆矩阵,这里只需注意到若记 $\boldsymbol{A}=(\boldsymbol{a}_1,\boldsymbol{a}_2,\boldsymbol{a}_3,\boldsymbol{a}_4)$,$\boldsymbol{A}^{-1}=(\boldsymbol{b}_1,\boldsymbol{b}_2,\boldsymbol{b}_3,\boldsymbol{b}_4)$,则 $\boldsymbol{A}\boldsymbol{A}^{-1}=\boldsymbol{I}$.

这样当 $\boldsymbol{A}$ 经初等变换化为基矩阵,即单位矩阵 $\boldsymbol{I}_1$ 的某些列 $\boldsymbol{e}_i,\boldsymbol{e}_j,\boldsymbol{e}_k,\boldsymbol{e}_l$(这里 i,j,k,l 是 $1\sim4$ 的一个排列)时,原来的基矩阵 $\boldsymbol{I}_0$ 变化后的矩阵,即为 $\boldsymbol{A}^{-1}$ 的相应的列,注意 $\boldsymbol{b}_i,\boldsymbol{b}_j,\boldsymbol{b}_k,\boldsymbol{b}_l$ 与 $\boldsymbol{e}_i,\boldsymbol{e}_j,\boldsymbol{e}_k,\boldsymbol{e}_l$(在单位阵中)位置必须相对应,这种关系在表解每步迭代中皆可找出.

(7) 终表(最优解求得时,若它存在的话)基变元$(x_i,x_j,\cdots,x_k,x_l)$所对应 $\boldsymbol{A}$ 中的列向量 $\boldsymbol{a}_i,\boldsymbol{a}_j,\cdots,\boldsymbol{a}_k,\boldsymbol{a}_l$ 组成的矩阵$(\boldsymbol{a}_i,\boldsymbol{a}_j,\cdots,\boldsymbol{a}_k,\boldsymbol{a}_l)$称为最优基.

6. 单纯形表解法的一种新的换基方法

美国数学家 G. B. Dantzig 于 1947 年提出的单纯形法是解线性规划问题最为有效的方法,并且使得利用计算机解线性规划成为可能. 单纯形法解线性规划的算法流程图如图 1.3.7 所示.

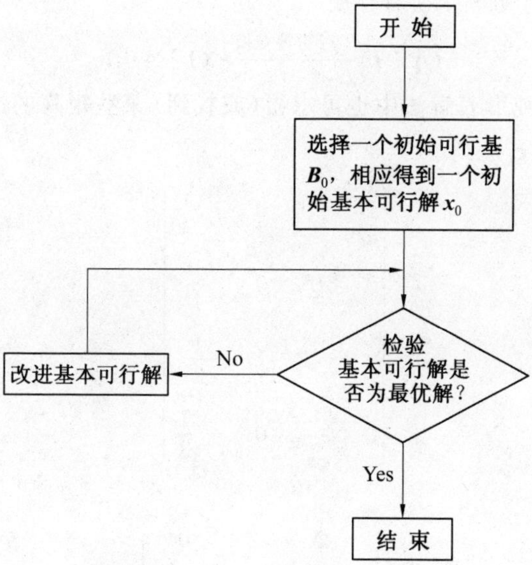

图 1.3.7　单纯形法算法流程图

单纯形法解线性规划问题，首先要求其数学模型为标准形

$$\max\{\boldsymbol{cx} \mid \boldsymbol{Ax} = \boldsymbol{b}, \boldsymbol{x} \geqslant \boldsymbol{0}\} \tag{1}$$

其中 $\boldsymbol{A} = (\boldsymbol{p}_1, \boldsymbol{p}_2, \cdots, \boldsymbol{p}_n) \in \mathbf{R}^{m\times n}, \boldsymbol{c} \in \mathbf{R}^n, \boldsymbol{b} \in \mathbf{R}^m, \boldsymbol{x} = (x_1, x_2, \cdots, x_n)^{\mathrm{T}}$.

在单纯形法解线性规划问题中，判别基本可行解是否为最优解的准则为：计算每一非基变元的检验数，如果所有非基变元的检验数非正，则该基本可行解为最优解，否则就不是最优解. 如果检验发现基本可行解不是最优解，那么改进基本可行解的方法为：首先从非基变元中选择一个进基变元，传统的方法是选择检验数大于零的最大者作为进基变元(下称 Dantzig 进基准则)，然后再从基变元中选择产出系数非负中的最小者为出基变元. 相应得到一个新的基和新的基本可行解. 下面我们介绍另一种基方法.

(1) 一种新的选择进基变元的方法准则 —— 最大增量进基准则

如上所述，在改进基本可行解的过程中，选择进基变元的传统方法是选择检验数大于零的最大者作为进基变元，如果遇到多个最大者时一般选取下标较小的进基. 由于非基变元的检验数表示的是非基变元置换基变元一个单位的资源数量所引起的目标值的改变，因此这样选择粗略地认为可以导致目标函数增加较快. 事实上，这样选择的考虑并不全面，因为引起目标函数的变化不仅与非基变元的检验数(置换基变元单位资源替代率) 有关，而且还与其置换出基变元后的产出量(产出系数）有关. 为此我们给出一个新的选择进基变元的方法准则，它基于下面的定理：

定理 1.3.8　已知 $\boldsymbol{B}$ 是 LP 问题(1) 的一个可行基. 若在基 $\boldsymbol{B}$ 下进行迭代：选择进基变元 x_k，其检验数

$$\sigma_k = c_k - \boldsymbol{c}_B \boldsymbol{B}^{-1} \boldsymbol{p}_k > 0$$

出基变元 x_1 满足

$$\theta_1 = \min_i \left\{ \frac{(\boldsymbol{B}^{-1}\boldsymbol{b})_i}{(\boldsymbol{B}^{-1}\boldsymbol{p}_k)_i} \,\middle|\, (\boldsymbol{B}^{-1}\boldsymbol{p}_k)_i > \boldsymbol{0} \right\} = \frac{(\boldsymbol{B}^{-1}\boldsymbol{b})_1}{(\boldsymbol{B}^{-1}\boldsymbol{p}_k)_1}$$

则有结论：

① 迭代后在下一步迭代中变元 x_1 不会进基；

② 迭代后新的基本可行解可使目标函数值增加 $\sigma_k\theta_1$.

证明　为了陈述方便，不妨设基 $\boldsymbol{B} = (\boldsymbol{p}_1, \boldsymbol{p}_2, \cdots, \boldsymbol{p}_m)$，出基变元为 x_m，进基变元为 x_n. 据已知条件有：在基 $\boldsymbol{B}$ 下

$$\sigma_n = c_n - \boldsymbol{c}_B \boldsymbol{B}^{-1} \boldsymbol{p}_n > 0$$

$$\theta_m = \min_i \left\{ \frac{(\boldsymbol{B}^{-1}\boldsymbol{b})_i}{(\boldsymbol{B}^{-1}\boldsymbol{p}_n)_i} \,\middle|\, (\boldsymbol{B}^{-1}\boldsymbol{p}_n)_i > \boldsymbol{0} \right\} = \frac{(\boldsymbol{B}^{-1}\boldsymbol{b})_m}{(\boldsymbol{B}^{-1}\boldsymbol{p}_n)_m}$$

其变元向量

$$\boldsymbol{x}_B = \boldsymbol{B}^{-1}\boldsymbol{b} \geqslant \boldsymbol{0}$$

目标函数值

$$z_B = (c_1, c_2, \cdots, c_m)\boldsymbol{B}^{-1}\boldsymbol{b} = \sum_{j=1}^{m} c_j (\boldsymbol{B}^{-1}\boldsymbol{b})_j$$

① 在基

$$\bar{\boldsymbol{B}} = (\boldsymbol{p}_1, \cdots, \boldsymbol{p}_{m-1}, \boldsymbol{p}_n)$$

下变元 x_m 的检验数为

$\bar{\sigma}_m = c_m - \boldsymbol{c}_{\bar{B}} \bar{\boldsymbol{B}}^{-1} \boldsymbol{p}_m =$

$$c_m - (c_1, c_2, \cdots, c_{m-1}, c_n) \begin{pmatrix} 1 & 0 & \cdots & 0 & -\dfrac{(\boldsymbol{B}^{-1}\boldsymbol{p}_n)_1}{(\boldsymbol{B}^{-1}\boldsymbol{p}_n)_m} \\ 0 & 1 & \cdots & 0 & -\dfrac{(\boldsymbol{B}^{-1}\boldsymbol{p}_n)_2}{(\boldsymbol{B}^{-1}\boldsymbol{p}_n)_m} \\ \vdots & \vdots & & \vdots & \vdots \\ 0 & 0 & \cdots & 1 & -\dfrac{(\boldsymbol{B}^{-1}\boldsymbol{p}_n)_{m-1}}{(\boldsymbol{B}^{-1}\boldsymbol{p}_n)_m} \\ 0 & 0 & \cdots & 0 & \dfrac{1}{(\boldsymbol{B}^{-1}\boldsymbol{p}_n)_m} \end{pmatrix} \boldsymbol{B}^{-1}\boldsymbol{p}_m =$$

$$c_m-(c_1,c_2,\cdots,c_{m-1},c_n)\begin{pmatrix}1&0&\cdots&0&-\frac{(\boldsymbol{B}^{-1}\boldsymbol{p}_n)_1}{(\boldsymbol{B}^{-1}\boldsymbol{p}_n)_m}\\0&1&\cdots&0&-\frac{(\boldsymbol{B}^{-1}\boldsymbol{p}_n)_2}{(\boldsymbol{B}^{-1}\boldsymbol{p}_n)_m}\\\vdots&\vdots&&\vdots&\vdots\\0&0&\cdots&1&-\frac{(\boldsymbol{B}^{-1}\boldsymbol{p}_n)_{m-1}}{(\boldsymbol{B}^{-1}\boldsymbol{p}_n)_m}\\0&0&\cdots&0&\frac{1}{(\boldsymbol{B}^{-1}\boldsymbol{p}_n)_m}\end{pmatrix}\begin{pmatrix}0\\0\\\vdots\\0\\1\end{pmatrix}=$$

$$c_m-\frac{c_n-\sum_{j=1}^{m-1}c_j(\boldsymbol{B}^{-1}\boldsymbol{p}_n)_j}{(\boldsymbol{B}^{-1}\boldsymbol{p}_n)_m}=$$

$$-\frac{c_n-\sum_{j=1}^{m}c_j(\boldsymbol{B}^{-1}\boldsymbol{p}_n)_j}{(\boldsymbol{B}^{-1}\boldsymbol{p}_n)_m}=$$

$$-\frac{c_n-c_B\boldsymbol{B}^{-1}\boldsymbol{p}_n}{(\boldsymbol{B}^{-1}\boldsymbol{p}_n)_m}=$$

$$-\frac{\sigma_n}{(\boldsymbol{B}^{-1}\boldsymbol{p}_n)_m}<0$$

因此在下一步迭代中变元 x_m 不会进基.

② 在基 $\bar{\boldsymbol{B}}=(\boldsymbol{p}_1,\cdots,\boldsymbol{p}_{m-1},\boldsymbol{p}_n)$ 下,基变元向量

$$\boldsymbol{x}_B=\bar{\boldsymbol{B}}^{-1}\boldsymbol{b}=\begin{pmatrix}1&0&\cdots&0&-\frac{(\boldsymbol{B}^{-1}\boldsymbol{p}_n)_1}{(\boldsymbol{B}^{-1}\boldsymbol{p}_n)_m}\\0&1&\cdots&0&-\frac{(\boldsymbol{B}^{-1}\boldsymbol{p}_n)_2}{(\boldsymbol{B}^{-1}\boldsymbol{p}_n)_m}\\\vdots&\vdots&&\vdots&\vdots\\0&0&\cdots&1&-\frac{(\boldsymbol{B}^{-1}\boldsymbol{p}_n)_{m-1}}{(\boldsymbol{B}^{-1}\boldsymbol{p}_n)_m}\\0&0&\cdots&0&\frac{1}{(\boldsymbol{B}^{-1}\boldsymbol{p}_n)_m}\end{pmatrix}\boldsymbol{B}^{-1}\boldsymbol{b}$$

考虑目标函数值

$$z_{\bar{B}}=(c_1,c_2,\cdots,c_{m-1},c_n)\bar{\boldsymbol{B}}^{-1}\boldsymbol{b}=$$

$$(c_1,c_2,\cdots,c_{m-1},c_n)\begin{pmatrix} 1 & 0 & \cdots & 0 & -\frac{(\boldsymbol{B}^{-1}\boldsymbol{p}_n)_1}{(\boldsymbol{B}^{-1}\boldsymbol{p}_n)_m} \\ 0 & 1 & \cdots & 0 & -\frac{(\boldsymbol{B}^{-1}\boldsymbol{p}_n)_2}{(\boldsymbol{B}^{-1}\boldsymbol{p}_n)_m} \\ \vdots & \vdots & & \vdots & \vdots \\ 0 & 0 & \cdots & 1 & -\frac{(\boldsymbol{B}^{-1}\boldsymbol{p}_n)_{m-1}}{(\boldsymbol{B}^{-1}\boldsymbol{p}_n)_m} \\ 0 & 0 & \cdots & 0 & \frac{1}{(\boldsymbol{B}^{-1}\boldsymbol{p}_n)_m} \end{pmatrix}\boldsymbol{B}^{-1}\boldsymbol{b}=$$

$$\left(c_1,c_2,\cdots,c_{m-1},\frac{c_n-\sum_{j=1}^{m-1}c_j(\boldsymbol{B}^{-1}\boldsymbol{p}_n)_j}{(\boldsymbol{B}^{-1}\boldsymbol{p}_n)_m}\right)\boldsymbol{B}^{-1}\boldsymbol{b}=$$

$$\left[(c_1,c_2,\cdots,c_{m-1},c_m)+\left(0,0,\cdots,0,\frac{c_n-\sum_{j=1}^{m}c_j(\boldsymbol{B}^{-1}\boldsymbol{p}_n)_j}{(\boldsymbol{B}^{-1}\boldsymbol{p}_n)_m}\right)\right]\boldsymbol{B}^{-1}\boldsymbol{b}=$$

$$(c_1,c_2,\cdots,c_{m-1},c_m)\boldsymbol{B}^{-1}\boldsymbol{b}+\left(0,0,\cdots,0,\frac{c_n-c_B\boldsymbol{B}^{-1}\boldsymbol{p}_n}{(\boldsymbol{B}^{-1}\boldsymbol{p}_n)_m}\right)\boldsymbol{B}^{-1}\boldsymbol{b}=$$

$$(c_1,c_2,\cdots,c_{m-1},c_m)\boldsymbol{B}^{-1}\boldsymbol{b}+(c_n-c_B\boldsymbol{B}^{-1}\boldsymbol{p}_n)\frac{(\boldsymbol{B}^{-1}\boldsymbol{b})_m}{(\boldsymbol{B}^{-1}\boldsymbol{p}_n)_m}=$$

$$z_B+\sigma_n\theta_m$$

从而定理得证.

根据定理1.3.8中的结论②得知,在单纯形法迭代过程中,目标函数值较前一步的增加量等于进基变元的检验数σ和其置换出基变元后产出系数θ的乘积.因此在单纯形法选择进基变元时,为了目标函数值增加较快,不应该选择非基变元中检验数σ最大者,而是应选择目标函数值增量$\sigma\cdot\theta$最大者.我们将这种选择进基变元的方法称为**最大增量进基准则**.即进基变元x_k满足条件

$$\sigma_k\theta_{lk}=\max_j\{\sigma_j\theta_{lj}\mid\sigma_j>0\}$$

其中(I为i的全体)

$$\theta_{lj}=\min_i\left\{\frac{(\boldsymbol{B}^{-1}\boldsymbol{b})_i}{(\boldsymbol{B}^{-1}\boldsymbol{p}_j)_i}\,\middle|\,(\boldsymbol{B}^{-1}\boldsymbol{p}_j)_I>0\right\}=\frac{(\boldsymbol{B}^{-1}\boldsymbol{b})_{li}}{(\boldsymbol{B}^{-1}\boldsymbol{p}_j)_{li}}$$

单纯形表解法迭代过程中,最大增量进基准则选择进出基变元的具体步骤为:

① 于所有检验数$\sigma_j>0$的非基变元,计算

$$\theta_{ij}=\min_i\left\{\frac{(\boldsymbol{B}^{-1}\boldsymbol{b})_i}{(\boldsymbol{B}^{-1}\boldsymbol{p}_j)_i}\,\middle|\,(\boldsymbol{B}^{-1}\boldsymbol{p}_j)_I>0\right\}=\frac{(\boldsymbol{B}^{-1}\boldsymbol{b})_{li}}{(\boldsymbol{B}^{-1}\boldsymbol{p}_j)_{li}}$$

② 对于所有检验数 $\sigma_j > 0$ 的非基变元计算其进基后使得目标函数的增量 $\Delta z = \sigma_j \theta_{lj}$，从中确定最大增量

$$\max_j \{\sigma_j \theta_{lj} \mid \sigma_j > 0\} = \sigma_k \theta_{lk}$$

依据最大增量进基准则选择非基变元 x_k 进基，相应的 x_{lk} 为出基变元.

(2) 两个例子

下面用最大增量进基准则求解例 1.3.3 问题(表 1.3.6).

表 1.3.6

$\boldsymbol{c}$		2.5	3	0	0	0	0	b	$\boldsymbol{b}/a_j$ $(\sigma_j > 0)$		
$\boldsymbol{c}_B$	$\boldsymbol{x}_B$	x_1	x_2	x_3	x_4	x_5	x_6				
0	x_3	2	2	1	0	0	0	12	6	6	
0	x_4	1	2	0	1	0	0	8	8	4	
0	x_5	[4]	0	0	0	1	0	16	→4	—	
0	x_6	0	4	0	0	0	1	12	—	3	
$\boldsymbol{\sigma}_N$		2.5↑	·3					$z=0$	$\boxed{10}$	9	Δz
0	x_3	0	2	1	0	$-1/2$	0	4	2		
0	x_4	0	[2]	0	1	$-1/4$	0	4	→2		
2.5	x_1	1	0	0	0	1/4	0	4	—		
0	x_6	0	4	0	0	0	1	12	3		
$\boldsymbol{\sigma}_N$			3↑			$-5/8$		$z=10$	$\boxed{6}$		Δz
0	x_3	0	0	1	-1	$-1/4$	0	0			
3	x_2	0	1	0	1/2	$-1/8$	0	2			
2.5	x_1	1	0	0	0	1/4	0	4			
0	x_6	0	0	0	-2	1/2	1	4			
$\boldsymbol{\sigma}_N$					$-3/2$		$-1/4$	$z^*=14$			

例 1.3.4 求解下面 LP 问题

$$\max z = 0.75x_1 - 150x_2 + 0.02x_3 - 6x_4$$

$$
\text{s.t.}\begin{cases}0.25x_1-60x_2-0.04x_3+9x_4+x_5=0\\0.5x_1-90x_2-0.02x_3+3x_4+x_6=0\\x_3+x_7=1\\x_1\sim x_7\geqslant 0\end{cases}
$$

解　后面我们将会介绍，若用通常进出基原则（Dantzig 准则）解，则会遇到迭代循环. 但使用这里的方法即最大增量进基准则法来解，仅需 3 步，且避免了循环，其过程见表 1.3.7.

表 1.3.7

$\boldsymbol{c}$		0.75	−150	0.02	−6	0	0	0	$\boldsymbol{b}$	$\boldsymbol{b}/a_j$ ($\sigma_j>0$)	
$\boldsymbol{c}_B$	$\boldsymbol{x}_B$	x_1	x_2	x_3	x_4	x_5	x_6	x_7			
0	x_5	0.25	−60	−0.04	9	1	0	0	0	0	—
0	x_6	0.5	−90	−0.02	3	0	1	0	0	0	—
0	x_7	0	0	[1]	0	0	0	1	1	—	$\overrightarrow{1}$
$\boldsymbol{\sigma}_N$		0.75	−150	0.02↑	−6				$z=0$	0.02	Δz
0	x_5	0.25	−60	0	9	1	0	0.04	0.04	0.16	
0	x_6	[0.5]	−90	0	3	0	1	0.02	0.02	$\overrightarrow{0.04}$	
0.02	x_3	0	0	1	0	0	0	1	1	—	
$\boldsymbol{\sigma}_N$		0.75↑	−150		−6			−0.02	$z=0.02$	0.03	Δz
0	x_5	0	−15	0	7.5	1	−0.5	0.03	0.03		
0.75	x_1	1	−180	0	6	0	2	0.04	0.04		
0.02	x_3	0	0	1	0	0	0	1	1		
$\boldsymbol{\sigma}_N$			−15		−10.5		−1.5	−0.05	$z^*=0.05$		

比较例 1.3.3 的前后两次迭代，显然使用后一准则时，其迭代次数有所减少，此处最大增量进基准则可以避免最大检验数进基准则中遇到最大检验数多于一个时选择进基变元的任意性和盲目性.

如上所说，后文我们将会看到对于例 1.3.4，如果使用 Dantzig 进基准则迭代会产生循环，使用最大增量进基准则避免了循环，问题获解.

1.4　单纯形法的进一步讨论

从单纯形方法(表解)可以看出:当约束条件为 $\boldsymbol{Ax} \leqslant \boldsymbol{b}$ 时,加上松弛变元化为等式约束后,约束方程系数矩阵中恰好含一个单位矩阵,选此单位阵为初始基或初始基矩阵对于求初始基本可行解,建初始单纯形表以及以后的迭代计算均十分方便.

但当约束条件不等式中有"$\geqslant$"或"$=$"时,将是另外一种情形 —— 为了继续在迭代开始构造一个**单位阵基**,往往添加人工变元(量)来实现此目的.这样人工变元的添加,势必给单纯形表解法带来新的课题,下面我们来看例子.

例 1.4.1　求解 LP 问题

$$\max z = 3x_1 - x_2 - x_3$$
$$\text{s.t.}\begin{cases} x_1 - 2x_2 + x_3 \leqslant 11 \\ -4x_1 + x_2 + 2x_3 \geqslant 3 \\ 2x_1 - x_3 = -1 \\ x_1, x_2, x_3 \geqslant 0 \end{cases} \qquad ①$$

解　先将约束标准化(目标函数已是求极大,故无需变动),即先将 $\boldsymbol{b}$ 变成非负,再添加松弛变元或减去剩余变元

$$\text{s.t.}\begin{cases} x_1 - 2x_2 + x_3 + x_4 = 11 \\ -4x_1 + x_2 + 2x_3 - x_5 = 3 \\ -2x_1 + x_3 = 1 \\ x_1 \sim x_5 \geqslant 0 \end{cases} \qquad ②$$

显然上面约束中无法找到可作为初始基的单位阵,为达此目的,需引入人工变元 x_6, x_7

$$\text{s.t.}\begin{cases} x_1 - 2x_2 + x_3 + x_4 = 11 \\ -4x_1 + x_2 + 2x_3 - x_5 \underset{\sim\sim}{+ x_6} = 3 \\ -2x_1 + x_3 \underset{\sim\sim}{+ x_7} = 1 \\ x_1 \sim x_7 \geqslant 0 \end{cases} \qquad ③$$

人工变元的引入仅仅是为"凑"出作为初始基的单位阵,而由于原来约束中已是等式,再引入此类虚拟变元后,它们应在基本解中取 0 值.

一般情况约束若为 $\boldsymbol{Ax} \geqslant \boldsymbol{b}$,则此时约束化为

$$(\boldsymbol{A}, -\boldsymbol{I}_1, \boldsymbol{I}_2)\begin{pmatrix}\boldsymbol{x}\\ \boldsymbol{x}_1\\ \boldsymbol{x}_2\end{pmatrix}=\boldsymbol{b}$$

其中，$\boldsymbol{x}_1$ 为松弛变元，$\boldsymbol{x}_2$ 为人工变元. 解决此类问题可通过增加目标约束或其他手段达此目的，比如用下面两种方法实现.

1. 大 M 法

此方法系在目标函数中减去人工变元与一个很大很大的正数 M 的积(此称罚函数)，这样，当基本可行解中人工变元非 0 时，此人工变元项将是一个大数，因它在目标函数中被减去，从而此解不可能最优(注意目标求极大). 换言之，在单纯形法表解迭代中，人工变元会很快出基.

下面我们来看看具体解法，在上例中，目标函数化为

$$\max z = 3x_1 - x_2 - x_3 - Mx_6 - Mx_7$$

接下来的单纯形表解见表 1.4.1.

表 1.4.1

c		3	−1	−1	0	0	−M	−M	b	θ
c_B	x_B	x_1	x_2	x_3	x_4	x_5	x_6	x_7		
0	x_4	1	−2	1	1				11	11
$-M$	x_6	−4	1	2		−1	1		3	3/2
$-M$	x_7	−2		[1]				1	1	→1
σ_N		$3-6M$	$-1+M$	$-1+3M$↑		$-M$				
0	x_4	3	−2		1			−1	10	—
$-M$	x_6		[1]			−1	1	−2	1	→1
−1	x_3	−2		1				1	1	—
σ_N		$-1+M$↑	$-M$			$1-3M$	—			
0	x_4	[3]			1	−2	2	−5	12	→4
−1	x_2		1			−1	1	−2	1	—
−1	x_3	−2		1				1	1	—
σ_N		1↑				−1	$1-M$	$-1-M$		
3	x_1	1			1/3	−2/3	2/3	−5/3	4	
−1	x_2		1			−1	1	−2	1	
−1	x_3			1	2/3	−4/3	4/3	−7/3	9	
σ_N		1↑			−1/3	−1/3	—	—	$z^*=2$	

注意:在每步求非基变的检验数 $\boldsymbol{\sigma}_N$ 比较它们大小时,M 是一个大数,即 $M \gg 1$,此时上表中,第 2、3 表里进基元素列仅有一个正数时,它应对应出基变元,这时枢轴元素只能是元素 1 和元素 3,这样做可免去由 θ 求出基变元的步骤.

由表有 $\boldsymbol{x}^* = (4,1,9,0,0,0,0)$,$z^* = 2$.

这里顺便提一下,从表 1.4.1 的迭代中可知:经第 1,2 两次迭代之后,人工变元 x_6,x_7 已出基,其实,它们一旦出基,余下的计算可省去,即表中虚线框内部分(当然对于一些无解的问题 —— 此时人工变量不退基 —— 例外)可略去(不必再计算).

不过,我们还想说明一点:若设原来的问题为(Ⅰ),而用大 M 法构造的新问题为(Ⅱ),则:

(1) 设(Ⅱ)有最优解 $\boldsymbol{x}^* = (\boldsymbol{x}_1, \boldsymbol{x}_2)$,其中 $\boldsymbol{x}_2 = (x_{n+1}, x_{n+2}, \cdots, x_{n+k})$ 为人工变元:若 $\boldsymbol{x}_2 = \boldsymbol{0}$,则问题(Ⅰ)有最优解 $\boldsymbol{x}_1$;若 $\boldsymbol{x}_2 \neq \boldsymbol{0}$,则问题(Ⅰ)无解.

(2) 设(Ⅱ)有无界解:若 $\boldsymbol{x}_2 = \boldsymbol{0}$,则问题(Ⅰ)也有无界解;若 $\boldsymbol{x}_2 \neq \boldsymbol{0}$,则问题(Ⅰ)无解.

还有一点要说明的是:实算中(计算机程序)大 M 法里的 M 需适当赋值,若 M 赋值过大,则容易引起计算误差;而 M 赋值过小,则影响求解过程的实施.

下面介绍另一种方法.

2. 两阶段法

所谓两阶段法是经历下面两个阶段:

(1) 以人工变元之和为目标函数求其极小值(目的为消除人工变元,且为原问题求初始基本可行解或判断原问题无解);

(2) 回到原问题求其最优解(或断定其无解).

仍以例 1.4.1 为例说明此法. 先看第一阶段,即先求解下面 LP 问题

(目标)V:$\max w = x_6 + x_7$(标准化为 $\max(-w) = -x_6 - x_7$)

(约束)s. t. 仍为例 1.4.1 式 ③

于是我们有单纯形表 1.4.2.

容易看出:表中的迭代过程与大 M 法的迭代过程几乎无异.

同时我们应该看到:在该法第一阶段实施中可能会有下面情况发生:

(1)$w = 0$,人工变元皆非基变元;

(2)$w > 0$,原问题无可行解;

(3)$w = 0$,人工变元部分为基变元,但它们为 0,此系退化情形,这时可去掉引

起退化的约束继续求解.

表 1.4.2

c		0	0	0	0	0	−1		b	θ
c_B	x_B	x_1	x_2	x_3	x_4	x_5	x_6	x_7		
0	x_4	1	−2	1	1				11	11
−1	x_6	−4	1	2		−1	1		3	3/2
−1	x_7	−2		[1]				1	1	$\overrightarrow{1}$
σ_N		−6	1	$3^{\uparrow}$		−1				
0	x_4	3	−2		1			−1	10	—
−1	x_6		[1]			−1	1	−2	1	$\overrightarrow{1}$
0	x_3	−2		1				1	1	—
σ_N		0	$1^{\uparrow}$			−1		−3		
0	x_4	3			1	−2	2	−5	12	
0	x_2		1			−1	1	−2	1	
0	x_3	−2		1				1	1	
σ_N		0				0	−1	−1	$-w^*=0$	

由表 1.4.2 可知:$\boldsymbol{x}^*=(0,1,1,12,0,0,0)$,$-w^*=0$,由于人工变元 $x_6=x_7=0$,此时最优解可作为原问题初始基本可行解,因而可转入第二阶段(注意计算过程中 x_6,x_7 出基后,其表中相应部分即表中虚线框内部分可以不再计算),即求

$$\text{V}:\max z=3x_1-x_2-x_3$$

这样对于单纯形表来讲需更换表头及基变元系数.

但是,这只需在上表解基础上进行即可,上表中终表除虚线方框以外的数据可作为第二阶段迭代的初始表数据(但表头需改换,因为它表示了新问题的一个基本可行解).其实质是删去人工变元及所对应的系数列.因而有表 1.4.3.

由此可求得 $\boldsymbol{x}^*=(4,1,9,0,0,0,0)$,且 $z^*=2$.

这里应该强调几点:

(1) 有些原来问题中有等式约束时,若一些变元对应 $\boldsymbol{A}$ 中的列为单位矩阵 $\boldsymbol{I}$ 的某些列 $\boldsymbol{e}_i$,则此时的约束等式无需添加人工变元.

表 1.4.3

$\boldsymbol{c}$		3	-1	-1	0	0	$\boldsymbol{b}$	$\boldsymbol{\theta}$
$\boldsymbol{c}_B$	$\boldsymbol{x}_B$	x_1	x_2	x_3	x_4	x_5		
0	x_4	[3]			1	-2	12	$\overrightarrow{4}$
-1	x_2		1			-1	1	—
-1	x_3	-2		1		0	1	—
$\boldsymbol{\sigma}_N$		$1^{\uparrow}$				-1		
3	x_1	1			1/3	$-2/3$	4	
-1	x_2		1			-1	1	
-1	x_3			1	2/3	$-4/3$	9	
$\boldsymbol{\sigma}_N$					$-1/3$	$-1/2$	$z^* = 2$	

例如,求解 LP 问题

$$\max z = x_1 + 3x_2 + x_3$$

$$\text{s.t.}\begin{cases} x_2 + 2x_3 + x_4 = 4 \\ -x_1 + 2x_2 + x_3 + x_4 + x_5 = 4 \\ 3x_1 + 3x_3 + x_4 \leqslant 4 \\ x_1 \sim x_5 \geqslant 0 \end{cases}$$

这里 x_5 系数列为 $\boldsymbol{e}_2$,这样只需将问题约束化为

$$\begin{cases} x_2 + 2x_3 + x_4 + x_6 = 4 \\ -x_1 + 2x_2 + x_3 + x_4 + x_5 = 4 \\ 3x_1 + 3x_3 + x_4 + x_7 = 4 \\ x_1 \sim x_7 \geqslant 0 \end{cases}$$

这里 x_6 系人工变元,而 x_7 系松弛变元,它的其余解法见习题.

(2) 在两阶段法迭代过程中,某人工变元一旦出基,则可从表中删去此列(更不要再让它进基).

通常认为:以上两法相比较,手算时大 M 法比两阶段法简单,但在编制计算机程序时,由于大 M 法的赋值成了制约该方法的障碍(赋值太大,引起大误差,太小起不到惩罚作用).

顺便讲一句:若把大 M 法中的 M 视为参数,另在求解过程中把检验数向量分成两部分(且把 M 看成一个大数),先来考虑人工变元的影响,则大 M 法实际上已

化为两阶段法了.

3. 人工变元的避免

从上面计算过程我们可以看出:由于人工变元的引入,给 LP 的求解既带来方便,同时也带来了麻烦,于是人们会问道:

人工变元可以避免吗?

回答是肯定的[13]. 我们只需注意到表解单纯形法的关键,及人工变元引入的目的 —— 凑出一个以单位矩阵为基的基变元组,其关键仍在单位矩阵上.

如果我们先对问题中 $\boldsymbol{A}$ 实施行初等变换(当然 $\boldsymbol{b}$ 也要同时实施同样变换),目的是:

(1) 凑出一个单位矩阵 $\boldsymbol{I}_B$;

(2) $\boldsymbol{I}_B$ 中相应的行元素为 1 处所对应的行 $\boldsymbol{b}$ 中分量非负(如果 LP 问题有解,这一点是可以保证的,因为此时给出的基本解对应可行域的顶点,故它应为基本可行解,无解的情况另论). 即

$$(\boldsymbol{A} \mid \boldsymbol{b}) \xrightarrow{\text{行初等变换}} \left((\boldsymbol{I}_B \mid \boldsymbol{N}) \mid \begin{pmatrix} \boldsymbol{b}'_B \\ \boldsymbol{b}'_N \end{pmatrix} \right)$$

其中 $\boldsymbol{b}'_B \geqslant \boldsymbol{0}$.

这样接下去便可使用表解单纯形法了. 注意到由于人工变元的避免(未引入),即使在用表解之前对 $(\boldsymbol{A} \mid \boldsymbol{b})$ 实施行初等变换以凑得 $\boldsymbol{I}_B$,其计算量原则上讲少于人工变元引入后的变换,因而其计算量会相对减少,然而更重要的是:避免这个人为的变量的出现.

仍以前例为例,注意到

$$\left(\begin{array}{ccccc:c} 1 & -2 & 1 & 1 & & 11 \\ -4 & 1 & 2 & & -1 & 3 \\ -2 & & 1 & & & 1 \end{array}\right) \xrightarrow{\text{行初等变换}} \left(\begin{array}{ccccc:c} 3 & & & 1 & -2 & 12 \\ & 1 & & & -1 & 1 \\ -2 & & 1 & & & 1 \end{array}\right)$$

这其实相当于两阶段法中的第一阶段所实施的变换,接下去又用单纯形表解,如表 1.4.4.

表 1.4.4

c		3	−1	−1	0	0	b	θ
c_B	x_B	x_1	x_2	x_3	x_4	x_5		
0	x_4	[3]			1	−2	12	4 →
−1	x_2		1			−1	1	—
−1	x_3	−2		1			1	—
σ_N		1↑				−1		
3	x_1	1			1/3	−2/3	4	
−1	x_2		1			−1	1	
−1	x_3			1	2/3	−4/3	9	
σ_N					—	—	$z^*=2$	

因而最优解

$$x^*=(4,1,9,0,0),z^*=2$$

显然,它比引入人工变元运算要简便得多(如果一开始即以 x_1,x_2,x_3 为基变元对增广矩阵$(A\mid b)$实施行初等变换,可直接给出最优解来).不过从上例也可看出,在增广矩阵$(A\mid b)$实施行初等变换时,在保证$\tilde{b}$(b行变换后的值)非负,且从A中产生的形成单位矩阵的列向量不同(它们会对应不同的基变元),表解的始表也不同,这将影响迭代次数,倘若选得好,收敛较快;选得不好,可能要多迭代几步,即使如此,这通常仍比引入人工变元的计算量要少.

这种方法对于变元个数较多,但约束矩阵稀疏的情形(这里当然是考虑要加入人工变元的情形)更为方便,比如解下一章习题 4 中的(2).

此外,还有其他办法可以避免人工变元的引入,比如本章习题 19 的讨论.再者应用对偶单纯形法(见第 2 章)也可避免人工变元.

一般来说,对于线性规划问题,当有些约束条件出现等式"="或不等式"≥"时,人工变元的引入是不可避免的.通过人工变元(包括其他松弛变元)的引入,可把线性规划问题化为如下的标准形

$$\max z=cx$$
$$\text{s.t.}\begin{cases}Ax=b(b\geqslant 0)\\ x\geqslant 0\end{cases}\qquad (*)$$

模型(*)中约束系数矩阵 A 中包含一个 m 阶的单位阵,利用其作为初始可行

基，然后利用大 M 法或两阶段法进行求解．显然由于人工变元的引入，使线性规划问题的计算显得较为复杂．避免人工变元的改进算法，其理论依据是：

命题　线性规划问题可行解是基本可行解 $\Leftrightarrow$ 它的正分量所对应的约束矩阵列向量线性无关．

由于没有引入人工变量，所以模型（$*$）约束方程中仅包含原问题的系统变元和松弛变元，一般不存在一个 m 阶的单位阵．上述算法的基本思想为：

从 $\boldsymbol{A}$ 中找出 m 个列无关的向量组，然后对增广矩阵 $(\boldsymbol{A} \mid \boldsymbol{b})$ 实施行初等变换，使包含在 $\boldsymbol{A}$ 中的 m 个列无关的向量组化为 m 阶的单位阵，$\boldsymbol{b}$ 变为 $\boldsymbol{b}'$，如果 $\boldsymbol{b}' \geqslant \boldsymbol{0}$，说明已经找到了初始基本可行解，因此可利用单纯形法开始迭代，直到求出最优解；否则重新从 $\boldsymbol{A}$ 中挑选 m 个列无关的向量组重复上述步骤．

但在下面两种情况下除外：

(1) 线性规划问题无可行解．

设线性规划模型（$*$）的变元个数（包括系统变元与松弛变元）为 n，约束条件个数为 m，包含在 $\boldsymbol{A}$ 中的 m 个列无关的向量组组数最大数目为 C_n^m．那么当线性规划问题无可行解的时候采用两阶段法可以减少判断列向量无关组数．

(2) 线性规划问题存在多余的约束方程．

当线性规划模型（$*$）含有多余的约束方程，即有的约束方程可以用其他约束方程表达，这时约束方程系数矩阵 $\boldsymbol{A}$ 的秩小于 m．

对于情形(2) 如果 $\boldsymbol{A}$ 中不存在 m 个列无关的向量组，算法失效．但此时通过引入人工变量，利用两阶段法，可以删除多余的约束方程．请看下例．

例 1.4.2　求解下面的线性规划问题

$$\max z = 4x_1 + 3x_3$$

$$\text{s. t.} \begin{cases} \frac{1}{2}x_1 + x_2 + \frac{1}{2}x_3 - \frac{2}{3}x_4 = 2 & ① \\ \frac{3}{2}x_1 + \frac{3}{4}x_3 = 3 & ② \\ 3x_1 - 6x_2 + 4x_4 = 0 & ③ \\ x_1 \sim x_4 \geqslant 0 \end{cases}$$

引入人工变量 x_5, x_6, x_7，构造第一阶段的辅助问题

$$\min w = x_5 + x_6 + x_7 \text{（即} \max(-a) = -x_5 - x_6 - x_7\text{）}$$

$$
\text{s.t.}\begin{cases}\frac{1}{2}x_1+x_2+\frac{1}{2}x_3-\frac{2}{3}x_4+x_5=2\\ \frac{3}{2}x_1+\frac{3}{4}x_3+x_6=3\\ 3x_1-6x_2+4x_4+x_7=0\\ x_1\sim x_7\geqslant 0\end{cases}
$$

第一阶段的最终表如表 1.4.5 所示.

表 1.4.5

c						1	1	1	b	θ
c_B	x_B	x_1	x_2	x_3	x_4	x_5	x_6	x_7		
0	x_2		1	1/4	$-2/3$	1/2		$-1/12$	1	
1	x_6					$-3/2$	1	$-1/4$	0	
0	x_1	1		1/2		1		1/6	2	
σ_N						5/2		5/4		

第一阶段求出的结果为 $w^*=0$,最优解为 $x^*=(2,1,0,0,0,0,0)^T$.

注意到最终表的基变元含有人工变元 x_6,根据人工变元 x_6 所在行可以得出如下方程

$$
x_6=\frac{3}{2}x_5+\frac{1}{4}x_7
$$

这表明原问题的约束方程组中的 ② 为冗余方程(3/2 × 式 ① + 1/4 × 式 ③ 得式 ②),可以去掉.所以去掉第一阶段最终表 x_6 所在行及三个人工变量所在列,改换原问题目标函数的系数,进行第二阶段的计算,如表 1.4.6 所示.

表 1.4.6

c		4		3		b	θ
c_B	x_B	x_1	x_2	x_3	x_4		
0	x_2		1	[1/4]	$-2/3$	1	4
4	x_1	1		1/2		2	4
σ_N				1	0		

继续迭代,可得最优解为 $x^*=(0,0,4,0)^T$,最大目标函数值 $z^*=12$.

有人对此算法做了如下改进,参见参考文献[75].

当线性规划问题存在可行解以及不存在多余的约束方程时，可不引入人工变元，如果无关列向量选择适当，可以起到简化计算的作用. 应该注意到，该算法对增广矩阵($\boldsymbol{A} \vdots \boldsymbol{b}$) 实施行初等变换的目的是要找出初始的基本可行解，即使包含在 $\boldsymbol{A}$ 中的所选 m 个列无关的向量组化为 m 阶的单位阵，$\boldsymbol{b}$ 变为 $\boldsymbol{b}'$，并且 $\boldsymbol{b}' \geqslant \boldsymbol{0}$.

如果此目的达不到，还需要在 $\boldsymbol{A}$ 中重新选择 m 个列无关的向量组再次对增广矩阵($\boldsymbol{A} \vdots \boldsymbol{b}$) 实施行初等变换.

事实上，为了减少计算工作量，开始时并不需要对所有的约束方程系数实施行初等变换. 假设在 $\boldsymbol{A}$ 中选择的 m 个列无关的向量组所构成的 m 阶矩阵为 $\boldsymbol{B}$，在试探寻找初始基本可行解时只要对矩阵($\boldsymbol{B} \vdots \boldsymbol{b}$) 实施行初等变换就可以了，当 $\boldsymbol{B}$ 化为 m 阶的单位阵且 $\boldsymbol{b}^* \geqslant \boldsymbol{0}$，说明目的已达到，这时只要对其余的列向量实施同样的行初等变换，然后把结果反映在初始单纯形表就可以进行迭代了.

如果目的没有达到，则在 $\boldsymbol{A}$ 中重新选择 m 个列无关的向量继续试探. 当变量个数 n 比较大，约束方程个数 m 比较小时，可以节省不少计算工作量，下面以具体的例子来说明：

例 1.4.3　求解如下的线性规划问题

$$\min z = 5x_1 - 2x_2 + 3x_1 - 6x_4$$

$$\text{s. t.} \begin{cases} x_1 + 2x_2 + 3x_3 + 4x_4 \leqslant 7 \\ 2x_1 + x_2 + x_3 + 2x_4 \geqslant 3 \\ x_1 \sim x_4 \geqslant 0 \end{cases}$$

引入松弛变元 x_5, x_6 把上述线性规划问题化为如下形式

$$\min z = 5x_1 - 2x_2 + 3x_3 - 6x_4$$

$$\text{s. t.} \begin{cases} x_1 + 2x_2 + 3x_3 + 4x_4 + x_5 = 7 \\ 2x_1 + x_2 + x_3 + 2x_4 - x_6 = 3 \\ x_1 \sim x_6 \geqslant 0 \end{cases}$$

选择约束矩阵第 1 列、第 2 列为无关列组，对它们及约束条件右边值作行初等变换如下

$$\begin{pmatrix} 1 & 2 & \cdots & \vdots & 7 \\ 2 & 1 & \cdots & \vdots & 3 \end{pmatrix} \to \begin{pmatrix} 1 & 0 & \cdots & \vdots & -0.33 \\ 0 & 1 & \cdots & \vdots & 3.67 \end{pmatrix}$$

由于 $\boldsymbol{b}'$ 出现负分量(−0.33)，故重选约束矩阵第 1 列、第 3 列为无关列组，再次作初等变换为

$$\begin{pmatrix} 1 & 3 & \cdots & \vdots & 7 \\ 2 & 1 & \cdots & \vdots & 3 \end{pmatrix} \to \begin{pmatrix} 1 & 0 & \cdots & \vdots & -0.4 \\ 0 & 1 & \cdots & \vdots & 2.2 \end{pmatrix}$$

因此 $\boldsymbol{b}' \geqslant \boldsymbol{0}$，说明初始基本可行解已经找到，这时只要对其余列作同样的行初等变换，就可以满足单纯形迭代的要求，由此得到的初始单纯形表 1.4.7.

表 1.4.7

$\boldsymbol{c}$		5	-2	3	-6	0	0	$\boldsymbol{b}$	$\boldsymbol{\theta}$
$\boldsymbol{c}_B$	$\boldsymbol{x}_B$	x_1	x_2	x_3	x_4	x_5	x_6		
5	x_1	1	1/5		2/5	$-1/5$	$-3/5$	0.4	
3	x_3		3/5	1	6/5	2/5	1/5	2.2	
$\boldsymbol{\sigma}_N$			$-24/5$		$-58/5$	$-1/5$	12/5		

经过两次迭代可得到最优解为

$$\boldsymbol{x}^* = (7,0,0,0,0,11)^{\mathrm{T}}，且\ z^* = -35$$

1.5 关于解的讨论

对于两个变元的 LP 图解法告知，其解的情况如图 1.5.1 所示.

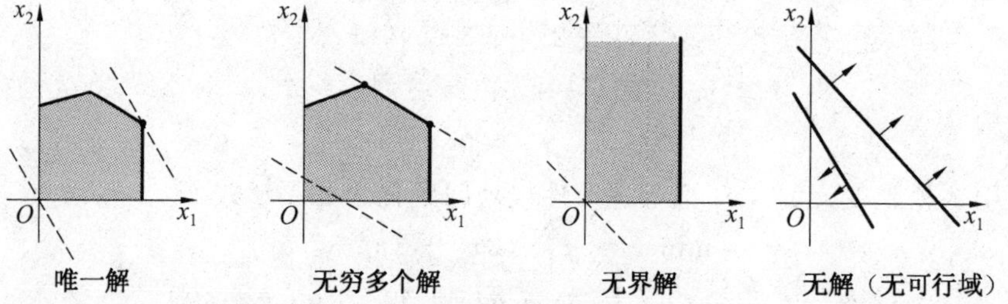

图 1.5.1

对于一般情形我们还可以证明下面的事实(见本章习题)：

若 $\max\{\boldsymbol{cx} \mid \boldsymbol{Ax} = \boldsymbol{b}, \boldsymbol{x} \geqslant \boldsymbol{0}\}$ 的单纯形终表非基变元检验数全小于 0，则该问题有唯一解.

若 LP 问题有两个最优解，则它有无穷多个最优解.

上述解的情况，在单纯形表解中如何体现？

(1)LP 的单纯形表解中，(最优) 终表里非基变元的检验数皆非正且有 0，相应的 $\boldsymbol{\theta}$ 不全为 0 时，则该问题有无穷多解.

例 1.5.1 求解 LP 问题

$$\max\ z = 4x_1 + 5x_2$$

$$\text{s.t.}\begin{cases}9x_1+4x_2\leqslant 36\\4x_1+5x_2\leqslant 20\\3x_1+10x_2\leqslant 30\\x_1,x_2\geqslant 0\end{cases}\xrightarrow{\text{标准化}}\begin{cases}9x_1+4x_2+x_3=36\\4x_1+5x_2+x_4=20\\3x_1+10x_2+x_5=30\\x_1\sim x_5\geqslant 0\end{cases}$$

考虑单纯形表解(表 1.5.1).

表 1.5.1

$\boldsymbol{c}$		4	5	0	0	0	$\boldsymbol{b}$	$\boldsymbol{\theta}$
$\boldsymbol{c}_B$	$\boldsymbol{x}_B$	x_1	x_2	x_3	x_4	x_5		
0	x_3	9	4	1			36	9
0	x_4	4	5		1		20	4
0	x_5	3	[10]			1	30	$\overrightarrow{3}$
$\boldsymbol{\sigma}_N$		4	$5^{\uparrow}$					
0	x_3	39/5		1		$-3/5$	24	120/39
0	x_4	[5/2]			1	$-1/2$	5	$\overrightarrow{2}$
5	x_2	3/10	1			1/10	3	10
$\boldsymbol{\sigma}_N$		$5/2^{\uparrow}$				$-1/2$		
0	x_3			1	$-78/25$	29/25	42/5	
4	x_1	1			2/5	$-1/5$	2	
5	x_2		1		$-3/25$	4/25	12/5	
$\boldsymbol{\sigma}_N$					-1	0	$z^*=20$	

(亦可先从表中提出 1/25 再演算,这样较简)至此已求得 $\boldsymbol{x}^*=(2,12/5,42/5,0,0)$,$z^*=20$(关于这一点可从目标函数及第 2 个约束中显见).

由于非基变元 x_5 检验数为 0,若以此为进基变元再行迭代一步(表 1.5.2),可得另一最优解 $\boldsymbol{x}^{**}=(100/29,36/29,0,0,210/29)$,$z^{**}=20$. 显然,它有无穷多最优解.(亦可先从表中提出 1/29 再演算)

当然如果继续迭代,可得另一最优解,因为此步迭代目标函数值未变,它们的凸组合亦为最优值.

表 1.5.2

0	x_3			25/29	$-78/29$	1	210/29
4	x_1	1		$-5/29$	$-4/29$		100/29
5	x_2		1	4/29	9/29		36/29
$\boldsymbol{\sigma}_N$				0	—		$z^* = 20$

关于多解情形更详细的结论是:[40][37]

①LP 单纯形表终表里非基变元检验数 σ_k 中仅有一个为 0(其余均小于 0),则此时的 $\theta=\min\left\{\dfrac{b'_i}{a'_{ik}}\middle|a_{ik}>0\right\}=0$ 时,该 LP 有唯一最优解(这里 a'_{ik},b'_k 为终表相应处系数).

它的实际意义是显然的:因为检验 σ_k 系指当非基变元 x_k 换入一个单位的资源数量时,目标函数值引起的变化.而 $\theta=0$ 即说此时的枢轴元素行的资源限制(系数)为 0,说明已无资源替换,故在下一步迭代中解不会产生变化.这时 LP 问题的(最优)解是唯一的.

②LP 单纯形表终表里某非基变元检验数 $\sigma_k=0$,且

$$\theta=\min\left\{\frac{b'_i}{a'_{ik}}\middle|a_{ik}>0\right\}\neq 0$$

(显然 >0)或不存在,则该 LP 问题有无穷多(最优)解.例如,求解 LP 问题

$$\max\ z=-2x_1+4x_2$$

$$\text{s.t.}\begin{cases}-3x_1+2x_2\leqslant 8 & ①\\ -2x_1+4x_2\geqslant 20 & ②\\ x_1,x_2\geqslant 0 & ③\end{cases}$$

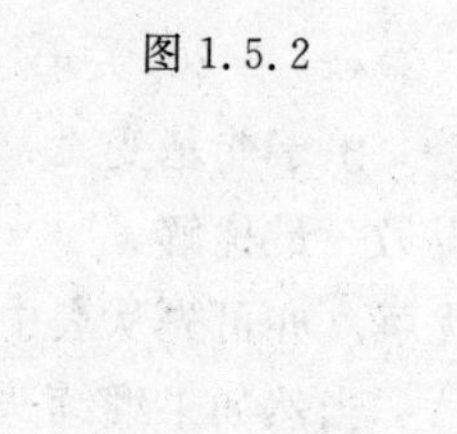

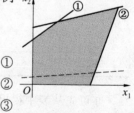

图 1.5.2

它的图解过程如图 1.5.2 所示,显然它有无穷多个最优解

$$\boldsymbol{x}^*=\left(1+\frac{1}{2}\alpha,\frac{11}{2}+\frac{1}{4}\alpha\right)\quad(\alpha\geqslant 0)$$

而单纯形表解法的终表如表 1.5.3 所示.

虽然此时已获最优解 $\boldsymbol{x}^*=\left(1,\dfrac{11}{2},0,0\right)$,可对于非基变元检验数为 0 的 x_3 而言,θ 值不存在(无法求得),但

$$\boldsymbol{x}^{**}=\boldsymbol{x}^{*}+\left(\frac{\alpha}{2},\frac{\alpha}{4},0,0\right)=\left(1+\frac{\alpha}{2},\frac{11}{2}+\frac{\alpha}{4},0,0\right)$$

亦为最优解.

表 1.5.3

		x_1	x_2	x_3	x_4	$\boldsymbol{b}$	$\boldsymbol{\theta}$
4	x_2		1	$-\frac{1}{4}$	$\frac{3}{8}$	$\frac{11}{2}$	—
-2	x_1	1		$-\frac{1}{2}$	$\frac{1}{4}$	1	—
$\boldsymbol{\sigma}_N$				0	-1		

对于 LP 的无穷多解情形,如何找出全部解以及其通解表示等有关文献谈及的不多,看上去好像有了完善的结论,然而问题也许不这么简单.如何寻找或表示出全部解?

对于 LP 问题无解(或有无界解)的情形,我们稍后再讨论,下面仅考虑其有一个解或无穷多解的情形.我们有以下结论:

定理 1.5.1　对于 LP 问题

$$\max\{\boldsymbol{cx}\mid \boldsymbol{Ax}=\boldsymbol{b},\boldsymbol{x}\geqslant \boldsymbol{0}\} \tag{1}$$

且变元符号约束记为 $\boldsymbol{Ix}\geqslant\boldsymbol{0}$,今记 $\boldsymbol{A}=\begin{pmatrix}\boldsymbol{\alpha}_1\\ \boldsymbol{\alpha}_2\\ \vdots\\ \boldsymbol{\alpha}_m\end{pmatrix}$,又记 $\boldsymbol{I}=\begin{pmatrix}\boldsymbol{\alpha}_{m+1}\\ \boldsymbol{\alpha}_{m+2}\\ \vdots\\ \boldsymbol{\alpha}_{m+n}\end{pmatrix}$,若秩

$$\begin{cases}\mathrm{r}(\boldsymbol{\alpha}_i)=\mathrm{r}\begin{pmatrix}\boldsymbol{\alpha}_i\\ \boldsymbol{c}\end{pmatrix}=r_i\quad(1\leqslant i\leqslant m+n)\\ \text{或}\qquad \mathrm{r}\begin{pmatrix}\boldsymbol{\alpha}_i\\ \boldsymbol{\alpha}_j\end{pmatrix}=\mathrm{r}\begin{pmatrix}\boldsymbol{\alpha}_i\\ \boldsymbol{\alpha}_j\\ \boldsymbol{c}\end{pmatrix}=r_2\quad(1\leqslant i\leqslant j\leqslant m+n)\\ \qquad\vdots\\ \text{或}\quad \mathrm{r}\begin{pmatrix}\boldsymbol{\alpha}_{i_1}\\ \boldsymbol{\alpha}_{i_2}\\ \vdots\\ \boldsymbol{\alpha}_{i_{m+n-1}}\end{pmatrix}=\mathrm{r}\begin{pmatrix}\boldsymbol{\alpha}_{i_1}\\ \vdots\\ \boldsymbol{\alpha}_{i_{m+n-1}}\\ \boldsymbol{c}\end{pmatrix}=r_{m+n-1}(1\leqslant i_1\leqslant i_2<\cdots<i_{m+n-1}\leqslant m+n)\end{cases} \tag{$\triangle$}$$

这里 $\mathrm{r}(\boldsymbol{A})$ 表示矩阵 $\boldsymbol{A}$ 的秩. 则如果(1) 有最优解在上述 $\boldsymbol{\alpha}_i$ 对应的超平面或交线上,该问题有无穷多个解.

定理的结论几乎是显然的,由此我们还有:

系 1 满足(△) 的 LP 问题(1) 可能存在多解.

系 2 若满足定理 1.5.1 的条件(△) 的 LP 问题有多解,则其解所构成单纯形的维数为 $n-r_k$.

在判断问题(1) 有多解后,我们来讨论如何求出且表示它们.

定理 1.5.2 对于 LP 问题 $\max(\text{或}\min)\{\boldsymbol{cx}\mid \boldsymbol{Ax}=\boldsymbol{b},\boldsymbol{x}\geqslant\boldsymbol{0}\}$,其中 $\boldsymbol{A}\in\mathbf{R}^{m\times n}$, $\boldsymbol{c}\in\mathbf{R}^n,\boldsymbol{b}\in\mathbf{R}^m,\boldsymbol{x}=(x_1,x_2,\cdots,x_m)^{\mathrm{T}},\mathrm{r}(\boldsymbol{A})=m$ 在单纯形法迭代中至多产生 $k(0\leqslant k\leqslant \mathrm{C}_n^m)$ 个最优解,对于非退化情形,它们均称为最优基本解.

定理的证明是显然的. 首先因为 LP 的可行域 D 至多有 C_n^m 个顶点,而最优解集 $X\subseteq D$,因此 X 是一个至多由 k 个极点张成的单纯形. 而非退化的单纯形法迭代中,是从 D 的某个顶点出发移至相邻的另一个顶点. 若是迭代已达最优,下一次迭代亦然,这些顶点恰好为最优解集的不同顶点,迭代产生的不同最优顶点最多只有 k 个,即在单纯形法迭代中至多产生 k 个最优解,且它们均为最优基本解.

定理 1.5.3 问题 $\max(\text{或}\min)\{\boldsymbol{cx}\mid \boldsymbol{Ax}=\boldsymbol{b},\boldsymbol{x}\geqslant\boldsymbol{0}\}$ 若有无穷多个最优解,则它们全部包含于单纯形法迭代产生的至多 $k(=n-r_k+1)$ 个不同最优基本解为顶点张成的凸集内.

关于定理的证明直接可由前面的结论得到. 注意到 LP 最优解集是凸集,且由凸组合性质有:

如果 $\boldsymbol{x}_1,\boldsymbol{x}_2,\cdots,\boldsymbol{x}_k$ 是(1) 的最优解,则 $\boldsymbol{x}^*=\sum\limits_{i=1}^{k}\lambda_i\boldsymbol{x}_i$ 亦为(1) 的最优解,其中 $0\leqslant\lambda_i\leqslant 1(i=1,2,\cdots,k)$,且 $\sum\limits_{i=1}^{k}\lambda_i=1$.

系 3 若 $\boldsymbol{x}_1,\boldsymbol{x}_2,\cdots,\boldsymbol{x}_k(0\leqslant k\leqslant \mathrm{C}_n^m)$ 是(1) 在单纯形法迭代中产生的 k 个不同的最优基本解,则该问题的通解(最优解集) 为

$$\boldsymbol{x}^*=\sum_{i=1}^{k}\lambda_i\boldsymbol{x}_i \tag{2}$$

其中 $0\leqslant\lambda_i\leqslant 1(i=1,2,\cdots,k)$,且 $\sum\limits_{i=1}^{k}\lambda_i=1$.

这样在单纯形法迭代中,当终表(最优表) 有非基变元检验数为 0 继续迭代时,由于不断变换着基变元,这样可产生 k 个不同的最优基本解,直至经若干步骤后迭

代出现循环，亦即给出了该问题的全部最优基本解，从而给出它的最优解集(2).

例 1.5.2　求解 LP 问题

$$\max z = 3x_1 - 6x_2 + 2x_3$$

$$\text{s.t.}\begin{cases} 3x_1 + 3x_2 + 2x_3 \leqslant 6 & ① \\ x_1 + 4x_2 + 8x_3 \leqslant 8 & ② \\ x_1, x_2, x_3 \geqslant 0 \end{cases}$$

解　由不等式 ① 与 $x_2 \geqslant 0$ 相应取等号后(代表平面) 的系数矩阵满足秩

$$\mathrm{r}\begin{pmatrix} 3 & 3 & 2 \\ 0 & 1 & 0 \end{pmatrix} = \mathrm{r}\begin{pmatrix} 3 & 3 & 2 \\ 0 & 1 & 0 \\ 3 & -6 & 2 \end{pmatrix} = 2$$

知原问题可能有多解，如果有多解，则有 $3-2+1=2$(个) 最优基本解，下面用单纯形法解之.将原 LP 问题化为标准形

$$\max z = 3x_1 - 6x_2 + 2x_3$$

$$\text{s.t.}\begin{cases} 3x_1 + 3x_2 + 2x_3 + x_4 = 6 \\ x_1 + 4x_2 + 8x_3 + x_5 = 8 \\ x_1, x_2, x_3, x_4, x_5 \geqslant 0 \end{cases}$$

单纯形表解如表 1.5.4 所示.

表 1.5.4

c		3	−6	2	0	0	**b**	**θ**
$\boldsymbol{c}_B$	$\boldsymbol{x}_B$	x_1	x_2	x_3	x_4	x_5		
0	x_4	[3]	3	2	1	0	6	$\overrightarrow{2}$
0	x_5	1	4	8	0	1	8	8
$\boldsymbol{\sigma}_N$		$3^{\uparrow}$	−6	2			—	
0	x_1	1	1	$\frac{2}{3}$	$\frac{1}{3}$	0	2	3
0	x_5	0	3	$\left[\frac{22}{3}\right]$	$-\frac{1}{3}$	1	6	$\overrightarrow{\frac{9}{11}}$
$\boldsymbol{\sigma}_N$			−9	$0^{\uparrow}$	−1		$z=6$	
3	x_1	1	$\frac{8}{11}$	0	$\frac{4}{11}$	$-\frac{1}{11}$	$\frac{16}{11}$	—
2	x_3	0	$\frac{9}{22}$	1	$-\frac{1}{22}$	$\left[\frac{3}{22}\right]$	$\frac{9}{11}$	$\overrightarrow{6}$
$\boldsymbol{\sigma}_N$			−9		−1	$0^{\uparrow}$	$z=6$	

经迭代后与前表相同,故通过单纯形表解法得到 LP 问题的两个最优基本解

$$\boldsymbol{x}_1=(2,0,0,0,6)^{\mathrm{T}} \text{ 与 } \boldsymbol{x}_2=\left(\frac{16}{11},0,\frac{9}{11},0,0\right)^{\mathrm{T}}$$

由前面系 2 可知解的维数为:$n-r=3-2=1$ 维,因此该问题的通解为

$$\boldsymbol{x}^*=\lambda_1\boldsymbol{x}_1+\lambda_2\boldsymbol{x}_2=\left(2\lambda_1+\frac{16}{11}\lambda_2,0,\frac{9}{11}\lambda_2,0,6\lambda_1\right)^{\mathrm{T}}$$

其中 $0\leqslant\lambda_i\leqslant 1(i=1,2)$,且 $\sum_{i=1}^{2}\lambda_i=1$. 它恰好代表线段 RM(图 1.5.3).

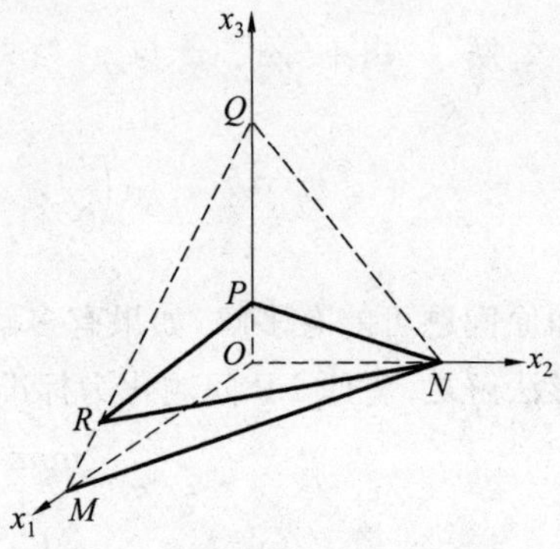

图 1.5.3

其几何意义:RM 是平面 $x_2=0$ 与 $3x_1+3x_2+2x_3=6$ 的交线,其方向矢量为

$$\left(\begin{vmatrix}3&2\\1&0\end{vmatrix},-\begin{vmatrix}3&2\\0&0\end{vmatrix},\begin{vmatrix}3&3\\0&1\end{vmatrix}\right)=(-2,0,3)$$

它与目标函数等值面

$$3x_1-6x_2+2x_3=k$$

平行,且等值面不与前面两平面的任何平面平行,故其仅有整个线段 RM 的最优解.

例 1.5.3 求解 LP 问题

$$\max\ z=x_1+x_2+\frac{2}{3}x_3$$

$$\text{s.t.}\begin{cases}3x_1+3x_2+2x_3\leqslant 6 & ①\\ x_1+4x_2+8x_3\leqslant 8 & ②\\ x_1,x_2,x_3\geqslant 0\end{cases}$$

解 由矩阵秩 $\mathrm{r}(3,3,2)=\mathrm{r}\begin{pmatrix}3&3&2\\1&1&\frac{2}{3}\end{pmatrix}=1$,可知原问题可能有多解,如果有多解,则将有 $3-1+1=3$(个) 最优基本解. 今解之,将原 LP 问题化为标准形

$$\max\ z=x_1+x_2+\frac{2}{3}x_3$$

$$\text{s.t.}\begin{cases}3x_1+3x_2+2x_3+x_4=6\\ x_1+4x_2+8x_3+x_5=8\\ x_1,x_2,x_3,x_4,x_5\geqslant 0\end{cases}$$

单纯形表解如表 1.5.5 所示.

表 1.5.5

c		1	1	$\frac{2}{3}$	0	0	**b**	**θ**
$\boldsymbol{c}_B$	$\boldsymbol{x}_B$	x_1	x_2	x_3	x_4	x_5		
0	x_4	[3]	3	2	1	0	6	$\overrightarrow{2}$
0	x_5	1	4	8	0	1	8	8
$\boldsymbol{\sigma}_N$		$1^{\uparrow}$	1	$\frac{2}{3}$			—	
1	x_1	1	1	$\frac{2}{3}$	$\frac{1}{3}$	0	2	2
0	x_5	0	[3]	$\left[\frac{22}{3}\right]$	$-\frac{1}{3}$	1	6	$\overrightarrow{2}$
$\boldsymbol{\sigma}_N$			$0^{\uparrow}$	0	-1		$z=2$	
1	x_1	1	0	$-\frac{16}{9}$	$\frac{4}{9}$	$-\frac{1}{3}$	0	—
1	x_2	0	1	$\left[\frac{22}{9}\right]$	$-\frac{1}{9}$	$\frac{1}{3}$	2	$\overrightarrow{\frac{9}{11}}$
$\boldsymbol{\sigma}_N$				$0^{\uparrow}$	$-\frac{1}{3}$	0	$z=2$	
1	x_1	1	$\frac{8}{11}$	0	$\frac{4}{11}$	$-\frac{1}{11}$	$\frac{16}{11}$	2
$\frac{2}{3}$	x_3	0	$\left[\frac{9}{22}\right]$	1	$-\frac{1}{22}$	$\frac{3}{22}$	$\frac{9}{11}$	$\overrightarrow{2}$
$\boldsymbol{\sigma}_N$			$0^{\uparrow}$		$-\frac{1}{3}$	0	$z=2$	

经迭代后与前表相同,故通过单纯形表解法得到 LP 问题的三个最优基本解

$$\boldsymbol{x}_1=(2,0,0,0,6)^{\mathrm{T}},\boldsymbol{x}_2=(0,2,0,0,0)^{\mathrm{T}},\boldsymbol{x}_3=\left(\frac{16}{11},0,\frac{9}{11},0,0\right)^{\mathrm{T}}$$

由系 2 知其解单纯形维数为 $n-r=3-1=2$ 维,因此该问题的通解为

$$\boldsymbol{x}^*=\lambda_1\boldsymbol{x}_1+\lambda_2\boldsymbol{x}_2+\lambda_3\boldsymbol{x}_3=\left(2\lambda_1+\frac{16}{11}\lambda_3,2\lambda_2,\frac{9}{11}\lambda_3,0,6\lambda_1\right)^{\mathrm{T}}$$

其中 $0\leqslant\lambda_i\leqslant 1(i=1,2,3)$,且 $\sum\limits_{i=1}^{3}\lambda_i=1$.它正好代表 $\triangle RMN$ 区域(图 1.5.4).

它的几何意义是明显的;因该问题目标函数等值面恰与平面 ① 平行,故其解为一个凸多边形区域.

其实在例 1.5.3 中的约束与例 1.5.2 的约束无异，只是目标函数不同而已. 由以上两例知，同样的约束，它既可以有一个三角形区域（无穷多）的最优解（2(维) 单纯形），同时也可使其仅有一线段（无穷多）的最优解（1 维单纯形，如例 1.5.2）. 一般来讲，在 $\mathbf{R}^3$ 中，当目标函数等值面与可行域某一界面平行时，它可能有一个多边形区域的最优解，它也可有一线段的最优解. 在本例中只需使目标函数等值面与平面 ①，② 交线平行，而不平行于任一平面，比如，令等值面法向量 $\boldsymbol{n}=(\alpha,\beta,\gamma)$ 满足

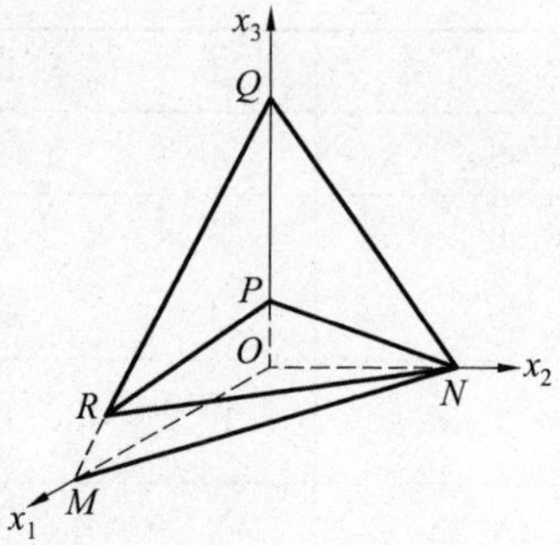

图 1.5.4

$$\alpha\begin{vmatrix}3 & 2\\4 & 8\end{vmatrix}-\beta\begin{vmatrix}3 & 2\\1 & 8\end{vmatrix}+\gamma\begin{vmatrix}3 & 3\\1 & 4\end{vmatrix}=0$$

即
$$16\alpha-22\beta+9\gamma=0$$

比如取 $\boldsymbol{n}=(18,9,10)$ 即可. 此时目标函数为 $\max z=18x_1+9x_2+10x_3$.

此外，例 1.5.2 也是类似的例子，反之亦然.

从图解方法中我们已经看到：LP 问题无解（无可行域）或有无界解的情形多发生在系统约束不等式中有“$\geqslant$”出现时. 这样无解或无界解情形多发生在有人工变元的情况下.

(2)LP（含有人工变元）的单纯形表解法里的两阶段法中，人工变元极小化阶段无解或虽有解但（终表）人工变元非 0，则该问题无最优解；在大 M 法中，终表人工变元不出基且非 0，该问题亦无最优解.

例 1.5.4 求解 LP 问题

$$\max z=x_1+2x_2$$
$$\text{s.t.}\begin{cases}-x_1+x_2\geqslant 1\\x_1+x_2\leqslant -1\\x_1,x_2\geqslant 0\end{cases}$$

问题模式化（化为标准形）后（x_5,x_6 是人工变元）用两阶段法. 先考虑

$$\min w=x_5+x_6\text{，即 }\max(-w)=-x_5-x_6$$
$$\text{s.t.}\begin{cases}-x_1+x_2-x_3+x_5=1\\-x_1-x_2-x_4+x_6=2\\x_1\sim x_6\geqslant 0\end{cases}$$

用单纯形表解如表 1.5.6 所示.

表 1.5.6

		0	0	0	0	-1	-1	$\boldsymbol{b}$
		x_1	x_2	x_3	x_4	x_5	x_6	
-1	x_5	-1	1	-1		1		1
-1	x_6	-1	-1		-1		1	2
$\boldsymbol{\sigma}_N$		-2	0	-1	-1			$-w^*=-3$

得 $\boldsymbol{x}^*=(0,0,0,0,1,2)$，$w^*=3$.

由于人工变元 x_5 或 x_6 不为 0，原问题无可行解.

再来看一个例子，它是用两阶段法.第一阶段 $w^*=0$ 时，全部人工变元虽为 0，但仍有人工变元在基中，它通常只需再迭代一步，将人工变元换出基之后，即可转入下一步计算了.

例 1.5.5　求解 LP 问题

$$\max z=-4x_1=3x_3$$

$$\text{s.t.}\begin{cases}\dfrac{1}{2}x_1+x_2+\dfrac{1}{2}x_3-\dfrac{2}{3}x_4=2\\[2mm]\dfrac{3}{2}x_1-\dfrac{1}{2}x_3=3\\[2mm]3x_1-6x_2+4x_4=0\\[2mm]x_1\sim x_4\geqslant 0\end{cases}$$

其模式化后引入人工变元 x_5,x_6,x_7，先考虑第一阶段

$$\text{V}:\max w=x_5+x_6+x_7，\text{即}\ \max(-w)=-x_5-x_6-x_7$$

其单纯形表解如表 1.5.7.

由此 $\boldsymbol{x}^*=(2,1,0,0,0,0,0)$，$w^*=0$，但人工变元 x_6 仍在基中(显然它是退化的情形)，注意到 x_6 行系约束

$$-\frac{5}{4}x_3-\frac{3}{2}x_5+x_6-\frac{1}{4}x_7=0$$

中，非人工变元 x_3 系数非 0，我们可以此为枢轴元素(先将表中第 2 式两边同乘 -1，注意到式右为0，故两边同乘 -1 对式右无影响)，先化为表1.5.8所示的形式，再迭代.

表 1.5.7

		0	0	0	0	-1	-1	-1	$\boldsymbol{b}$	$\boldsymbol{\theta}$
		x_1	x_2	x_3	x_4	x_5	x_6	x_7		
-1	x_5	1/2	1	1/2	$-2/3$	1			2	4
-1	x_6	3/2		$-1/2$			1		3	2
-1	x_7	[3]	-6		4			1	0	$\rightarrow 0$
$\boldsymbol{\sigma}_N$		5	-5	0	10/3					
…										
0	x_2		1	1/4	$-2/3$	1/2		$-1/12$	1	
-1	x_6			$-5/4$		$-3/2$	1	$-1/4$	0	
0	x_1	1		1/2		1		1/6	2	
$\boldsymbol{\sigma}_N$				$-5/4$	0	$-5/2$		$-5/4$	$w^*=0$	

表 1.5.8

0	x_2		1	1/4	$-2/3$	1/2		$-1/12$	1
-1	x_6			[5/4]		3/2	-1	1/4	0
0	x_1	1		1/2		1		1/6	2
$\boldsymbol{\sigma}_N$				$5/4\uparrow$	0	$-5/2$		$-5/4$	
0	x_2		1		$-2/3$	1/5	1/5	$-2/15$	1
0	x_3			1		6/5	$-4/5$	1/5	0
0	x_1	1				2/5	2/5	1/15	2
$\boldsymbol{\sigma}_N$					0	-1	-1	-1	$w^*=0$

此时 x_6 已出基，且 w 已最优，接下去可转入第二阶段.

(3)LP 的单纯形表解中(即 $\boldsymbol{\sigma}_N$ 中分量有大于 0 者，或解可改进) 进基变元列 $\boldsymbol{a}_{ip}\leqslant\boldsymbol{0}(i=1,2,\cdots,m)$，则该问题有无界解. 这是由于：

一旦 x_p 入基构成新解时，x_p 由 0 升值为 $q>0$，这样

$$x_i=b_i-qa_{ip}\geqslant 0$$

故 x_i 对任何 $q>0$ 均可行，则目标函数

$$z=\bar{z}\pm q\sigma_p,\text{当 } q\rightarrow\infty,\text{则 } z\rightarrow\infty$$

下面来看一个这方面的例子.

例 1.5.6　求解 LP 问题(图 1.5.5)

$$\max z = 2x_1 + 3x_2$$

$$\text{s.t.}\begin{cases} x_1 - x_2 \leqslant 2 \\ -3x_1 + x_2 \leqslant 4 \\ x_1, x_2 \geqslant 0 \end{cases} \xrightarrow{\text{标准化}} \begin{cases} x_1 - x_2 + x_3 = 2 \\ -3x_1 + x_2 + x_4 = 4 \\ x_1 \sim x_4 \geqslant 0 \end{cases}$$

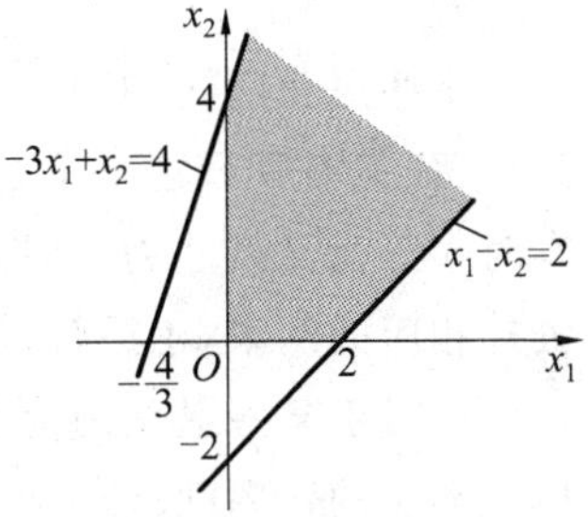

图 1.5.5

用单纯形表解如表 1.5.9 所示.

表 1.5.9

c_B	x_B	2 x_1	3 x_2	0 x_3	0 x_4	b	θ
0	x_3	1	−1	1		2	—
0	x_4	−3	[1]		1	4	→4
	σ_N	2	3↑				
0	x_3	−2		1	1	6	—
3	x_2	−3	1		1	4	—
	σ_N	11↑			−3		

此时 $\sigma_1 > 0$,知 x_1 应进基. 但 x_1 列系数均为负值,则最小比值规则失效. 但此时(注意到 x_4 是非基变元,其取值为 0) 约束系

$$\begin{cases} -2x_1 + x_3 = 6 \\ -3x_1 + x_2 = 4 \end{cases}, \text{即} \begin{cases} -2x_1 \leqslant 6 \\ -3x_1 + x_2 \leqslant 4 \end{cases}$$

首先 x_1 的增加会使目标函数值增大;再者 x_1 的增加仍为保持上两约束有效,从而原问题有无界解.

这里还想说明一点,对于无界解的情形,为了方便计算有时也称此问题无最优解. 因而无解的情形有时可认为有二:一是问题无可行解,一是问题无有界解. 这只是在某些情况下才去细分.

(4) 一个或多个基变元为 0 的基本可行解,称为退化的基本可行解(约束方程中 b 有 0 解).

有退化基本可行解的LP问题称为退化LP问题，显然退化LP问题的可行基不唯一.

有些退化问题如约束条件有线性相关者，可除去某个(些)约束条件以求得其最优解(见本章习题4)，又如约束条件中有线性相关的人工变元问题两阶段法中，有时人工变元虽然为0但仍在基中，而又无法让其转换出基(见例1.5.5)，这时可去掉相应的约束，尔后转入第二阶段仍可得到最优解(详见本章习题4).

但对于某些退化的情形，有时继续迭代而没能改善目标函数值，因而大大降低单纯形法的效率(收敛速度)；甚至出现无数次迭代而得不到最优解的现象——即循环(关于这一点我们后文还将介绍)，但是通过大量计算实践表明：退化情形是常见的，但循环情形则罕见(当我们遇到几个进出基变元指标不能确定时，借助于等可能试验进行"随机抽样"，出现循环的概率是0，这一点已为Dantzig证明).

上例中，若仍在基中但取值为0的(亦为退化情形)人工变元一行约束中，非人工变元系数皆为0时，说明该约束多余(即它是其他约束的线性组合)，这时可删去此约束而转入下一阶段.

综上，我们可有表1.5.10所示的关于LP问题解的讨论小结.

表1.5.10 $\max\{\boldsymbol{cx} \mid \boldsymbol{Ax} \vee \boldsymbol{b}, \boldsymbol{x} \geqslant \boldsymbol{0}\}$ **的(最优)解与单纯形表关系**

解的情况	判断方法
唯一解	单纯形终表非基变元检验数均为负值
无穷多解	① 若LP问题有两个最优解，则它有无穷多个最优解 ② 单纯形终表非基变元检验数非正，且至少有一个为0
无界解	单纯形表解中，中表(近代未能终止)的进基变元列系数非正
无　解	含人工变元的单纯形表解中(此时它定与人工变元有关)： ① 两阶段法中第一阶段无解或只有非0解；② 大M法中终表时人工变元没出基且不为0

1.6　改进(修正)单纯形法

通过实际计算表明：对于有n个变元，m个有效约束LP，经过m至$3m$次迭代即可终止(少数超过$3m$次).

当$n \gg m$时，或仅有少部分列向量参与进基与出基的交换(因而引起相应的行变换)，但大部分列向量与换基无关.但在迭代中也须参与相应的变换(运算)，这往

往是多余的. 由此人们提出改进单纯表方法,考虑

$$\text{V}: \max\ z = \boldsymbol{cx}$$

$$\text{s.t.} \begin{cases} \boldsymbol{Ax} = \boldsymbol{b} \\ \boldsymbol{x} \geqslant \boldsymbol{0} \end{cases}$$

其中 $\boldsymbol{A} = (\boldsymbol{a}_1, \boldsymbol{a}_2, \cdots, \boldsymbol{a}_n)$. 经过若干次迭代后的可行基是 $\boldsymbol{B} = (\boldsymbol{a}_{t_1}, \boldsymbol{a}_{t_2}, \cdots, \boldsymbol{a}_{t_m})$. 此时单纯形表是(未考虑表头):

$$\left(\begin{array}{cccc:c} \bar{\boldsymbol{a}}_1 & \bar{\boldsymbol{a}}_2 & \cdots & \bar{\boldsymbol{a}}_n & \bar{\boldsymbol{b}} \\ \hdashline \sigma_1 & \sigma_2 & \cdots & \sigma_n & \bar{z} \end{array}\right)$$

其中

$$\bar{\boldsymbol{a}}_j = \boldsymbol{B}^{-1}\boldsymbol{a}_j, \boldsymbol{\sigma}_j = \boldsymbol{c}_j - \boldsymbol{c}_B\boldsymbol{B}^{-1}\boldsymbol{a}_j \quad (j = 1, 2, \cdots, n)$$

$$\bar{\boldsymbol{b}} = \boldsymbol{B}^{-1}\boldsymbol{b}, \quad \bar{z} = \boldsymbol{c}_B\boldsymbol{B}^{-1}\boldsymbol{b}$$

容易发现:上表数据均可由 $\boldsymbol{B}^{-1}$ 与原数据表表出. 换言之,每次迭代只需记录 $\boldsymbol{B}^{-1}$ 即可.

其实,我们考虑基 $\boldsymbol{B}$ 下的单纯形表(表 1.6.1).

表 1.6.1

	$\boldsymbol{x}$	$\bar{\boldsymbol{b}}$
$\boldsymbol{x}_B$	$\boldsymbol{B}^{-1}\boldsymbol{A}$	$\boldsymbol{B}^{-1}\boldsymbol{b}$
$\boldsymbol{\sigma}$	$\boldsymbol{c} - \boldsymbol{c}_B\boldsymbol{B}^{-1}\boldsymbol{A}$	$\boldsymbol{c}_B\boldsymbol{B}^{-1}\boldsymbol{b}$

令 $\boldsymbol{A} = (\boldsymbol{p}_1, \boldsymbol{p}_2, \cdots, \boldsymbol{p}_n)$,则考虑

$$\sigma_j = c_j - \boldsymbol{c}_B\boldsymbol{B}^{-1}\boldsymbol{p}_j$$

若 $\sigma_j > 0$,只需计算 $\boldsymbol{B}^{-1}\boldsymbol{p}_j$ 即可.

因而,单纯形表可依下面方式进行,先将模型变形

$$V: \max\ z = \boldsymbol{c}_B\boldsymbol{x}_B + \boldsymbol{c}_N\boldsymbol{x}_N$$

$$\text{s.t.} \begin{cases} \boldsymbol{Ix}_B + \boldsymbol{Nx}_N = \boldsymbol{b} \\ \boldsymbol{x}_B \geqslant \boldsymbol{0}, \boldsymbol{x}_N \geqslant \boldsymbol{0} \end{cases}$$

若设 $\boldsymbol{B}$ 为一个可行基,则以 $\boldsymbol{B}$ 为基的迭代表格将是

$$\left(\begin{array}{cc:c} \boldsymbol{B}^{-1} & \boldsymbol{B}^{-1}\boldsymbol{N} & \boldsymbol{B}^{-1} \\ \hdashline \boldsymbol{c}_B\boldsymbol{B}^{-1} & \boldsymbol{c}_N - \boldsymbol{c}_B\boldsymbol{B}^{-1}\boldsymbol{N} & \boldsymbol{c}_B\boldsymbol{B}^{-1}\boldsymbol{b} \end{array}\right) \text{或} \left(\begin{array}{cc:c} \boldsymbol{B}^{-1} & \overline{\boldsymbol{N}} & \bar{\boldsymbol{b}} \\ \hdashline \boldsymbol{u} & \boldsymbol{\sigma}_N & \bar{z} \end{array}\right)$$

其中

$$\overline{\boldsymbol{N}} = \boldsymbol{B}^{-1}\boldsymbol{N}, \bar{\boldsymbol{b}} = \boldsymbol{B}^{-1}\boldsymbol{b}, \boldsymbol{u} = \boldsymbol{c}_B\boldsymbol{B}^{-1}$$

$$\boldsymbol{\sigma}_N = \boldsymbol{c}_N - \boldsymbol{c}_B \boldsymbol{B}^{-1} \boldsymbol{N}, \quad \bar{z} = \boldsymbol{c}_B \boldsymbol{B}^{-1} \boldsymbol{b}$$

若非基变元检验数 $\boldsymbol{\sigma}_N \leqslant \boldsymbol{0}$(即全部满足非正)，$\boldsymbol{x}^* = \bar{\boldsymbol{b}}$ 即为最优；

若非基变量 $\boldsymbol{x}_k$ 的检验数 $\boldsymbol{\sigma}_k > \boldsymbol{0}$：相应的列向量 $\bar{\boldsymbol{a}}_k \leqslant \boldsymbol{0}$ 时，LP 的解无界；否则计算 $\bar{\boldsymbol{a}}_k = \boldsymbol{B}^{-1}\boldsymbol{a}_k = (\bar{a}_{1k}, \bar{a}_{2k}, \cdots, \bar{a}_{mk})^{\mathrm{T}}$，且将此列于单纯形表 $\bar{\boldsymbol{b}}$ 之右

$$\begin{pmatrix} \boldsymbol{B}^{-1} & \bar{\boldsymbol{b}} & \bar{\boldsymbol{a}}_k \\ \boldsymbol{u} & \bar{z} & \sigma_k \end{pmatrix}, \text{取 } \theta = \min_{1 \leqslant i \leqslant m} \left\{ \frac{\bar{b}_i}{a_{ik}} \mid a_{ik} > 0 \right\}$$

θ 所在行变元为进基变元. 余下算法重复上面步骤(与普通单纯形法类似).

这样，在实际计算中，非基变元是部分可抹去，只需留下其余部分，即

$$\begin{pmatrix} \boldsymbol{B}^{-1} & \bar{\boldsymbol{b}} \\ \boldsymbol{u} & \bar{z} \end{pmatrix}$$

此方法称为改进单纯形法. 下面结合例子谈谈此方法.

例 1.6.1 用改进单纯形法解下面 LP 问题.

$$\text{V}: \max z = -x_1 + 2x_2 - x_3 + 3x_4$$

$$\text{s.t.} \begin{cases} x_1 + x_2 + 3x_3 + x_4 = 6 \\ -2x_2 + x_3 + x_4 + x_5 = 3 \\ -x_2 + x_3 - x_4 + x_6 = 4 \\ x_1 \sim x_6 \geqslant 0 \end{cases}$$

解 先列准备表(表 1.6.2).

表 1.6.2

c_1	c_2	c_3	c_4	c_5	c_6	
-1	2	-1	3	0	0	$\boldsymbol{b}$
$\boldsymbol{a}_1$	$\boldsymbol{a}_2$	$\boldsymbol{a}_3$	$\boldsymbol{a}_4$	$\boldsymbol{a}_5$	$\boldsymbol{a}_6$	
1	1	3	1			6
	-2	1	1	1		3
	-1	6	-1		1	4

初始基 $\boldsymbol{B} = (\boldsymbol{a}_1, \boldsymbol{a}_5, \boldsymbol{a}_6) = \boldsymbol{I}$，有 $\boldsymbol{B}^{-1} = \boldsymbol{I}, \bar{\boldsymbol{b}} = \boldsymbol{b}, \boldsymbol{u} = \boldsymbol{c}_B, \bar{z} = \boldsymbol{c}_N \boldsymbol{b}$. 则由

$$\sigma_1 = 0, \sigma_2 = c_2 - \boldsymbol{u}\boldsymbol{a}_2 = 3 > 0$$

知 $\boldsymbol{a}_2$ 进基，从而 $\bar{\boldsymbol{a}}_2 = \boldsymbol{B}^{-1}\boldsymbol{a}_2 = (1, -2, -1)^{\mathrm{T}}$. 接下去见表 1.6.3.

表 1.6.3

$\boldsymbol{x}_B$	$\boldsymbol{B}^{-1}$			$\bar{\boldsymbol{b}}$	$\bar{\boldsymbol{a}}_2$	$\boldsymbol{\theta}$
x_1	1			6	[1]	6
x_5		1		3	-2	—
x_6			1	4	-1	—
$\boldsymbol{u}$	-1	0	0	6	3	

此时,基 $\boldsymbol{B}$ 及其逆为 $\boldsymbol{B}=\begin{pmatrix}1&0&0\\-2&1&0\\-1&0&1\end{pmatrix}$,$\boldsymbol{B}^{-1}=\begin{pmatrix}1&0&0\\2&1&0\\1&0&1\end{pmatrix}$.

又 $\sigma_1=c_1-\boldsymbol{ua}_1=-3,\sigma_2=0,\sigma_3=c_3-\boldsymbol{ua}_3=-7,\sigma_4=c_4-\boldsymbol{ua}_4=1>0$. 则知 $\boldsymbol{a}_4$ 进基. 再 $\bar{\boldsymbol{a}}_4=\boldsymbol{B}^{-1}\boldsymbol{a}_4=(1,3,0)^{\mathrm{T}}$,$\boldsymbol{u}=\boldsymbol{c}_B\boldsymbol{B}^{-1}=(2,0,0)$,$\bar{\boldsymbol{b}}=\boldsymbol{B}^{-1}\boldsymbol{b}=(6,15,10)^{\mathrm{T}}$,则有表 1.6.4.

表 1.6.4

$\boldsymbol{x}_B$	$\boldsymbol{B}^{-1}$			$\bar{\boldsymbol{b}}$	$\bar{\boldsymbol{a}}_4$	$\boldsymbol{\theta}$
x_2	1			6	1	6
x_5	2	1		15	[3]	$\rightarrow$ 5
x_6	1		1	10	0	—
$\boldsymbol{u}$	2	0	0	12	-1	

此时基 $\boldsymbol{B}$ 及其逆为 $\boldsymbol{B}=\begin{pmatrix}1&1&0\\2&1&0\\1&-1&1\end{pmatrix}$,$\boldsymbol{B}^{-1}=\begin{pmatrix}1/3&-1/3&0\\2/3&1/3&0\\1&0&1\end{pmatrix}$.

由 $\boldsymbol{u}_2=\boldsymbol{c}_B\boldsymbol{B}^{-1}=(8/3,1/3,0)$,$\bar{\boldsymbol{b}}=\boldsymbol{B}^{-1}\boldsymbol{b}=(1,5,10)^{\mathrm{T}}$.

又由 $\sigma_1=c_1-\boldsymbol{ua}_1=-11/3,\sigma_2=0,\sigma_3=c_3-\boldsymbol{ua}_3=-28/3,\sigma_4=0,\sigma_5=c_5-\boldsymbol{ua}_5=-1/3,\sigma_6=0$.

知此次迭代,已获最优解(表 1.6.5).

此时 $\boldsymbol{x}^*=(0,1,0,5,0,10)$,$z^*=17$.

这里想说明一点,对于求 $\boldsymbol{B}^{-1}$ 运算有下面简便方法:设

$$\boldsymbol{B}=(\boldsymbol{b}_1,\cdots,\boldsymbol{b}_k,\cdots,\boldsymbol{b}_m),\boldsymbol{B}_1=(\boldsymbol{b}_1,\cdots,\boldsymbol{b}_l,\cdots,\boldsymbol{b}_m)$$

即 $\boldsymbol{B}$ 与 $\boldsymbol{B}_1$ 仅第 k 列不同,其余列均同,今考虑由 $\boldsymbol{B}_1$ 求 $\boldsymbol{B}_1^{-1}$.

表 1.6.5

x_B	B			$\bar{b}$
x_2	1/3	−1/3		1
x_4	2/3	1/3		5
x_6	1		1	10
u	8/3	1/3	0	17

由 $B^{-1}B=I$,有 $B^{-1}B_1=(e_1,\cdots,e_{k-1},\bar{b}_k,e_{k+1},\cdots,e_m)$,其中 $\bar{b}_k=B^{-1}b_1$. 从而

$$(B^{-1}B_1)^{-1}=(e_1,\cdots,e_{k-1},\tilde{b}_k,e_{k+1},\cdots,e_m)$$

其中

$$\tilde{b}_k=\left(-\frac{\bar{b}_{1l}}{\bar{b}_{kl}},-\frac{\bar{b}_{2l}}{\bar{b}_{kl}},\cdots,-\frac{\bar{b}_{k-1,l}}{\bar{b}_{kl}},\frac{1}{\bar{b}_{kl}},-\frac{\bar{b}_{k+1,l}}{\bar{b}_{kl}},\cdots,-\frac{\bar{b}_{ml}}{\bar{b}_{kl}}\right)^{\mathrm{T}}$$

从而

$$B_1^{-1}=(B^{-1}B_1)B^{-1}$$

当然,对一般 B 而言,则可用记录矩阵办法求 B^{-1},即

$$(B,I)\xrightarrow{\text{行初等变换}}(I,B^{-1})$$

看上去改进单纯形法似乎不方便手算,然而理论上可以证明:改进法无论在存储量、计算速度,还是计算精度上都较原法有较大优越性(它更适合于计算机).

更详细的比较参见参考文献[1].

顺便指出:在许多实际问题中常会遇到约束阵为大稀疏阵的 LP 问题,对于它们解法中的矩阵求逆可用 LU 分解法(Bartels-Golub,1969)

$$B=LU(L\text{ 为下三角阵},U\text{ 为上三角阵})$$

这样求解 $Bx=b$ 问题可由解

$$Ly=b,Ux=y$$

去完成,这些我们已在“计算方法”课程中学习过.

1972 年 Forrest-Tomli 提出修正三角因子法,它与普通的 LU 分解方法区别在于使矩阵对角化的方法不同. 这些我们可从“数值代数”文献中查阅. 上述方法的出现为我们解 LP 问题带来了方便.

1.7　随机线性规划及模糊线性规划

线性规划方法自发明以来,已在各个领域取得广泛的应用.

随着研究的深入，非线性规划、分式规划、随机线性规划等相继诞生. 这其中有些可以转化为 LP.

1. 随机线性规划

在许多实际问题中，要求数据是固定的已知数，不见得能够满足(例如，需求量、技术系数、可利用的容量、成本率等)，它们可能是随机的.

1960 年前后，一门新的分支——"随机线性规划" 诞生了.

进而一系列理论和方法形成，从而也使这一学科成为崭新的、极有生命力的分支.

所谓随机线性规划(Stochastic Linear Programming，简记 SLP) 是研究当线性规划中的某些或全部系数具有已知的(联合) 概率分布的随机变量时所出现的问题.

今举一例说明.

例 1.7.1　求解随机线性规划问题

$$\text{V}: \min z = x_1 + x_2$$

$$\text{s. t.} \begin{cases} ax_1 + x_2 \geqslant 7 \\ bx_1 + x_2 \geqslant 4 \\ x_1, x_2 \geqslant 0 \end{cases}$$

其中(a,b) 是矩阵$\left(1 \leqslant \alpha \leqslant 4, \frac{1}{4} \leqslant \beta \leqslant 1\right)$ 内的均匀分布随机向量.

解　由设数学期望 $E(a,b) = \left(\frac{5}{2}, \frac{2}{3}\right)$，则问题可化为

$$\text{V}: \min z = x_1 + x_2$$

$$\text{s. t.} \begin{cases} \frac{5}{2}x_1 + x_2 \geqslant 7 \\ \frac{2}{3}x_1 + x_2 \geqslant 4 \\ x_1 \geqslant 0, x_2 \geqslant 0 \end{cases}$$

解得 $\boldsymbol{x}^* = \left(\frac{18}{11}, \frac{32}{11}\right) = (x_1^*, x_2^*)$.

若要求这一最优解关于"原问题是可行的" 这一事例的概率，则有

$$P\{(a,b) \mid ax_1^* + x_2^* \geqslant 7, bx_1^* + x_2^* \geqslant 4\} =$$

$$P\left\{(a,b) \mid a \geqslant \frac{5}{2}, b \geqslant \frac{2}{3}\right\} = \frac{1}{4}$$

看来,原问题以 0.75 的概率是不可行的.故此解法尚需改进.

应该说明:在数学规划问题中,目标函数和约束条件确定的是少数,而大量实际问题中,它们不可避免地有随机成分,因而随机规划问题似乎更显重要.

但由于随机变量的引入,数学规划的理论和计算方法将变得相对复杂.目前,这门学科的理论尚不完善,计算方法也不成熟,尽管如此,它仍显现其愈来愈强的生命力.当然,这也为我们提供了一些研究课题,关于这一点可参见参考文献[22],[23].

2. 模糊线性规划

这是最近几年发展起来的一门新的数学规划分支,它的理论基础还包括模糊数学理论(除运筹学理论外),模糊规划在经济管理中已有广泛的应用.限于篇幅这里不多介绍了,有兴趣的读者可参阅相应的文献(或见后文附注).

附注　关于区间线性规划问题

区间线性规划是线性规划分支中新的课题,它也引起国内外不少学者的关注,它的解法真的还有必要去定义、运算、花篇幅研究?这里想就此问题提出自己的一些看法与读者讨论.

区间线性规划问题是由文[98],[99]提出并逐步完善的,文[100]还给出了这类问题的标准型及其解法.

在那里先是定义了区间线性规划问题,在此基础上给出了它的解法(显然不简).我们认为这类问题也是被人们复杂化了.细细想来,当人们引进随机线性规划后,它(区间线性规划)只是随机线性规划问题的一类特殊情形.

当然文[100]的解法有一定的理论意义,但它必定较复杂,试想:当我们从稍高观点看此问题及解法时,似乎就无需那么繁琐了.既然已有现成的理论及方法可循(概率论不是已经很成熟了吗?随机线性规划问题不是已经有了方法了吗),有时另开炉灶也许只会增加负担.

随机线性规划的模型是文[103]

$$\max(\min)\boldsymbol{cx}$$
$$\text{s.t.}\begin{cases}\boldsymbol{Ax}\leqslant(=\text{或}\geqslant)\boldsymbol{b}\\ \boldsymbol{x}\geqslant\boldsymbol{0}\end{cases}$$

其中某些或全部系数是有已知(联合)的概率分布的随机变量.

文[100]及不少文献已对该问题进行了比较系统的讨论且已给出了可行的解法(尽管尚不十分完美).运用人们熟知的常识及那里的工具可以看到:区间线性规划只是随机线性规划的特例而已.将 $\boldsymbol{C},\boldsymbol{A},\boldsymbol{b}$ 等随机向量或矩阵中的元素或随机变量,皆视为在某些区间上的均匀分布,那么此时的模型即是区间线性规划模型.

换言之,文[100] 中模型

$$\min Z = \sum_{j=1}^{n}[\underline{c}_j, \bar{c}_j]x_j$$

$$\text{s.t.}\begin{cases}\sum_{j=1}^{n}[\underline{a}_{ij}, \bar{a}_{ij}]x_j \geqslant [\underline{b}_i, \bar{b}_i], & i = 1,2,\cdots,p \\ \sum_{j=1}^{n}[\underline{a}_{ij}, \bar{a}_{ij}]x_i \geqslant [\underline{b}_i, \bar{b}_i], & i = 1,2,\cdots,p \\ x_j \geqslant 0, \quad j = 1,2,\cdots,n\end{cases}$$

只是随机线性规划

$$\max(\min)\boldsymbol{cx}$$

$$\text{s.t.}\begin{cases}\boldsymbol{Ax} \leqslant (= \text{或} \geqslant)\boldsymbol{b} \\ \boldsymbol{x} \geqslant \boldsymbol{0}\end{cases}$$

系数是在$[\alpha,\beta]$上的均匀分布时的特殊情形而已.

利用随机线性规划问题解法处理区间线性规划问题的解显然是不难办到的.

同时我们还想指出:区间规划模型实际上亦可视为综合模糊线性规划模型[103]

$$\max Z = (\tilde{c})^{\mathrm{T}}\boldsymbol{x}$$

$$\text{s.t.}\ \tilde{\boldsymbol{A}}\boldsymbol{x}(*)\tilde{\boldsymbol{b}}$$

$$\boldsymbol{x} \geqslant \boldsymbol{0}$$

的特殊情形,上式中 max 为模糊极大集,$\tilde{c}$,$\tilde{\boldsymbol{A}}$,$\tilde{\boldsymbol{b}}$ 中的元素为模糊数,$(*)$表示模糊算子.

关于模糊线性规划已经有许多学者进行了研究,且提出了一些卓有成效的解法,其代表成果有 Bellman 和 Zadeh 提出的对称模型,Verdegay 和 Werner 提出的非对称模型,以及 Buckley 和 Julien 提出的可能性模型[103~107].

这里再想说一句:从更泛一些的意义上思考,区间规划亦可视为目标规划的一种变形. 如果将区间规划的目标函数改为$(\boldsymbol{c}+\boldsymbol{\varepsilon}_1)\boldsymbol{x} = b_0$,其中$\boldsymbol{\varepsilon}_1$为偏差向量,而约束$\boldsymbol{Ax} \leqslant \boldsymbol{b}$改为$(\boldsymbol{A}+\boldsymbol{E})\boldsymbol{x} - (\boldsymbol{b}+\boldsymbol{\varepsilon}_2) \leqslant \boldsymbol{0}$,这里$\boldsymbol{E}$为偏差矩阵,$\boldsymbol{\varepsilon}_2$为偏差向量,则区间规划问题化为在约束

$$\begin{cases}(\boldsymbol{c}+\boldsymbol{\varepsilon}_1)\boldsymbol{x} = b_0 \\ (\boldsymbol{A}+\boldsymbol{E})\boldsymbol{x} - (\boldsymbol{b}+\boldsymbol{\varepsilon}_2) \leqslant \boldsymbol{0} \\ \boldsymbol{x} \geqslant \boldsymbol{0}\end{cases}$$

下的目标规划(目标可由偏差的线性组合以极小形式给出).

综上,我们还想指出:区间规划模型实际上可视为随机线性规划及综合模糊线性规划的特殊情况.

这样看来区间线性规划的研究可从以上几个方向突破,似乎无需再去建立一套模型、理论、方法、体系.

运输悖论(见后文) 和区间规划两问题人们在处理它时,开始往往会将简单问题复杂化,从

认识论的角度看这只是人们在认识过程中的一个曲折而已,它有时是必要或难免的,但当我们重新审视时,或许会有所发现.别忘了数学中的一个重要思想或方法:转化[36],由未知转化为已知,由复杂转化为简单,去利用已有的结论与方法审视新问题,这是极为重要的.说到这里,你也许会感叹到:啊哈! 原来如此.

运筹问题同其他数学问题一样,人们可以在认真思考这些问题发现其中的某些奥秘后,发觉这些问题竟然是那么显然直白,这有时也多少会出人意料.

1.8 单纯形法的几个注记

关于单纯形法,我们还想再谈几点与之相关的话题,这些对于单纯形法的改进或线性规划问题解法的寻求,都是十分重要的.

1. 退化与循环

如果得到的解是退化解时,按退化的定义可知,存在取零值的基变元.因而在选择出基变元进行最小 θ 检验时,当取零值的基变元也在备选的出基变元中时,最小比值将为零,换基迭代后的进基变元也将为零.由此可知,迭代前后的解都是退化解,目标函数也不会改善,这样的迭代称为退化迭代.

在考虑进基变元选取时,若 $\theta=\min\limits_{i}\left\{\dfrac{b_i}{a_{ij}}\middle| a_{ij}>0\right\}=0$,则出现新、旧基的基本可行解相等,且目标函数值亦然.

如此一来 Dantzig 法可能发生这种情况:各次迭代均系同一基本可行解,但收敛不到最优解,此时迭代产生循环.

A. F. Hoffman 1951 年给出第一个产生循环的例子(11 个变量、3 个约束方程,迭代 9 次循环).

1954 年 E. M. L. Beale 又给出另一个例子(它较前例简单)

$$\text{V}:\min z=-\frac{3}{4}x_1+20x_2-\frac{1}{2}x_3+6x_4 \tag{1}$$

$$\text{s.t.}\begin{cases}\dfrac{1}{4}x_1-8x_2-x_3+9x_4\leqslant 0 & (2)\\[2mm] \dfrac{1}{2}x_1-12x_2-\dfrac{1}{2}x_3+3x_4\leqslant 0 & (3)\\[2mm] x_3\leqslant 1 & (4)\\ x_1\sim x_4\leqslant 0\end{cases}$$

它的最优解是$\left(\frac{3}{4},0,0,1,0,1,0\right)$,最优值是 $z^*=-\frac{5}{4}$,但该问题依单纯形法计算 6 步后出现循环.

若第(4) 式改为 $x_4\leqslant 1$,则计算至第 5 张表时循环回到第 2 张表.

上例稍经改造,用单纯形法计算 6 步也将出现循环,详情见例 1.8.1.

例 1.8.1　表解 LP 问题

$$\mathrm{V}:\max z=\frac{3}{4}x_1-150x_2+\frac{1}{50}x_3-6x_4$$

$$\text{s.t.}\begin{cases}\frac{1}{4}x_1-60x_2-\frac{1}{25}x_3+9x_4+x_5=0\\ \frac{1}{2}x_1-90x_2-\frac{1}{50}x_3+3x_4+x_6=0\\ x_3+x_7=1\\ x_1\sim x_7\geqslant 0\end{cases}$$

解　单纯形法表解如表 1.8.1 所示(这里进出基原则是:选正 $\boldsymbol{\sigma}_N$ 大的进基,θ 小的出基,相同者选下标小的出基).

表 1.8.1

	c		$\frac{3}{4}$	-150	$\frac{1}{50}$	-6	0	0	0	**b**	$\boldsymbol{\theta}$
	$\boldsymbol{c}_B$	$\boldsymbol{x}_B$	x_1	x_2	x_3	x_4	x_5	x_6	x_7		
	0	x_5	$\left[\frac{1}{4}\right]$	-60	$-\frac{1}{25}$	9	1			$\overrightarrow{0}$	0
(1)	0	x_6	$\frac{1}{2}$	-90	$-\frac{1}{50}$	3		1		0	0
1	0	x_7			1				1	1	1
	$\boldsymbol{\sigma}_N$		$\frac{3}{4}\uparrow$	-150	$\frac{1}{59}$	-6					
	$\frac{3}{4}$	x_1	1	-240	$-\frac{4}{25}$	36	4			0	
(2)	0	x_6		[30]	$\frac{3}{50}$	-15	-2	1		$\overrightarrow{0}$	
	0	x_7			1			1	1	1	

续表 1.8.1

	c	$\frac{3}{4}$	-150	$\frac{1}{50}$	-6	0	0	0	b	θ
c_B	x_B	x_1	x_2	x_3	x_4	x_5	x_6	x_7		
	σ_N	$30^{\uparrow}$	$\frac{7}{50}$	-33	-3					
$\frac{3}{4}$	x_1	1		[$\frac{8}{50}$]	-84	-12	8		0	
(3) -150	x_2		1	$\frac{1}{500}$	$-\frac{1}{2}$	$-\frac{1}{15}$	$\frac{1}{30}$		(0)	
0	x_7			1	1			1	1	
	σ_N			$\frac{2}{25}$	-18	-1	-1		(以下进出基元行、列箭头省略)	
0	x_3	$\frac{25}{8}$		1	$-\frac{525}{2}$	$-\frac{75}{2}$	-25		0	
(4) 0	x_2	$-\frac{1}{160}$	1		[$\frac{1}{40}$]	$\frac{1}{120}$	$-\frac{1}{60}$		0	
1	x_2	$-\frac{25}{8}$			$\frac{525}{2}$	$\frac{75}{2}$	-25	1	1	
	σ_N	$-\frac{1}{4}$			3	2	-3			
$\frac{1}{50}$	x_3	$-\frac{125}{2}$	10 500	1			[50]	-150	0	
(5) -6	x_4	$-\frac{1}{4}$	40		1	$\frac{1}{3}$	$-\frac{2}{3}$		0	
0	x_7	$\frac{125}{2}$	10 500			-50	150	1	1	
	σ_N	$\frac{1}{2}$	-120			1	-1			
0	x_5	$-\frac{5}{4}$	210	$\frac{1}{50}$		1	-3		0	
(6) -6	x_4	$\frac{1}{6}$	-30	$-\frac{1}{150}$	1		[$\frac{1}{3}$]		0	
0	x_7			1				1	1	
	σ_N	$\frac{1}{7}$	-330	$-\frac{1}{50}$			2			
0	x_5	$\frac{1}{4}$	-60	$-\frac{1}{25}$	9	1			0	
(7) 0	x_6	$\frac{1}{2}$	-90	$-\frac{1}{50}$	3		1		0	
0	x_7			1				1	1	

至此已看到表(7) 与表(1) 完全相同,即说明上述问题迭代 6 次后又回到原始表,如此下去,无法得到最优解.

上例是一个高度退化的问题,三个基变元中有两个为零. 在整个迭代过程中,尽管可行基变来变去,但解始终未变,一直保持为 $\boldsymbol{x}=(0,0,0,0,0,0,1)$,目标函数也始终未变. 退化迭代除了基和单纯形表改变外,解和目标函数都不会变. 我们将退化迭代的特点总结如下:

(1) 退化解的基变元中至少有一个取零值;

(2) 退化迭代中基在不断变化,但解始终不变;

(3) 退化迭代不会引起目标函数值的改变.

退化原因的几何解释如下:线性规划可行域上的极点一般是由 n 个 $n-1$ 维超平面相交而成,若通过某个极点的超平面多于 n 个,该点即为一个退化的极点. 显然,一个退化极点是由若干个正常极点相聚而成.

不难证明,任何一个退化极点含有至少 $n+1$ 个正常极点,通过退化极点的超平面的个数越多,退化极点内包含的正常极点数也越多. 这些极点除它们代表的基互不相同外,其代表的解完全相同. 退化迭代实质上是在构成退化极点的正常极点之间移动,因而完全有可能经过若干次迭代后又回到原出发点而陷入循环.

数学上,退化现象可解释为:约束 $\boldsymbol{Ax}=\boldsymbol{b}$ 的右边项 $\boldsymbol{b}$ 可以表示为基中少于 m 个列向量的正线性组合. 此时,线性规划的基是一个退化基. 换句话说,如果右边项 $\boldsymbol{b}$ 可以用约束系数矩阵中一组 $m-1$ 个列向量的正线性组合表示时,线性规划问题就存在退化的可能. 注意到由于松弛、剩余、人工变元的引入(即产生了与 $\boldsymbol{b}$ 的维数相当阶数的单位矩阵),因而问题总是可解的.

为了避免出现上述循环现象,现已提出以下三种处理方法:

1952 年 Charnes 提出摄动法;(1963 年 Wolfe 提出改进摄动法)

1955 年 Dantzig 等提出字典序法;

1977 年 Bland 提出最小下标法.

关于这些详见参考文献[1]. 为了说明其中的某些情况,我们举例说明退化而引起的循环及处理方法.

退化现象普遍存在于规模较大的线性规划问题中,它是线性规划问题的一种病态. 退化迭代总在退化极点上迂回,因而降低单纯形算法的计算效率,甚至陷入循环而无法继续求解. 为避免退化引起的循环,人们通过研究退化现象的本质,寻找防止循环的方法. 如上所述,最早人们提出的防止循环的方法是摄动法.

摄动法是受退化几何解释的启发而提出的,具体方法是:

若对退化问题约束的右边项做微小的扰动,则每个超平面都会有一微小的位移,这样原来交于一点的超平面会略微错开,如此一来退化极点就变成若干个不退化的极点，从而避免了因退化引起的循环.

我们举例说明摄动法的原理和应用，该例仅是讲如何去解退化问题，通过挠动法使之不再退化，从而可以避免循环的可能产生.

例 1.8.2 求解下列线性规划问题

$$\max z = x_1 + x_2 + 4x_3$$

$$\text{s. t.} \begin{cases} x_1 + 4x_3 \leqslant 4 \\ x_2 + 4x_3 \leqslant 4 \\ x_1, x_2, x_3 \geqslant 0 \end{cases}$$

解 用单纯形表求解如表 1.8.2 所示.

表 1.8.2

		1	1	4	0	0		
$\boldsymbol{c}_B$	$\boldsymbol{x}_B$	x_1	x_2	x_3	x_4	x_5	$\boldsymbol{B}^{-1}\boldsymbol{b}$	$\boldsymbol{\theta}$
0	x_4	1	0	[4]	1	0	4	1
0	x_5	0	1	4	0	1	4	1
	$\boldsymbol{\sigma}_N$	1	1	4			0	
4	x_3	1/4	0	1	1/4	0	1	—
0	x_5	−1	[1]	0	−1	1	0	0
	$\boldsymbol{\sigma}_N$	0	1		−1		4	
4	x_3	[1/4]	0	1	1/4	0	1	4
1	x_2	−1	1	0	−1	1	0	—
	$\boldsymbol{\sigma}_N$	1			0	−1	4	
1	x_1	1	0	4	1	0	4	
1	x_2	0	1	4	0	1	4	
	$\boldsymbol{\sigma}_N$			−4	−1	−1	8	

该问题的可行域是个三维空间的棱锥，如图 1.8.1(a) 所示. 极点 A 是由 4 个二维平面相交而成，个数超过该问题的维数，因而是一个退化的极点.

摄动法在约束的右端加入一个小的扰动后会破坏右边项和基的线性相关性，从而破坏了退化基存在的条件. 为了保证引入扰动后基不再退化，不同约束的右端可加入不同的扰动值. 一般的方法是，选定 m 个扰动值 ε_i，使得 $0 \leqslant \varepsilon_1 \leqslant \varepsilon_2 \leqslant \cdots \leqslant \varepsilon_i \leqslant \cdots \leqslant \varepsilon_m \leqslant 1$. 具体的数值可先选一个足够小的 ε 为基数，取 ε − 序列为 $\varepsilon, 2\varepsilon$，

$3\varepsilon,\cdots$ 或 $\varepsilon^1,\varepsilon^2,\varepsilon^3,\cdots$ 上例实施扰动后可写成

$$\max\ z = x_1 + x_2 + 4x_3$$

$$\text{s.t.}\begin{cases} x_1 + 4x_3 \leqslant 4 + \varepsilon \\ x_2 + 4x_3 \leqslant 4 + 2\varepsilon \\ x_1, x_2, x_3 \geqslant 0 \end{cases}$$

加入扰动后的可行域如图 1.8.1(b) 所示. 单纯形表变为表 1.8.3.

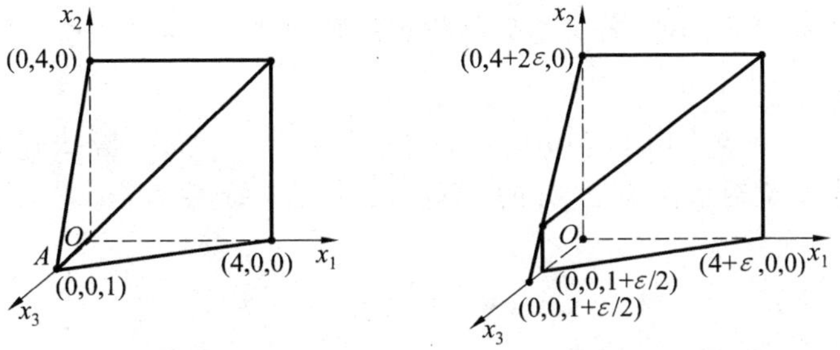

无扰动的可行域
(a)

扰动后的可行域
(b)

图 1.8.1

表 1.8.3

		1	1	4	0	0		
c_B	x_B	x_1	x_2	x_3	x_4	x_5	$B^{-1}b$	θ
0	x_4	1	0	[4]	1	0	$4+\varepsilon$	$1+\varepsilon/4$
0	x_5	0	1	4	0	1	$4+2\varepsilon$	$1+\varepsilon/2$
σ_N		1	1	4			0	
4	x_3	1/4	0	1	1/4	0	$1+\varepsilon/4$	—
0	x_5	-1	[1]	0	-1	1	ε	ε
σ_N		0	1		-1		$4+\varepsilon$	
4	x_3	[1/4]	0	1	1/4	0	$1+\varepsilon/4$	$4+\varepsilon$
1	x_2	-1	1	0	-1	1	ε	—
σ_N		1			0	-1	$4+2\varepsilon$	
1	x_1	1	0	4	1	0	$4+\varepsilon$	
1	x_2	0	1	4	0	1	$4+2\varepsilon$	
σ_N				-4	-1	-1	$8+3\varepsilon$	

加入扰动后基变量不再为零,尽管迭代次数保持未变,但所有的迭代不是退化迭代,因而避免了发生循环的可能.

2. 单纯形法不是"好"算法

评价一个算法的好坏,计算机的标准是:如果它的运算次数(严格地讲是输入长度,又称算法的计算复杂性)是以多项式函数(包括对数)为上界,则称它是"好的",这类问题称为P问题;若是指数函数次的则称之为"坏的",这类问题称为NP问题(1965年J. Edmons提出).

1972年美国学者Kill和Minty造出一个反例(以"单纯形算法有多好?"为题给出的),以说明单纯形法不是"好的"算法,其算法复杂性为$O(2^n)$,即与2^n同阶.这个例子是

$$\text{V}: \max\ x_n$$

$$\text{s. t.}\begin{cases} x_1 - r_1 = \varepsilon \\ x_1 + s_1 = 1 \\ x_j - \varepsilon x_{j-1} - r_j = 0, j = 2,3,\cdots,n \\ x_j + \varepsilon x_{j-1} + s_j = 1, j = 2,3,\cdots,n \\ x_j, r_j, s_j \geqslant 0, j = 1,2,\cdots,n \end{cases}$$

或写为$\begin{cases} \varepsilon \leqslant x_1 \leqslant 1 \\ \varepsilon x_{j-1} \leqslant x_j \leqslant 1 - \varepsilon x_{j-1} \end{cases}$ $(j=2,3,\cdots,n)$,这里ε为$0<\varepsilon<\dfrac{1}{2}$的实数.

上例是有$3n$个变元、$2n$个约束的LP问题.关于其算法不是"好的"的证明参见参考文献[3].

此例是经改造,其原来例子是

$$\text{V}: \max\ z = \sum_{j=1}^{n} 10^{n-j} x_j$$

$$\text{s. t.}\begin{cases} x_j + 2\sum\limits_{i<j} 10^{j-i} x_i \leqslant 10^{2j-2}, j = 1,2,\cdots,n \\ x \geqslant 0, j = 1,2,\cdots,n \end{cases}$$

其可行域系由一个n维长方体扰动后得到,共有2^n个极点,使用单纯形法,从极点出发需迭代2^n-1次.

图1.8.2显示$n=3$时的最坏情形——迭代遍历了可行域的各个顶点:图中标号即为诸次迭代相应顶点的位置.

为了探讨LP的"好的"算法,人们相继做了许多工作,其中:

1979 年前苏联的 Khachian 给出了 LP 的第一个多项式算法(椭球算法). 但它的实算效果并不优于单纯形法,因而此法实用意义不大(但理论价值很大).

1984 年印度的 Karmarkar 又给出一个多项式算法(射影变换法). 据称此法在解决变元个数很大(大规模比如大于 5 000 变元) 的 LP 时有效(速度提高 50 倍,曾轰动运筹学界).

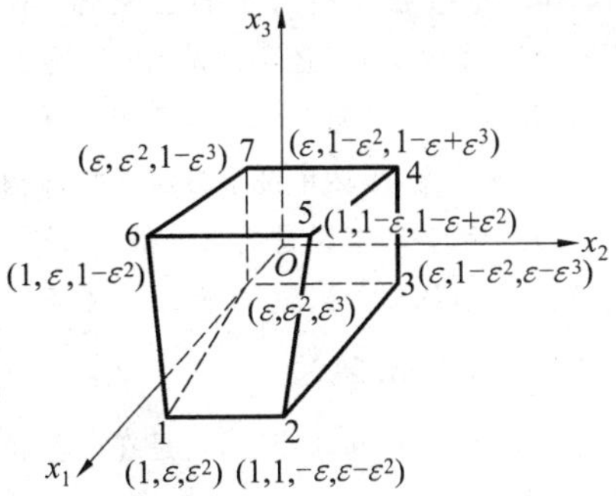

图 1.8.2

但实际上人们遇到的问题在使用单纯形算法时颇有效(实践表明迭代次数约为 $O(n)$,即约在 n 与 $2n$ 次之间),而用以说明此法是“坏的” 的例子均是人造的.

为了解释这一反常现象,人们研究后发现:

单纯形法是“坏的” 例子出现的概率是 0(Smale 的工作).

此外,Borgwardt 于 1982 年指出:问题 $\max\{\boldsymbol{cx} \mid \boldsymbol{a}_i\boldsymbol{x} \leqslant 1, i=1,2,\cdots,m\}$,其中 $\boldsymbol{c},\boldsymbol{a}_i \in \mathbf{E}^n$ 是独立同分布的随机向量,且在旋转意义下对称,则在某种转轴规则下的单纯形法迭代次数(转轴次数) 的数学期望值不高于 $O(n^4 m)$.

1983 年 Smale 证明单纯形方法平均运算次数是多项式次的.

附注 1　线性规划 Khachian 多项式算法[4]

概述

在 1979 年 1 月出版的 Doklady 期刊上,L. G. Khachian 发表了题为“线性规划多项式算法” 的论文[2]. 虽然论文最初没有引起西方的注意,但后来却被大量地刊载和引用作为论文刊登在包括《纽约时代》杂志和许多科普杂志:如《科学新闻》、《科学》和《科学美国》等期刊上. 有人认为:

Khachian 的新算法远远优于单纯形法,它将引起数学规划领域中的革命. 我们虽然不怀疑 Khachian 算法理论上的重要性,但是我们在规划工作方面的经验及 Khachian 算法在小型试验性问题上的运用表明:

在 Khachian 算法能够真正替代单纯形方法之前还存在着一些必须解决的实际问题. 我们发现,按照它的目前形式,算法甚至不能有效地求解小型线性规划问题. 本文将简要描述 Khachian 算法,并归纳列出了我们认为在该算法能有效地用来解线性规划现实问题之前必须解决的一些实质性问题.

如果解题的计算步骤受问题大小的多项式限制,那么该算法归类为多项式时间算法. Klee

和 Minty[3] 已经构造了病态例题，清楚地说明单纯形方法不属于多项式算法. 因此，在 Khachian 算法之前，还不清楚 LP 问题是否属于用多项式时间算法求解的“易解”的一类问题. 所以，Khachian 工作理论上的重要性在于：它指出了 LP 问题属于“易解”的一类问题.

应该注意，虽然单纯形方法对特殊构造的问题要求一个求解时间，但是，解实际问题所要求的主元个数一般来说是约束个数的一个线性函数. 因此，单纯形方法是否属于多项式算法，只是在理论上有探讨的兴趣，实际上并不重要.

Khachian 算法

该算法又称椭球算法，它是在前苏联学者肖尔(H. З. Шор)关于非线性规划椭球算法基础上提出的.

Khachian 算法可求解线性不等式方程组：$\boldsymbol{Gx} \leqslant \boldsymbol{h}$，其中 $\boldsymbol{G}$ 是矩阵，$\boldsymbol{x}$ 和 $\boldsymbol{h}$ 是列向量. $\boldsymbol{x}$ 没有任何非负约束，也不存在任何限定的极大化或极小化目标函数，因此，首要的问题是把线性规划问题转换为等价的与 LP 有相同解的不等式方程组(利用线性规划对偶理论)，两者都有相同的解，而椭球法求解不等式问题算法复杂性为多项式次的.

举例

考虑下列一组不等式

$$\begin{cases} -x_1 \leqslant -10 \\ x_1 \leqslant 12 \\ -x_2 \leqslant 1 \\ x_2 \leqslant 1 \end{cases}$$

为了使读者了解计算过程，我们列出第一步迭代的计算过程. 为便于绘图，我们令 $r = 16$，且 w 代替 $r = 2_L$. 半径为 16 的初始球足够把所有的可行点包括在内了

$$\boldsymbol{x}_{(0)} = \begin{pmatrix} 0 \\ 0 \end{pmatrix}, \boldsymbol{Q}_{(0)} = \begin{pmatrix} 16 & 0 \\ 0 & 16 \end{pmatrix}, \boldsymbol{g}_1 = \begin{pmatrix} -1 \\ 0 \end{pmatrix}, \boldsymbol{D} = \begin{pmatrix} 2/3 & 0 \\ 0 & 2/\sqrt{3} \end{pmatrix}$$

$$\boldsymbol{x}_{(1)} = \begin{pmatrix} 16/3 \\ 0 \end{pmatrix}, \boldsymbol{Q}_{(1)} = \begin{pmatrix} 10.91 & 0 \\ 0 & 18.90 \end{pmatrix}$$

$\boldsymbol{x}_{(1)}$ 和 $\boldsymbol{Q}_{(1)}$ 定义了一个中心点为$(\frac{16}{3},0)$，半轴 $a = 10.91$，$b = 18.90$ 的椭圆. 这个例子的初始球体，可行域和第一个椭球图如图 1 所示.

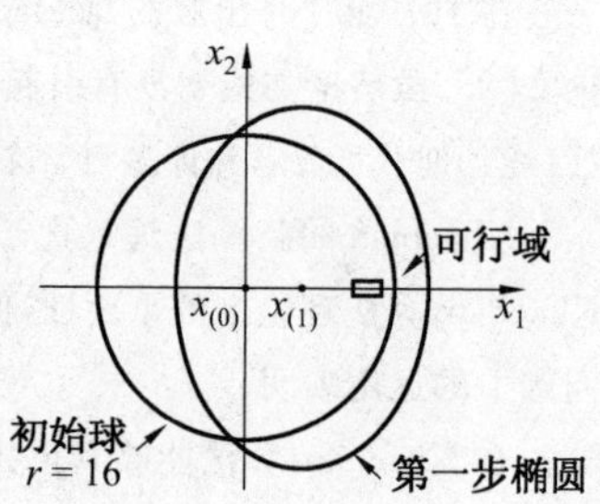

图 1

第一步迭代时选定的被违反的约束是第一个方程. 超平面通过当前中心(0,0)，与第一个约束的平面平行，割去初始的左半部分. 新的椭圆(球)体积变小但包含了留下的右半椭球及可行域. 重复迭代，直到椭球中心点收敛于可行域.

实际问题和有待研究的领域

在评价 Khachian 算法求解实际线性规划问题的能力时，我们应该着重考虑这种算法的运行时间和对机器存储容量的要求. 一个大规模的线性规划问题有 2 000 个变量和 300 个约束. 这样规模的问题，对单纯形法来说是平平常常的，但是，对 Khachian 算法来说，$\boldsymbol{Q}$ 矩阵是 2 300×2 300 矩阵，可能需要 8 464(L) 万步迭代(84.64(L) million)，L 由式(4) 给出，很明显 L 也是个非常大的数.

Khachian 算法实际运用的关键是寻找恰当的 $\boldsymbol{x}_0$ 和 r. 初始球的体积小，一般能减少算法的迭代次数，特别是像绝大多数 LP 那样，解集只是一种情况. 如果有一个较好的启发式算法可用来计算 $\boldsymbol{x}_0$ 和 r，使得 r 很小，并且 $\|\boldsymbol{x}^* - \boldsymbol{x}_0\| \leqslant r$，那么本算法的计算量可以相应地减少许多.

另一个潜在的富有成果的研究领域可能是把 Khachian 算法与其他解不等式方程组方法(如子项梯度法) 结合起来. 这样一种混合方法可能是有效的.

虽然 Khachian 算法对实际线性规划问题来说远不如单纯形方法有效. 或许，它的研究可用来发展其他还缺乏有效算法的数学规划问题的新算法.

附注 2　线性规划 Karmarkar 多项式算法[4]

1984 年美国贝尔实验室的印度数学家 Karmarkar(卡尔马卡尔) 提出了解 LP 问题的另一个有多项式时间的算法. 从理论上讲，Karmarkar 算法的阶比 Khachian 算法有所降低，实算效果也较好.

它的基本思想是：不沿可行域多面体表面(如单纯形法那样) 搜索，而是直接穿过多面体内部的某个点开始，通过一系列点从多面体内部到达最优点(解)，如图 1 所示.

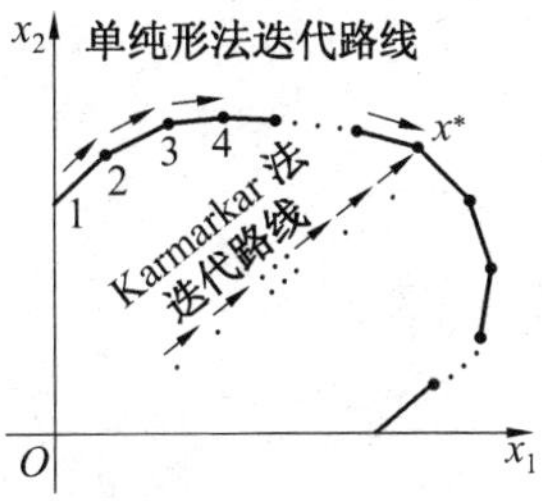

图 1

Karmarkar 算法每次迭代次数上界是 $O(nl)$，这里 l 是问题的输入规模(问题转换成二进制时数码 0,1 的个数)；此外算法中变换了系数矩阵，运用矩阵计算技巧，使每步迭代(矩阵求逆) 的计算是约为 $O(n^{2.5})$，从而使总算法时间复杂性为 $O(n^{3.5}l)$.

此方法的完善与改进，极为人们所关注，且有许多新的方法派生，比如：

① 投影方法；② 仿射均衡尺度法；③ 路径跟踪法；④ 仿射均衡势函数方法等.

它们又称：① 路径跟踪算法；② 仿射调比算法和；③ 原始内点对偶算法.

习　题

1. 图解下列 LP 问题：

(1)

$$\max z = 2x_1 + x_2$$

$$\text{s. t.}\begin{cases}2x_1 + 5x_2 \leqslant 60\\ x_1 + x_2 \leqslant 18\\ 3x_1 + x_2 \leqslant 44\\ x_2 \leqslant 10\\ x_1, x_2 \geqslant 0\end{cases}$$

(2)

$$\max z = x_1 + 2x_2$$

$$\text{s. t.}\begin{cases}x_1 \leqslant 4\\ x_2 \leqslant 3\\ 2x_1 + 5x_2 \leqslant 12\\ x_1 + 2x_2 \leqslant 8\\ x_1, x_2 \geqslant 0\end{cases}$$

(3)

$$\min z = 3x_1 + 2x_2$$

$$\text{s. t.}\begin{cases}2x_1 + x_2 \geqslant 4\\ x_1 + x_2 \leqslant 1\\ x_1, x_2 \geqslant 0\end{cases}$$

(4)

$$\max z = x_1 + x_2$$

$$\text{s. t.}\begin{cases}6x_1 + 10x_2 \leqslant 120\\ 5 \leqslant x_1 \leqslant 10\\ 3 \leqslant x_2 \leqslant 9\end{cases}$$

再将上述问题分别化为标准形，并找出它们的一组基本解、可行解和基本可行解（如果它们存在的话），若不存在上述解请说明原因和理由.

[**提示**：(1)(13,5;31)；(3) 无解；(4)(10,6;16)]

2. 用图与单纯形表分别解下列 LP 问题，且指出表解中各基本可行解对应的图解中相应的极点.

(1)

$$\max z = 10x_1 + 5x_2$$

$$\text{s. t.}\begin{cases}3x_1 + 4x_2 \leqslant 9\\ 5x_1 + 2x_2 \leqslant 8\\ x_1, x_2 \geqslant 0\end{cases}$$

(2)

$$\min z = -2x_1 - x_2$$

$$\text{s. t.}\begin{cases}5x_2 \leqslant 5\\6x_1 + 2x_2 \leqslant 24\\x_1 + x_2 \leqslant 5\\x_1, x_2 \geqslant 0\end{cases}$$

(3)
$$\max z = 2x_1 + 3x_2$$
$$\text{s. t.}\begin{cases}-x_1 + x_2 \leqslant 2\\x_1 + 2x_2 \leqslant 10\\3x_1 + x_2 \leqslant 15\\x_1, x_2 \geqslant 0\end{cases}$$

(4)
$$\max z = 2x_1 + x_2$$
$$\text{s. t.}\begin{cases}3x_1 + 5x_2 \leqslant 15\\6x_1 + 2x_2 \leqslant 24\\x_1, x_2 \geqslant 0\end{cases}$$

3. 找出如 Napsack 问题(仅有一个约束条件的问题)的所有基本可行解,并比较它们,且找出其最优解

$$\max z = x_1 + 2x_2 + 4x_3 + 5x_5 + x_6$$
$$\text{s. t.}\begin{cases}2x_1 + 6x_2 + 3x_3 + 2x_4 + 3x_5 + 4x_6 \leqslant 600\\x_1 \sim x_6 \geqslant 0\end{cases}$$

[**提示**:若记 $\boldsymbol{x}^j$ 是除 $\boldsymbol{x}_i$ 外全部是 0 的解$(0,0,\cdots,0,x_i,0,\cdots,0)$,则 $x_1 = 300, x_2 = 100, x_3 = 200, x_4 = 300, x_5 = 200, x_6 = 150, x_7 = 600$. 将 $\boldsymbol{x}^i$ 代入目标函数后比较,从而 $\boldsymbol{x}^* = (0,0,0,0,200,0,0)$, $z^* = 1\,000$]

注:本题亦可用单纯形表去解(只需迭代两步). 此外还可用所谓"贪心算法"去解:以求目标函数系数最大的相应变元,再挑目标系数次大的变化,…… 如此下去.

4. (1) 对于 LP 问题

$$\max z = 3x_1 + 4x_2$$
$$\text{s. t.}\begin{cases}2x_1 + x_2 \leqslant 8\\-x_1 + 2x_2 \leqslant 6\\x_1 + x_2 \leqslant 6\\x_1, x_2 \geqslant 0\end{cases}$$

1) 图解之,验证最优解为一个退化基本可行解(基变元中有 0 元的基本可行解);

2) 用单纯形表解之;

3) 找出引起退化的约束条件,去之;再用单纯形表解,以求最优解.

(2) 求解 LP 问题(添加人工变元方法)

$$\max z = x_1 - 2x_2 + x_3$$

$$\text{s.t.}\begin{cases}x_1+x_2+x_3=6\\-x_1+x_2+2x_3=4\\2x_2+3x_3=10\\x_3\leqslant 2\\x_1\sim x_3\geqslant 0\end{cases}$$

[**提示**:对于(2)这类需添加人工变元的问题,如一开始就发现约束中有线性相关者即除去它,这将给计算带来很大的方便,注意到前两式和为第三式]

5. 用大 M 法和两阶段法或其他方法求解下面 LP 问题:

(1)
$$\max z=x_1+3x_2-x_3$$
$$\text{s.t.}\begin{cases}x_1+x_2+2x_3=4\\-x_1+2x_2+x_3=4\\x_1\sim x_3\geqslant 0\end{cases}$$

(2)
$$\min z=-x_1+x_2+x_3-x_4$$
$$\text{s.t.}\begin{cases}x_1-x_2-3x_3-2x_4=2\\x_1+x_2-2x_4=1\\x_1\sim x_4\geqslant 0\end{cases}$$

(3)
$$\min z=x_1+3x_2-x_3$$
$$\text{s.t.}\begin{cases}x_1+2x_2+x_3+x_4+x_5=4\\x_2+2x_3+x_4=4\\3x_1+3x_3+x_4\leqslant 4\\x_1\sim x_5\geqslant 0\end{cases}$$

(4)
$$\min z=4x_1+6x_2+18x_3$$
$$\text{s.t.}\begin{cases}x_1+3x_3\geqslant 3\\x_2+2x_3\geqslant 5\\x_1\sim x_3\geqslant 0\end{cases}$$

[**提示**:(4)本题无须引进人工变元. 答:(1)$\boldsymbol{x}^*=\left(\frac{4}{3},\frac{8}{3},0\right)$,$z^*=\frac{28}{3}$;(2)无可行解;(3)$\left(0,\frac{4}{3},\frac{4}{3},0,0\right)$,$z^*=\frac{8}{3}$]

注:对问题(3)而言,若第二式右边为 1,由贪心算法(见习题 3 的注)知 $\boldsymbol{x}^*=\left(0,0,\frac{1}{2},0,\frac{7}{2}\right)$,$z^*=-\frac{3}{2}$.

6. 先将 LP 问题

$$\max z=-3x_1+x_3$$

$$\text{s. t.}\begin{cases}x_1+x_2+x_3+x_4=4\\ -2x_1+x_2-x_3-x_5=1\\ 3x_2+x_3=9\\ x_1\sim x_5\geqslant 0\end{cases}$$

中 **A** 的行实施行初等变换，找出一组以 **I** 为基的基变元，再用单纯表求解该问题.

7*. 若 $D=\{\boldsymbol{x}\mid \boldsymbol{A}\boldsymbol{x}=\boldsymbol{b},\boldsymbol{x}\geqslant \boldsymbol{0}\}$ 非空有界，且 $\min\{x_n\mid \boldsymbol{A}\boldsymbol{x}=\boldsymbol{b},\boldsymbol{x}\geqslant\boldsymbol{0}\}$ 与 $\max\{x_n\mid \boldsymbol{A}\boldsymbol{x}=\boldsymbol{b},\boldsymbol{x}\geqslant\boldsymbol{0}\}$ 最优值分别为 z_1^* 和 z_2^*. 试证：若 $z\in[z_1^*,z_2^*]$，定有 $\bar{\boldsymbol{x}}\in D$，且使 $x_n=z$.

8. 将 LP 问题 $\min\{|x|+|y|+|z|\mid x+y\leqslant 1,2x+z=3\}$ 化为标准形，且求解之.

[**提示：**令 $x'=\begin{cases}x, & 当\ x\geqslant 0\\ 0, & 当\ x<0\end{cases}$；$x''=\begin{cases}0, & 当\ x\geqslant 0\\ -x, & 当\ x<0\end{cases}$，则 $x=x'-x''$，$|x|=x'+x''$]

9. 若 LP 问题 $\max\{\boldsymbol{c}\boldsymbol{x}\mid \boldsymbol{A}\boldsymbol{x}=\boldsymbol{b},\boldsymbol{x}\geqslant\boldsymbol{0}\}$ 的最优解为 $\boldsymbol{x}^*$，且 $\max\{\tilde{\boldsymbol{c}}\boldsymbol{x}\mid \boldsymbol{A}\boldsymbol{x}=\boldsymbol{b},\boldsymbol{x}\geqslant\boldsymbol{0}\}$ 的最优解为 $\tilde{\boldsymbol{x}}^*$，则 $(\tilde{\boldsymbol{c}}-\boldsymbol{c})(\tilde{\boldsymbol{x}}^*-\boldsymbol{x}^*)\geqslant 0$.

[**提示：**将式左展开，分析]

10. 目标为 $\max z=5x_1+3x_2$，约束条件皆为"$\leqslant$"类型的 LP 问题，x_3，x_4 为松弛变量，经某一次迭代后得下表：

	x_1	x_2	x_3	x_4	$\boldsymbol{b}$
x_3	$\boldsymbol{c}$	0	1	1/5	2
x_1	d	e	0	1	a
$\boldsymbol{\sigma}$	b	1	f	g	10

试写出原问题.

[**提示：**先根据此表数据且表解性质，分析解得 $a=2,b=0,c=0,d=1,e=\frac{2}{5},f=0$，$g=-5$. 再将此表还原成原问题对应的初始表

$$\left(\begin{array}{cccc:c}0 & 0 & 1 & \frac{1}{5} & 2\\ 1 & \frac{2}{5} & 0 & 1 & 2\end{array}\right)\xrightarrow{\text{行初等变换}}\left(\begin{array}{cccc:c}-\frac{1}{5} & -\frac{2}{25} & 1 & 0 & \frac{8}{5}\\ 1 & \frac{2}{5} & 0 & 1 & 2\end{array}\right)$$

据此可得原问题]

11. 某 LP 问题约束条件为"$\leqslant$"型，x_3，x_4，x_5 为松弛变量，表解中有中间表：

	x_1	x_2	x_3	x_4	x_5	$\boldsymbol{b}$
x_1	0	$-1/2$	0	1/2	0	1
x_3	0	3/2	1	$-1/2$	0	2
x_5	0	1	0	0	1	2
$\boldsymbol{\sigma}$	0	2	0	1	0	-2

试求出该表对应的 $\boldsymbol{B}$ 和 $\boldsymbol{B}^{-1}$，且写出原问题.

12. (1) 若 LP 问题 $\max\{\boldsymbol{cx} \mid \boldsymbol{Ax}=\boldsymbol{b}, \boldsymbol{x} \geqslant \boldsymbol{0}\}$ 有两个最优解 $\boldsymbol{x}^{*}, \boldsymbol{x}^{**}$，则它有无穷多个最优解.

(2)LP 的最优点集必为凸集.

13. 用单纯形法表解 1954 年 Beale 的例子，以验证其迭代循环(进出基原则：若遇几个同时可供选择的进、出基变元时，选下标大者出基，选下标小者进基).

14. 若 $\boldsymbol{x}^{*}$ 为 $\max\{\boldsymbol{cx} \mid \boldsymbol{Ax} \leqslant \boldsymbol{b}, \boldsymbol{x} \geqslant \boldsymbol{0}\}$ 的最优点(解)，又矩阵 $\boldsymbol{A}=\begin{pmatrix}\boldsymbol{A}_1 \\ \boldsymbol{A}_2\end{pmatrix}$，相应地 $\boldsymbol{b}=\begin{pmatrix}\boldsymbol{b}_1 \\ \boldsymbol{b}_2\end{pmatrix}$. 若 $\boldsymbol{A}_1\boldsymbol{x}^{*}=\boldsymbol{b}_1, \boldsymbol{A}_2\boldsymbol{x}^{*}<\boldsymbol{b}_2$，则 $\boldsymbol{x}^{*}$ 也是 LP 问题

$$\begin{aligned}&\max \boldsymbol{cx}\\ &\text{s.t.}\begin{cases}\boldsymbol{A}_1\boldsymbol{x} \leqslant \boldsymbol{b}_1\\ \boldsymbol{x} \geqslant \boldsymbol{0}\end{cases}\end{aligned} \quad \text{和} \quad \begin{aligned}&\max \boldsymbol{cx}\\ &\text{s.t.}\begin{cases}\boldsymbol{A}_1\boldsymbol{x} = \boldsymbol{b}_1\\ \boldsymbol{x} \geqslant \boldsymbol{0}\end{cases}\end{aligned}$$

的最优解.

15. 试讨论下面两个 LP 问题最优解之间的关系

$$(\text{Ⅰ})\begin{cases}\text{V：}\max \boldsymbol{cx}\\ \text{s.t.}\begin{cases}\boldsymbol{Ax}=\boldsymbol{b}\\ \boldsymbol{x} \geqslant \boldsymbol{0}\end{cases}\end{cases} \qquad (\text{Ⅱ})\begin{cases}\text{V：}\max \lambda\boldsymbol{cx}\\ \text{s.t.}\begin{cases}\boldsymbol{Ax}=\mu\boldsymbol{b}\\ \boldsymbol{x} \geqslant \boldsymbol{0}\end{cases}\end{cases}$$

这里的 λ 和 μ 是两个正实数.

16*. 在单纯形法迭代中换基时，新基阵 $\widetilde{\boldsymbol{B}}$ 与旧基阵 $\boldsymbol{B}$ 仅一列元素不同，故有 $\widetilde{\boldsymbol{B}}=\boldsymbol{B}-\boldsymbol{a}_q^{\mathrm{T}}\boldsymbol{e}_q+\boldsymbol{a}_p^{\mathrm{T}}\boldsymbol{e}_q=\boldsymbol{B}+(\boldsymbol{a}_p-\boldsymbol{a}_q)^{\mathrm{T}}\boldsymbol{e}_q$，则 $\widetilde{\boldsymbol{B}}^{-1}=\boldsymbol{B}^{-1}\dfrac{\boldsymbol{B}^{-1}(\boldsymbol{a}_p-\boldsymbol{a}_q)^{\mathrm{T}}\boldsymbol{e}_q\boldsymbol{B}^{-1}}{1+\boldsymbol{e}_q\boldsymbol{B}^{-1}(\boldsymbol{a}_p-\boldsymbol{a}_q)}$，这里 $\boldsymbol{e}_q$ 为第 q 个分量是 1 的单位向量(Sherman-Morrison 公式).

17*. 请证明 1.3 节中命题 2 与命题 3 的结论.

18*. 给出有限个凸集的并集不是凸集的例子.

19*. 对于 $\max\{\boldsymbol{cx} \mid \boldsymbol{Ax} \geqslant \boldsymbol{b}, \boldsymbol{x} \geqslant \boldsymbol{0}\}$ 而言，在其化为标准形时约束为 $\boldsymbol{Ax}-\boldsymbol{t}=\boldsymbol{b}, \boldsymbol{t} \geqslant \boldsymbol{0}$. 若令 $0 \leqslant t'_i \leqslant t''_i$，且 $t_i=t''_i-t'_i$，其中 t_i 为 $\boldsymbol{t}$ 的第 i 个分量($i=1,2,\cdots,m$)，则 $\boldsymbol{Ax}-\boldsymbol{t}=\boldsymbol{Ax}+\boldsymbol{t}'-\boldsymbol{t}''=\boldsymbol{b}$，此时增加了变元及约束个数，同时避免了人工变元，这时单纯形法可行吗？

20*. (1) 对于 $\max\{\boldsymbol{cx} \mid \boldsymbol{Ax} \geqslant \boldsymbol{b}, \boldsymbol{x} \geqslant \boldsymbol{0}\}$ 而言，出基变元在迭代下一步中的检验数等于上一步进基变元检验数与枢轴元素的比值的相反数；

(2) 证明在迭代过程中出基变元在相邻下一步迭代过程中不可能是进基变元.

第2章　线性规划的对偶理论

数学中，人们常把从不同或相反角度提出的一对内容一致的问题称为对偶问题. 如三角函数中 $\sin x$ 与 $\cos x$ 可视为对偶函数，又如共轭复数 $z=a+bi$ 与 $\bar{z}=a-bi$ 也可视为对偶关系(若注意到 Euler 公式 $e^{\pm ix}=\cos x\pm i\sin x$，则 $\cos x$ 与 $\sin x$ 为对偶关系似乎更显然).

线性规划的对偶问题是线性规划的重要课题之一. 它是为研究一对形式上对称，解的性质相互关联的线性规划问题而创立的.

LP(线性规划) 问题的对偶问题是 J. Von Neumann 于 1947 年提出来. 他于 1950 ~ 1956 年期间创立并完善对偶理论.

2.1　LP 问题的对偶问题

1. 原问题与对偶问题

对于 LP 问题

$$\max z=\boldsymbol{cx},\text{s. t. } \boldsymbol{Ax}\leqslant \boldsymbol{b},\boldsymbol{x}\geqslant \boldsymbol{0} \text{ 或 } \max\{\boldsymbol{cx}\mid \boldsymbol{Ax}\leqslant \boldsymbol{b},\boldsymbol{x}\geqslant \boldsymbol{0}\} \qquad (*)$$

来讲(标准化后)，用单纯形法求解时，每步检验数

$$\boldsymbol{\sigma}_B=\boldsymbol{c}_B-\boldsymbol{c}_R\boldsymbol{B}^{-1}\boldsymbol{B}=\boldsymbol{0},\text{且 } \boldsymbol{\sigma}_N=\boldsymbol{c}_B-\boldsymbol{c}_B\boldsymbol{B}^{-1}\boldsymbol{N}$$

令 $\boldsymbol{y}=\boldsymbol{c}_B\boldsymbol{B}^{-1}$，则有

$$\boldsymbol{\sigma}=(\boldsymbol{c}_B-\boldsymbol{c}_B\boldsymbol{B}^{-1}\boldsymbol{B})+(\boldsymbol{c}_N-\boldsymbol{c}_B\boldsymbol{B}^{-1}\boldsymbol{N})=\boldsymbol{c}-\boldsymbol{c}_B\boldsymbol{B}^{-1}\boldsymbol{A}=\boldsymbol{c}-\boldsymbol{yA}$$

$$(\text{注意到 } \boldsymbol{c}_B+\boldsymbol{c}_N=\boldsymbol{c},\boldsymbol{B}+\boldsymbol{N}=\boldsymbol{A})$$

最优解有 $\boldsymbol{\sigma}\leqslant \boldsymbol{0}$，即 $\boldsymbol{c}-\boldsymbol{yA}\leqslant \boldsymbol{0}$，因而 $\boldsymbol{yA}\geqslant \boldsymbol{c}$.

又 $z=\boldsymbol{cx}=\boldsymbol{c}_B\boldsymbol{B}^{-1}\boldsymbol{b}=\boldsymbol{yb}$.

这样 $\min w=\boldsymbol{yb}$，s. t. $\boldsymbol{yA}\geqslant \boldsymbol{c},\boldsymbol{y}\geqslant \boldsymbol{0}$ 或 $\min\{\boldsymbol{yb}\geqslant \boldsymbol{c},\boldsymbol{y}\geqslant \boldsymbol{0}\}$(简记为 D) 称为 (*) 的对偶问题，而(*) 称为原问题(简记为 P). 其实，这个概念还将从后文介绍的所谓 K－T 条件意义下提出来.

这就是说我们约定：

$$
(\mathrm{P})\begin{cases}\mathrm{V}:\max\ z=\boldsymbol{cx}\\ \text{s.t.}\begin{cases}\boldsymbol{Ax}\leqslant\boldsymbol{b}\\ \boldsymbol{x}\geqslant\boldsymbol{0}\end{cases}\end{cases}\qquad
(\mathrm{D})\begin{cases}\mathrm{V}:\min\ w=\boldsymbol{b}^{\mathrm{T}}\boldsymbol{y}(\text{或 }\boldsymbol{b}^{\mathrm{T}}\boldsymbol{y})^{\mathrm{T}},\text{即 }\boldsymbol{yb}\\ \text{s.t.}\begin{cases}\boldsymbol{A}^{\mathrm{T}}\boldsymbol{y}\geqslant\boldsymbol{c}^{\mathrm{T}}(\text{或 }\boldsymbol{y}^{\mathrm{T}}\boldsymbol{A}\geqslant\boldsymbol{c})\\ \boldsymbol{y}\geqslant\boldsymbol{0}\end{cases}\end{cases}
$$

后面我们将会看到这种约定是合理的、允许的. 为书写方便，这里 $\boldsymbol{x},\boldsymbol{y},\boldsymbol{c},\boldsymbol{b}$ 为行或列向量(视符合向量、矩阵乘法规则而定)，以下不再说明.

它的现实意义是：研究资源最优利用时，一是在资源定量下使收益最大；二是完成额定指标，使用资源最少，或因故出让资源以保证获利不低于原来水准(目标为买方，约束为卖方).

我们以第 1 章例 1.1.1 为例说明此问题.

若工厂转产而出让资源. 对原问题来讲模型是

$$
\mathrm{V}:\max\ z=2x_1+3x_2
$$

$$
\text{s.t.}\begin{cases}2x_1+2x_2\leqslant 12\\ x_1+2x_2\leqslant 8\\ 4x_1\leqslant 16\\ 4x_2\leqslant 12\\ x_1,x_2\geqslant 0\end{cases}
$$

设第 $k(k=1,2,3,4)$ 种资源单位出让费(除去成本) 为 y_k，这样对于买方而言，其目标(希望付最低的价码) 为

$$
\mathrm{V}:\max\ w=12y_1+8y_2+16y_3+12y_4
$$

而对卖方来讲，他们自然不希望由此转让获得的收益低于自产时的收益，于是他们约定

$$
\text{s.t.}\begin{cases}2y_1+y_2+4y_3\geqslant 2\\ 2y_1+2y_2+4y_4\geqslant 3\\ y_1\sim y_4\geqslant 0\end{cases}
$$

这样，目标与约束合起来便构成原来问题的对偶问题. 一般地，我们可将原问题(P) 和其对偶(D) 的经济意义表述如下. 先定义变元及参数的量纲：

$z=$利润

$c_j=$第 j 变量的单位利润(利润 $/j$ 变量单位)

$x_j=$第 j 变量单位

$a_{ij}=$第 j 变量单位数消耗第 i 资源数量(i 资源单位 $/j$ 变量单位)

$b_i=$第 i 资源单位(总量)

这样原问题量纲形式为

$$\max z=\sum_{j=1}^{n}\left(\frac{\text{利润}}{\text{第 } j \text{ 变量单位}}\right)(\text{第 } j \text{ 变量单位})=\text{利润}$$

$$\text{s. t.}\begin{cases}\displaystyle\sum_{j=1}^{n}\left(\frac{\text{第 } i \text{ 资源量}}{\text{第 } j \text{ 变量单位}}\right)\\(\text{第 } j \text{ 变量单位})\leqslant \text{第 } i \text{ 资源总数}(i=1,2,\cdots,m)\\(\text{第 } i \text{ 资源单位})\geqslant 0\end{cases}$$

其对偶问题可表为

$$\min w=\sum_{i=1}^{m}(\text{第 } i \text{ 变量单位})y_i=\text{利润}$$

$$\text{s. t.}\begin{cases}\displaystyle\sum_{i=1}^{m}\left(\frac{\text{第 } i \text{ 资源单位}}{\text{第 } j \text{ 变量单位}}\right)y_i\geqslant\left(\frac{\text{利润}}{\text{第 } j \text{ 变量单位}}\right)\quad(j=1,2,\cdots,n)\\y_i\geqslant 0\end{cases}$$

由于可得出对偶问题变量的量纲为(利润 / 第 i 资源单位)，这样可得出线性规划及其对偶问题一个经济学上的含义：

已知 LP 的最优解，则此时对偶变量表示第 i 种资源单位增加对目标函数值的贡献.

这就是说，LP 的最优解只能告诉人们在目前情况下如何最有效地利用现有资源，而对偶变量却为人们提供了增加利润和创新挖潜的信息.

2. 原问题与对偶问题的关系

命题 1　(对称性) 对偶问题的对偶是原问题.

证　将(D) 改写为

$$\max\{-\boldsymbol{yb}-\boldsymbol{yA}\leqslant-\boldsymbol{c},\boldsymbol{y}\geqslant\boldsymbol{0}\}=\max\{\boldsymbol{y}(-\boldsymbol{b})\mid\boldsymbol{y}(-\boldsymbol{A})\leqslant-\boldsymbol{c},\boldsymbol{y}\geqslant\boldsymbol{0}\}$$

则其对偶为

$$\min\{(-\boldsymbol{c})\boldsymbol{x}\mid-\boldsymbol{Ax}\geqslant-\boldsymbol{b},\boldsymbol{x}\geqslant\boldsymbol{0}\}=\max\{\boldsymbol{cx}\mid\boldsymbol{Ax}\leqslant\boldsymbol{b},\boldsymbol{x}\geqslant\boldsymbol{0}\}^{①}$$

命题 2　$\max\{\boldsymbol{cx}\mid\boldsymbol{Ax}=\boldsymbol{b},\boldsymbol{x}\geqslant\boldsymbol{0}\}$ 的对偶问题为 $\min\{\boldsymbol{yb}\mid\boldsymbol{yA}\geqslant\boldsymbol{c},\boldsymbol{y}$ 无限制$\}$.

证　原问题可改写成

$$\max\{\boldsymbol{cx}\mid\boldsymbol{Ax}\leqslant\boldsymbol{b},-\boldsymbol{Ax}\leqslant-\boldsymbol{b},\boldsymbol{x}\geqslant\boldsymbol{0}\}=$$

① 严格地讲，两问题并不等同，即不是同一问题，但它们同解. 详细讨论见参考文献[47].

$$\max\left\{cx \mid \begin{pmatrix} A \\ -A \end{pmatrix} x \leqslant \begin{pmatrix} b \\ -b \end{pmatrix}, x \geqslant 0\right\}$$

则其对偶问题为

$$\min\left\{(u,v)\begin{pmatrix} b \\ -b \end{pmatrix} \middle| (u,v)\begin{pmatrix} A \\ -A \end{pmatrix} \geqslant c, u \geqslant 0, v \geqslant 0\right\} =$$

$$\min\{(u-v)b \mid (u-v)A \geqslant c, u \geqslant 0, v \geqslant 0\} =$$

$$\min\{yb \mid yA \geqslant c, y \text{ 无约束}\}, \text{这里 } y = u - v$$

命题 3 $\max\{cx \mid Ax \geqslant b, x \geqslant 0\}$ 的对偶问题 $\min\{yb \mid yA \geqslant c, y \leqslant 0\}$.

证 先将原问题改写为 $\max\{cx \mid -Ax \leqslant -b, x \geqslant 0\}$，则其对偶问题为

$$\min\{y(-b) \mid y(-A) \geqslant c, y \geqslant 0\} =$$

$$\min\{(-y)b \mid (-y)A \geqslant c, y \geqslant 0\} =$$

$$\min\{\tilde{y}b \mid \tilde{y}A \geqslant c, \tilde{y} \leqslant 0\} \quad (\text{这里 } \tilde{y} = -y)$$

系 $\max\{cx \mid A_1x \leqslant b_1, A_2x \geqslant b_2, A_3x = b_3, x \geqslant 0\}$ 的对偶问题为

$$\min\{y_1b_1 + y_2b_2 + y_3b_3 \mid y_1A_1 + y_2A_2 + y_3A_3 \geqslant c, y_1 \geqslant 0, y_2 \leqslant 0, y_3 \text{ 无约束}\}$$

由此可知 LP 的原问题与其对偶问题之间有关系：

(1) 若原问题求 max(或 min)，则其对偶问题求 min(或 max)；

(2) 原问题变元个数、系统约束个数分别为其对偶问题的系统约束个数和变元个数；

(3) 原问题价格系数(目标函数系数)变为对偶问题资源系数(系统约束右端常量)，而原问题资源系数变为对偶问题的价格系数；

(4) 注意到 $(yA)^{\mathrm{T}} = A^{\mathrm{T}}y^{\mathrm{T}}$，知原问题与对偶问题约束系数矩阵互为转置关系；

(5) 原问题与其对偶问题约束不等式号与变元符号关系(注意：原问题约束 $\overset{\text{对应}}{\rightleftharpoons}$ 对偶问题变元，而原问题变元 $\overset{\text{对应}}{\rightleftharpoons}$ 对偶问题约束) 见表 2.1.1.

表 2.1.1

原问题		对偶问题	
目　标	max	min	目　标
系统约束	$\leqslant$ $\geqslant$ $=$	$\geqslant 0$ $\leqslant 0$ 无约束	变　元
变　元	$\geqslant 0$ $\leqslant 0$ 无约束	$\leqslant$ $\leqslant$ $=$	系统约束

由命题1知:对偶关系是对称的,因而上表中“原问题”与“对偶问题”只是相对而言,其实是可互通的.然而关键在于目标函数是求“极大”还是“极小”,这反映在上述关系上是有区别的.目标是 max 时,从左到右使用此表;目标是 min 时,则从右到左使用此表.当然也可将求极小问题先化成求极大问题后,进而再写出其相应的对偶问题.

下面看一个例子.

例 2.1.1　(1) 写出下面 LP 问题的对偶问题

$$\max z = 3x_1 - 2x_2 - 5x_3 + 7x_4 + 8x_5$$

$$\text{s.t.}\begin{cases} x_2 - x_3 + 3x_4 - 4x_5 = -6 \\ 2x_1 + 3x_2 - 3x_3 - x_4 \geqslant 2 \\ -x_1 + 2x_3 - 2x_4 \leqslant -5 \\ -2 \leqslant x_1 \leqslant 10, 5 \leqslant x_2 \leqslant 25, x_3, x_4 \geqslant 0, x_5 \text{ 自由变元} \end{cases}$$

(2) 若目标函数为 $\min z = 3x_1 - 2x_2 - 5x_3 + 7x_4 + 8x_5$,而约束条件不变,试写出它的对偶问题.

解　(1) 先将原问题约束条件改写

$$\text{s.t.}\begin{cases} x_2 - x_3 + 3x_4 - 4x_5 = -6 \\ 2x_1 + 3x_2 - 3x_3 - x_4 \geqslant 2 \\ -x_1 + 2x_3 - 2x_4 \leqslant -5 \\ x_1 \geqslant -2 \\ x_1 \leqslant 10 \\ x_2 \geqslant 5 \\ x_2 \leqslant 25 \\ x_1, x_5 \text{ 为自由变元}, x_2 \sim x_4 \geqslant 0 \end{cases}$$

则其对偶问题为(注意原问题中 $-2 \leqslant x_1 \leqslant 10$,此即说 x_1 可正可负,系自由变元)

$$\min w = -6y_1 + 2y_2 - 5y_3 - 2y_4 + 10y_5 + 5y_6 + 25y_7$$

$$\text{s.t.}\begin{cases} 2y_2 - y_3 + y_4 + y_5 = 3 \\ y_1 + 3y_2 + y_6 + y_7 \geqslant -2 \\ -y_1 - 3y_2 + 2y_3 \geqslant -5 \\ 3y_1 - y_2 - 2y_3 \geqslant 7 \\ -4y_1 = 8 \\ y_3, y_5, y_7 \geqslant 0, y_2, y_4, y_6 \leqslant 0, y_1 \text{ 自由变元} \end{cases}$$

(2) 略(注意表的使用方向:从右到左).

当然对于某些目标函数系求 min 的问题,在写其对偶问题时我们亦可先把原问题改写成

$$\max z = -\boldsymbol{cx}$$

$$(\mathrm{P}) \quad \text{s.t.} \begin{cases} \boldsymbol{Ax} \leqslant \boldsymbol{b} \\ \boldsymbol{x} \vee \boldsymbol{0} \text{ 或自由变元} \end{cases}$$

然后再写出其对偶问题(D) 来.

和自身对偶的 LP 问题,称为"自对偶 LP 问题",关于这方面的例子详见习题 2 和习题 3.

2.2 对偶问题的基本性质

1. 对偶问题的基本性质

我们容易发现,某些变元个数较多而约束较少的 LP 问题,若化成它的对偶问题,则是另一番情景:变元较少,约束较多,这些约束中有效部分(线性无关者)仍不会多于变元个数,因而解之较方便. 如果能利用这一点去解原问题将是有益的. 这就需要了解原问题与其对偶间的某些性质. 这些结论是 D. Gale, W. W. Kuhn 和 A. W. Tucker 于 1951 年给出的.

命题 1(弱对偶定理) 若 $\boldsymbol{x}$ 和 $\boldsymbol{y}$ 分别为(P) 和(D) 的可行解,则 $\boldsymbol{cx} \leqslant \boldsymbol{yb}$.

证 由题设及(P) 知 $\boldsymbol{Ax} \leqslant \boldsymbol{b}, \boldsymbol{x} \geqslant \boldsymbol{0}$,又 $\boldsymbol{y} \geqslant \boldsymbol{0}$,则

$$\boldsymbol{yAx} \leqslant \boldsymbol{yb} \qquad ①$$

又由(D) 有 $\boldsymbol{yA} \geqslant \boldsymbol{c}, \boldsymbol{y} \geqslant \boldsymbol{0}$,又 $\boldsymbol{x} \geqslant \boldsymbol{0}$,则

$$\boldsymbol{yAx} \geqslant \boldsymbol{cx} \qquad ②$$

由 ①,② 有 $\boldsymbol{cx} \leqslant \boldsymbol{yAx} \leqslant \boldsymbol{yb}$.

此命题常可用来验算已求得的最优解正确与否.

系 1 若 $\boldsymbol{x}$ 和 $\boldsymbol{y}$ 分别是(P) 和(D) 的可行解,则 $\boldsymbol{yb}$ 是(P) 目标函数的上界,$\boldsymbol{cx}$ 是(D) 目标函数的下界.

系 2 若 $\boldsymbol{x}^*$ 和 $\boldsymbol{y}^*$ 分别是(P) 和(D) 的最优解,则 $\boldsymbol{cx}^*$ 为 $\boldsymbol{yb}$ 的下确界,$\boldsymbol{y}^*\boldsymbol{b}$ 为 $\boldsymbol{cx}$ 的上确界.

系 3 若 $\boldsymbol{x}$ 和 $\boldsymbol{y}$ 分别是(P) 和(D) 的可行解且 $\boldsymbol{cx} = \boldsymbol{yb}$,则 $\boldsymbol{x}, \boldsymbol{y}$ 分别是(P) 和(D) 的最优解.

证　若 x 不是(P) 的最优解,则必有某可行解 $\bar{x}$ 存在且使 $cx < c\bar{x}$.

又 $cx = yb$,则有 $yb < c\bar{x}$,与命题 1 矛盾!

故 x 是(P) 的最优解,同理可证 y 是(D) 的最优解.

系 4　若(P) 与(D) 任一问题解无界,则相应另一问题无解.

若(P) 或(D) 之一的解无界,则(D) 或(P) 的可行解目标值的下界或上界无界,故其对偶问题无解或无有限解. 因为(P)、(D) 均有可行解,则(P) 的可行解之目标值有下界,(D) 的可行解之目标值有上界.

其实系 4 是命题 1 的逆否命题,因而由命题 1 真可直接推得系 4 亦真.

下面来看两个例子.

例 2.2.1　若原问题(P) 及其对偶问题(D) 分别为

$$\max z = x_1 + x_2 \qquad\qquad \min w = y_1 + y_2$$

$$\text{s.t.}\begin{cases} -x_1 + x_2 \leqslant 1 \\ x_1 - x_2 \leqslant 1 \\ x_1, x_2 \geqslant 0 \end{cases} \quad 和 \quad \text{s.t.}\begin{cases} -y_1 + y_2 \geqslant 1 \\ y_1 - y_2 \geqslant 1 \\ y_1, y_2 \geqslant 0 \end{cases}$$

利用几何方法,有如图 2.2.1 所示的图像表示其解的情况.

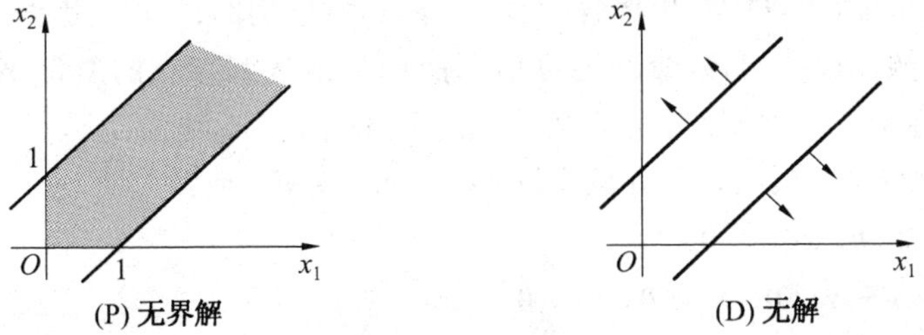

图 2.2.1

由(P) 有界解知(D) 无解,反之亦然. 如例 2.2.2.

例 2.2.2　若原问题(P) 及其对偶问题(D) 分别为

$$\max z = x_1 + x_2 \qquad\qquad \min w = y_1 + y_2$$

$$\text{s.t.}\begin{cases} x_1 - x_2 \geqslant 1 \\ -x_1 + x_2 \geqslant 1 \\ x_1, x_2 \geqslant 0 \end{cases} \quad 和 \quad \text{s.t.}\begin{cases} y_1 - y_2 \leqslant 1 \\ -y_1 + y_2 \leqslant 1 \\ y_1, y_2 \leqslant 0 \end{cases}$$

从图 2.2.1 中知(P) 有无界解,而(D) 无解.

下面来看命题 2,这是一个重要的命题.

命题 2(对偶定理)　若 x^* 和 y^* 分别是(P) 和(D) 的可行解,它们为相应问题

最优解 $\Leftrightarrow \boldsymbol{cx}^* = \boldsymbol{y}^* \boldsymbol{b}$.

证 先证 $\Rightarrow$. 设(P) 有最优解. 先引入变元 t 将(P) 标准化

$$\max\{\boldsymbol{cx} \mid \boldsymbol{Ax} + \boldsymbol{It} = \boldsymbol{b}, \boldsymbol{x} \geqslant \boldsymbol{0}, \boldsymbol{t} \geqslant \boldsymbol{0}\} \quad ①$$

令 $\tilde{\boldsymbol{A}} = (\boldsymbol{A}, \boldsymbol{I}), \tilde{\boldsymbol{x}} = \begin{pmatrix} \boldsymbol{x} \\ \boldsymbol{t} \end{pmatrix}, \tilde{\boldsymbol{c}} = (\boldsymbol{c}, \boldsymbol{0})$,则上式可改写为

$$\max\{\tilde{\boldsymbol{c}}\tilde{\boldsymbol{x}} \mid \tilde{\boldsymbol{A}}\tilde{\boldsymbol{x}} = \boldsymbol{b}, \tilde{\boldsymbol{x}} \geqslant \boldsymbol{0}\} \quad ②$$

易知(P) 与 ① 或 ② 是等价的. 由设(P) 有最优解,故 ① 亦有最优解.

这样可找到一个以 $\tilde{\boldsymbol{B}}$ 为最优可行基的最优基本可行解

$$\tilde{\boldsymbol{x}}^* = \begin{pmatrix} \boldsymbol{x}^* \\ \boldsymbol{t}^* \end{pmatrix}, \text{这样 } \boldsymbol{\sigma} = \tilde{\boldsymbol{c}} - \tilde{\boldsymbol{c}}_B \tilde{\boldsymbol{B}}^{-1} \tilde{\boldsymbol{A}} \leqslant \boldsymbol{0} \quad ③$$

其中 $\tilde{\boldsymbol{x}}_B^* = \tilde{\boldsymbol{B}}^{-1} \boldsymbol{b}$. 令 $\bar{\boldsymbol{u}}^* = \tilde{\boldsymbol{c}}_B \tilde{\boldsymbol{B}}^{-1}$,下证 $\tilde{\boldsymbol{u}}^*$ 为(D) 的最优解.

由 ③,有 $\boldsymbol{u}^*(\boldsymbol{A}, \boldsymbol{I}) \geqslant \tilde{\boldsymbol{c}}, \boldsymbol{u}^* \geqslant \boldsymbol{0}, \boldsymbol{u}^*$ 为(D) 的可行解.

又 $\boldsymbol{u}^* \boldsymbol{b} = \tilde{\boldsymbol{c}}_B \tilde{\boldsymbol{B}}^{-1} \boldsymbol{b} = \tilde{\boldsymbol{c}}_B \tilde{\boldsymbol{x}}_B^* = \tilde{\boldsymbol{c}}\tilde{\boldsymbol{x}}^* = (\boldsymbol{c}, \boldsymbol{0}) \begin{pmatrix} \boldsymbol{x}^* \\ \boldsymbol{t}^* \end{pmatrix} = \boldsymbol{cx}^*$.(注意非基变元取 0)

由系 2 知:$\boldsymbol{u}^*$ 是(D) 的最优解. 又以由上式知它的最优值与(P) 的最优值相等.

类似地可证,若(D) 有最优解,则(P) 亦然,且它们的最优值相等.

注 1 顺便说一句,该命题还可引用凸函数最优解存在的所谓 Kuhn-Tucker 条件[1],简称 K－T 条件(详见后文) 来证. 该条件是:

对于 LP 问题来讲:(P) 有最优解 $\Leftrightarrow$ 有 $\boldsymbol{w}, \boldsymbol{v} \in E^n$,使:

①$\boldsymbol{Ax}^* \leqslant \boldsymbol{b}, \ \boldsymbol{x}^* \geqslant \boldsymbol{0}$;

②$\boldsymbol{c} - \boldsymbol{wA} - \boldsymbol{v} = \boldsymbol{0}, \ \boldsymbol{w} \geqslant \boldsymbol{0}, \ \boldsymbol{v} \geqslant \boldsymbol{0}$;

③$\boldsymbol{w}(\boldsymbol{Ax}^* - \boldsymbol{b}) = \boldsymbol{0}, \ \boldsymbol{vx}^* = 0$.

关于它这里不详述了,有兴趣的读者可参考有关文献如[1]、[41]. 下证定理的必要性.

证 $\Leftarrow$. 若 $\boldsymbol{x}$ 为(P) 的任一可行解,则由命题 1 有

$$\boldsymbol{cx} \leqslant \boldsymbol{y}^* \boldsymbol{b} = \boldsymbol{cx}^*$$

则 $\boldsymbol{x}^*$ 为(P) 的最优解. 同理可证 $\boldsymbol{y}^*$ 亦然.(其实它亦可由上面系 2 直接得到)

注 2 上述命题我们亦可简证如下:

又证 $\Leftarrow$. 设 $\boldsymbol{x}^*$ 为(P) 的最优解(且基本可行),对应基为 $\boldsymbol{B}$,则

$$\boldsymbol{cx}^* = \boldsymbol{c}_B \boldsymbol{B}^{-1} \boldsymbol{b}$$

由 $\boldsymbol{x}^*$ 的最优性知:$\boldsymbol{c} - \boldsymbol{c}_B \boldsymbol{B}^{-1} \boldsymbol{A} \leqslant \boldsymbol{0}$,令 $\boldsymbol{y}^* = \boldsymbol{c}_B \boldsymbol{B}^{-1}$,则 $\boldsymbol{yA} \geqslant \boldsymbol{c}$,知 $\boldsymbol{y}^*$ 为(D) 的可行解.

又因 $y^* b = c_B B^{-1} b = cx$，故 y^* 是(D) 的最优解.

再证 ⇒. 由 $c - c_B B^{-1} A \leqslant 0$(若 x^* 最优)，即 $yA \geqslant c$.

故 y 是(D) 的可行解，且最优.

注意到 $c_B x_B = c_B B^{-1} b = yb$，由系 4 知 y 是(D) 的最优解.

由以上各命题可以得出(P) 与(D) 之间，下列三条之一成立：

(1) 均有最优解，且最优值相等；

(2) 一个问题有无界解，另一问题无解；

(3) 两者均无解.

当然更具体点有表 2.2.1.

表 2.2.1　(P)、(D) 问题解的情况表

(D) (P)	有最优解	有无界解	无(可行)解
有最优解	一定		
有无界解			可能
无(可行)解		可能	可能

系 5　若 B 是 LP 问题(P) 的最优基，则其对偶问题(D) 的最优解为 $y^* = c_B B^{-1}$.

证　显然 $y^* b = c_B B^{-1} b = c_B x_B^* = cx^*$.

在单纯形表中，由于松弛变元或系统变元中的非基变元取 0 值，故检验数为 $\sigma = c_j - c_B B^{-1} a_j$.

下面的命题无论理论和实际计算中均有重要作用.

命题(3)(互补松弛定理)　若 $A = (a_1, a_2, \cdots, a_n)$，$A^T = (p_1, p_2, \cdots, p_m)$，则(P) 和(D) 的可行解 x, y 是最优解的 ⇔ x(或 y) 第 j 个分量与相应对偶(或原) 问题第 j 个约束两边之差的乘积恒为 0. 即

$$(c_j - ya_j)x_j = 0 \quad j = 1, 2, \cdots, n \qquad ①$$

且

$$y_i(p_i^T x - b_i) = 0 \quad i = 1, 2, \cdots, m \qquad ②$$

证　先证 ⇐. 若 $\sum_{j=1}^{n}(c_j - ya_j)x_j = 0$ 和 $\sum_{i=1}^{m} y_i(p_i^T x - b_i) = 0$，即

$$(c - yA)x = 0 \text{ 和 } y((A^T)^T x - b) = 0$$

从而 $cx = yAx = yb$，知 x, y 最优解.

再证 ⇒. 由题设及命题 1 知 $\boldsymbol{cx} \leqslant \boldsymbol{yAx} \leqslant \boldsymbol{yb}$，又 $\boldsymbol{cx} = \boldsymbol{yb}$，则 $\boldsymbol{cx} = \boldsymbol{yAx} = \boldsymbol{yb}$. 由之有 $(\boldsymbol{c} - \boldsymbol{yA})\boldsymbol{x} = 0$，且 $\boldsymbol{y}(\boldsymbol{Ax} - \boldsymbol{b}) = 0$.

综上，即有式 ①，② 成立.

这个命题是说：若知原（或对偶）问题可行解中 x_j（或 y_j）非 0（称为"松"或无效），则其相应的对偶（或原）问题第 j 个约束取等号（谓"紧"）；若原（或对偶）问题第 j 个约束为严格不等式（称为"松"），则其相应的对偶（原）问题可行解第 j 个分量为 0（谓"紧"）.

它们的关系见表 2.2.2.

表 2.2.2

原问题(P)	对偶问题(D)
某约束不等号严格成立（松或非有效约束）	该约束对应的对偶变元恒为 0
某约束不等号不严格成立（紧或有效约束）	该约束对应的对偶变元非负
某一变元恒正	其对应的对偶约束取等式（紧约束）
某一变元为 0	其对应的对偶约束可紧、可松

命题 3′ 若 $\boldsymbol{x}, \boldsymbol{y}$ 分别是问题(P) 和(D) 的可行解，则它们是最优解 ⇔ $(\boldsymbol{c} - \boldsymbol{yA})\boldsymbol{x} = 0$ 且 $\boldsymbol{y}(\boldsymbol{b} - \boldsymbol{Ax}) = 0$.

证 先证 ⇒. 设 $\boldsymbol{x}_s \geqslant \boldsymbol{0}, \boldsymbol{y}_t \geqslant \boldsymbol{0}$ 为(P)、(D) 问题的松弛变元，此时(P)、(D) 的约束变为

$$\boldsymbol{Ax} + \boldsymbol{x}_s = \boldsymbol{b} \quad \text{和} \quad \boldsymbol{yA} - \boldsymbol{y}_t = \boldsymbol{c}$$

若 $\boldsymbol{x}, \boldsymbol{y}$ 为最优解，则 $\boldsymbol{cx} = \boldsymbol{yb}$，故

$$(\boldsymbol{yA} - \boldsymbol{y}_t)\boldsymbol{x} = \boldsymbol{y}(\boldsymbol{Ax} + \boldsymbol{x}_s)$$

即

$$\boldsymbol{yx}_s + \boldsymbol{xy}_t = 0$$

由 $\boldsymbol{x} \geqslant \boldsymbol{0}, \boldsymbol{y} \geqslant \boldsymbol{0}$ 且 $\boldsymbol{x}_s \geqslant \boldsymbol{0}, \boldsymbol{y}_t \geqslant \boldsymbol{0}$. 知 $\boldsymbol{yx}_s = 0$ 且 $\boldsymbol{xy}_t = 0$.

故 $\boldsymbol{y}(\boldsymbol{Ax} - \boldsymbol{b}) = \boldsymbol{0}$ 且 $\boldsymbol{x}(\boldsymbol{yA} - \boldsymbol{c}) = \boldsymbol{0}$.

再证 ⇐. 若 $\boldsymbol{x}, \boldsymbol{y}$ 分别为(P)、(D) 的可行解，且满足

$$(\boldsymbol{c} - \boldsymbol{yA})\boldsymbol{x} = 0 \quad \text{且} \quad \boldsymbol{y}(\boldsymbol{b} - \boldsymbol{Ax}) = 0$$

则

$$\boldsymbol{cx} = \boldsymbol{yAx} = \boldsymbol{yb}$$

故知 $\boldsymbol{x}, \boldsymbol{y}$ 分别为(P)、(D) 的最优解.

互补松弛定理的经济意义可理解为：

若某资源在系统内的影子价格大于零（$y_i > 0$），则证明该资源紧缺，对应的约束为紧约束（$b_i - \boldsymbol{a}_i\boldsymbol{x} = 0$）；否则该资源在系统内有剩余，系统未达最优状态，可进一步改进.

另一方面，若某资源在系统内有剩余，即资源约束为松约束，亦即 $b_i - \boldsymbol{a}_i\boldsymbol{x} > 0$（或 $\boldsymbol{a}_i\boldsymbol{x} - b_i < 0$），其对偶问题相应的解分量为 $0(y_i = 0)$；否则，若对偶问题解分量大于 0 时，增加该资源的使用可使目标值改进.

同样，在最优状态下某变元检验数小于零时（$c_i - \boldsymbol{y}\boldsymbol{p}_i < 0$），说明该产品对目标值贡献是负的，故不应安排其生产，该变元为 $0(x_i = 0)$.

另一方面，当变元大于零时（$x_j > 0$），其检验数必为 $0(c_j - \boldsymbol{y}\boldsymbol{p}_j = 0)$，否则改变该产品产量可使目标值改进.

下面看两个利用上面对偶问题性质解 LP 问题的例子.

例 2.2.3　解 LP 问题

$$\min w = 3x_1 + 4x_2 + 2x_3 + 5x_4 + 9x_5$$

$$\text{s. t.}\begin{cases} x_2 + x_3 - 5x_4 + 3x_5 \geqslant 2 & ① \\ x_1 + x_2 - x_3 + x_4 + 2x_5 \geqslant 3 & ② \\ x_1 \sim x_5 \geqslant 0 \end{cases}$$

解　如图 2.2.2，题设问题的对偶问题为

$$\text{s. t.}\begin{cases} y_2 \leqslant 3 & ③ \\ y_1 + y_2 \leqslant 4 & ④ \\ y_1 - y_2 \leqslant 2 & ⑤ \\ -5y_1 + y_2 \leqslant 5 & ⑥ \\ 3y_1 + 2y_2 \leqslant 9 & ⑦ \\ y_1, y_2 \geqslant 0 \end{cases}$$

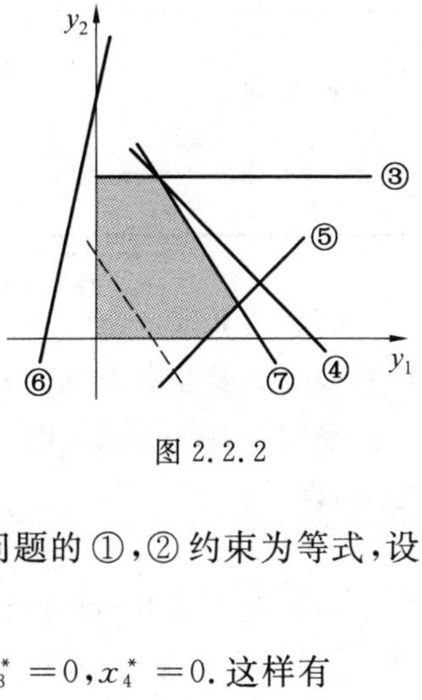

图 2.2.2

图解之（联立 ③，④ 或 ③，⑦ 解之）得 $\boldsymbol{y}^* = (1,3)$，$z^* = 11$.

由 $y_1 = 1 > 0$，$y_2 = 3 > 0$，由互补松弛定理有其原问题的 ①，② 约束为等式，设其原问题最优解为 $\boldsymbol{x}^*$.

又将 y_1, y_2 代入 ⑤，⑥ 知不等式严格成立，从而 $x_3^* = 0$，$x_4^* = 0$. 这样有

$$\begin{cases} x_2 + 3x_5 = 2 \\ x_1 + x_2 + 2x_5 = 3 \end{cases} \qquad ⑧$$

这是一个未知数个数多于方程个数的线性方程组，它有无穷多解（即使加上目标值 $3x_1 + 4x_2 + 5x_4 + 9x_5 = 11$）. 比如 $\boldsymbol{x}^* = (1,2,0,0,0)$ 或 $(5/3,0,0,0,2/3)$，且 $z^* = 11$.

注意到满足 ⑧ 的一类解如 $(0,5,0,0,-1)$ 是原问题的基本解但其不可行，故

不是问题的最优解.

注 1 此例说明(P) 与(D) 的解的个数不一定相同,且退化问题的对偶问题不一定退化.

注 2 若在方程组 ⑧ 加目标函数约束:$3x_1 + 4x_2 + 9x_5 = 11$(注意到 $z^* = 11$)后方程组仍有多解,这说明加入后的方程与其他两方程线性相关.对于某些情况来讲,添加此约束可得到相应问题的解.

2. 单纯形表中的原问题与对偶问题

我们还想指出:单纯形法表解(非改进)中,除了给出原问题(P) 的信息外,还给出某些对偶问题(D) 的信息,具体如表 2.2.3 所示.

表 2.2.3

	系统变元			松弛变元			
	x_1	$\cdots$	x_l	x_{l+r}	$\cdots$	x_n	$\boldsymbol{b}$
$\boldsymbol{x}_B$			$\tilde{\boldsymbol{A}}$				$\tilde{\boldsymbol{b}}$
$-\boldsymbol{\sigma}$	$-\sigma_1$	$\cdots$	$-\sigma_l$	$-\sigma_{l+1}$	$\cdots$	$-\sigma_n$	$\tilde{z}$
	对偶问题松弛(剩余)变元			对偶问题系统变元			

若 $\boldsymbol{\sigma} \leqslant \boldsymbol{0}$,即 $-\boldsymbol{\sigma} \geqslant \boldsymbol{0}$,表 2.2.3 给出(P) 的最优解(可行解);同时,检验数的相反数即 $-\boldsymbol{\sigma}$ 给出其对偶问题(D) 的最优解(可行解).

事实上,设原问题(P):$\max\{\boldsymbol{cx} \mid \boldsymbol{Ax} \leqslant \boldsymbol{b}, \boldsymbol{x} \geqslant \boldsymbol{0}\}$,添加松弛变元 $\tilde{\boldsymbol{x}}$ 改写成标准形后,即

$$\max\{\boldsymbol{cx} \mid \boldsymbol{Ax} + \boldsymbol{I}\tilde{\boldsymbol{x}} = \boldsymbol{b}, \boldsymbol{x} \geqslant \boldsymbol{0}, \tilde{\boldsymbol{x}} \geqslant \boldsymbol{0}\}$$

初始表中基 $\boldsymbol{B}$ 对应的检验向量(这里往往取 $\boldsymbol{B} = \boldsymbol{I}$)为

$$\sigma = (\boldsymbol{c}, \boldsymbol{0}) - \boldsymbol{c}_B\boldsymbol{B}^{-1}(\boldsymbol{A}, \boldsymbol{I}) = (\boldsymbol{c} - \boldsymbol{c}_B\boldsymbol{B}^{-1}\boldsymbol{A}, -\boldsymbol{c}_B\boldsymbol{B}^{-1})$$

括号前一项代表系统变元的检验向量;后一项为松弛变元检验向量.具体的对应关系(从表上看)如表 2.2.4,2.2.5.

若 $\boldsymbol{B}$ 是最优基,则 $\boldsymbol{y}^* = \boldsymbol{c}_B\boldsymbol{B}^{-1}$ 是(P) 的对偶问题(D)

$$\min\{\boldsymbol{yb} \mid \boldsymbol{yA} \geqslant \boldsymbol{c}, \boldsymbol{y} \geqslant \boldsymbol{0}\}$$

的最优解.(见前面系 4)

表 2.2.4　初始表

	非基变元		基变元
	$\boldsymbol{x}_B$	$\boldsymbol{x}_N$	$\boldsymbol{x}_S$
$\boldsymbol{x}_S$	$\boldsymbol{B}$	$\boldsymbol{N}$	$\boldsymbol{I}$
$c_j - z_j$	$\boldsymbol{c}_B$	$\boldsymbol{c}_N$	$\boldsymbol{0}$

表 2.2.5　变换后新表

	基变元	非基变元	
	$\boldsymbol{x}_B$	$\boldsymbol{x}_N$	$\boldsymbol{x}_S$
$\boldsymbol{x}_B$	$\boldsymbol{I}$	$\boldsymbol{B}^{-1}\boldsymbol{N}$	$\boldsymbol{B}^{-1}$
$c_j - z_j$	$\boldsymbol{0}$	$\boldsymbol{c}_N - \boldsymbol{c}_B\boldsymbol{B}^{-1}\boldsymbol{N}$	$-\boldsymbol{c}_B\boldsymbol{B}^{-1}$

对于有人工变元问题的大 M 法来讲，情况与上类同.

比如，若(P) 为 $\max\{\boldsymbol{cx} \mid \boldsymbol{Ax} = \boldsymbol{b}, \boldsymbol{x} \geqslant \boldsymbol{0}\}$，添加人工变元 $\tilde{\boldsymbol{x}}$ 后为

$$\max\{\boldsymbol{cx} - M\tilde{\boldsymbol{x}} \mid \boldsymbol{Ax} + \boldsymbol{I}\tilde{\boldsymbol{x}} = \boldsymbol{b}, \boldsymbol{x} \geqslant \boldsymbol{0}, \tilde{\boldsymbol{x}} \geqslant \boldsymbol{0}\}$$

同样有基 $\boldsymbol{B}$ 下的检验向量为

$$\boldsymbol{\sigma} = (\boldsymbol{c}, -M) - \boldsymbol{c}_B\boldsymbol{B}^{-1}(\boldsymbol{A}, \boldsymbol{I}) = (\boldsymbol{c} - \boldsymbol{c}_B\boldsymbol{B}^{-1}\boldsymbol{A}, -\boldsymbol{M} - \boldsymbol{c}_B\boldsymbol{B}^{-1})$$

若 $\boldsymbol{B}$ 为最优基，则 $\boldsymbol{c}_B\boldsymbol{B}^{-1}$ 为(P) 的对偶问题的最优解.

它们的关系如表 2.2.6 所示(它实则为表 2.2.3 的简化形式).

表 2.2.6

	$\boldsymbol{x}_B$	$\boldsymbol{x}_N$	$\boldsymbol{x}_s$
$\boldsymbol{\sigma}$	$\boldsymbol{0}$	$\boldsymbol{c}_N - \boldsymbol{c}_B\boldsymbol{B}^{-1}\boldsymbol{N}$	$-\boldsymbol{c}_B\boldsymbol{B}^{-1}$
	$\boldsymbol{y}_{s_1}$	$\boldsymbol{y}_{s_2}$	$-\boldsymbol{y}$

这里 $\boldsymbol{x}_s$ 为(P) 的松弛变元，$\boldsymbol{y}_s = (\boldsymbol{y}_{s_1}, \boldsymbol{y}_{s_2})$ 为(D) 的剩余变元，其中 $\boldsymbol{y}_{s_1}$ 对应问题中基变元 $\boldsymbol{x}_B$ 的剩余变元，$\boldsymbol{y}_{s_2}$ 对应非基变元 $\boldsymbol{x}_N$ 的剩余变元.

由上我们不难有：

命题 4　问题(P) 的最优表中非基松弛变元检验数的相反数为其相应对偶问题(D) 的最优解；而问题(D) 的最优表中非基剩余变元检验数的相反数为其相应对偶问题(P) 的最优解.

例 2.2.4　对于问题(P) 和(D)

$$\max\ z = 2x_1 + x_2$$

$$(\mathrm{P})\quad \text{s.t.}\begin{cases}5x_2 \leqslant 15\\6x_1 + 2x_2 \leqslant 24\\x_1 + x_2 \leqslant 5\\x_1, x_2 \geqslant 0\end{cases}$$

$\max(-w) = -15y_1 - 24y_2 - 5y_3$（由 $\min w = 15y_1 + 24y_2 + 5y_3$ 改写）

$$(\mathrm{D})\quad \text{s.t.}\begin{cases}6y_2 + y_3 \geqslant 2\\5y_1 + 2y_2 + y_3 \geqslant 1\\y_1 \sim y_3 \geqslant 0\end{cases}$$

问题(P) 的单纯形表解的终表见表 2.2.7.

表 2.2.7

		(P)的系统变元		(P)的松弛变元			
		2	1	0	0	0	b
		x_1	x_2	x_3	x_4	x_5	
0	x_3			1	5/4	−15/2	15/2
2	x_1	1			1/4	−1/2	7/2
1	x_2		1		−1/4	3/2	3/2
$-\boldsymbol{\sigma}_N$		(0)	(0)	(0)	1/4	1/2	8.5
		(D)的松弛变元		(D)的系统变元			

因而有 $\boldsymbol{x}^* = \left(\frac{7}{2}, \frac{3}{2}, \frac{15}{2}, 0, 0\right)$，且 $z^* = 8.5$.

问题(D) 的单纯形表解的终表见表 2.2.8.

表 2.2.8

		(D)的系统变元			(D)的松弛变元		
		−15	−24	−5	0	0	
		y_1	y_2	y_3	y_4	y_5	
−24	y_2	−15/4	1		−1/4	1/4	1/4
−5	y_3	15/2		1	1/2	−3/2	1/2
$-\boldsymbol{\sigma}_N$		15/2	(0)	(0)	7/2	3/2	8.5
		(P)的松弛变元			(P)的系统变元		

因而有 $\boldsymbol{y}^* = \left(0,\frac{1}{4},\frac{1}{2},0,0\right)$，且 $w^* = 8.5$.

由此对于(P) 和(D) 来讲，我们只需求解其中一个，从最优解(终表) 的单纯形表中即可得到另一问题的最优解.

这些可由对偶问题的推导中得出(见本章开头).

对于中间有而言，要使(P) 的可行解对应检验数满足非正(即 $-\boldsymbol{\sigma}$ 非负)，即为对偶问题可行解(但它是基本解)，一般难做到，而通常只有在终表，且问题有最优解时方满足.

这个事实也为检验单纯形表解过程的正确与否给出一种检验方法.

我们这里再就此问题的经济意义(前面已有阐述) 进行简要说明：设

$$(\mathrm{P})\qquad \max\{\boldsymbol{cx} \mid \boldsymbol{Ax} \leqslant \boldsymbol{b}, \boldsymbol{x} \geqslant \boldsymbol{0}\}$$

$$(\mathrm{D})\qquad \min\{\boldsymbol{yb} \mid \boldsymbol{yA} \geqslant \boldsymbol{c}, \boldsymbol{y} \geqslant \boldsymbol{0}\}$$

又若解 $\boldsymbol{x}^* = \begin{pmatrix}\boldsymbol{x}_B \\ \boldsymbol{x}_N\end{pmatrix} = \begin{pmatrix}\boldsymbol{B}^{-1}\boldsymbol{b} \\ \boldsymbol{0}\end{pmatrix}$ 为(P) 的最优解，则

$$\boldsymbol{cx}^* = (\boldsymbol{x}_B, \boldsymbol{x}_N)\begin{pmatrix}\boldsymbol{x}_B \\ \boldsymbol{x}_N\end{pmatrix} = \boldsymbol{c}_B\boldsymbol{x}_B = \boldsymbol{c}_B\boldsymbol{B}^{-1}\boldsymbol{b}$$

而设 $\boldsymbol{y}^*$ 为(D) 的最优解，由前面命题 2 知 $\boldsymbol{cx}^* = \boldsymbol{c}_B\boldsymbol{B}^{-1}\boldsymbol{b} = \boldsymbol{y}^*\boldsymbol{b}$，从而 $\boldsymbol{c}_B\boldsymbol{B}^{-1}\boldsymbol{b} = \boldsymbol{y}^*$，这样 $\boldsymbol{y}^* = \boldsymbol{c}_B\boldsymbol{B}^{-1} = (y_1^*, y_2^*, \cdots, y_m^*)$.

若将目标函数在最优点处的取值视为向量 $\boldsymbol{b}$ 的函数，则

$$\frac{\partial \boldsymbol{z}^*}{\partial b_k} = y_k^* \quad (k = 1, 2, \cdots, m)$$

上式表明：(D) 的第 k 个对偶变量 y_k 在最优点处取值 y_k^* 等于原问题(P) 的第 k 个约束右端项 b_k 增加一单位引起目标函数值的变化比(留心偏导数的意义).

这里，我们又一次看到对偶变量的经济意义所在.

一般地，每个系统约束对应一种资源系数(或限制)，其中 b_k 是第 k 种资源总量.

而 y_k^* 是第 k 种资源总量的单位改变而引起的目标函数值的变化，它是该资源的一种表征. 经济学上称之为“影子价格”.

2.3* 对偶单纯形法

这是根据对偶原理设计的一种 LP 的解法，它主要针对某些需引入人工变元的

问题，换言之，此法可避免人工变元的引入，且可求得最优解.

如前所述，在单纯形表解中，对于基本可行解之间的迭代（即从一个基转轴到另一个基）解始终必须可行（即非负），在实现解的最优化过程中，要求检验数逐步非正，一旦实现，即得最优解.

据对偶性质：原问题(P)单纯形表上的检验数的相反数是其对偶问题(D)的基本解，但它不一定可行，上述使检验数逐步非正过程，即逐步使对偶问题可行的过程，一旦对偶问题基本解可行，原问题的检验数亦实现非正，此时原问题亦最优.

依据对偶问题的对称性可设计对偶单纯形法，它是 Lemke 于 1954 年给出的，其基本思想是：

把求解的迭代过程，建立在满足对偶问题的解的可行上（检验数非正），而不保持解的可行性（当然，它仍是基本解），换言之，在诸次迭代中始终满足原有问题的最优性条件，再逐步达到原有问题的可行性，最后求出原有问题的最优解这就是说：此迭代过程力求保持检验数非正.

这样，当解的可行性一旦实现，即得到问题的最优解.

简言之，对偶单纯形方法是试图把单纯形法用于对偶问题而去解原问题的方法.

对应检验数全部非正的基本解称为正则解.

例 2.3.1 如图 2.3.1，求解 LP 问题

$$\min z = x_1 + 3x_2$$

$$（化为\ \max(-z) = -x_1 - 3x_2）$$

$$\text{s.t.}\begin{cases} 2x_1 + x_2 \geqslant 3 \\ 3x_1 + 2x_2 \geqslant 4 \\ x_1, x_2 \geqslant 0 \end{cases}$$

（引入人工变元后可得最优解 $\boldsymbol{x}^* = (3/2, 0)$，$z^* = -3/2$）

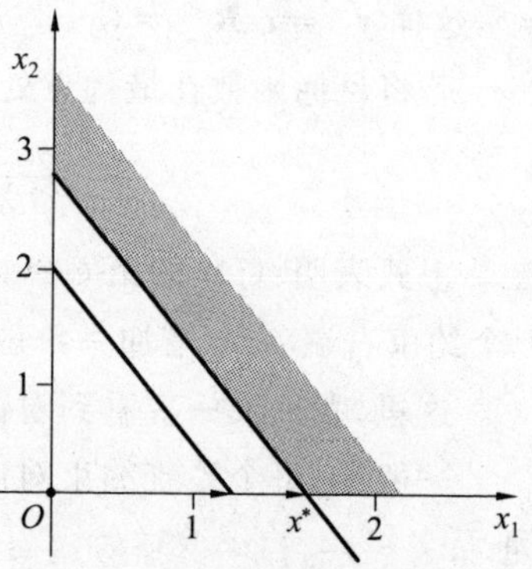

图 2.3.1 对偶单纯法迭代路线图

解 变换约束条件（两边同乘 −1）且引入松弛变元

$$\text{s.t.}\begin{cases} -2x_1 - x_2 + x_3 = -3 \\ -3x_1 - 2x_2 + x_4 = -4 \\ x_1 \sim x_4 \geqslant 0 \end{cases}$$

显然 $\boldsymbol{x}^{(1)} = (0, 0, -3, -4)$ 为正则解（其相应的检验数全部非正），但其不可

行.其表解见表 2.3.1.

表 2.3.1

$\boldsymbol{c}$		-1	-3	0	0	$\boldsymbol{b}$
$\boldsymbol{c}_B$	$\boldsymbol{x}_B$	x_1	x_2	x_3	x_4	（己方资源）
0	x_3	-2	-1	1		-3
0	x_4	$[-3]$	-2		1	$\overrightarrow{-4}$
$\boldsymbol{\sigma}_N$		$-1^{\uparrow}$	-3			0
$\boldsymbol{\theta}_N$		$-1/(-3)$	$-3/(-2)$			（对方效率）
0	x_3		$1/3$	1	$[-2/3]$	$\overrightarrow{-1/3}$
-1	x_1	1	$2/3$		$-1/3$	$4/3$
$\boldsymbol{\sigma}_N$			$-7/3$		$-1/3^{\uparrow}$	$-4/3$
$\boldsymbol{\theta}_N$			—		$1/2$	
0	x_4		$-1/2$	$-3/2$	1	$1/2$
-1	x_1	1	$1/2$	$-1/2$		$3/2$
$\boldsymbol{\sigma}_N$			$-5/2$	$-1/2$		$-3/2$

（x_1, x_2 列：对偶问题松弛变元；x_3, x_4 列：对偶问题系统变元）

具体计算如下:先选取出基变元,再决定进基变元.其原则为:

(1) 出基变元选取 $\boldsymbol{b}$ 中绝对值大的负分量对应的变元,即

$$b_l = \max_{1\leqslant i\leqslant m}\{|b_i| \mid b_i < 0\}$$

或

$$b_l = \min_{1\leqslant i\leqslant m}\{b_i \mid b_i < 0\}$$

则 x_l 出基.

(2) 若出基变元 x_l 行系数非负,原问题无解;否则选

$$\theta_{lp} = \min_{1\leqslant j\leqslant n}\left\{\frac{\sigma_j}{a_{lj}} \mid a_{lj} < 0\right\}$$

则 x_p 进基.

(其实只需从非基变元检验数中挑小于 0 者比较)

至此已有 $\boldsymbol{x}^* = \left(\frac{3}{2}, 0, 0, \frac{1}{2}\right)$,且 $z^* = \frac{3}{2}$.

当然此时也给出其对偶问题的最优解$\left(\frac{1}{2}, 0, 0, \frac{5}{2}\right)$.

其实,上例中的第二个约束弱于第一个约束,在此无效.

例 2.3.2　求解 LP 问题

$$\min z = x_1 + 2x_2$$

$$\text{s.t.}\begin{cases}-x_1 + x_2 \geqslant 1 \\ x_1 + x_2 \geqslant 3 \\ x_1, x_2 \geqslant 0\end{cases}$$

解　变换约束条件(不等式两边同乘 -1) 添加松弛变元且使系统约束化为

$$\begin{cases}x_1 - x_2 + x_3 = -1 \\ -x_1 - x_2 + x_4 = -3 \\ x_1 \sim x_4 \geqslant 0\end{cases}$$

同时目标函数改写为:$\max \tilde{z} = -x_1 - 2x_2$. 用单纯形表求解(从正则点 → 正则点 → … → 正则可行解) 如表 2.3.2 所示.

表 2.3.2

		-1 x_1	-2 x_2	0 x_3	0 x_4	$\boldsymbol{b}$	
0	x_3	1	-1	1		-1	
0	x_4	[-1]	-1		1	$\overrightarrow{-3}$	
		$-1^{\uparrow}$	-2				$\min\left\{\frac{-1}{-1},\frac{-2}{-1}\right\} = 1$
0	x_3		[-2]	1	1	$\overrightarrow{-4}$	
-1	x_1	1	$1^{\uparrow}$		-1	3	
			-1		-1		$\min\left\{\frac{-1}{-2},1\right\} = \frac{1}{2}$
-2	x_1		1	$-1/2$	$-1/2$	2	
-1	x_1	1		1/2	$-1/2$	1	
				$-1/2$	$-3/2$		

迭代求解步骤亦可从图 2.3.2 清楚地看到(图中阴影部分为原问题可行域).

对偶单纯形法的理论依据是:若 $\boldsymbol{B}$ 是 LP 问题

$$\text{V}:\ \max z = \boldsymbol{cx}$$

$$(\text{P})\quad \text{s.t.}\begin{cases}\boldsymbol{Ax} = \boldsymbol{b} \\ \boldsymbol{x} \geqslant \boldsymbol{0}\end{cases}$$

的一个对偶可行基(即满足 $\boldsymbol{c}_B\boldsymbol{B}^{-1}\boldsymbol{A} \geqslant \boldsymbol{c}_B$ 的基 $\boldsymbol{B}$),则 $\boldsymbol{c}_B\boldsymbol{B}^{-1}$ 是(P) 的对偶问题基本可行解,且

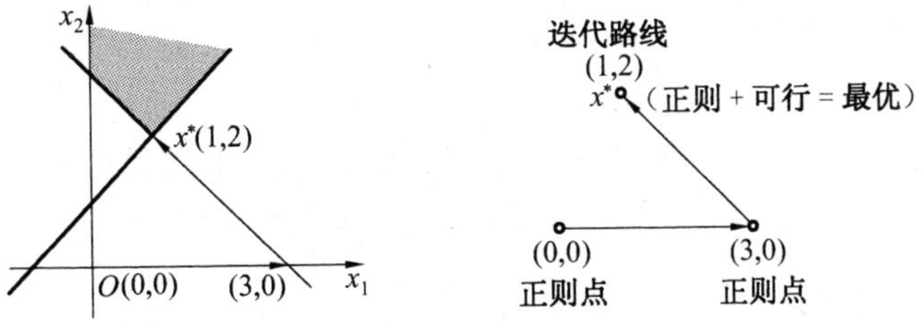

图 2.3.2

$$x=\begin{pmatrix}\boldsymbol{B}^{-1}\boldsymbol{b}\\ \boldsymbol{0}\end{pmatrix}$$

是(P) 的基本解(不一定可行),这样有

$$\sigma_j=c_j-\boldsymbol{c}_B\boldsymbol{B}^{-1}\boldsymbol{a}_j\quad j=1,2,\cdots,n$$

显然,若 $b_j\geqslant 0(i=1,2,\cdots,m)$,则 $\boldsymbol{B}$ 为可行基,$\boldsymbol{x}$ 为最优解.

否则实施前述迭代(进出基变换),若此过程 $\boldsymbol{a}_l$ 进基,$\boldsymbol{a}_k$ 出基,则新表的数据有下述性质:

①$b'_k>0$;

②$\sigma'_j\leqslant 0,j=1,2,\cdots,n$;

③(P) 的对偶问题(D) 的目标函数值不增.

这样,若每次迭代均保证对偶目标函数值减少,则每步迭代所得对偶基本可行解就互异.由于对偶基本可行解个数有限,知算法在有限步后中止.为保证这一点,则每次 $\sigma_l<0$.而这个条件只需关于基 $\boldsymbol{B}$ 的对偶基本可行解是非退化的即可.

其实关于 LP 问题(P) 的正则解与最优解之间还存在下面所述的关系.

命题　若 $\bar{\boldsymbol{x}}$ 是 LP 问题(P) 的正则解,$\boldsymbol{x}^*$ 为其最优解,则 $\boldsymbol{c}\bar{\boldsymbol{x}}\geqslant\boldsymbol{c}\boldsymbol{x}^*$.

证　设 $\bar{\boldsymbol{B}}$ 为 LP 问题(P) 中对应 $\bar{\boldsymbol{x}}$ 的正则基,这样有 $\bar{\boldsymbol{y}}=\boldsymbol{c}_B\bar{\boldsymbol{B}}^{-1}$ 是其对偶问题的可行解.事实上

$$\text{(P)}\quad\begin{aligned}&\max\ z=\boldsymbol{cx}\\&\begin{cases}\boldsymbol{Ax}\leqslant\boldsymbol{b}\\ \boldsymbol{x}\geqslant\boldsymbol{0}\end{cases}\end{aligned}\quad\overset{\text{化为}}{\Rightarrow}\quad\begin{aligned}&\max\ z=\boldsymbol{cx}\\&\begin{cases}\boldsymbol{Ax}+\boldsymbol{I}\tilde{\boldsymbol{x}}=\boldsymbol{b}\\ \boldsymbol{x}\geqslant\boldsymbol{0},\tilde{\boldsymbol{x}}\geqslant\boldsymbol{0}\end{cases}\end{aligned}$$

若 $\bar{\boldsymbol{B}}$ 是正则基,则有$(\boldsymbol{c},\boldsymbol{0})-\boldsymbol{c}_B\boldsymbol{B}^{-1}(\boldsymbol{A},\boldsymbol{I})\leqslant\boldsymbol{0}$,即

$$\begin{cases}\boldsymbol{c}-\boldsymbol{c}_B\boldsymbol{B}^{-1}\boldsymbol{A}\leqslant\boldsymbol{0}\\ \boldsymbol{c}_B\boldsymbol{B}^{-1}\leqslant\boldsymbol{0}\end{cases}\Rightarrow\begin{cases}\bar{\boldsymbol{y}}\boldsymbol{A}\geqslant\boldsymbol{c}\\ \bar{\boldsymbol{y}}\geqslant\boldsymbol{c}\end{cases}$$

这里只需注意 $\bar{\boldsymbol{y}}=\boldsymbol{c}_B\boldsymbol{B}^{-1}$ 即可.

由上可知 $\bar{\boldsymbol{y}}$ 是(P) 的对偶问题(D) 的可行解,又

$$\text{(D)}\quad\min\{\boldsymbol{yb}\mid\boldsymbol{yA}\geqslant\boldsymbol{c},\boldsymbol{y}\geqslant\boldsymbol{0}\}$$

因 $\boldsymbol{x}^*$ 是(P)的最优解,显然其可行. $\bar{\boldsymbol{y}}$ 是(D)的可行解,则 $\bar{\boldsymbol{y}}\boldsymbol{b} \geqslant \boldsymbol{c}\boldsymbol{x}^*$. 故

$$\bar{\boldsymbol{y}}\boldsymbol{b} = \boldsymbol{c}_B\bar{\boldsymbol{B}}^{-1}\boldsymbol{b} = \boldsymbol{c}\bar{\boldsymbol{x}} \geqslant \boldsymbol{c}\boldsymbol{x}^*$$

从前面例的解法过程我们也可以看出:对偶单纯形法迭代过程是在保持对偶问题解的可行性前提下向最优点逼近,与之相对应,这个过程也是在求解原问题.但原问题的迭代点外皆不可行.也就是说:该方法是从原问题可行域外部向最优点逼近.

如果我们从原问题的对偶问题出发,用单纯形表解之,再与上面过程对照不难发现相应数据间的关系.关于这一点可见本章习题 10.

我们还想指出一点:对偶单纯形法对于约束为大于等于(⩾)的问题,是可以避免人工变元的一种方法,但对某些等式约束来讲,人工变元仍无法避免(对偶单纯形法无效).[44]

最后再指出一点:对于上面对偶单纯形无法进行下去的情景,系该问题无解.请看例 2.3.3.

例 2.3.3 求解 LP 问题

$$\min z = x_1 + x_2$$

$$\text{s.t.}\begin{cases} x_1 - x_2 \geqslant 1 \\ -x_1 + x_2 \geqslant 1 \\ x_1, x_2 \geqslant 0 \end{cases}$$

解 由对偶单纯形法表解,如表 2.3.3 所示.

表 2.3.3

		-1	-1	0	0	
		x_1	x_2	x_3	x_4	$\boldsymbol{b}$
0	x_3	$[-1]$	1	1		$-1 \rightarrow$
0	x_4	1	-1		1	-1
	$\boldsymbol{\sigma}_N$	$-1\uparrow$	-1			
-1	x_1	1	-1	-1		1
0	x_4			1	1	$-2 \rightarrow$
	$\boldsymbol{\sigma}_N$		-2	-1		

至此可令 x_4 出基,然而该行各数均 $\geqslant 0$,故该 LP 无可行解,进而知该问题无最优解.

我们也会遇到:在对偶单纯形法迭代过程中,正则解均已非负,然而检验数中仍有非负者,如例 2.3.4.

例 2.3.4　用对偶单纯法解 LP 问题

$$\text{V}: \min w = x_1 - x_2 + x_3$$

$$\text{s.t.}\begin{cases} x_1 - x_3 \geqslant 4 \\ x_1 - x_2 - 2x_3 \geqslant 3 \\ x_1 \sim x_3 \geqslant 0 \end{cases}$$

解　化为标准形(添松弛变元)

$$\text{V}: \max(-w) = -x_1 + x_2 - x_3$$

$$\text{s.t.}\begin{cases} -x_1 + x_3 + x_4 = -4 \\ -x_1 + x_2 + 2x_3 + x_5 = -3 \\ x_1 \sim x_5 \geqslant 0 \end{cases}$$

本题的对偶单纯形表解如表 2.3.4 所示.

表 2.3.4

		-1	1	-1	0	0	
		x_1	x_2	x_3	x_4	x_5	$\boldsymbol{b}$
0	x_4	[-1]		1	1		$\overrightarrow{-4}$
0	x_5	-1	1	2		1	-3
$\boldsymbol{\sigma}_N$		-1	1	-1			
$\boldsymbol{\theta}_N$		$1^{\uparrow}$					
-1	x_1	1		-1	-1		4
0	x_5		1	1	-1	1	1
$\boldsymbol{\sigma}_N$			1	0	-1		

至此 $\boldsymbol{b}$ 已非负,若检验数中有非负的,这时要回到单纯形法中继续迭代(先选进基变元,再挑出基变元,等等),如表 2.3.5 所示.

表 2.3.5

		-1	1	-1	0	0	
		x_1	x_2	x_3	x_4	x_5	$\boldsymbol{b}$
-1	x_1	1		-1	-1		4
0	x_5		[1]	1	1	1	$\overrightarrow{-1}$
$\boldsymbol{\sigma}_N$			$1^{\uparrow}$	0	-1		
-1	x_1	1		-1	-1		4
1	x_2		1	1	1	1	1
$\boldsymbol{\sigma}_N$				0	-2	-1	

显然已得到最优解 $\boldsymbol{x}^*=(4,1,0,0,0)$. 其实不难看出该问题有多解. 另外,最后一步迭代只是换基而已,系数矩阵并无变化,然而这一步却是必须的.

单纯形法与对偶单纯形解法步骤见图 2.3.3 和图 2.3.4.

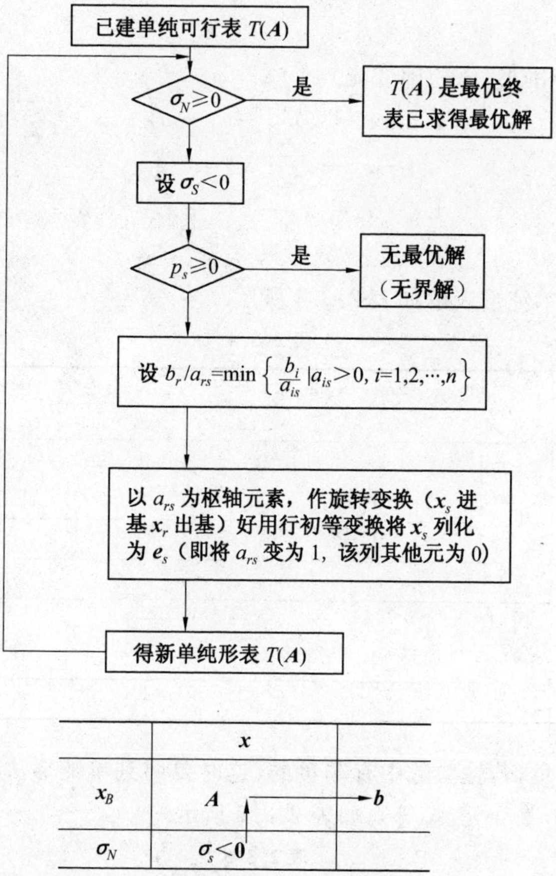

图 2.3.3　单纯形法步骤框图

这样我们可将单纯形表中解的不同状态进行总结,如图 2.3.5 所示.

(1) 原问题的解可行,对偶解不可行,而且不满足最优条件的正检验数对应的列向量小于等于零,因此原问题无界,对偶问题不可行.

(2) 原问题的解可行,对偶解不可行,但正检验数对应的列向量有正分量,因此可继续迭代,此表是单纯形表中最常见的表式.

(3) 对偶解可行,原问题解不可行,且取负值的基变量对应的行向量大于等于

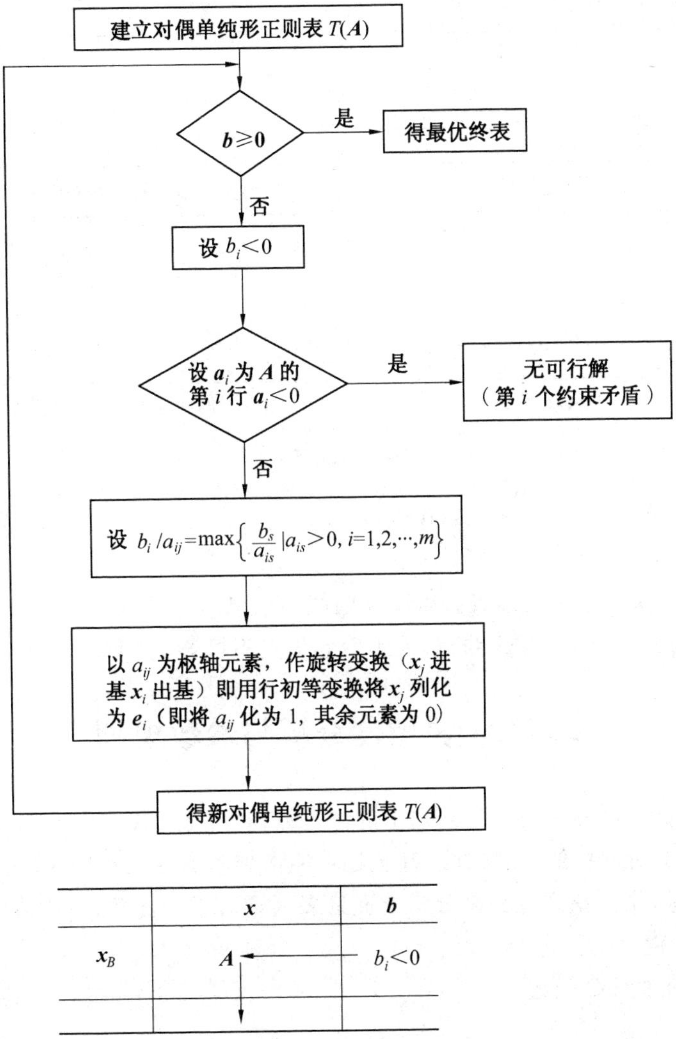

图 2.3.4　对偶单纯形法步骤框图

零，因此原问题不可行.

(4) 对偶解可行，原问题解不可行，但取负值的基变量对应的行向量有负分量，因此还可继续用对偶单纯形法迭代寻找最优解. 当然还存在原问题解和对偶解同时可行的单纯形表，毫无疑问，该表是最优的单纯形表.

对于需要引进人工变元的 LP 问题，我们已有两种方法可避免其引入：

	x_N	$B^{-1}b$
	$-$ $-$ $\vdots$ $-$	$+$ $+$ $\vdots$ $+$
σ_N	$- \cdots + \cdots -$	

(a) 原问题无界

	x_N	$B^{-1}b$
	$-$ $+$ $\vdots$ $-$	$+$ $+$ $\vdots$ $+$
σ_N	$- \cdots + \cdots -$	

(b) 原问题可行，对偶问题不可行

	x_N	$B^{-1}b$
	$+ + \cdots + +$	$+$ $-$ $\vdots$ $+$
σ_N	$- \cdots - \cdots -$	

(c) 原问题不可行

	x_N	$B^{-1}b$
	$+ - \cdots - +$	$+$ $-$ $\vdots$ $+$
σ_N	$- \cdots - \cdots -$	

(d) 对偶问题可行，原问题不可行

图 2.3.5

(1) $(\boldsymbol{A} \mid \boldsymbol{b}) \xrightarrow{\text{行初等变换}} ((\boldsymbol{I}, \boldsymbol{N}) \mid \tilde{\boldsymbol{b}})$.

(2) 对偶单纯形法.

(3) 从对偶问题单纯形表获得原问题解的信息.

对于方法(2)，遇上等式约束，人工变元仍然不可避免.

2.4* 灵敏度分析与参数规划

经验与事实告诉我们：LP 问题中的许多数据（参数）并非十分精确（确定），这样有的需要不断重新估计和修改，甚至还可能增加新的变元和约束. 这样人们在求解 LP 问题时，往往要回过头来分析上面诸多因素对于最优解、最优值的影响，这便是所谓“灵敏度分析”.

对于标准的 LP 问题

$$\text{V: } \max\ z = \boldsymbol{cx}$$
$$\text{s.t.} \begin{cases} \boldsymbol{Ax} = \boldsymbol{b} \\ \boldsymbol{x} \geqslant \boldsymbol{0} \end{cases}$$

人们常会考虑：① 价格系数 $\boldsymbol{c}$ 的变动；② 资源（限制）系数 $\boldsymbol{b}$ 的变动；③ 约束系统矩阵 $\boldsymbol{A}$ 的变化（即技术系统的变化）；④ 增加新的变元；⑤ 增加新的约束；等等，它们将会对 LP 问题的最优解有何影响？

这里我们不准备详细讨论了（请注意：它们常与对偶理论有关联），有兴趣的读者可参见本章后面的习题或参阅有关文献.

此外，人们还提出以下新问题：

(1) 目标含有参数的 LP 问题(简记为 PCP)，它的模型为

$$\text{V: } \max\ (\boldsymbol{c}_1+\lambda\boldsymbol{c}_2)\boldsymbol{x}$$
$$\text{s. t.}\begin{cases}\boldsymbol{A}\boldsymbol{x}=\boldsymbol{b}\\ \boldsymbol{x}\geqslant\boldsymbol{0}\end{cases}\qquad(\text{PCP})$$

这里 λ 是一个参变量(参数).

(2) 资源(限制) 系数 $\boldsymbol{b}$ 含有参数的 LP 问题(简记为 PRP)，它的模型为

$$\text{V: } \max\ \boldsymbol{c}\boldsymbol{x}$$
$$\text{s. t.}\begin{cases}\boldsymbol{A}\boldsymbol{x}=\boldsymbol{b}_1+\mu\boldsymbol{b}_2\\ \boldsymbol{x}\geqslant\boldsymbol{0}\end{cases}\qquad(\text{PRP})$$

这里 μ 是一个参变量(参数).

显然，(PRP) 问题的对偶问题即可化为(PCP) 模型. 因而两者之一获解，另一问题的解也将可得到.

关于它们的详细讨论可参见文献[1].

参数规划问题是由 Manne, Gass 和 Saaty 于 1953 ～ 1955 年间提出并进行研究的. 这类问题在经济学中(如影子价格) 甚有价值.

2.5* Kuhn-Tucker 条件

在最优化理论中关于约束函数极值问题的存在判定中有一个著名的 Kuhn-Tucker 条件，它依据的是以其命名的定理(1951 年).

定理 2.3.1(Kuhn-Tucker) 极值问题 $\min\{f(x)\mid g_i(x)\leqslant 0, i=1,2,\cdots,m; h_j(x)=0, j=1,2,\cdots,p; \boldsymbol{x}\in X\subset\mathbf{R}^n\}$，若 $\boldsymbol{x}^*$ 为其一个可行解，X 为非空开集，$f(\boldsymbol{x}), g_i(\boldsymbol{x})$ 在 $\boldsymbol{x}^*$ 处可微，$g_i(\boldsymbol{x})$ 在 $\boldsymbol{x}^*$ 连续，且 $\nabla g_i(\boldsymbol{x}), \nabla h_j(\boldsymbol{x})$ 在 $\boldsymbol{x}^*$ 线性无关，则 $\boldsymbol{x}^*$ 是局部最优解 $\Leftrightarrow$ 有 $u_i, v_j (i=1,2,\cdots,m; j=1,2,\cdots,p)$ 使

$$\nabla f(\boldsymbol{x}^*)+\sum_{i=1}^{m}u_i\nabla g_i(\boldsymbol{x}^*)+\sum_{j=1}^{p}v_j\nabla h_j(\boldsymbol{x}^*)=0 \qquad (1)$$

$$u_i\geqslant 0\quad(i=1,2,\cdots,m) \qquad (2)$$

$$u_i g_i(\boldsymbol{x}^*)=0\quad(i=1,2,\cdots,m)\quad(\text{互补松弛条件}) \qquad (3)$$

它的证明请参考有关文献. 上述(1) ～ (3) 简称 K－T 条件.

又由于凸规划问题的局部最优解即为其全局最优解，因而联系到线性规划问题可有：

① 上述条件亦为LP问题最优解存在的判定(请注意后面我们将要介绍的运输问题中的位势法);

② 条件(3) 即为互补松弛定理条件.

根据此结论,具体到LP问题我们有如下定理.

定理 2.5.1′ 设 $\boldsymbol{A}=(a_{ij})_{m\times n}$,且 $\boldsymbol{b}\in\mathbf{R}^m,\boldsymbol{c}\in\mathbf{R}^n,\boldsymbol{x}\in\mathbf{R}^n$,又若 $\boldsymbol{x}^*$ 为LP问题 $\min\{\boldsymbol{cx}\mid\boldsymbol{Ax}\geqslant\boldsymbol{b},\boldsymbol{x}\geqslant\boldsymbol{0}\}$ 的可行解,则 $\boldsymbol{x}^*$ 为其最优解 $\Leftrightarrow$ 存在 $\boldsymbol{u}\in\mathbf{R}^n,\boldsymbol{v}\in\mathbf{R}^n$,使

$$\left.\begin{array}{l}\boldsymbol{Ax}^*\geqslant\boldsymbol{b},\boldsymbol{x}^*\geqslant\boldsymbol{0}\\ \boldsymbol{c}-\boldsymbol{uA}-\boldsymbol{v}=\boldsymbol{0},\boldsymbol{u}\geqslant\boldsymbol{0},\boldsymbol{v}\geqslant\boldsymbol{0}\\ \boldsymbol{u}(\boldsymbol{Ax}^*-\boldsymbol{b})=\boldsymbol{0},\boldsymbol{vx}^*=\boldsymbol{0}\end{array}\right\}\quad(\text{K}-\text{T 条件})$$

当然它的证明亦可由LP问题的对偶理论推得(反之,证明了上述定理,对偶理论已获证).

习　题

1. 写出下面LP问题的对偶问题:

(1)
$$\max z=2x_1+3x_2+5x_3+6x_4$$
$$\text{s.t.}\begin{cases}x_1+2x_2+3x_3+x_4\geqslant 2\\ 2x_1-x_2+x_3-3x_4\geqslant 3\\ x_1\sim x_4\geqslant 0\end{cases}$$

(2)
$$\max z=2x_1+x_2+3x_3+x_4$$
$$\text{s.t.}\begin{cases}x_1+x_2+x_3+x_4\leqslant 5\\ 2x_1-x_2+3x_3=-4\\ x_1-x_3+x_4\geqslant 1\\ x_1\sim x_3\geqslant 0,x_4\text{ 自由变元}\end{cases}$$

(3)
$$\min w=2x_1+3x_2-5x_3$$
$$\text{s.t.}\begin{cases}x_1+x_2-x_3+x_4\geqslant 5\\ 2x_1-x_2+3x_3\leqslant 4\\ x_2+x_3+x_4=6\\ x_1,x_4\geqslant 0,x_2\leqslant 0,x_3\text{ 自由变元}\end{cases}$$

(4)
$$\max z=x_1+2x_2+5x_5+x_6$$
$$\text{s.t.}\begin{cases}2x_1+6x_2+3x_3+2x_4+3x_5+4x_6\leqslant 600\\ x_1\sim x_6\geqslant 0\end{cases}$$

2. 验证下面LP问题是“自身对偶”LP(其对偶是自身,简称自对偶)

$$\min w = x_1 + x_2 + x_3$$

$$\text{s.t.}\begin{cases}-x_2 + x_3 \geqslant -1\\ x_1 - x_3 \geqslant -1\\ -x_1 + x_2 \geqslant -1\\ x_1 \sim x_3 \geqslant 0\end{cases}$$

3. 若 LP 问题 $\max\{\boldsymbol{cx} \mid \boldsymbol{Ax} \leqslant \boldsymbol{b}, \boldsymbol{x} \geqslant \boldsymbol{0}\}$ 是自对偶 LP,则 $\boldsymbol{c} = -\boldsymbol{b}^{\mathrm{T}}$,且 $\boldsymbol{A} = -\boldsymbol{A}^{\mathrm{T}}$.

4. 利用对偶理论解下面 LP 问题:

(1)
$$\max z = 3x_1 + x_2 + 4x_3$$

$$\text{s.t.}\begin{cases}6x_1 + 3x_2 + 5x_3 \leqslant 25\\ 3x_1 + 4x_2 + 5x_3 \leqslant 20\\ x_1 \sim x_3 \geqslant 0\end{cases}$$

(2)
$$\min w = x_1 + x_2 + x_3 + x_4 + x_5 + x_6$$

$$\text{s.t.}\begin{cases}x_1 + x_6 \geqslant 4\\ x_1 + x_2 \geqslant 8\\ x_2 + x_3 \geqslant 10\\ x_3 + x_4 \geqslant 7\\ x_4 + x_5 \geqslant 12\\ x_5 + x_6 \geqslant 4\\ x_1 \sim x_6 \geqslant 0\end{cases}$$

(3)
$$\max z = x_1 + x_2 + 3x_3 + 4x_4$$

$$\text{s.t.}\begin{cases}x_1 + 2x_2 + 2x_3 + 3x_4 \leqslant 20\\ 2x_1 + x_2 + 3x_3 + 2x_4 \leqslant 20\end{cases}$$

且知其对偶问题有解 $\boldsymbol{y}^* = (6/5, 1/5)$.

5. 证明下面 LP 对偶问题无解:

(1)
$$\max w = x_1 - 2x_2 + x_3$$

$$\text{s.t.}\begin{cases}x_1 - x_3 \geqslant 4\\ x_1 - x_2 - 2x_3 \geqslant 3\\ x_1 \sim x_3 \geqslant 0\end{cases}$$

(2)
$$\max z = x_1 + 2x_2$$

$$\text{s.t.}\begin{cases}x_1 - x_2 \leqslant 10\\ 2x_1 - x_2 \leqslant 40\\ x_1, x_2 \geqslant 0\end{cases}$$

6. 用对偶单纯形法解下面 LP 问题

$$\min z = 2x_1 + 3x_2 + 5x_3 + 6x_4$$

$$\text{s.t.}\begin{cases}x_1+2x_2+3x_3+x_4\geqslant 2\\ -2x_1+x_2-x_3+x_4\leqslant -3\\ x_1\sim x_4\geqslant 0\end{cases}$$

再用先求其对偶问题的解(运用图解法),然后由对偶理论求原问题的解的方法.

7. 应用对偶单纯形法证明下面 LP 问题无解

$$\min z=3x_1+2x_2+x_3$$

$$\text{s.t.}\begin{cases}x_1+x_2+x_3\leqslant 6\\ x_1-x_3\geqslant 4\\ x_2-x_3\geqslant 3\\ x_1\sim x_3\geqslant 0\end{cases}$$

8. 若 LP 问题 $\max\{\boldsymbol{cx}\mid \boldsymbol{Ax}=\boldsymbol{b},\boldsymbol{x}\geqslant\boldsymbol{0}\}$ 中 $\boldsymbol{A}$ 为方阵,且 $\boldsymbol{A}^{\mathrm{T}}=\boldsymbol{A}$,若 $\boldsymbol{c}=\boldsymbol{b}^{\mathrm{T}}$. 若 $\boldsymbol{x}^0$ 为其可行解,则 $\boldsymbol{x}^0$ 是其最优解.

[**提示**:若 $\boldsymbol{y}$ 为对偶变量,由题设有 $\boldsymbol{cx}\leqslant\boldsymbol{yb}$, $\boldsymbol{yb}\leqslant\boldsymbol{cx}$,则 $\boldsymbol{cx}=\boldsymbol{yb}=(\boldsymbol{yb})^{\mathrm{T}}=\boldsymbol{b}^{\mathrm{T}}\boldsymbol{y}^{\mathrm{T}}=\boldsymbol{cy}^{\mathrm{T}}$]

9. 若 $\boldsymbol{x}^*,\boldsymbol{y}^*$ 分别为 $\min\{\boldsymbol{cx}\mid\boldsymbol{Ax}=\boldsymbol{b},\boldsymbol{x}\geqslant\boldsymbol{0}\}$ 及其对偶问题的最优解;$\tilde{\boldsymbol{x}}^*$ 为 $\min\{\boldsymbol{cx}\mid\boldsymbol{Ax}=\tilde{\boldsymbol{b}},\boldsymbol{x}\geqslant\boldsymbol{0}\}$ 的最优解,则 $\boldsymbol{c}(\boldsymbol{x}^*-\tilde{\boldsymbol{x}}^*)\leqslant\boldsymbol{y}^*(\boldsymbol{b}-\tilde{\boldsymbol{b}})$.

[**提示**:①$\boldsymbol{cx}^*=\boldsymbol{y}^*\boldsymbol{b}$;② 两对偶问题的可行域相同,而 $\tilde{\boldsymbol{y}}*\boldsymbol{b}=\boldsymbol{c}\tilde{\boldsymbol{x}}^*\geqslant\boldsymbol{y}^*\tilde{\boldsymbol{b}}$,这里 $\tilde{\boldsymbol{y}}^*$ 为后一问题对偶问题的最优解]

10. 用单纯形法解下面 LP 的对偶问题

$$\min z=60x_1+40x_2+80x_3$$

$$\text{s.t.}\begin{cases}3x_1+2x_2+x_3\geqslant 2\\ 4x_1+x_2+3x_3\geqslant 4\\ 2x_1+2x_2+2x_3\geqslant 3\\ x_1\sim x_3\geqslant 0\end{cases}$$

再用对偶单纯形法解原问题,试比较两表中各数据之间的关系.

11. 写出下面 LP 的对偶问题:$\min\{\boldsymbol{cx}\mid\boldsymbol{Ax}=\boldsymbol{b},\boldsymbol{r}\leqslant\boldsymbol{x}\leqslant\boldsymbol{s}\}$,其中 $\boldsymbol{r},\boldsymbol{s}$ 为已知实向量;并证明其对偶问题总有解.

[**提示**:其为对偶问题 $\max\{\boldsymbol{ub}+\boldsymbol{vs}+\boldsymbol{wr}\mid\boldsymbol{uA}+\boldsymbol{vI}+\boldsymbol{wI}=\boldsymbol{c},\boldsymbol{v}\leqslant\boldsymbol{0},\boldsymbol{w}\geqslant 0\}$;令 $\boldsymbol{u}=\boldsymbol{0}$,适当选取 $\boldsymbol{v},\boldsymbol{w}$ 可得解]

12. 若 $\boldsymbol{x}^*$ 为 LP 问题 $\max\{\boldsymbol{cx}\mid\boldsymbol{Ax}=\boldsymbol{b},\boldsymbol{x}\geqslant\boldsymbol{0}\}$ 的最优解. 又 $\lambda>0$ 为常数,试讨论当目标函数变为:(1)$\lambda\boldsymbol{cx}$;(2)$(\boldsymbol{c}+\lambda\boldsymbol{1})\boldsymbol{x}$ 时的最优解,这里 $\boldsymbol{1}=(1,1,\cdots,1)$;(3) 若目标函数变为 $\boldsymbol{cx}/\boldsymbol{\lambda}$,约束变为 $\boldsymbol{Ax}=\boldsymbol{\lambda b}$ 时的最优解.

[提示:(1)$\boldsymbol{x}^*$ 仍为最优解;(2) 除 $\boldsymbol{c}=(c,c,\cdots,c)$ 外,一般 $\boldsymbol{x}^*$ 不再是新问题最优解;(3)$\boldsymbol{\lambda x}^*$ 为新问题的最优解]

13. 对于 LP 问题 $\max\{\boldsymbol{cx}\mid\boldsymbol{Ax}=\boldsymbol{b},\boldsymbol{x}\geqslant\boldsymbol{0}\}$,又 $\lambda\neq 0$ 常数. 讨论当:(1) 第 k 个约束两端乘以 λ;(2) 第 k 个约束两端乘以 λ 加到第 r 个约束;(3) 目标函数变为 $\max z=\lambda\boldsymbol{cx}$;(4) 当某个变元

x_j 变为 λx_j 时，其对偶问题最优解的变化.

[提示：(1) 新问题的对偶问题解 $\tilde{\boldsymbol{y}}$ 的第 k 个分量为原来问题对偶问题解 $\boldsymbol{y}$ 的第 k 个分量的 $1/\lambda$，即 $\tilde{y}_k = y_k/\lambda$，其余分量不变；(2) $\tilde{y}_r = b_r y_r/(b_r + \lambda b_k)$；(3) $\tilde{y}_i = \lambda y_i\ (1 \leqslant i \leqslant m)$]

14. 若 $\boldsymbol{y}^*$ 为 LP 问题(Ⅰ) $\max\{\boldsymbol{cx} \mid \boldsymbol{Ax} = \boldsymbol{b}, \boldsymbol{x} \geqslant \boldsymbol{0}\}$ 对偶问题的最优解，且 $\tilde{\boldsymbol{x}}$ 为(Ⅱ) $\max\{\boldsymbol{cx} \mid \boldsymbol{Ax} = \tilde{\boldsymbol{b}}, \boldsymbol{x} \geqslant \boldsymbol{0}\}$ 的最优解，则 $\boldsymbol{c}\tilde{\boldsymbol{x}} \leqslant \tilde{\boldsymbol{b}}\boldsymbol{y}^*$.

[提示：(Ⅱ) 的对偶问题与(Ⅰ) 的对偶问题约束相同，$\boldsymbol{y}^*$ 亦为(Ⅱ) 的对偶问题的可行解]

15*. 若 $\boldsymbol{y}^*$ 为 LP 问题(Ⅰ) $\max\{\boldsymbol{cx} \mid \boldsymbol{Ax} = \boldsymbol{b}, \boldsymbol{x} \geqslant \boldsymbol{0}\}$ 对偶问题最优解，对于 LP 问题(Ⅱ) $\max\{\boldsymbol{cx} \mid \boldsymbol{Ax} = \boldsymbol{b} + \boldsymbol{k}, \boldsymbol{x} \geqslant \boldsymbol{0}\}$ 的可行解 $\boldsymbol{x}^{**}$，总有 $\boldsymbol{cx}^{**} \leqslant \boldsymbol{cx}^* + \boldsymbol{k}^{\mathrm{T}}\boldsymbol{y}^*$，这里 $\boldsymbol{x}^*$ 为(Ⅰ) 可行解.

[提示：仿上题知(Ⅰ)、(Ⅱ) 的对偶问题约束条件相同，则 $\boldsymbol{y}^*$ 亦为(Ⅱ) 的对偶问题的可行解]

16*. LP 问题(P) $\max\{\boldsymbol{cx} \mid \boldsymbol{Ax} = \boldsymbol{b}, \boldsymbol{x} \geqslant \boldsymbol{0}\}$ 和(D) $\min\{\boldsymbol{yb} \mid \boldsymbol{yA} \geqslant \boldsymbol{b}, \boldsymbol{x} \geqslant \boldsymbol{0}\}$ 的基本可行解 $\boldsymbol{x}^* \geqslant \boldsymbol{0}, \boldsymbol{y}^* \geqslant \boldsymbol{0}$ 是(P)，(D) 最优解 $\Leftrightarrow$ 对任何 $\boldsymbol{x} \geqslant \boldsymbol{0}, \boldsymbol{y} \geqslant \boldsymbol{0}$ 总有 $\Phi(\boldsymbol{x}, \boldsymbol{y}^*) \leqslant \Phi(\boldsymbol{x}^*, \boldsymbol{y}^*)$，其中 Φ 为 Lagrange 函数 $\Phi(\boldsymbol{x}, \boldsymbol{y}^*) = \boldsymbol{cx} - \boldsymbol{xAy} + \boldsymbol{yb}$.

17*. (Farkas 定理) 不等式组 $\boldsymbol{yA} = \boldsymbol{b}, \boldsymbol{y} \geqslant \boldsymbol{0}$ 有解 $\Leftrightarrow \boldsymbol{Ax} \leqslant \boldsymbol{0}, \boldsymbol{bx} > 0$ 无解，这里 $\boldsymbol{A} \in \mathbf{R}^{m\times n}$，$\boldsymbol{y} \in \mathbf{R}^m, \boldsymbol{x} \in \mathbf{R}^n, \boldsymbol{b} \in \mathbf{R}^n$.

注：此命题的另外提法：不等式组 $\{\boldsymbol{Ax} \leqslant \boldsymbol{0}, \boldsymbol{bx} > \boldsymbol{0}\}$ 与 $\{\boldsymbol{yA} = \boldsymbol{b}, \boldsymbol{y} \geqslant \boldsymbol{0}\}$ 仅有一个有解.

[提示：利用对偶定理，亦可直接证明但稍繁. 可略证如下：

设 $\{\boldsymbol{yA} = \boldsymbol{b}, \boldsymbol{y} \geqslant \boldsymbol{0}\}$ 有解，若还存在 $\boldsymbol{x}$ 使 $\boldsymbol{Ax} \leqslant \boldsymbol{0}$，则由 $\boldsymbol{y} \geqslant \boldsymbol{0}$ 有 $\boldsymbol{cx} = \boldsymbol{yAx} \leqslant \boldsymbol{0}$，知 $\{\boldsymbol{Ax} \leqslant \boldsymbol{0}, \boldsymbol{bx} \geqslant \boldsymbol{0}\}$ 无解. 反之，设 $\{\boldsymbol{yA} = \boldsymbol{b}, \boldsymbol{y} \geqslant \boldsymbol{0}\}$ 无解，即 $\boldsymbol{b} \notin S = \{\boldsymbol{yA} \mid \boldsymbol{y} \geqslant \boldsymbol{0}\}$，由于 S 是闭的凸集，则有 $\boldsymbol{x}$ 使 $\boldsymbol{cx} > \boldsymbol{yAx}$，令 $\boldsymbol{y} = \boldsymbol{0}$，得 $\boldsymbol{cx} > \boldsymbol{0}$，取 $\boldsymbol{y}$ 分量为任意大，必有 $\boldsymbol{Ax} \leqslant \boldsymbol{0}$]

18*. 方程组 $\boldsymbol{Ax} = \boldsymbol{b}$ 有解 $\boldsymbol{x} \Leftrightarrow \boldsymbol{yA} = \boldsymbol{0}, \boldsymbol{yb} \neq 0$ 有解 $\boldsymbol{y}$.

[提示：利用 Farkas 定理]

19*. 利用 Farkas 定理证明：$\min\{\boldsymbol{cx} \mid \boldsymbol{Ax} \geqslant \boldsymbol{b}, \boldsymbol{x} \geqslant \boldsymbol{0}\}$ 有最优解 $\boldsymbol{x}^* \Leftrightarrow$ 有 $\boldsymbol{u}, \boldsymbol{v}$，使

$$\begin{cases} \boldsymbol{A}^*\boldsymbol{x} \geqslant \boldsymbol{b}, \boldsymbol{x}^* \geqslant \boldsymbol{0} \\ \boldsymbol{c} - \boldsymbol{uA} - \boldsymbol{v} = \boldsymbol{0}, \boldsymbol{u} \geqslant \boldsymbol{0}, \boldsymbol{v} \geqslant \boldsymbol{0} \qquad \text{(Kuhn-Tucker 条件)} \\ \boldsymbol{u}(\boldsymbol{Ax}^* - \boldsymbol{b}) = \boldsymbol{0}, \boldsymbol{vx}^* = 0 \end{cases}$$

[提示：$(\boldsymbol{c} - \boldsymbol{uA} - \boldsymbol{v})(\boldsymbol{x}^* - \boldsymbol{x}) = 0$]

20. 试证下面互补松弛定理的等价叙述：

若(P) 和(D) 的可行解 $\boldsymbol{x}^*$ 和 $\boldsymbol{y}^*$ 是最优解 $\Leftrightarrow \boldsymbol{y}^*\boldsymbol{x}_s = 0, \boldsymbol{y}_s\boldsymbol{x}^* = 0$. 其中 $\boldsymbol{x}_s$ 和 $\boldsymbol{y}_s$ 分别为 $\max\{\boldsymbol{cx} \mid \boldsymbol{Ax} \leqslant \boldsymbol{b}, \boldsymbol{x} \geqslant \boldsymbol{0}\}$ 和 $\min\{\boldsymbol{yb} \mid \boldsymbol{yA} \geqslant \boldsymbol{c}, \boldsymbol{y} \geqslant \boldsymbol{0}\}$ 的松弛变元向量与剩余变元向量.

[提示：(P) 和(D) 可分别化为标准形 $\max\{\boldsymbol{cxAx} + \boldsymbol{x}_s = \boldsymbol{b}, \boldsymbol{x} \geqslant \boldsymbol{0}, \boldsymbol{x}_s \geqslant \boldsymbol{0}\}$ 和 $\min\{\boldsymbol{yb} \mid \boldsymbol{yA} - \boldsymbol{y}_s = \boldsymbol{c}, \boldsymbol{y} \geqslant \boldsymbol{0}, \boldsymbol{y}_s \geqslant \boldsymbol{0}\}$，这样 $\boldsymbol{z} = \boldsymbol{cx} = (\boldsymbol{yA} - \boldsymbol{y}_s)\boldsymbol{x} = \boldsymbol{yAx} - \boldsymbol{y}_s\boldsymbol{x}, \boldsymbol{w} = \boldsymbol{yb} = \boldsymbol{y}(\boldsymbol{Ax} + \boldsymbol{x}_s) = \boldsymbol{yAx} + \boldsymbol{yx}_s$，由于 $\boldsymbol{y}^*\boldsymbol{x}_s = \boldsymbol{y}_s\boldsymbol{x}^* = 0$，知 $\boldsymbol{z} = \boldsymbol{w}$]

注：对于文中互补松弛定理我们稍加解释：

由于(P)与(D)的最优值相等，则 $z^* = y^* b$，其中 y^* 为(D)的最优解. 又若 B 为(P)的最优基，则 $y^* = c_B B^{-1}$.

若(P)中 b 变化，而其他条件不变，则(D)的最优解 $y^* = c_B B^{-1}$ 不变. 这样若将 z^* 视为 $b = (b_1, b_2, \cdots, b_m)$ 的函数，而将 y^* 视为常向量，则

$$\frac{\partial z^*}{\partial b_i} = y_i^* \quad (i = 1, 2, \cdots, m)$$

即 b_i 的单位变化引起最优值的改变量，由上可知在最优状态下，若(P)的第 i 个约束中的松弛变量 $x_{n+i}^* > 0$，则(D)的最优解中相应的第 i 个分量 $y_i^* = 0$；反之亦然.

同时称 y_i^* 为第 i 种资源的影子价格，而资源 b_i 的单位改变量所引起的最优值改变量 $\frac{\partial z^*}{\partial b_i} = y_i^* (i = 1, 2, \cdots, m)$ 告诉我们：若 y_i^* 超过该资源的市场价格，则说明扩大该资源使用会使最优值增大；否则可减少该资源使用(或转让出).

21*. 试证下面 LP 问题

$$\min z = cx - yb$$

$$\text{s.t.} \begin{cases} Ax \geqslant b \\ yA \leqslant c \\ x \geqslant 0, y \geqslant 0 \end{cases}$$

其中，$A \in \mathbf{R}^{m \times n}$，$c \in \mathbf{R}^n$，$b \in \mathbf{R}^m$，则它要么无最优解，要么有最优解但最优值为 0.

[提示：此题系 Farkas 引理的变形叙述. 该引理还有其他叙述形式，如：设 $a_1, a_2, \cdots, a_m, b \in \mathbf{R}^n$，若有 $p \in \mathbf{R}^n$ 使 $a_i^{\mathrm{T}} p \geqslant 0 (i = 1, 2, \cdots, m)$ 且使 $b^{\mathrm{T}} p \geqslant 0 \Leftrightarrow$ 有 $\lambda_i \geqslant 0 (i = 1, 2, \cdots, m)$ 使 $b = \sum_{i=1}^{m} \lambda_i a_i$]

22. 某目标函数求最大的 LP 问题有 3 个"≤"号约束，4 个非负变元，其最优表为：

	x_1	x_2	x_3	x_4	x_5	x_6	x_7	b
x_4		1	2/3	1	2/3		−1/3	14/3
x_6		2	−1			1		4
x_1	1	1	1/3		1/3		1/3	10/3
σ_N		−2	−4/3		4/3		−1/3	

23. 求解下列线性规划问题

$$\max z = 10x_1 - 57x_2 - 9x_3 - 24x_4$$

$$\text{s.t.} \begin{cases} 0.5x_1 - 5.5x_2 - 2.5x_3 + 9x_4 \leqslant 0 \\ 0.5x_1 - 1.5x_2 - 0.5x_3 + x_4 \leqslant 0 \\ x_1 \leqslant 1 \\ x_1, x_2, x_3, x_4 \geqslant 0 \end{cases}$$

求解过程中进基和出基变元的选择仍采用前面所述规则，如果同时有几个变元有相同的最大 σ_j 或最小 θ 时，选下标最小的变元进基或出基，则出现循环.

[**提示**:迭代过程如下:

c_B	x_B	10 x_1	−57 x_2	−9 x_3	−24 x_4	0 x_5	0 x_6	0 x_7	$B^{-1}b$	θ
0	x_5	[1/2]	−11/2	−5/2	9	1			0	0
0	x_6	1/2	−3/2	−1/2	1		1		0	0
0	x_7	1						1	1	1
	σ_N	10	−57	−9	−24					
10	x_1	1	−11	−5	18	−2			0	—
0	x_6		[4]	2	−8	−1	1		0	0
1	x_7		11	5	−18	−2		1	1	1/11
	σ_N		53	41	−204	−20				
10	x_1	1		[1/2]	−4	−3/4	11/4		0	0
−57	x_2		1	1/2	−2	−1/4	1/4		0	0
0	x_7			−1/2	4	3/4	11/4	1	1	—
	σ_N			29/2	−98	−27/4	−53/4			
−9	x_3	2		1	−8	−3/2	11/2		0	—
−57	x_2	−1	1		[2]	1/2	−5/2		0	0
−0	x_7	1						1	1	—
	σ_N	−20	−9			21/2	−141/2			
0	x_5	−4	8	2		1	−9		0	0
−24	x_4	1/2	−3/2	−1/2	1		[1]		0	0
0	x_7	1						1	1	—
	σ_N	22	−93	−21			24			
0	x_5	1/2	−11/2	−5/2	9	1			0	0
0	x_6	1/2	−3/2	−1/2	1		1		0	0
0	x_7	1						1	1	1
	σ_N	10	−57	−9	−24					

经过 6 次迭代后，又回到第 1 个单纯形表，计算出现了循环]

第3章　整数(线性)规划及解法

3.1　整数(线性)规划问题

何谓整数(线性)规划？我们先来看个例子.

例 3.1.1(下料问题)　有长为 180 cm 的圆钢料一批，欲裁成长度分别为 70 cm，52 cm，35 cm 的棒料各 100 根，150 根，100 根. 如何下料最省？

接下来我们建立其数学模型，因 180 cm 的圆钢裁成 3 种尺寸的棒料分别有 8 种裁法，具体见表 3.1.1.

表 3.1.1

棒料尺寸＼裁法	Ⅰ	Ⅱ	Ⅲ	Ⅳ	Ⅴ	Ⅵ	Ⅶ	Ⅷ	所需要根数
70 cm	2	1	1	1	0	0	0	0	100 根
52 cm	0	2	1	0	3	2	1	0	150 根
35 cm	1	0	1	3	0	2	3	5	100 根
余料 /cm	5	6	23	5	24	6	23	5	

从表 3.1.1 中还可以看出不同裁法的余料情况. 题目要求显然是使总余料最少.

设 $x_i(1 \leqslant i \leqslant 8)$ 表示第 i 种截法所用圆钢根数. 这样可有

$$\mathrm{V}: \min z = 5x_1 + 6x_2 + 23x_3 + 5x_4 + 24x_5 + 6x_6 + 23x_7 + 5x_8$$

$$\text{s.t.}\begin{cases} 2x_1 + x_2 + x_3 + x_4 \geqslant 100 \\ 2x_2 + x_3 + 3x_5 + 2x_6 + x_7 \geqslant 150 \\ x_1 + x_3 + 3x_4 + 2x_6 + 3x_7 + 5x_8 \geqslant 100 \\ x_1 \sim x_8 \geqslant 0, \text{整数} \end{cases}$$

当然，我们也可以将所用圆钢总根数最少作为目标，这时

$$\mathrm{V}: \min z = \sum_{i=1}^{8} x_i$$

这个例子便是一个所谓整数规划问题,注意约束中出现整数字样.

一般 LP 问题的最优解只是普通实数,而对某些问题而言则要求结果是整数.在LP中要求变元全部或部分取整数的规划问题称为整数(线性)规划;要求变元全部取整数值的问题称为纯整数(线性)规划问题(简记 ILP);只要求一部分变元取整数值的问题称为混整数(线性)规划(简记 MILP)问题.为方便计以上称谓中"线性"一词略去.

我们着重研究前者.它的一般模型是

$$\mathrm{V}:\max(\text{或}\ \min)\ z=\boldsymbol{cx}$$

$$\text{s.t.}\begin{cases}\boldsymbol{Ax}\ \vee\ \boldsymbol{b}\\ \boldsymbol{x}\ \vee\ \boldsymbol{0}\text{,且取整数}\end{cases}$$

变元取整的约束本质上是一种非线性约束,因而这类问题不再是线性规划问题,这样解 ILP 问题难度远大于解 LP 问题,这一点我们在后文中将会看到(其实这里我们是将此类问题用解线性规划方法处理,即不断增加约束使之转化成一系列线性规划问题来实现).

有文献认为,一般整数规划问题的复杂性可与费马(P. de Fermat) 大定理相当,这个定理为:

当 $n\geqslant 3$ 时,方程 $x^n+y^n=z^n$ 无非平凡整数解.

对于数学规划

$$\mathrm{V}:\ \min z=x_1^t+x_2^t-x_3^t$$

$$\text{s.t.}\begin{cases}x_i\geqslant 1\quad(i=1,2,3)\\ t\geqslant 3\\ x_i,t\in\boldsymbol{Z}\end{cases}$$

来讲,若问题有最优解 $z=0$,则费马定理被否;无最优解则费马定理得证.

3.2　整数规划问题的解法

求解整数规划(ILP) 问题一个自然的想法是:先求相应 LP 的最优解 $\boldsymbol{x}^*$,然后用 $\boldsymbol{x}^*$ 取整代替 ILP 的解(若在其可行域内).

当 $|\boldsymbol{x}^*|$ 或 $\|\boldsymbol{x}^*\|$($\|\cdot\|$ 表示范数) 很大时,此想法可行,但在一般情况下此法不可行.这样做(取整) 可能会损害相应的 ILP 的某些目标,而不再是它的解.

如此看来,求解 ILP 问题要重新考虑算法,目标是尽量使之转化成我们熟知的线性规划问题.

ILP 问题的解法通常有以下 3 种：

(1) 枚举法(有时结合图解) 一般对变元个数较少的问题，可用图解结合枚举法求解；对变元较多的问题，用纯枚举法则显得繁琐；

(2) 分支定界法(既适用于纯整数规划，又适用于混整数规划)；

(3) 割平面法(适用于纯整数规划).

1. 枚举法

对于此方法，这里仅举两个例子来说明. 如前所述，此法对于变元较多的情形不适用. 先来看一个不完全枚举(结合图解) 的例子.

例 3.2.1 求解 ILP 问题

$$\max z = 3x_1 + 2x_2$$

$$\text{s.t.}\begin{cases}2x_1 + 3x_2 \leqslant 14 \\ x_1 + \frac{1}{2}x_2 \leqslant 4\frac{1}{2} \\ x_1, x_2 \geqslant 0 \text{ 且为整数}\end{cases} \quad \text{(ILP)}$$

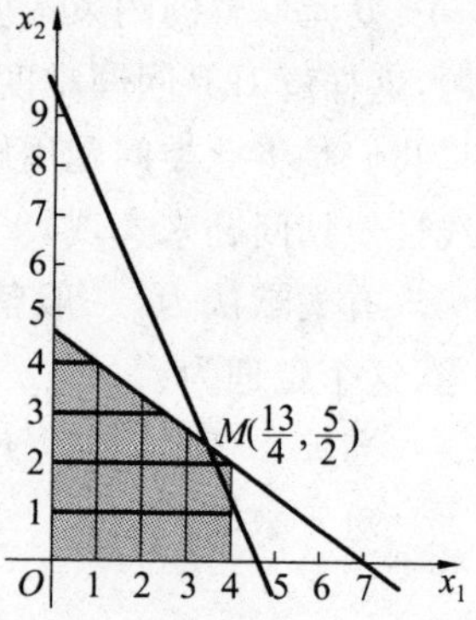

图 3.2.1

解 先求解与上面问题对应的，即去掉整数约束的一般 LP，图解(图 3.2.1) 之有

$$x^* = \left(\frac{13}{4}, \frac{5}{2}\right), z^* = 14\frac{3}{4}$$

然后取与最优点 M 邻近的落入可行域的格子点(两坐标均取整数的点)

$$(2,3), (2,2), (3,2), (4,1)$$

将它们分别代入目标函数中比较，发现 $z|_{(4,1)} = 14$ 最大.

故其为题设问题最优解：$x^* = (4,1)$，$z^* = 14$.(当然我们有时会遇到多解的情形，详见后面的讨论)

由此例亦可看出：仅仅通过对相应 LP 最优解取整 $\left(\left[\frac{13}{4}\right], \left[\frac{5}{2}\right]\right) = (3,2)$，显然它不是 ILP 的最优解.

当然，如果从落入可行域(自然应为有界情形) 的全部格点经逐一比较择优，此谓**枚举法**. 显然这种方法仅适于可行域内格点数目较少的情形. 上面的方法其实只是一种不完全枚举，对于完全枚举法计算量会更大.

这个方法的数学原理是：对于等值线的上下移动，目标函数值增大或减小是规律的,它视目标函数系数而定,这样靠近 LP 最优点的格子点,应该最有希望成为 ILP 的最优解.

下面我们来介绍另外一种枚举法,它较多地运用了题设中的某些信息,再通过不等式运算可获解,请看例 3.2.2.

例 3.2.2　求 ILP 问题

$$\max\ z=40x_1+90x_2$$

$$\text{s.t.}\begin{cases}9x_1+7x_2\leqslant 56 & ①\\ 7x_1+20x_2\leqslant 70 & ②\\ x_1,x_2\geqslant 0,\text{整数} & ③\end{cases}$$

解　因为目标系求最大又目标函数系数中 $90>40$,即 $c_2>c_1$,故我们应先从 x_2 值讨论入手(即所谓“贪心算法”).

由式 ①、式 ③,有 $0\leqslant x_2\leqslant 8$;由式 ②、式 ③,有 $0\leqslant x_2\leqslant 3$.

从而它们的公共部分 x_2 最大值为 3,这样我们便有表 3.2.1(表中 $\boldsymbol{x}$ 指表中本行最优的一个解).

表 3.2.1

x_2	由 ①,③ 得 x_1 值	由 ②,③ 得 x_1 值	综上	$\boldsymbol{x}$	z
3	$x_1\leqslant 3$	$x_1\leqslant 1$	$x_1\leqslant 1$	(1,3)	310
2	$x_1\leqslant 4$	$x_1\leqslant 4$	$x_1\leqslant 4$	(4,2)	340
1	$x_1\leqslant 5$	$x_1\leqslant 7$	$x_1\leqslant 5$	(5,1)	290
0	$x_1\leqslant 6$	$x_1\leqslant 10$	$x_1\leqslant 6$	(6,0)	240

综上,故 $\boldsymbol{x}^*=(4,2)$,$z^*=340$.

枚举法毕竟是一种“笨”办法,当可行域内格点数目过大或变元维数过多时,这种逐一核验的办法运算量将大得出奇,以致显得连电子计算机也有点无能为力(计算耗时过长).

接下来我们介绍另外两种求解 ILP 问题的方法.

2. 分支定界法

分支定界法是解整数规划(包括纯整数规划和混整数规划)的一种重要方法.它是 Land Doing 和 Dakin 等人于 20 世纪 60 年代提出的.这种方法大意是:先求出与(ILP)相应的(LP)问题的可行解,然后适当增加约束(即除去一部分无用的可行解,即它们不可能是ILP的最优解),逐步达到求出(ILP)可行解的目的. 说穿了,它是用LP问题的方法去解ILP问题.

下面通过求解例3.2.1的过程来说明本方法.

先求出ILP相应的LP问题(图3.2.2)

$$(L_0)\qquad \max z = 3x_1 + 2x_2$$
$$\text{s.t.}\begin{cases} 2x_1 + 3x_2 \leqslant 4 & ① \\ x_1 + \dfrac{1}{2}x_2 \leqslant 4\,\dfrac{1}{2} & ② \\ x_1, x_2 \geqslant 0 \end{cases}$$

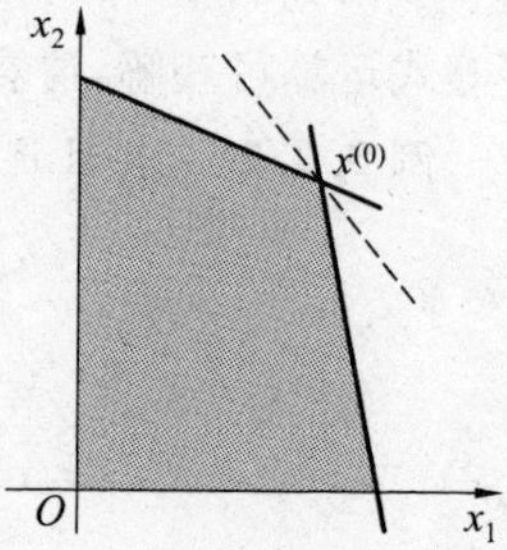

图 3.2.2

的解,可先将其标准化,再用单纯形表解之. 具体地,先将模型标准化

$$\max z = 3x_1 + 2x_2$$
$$\begin{cases} 2x_1 + 3x_2 + x_3 = 14 \\ x_1 + \dfrac{1}{2}x_2 + x_4 = 4\,\dfrac{1}{2} \\ x_1 \sim x_4 \geqslant 0 \end{cases}$$

再用单纯形表解,如表3.2.2所示.

表 3.2.2

		3	2	0	0		
		x_1	x_2	x_3	x_4	$\boldsymbol{b}$	$\boldsymbol{\theta}$
0	x_3	2	3	1		14	7
0	x_4	[1]	$\frac{1}{2}$		1	$4\frac{1}{2}$	$4\frac{1}{2}$
	$\boldsymbol{\sigma}_N$	3	2				
0	x_3	0	[2]	1	-2	5	$\frac{5}{2}$
3	x_1	1	$\frac{1}{2}$			$4\frac{1}{2}$	9
	$\boldsymbol{\sigma}_N$		$\frac{1}{2}$		-3		
2	x_2		1	$\frac{1}{2}$	-1		$\frac{5}{2}$
3	x_1	1		$-\frac{1}{4}$	$\frac{3}{2}$		$\frac{13}{4}$
	$\boldsymbol{\sigma}_N$			$-\frac{1}{4}$	$-\frac{4}{5}$		$z^* = 14\frac{3}{4}$

至此得最优解 $\left(\frac{13}{4},\frac{5}{2}\right)=\left(3\frac{1}{4},2\frac{1}{2}\right)$.

这与前面图解法解得的 $\boldsymbol{x}^{(0)}=\left(3\frac{1}{4},2\frac{1}{2}\right)$ 相同.

若记 $\lceil\alpha\rceil$ 为不小于 α 的最小整数(上取整),记 $\lfloor\alpha\rfloor$ 为不超过 α 的最大整数(下取整).

因为 x_2 的分数部分大,故先从它开始处理,即由 $\frac{1}{2}>\frac{1}{4}$,故可先从 $x_2=2\frac{1}{2}$ 开始处理.

如图 3.2.3,由于 $\lfloor 2\frac{1}{2}\rfloor=2$,$\lceil 2\frac{1}{2}\rceil=3$,因而在 $2<x_2<3$ 之间已不可能有(ILP) 的最优解(x_2 在此区间不取整数),故此部分可行域可删除,它实际上相当于增加两个约束而化为下面两个线性规划问题

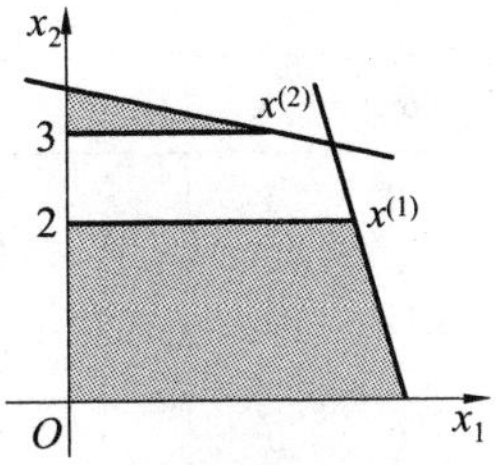

图 3.2.3

$$(\mathrm{L}_1):\ \begin{cases}(\mathrm{L}_0)\\ x_2\leqslant 2\end{cases}$$

$$(\mathrm{L}_2):\ \begin{cases}(\mathrm{L}_0)\\ x_2\geqslant 3\end{cases}$$

这样至少有一个坐标为整数的点成为新问题可行域的顶点. 用单纯形表(或图解法) 可解之. 因它们的两个约束条件标准化后,分别为

$$(\mathrm{L}_1)\begin{cases}2x_1+3x_2+x_3=14\\ x_1+\frac{1}{2}x_2+x_4=4\frac{1}{2}\\ x_2+x_5=2\\ x_1\sim x_5\geqslant 0\end{cases}$$

(其中第 2 约束式可去,道理见后文)

$$(\mathrm{L}_2)\begin{cases}2x_1+3x_2+x_3=14\\ x_1+\frac{1}{2}x_2+x_4=4\frac{1}{2}\\ x_2-x_6=3\\ x_1\sim x_5\geqslant 0\end{cases}$$

(其中第 2 约束式可去,道理见后文)

问题(L_1)的表解见表 3.2.3.

表 3.2.3

		x_1	x_2	x_3	x_4	x_5	$\boldsymbol{b}$	$\boldsymbol{\theta}$
0	x_3	2	3	1			14	7
0	x_4	[1]	$\frac{1}{2}$		1		$4\frac{1}{2}$	$4\frac{1}{2}$
0	x_5		1			1	2	—
$\boldsymbol{\sigma}_N$		3	2					
0	x_3		2	1	-2		5	5
3	x_1	1	$\frac{1}{2}$		1		$4\frac{1}{2}$	9
0	x_5		[1]			1	2	2
0	x_3			1	-2	-2	1	
3	x_1	1			1	$-\frac{1}{2}$	$\frac{7}{2}$	
2	x_2		1			1	2	
$\boldsymbol{\sigma}_N$					-3	$-\frac{1}{2}$	$z^* = 14.5$	

由表 3.2.3,可得最优解 $\boldsymbol{x}^{(1)} = \left(3\frac{1}{2}, 2\right)$.

同理可得(L_2)的最优解(用对偶单纯形法)$\boldsymbol{x}^{(2)} = (2\frac{1}{2}, 3)$,终表如表 3.2.4 所示.

表 3.2.4

		x_1	x_2	x_3	x_4	x_5	x_6	$\boldsymbol{b}$
3	x_1	1		$\frac{1}{2}$		$\frac{3}{2}$	$-\frac{3}{2}$	$\frac{5}{2}$
0	x_4			$-\frac{1}{2}$	1	-1	1	$\frac{1}{2}$
2	x_2		1			1	1	3
$\boldsymbol{\sigma}_N$				—		—		$z^* = 13.5$

即问题(L_1)、(L_2)最优解分别为

$$x^{(1)}=(3.5,2),z^{(1)}=14.5$$
$$x^{(2)}=(2.5,3),z^{(2)}=13.5$$

显然 $z^{(1)}>z^{(2)}$.

这时(L_2) 称为待查问题,而(L_1) 称为活问题.

由于 $z^{(1)}>z^{(2)}$,下面对(L_1) 继续实施前面步骤(我们已经看到:由于添加一个约束,已使解的相应分量成为整数),因单纯形法迭代系在其可行域顶点进行的,注意到$\lfloor 3.5\rfloor=3$,且$\lceil 3.5\rceil=4$,这样将对(L_1) 的可行域中删去 $3<x_1<4$ 部分,即增加约束而将问题化为下面两个问题(如图 3.2.4,可见前文所说第 2 约束式无效)

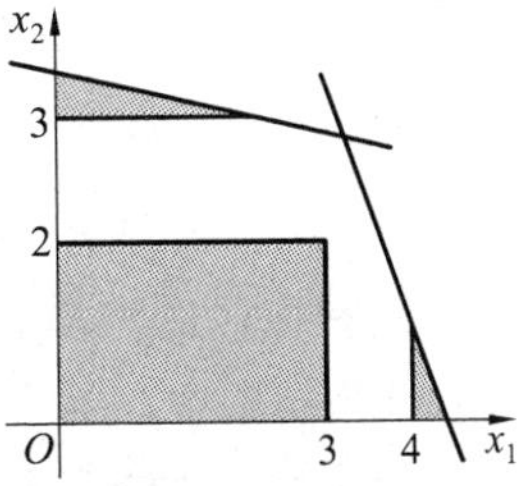

图 3.2.4

$$(L_{1,1}):\begin{cases}(L_1)\\ x_1\leqslant 3\end{cases}$$
$$(L_{1,2}):\begin{cases}(L_1)\\ x_1\geqslant 4\end{cases}$$

此时已有两个坐标(分量) 为整数的点成为新问题可行域的顶点. 用单纯形表(或图解法) 解它们分别得到整数解

$$x^{(1,1)}=(3,2),z^{(1,1)}=13$$
$$x^{(1,2)}=(4,1),z^{(1,2)}=14$$

由于 $z^{(1,2)}=14>z^{(1,1)}=13$,则($L_{1,1}$) 可淘汰.

注意到 $z^{(1,2)}=14>z^{(2)}=13.5$,这时称($L_2$) 为已查清问题而被淘汰(剪枝).

至此($L_{1,1}$) 亦为已查清问题而被淘汰(剪枝),而($L_{1,2}$) 的最优解为(L_0) 的最优解.

应该说明的是:在确定(L_2) 和($L_{1,1}$) 为已查清的问题后,这两个分支方可删去(剪枝);如仍未达到最优解,仍需从某一活问题重复前面步骤(分支).

必须注意的是:待查问题有可能转变成活问题,只有确定其为查清问题时(包括问题无解、无界解情形),才能删除之.

上述解法过程可用图 3.2.5 枝形推理图来图示(这也是分支定界法名称的来历).

此例变元个数较少,故中间过程只需用图解即可. 若变元个数较多时,仍需用单纯形(或对偶单纯形) 法解(中间过程). 余下来的问题只是添加约束、化为新问题,且逐步将一些坐标(分量) 为整数的点成为新问题可行域的顶点,如此下去直至全部坐标(分量) 均为整数的点成为新可行域顶点. 整个过程同前述.

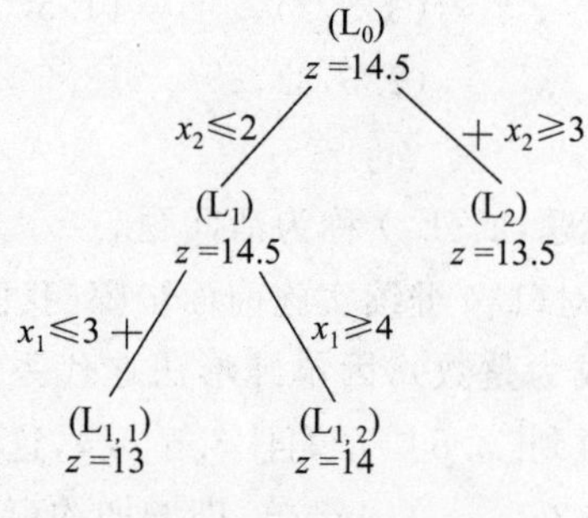

图 3.2.5

这种方法的实质是：通过分支定界将 ILP 问题转化为若干个 LP 问题，在求解这些 LP 问题中汰劣存优，最后得到 ILP 问题的解.

简言之：此方法是用 LP 方法解 ILP 或 MILP 问题.

顺便指出：在例 3.2.1 中求解(ILP) 问题，在求解(L_0)之后，先考虑从 x_1 着手：即由$\lfloor \frac{13}{4} \rfloor = 3$，$\lceil \frac{13}{4} \rceil = 4$，转而去解

$$\begin{cases}(L_0) \\ x_1 \leqslant 3\end{cases} \quad 和 \quad \begin{cases}(L_0) \\ x_1 \geqslant 4\end{cases}$$

只需一步即可求得(ILP) 的最优解(至少一个，见图 3.2.6).

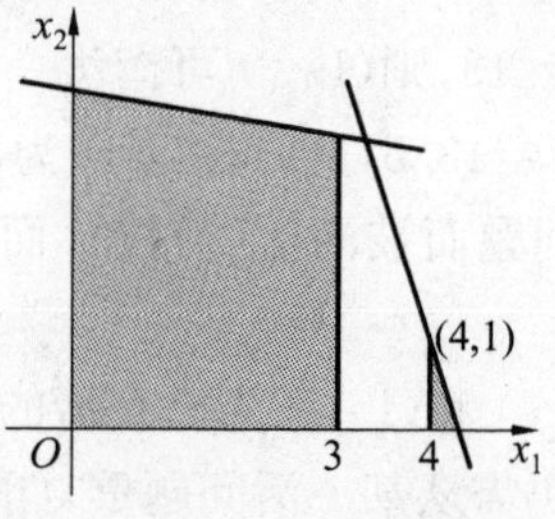

图 3.2.6

3. 割平面法

(1)Gomory 方法

割平面法是 1958 年美国人 R. E. Gomory 提出的一种解 ILP(纯整数规划) 的第一个方法. 其中心思想是通过增加约束条件(几何意义割平面) 使得原来可行域割掉一部分(它不包含原问题的整数解)，这样不断增加约束，不断切割最后使得某(整数) 格点成为问题可行域的极(顶) 点，而它恰好是问题的最优解.

注意:分支定界法是从可行域中挖空,而割平面法是从可行域中切割.下面我们举例说明此法.

我们仍以例3.2.1为例,其步骤如下:

1)先将问题约束整数化(如遇系数为无理数时,先用有理数去逼近),再化成标准形,则有

$$(\mathrm{L}_0)\begin{cases}\max\ z=3x_1+2x_2\\ \text{s.t.}\begin{cases}2x_1+3x_2+x_3=14 & ①\\ 2x_1+x_2+x_4=9 & ②\\ x_1\sim x_4\geqslant 0,\text{整数}\end{cases}\end{cases}$$

用单纯形表解终表见表3.2.5.

表3.2.5

		3 x_1	2 x_2	0 x_3	0 x_4	$\boldsymbol{b}$
2	x_2		1	1/2	−1/2	5/2
3	x_1	1		−1/4	3/4	13/4
$\boldsymbol{\sigma}_N$				−1/4	−5/4	

在没有整数约束的情况下,加上一个可使某些变元取得整数的约束,这将有以下算法.

2)增加Gomory约束

在上述解$\boldsymbol{x}=(13/4,5/2,0,0)$中,找基变元取值中的真分数最大者,即$x_2$的真分数为1/2大于$x_1$的真分数1/4,故选$x_2$,抄下这一行约束(又称诱导方程)

$$x_2+\frac{1}{2}x_3-\frac{1}{2}x_4=2\,\frac{1}{2}$$

将上述约束诱导方程中的常数和变元系数中的分数正值化

$$x_2+\frac{1}{2}x_3+\left(-1+\frac{1}{2}\right)x_4=2+\frac{1}{2}$$

移项:将分数式(包括变元系数为分数者)全部移至式右;整数式移至式左

$$x_2-x_4-2=\frac{1}{2}-\frac{1}{2}x_3-\frac{1}{2}x_4$$

如果回到原问题(恢复整数约束)知:$x_3,x_4\geqslant 0$且为整数(注意约束均已整数化,且x_1,x_2要求整数).今分析上式左右情况有:

① 若$x_3=x_4=0$,上式式左为整数,而式右为分数,不妥,故$x_3=x_4=0$不成立;

② 若 x_3, x_4 之一非 0，且它为大于 0 的整数(否则由 ① 或 ② 式知式右为整数，式左必须也为整数)，此时 $\frac{1}{2}-\frac{1}{2}x_3-\frac{1}{2}x_4\leqslant 0$. 综上有

$$\frac{1}{2}-\frac{1}{2}x_3-\frac{1}{2}x_4\leqslant 0 \quad ③$$

此约束实际上是 $\frac{1}{2}x_3+\frac{1}{2}x_4\geqslant\frac{1}{2}$，这是需添加人工变元或用对偶单纯形法去解的情形，为避免此情况，将式 ①，② 解得 x_3, x_4 代入上式，有

$$2x_1+2x_2\leqslant 11 \quad (\text{增加的约束}) \quad ④$$

接下来可解. LP 问题：

$$(L_1):\begin{cases}(L_0)\\ 2x_1+2x_2\leqslant 11\end{cases}，即\begin{cases}(L_0)\\ 2x_1+2x_2+x_5=11\end{cases} \quad (x_5 \text{ 系松弛变元})$$

即在(L_0)的约束中加上约束 ④ 构成的问题，这只需在前面终表的基础上接着迭代(加一行) 即可，具体的解法见表 3.2.6.

表 3.2.6

		3	2	0	0	0		
		x_1	x_2	x_3	x_4	x_5	b	θ
0	x_3	2	3	1			14	7
0	x_4	[2]	1		1		→ 9	9/2
0	x_5	2	2			1	11	11/2
σ_N		3↑	2					
				…				
0	x_3			1	1	−2	1	
3	x_1	1			1	−1/2	7/2	
2	x_2		1		−1	1	2	
σ_N					−1	−1/2		

这里增加的约束 ③ 或 ④(它们等价) 称为 Gomory 约束，对于当等号成立时所代表的平面称为割平面.

顺便强调一句：选取 x_2 一行作为 Gomory 约束只是为了加速问题求解的收敛速度，减少迭代次数，选取 x_1 一行并非不可(注意此时 x_1 的值亦非整数).

我们可以看到：由于增加一个约束而使新问题最优解中已有 x_2, x_3 取整.

3) **重得步骤** 2). 由于 $x_1=3\frac{1}{2}$ 是分数,故

由诱导方程 $x_1+x_4-\frac{1}{2}x_5=3\frac{1}{2}$,可得到 Gomory 约束

$$\frac{1}{2}-\frac{1}{2}x_5\leqslant 0 \qquad ⑤$$

从(L_1)约束中各式,解得 x_5(用 x_1,x_2 表示),代入上式有

$$x_1+x_2\leqslant 5 \qquad ⑥$$

解下面(L_2)即在(L_1)中加入约束 $x_1+x_2\leqslant 5$

$$(L_2):\begin{cases}(L_1)\\ x_1+x_2\leqslant 5\end{cases} 或 \begin{cases}(L_1)\\ x_1+x_2+x_6=5\end{cases}\quad (x_6 \text{ 为松弛变元})$$

由于 $x_1+x_2\leqslant 5$ 较约束 $2x_1+2x_2\leqslant 11$ 更强,故可去掉这个较弱的约束(否则将出现退化解),这样实际上相当于解

$$(L_2)':\begin{cases}(L_0)\\ x_1+x_2\leqslant 5\end{cases} 或 \begin{cases}(L_0)\\ x_1+x_2+x_6=5\end{cases}$$

如此一来,只需加上此约束即可,其表解见表 3.2.7.

表 3.2.7

		3 x_1	0 x_2	0 x_3	0 x_4	0 x_6	$\boldsymbol{b}$	$\boldsymbol{\theta}$
0	x_3	2	3	1			14	7
0	x_4	[2]	1		1		$\to$ 9	9/2
0	x_6	1	1			1	5	5
$\boldsymbol{\sigma}_N$		$3^{\uparrow}$	2	…				
0	x_3			1	1	−4	3	
3	x_1	1			1	−1	4	
2	x_2		1		−1	2	1	
$\boldsymbol{\sigma}_N$					−1		−1	

至此得到 $\boldsymbol{x}^*=(4,1,3,0,0)$;如果仍未求得整数解,可重复上面步骤. 直到求得整数最优解(如果存在的话).

上述步骤的几何意义是明显的,见图 3.2.7.

我们想再次强调:增加约束可使本来可能已涉及非线性约束的规划,仍用线性

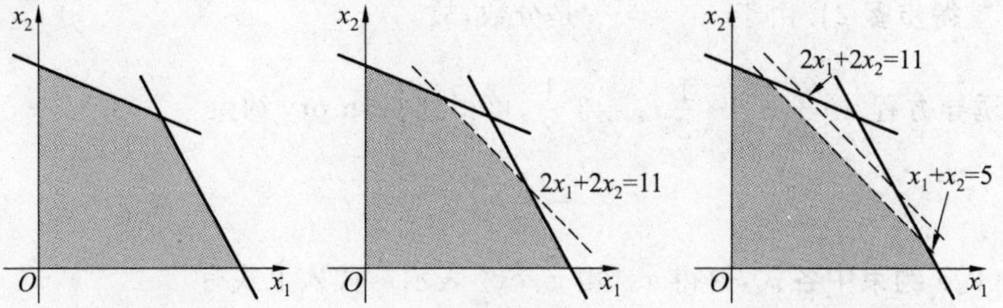

(L_0) 的可行域　　(L_1) 的可行域　　(L_2) 的可行域

图 3.2.7

规划方法处理.

当然,如果用对偶单纯形方法去解此问题,有时可利用旧表中的信息,这样也许可减少一些计算:

在解完(L_0)之后,考虑解

$$(L_1)':\begin{cases}(L_0)\\ \dfrac{1}{2}-\dfrac{1}{2}x_3-\dfrac{1}{2}x_4\leqslant 0\end{cases}$$

即

$$\begin{cases}(L_0)\\ -\dfrac{1}{2}x_3-\dfrac{1}{2}x_4+x_5=-\dfrac{1}{2}\end{cases}$$

时,其表解见表 3.2.8(即在(L_0)的终表下面加一行).

表 3.2.8

		3 x_1	2 x_2	0 x_3	0 x_4	0 x_5	**b**
2	x_2		1	1/2	−1/2		5/2
3	x_1	1		−1/4	3/4		13/4
0	x_5		[−1/2]	−1/2	1	$\overrightarrow{-1/2}$	
	$\boldsymbol{\sigma}_N$			−1/4↑	−5/4		
2	x_2		1		−1	1	2
3	x_1	1			1	−1/2	7/2
0	x_3			1	1	2	1
	$\boldsymbol{\sigma}_N$				−1	−1/2	

表中虚线方框内的数据，系依(L_0)终表的信息. 注意此处 x_5 一行中常量系 $-1/2<0$，故需用对偶单纯形表法(迭代时，先考虑出基变元，再决定进基变元).

接下去再考虑解

$$(L_2)':\begin{cases}(L_1)\\ \frac{1}{2}-\frac{1}{2}x_5\leqslant 0\end{cases}\quad 或\quad \begin{cases}(L_1)\\ -\frac{1}{2}x_5+x_6=-\frac{1}{2}\end{cases}$$

仍然利用解(L_1)终表的信息(只需再加一行)来解，其表解见表 3.2.9.

表 3.2.9

		3	2	0	0	0	0	**b**
		x_1	x_2	x_3	x_4	x_5	x_6	
2	x_2		1		-1	1		2
3	x_1	1			1	$-1/2$		7/2
0	x_3			1	1	-2		1
0	x_6				$[-1/2]$	1	$-1/2$	
$\boldsymbol{\sigma}_N$					-1	$-1/2$		
2	x_2		1		-1		2	1
3	x_1	1			1		-1	4
0	x_3			1	1		-4	3
0	x_5				1		-2	1
$\boldsymbol{\sigma}_N$					-1		-1	

至此，问题解毕，得 $\boldsymbol{x}^*=(4,1,3,0,1,0)$.

关于割平面法其实我们有下面的定理：

定理　对整数规划而言，割平面法算法在有限步内终止.

它的证明可见[49].

这里还想说明一点：对于分支定界法与割平面法而言，一般来说，割平面法收敛速度较慢(比如可见本章习题 4). 因而通常是将它与其他方法配合使用.

对于整数规划来讲，同样存在多解问题(见习题 2～4 题). 然而它与一般 LP 不同的是：ILP 问题有两个最优解不一定有无穷多个最优解.

(2) 割平面法改进.

关于割平面法其实还可以改进，比如我们有下面的命题和定理.

命题 1　增加 Gomory 约束仅割去了 ILP 问题的非整数解.

命题 2　增加 Gomory 约束的整数解对 ILP 问题而言仍可行.

无论是割平面法还是分支定界法,本质上讲问题的关键是找出

$$\begin{cases}\tilde{\mathbf{A}}\tilde{\mathbf{x}} \vee \tilde{\mathbf{b}} \\ \tilde{\mathbf{x}} \geqslant \mathbf{0},\text{且为整数}\end{cases} \qquad ①$$

(其中,$\tilde{\mathbf{A}}$,$\tilde{\mathbf{x}}$,$\tilde{\mathbf{b}}$ 系 $\mathbf{A}$,$\mathbf{x}$,$\mathbf{b}$ 的部分或扩展) 不等式组形成的新域的整数极点或靠近其极点附近的整数点(格子点),即求不定方程组的解,然而这方面理论不丰.

对于整数系数线性方程组

$$\tilde{\mathbf{A}}\tilde{\mathbf{x}} = \tilde{\mathbf{b}} \qquad ②$$

倘若 $\tilde{\mathbf{A}}$ 是方阵且行列式 $\det \tilde{\mathbf{A}} > 0$,从不定方程理论可知

$$\text{式 ② 有整数解} \Leftrightarrow \tilde{\mathbf{A}}\tilde{\mathbf{x}} \equiv \tilde{\mathbf{b}} (\bmod m) \text{ 有整数解}$$

其中 m 是行列式 $\det \tilde{\mathbf{A}}$ 的因子.

这在一定程度上可以帮助我们去探求 $\tilde{\mathbf{A}}\tilde{\mathbf{x}} = \tilde{\mathbf{b}}$,$\tilde{\mathbf{x}} \geqslant \mathbf{0}$ 且为整数的解,即可行域的整数极点,但它们却不一定是 ILP 的解(换言之,这里是在通盘考虑 $\mathbf{Ax} = \mathbf{b}$ 所提供的某些信息).

由于该结论的适应性太窄,这对于 ILP 的求解似乎帮助不是很大.因而人们不得不使用其他方法.

解整数规划的第一种方法是由 R. E Gomory 于 1958 年给出的.尔后又出现分支定界法.但实质上,他们都是将问题化为一系列线性规划来处理.分支定界法与割平面法相比较,其收敛速度相对较快些,然而这里也存在维数障碍,在分支时若变元的个数 n 很大,问题解起来也许就不是很轻松.

割平面法 Gomory 约束的目的是希望能产生一个切割可行域的直线或平面(或超平面),而使得新可行域的某个极点最优,且使该极点中坐标变元尽可能多地出现一些整数.

但在产生 Gomory 约束时,有时会遇到以下问题,如在求解某个阶段的终表(表 3.2.10) 中.

表 3.2.10

	x_1	x_2	…	x_n	$\mathbf{b}$
x_{i_1}	a_{11}	a_{12}	…	a_{1n}	b_1
x_{i_2}	a_{21}	a_{22}	…	a_{2n}	b_2
⋮	⋮	⋮		⋮	⋮
x_{i_m}	a_{m1}	a_{m2}	…	a_{mn}	b_m

若 $b_1 \sim b_m$ 皆为整数,问题获解.否则,从中挑选真分数部分最大一行(如第 i

行)的约束

$$\sum_{j=1}^{n} a_{ij} x_j = b_i$$

令 $a_{ij} = N_{ij} + f_{ij}$，$b_i = N_i + f_i$，即 f_{ij}，f_i 分别为 a_{ij}，b_i 的真分数部分，且

$$0 \leqslant f_{ij} < 1 (j \in B) \quad 0 < f_i < 1$$

则

$$\sum_j N_{ij} x_j - N_i = f_i - \sum_j f_{ij} x_j$$

其中 $f_i - \sum_j f_{ij} x_j$ 为整数，且小于 1. 故有 Gomory 约束

$$f_i - \sum_j f_{ij} x_j \leqslant 0$$

对割平面法来讲，由于每次用 Gomory 约束割去的无用可行域的大小有限，这样一步一步地去做，势必使收敛速度变得很慢.

如果利用已得信息，通过这些超平面的线性组合生成新的 Gomory 约束取代原来的系统约束，往往可以较快地逼近最优解. 具体步骤为：

第一步　求出 $\max(\min)\{\boldsymbol{cx} \mid \boldsymbol{Ax} \vee \boldsymbol{0}, \boldsymbol{x} \geqslant \boldsymbol{0}\}$ 的解；

第二步　判定 $\boldsymbol{Ax} = \boldsymbol{b}$ 中的那些可以得出的极点；比如它们是

$$l_i: a_{i1} x_1 + a_{i2} x_2 + \cdots + a_{in} x_n = b_i, i \in \tilde{I}, \tilde{I} \text{ 为 } 1 \sim n \text{ 子集}$$

第三步　通过 $l_i (i \in \tilde{I})$ 的线性组合产生新的 Gomory 平面，其原则为：

Ⅰ) 若新产生的组合为 $\sum_{i=1}^{n} m_i x_i = n$，其中，$m_i, n \in \mathbf{Z}$ 且为 a_{ij}，b_i 的线性组合，则一般来讲，它就是一个好的 Gomory 约束；

Ⅱ) 尽量多地使新组合 $\sum_{i=1}^{n} m_i x_i = n$ 的系数为整数，余下的可用与 m_i 最接近的整数 m'_i 代替，如此产生新的 Gomory 约束仍较优.

尽管我们还没有找出一个有效的鉴别方法，但通过尽量多的信息去取代原来的约束，一般来讲是有效的. 下面举几个例子来说明.

例 3.2.3　解整数规划

$$\begin{cases} \text{V}: \max z = 3x_1 + 2x_2 \\ \text{s.t.} \begin{cases} 2x_1 + 3x_2 \leqslant 14 & ① \\ 2x_1 + x_2 \leqslant 9 & ② \\ x_1, x_2 \geqslant 0 \text{ 且为整数} \end{cases} \end{cases}$$

解　将该(ILP)问题相应的(LP)问题标准化为

$$\begin{cases} \text{V: } \max = x_1 + 2x_2 \\ \text{s. t.} \begin{cases} 2x_1 + 3x_2 + x_3 = 14 \\ 2x_1 + x_2 + x_4 = 9 \\ x_1, x_2, x_3, x_4 \geqslant 0 \end{cases} \end{cases}$$

使用单纯表解法(过程略)得终表 3.2.11.

表 3.2.11

		3	2	0	0	
		x_1	x_2	x_3	x_4	$\boldsymbol{b}$
2	x_2	0	1	$\frac{1}{2}$	$-\frac{1}{2}$	$\frac{5}{2}$
3	x_1	1	0	$-\frac{1}{4}$	$\frac{3}{4}$	$\frac{13}{4}$
	$\boldsymbol{\sigma}_N$			$-\frac{1}{4}$	$-\frac{5}{4}$	

若使用普通割平面法,其中

第一次割平面 Gomory 约束为

$$2x_1 + 2x_2 \leqslant 11 \quad ③$$

第二次割平面 Gomory 约束为

$$x_1 + x_2 \leqslant 5 \quad ④$$

如果我们把可以得到最优整数解的最后 Gomory 约束,简称为最佳 Gomory 约束,则上面第二次割平面约束即为最佳 Gomory 约束.

但若注意到式 ①+②:$4x_1 + 4x_2 \leqslant 23$,即 $x_1 + x_2 \leqslant \frac{23}{4}$ 为该 ILP 的有效 Gomory 约束.

注意到 $x_1 + x_2 \leqslant \lfloor \frac{23}{4} \rfloor$,即 $x_1 + x_2 \leqslant 5$,其中$[\alpha]$为不超过 α 的最大整数(又称 α 的底,而$\lfloor \alpha \rfloor$表示不小于 α 的最小整数,称为 α 的顶),它显然为最佳Gomory约束. 这里不取其顶,是因为这样得到的新约束越出可行域. 这恰好是最佳 Gomory 约束.

例 3.2.4 解整数规划

$$\text{V: } \max z = x_1 + x_2$$

$$\text{s.t.}\begin{cases}2x_1+x_2\leqslant 6\\4x_1+5x_2\leqslant 20\\x_1,x_2\geqslant 0\text{ 且为整数}\end{cases}$$

解　将该(ILP)问题相应的(LP)问题标准化为

$$\text{V}: \max z=x_1+x_2$$

$$\text{s.t.}\begin{cases}2x_1+x_2+x_3=6\\4x_1+5x_2+x_4=20\\x_1,x_2,x_3,x_4\geqslant 0\end{cases}$$

用单纯形表解法得终表 3.2.12.

表 3.2.12

		1	1	0	0	$\boldsymbol{b}$
		x_1	x_2	x_3	x_4	
1	x_1	1	0	$\frac{5}{6}$	$-\frac{1}{6}$	$\frac{5}{3}$
1	x_2	0	1	$-\frac{2}{3}$	$\frac{1}{3}$	$\frac{8}{3}$
$\boldsymbol{\sigma}_N$				$-\frac{1}{6}$	$-\frac{1}{6}$	

使用普通割平面法：

第一次割平面 Gomory 约束为

$$5x_1+5x_2\leqslant 21 \qquad ①$$

第二次割平面 Gomory 约束为

$$x_1+x_2\leqslant 4 \qquad ②$$

它即为最佳 Gomory 约束.

实际上,若注意到式 ①+②,有 $6x_1+6x_2\leqslant 25$,即 $x_1+x_2\leqslant\frac{25}{6}$,因$\lfloor\frac{25}{6}\rfloor=4$,故 $x_1+x_2\leqslant 4$(下取整理由如上),这样可以直接得到 ILP 的最佳 Gomory 约束(这与割平面法结果是一致的).

例 3.2.5　解整数规划

$$\text{V}: \max z=3x_1+2x_2$$

$$\text{s.t.}\begin{cases}-2x_1+3x_2\leqslant 14\\2x_1+x_2\leqslant 9\\x_1,x_2\geqslant 0\text{ 且为整数}\end{cases}$$

解 将该(ILP)问题相应的(LP)问题标准化为

$$\text{V}: \max z = 3x_1 + 2x_2$$

$$\text{s.t.}\begin{cases} -2x_1 + 3x_2 + x_3 = 14 \\ 2x_1 + x_2 + x_4 = 9 \\ x_1, x_2, x_3, x_4 \geqslant 0 \end{cases}$$

用单纯形表解法得终表 3.2.13.

表 3.2.13

		3 x_1	2 x_2	0 x_3	0 x_4	$\boldsymbol{b}$
2	x_2	0	0	$\frac{1}{4}$	$\frac{1}{4}$	$\frac{23}{4}$
3	x_1	1	0	$-\frac{1}{8}$	$\frac{3}{8}$	$\frac{13}{8}$
$\boldsymbol{\sigma}_N$				$-\frac{1}{8}$	$-\frac{13}{8}$	

使用普通割平面法：

第一次割平面 Gomory 约束为

$$2x_2 \leqslant 11 \quad ①$$

第二次割平面 Gomory 约束为

$$x_2 \leqslant 5 \quad ②$$

但实际上，由式 ① + ②，有 $4x_2 \leqslant 21$，即 $x_2 \leqslant \frac{21}{4}$，因为$\lfloor \frac{21}{4} \rfloor = 5$，故 $x_2 \leqslant 5$ 为该(ILP) 的最佳 Gomory 约束(这与割平面法结果是一致的).

从上面的例子中可以看到，我们的方法目的是取约束线性组合后系数取整的 Gomory 约束，以迅速达到最佳，这显然是在一定程度上实现对约束的某种改进或加强.

其实割平面法本身也可做些取整运算，即将割平面法所得 Gomory 约束约分，尽可能多地出现整数系数或整数常数，再对其余部分取整，有时也可加快解题进程，改进方法的收敛. 请看例 3.2.6.

例 3.2.6 解整数规划

$$\text{V}: \max z = 3x_1 + 2x_2$$

$$\text{s.t.}\begin{cases} 2x_1 + 3x_2 \leqslant 14 \\ 2x_1 + 2x_2 \leqslant 9 \\ x_1, x_2 \geqslant 0 \text{ 且为整数} \end{cases}$$

解　如前面例 3.2.1 给出的那样：

第一次割平面 Gomory 约束为

$$2x_1+x_2\leqslant 11$$

第二次割平面 Gomory 约束为

$$x_1+x_2\leqslant 5$$

它是最佳 Gomory 约束.

但若注意到第一次割平面 Gomory 约束 $2x_1+2x_1\leqslant 11$ 中，因为 $x_1,x_2\in\mathbf{Z}$(整数集)，则将式右取整(这里上取整)

$$x_1+x_2\leqslant\left\lfloor\frac{11}{2}\right\rfloor=5$$

便可直接得到最佳 Gomory 约束，这显然加快了割平面法的收敛速度.

再来看一个例子.

例 3.2.7　解整数规划

$$\mathrm{V}:\max\ z=4x_1+2x_2$$

$$\text{s.t.}\begin{cases}4x_1+x_2\leqslant 10\\2x_1+3x_2\leqslant 8\\x_1,x_2\geqslant 0\text{ 且为整数}\end{cases}$$

解　将与该 ILP 问题相对应的 LP 问题标准化为

$$\mathrm{V}:\max\ z=4x_1+2x_2$$

$$\text{s.t.}\begin{cases}4x_1+x_2+x_3=10\\2x_1+3x_2+x_4=8\\x_1,x_2,x_3,x_4\geqslant 0\end{cases}$$

用单纯形表解法得终表 3.2.14.

表 3.2.14

		4 x_1	3 x_2	0 x_3	0 x_4	$\boldsymbol{b}$
4	x_1	1	0	$\frac{3}{10}$	$-\frac{1}{10}$	$\frac{11}{5}$
3	x_2	0	1	$-\frac{1}{5}$	$\frac{2}{5}$	$\frac{6}{5}$
$\boldsymbol{\sigma}_N$				$-\frac{3}{5}$	$-\frac{4}{5}$	

用普通割平面法：

第一次割平面 Gomory 约束为

$$4x_1+2x_2\leqslant 11 \quad (\text{未达目的})$$

第二次割平面 Gomory 约束为

$$2x_1+x_2\leqslant 5 \quad (\text{未达目的})$$

第三次割平面 Gomory 约束为

$$x_1\leqslant 2 \quad (\text{已达目的})$$

为最佳 Gomory 约束.

但在第一次割平面 Gomory 约束 $4x_1+2x_2\leqslant 11$ 中，因为 $x_1, x_2\in \mathbf{Z}$，则第一次割平面按取整运算的改进方法，相应割平面为

$$2x_1+x_2\leqslant \lfloor \frac{11}{2} \rfloor =5$$

再次用割平面法继续做下去，便得到最佳 Gomory 约束(图 3.2.7)

$$x_1\leqslant 2$$

这同样加快了割平面法的收敛.

当然我们这里所给出的 Gomory 约束，有时不一定是最佳 Gomory 约束，这只需在我们的方法所给出的 Gomory 约束基础上，再进行连续平行切割，便可给出最佳 Gomory 约束，请看例 3.2.8.

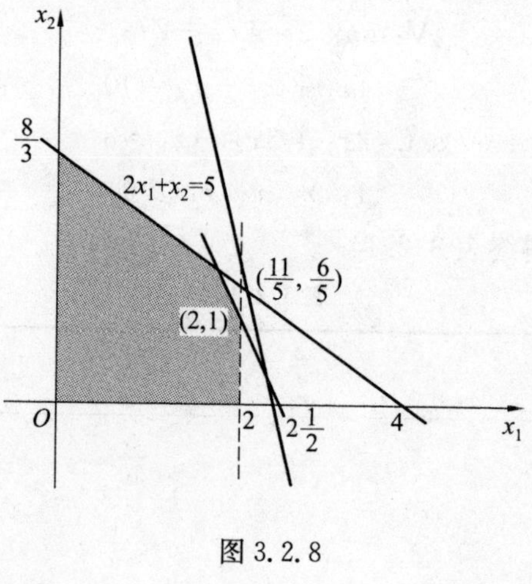

图 3.2.8

例 3.2.8 解整数规划

$$V: \max z=2x_1+3x_2$$

$$\text{s.t.}\begin{cases}2x_1+4x_2\leqslant 25 & ①\\ x_1\leqslant 8 & ②\\ 2x_2\leqslant 10 & ③\\ x_1,x_2\geqslant 0,\text{且为整数}\end{cases}$$

解　第一次 Gomory 约束为

$$x_1+x_2\leqslant 10$$

第二次 Gomory 约束为

$$x_1+2x_2\leqslant 12$$

式 ①+②+③,得 $3x_1+6x_2\leqslant 43$,即 $x+2x_2\leqslant \frac{43}{3}$.

式右第一次取下整数,得

$$x+2x_2\leqslant\lfloor \frac{43}{3}\rfloor=14$$

接下去可平行切割,这样

第二次切割为

$$x+2x_2\leqslant 13$$

第三次切割为

$$x+2x_2\leqslant 12$$

便得到最佳 Gomory 约束.

注　记

1. 规划问题的分解与松弛

整数规划不是线性规划,但我们试着用线性规划方法去解,这通常有两种手段:① 将问题分解化为一串线性规划问题;② 先放弃某些约束,即将约束松弛.

具体地讲,可有下面的叙述和结论:

(1) 对一般数学问题(p)来讲,若其可行解集为$S(p)$,又有问题$(p_1),(p_2),\cdots,(p_m)$使:① $\bigcup_{k=1}^{m}S(p_k)-S(p)$;②$S(p_i)\cap S(p_j)=\varnothing,i,j=1,2,\cdots,m$,且$i\neq j$,则称$(p)$可分解为$m$个子问题$(p_1),(p_2),\cdots,(p_m)$之和,且$(p_i)$称为$(p)$的子问题.

(2) 对于有约束优化问题.若$(\widetilde{p})$为(p)的放弃某些约束的松弛问题,则:

① 若$(\widetilde{p})$无可行解,则(p)亦然;

② 对于目标求 max 的问题,$(\widetilde{p})$的最优值不大于(p)的最优值;

③ 若$(\widetilde{p})$的最优解是(p)的可行解,则它亦是(p)最优解;

④$S(p)\subset S(\widetilde{p})$,其中$S(\widetilde{p})$为问题$(\widetilde{p})$的可行解集.

反之,对于增加约束问题$(\tilde{p})$称为(p)的约束紧致问题.

反过来看,此时(p)可视为$(\tilde{p})$的松弛约束问题.

解整数规划问题,一般来讲是依据上述结论,通过上述手段实现将非线性问题向线性问题转化的.

2.整数规划问题的另一种解法探讨

据凸分析理论和单纯形法原理,我们提出了整数规划的一个线性规划解法.其主旨是将整数规划问题的离散可行集填充成一个连续单纯形,而使问题化为该单纯形上的一个LP问题.

为了叙述该方法,我们先来定义:

定义3.2.1 设$\boldsymbol{\alpha}_1,\boldsymbol{\alpha}_2,\cdots,\boldsymbol{\alpha}_m$是实数域$\mathbf{R}$上的$m$个向量,我们称凸集合

$$C=\{\boldsymbol{\alpha}\mid\boldsymbol{\alpha}=\sum_{i=1}^{m}\lambda_i\alpha_i,\sum_{i=1}^{m}\lambda_i=1,0\leqslant\lambda_i\leqslant 1(i=1,\cdots,m)\}$$

为$\boldsymbol{\alpha}_1,\boldsymbol{\alpha}_2,\cdots,\boldsymbol{\alpha}_m$生成的凸包,记作$\mathrm{Conv}(\boldsymbol{\alpha}_1,\boldsymbol{\alpha}_2,\cdots,\boldsymbol{\alpha}_m)$.

向量$\boldsymbol{\alpha}_1,\boldsymbol{\alpha}_2,\cdots,\boldsymbol{\alpha}_m$生成的凸包$\mathrm{Conv}(\boldsymbol{\alpha}_1,\boldsymbol{\alpha}_2,\cdots,\boldsymbol{\alpha}_m)$具有下面的性质:

性质1 设$\boldsymbol{\alpha}_1,\boldsymbol{\alpha}_2,\cdots,\boldsymbol{\alpha}_m\in C$,其中$C$为凸集,则$\mathrm{Conv}(\boldsymbol{\alpha}_1,\boldsymbol{\alpha}_2,\cdots,\boldsymbol{\alpha}_m)\subseteq C$.

性质1的结论是显然的,此性质说明,凸包$\mathrm{Conv}(\boldsymbol{\alpha}_1,\boldsymbol{\alpha}_2,\cdots,\boldsymbol{\alpha}_m)$是包含集合$\{\boldsymbol{\alpha}_1,\boldsymbol{\alpha}_2,\cdots,\boldsymbol{\alpha}_m\}$的所有凸集中最小的凸集.

性质2 设$\boldsymbol{\alpha}\in\mathrm{Conv}(\boldsymbol{\alpha}_1,\boldsymbol{\alpha}_2,\cdots,\boldsymbol{\alpha}_m)$且为极点,则$\boldsymbol{\alpha}\in\{\boldsymbol{\alpha}_1,\boldsymbol{\alpha}_2,\cdots,\boldsymbol{\alpha}_m\}$.

证 因为$\boldsymbol{\alpha}\in\mathrm{Conv}(\boldsymbol{\alpha}_1,\boldsymbol{\alpha}_2,\cdots,\boldsymbol{\alpha}_m)$,则存在$0\leqslant\lambda_i\leqslant 1(i=1,\cdots,m)$,使得$\boldsymbol{\alpha}=\sum\limits_{i=1}^{m}\lambda_i\alpha_i$.

由于$0\leqslant\lambda_i\leqslant 1(i=1,\cdots,m)$,不妨设$0<\lambda_i\leqslant 1(i=1,\cdots,k)$,$\lambda_i=0(i=k+1,\cdots,m)$,则$\sum\limits_{i=1}^{k}\lambda_i=1$,$\boldsymbol{\alpha}=\sum\limits_{i=1}^{m}\lambda_i\boldsymbol{\alpha}_i$,其中$1\leqslant k\leqslant m$.

如果$k\geqslant 2$,由于$0<\lambda_i\leqslant 1(i=1,\cdots,k)$,$\sum\limits_{i=1}^{k}\lambda_i=1$,则有$0<\lambda_i<1(i=1,\cdots,k)$.此时$\boldsymbol{\alpha}\left(=\sum\limits_{i=1}^{m}\lambda_i\boldsymbol{\alpha}_i\right)$为$\boldsymbol{\alpha}_1,\boldsymbol{\alpha}_2,\cdots,\boldsymbol{\alpha}_k$的严格凸组合,与$\boldsymbol{\alpha}$为极点矛盾,因此假设$k\geqslant 2$不成立,应有$k=1$.所以$\boldsymbol{\alpha}=\sum\limits_{i=1}^{m}\lambda_i\boldsymbol{\alpha}_i=\boldsymbol{\alpha}_1\in\{\boldsymbol{\alpha}_1,\boldsymbol{\alpha}_2,\cdots,\boldsymbol{\alpha}_m\}$.

定义3.2.2 若$\boldsymbol{x}^*$是(LP)问题$\max(\min)\{\boldsymbol{cx}\mid\boldsymbol{Ax}\vee\boldsymbol{b},\boldsymbol{x}\geqslant\boldsymbol{0}\}$的最优解,且为基本可行解,则称$\boldsymbol{x}^*$为(LP)问题的最优基本解,简称为最优基本解.

定理3.2.1 对于整数规划问题(ILP)与线性规划问题(LP)

$$(\mathrm{ILP})\begin{cases}\max(\min)\boldsymbol{cx}\\ \text{s.t.}\begin{cases}\boldsymbol{Ax}\vee\boldsymbol{b}\\ \boldsymbol{x}\geqslant\boldsymbol{0},\text{整数}\end{cases}\end{cases}$$

$$(\mathrm{LP})\begin{cases}\max(\min)\boldsymbol{cx}\\ \text{s.t.}\quad x\in\mathrm{Conv}(\{\boldsymbol{x}\mid\boldsymbol{Ax}\vee\boldsymbol{b},\boldsymbol{x}\geqslant\boldsymbol{0},\text{整数}\})\end{cases}$$

若$\boldsymbol{x}$是(LP)的最优基本解,则$\boldsymbol{x}^*$也是(ILP)的最优解.

证 因为$\boldsymbol{x}^*$是(LP)的最优基本解,则有$\boldsymbol{x}^*\in\mathrm{Conv}(\{\boldsymbol{x}\mid\boldsymbol{Ax}\vee\boldsymbol{b},\boldsymbol{x}\geqslant\boldsymbol{0}\text{且为整数}\})$且为极点,据性质2知$\boldsymbol{x}^*\in\{\boldsymbol{x}\mid\boldsymbol{Ax}\vee\boldsymbol{b},\boldsymbol{x}\geqslant\boldsymbol{0}\text{且为整数}\}$,即$\boldsymbol{x}^*$为(ILP)的可行解.根据$\boldsymbol{x}^*$是(LP)

的最优解且 x^* 为(ILP)的可行解,显然可推得 x^* 为(ILP)的最优解.

此定理说明对于整数规划问题(ILP)可以化为线性规划问题去求解:只要所化线性规划问题的可行域是由整数规划问题的可行集(所有可行解组成的集合)生成的凸包,那么线性规划问题的最优基本解一定是整数规划问题的最优解.同时需要注意到,并非这里线性规划问题所有的最优解一定都是整数规划问题的最优解.

引理 3.2.1[81] $\mathrm{Conv}(\{\boldsymbol{X} \mid \boldsymbol{X}=(x_{ij})_{m\times m},\sum_{j=1}^{m}x_{ij}=1,\sum_{i=1}^{m}x_{ij}=1,x_{ij}=0$ 或 $1(i,j=1,2,\cdots,m)\})=\{\boldsymbol{X} \mid \boldsymbol{X}=(x_{ij})_{m\times m},\sum_{j=1}^{m}x_{ij}=1,\sum_{i=1}^{m}x_{ij}=1,x_{ij}\geqslant 0(i,j=1,2,\cdots,m)\}$.

定理 3.2.2 对于效率矩阵为 $\boldsymbol{A}=(a_{ij})_{m\times m}$ 的最小指派问题有:线性规划问题

$$\min\sum_{i=1}^{m}\sum_{j=1}^{m}a_{ij}x_{ij}$$

$$\text{s.t.}\begin{cases}\sum_{j=1}^{m}x_{ij}=1,i=1,\cdots,m\\ \sum_{i=1}^{m}x_{ij}=1,j=1,\cdots,m\\ x_{ij}\geqslant 0,i,j=1,\cdots,m\end{cases}\tag{$*$}$$

的最优基本解一定为最小指派问题的最优解.

证 我们知道最小指派问题的数学模型为

$$\min\sum_{i=1}^{m}\sum_{j=1}^{m}a_{ij}x_{ij}$$

$$\text{s.t.}\begin{cases}\sum_{j=1}^{m}x_{ij}=1,i=1,\cdots,m\\ \sum_{i=1}^{m}x_{ij}=1,j=1,\cdots,m\\ x_{ij}=0\text{ 或 }1,i,j=1,\cdots,m\end{cases}\tag{$**$}$$

比较(∗)的可行域及(∗∗)的可行集的特点,据引理 3.2.1 知(∗)的可行域是由(∗∗)的可行集所生成的凸包,再据定理 3.2.1 得(∗)的最优基本解为(∗∗)的最优解.

割平面法与分支定界法都是先将整数规划问题的取整约束去掉,然后化为一系列线性规划问题来处理.其中:割平面的思想是从外部切割 LP 问题的可行域,但切割掉的可行域中不包含整数规划的可行解,当然也不包含其最优解;分支定界法的思想是从内部逐步挖空 LP 问题的可行域,但挖掉的可行域中不包含整数规划的可行解,当然也不包含其最优解.我们方法的主旨是将整数规划问题的离散的可行解(整数点)填充成一个连续的单纯形,这样原整数规划问题就化为该单纯形上的线性规划问题求解.

与割平面法及分支定界法相比,倘若原整数规划问题有解,我们的方法往往只需解一个线性规划就可求得原整数规划问题的最优解,当然其不足之处在于如何求得整数规划问题的可行集(所有可行点组成的集合)生成的凸包.即使是这样该方法从理论和思想上探讨仍是很有意义的，至少它在解整数规划问题时提出了一个全新的考虑问题的见解，例如将 0－1 规划中的指派问题化为线性规划问题求解就是从这个角变出发所得到的.

3.3　0－1 规划

在整数规划中有一类特殊的问题即 0－1 规划问题. 它的一般模型是

$$\max(\text{或 } \min)\ z = \boldsymbol{cx}$$

$$\text{s.t.}\begin{cases}\boldsymbol{Ax} \vee \boldsymbol{b} \\ x_j \text{ 仅取 } 0 \text{ 或 } 1 \quad (j=1,2,\cdots,n)\end{cases}$$

例如指派问题、选址问题均属此类问题，具体见下面的叙述.

1. 几个典型的例子

(1) 选址问题

某企业打算在 m 个可能的地方选择若干个地方建厂生产同样的产品，已知各个可能厂址的基建和运输费用及 n 个地区的产品需求量. 假定第 i 地区建厂固定成本为 f_i，工厂 i 的预计生产能力为 s_i，而第 j 个地区需求量为 d_j，且 c_{ij} 为 i 厂运至 j 地区的单位运输成本. 请问工厂选在何处，可使在满足 n 个地区的需求前提下，使总费用最少？

我们可设 $w_i = \begin{cases}1, & i \text{ 地方被选中建厂} \\ 0, & \text{其他}\end{cases}$，且设 x_{ij} 为 i 厂运至 j 地的产品数量 $(i=1,2,\cdots,m;j=1,2,\cdots,n)$. 则问题模型为

$$\text{V}:\ \min z = \sum_{i=1}^{m} f_i w_i + \sum_{i=1}^{m}\sum_{j=1}^{n} c_{ij} x_i$$

$$\text{s.t.}\begin{cases}\sum\limits_{j=1}^{n} x_{ij} \leqslant s_i w_i, i=1,2,\cdots,m \\ \sum\limits_{i=1}^{m} x_{ij} \geqslant d_j, j=1,2,\cdots,n \\ \sum\limits_{j=1}^{n} d_j \leqslant \sum\limits_{i=1}^{m} s_i w_i \\ x_{ij} \geqslant 0, w_i \text{ 取 } 0 \text{ 或 } 1\end{cases}$$

(2) 货郎担问题

n 个城市两两间距离(或旅行费用) 为 a_{ij} (i 城与 j 城)，这里 $a_{ij} = a_{ji}$ 不一定成

立.某货郎从其中之一城市出发不重复地走完其余 $n-1$ 个城市.然后回到出发地,如何走可使他所走的总路程最短?试建立数学模型.

令 $x_{ij}=\begin{cases}1, & \text{表示货郎从 } i \text{ 去 } j\\ 0, & \text{否则}\end{cases}$,则问题化为

$$\text{V}: \min z=\sum_{i=1}^{n}\sum_{j=1}^{n}a_{ij}x_{ij}$$

$$\text{s.t.}\begin{cases}\sum_{j=1}^{n}x_{ij}=1(1\leqslant i\leqslant n)\\ \sum_{i=1}^{n}x_{ij}=1(1\leqslant j\leqslant n)\\ x_{i_1i_2}+x_{i_2i_1}\leqslant 1\\ x_{i_1i_2}+x_{i_2i_3}+x_{i_3i_1}\leqslant 2\\ \vdots\\ x_{i_1i_2}+x_{i_2i_3}+\cdots+x_{i_{n-2}i_{n-1}}+x_{i_{n-1}i_1}\leqslant n-2\\ x_{ij}=0\text{ 或 }1(i,j=1,2,3,\cdots,n)\end{cases}$$

这是一个计算十分复杂的问题,至今仍无好算法.1954 年 G. B. Dantzig 等首先提"子圈"条件,这是解整数规划方法割平面法的萌芽.1960 年,A. H. Land 和 A. G. Doig 提出分支值界法.1979 年,M. Grötschel 和 M. W. Padberg 等人证明了子圈不等式是货郎问题整点凸包边界面条件,且以此可作为"割平面条件".1993 年加拿大的 W. J. Cook 在美国费城召开的 SIAM 年会上的报告中提出一个 $n=10\ 907\ 064$ 的货郎担问题(由设计超大规模集成电路应用而来),他采用并行计算法给出其一个近似解,误差不大于最优解的 0.04,这是一个在多数情况下均可以接受的算法.

有人还用 Monte-Carlo 法解此类问题,亦取得一定效果.

首先人们想指出:由于任何一个非负整数变元都可以等价地表示为若干个 0－1 变元,比如,x 是一个有上界的非负整数变元,则

$$x=y_1+y_2+\cdots+y_p\text{,其中 }y_i(1\leqslant i\leqslant p)\text{ 是 }0-1\text{ 变元}$$

或
$$x=y_0+2y_1+2^2y_2+\cdots+2^ky_k$$

这里 k 满足 $2^{k+1}-1\geqslant p$ 的最小整数,且 $y_i(1\leqslant i\leqslant k)$ 是 0－1 变元(这使我们联想到二进制).

这样,任何一个(纯)整数规划皆可化为一个 0－1 规划.

2. 0－1 规划的解法

显然，0－1 规划也是一种特殊的整数规划，原则上讲，它可循求解整数规划的方法去解它，但由于它自身的特殊性，在使用上述方法中有时必须做小的修改，以便更快捷地求得问题的解. 比如：

(1) 加法算法

在用分支定界法求解 0－1 规划问题时，求解过程往往只需用到加减法，故此方法在求解 0－1 规划时又称加法算法. 它是先将问题化为下面标准形

$$\min\{\boldsymbol{cx} \mid \boldsymbol{Ax} \leqslant \boldsymbol{b}, \boldsymbol{c} \geqslant \boldsymbol{0}, \text{且 } x_i \text{ 取 } 0 \text{ 或 } 1(i=1,2,\cdots,n)\}$$

求解过程中与分支定界法设法保持线性约束条件，抛开变元整数限制的做法相反，它始终保持变元的 0－1 限制，而抛开线性约束. 其基本思想是：

固定某些变元的值为 0 或 1，再把问题可行域分成若干子域. 余下的值没有固定的变元称为自由变元，接下来可令自由变元为 0 而使目标函数极小(因为抛开了线性约束，又 $\boldsymbol{c} \geqslant \boldsymbol{0}$)，若它们恰好满足线性约束条件，则这个解即为可行解. 这时其对应的目标函数值即为该子域上的最优值. 如果得到的解不满足线性约束条件，则须取一变元为分支变元，继续划分子域进行搜索即可.

(2) 隐枚举法

该方法是在穷举每个变元等于 0,1 的各种可能组合后，以从中确定最优的穷举法基础上(它须考察 2^n 种可能的情形)得到的一种改进方法，即它只是从 2^n 种可能的一部分中去确定最优解的方法.

该方法开始是令所有变元均为 0，然后有规律地让某些变元值取 1，以求得一个可行解. 接着在此基础上去考察可能改进目标值的该可行解变元取 0 和 1 的某些可能组合，而对那些不可能改进目标值的组合不予考虑，直到求出最优解为止.

关于 0－1 规划及其解法我们不打算过多介绍. 不过我们想指出：某些特殊的 0－1 规划问题，人们已经找到了更为方便、有效的解法，比如下面我们将要介绍的指派问题就是如此.

3.4 指派问题

1. 指派问题

我们先来看看指派问题，它又称分配问题，问题是这样的：

今有 m 个人去做 m 件工作(每人做每种工作的效率已知,第 i 人做第 j 件工作效率为 a_{ij} ,$i,j=1,2,\cdots,m$),规定每人做一件,且每件工作仅一人去做. 问题是:如何安排可使其效率最高(即花费总时数最少)?

我们用 $(a_{ij})_{m\times m}$ 表示效率矩阵,且令

$$x_{ij}=\begin{cases}1, & \text{第 } i \text{ 人完成 } j \text{ 工作时} \\ 0, & \text{第 } i \text{ 人不做 } j \text{ 工作时}\end{cases} \quad (i,j=1,2,\cdots,m)$$

则有数学模型

$$\text{V}:\ \min(\text{或 }\max)\ z=\sum_{j=1}^{m}\sum_{j=1}^{m}a_{ij}x_{ij}\ (\text{总工时最少})$$

$$\text{s. t.}\begin{cases}\sum\limits_{j=1}^{m}x_{ij}=1(i=1,2,\cdots,m)(\text{每人做一件工作}) \\ \sum\limits_{i=1}^{m}x_{ij}=1(j=1,2,\cdots,m)(\text{每件工作一人做}) \\ x_{ij}\ \text{取 } 0 \text{ 或 } 1(i,j=1,2,\cdots,m)\end{cases}$$

显然它的系统约束系数矩阵(与变元 x_{ij} 相对应的形式)与相应变元为

$$\begin{pmatrix}
x_{11} & x_{12} & \cdots & x_{1m} & x_{21} & x_{22} & \cdots & x_{2m} & \cdots & x_{m1} & x_{m2} & \cdots & x_{mm} \\
1 & 1 & \cdots & 1 & & & & & & & & & \\
 & & & & 1 & 1 & \cdots & 1 & & & & & \\
 & & & & & & & & \ddots & & & & \\
 & & & & & & & & & & 1 & 1 & \cdots \\
1 & & & & 1 & & & & & 1 & & & \\
 & 1 & & & & 1 & & & & & 1 & & \\
 & & \ddots & & & & \ddots & & & & & \ddots & \\
 & & & 1 & & & & 1 & & & & & 1
\end{pmatrix}_{2m\times mm}$$

这是一个仅含元素 0,1 的大稀疏阵.

这类问题特点是:变元个数多(m^2 个)、约束($2m$ 个) 简单、约束系数矩阵稀疏、变元取值特殊(仅取 0 或 1). 它是一种特殊的 ILP,因而人们试图寻找一种针对性更强、且有效而简便的方法(相对单纯形法而言).

下面来看一下例子.

例 3.4.1　有 B_1,B_2,B_3,B_4 四件工作,今让 A_1,A_2,A_3,A_4 四人去完成. 他们完成各工作所需时间有别,具体数据如表 3.4.1.

表 3.4.1

	B_1	B_2	B_3	B_4
A_1	2	10	9	2
A_2	15	4	14	8
A_3	13	14	16	11
A_4	4	15	13	9

试问，如何安排可使四人花费总时数最少？

2. 指派问题的解法

例 3.4.1 显然是一个指派问题，由于该类问题的特殊性，1955 年库恩（W. W. Kuhn）给出了一种解法，是基于匈牙利数学家寇尼格（D. könig）给出的两个定理，故又称“匈牙利方法”. 我们来看定理：

定理 3.4.1 从效率矩阵 $(a_{ij})_{m\times m}$ 每行（或列）减去一个常数 u_i（或 v_j），所得新的矩阵 $(b_{ij})_{m\times m}$（其中 $b_{ij}=a_{ij}-u_i-v_j$）的最优指派与 $(a_{ij})_{m\times m}$ 的指派相同.

证 设效率矩阵 $(b_{ij})_{m\times m}$ 对应的目标函数为 $\tilde{z}$，则

$$\tilde{z}=\sum_{i=1}^{m}\sum_{j=1}^{m}b_{ij}x_{ij}=\sum_{i=1}^{m}\sum_{j=1}^{m}(a_{ij}-u_i-v_j)x_{ij}=$$

$$\sum_{i=1}^{m}\sum_{j=1}^{m}a_{ij}x_{ij}-\sum_{i=1}^{m}\sum_{j=1}^{m}u_ix_{ij}-\sum_{i=1}^{m}\sum_{j=1}^{m}v_jx_{ij}=$$

$$\sum_{i=1}^{m}\sum_{j=1}^{m}a_{ij}x_{ij}-\sum_{i=1}^{m}u_i\Big(\sum_{j=1}^{m}x_{ij}\Big)-\sum_{j=1}^{m}v_j\Big(\sum_{i=1}^{m}x_{ij}\Big)=$$

$$（注意到\sum_{i=1}^{m}x_{ij}=\sum_{j=1}^{m}x_{ij}=1）$$

$$\sum_{i=1}^{m}\sum_{j=1}^{m}a_{ij}x_{ij}-\sum_{i=1}^{m}u_i-\sum_{j=1}^{m}v_j$$

注意 $\sum_{i=1}^{m}u_i+\sum_{j=1}^{m}v_j=\text{const}$（常数），从而 $(b_{ij})_{m\times m}$ 的指派与 $(a_{ij})_{m\times m}$ 的指派相同.

由此定理，我们可在效率矩阵通过行减最小元素、列减最小元素，使每行每列至少有一个 0 元素（新矩阵称为约化矩阵）. 如果能够找到足够的位于不同行、又位于不同列上的 0 元，则指派问题完成. 否则，要另行处理.

我们仍以上面的例子为例来说明.

$$\begin{pmatrix}2 & 10 & 9 & 2\\15 & 4 & 14 & 8\\13 & 14 & 16 & 11\\4 & 15 & 13 & 9\end{pmatrix}\xrightarrow[\text{最小元}]{\text{行减}}\begin{pmatrix}0 & 8 & 7 & 0\\11 & 0 & 10 & 4\\2 & 3 & 5 & 0\\0 & 11 & 9 & 5\end{pmatrix}\xrightarrow[\text{最小元}]{\text{列减}}\begin{pmatrix}0 & 8 & 2 & 0\\11 & 0 & 5 & 4\\2 & 3 & 0 & 0\\0 & 11 & 4 & 5\end{pmatrix}$$

至此,我们可从变换后的矩阵 —— 约化矩阵中寻找位于不同行、不同列的 0 元,若能找足,则工作应安排在“0”元处,指派完成

$$\begin{pmatrix}0 & 8 & 2 & (0)\\11 & (0) & 5 & 4\\2 & 3 & (0) & 0\\(0) & 11 & 4 & 5\end{pmatrix}$$

其中打“(　)”者为相应的指派,即 A_1 作 B_4,A_2 作 B_2,A_3 作 B_3,A_4 作 B_1,至此问题已获解.

我们发现:在寻找既在不同行、又在不同列的 0 元(下称独立 0 元)时,不是立刻可以作出判断的,但下面定理为我们提供了一些信息.

定理 3.4.2　矩阵中覆盖行、列 0 元素最少直线数,等于位于不同行且不同列的 0 元最大个数.

证　设覆盖矩阵 0 元最少直线数为 k,位于不同行且不同列 0 元最大个数为 l.

显然,$k \geqslant l$.(因为覆盖每个不同行列的 0 元至少有一条直线)

下证 $k \leqslant l$.覆盖不同行列的 0 元的直线行有 r 条、列有 s 条,则 $k = r + s$.

显然每行至少存在一个不在 $j_1, j_2, \cdots, j_s$ 列上的 0 元(注意这里系指不同行列上的 0 元,下同),且记某行不在上述列上的 0 元下标集合为

$$S_i = \{j \mid a_{ij} = 0, j \neq j_1, j_2, \cdots, j_s\}$$

对 $i_1, i_2, \cdots, i_r$ 行分别有集合 $S_{i_1}, \cdots, S_{i_2}, \cdots, S_{i_r}$,从中取 c 个($c \leqslant r$),其集合中的不同元素个数必小于 c,否则这 c 行直线可用少于 c 条的列线代替,它与 l 的最小性相抵.

由此在 r 条行直线上存在不少于 r 个位于不同列上的 0,且它们不在 $j_1, j_2, \cdots, j_s$ 上.

同理可证,在 s 条列直线上存在不少于 s 个位于不同行的 0 元,且它们不在 $i_1, i_2, \cdots, i_r$ 上.

若以上两类 0 元总数为 e,则 $e \geqslant k$,又 $e \leqslant l$,故 $k \leqslant l$.

从而 $k = l$(因 $k \leqslant l$ 且 $k \geqslant l$).

我们当然有理由问:若位于不同行、不同列的 0 元 —— 独立 0 元个数不足情况

将如何？比如下面效率矩阵经变换后有

$$\begin{pmatrix} 2 & 10 & 9 & 7 \\ 15 & 4 & 14 & 8 \\ 13 & 14 & 16 & 11 \\ 4 & 15 & 13 & 9 \end{pmatrix} \xrightarrow[\text{最小元}]{\text{行减}} \begin{pmatrix} 0 & 8 & 7 & 5 \\ 11 & 0 & 10 & 4 \\ 2 & 3 & 5 & 0 \\ 0 & 11 & 9 & 5 \end{pmatrix} \xrightarrow[\text{最小元}]{\text{列减}} \begin{pmatrix} 0 & 8 & 2 & 5 \\ 11 & 0 & 5 & 4 \\ 2 & 3 & 0 & 0 \\ 0 & 11 & 4 & 5 \end{pmatrix}$$

显然我们无法找足 4 个即位于不同行、又不同列上的 0 元，以完成指派.

这样我们将遵循下面步骤：

第 1 步　试指派

(1) 从仅有一个 0 元的行(或列) 开始，给该 0 元加“(　)”，然后划去它所在列(或行) 的其他 0 元(用 $\not{0}$ 表示).

(2) 对只有一个 0 元的列(或行) 上的 0 加“(　)”，然后划去它所在行(或列) 的其他 0 元(仍用 $\not{0}$ 表示).

(3) 重复上面步骤，直到处理完所有 0 元.

(4) 若仍有没有加“(　)”的 0 元，且同行(列) 的 0 元至少有两个，则可从生产剩下 0 元最少的行(列) 开始，比较该行各 0 元所在列中 0 元数目，选择 0 元少的列上的 0 元加“(　)”，然后划去同行、同列的其他 0 元.

重复步骤，直到所有 0 元均处理完.

(5) 若加“(　)”的 0 元数 m 等于矩阵阶数 n，则指派完成；若 $m < n$，则转入下一步

$$\begin{pmatrix} 0 & 8 & 2 & 5 \\ 11 & 0 & 5 & 4 \\ 2 & 3 & 0 & 0 \\ 0 & 11 & 4 & 5 \end{pmatrix} \rightarrow \begin{pmatrix} (0) & 8 & 2 & 5 \\ 11 & 0 & 5 & 4 \\ 2 & 3 & 0 & 0 \\ \not{0} & 11 & 4 & 5 \end{pmatrix} \rightarrow \begin{pmatrix} (0) & 8 & 2 & 5 \\ 11 & (0) & 5 & 4 \\ 2 & 3 & 0 & 0 \\ \not{0} & 11 & 4 & 5 \end{pmatrix} \begin{pmatrix} (0) & 8 & 2 & 5 \\ 11 & (0) & 5 & 4 \\ 2 & 3 & (0) & \not{0} \\ \not{0} & 11 & 4 & 5 \end{pmatrix}$$

显然加“(　)”的 0 元个数少于矩阵阶数 4，则应转入下一步.

第 2 步　作最少覆盖 0 元的直线

(1) 对没有(0) 的行打 √；

(2) 对已打 √ 的行中所含 $\not{0}$ 元(已划去的 0 元) 列打 √；

(3) 再对打 √ 列所含(0) 元(加括号的 0 元) 行打 √；

(4) 重复上面步骤，直至无法再打 √ 为止；

(5) 对打 √ 的列、没打 √ 的行划直线，此即为覆盖所有 0 元的最少直线. 转入第 3 步.

对上例实施第 2 步运算

$$\begin{pmatrix}(0)&8&2&5\\11&(0)&5&4\\2&3&(0)&\not{0}\\\not{0}&11&4&5\end{pmatrix}\to\begin{pmatrix}(0)&8&2&5\\-11-&(0)-&5-&4-\\-2-&3-&(0)-&\not{0}-\\\not{0}&11&4&5\end{pmatrix}\begin{matrix}\checkmark\\ \\ \\ \checkmark\end{matrix}$$
$$\quad\checkmark$$

可以看出：以上两步目的在于寻找覆盖 0 元的最少直线条数. 其实这个步骤还可以用其他方法实现，一个近似(粗略) 的方法是(它往往很简便并有效)：

① 从矩阵找 0 元最多的行、列，划去它们(这些已被指派) 余下者同上处理；

② 从余下矩阵中重复上面步骤，直至全部“0” 元被划去.

第 3 步　对已经变换的矩阵再实施变换以增加 0 元

在没有被直线覆盖的部分找出最小元素，然后在打“√” 的行中减去此最小元素；再对打“√” 的列中加上此最小元素(目的保证原来 0 元素不变).

这样，变换后的矩阵，若已凑足足够的 0 元，则问题获解；否则转入第 2 步.

我们接着完成前面例子的变换

$$\begin{pmatrix}&8&2&5\\ \hline & & & \\ \hline & & & \\ &11&4&5\end{pmatrix}\begin{matrix}{}_{-2}\\ \\ \\ {}_{-2}\end{matrix}\to\begin{pmatrix}&6&0&3\\ \hline & & & \\ \hline & & & \\ &9&2&5\end{pmatrix}\to\begin{pmatrix}0&6&(0)&3\\13&(0)&5&4\\4&3&0&(0)\\(0)&9&2&3\end{pmatrix}$$
$$\quad{}^{+2}$$

这时已凑出既在不同行、又在不同列的 4 个 0 元(如上面最后一矩阵中加“(　)” 者).

这样指派工作完成：即 A_1 工作 B_3，A_2 工作 B_2，A_3 做 B_4，A_4 做 B_1.

不过应该说明：在求最优总工时数时，还需回到原来效率矩阵中去，因为减去最小元后的矩阵数据已经变化，而非原始数据了(当然指派的最优性不变).

这样所求最小总时数为：$4+4+9+11=28$.

我们还想指出几点：

(1) 在上面第 3 步，即实施变换以增加 0 元个数的步骤中，我们也可以仅从最少画直线所划去矩阵行、列后剩下的矩阵中减其最小元来实现，比如只需从下面矩阵变换中实现(此时只需一步即再添加一个 0 元便可完成指派)

$$\begin{pmatrix} & 8 & 2 & 5 \\ & & & \\ & & & \\ & 11 & 4 & 5 \end{pmatrix} \xrightarrow[\text{减去}2]{\text{全部元素}} \begin{pmatrix} & 6 & 0 & 3 \\ & & & \\ & & & \\ & 9 & 2 & 3 \end{pmatrix}$$

这样可避免为保证原来列上的0元，而在剩余矩阵行减去最小元后又在某些列上还要再加最小元的步骤(注意我们这里被直线覆盖处的矩阵元素没变化).

(2) 从上面分析中我们已经看出：新的0元将在覆盖最少直线所划去行、列后，矩阵剩余部分(子阵)的最小元处，因而若直接将其视为0元(这里仅指覆盖直线后所缺0元个数，即使剩余元素中有多个相同的最小元素)，可省去矩阵再实施行、列加减最小元素的步骤，这显然是可行的.

这里须强调一点：所补0元个数不超过 n 与独立0元的差. 比如某矩阵在行列减最小元素后矩阵化为

$$\begin{pmatrix} (0) & 8 & 2 & 5 \\ 11 & 0 & 5 & 4 \\ 2 & 3 & 0 & 0 \\ 0 & 11 & 4 & 5 \end{pmatrix}$$

这里剩余元素中最小元素有两个，而在补充新0元时，两者只能取其一(因独立变元已为3).

(3) 在完成步骤2时有时还会遇到下面的情形：

比如矩阵完成行、列最小元素相减后的约化矩阵为

$$\begin{pmatrix} 0 & 1 & 2 & 5 \\ 1 & 0 & 5 & 4 \\ 2 & 3 & 0 & 0 \\ 0 & 11 & 4 & 5 \end{pmatrix} \xrightarrow[\text{覆盖}]{\text{最少直线}} \begin{pmatrix} 0 & 1 & 2 & 5 \\ 1 & 0 & 5 & 4 \\ 2 & 3 & 0 & 0 \\ 0 & 11 & 4 & 5 \end{pmatrix}$$

$$\xrightarrow[\text{(增加新0元)}]{\text{变换}} \begin{pmatrix} 0 & 0 & 1 & 4 \\ 1 & 0 & 5 & 4 \\ 2 & 3 & 0 & 0 \\ 0 & 11 & 4 & 5 \end{pmatrix} \xrightarrow[\text{线覆盖}]{\text{用最少直}} \begin{pmatrix} 0 & 0 & 1 & 4 \\ 1 & 0 & 5 & 4 \\ 2 & 3 & 0 & 0 \\ 0 & 11 & 3 & 4 \end{pmatrix}$$

即使在第1行第2列处增加了新的0元，但覆盖全部0元的最少直线仍为3条，显然此时仍无法完成指派.

当然上述矩阵在用下面最少直线覆盖且变换后，指派可顺利完成

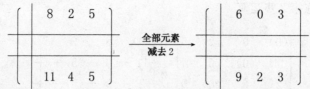

$$\begin{pmatrix} 0 & 1 & 2 & 5 \\ 1 & 0 & 5 & 4 \\ 2 & 3 & 0 & 0 \\ 0 & 11 & 4 & 5 \end{pmatrix} \xrightarrow[\text{(增加新 0 元)}]{\text{变换}} \begin{pmatrix} 0 & 1 & (0) & 3 \\ 1 & (0) & 3 & 2 \\ 2 & 3 & 0 & (0) \\ (0) & 11 & & 3 \end{pmatrix}$$

当然,如果 $a_{14}=x$,则需要讨论.

从上面步骤中,我们已经看到:矩阵在实施行列加减最小元变换中,效率矩阵的数值已经改变,好在我们只是求最优指派,当涉及最小(大)总工时(效益)时,还须回到原来效率矩阵去计算才行.

(4) 上例中若先完成某 3 个人的指派(至少有 3 个位于不同行、不同列的 0 元),然后可再去完成第 4 个人的指派(若有多种情况时还应注意讨论)一般不妥.

当然,对于求最大效益时,须通过变换将其化为求最小问题后,仍可用上面方法完成计算.

问题目标

$$求\ \max \longrightarrow 求\ \min$$

效益矩阵

$$\boldsymbol{A} \xrightarrow{\times(-1)} -\boldsymbol{A}$$

对于 $-\boldsymbol{A}$,有时为方便起见,将矩阵每个元素分别加上其最大元素后化为一个每个元素均非负的矩阵,当然也可用每行、每列减其最大元,然后从中凑出位于不同行、列的足够的 0 元即可(这类问题我们后文还将介绍).

这里顺便指出一点:

指派问题实际上是整数规划的特例,因而它可以用解整数规划问题方法去解.以例 3.4.1 为例,我们简要介绍一下该方法.

例 3.4.1 是一个匈牙利法不能直接得到解的问题,下面我们用解整数线性规划方法来解.首先对 $A_1 \sim A_4$ 四人分别编号为 1,2,3,4 号,$B_1 \sim B_4$ 四种工作为工作 1,工作 2,工作 3 及工作 4,令

$$x_{ij}=\begin{cases} 1, & i \text{ 号完成工作 } j \\ 0, & i \text{ 号不做工作 } j \end{cases} \quad (i,j=1,2,3,4)$$

则该问题的数学模型为

$$\begin{aligned} \min z = {} & 2x_{11}+15x_{12}+13x_{13}+4x_{14}+10x_{21}+4x_{22}+ \\ & 14x_{23}+15x_{24}+9x_{31}+14x_{32}+16x_{33}+ \\ & 13x_{34}+7x_{41}+8x_{42}+11x_{43}+9x_{44} \end{aligned}$$

$$
\text{s.t.}\begin{cases}\sum_{j=1}^{4}x_{ij}=1, & i=1,2,3,4\\ \sum_{i=1}^{4}x_{ij}=1, & j=1,2,3,4\\ x_{ij}=0\text{ 或 }1, & 1\leqslant i,j\leqslant 4\end{cases}
$$

将其化为整数线性规划问题为

$$
\begin{aligned}\min z=&2x_{11}+15x_{12}+13x_{13}+4x_{14}+10x_{21}+4x_{22}+\\&14x_{23}+15x_{24}+9x_{31}+14x_{32}+16x_{33}+\\&13x_{34}+7x_{41}+8x_{42}+11x_{43}+9x_{44}\end{aligned}
$$

$$
\text{s.t.}\begin{cases}\sum_{j=1}^{4}x_{ij}=1, & i=1,2,3,4\\ \sum_{i=1}^{4}x_{ij}=1, & j=1,2,3,4\\ x_{ij}\geqslant 0, & 1\leqslant i,j\leqslant 4\end{cases}
$$

由前文介绍的方法知，此整数线性规划的最优基本解就是原指派问题的最优解.用此法解得原指派问题的最优解为 $x_{11}=0,x_{12}=0,x_{13}=0,x_{14}=0,x_{21}=0,x_{22}=1,x_{23}=0,x_{24}=0,x_{31}=1,x_{32}=0,x_{33}=0,x_{34}=0,x_{41}=0,x_{42}=0,x_{43}=1,x_{44}=0$. A_1 做 B_4，A_2 做 B_2，A_3 做 B_1，A_4 做 B_3. 所花费的总工时数为 28.

指派问题还可以化为“图论”中有向网线的最大(小)流问题.这一点详见后面章节内容.

注　记

上面的解法运算步骤繁琐是显然的，下面提出两个简便的方法供参考.

1.先行后列和先列后行[16]、[38]

仍以上例为例，效率矩阵“先行变、后列变”没能凑出足够的 0 元；但若先实施列变，再实施行变，则有

$$
\begin{pmatrix}2&10&9&7\\15&4&14&8\\13&14&16&11\\4&15&13&9\end{pmatrix}\xrightarrow{\text{列变}}\begin{pmatrix}0&6&0&0\\13&0&5&1\\11&10&7&4\\2&11&4&2\end{pmatrix}\xrightarrow{\text{行变}}\begin{pmatrix}0&6&(0)&0\\13&(0)&5&1\\7&6&3&(0)\\(0)&9&2&0\end{pmatrix}
$$

显然指派可完成.此例说明：

利用匈牙利方法时，“先实施行变、再实施列变”和“先实施列变、再实施行变”算法效果有时

不一样.

这样我们若对某一方式(先行后列或先列后行)的变换无效(即找不到足够的 0 元)时,我们可以考虑使用另一种方式(它比打 √ 方法有时来得简便).

2. max − min **方法**[12]

这是一个不很严谨的方法,虽然它有时只是给出指派问题最优解的初始方案.但它对某些匈牙利方法不能直接给出解答的情形,往往会带来方便.

我们仍以上例说明此方法,其具体步骤:

(1) 行(或列) 选最小元;

(2) 从最小元中选最大者先指派,然后划去该行该列;

(3) 重复上面步骤,直至指派完成.

$$\begin{pmatrix} 2 & 10 & 9 & 7 \\ 15 & 4 & 14 & 8 \\ 13 & 14 & 16 & 11 \\ 4 & 15 & 13 & 9 \end{pmatrix} \xrightarrow{\text{行选}} \begin{pmatrix} \textcircled{1} & 10 & 9 & 7 \\ 15 & \textcircled{4} & 14 & 8 \\ 13 & 14 & 16 & \textcircled{11} \\ \textcircled{4} & 15 & 16 & 9 \end{pmatrix}$$

$$\xrightarrow[\text{指派}]{\text{选最大者}} \begin{pmatrix} \textcircled{2} & 10 & 9 & 7 \\ 15 & \textcircled{4} & 14 & 8 \\ 13 & 14 & 16 & \textcircled{11} \\ \textcircled{4} & 15 & 13 & 9 \end{pmatrix} \xrightarrow{\text{行选}} \begin{pmatrix} 2 & 10 & 9 & 7 \\ 15 & \textcircled{4} & 14 & 8 \\ 13 & 14 & 16 & \textcircled{11} \\ \textcircled{4} & 15 & 13 & 9 \end{pmatrix}$$

$$\xrightarrow{\text{行选}} \begin{pmatrix} 2 & 10 & \textcircled{9} & 7 \\ 15 & \textcircled{4} & 14 & 8 \\ 13 & 14 & 16 & \textcircled{11} \\ \textcircled{4} & 15 & 13 & 9 \end{pmatrix} \xrightarrow[\text{指派}]{\text{完成}} \begin{pmatrix} 2 & 10 & (9) & 7 \\ 15 & (4) & 14 & 8 \\ 13 & 14 & 16 & (11) \\ (4) & 15 & 13 & 9 \end{pmatrix}$$

注意到对矩阵$\begin{pmatrix} 10 & 9 \\ 4 & 14 \end{pmatrix}$来讲,由于 $4+9<10+14$,这对上面指派最后一步的选取是显然的.这里已给出了问题的最优方案(解).

注意,在第 3 次变换时,因为 $a_{41}=a_{22}=4$,不选 a_{41} 而选 a_{22} 仍可完成指派.

下面我们再举一个例子说明.

例 3.4.2　完成下面问题指派,效率矩阵为

$$\boldsymbol{A}=\begin{pmatrix} 3 & 1 & 2 & 5 \\ 7 & 8 & 3 & 5 \\ 6 & 3 & 5 & 9 \\ 2 & 2 & 3 & 9 \end{pmatrix}$$

解 (1) 先行后列减最小元

$$A \to \begin{pmatrix} 2 & 0 & 1 & 4 \\ 4 & 5 & 0 & 2 \\ 3 & 0 & 2 & 6 \\ 0 & 0 & 1 & 7 \end{pmatrix}$$

覆盖 0 元直线最少条数是 3 条

$$\begin{pmatrix} 2 & 0 & 1 & 4 \\ 4 & 5 & 0 & 2 \\ 3 & 0 & 2 & 6 \\ 0 & 0 & 1 & 7 \end{pmatrix}$$

指派无法立即给出.

(2) 先列后行减最小元

$$A \xrightarrow[\text{最小元}]{\text{列减}} \begin{pmatrix} 1 & 0 & 0 & 0 \\ 5 & 7 & 1 & 0 \\ 4 & 2 & 3 & 4 \\ 0 & 1 & 1 & 4 \end{pmatrix} \xrightarrow[\text{最小元}]{\text{行减}} \begin{pmatrix} 1 & 0 & (0) & 0 \\ 5 & 6 & 1 & (0) \\ 2 & (0) & 1 & 2 \\ (0) & 1 & 1 & 4 \end{pmatrix}$$

显然已完成指派.

(3)max − min 方法

$$\begin{pmatrix} 3 & 1 & 2 & 5 \\ 7 & 8 & 3 & 5 \\ 6 & 3 & 5 & 9 \\ 2 & 2 & 3 & 9 \end{pmatrix} \xrightarrow[\text{最小元}]{\text{列选}} \begin{pmatrix} 3 & ① & ② & ⑤ \\ 7 & 8 & 3 & ⑤ \\ 6 & 3 & 5 & 9 \\ ② & 2 & 3 & 9 \end{pmatrix}$$

注意到，max{2,1,2,5} = 5，但第 4 列有两个 5，考虑到行，第 1 行有 3 个最小元，第 2 行仅 1 个最小元(即从次小元角度考虑. 最小元与次小元之差第 2 行较大) 应优先安排第 2 行上的 5，这样有

$$\to \begin{pmatrix} 3 & ① & ② & 5 \\ 7 & 8 & 3 & ⑤ \\ 6 & 3 & 5 & 9 \\ ② & 2 & 3 & 9 \end{pmatrix} \xrightarrow{\text{列选}} \begin{pmatrix} 3 & ① & ② & 5 \\ 7 & 8 & 3 & ⑤ \\ 6 & 3 & 5 & 9 \\ ② & 2 & 3 & 9 \end{pmatrix} \xrightarrow[\text{完成指派}]{\binom{1\ 2}{3\ 5}\text{中}\ 2+3<1+5} \begin{pmatrix} 3 & 1 & (2) & 5 \\ 7 & 8 & 3 & (5) \\ 6 & (3) & 5 & 9 \\ (2) & 2 & 3 & 9 \end{pmatrix}$$

至此指派已经完成.

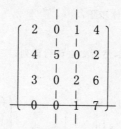

3. **关于最少覆盖直线**

前文已述在列减最小元后，尽管每行每列皆会有 0 元出现，但位于不同行、不同列的 0 元个数不是一定有 n 个. 这样最少覆盖直线的条数将小于 n. 关于这个问题我们还可用下面所谓矩阵积和式来判别.

若 $\boldsymbol{A}=(a_{ij})_{m\times n}$，则 $\sum\limits_{(i_1,i_2,\cdots,i_n)} a_{1i_1}a_{2i_2}\cdots a_{ni_n}$ 称为 $\boldsymbol{A}$ 的积和式且记为 per $\boldsymbol{A}$，这里 $(i_1,i_2,\cdots,i_n)$ 为 $1\sim n$ 的所有排列.

如果矩阵 $\boldsymbol{A}$ 的约化矩阵为 $\boldsymbol{B}$，定义 $\boldsymbol{B}$ 的补矩阵 $\overline{\boldsymbol{B}}=(\bar{b}_{ij})_{n\times n}$，其中

$$\bar{b}_{ij}=\begin{cases}1, & 若\ b_{ij}=0\\ 0, & 若\ b_{ij}\neq 0\end{cases}\quad (i=1,2,\cdots,n)$$

命题　效率矩阵为 $\boldsymbol{A}$ 的指派问题若其约化矩阵 $\boldsymbol{B}$ 最少覆盖 0 元直线数为 $n\Leftrightarrow$ 约化矩阵 $\boldsymbol{B}$ 的补矩阵 $\overline{\boldsymbol{B}}$ 的积和式 per $\overline{\boldsymbol{B}}\neq 0$.

换言之，若 per $\overline{\boldsymbol{B}}=0$，则指派不能马上完成；若 per $\overline{\boldsymbol{B}}\neq 0$，则存在 n 个既在不同行，又在不同列的 0 元，即指派可立即完成.

比如 $\boldsymbol{A}=\begin{pmatrix}2&10&9&7\\15&4&14&8\\13&14&15&11\\4&15&13&9\end{pmatrix}$ 时，其约化阵 $\boldsymbol{B}=\begin{pmatrix}0&8&2&5\\11&0&5&4\\2&3&0&0\\0&11&4&5\end{pmatrix}$，再注意到 $\boldsymbol{B}$ 的补阵 $\overline{\boldsymbol{B}}=\begin{pmatrix}1&0&0&0\\0&1&0&0\\0&0&1&1\\1&0&0&0\end{pmatrix}$，显然 per $\overline{\boldsymbol{B}}=0$，知其覆盖 0 元最少直线条数少于 4 条.

故无法直接完成指派，余下的工作与前例同.

显然该命题为覆盖矩阵全部 0 元的最少直线数是否为 n 提供了可靠的数学方法.

3. 指派问题的进一步讨论

(ⅰ) $m\neq n$ 的指派

对于效率矩阵为 $m\times n$ 的情形而言，若工作件数为 n，人数为 m，且 $n\neq m$，则：

(1) $m>n$ 时，矩阵 $\boldsymbol{A}$ 的形状为□，则可虚设 $(m-n)$ 人构成 $\widetilde{\boldsymbol{A}}=(\boldsymbol{A}\ \vdots\ \boldsymbol{O}_{m,m-n})$；

(2) $m<n$ 时，矩阵 $\boldsymbol{A}$ 的形状为□，则可虚设 $(n-m)$ 件工作，构成 $\widetilde{\boldsymbol{A}}=\begin{pmatrix}\boldsymbol{A}\\ \boldsymbol{O}_{n-m,n}\end{pmatrix}$.

显然 $\widetilde{\boldsymbol{A}}$ 已为方阵，故可按前述方法处理.

应该指出的是：这样处理，当 $n>m$ 时，指派后将剩下工作，而当 $n<m$ 时，指派后将有剩余人员.

有时指派要求工作或人员不剩，这就需要灵活处理.

当然，通常遇到的情形是 $n>m$，为了不剩下工作，将有人要做两件以上的工作，这类问题情况较复杂.

处理它要视具体情况而定. 先来看一个简单的例子.

例 3.4.3 完成表 3.4.2 所示的指派，但工作必须全部做完(因而有人须完成两项任务)：

表 3.4.2

人＼工作	A	B	C	D	E
甲	25	29	31	42	37
乙	32	38	26	20	33
丙	34	27	28	40	32
丁	24	42	36	23	45

解 1(加边法) 令效率矩阵 $\boldsymbol{A}$(亦可将 $\boldsymbol{A}$ 行列减最小元后的约化矩阵代入)的四行向量分别为 $\boldsymbol{a}_1,\boldsymbol{a}_2,\boldsymbol{a}_3,\boldsymbol{a}_4$，则只需在效率矩阵分别为

$$\begin{pmatrix}\boldsymbol{A}\\ \boldsymbol{a}_1\end{pmatrix},\begin{pmatrix}\boldsymbol{A}\\ \boldsymbol{a}_2\end{pmatrix},\begin{pmatrix}\boldsymbol{A}\\ \boldsymbol{a}_3\end{pmatrix},\begin{pmatrix}\boldsymbol{A}\\ \boldsymbol{a}_4\end{pmatrix}$$

的指派中寻求最小者(指五项工作花费总时数)，结果见表 3.4.3.

表 3.4.3

人＼工作	A	B	C	D	E
甲		√			
乙			√	√	
丙				√	
丁	√				

这是一种严谨的算法，但较繁. 当然，我们也可先将第 i 列($1\leqslant i\leqslant 5$)加到其余 4 列，化为 16 个 4 阶(4×4)标准指派问题分别解之，以求其中最优者(方法稍嫌繁琐).

当然对于 $\boldsymbol{A}$ 的减缩矩阵 $\widetilde{\boldsymbol{A}}$ 进行 $\begin{pmatrix}\boldsymbol{A}\\ \boldsymbol{a}_1\end{pmatrix},\begin{pmatrix}\boldsymbol{A}\\ \boldsymbol{a}_2\end{pmatrix},\begin{pmatrix}\boldsymbol{A}\\ \boldsymbol{a}_3\end{pmatrix},\begin{pmatrix}\boldsymbol{A}\\ \boldsymbol{a}_4\end{pmatrix}$ 计算则更简.

解 2 对于矩阵 $\boldsymbol{A}$ 先求每行两最小元素之和写于其旁

$$
\begin{pmatrix}
(25) & (29) & 31 & 42 & 37 \\
32 & 38 & (26) & (20) & 33 \\
34 & (27) & (28) & 40 & 32 \\
(24) & 42 & 36 & (23) & 45
\end{pmatrix}
\begin{array}{l} 54 \\ 46 \\ 55 \\ 47 \end{array}
$$

从中挑选最小的即让乙完成 C、D 工作最佳，故可划去矩阵 $\boldsymbol{A}$ 的第 2 行，第 3，4 列(表 3.4.3)，剩下部分为

$$
\begin{array}{c} \\ 甲 \\ 丙 \\ 丁 \end{array}
\begin{array}{c} \begin{array}{ccc} A & B & E \end{array} \\ \begin{pmatrix} 25 & 29 & 37 \\ 34 & 27 & 32 \\ 24 & 42 & 45 \end{pmatrix} \end{array}
\xrightarrow[\text{最小元}]{\text{列减}}
\begin{pmatrix} 1 & 2 & 5 \\ 10 & 0 & 0 \\ 0 & 15 & 13 \end{pmatrix}
$$

$$
\xrightarrow[\text{最小元}]{\text{行减}}
\begin{pmatrix} (0) & 1 & 4 \\ 10 & (0) & 0 \\ 0 & 15 & 13 \end{pmatrix}
\begin{array}{l} -1 \\ \\ -1 \end{array}
\Rightarrow
\begin{pmatrix} 0 & (0) & 3 \\ 11 & 0 & (0) \\ (0) & 14 & 13 \end{pmatrix}
$$

(第 1 列下标 $+1$)

从而有指派

$$甲—B，乙—C，D，丙—E，丁—A$$

此解法亦相当于将每列最小元组成新的一行而成为 5×5 矩阵后的指派(请读者自己完成).

解 3(缩行法)　当然，矩阵如果“先列后行减”变换后，有约化矩阵

$$
\boldsymbol{A}\rightarrow
\begin{pmatrix}
0 & 1 & 4 & 21 & 4 \\
15 & 11 & 0 & 0 & 1 \\
10 & 0 & 2 & 20 & 0 \\
0 & 15 & 10 & 3 & 13
\end{pmatrix}
$$

因为每行每列均出现 0，又行数为 4，列数为 5，则必有某行 0 的个数不少于 2(抽屉原理)，如第 2，第 3 行每行均有两个 0 元，接下可实施第 2、第 5 列或第 3、第 4 列合并(它们均在某行有两个 0)，但原矩阵 $\boldsymbol{A}$ 的相应处

$$27+32>26+20$$

从而应合并第 3、第 4 列，余下同以上解法.

注意解法 2 仅对此问题有效，它不严谨，而解法 3 是严谨的. 比如解下面效率矩阵的指派问题

$$\boldsymbol{A}=\begin{pmatrix}2 & 10 & 9 & 7\\15 & 4 & 14 & 8\\13 & 14 & 16 & 11\\4 & 15 & 13 & 9\end{pmatrix}$$

最优工时 $\min\Sigma=34$，但用解法 2 求解时，得到 $\Sigma=36$，显然不是最优.

解 4(消元法)　由 $n>m$(工作件数 > 人数)，则先考虑列减最小元，再考虑行减最小元较方便，具体算法如下

$$\boldsymbol{A}\xrightarrow[\text{后行减}]{\text{先列减}}\begin{pmatrix}(0) & 1 & 4 & 21 & 4\\15 & 11 & (0) & 0 & 1\\10 & (0) & 2 & 20 & 0\\0 & 15 & 10 & 3 & 13\end{pmatrix}\begin{matrix}\surd\text{-}1\\ \\ \\ \surd\text{-}1\end{matrix}\Rightarrow\begin{pmatrix}0 & (0) & 3 & 20 & 3\\16 & 11 & \underset{\sim}{(0)} & \underset{\sim}{(0)} & 1\\11 & 0 & 2 & 20 & (0)\\(0) & 14 & 9 & 2 & 12\end{pmatrix}$$

考虑约化矩阵，仅有一个 0 元的行，且注意到它们的次小元大小，由于第 4 行次小元较第 1 行次小元大，先考虑优先安排第 4 行的指派. 划去第 4 行第 1 列后，余下矩阵仅第 4 行有一个 0 元，故须指派 a_{12}，划去第 1 行第 2 列；可指派 a_{35}，再划去第 3 行第 5 列. 剩下第 2 行.

再由 $a_{23}+a_{24}<a_{32}+a_{35}$，继续指派从而可得到最优指派.

此问题若先行减最小元，再列减最小元，相应步骤稍繁.

至于 $n>m$，且不限定每人工作件数时，则需讨论.

同样 $n<m$ 时，不限定某件工作的参与人数，讨论则稍复杂些.

如前所述，对 $m\neq n$ 的一人一工作的指派(剩余人或工作)，可用添 0 行或列的办法来完成，这里须指出的是：所添之 0 不应视为最小元，比如添一行 0 时，这些 0 不再是列的最小元，同样地添一列 0 时，这些 0 不再是行的最小元.

比如效率矩阵变换的求解过程

$$\begin{pmatrix}5 & 4 & 6 & 2\\4 & 3 & 4 & 3\\6 & 2 & 3 & 2\\3 & 3 & 2 & 3\\1 & 2 & 1 & 3\end{pmatrix}\xrightarrow{\text{添一列 }0}\begin{pmatrix}5 & 4 & 6 & 2 & 0\\4 & 3 & 4 & 3 & 0\\6 & 2 & 3 & 2 & 0\\3 & 3 & 2 & 3 & 0\\1 & 2 & 1 & 30 & 0\end{pmatrix}$$

$$\xrightarrow{\text{匈牙利法}}\begin{pmatrix}5&4&6&2\\4&3&4&3\\6&2&3&2\\3&3&2&3\\1&2&1&3\end{pmatrix}\xrightarrow{\text{添一列}0}\begin{pmatrix}5&4&6&2&0\\4&3&4&3&0\\6&2&6&2&0\\3&3&2&3&0\\1&2&1&30&0\end{pmatrix}$$

$$\xrightarrow{\text{匈牙利法}}\begin{pmatrix}4&2&5&(0)&0\\3&1&3&1&(0)\\5&(0)&2&0&0\\2&1&1&1&0\\(0)&0&0&1&0\end{pmatrix}\longrightarrow\begin{pmatrix}4&2&5&(0)&0\\2&0&2&0&(0)\\5&(0)&2&0&1\\2&0&(0)&0&0\\(0)&0&0&1&1\end{pmatrix}$$

至此指派完成(显然对第 2 行第 5 列处来讲,这里的指派是虚拟的).

另外一些特殊要求的指派,要视问题进行具体情况具体分析了.

(ⅱ)目标函数为求 max

对于目标函数为 max 者,先考虑将问题化为

$$\min(-z)=\sum_{i=1}^{m}\sum_{j=1}^{n}(-a_{ij})x_{ij}$$

此时 $\tilde{\mathbf{A}}=(-a_{ij})$ 元素全部为负,若令 $a=\max\limits_{1\leqslant i,j\leqslant n}\{a_{ij}\}$,则将矩阵 $\tilde{\mathbf{A}}$ 全部元素分别 $+a$,构成新阵

$$\approx{\mathbf{A}}=(a-a_{ij})$$

这样 $\approx{\mathbf{A}}$ 元素全部非负,该矩阵称为缩减矩阵.(可知 $\approx{\mathbf{A}}$ 指派等价于 $\tilde{\mathbf{A}}$. 亦可从每行减去该行最大元,再对列实施同样变换,或者从列开始)

(ⅲ)广义指派问题

对于 m 件工作 n 个人的广义指派系指:

(1) 某人或某些人可做几件工作;

(2) 某件或某些工作可让多人去做.

这类问题较复杂,我们将此归纳为如表 3.4.4 所示的几类.

表 3.4.4

人数 m 与工作 n		指派要求	目　标
$m\neq n$	$m<n$	(1) 允许某人做 $n-m+1$ 件工作 (2) 允许某 $n-m$ 人做两件工作 (3) 允许某些人各做若干件工作	不剩工作 效率最高
	$m>n$	(注意到此时即为 A^{T} 情形,故可同上讨论) (1) 允许某件工作 $m-n+1$ 人做 (2) 允许某 $m-n$ 件工作两人做 (3) 允许某些工作各若干人做	不剩人员 效率最高
$m=n$		(1) 允许某些人做若干件工作(可以剩人或不剩) (2) 允许某些工作若干人做(可以剩工作或不剩)	效率最高

(Ⅰ) 对于 $m<n$ 的情形:

令 $\boldsymbol{C}=(c_{ij})_{m\times n}$,且 $\boldsymbol{c}_1,\boldsymbol{c}_2,\cdots,\boldsymbol{c}_m$ 为 $\boldsymbol{C}$ 的行向量.

对于(1) 有最优指派的总工时数为

$$\min_{1\leqslant i\leqslant m}\left\{\sigma\begin{bmatrix}\boldsymbol{C}\\ \boldsymbol{C}_i\end{bmatrix}\right\},\text{这里 } \boldsymbol{C}_i=\begin{bmatrix}\boldsymbol{c}_i\\ \boldsymbol{c}_i\\ \vdots\\ \boldsymbol{c}_i\end{bmatrix}_{(n-m)\times n}\qquad(1\leqslant i\leqslant m)$$

且 $\sigma\begin{bmatrix}\boldsymbol{C}\\ \boldsymbol{C}_i\end{bmatrix}$ 为对效率矩阵 $\begin{bmatrix}\boldsymbol{C}\\ \boldsymbol{C}_i\end{bmatrix}$ 最优指派的总工时数.

对于(2) 有最优指派的总工时数为(若 $n\leqslant 2m$)

$$\min_{1\leqslant j\leqslant \mathrm{C}_m^{n-m}}\left\{\sigma\begin{bmatrix}\boldsymbol{C}\\ \widetilde{\boldsymbol{C}}_i\end{bmatrix}\right\}$$

其中 $\widetilde{\boldsymbol{C}}_j$ 为 $\boldsymbol{c}_1,\boldsymbol{c}_2,\cdots,\boldsymbol{c}_m$ 任取 $n-m$ 个的组合(它有 C_m^{n-m} 个) 构成的矩阵.

对于(3) 仿(2) 办法处理.

(Ⅱ) 对于 $m>n$ 的情形(可用 A^{T} 考虑化为 $m<n$ 的情形处理),仿(Ⅰ) 添加矩阵 $\overset{\approx}{\boldsymbol{C}}_j$,它是由 $\boldsymbol{C}$ 的列向量 $\bar{\boldsymbol{c}}_1,\bar{\boldsymbol{c}}_2,\cdots,\bar{\boldsymbol{c}}_n$ 的某种组合而成的矩阵(亦可从 $\boldsymbol{C}$ 中去掉 $m-n$ 列后而成为方阵情形再加讨论).

(Ⅲ)$m=n$ 的情形:(1) 若让某些人做若干工作,可先添列阵 $\overset{\approx}{\boldsymbol{C}}_j$ 化为 $m<n$ 情形,再用(Ⅰ) 的办法解;(2) 若令某些工作若干人去做,可先添行阵 $\widetilde{\boldsymbol{C}}_j$ 化为 $m>n$ 情形.

此外,我们还可以考虑诸如:① 自己做自己的工作;② 允许某人完成自己的工作后去帮助他人时的历时最短问题(或称协作、非协作历时最短问题),请注意这里是讲"历时"而非总时数,即经历(从开始到结束)的时间最短.

其实这类问题还与所谓"排序问题"有关,不过是同一问题不同提法而已.

参考文献[10]曾给出推广的一类广义指派问题的启发式解法.请看问题

$$\min z=\sum_{i=1}^{m}\sum_{j=1}^{n}x_{ij}$$

$$\text{s.t.}\begin{cases}\sum\limits_{i=1}^{n}x_{ij}=1,1\leqslant j\leqslant m\\ \sum\limits_{j=1}^{m}c_{ij}x_{ij}\leqslant a_j,1\leqslant i\leqslant n,\text{这里 } a_j \text{ 表示第 } j \text{ 人可工作的总时数}\\ x_{ij}=\begin{cases}1, & \text{工作 } i \text{ 由 } j \text{ 来做}\\ 0, & \text{其他}\end{cases}\end{cases}$$

我们来看一个具体例子,其效率矩阵 **C** 为表 3.4.5 中的数据组成.

表 3.4.5

人 \ 工作	1	2	3	4	5	6	7	8	9	工时限额
A	4	8	3	10	10	8	7	5	10	15
B	3	10	5	6	③	10	②	9	8	11-2-3
C	12	12	2	②	7	9	10	4	15	20-2
D	7	⑥	5	4	9	9	12	14	7	14-6
列最小元与次小元之差	1	2	1	2	4	1	5	1	1	

最小元与次小元之差又称惩罚数.指派时先找惩罚数最大的列最小元指派,然后划去这一列,同时在工时限额中减去该指派工时.

在剩余表格中重复上面步骤(图表中 —、=、≡、☰ 为 1 ~ 4 项指派所为),这样可有表 3.4.6.

表 3.4.6

人＼工作	1	2	3	4	5	6	7	8	9	
A	4		3			⑧		5	10	15-8
B	③		5		③	10	②	9	8	6-3=3
C	12		②	②		9		④	15	18-2-4
D	7	⑥	5			9		14	⑦	8-7=1
惩罚数	1		1			1		1	1	
划去第 2 行后			1			1		1	3	

注意当 B 完成工作 1 的指派后，所剩工时为 4，此时他已无其他工作可做，故可划去此行；D 完成工作 9 的指派后所剩工时为 1，这样也须划去此行.

此外每次划去行后，列最小元与次小元之差即惩罚数会有变化，故须重新计算.

重新前面步骤可得最优指派：

A：工作 6；B：工作 1，5，7；C：工作 3，4，8，D：工作 2，9. 同时有 $\sigma=37$.

4*. 指派问题解法的注释

(1) 匈牙利方法的图论语言叙述.

关于指派问题，还可用“图论”方法叙述完成.

无向图 $G=(V,E)$ 中，若 $V=V_1\cup V_2$，且 $V_1\cap V_2=\varnothing$，又对任意 $e=(u,v)\in E$，有 $u\in V_1, v\in V_2$（或 $u\in V_2, v\in V_1$），称之为二分图或偶图.

一般地，对于二分图 $G=(X,Y,E)$，又 $|X|=|Y|=n$（这里 $|\cdot|$ 表示阶数个数等权数），且 E 中每条边 (x_i,y_i) 有权 $w_{ij}\geqslant 0$，若能找到一个最大匹配 M，$|M|=n$，满足 $s=\sum\limits_{(x_i,y_j)\in E} w_{ij}$ 最小，则称 M 为 G 的一个最优匹配.

最优匹配问题的数学模型，是 0－1 规划问题.

匈牙利数学家 W. W. Kuhn(1955 年) 和 Munkres(1957 年) 提出 0－1 规划可从赋权完全偶图中寻找最优集（解）的一个算法，它依据下面的定理：

定理 3.4.3　若 l 是 G 的可行顶点标号，如果 G_l 包含完美对集 M^*，则 M^* 是 G 的最优对集.

且 Kuhn-Munkres 算法是一个“好的”算法（计算量为 $O(n^2)$），关于这方面详见参考文献[4].

首先，由图论知识(这一点可详见后面章节的内容)，我们可将效率矩阵 $\boldsymbol{W}$ 用二分图表示，如下面矩阵 $\boldsymbol{W}$

$$\boldsymbol{W}=\begin{pmatrix}2 & 10 & 3 & 7\\15 & 4 & 14 & 8\\13 & 14 & 16 & 11\\4 & 7 & 13 & 9\end{pmatrix}$$

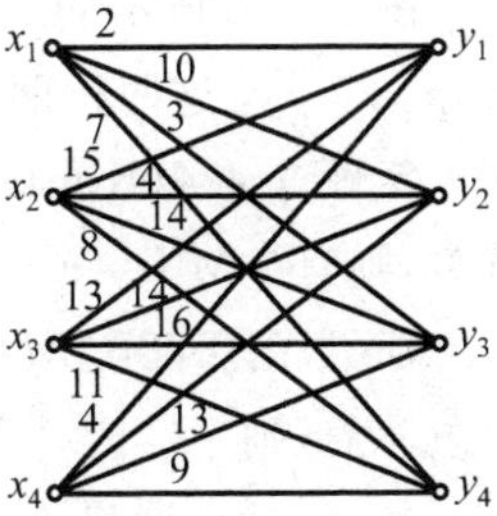

图 3.4.1

可用图3.4.1表示.

下面介绍用图论语言叙述的匈牙利方法.

覆盖、最小覆盖　图 $G=(V,E)$，点集 $C\subseteq V$，若 G 中每条边至少有一个端点在 C 中，称 C 为 G 的一个点(对边的)覆盖.

使点数达到最少的点集 C 称为 G 的最小覆盖.

如图 3.4.2 所示的二分图，点集

$$C_1=\{x_1,x_2,y_2,y_3,y_4\},C_2=\{x_1,x_5,y_1,y_2\}$$

都是它的点覆盖，而 C_2 是最小点覆盖.

邻接矩阵　二分图 $G=(X,Y,E)$，其中 $X\cup Y=E$，$X\cap Y=\varnothing$，$|X|=p$，$|Y|=q$，可构造一个 $p\times q$ 阶矩阵 $\boldsymbol{A}=(a_{ij})_{p\times q}$，其中

$$a_{ij}=\begin{cases}1, & (x_i,y_j)\in E\\0, & 其他\end{cases}$$

称 $\boldsymbol{A}$ 为二分图 G 的邻接矩阵.

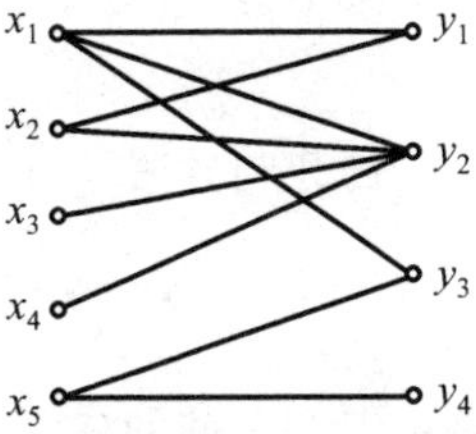

图 3.4.2

如图 3.4.2 给出的二分图可用矩阵 $\boldsymbol{A}$ 表示

$$\boldsymbol{A}=\begin{pmatrix}1 & 1 & (1) & 0\\(1) & 1 & 0 & 0\\0 & 1 & 0 & 0\\0 & (1) & 0 & 0\\0 & 0 & 1 & (1)\end{pmatrix}$$

由匹配的定义可以知道，二分图最大匹配 M 的边数就相当于在矩阵 $\boldsymbol{A}$ 中取不同行不同列的 1 的最多个数.

图 3.4.2 中所示的二分图的一个最大匹配 M：$\{x_1,y_3\}$，$\{x_2,y_1\}$，$\{x_4,y_2\}$，$\{x_5,y_4\}$，就相当于矩阵 $\boldsymbol{A}$ 中带(　)号的 1.

又由最小点覆盖的定义可以知道，二分图最小点覆盖 C 中的点数，就是使得矩

阵 **A** 中所有的 1 都在某几行(或列)上的最少行(列)的个数.

图 3.4.2 所示的二分图的一个最小点覆盖 $C_2=\{x_1,x_5,y_1,y_2\}$ 就相当 **A** 中取 x_1,x_5,y_1,y_2 这两行两列,可以把全部的 1 覆盖住.

定理 3.4.4(König **定理**) 二分图 $G=(X,Y,E)$,M 为最大匹配,C 为最小点覆盖,则有 $|M|=|C|$.

证 由于匹配 M 中的边没有公共点,所以点画至少需要 M 个点,才能把 M 中的边覆盖,则 $|C|\geqslant|M|$.

另一方面,设最小点覆盖 C 对应矩阵 **A** 中的 p 行、q 列,这 p 行分别为 x_{i1},x_{i2},…,x_{ip};q 列分别为 y_{i1},y_{i2},…,y_{iq},也即 $|C|\geqslant p+q$.

在这 p 行中,每行至少有一个 1,满足这 p 个 1 两两不同列,且都不在 y_{i1},y_{i2},…,y_{iq} 上(否则可以用少于 $|C|$ 个的行(或列)去覆盖,与 C 为最小点覆盖矛盾).

同理,在 q 列中,每列至少有一个 1,满足这 q 个 1 两两不同行,且不在 x_{i1},x_{i2},…,x_{ip} 上.

这样至少找到了 $p+q$ 个不同行不同列的 1,因为 $|M|$ 是不同行、不同列的 1 的最多个数,故有 $|M|\geqslant p+q=|C|$. 则

$$|M|=|C|$$

匈牙利方法 已知 $\boldsymbol{W}=(\boldsymbol{W}_{ij})_{n\times n}$ 为二分图 G 的成本矩阵,若用

$$(j)=\begin{matrix} x_i \\ j_i \end{matrix}\begin{pmatrix} 1 & 2 & \cdots & n \\ j_1 & j_2 & \cdots & j_n \end{pmatrix}$$

表示 X 与 Y 间的任一最大匹配,简记为 $(j)=(j_1,\cdots,j_n)$,所谓最优匹配问题就是要求出一个 $(j^*)=(j_1^*,\cdots,j_n^*)$,使得 $S(j^*)=\sum_{i=1}^{n}w_{ij_i}^*$ 最小.

接下来我们介绍最优匹配具体的匈牙利算法. 该算法的基本思路是借助标号和作为匹配的成本和下界来寻找最低成本的匹配. 算法的一般步骤(标号法):

① 给二分图每个点 v 标号:$l(v)$,令

$$l(x_i)=\min_{1\leqslant j\leqslant n} w_{ij}\ (i=1,2,\cdots,n)$$

$$l(y_j)=0\ (j=1,2,\cdots,n)$$

显然有 $l(x_i)+l(y_j)\leqslant w_{ij}$.

② 作矩阵 $\boldsymbol{B}=(b_{ij})_{m\times n}$,其中 $b_{ij}=w_{ij}-l(x_i)-l(y_j)$.

③ 对 $\boldsymbol{B}$ 中的 0 元素作最小点覆盖 C,又 $|C|=p+q$,其中 $\boldsymbol{x}_p=\{x_{i1},x_{i2},\cdots,x_{ip}\}$ 为 p 行,且 $\boldsymbol{y}_q=\{y_{j1},y_{j2},\cdots,x_{jq}\}$ 为 q 列.

若 $p+q=n$,算法结束,由 König 定理,必有 B 中 n 个不同行不同列的零元素,它们对应的 w_{ij} 就是一个最优匹配;否则转 ④.

④ 修改标号.先确定调整量

$$\alpha=\min_{\substack{x_i\in x\backslash x_p\\ y_j\in y\backslash y_q}}[w_{ij}-l(x_i)-l(y_j)]$$

再把各点标号改为新标号

$$l_1(v)=\begin{cases}l_{(v)}+\alpha, & 若\ v\in \boldsymbol{x}\backslash \boldsymbol{x}_p\\ l_{(v)}-\alpha, & 若\ v\in \boldsymbol{y}_q\\ l_{(v)}, & 其他\end{cases}$$

($\boldsymbol{x}\backslash\boldsymbol{x}_p$;未被覆盖行,$\boldsymbol{y}\backslash\boldsymbol{y}_q$;未被覆盖列),转至 ②.

下面的定理是指派问题匈牙利算法的依据.

定理 3.4.5　匈牙利方法的计算结果一定是矩阵 $\boldsymbol{W}$ 的最优匹配.

证　设$(j)=(j_1,j_2,\cdots,j_n)$为 $\boldsymbol{W}$ 矩阵的任一匹配,且 $S(j)$ 的相应的成本和,即

$$S(j)=\sum_{i=1}^{n}w_{ij}$$

由算法知,标号 $l(x_i)+l(y_j)\leqslant w_{ij}(i=1,\cdots,n;j=1,\cdots,n)$. 所以

$$S(j)=\sum_{i=1}^{n}w_{ij}\geqslant\sum_{i=1}^{n}[l(x_i)+l(y_{ji})]=\sum_{i=1}^{n}[l(x_i)+l(y_j)]$$

即任一匹配的总成本必大于等于全体标号和.

矩阵 $\boldsymbol{B}=(b_{ij})_{n\times n}$,其中 $b_{ij}=w_{ij}-[l(x_i)+l(y_j)]$,可能有下列两种情况:

①$\boldsymbol{B}$ 中能找到 n 个不同行不同列的 0 元素(即最小点覆盖 $p+q=n$ 情况),这些位置给出 $w_{ij}-[l(x_i)+l(y_{ji})]=0$,这 n 个 0 元素所对应 $\boldsymbol{W}$ 矩阵的一个匹配(j_1),有

$$S(j_1)=\sum_{i=1}^{n}w_{ij}=\sum_{i=1}^{n}[l(x_i)+l(y_i)]$$

所以 $S(j)\geqslant S(j_1)$,即 $S(j_1)$ 为成本最低的最优匹配.

②$\boldsymbol{B}$ 中只找到 $k(k<n)$ 个不同行不同列的 0 元素,即最小点覆盖 $p+q<n$ 情况,按算法对 $\boldsymbol{W}$ 矩阵标号进行调整得到 $l_1(v)$,易知 $l_1(v)$ 仍满足

$$l_1(x_i)+l_1(y_j)\leqslant w_{ij}$$

且标号和值增大,即 $\boldsymbol{B}$ 中 0 元素增多,将可能增加最小点覆盖数,故经有限次上述步骤,便可出现情况(ⅰ),得到最低成本匹配.

(2) 货郎担问题的指派解法

"货郎担问题"是运筹学中一个著名的问题，它是20世纪30年代由维也纳数学家 K. Menger 首先提出的. 下面我们再将问题叙述一下：

设给定 n 个城市 $v_1, v_2, \cdots, v_n$ 的交通图，若从某一城市 v_i 出发，如何选择一条路线，经过每个城市一次且仅一次，然后回到 v_i，使总行程最短.

我们用 d_{ij} 表示从城市 v_i 到 v_j 的距离，一般情况，有 $d_{ij}=d_{ji}$，也可能 $d_{ij} \neq d_{ji}$，则各城市间的距离可以用权(距离) 矩阵 $\boldsymbol{D}$ 表示. 由于要寻找一条经由各点的简单回路，主对角线的 d_{ii} 处标以 ∞(这与通常距离矩阵有别)，则有如下形式

$$\boldsymbol{D}=\begin{array}{c} \\ v_1 \\ v_2 \\ \vdots \\ v_n \end{array}\begin{array}{c} \begin{array}{cccc} v_1 & v_2 & \cdots & v_n \end{array} \\ \begin{pmatrix} \infty & d_{12} & \cdots & d_{1n} \\ d_{21} & \infty & \cdots & d_{2n} \\ \vdots & \vdots & & \vdots \\ d_{n1} & d_{n2} & \cdots & \infty \end{pmatrix} \end{array}$$

货郎担问题就是要从矩阵 $\boldsymbol{D}$ 中找出 n 个元素 $\{d_{i_1 i_2}, d_{i_2 i_3}, \cdots, d_{i_n i_1}\}$，构成一条简单回路 $\{v_{i_1}, v_{i_2}, \cdots, v_{i_m}, v_{i_1}\}$，且满足总路程最短.

由于每个城市必须去一次且仅去一次，所以这 n 个元素 $\{d_{i_1 i_2}, d_{i_2 i_3}, \cdots, d_{i_n i_1}\}$ 在矩阵 $\boldsymbol{D}$ 中要两两既不同行也不同列，且这些元素的总和最小，这与最优匹配问题相同. 此外货郎担问题还多一个约束，即这些元素的下标要构成一条从 v_{i_1} 城市出发再回到 v_{i_1} 的哈密尔顿回路.

此外，许多其他问题可化为货郎担问题，如加工零件的排序问题：

假设有 n 种零件要在一部机床上加工，从加工完零件 i 转到加工零件 j 需要准备时间 t_{ij}，希望安排一个加工顺序，使总的准备时间最少.

对货郎担问题(这是一个至今尚未找到有效算法的问题) 的算法研究很多，大致可分为两类：

① 可以求出最优解的算法；

② 求出满意解(这个概念我们稍后将介绍) 的算法.

上面介绍的分支定界法属于前者，这类算法一般计算量很大. 后一种算法不一定能求得最优解，但通常可求得满意解，这类算法计算量较小，因而在实际工作中常常使用. 此外它还有别的解法.

隐枚举法在解 0－1 规划中有时也会用到，因为它的实质仍是分支定界法，只

不过在添加约束而产生的替代问题中,强调变元的"0－1 约束".

注　记

顺便指出:利用整数规划中的目标与约束的变化有时可满足 LP 中某些特殊要求的约束.

(1) 整数规划问题

$$\mathrm{V}:\max z = \boldsymbol{cx}$$
$$\text{s.t.}\begin{cases}\boldsymbol{Ax} \leqslant \boldsymbol{b} \\ \boldsymbol{x} \geqslant \boldsymbol{0},\text{整数}\end{cases}$$

若在约束中加入 $0 \leqslant x_j \leqslant 1$,且 x_j 是整数($j = 1,2,\cdots,n$),则问题化为 0－1 规划,即 x_j 取 0 或 1(可参见参考文献[77]).

(2) 而一般的 LP 问题

$$\mathrm{V}:\max z = \boldsymbol{cx}$$
$$\text{s.t.}\begin{cases}\boldsymbol{Ax} \leqslant \boldsymbol{b} \\ \boldsymbol{x} \geqslant \boldsymbol{0}\end{cases}$$

若要求其中至少有 k 个约束被满足,可将上面约束条件稍加变换,如 $M \gg 1$,则考虑

$$\begin{cases}\sum\limits_{j=1}^{n} a_{ij}x_j \leqslant b_j + (1-y_i)M, \quad i = 1,2,\cdots,m & ① \\ 0 \leqslant y_i \leqslant 1, \quad y_i \text{ 是整数} & ② \\ \sum\limits_{i=1}^{m} y_i \geqslant k & ③\end{cases}$$

显然上面第 ② 项约束保证 $y_i = 0$ 或 1,而 y_i 为 1 时原约束被满足,而 $y_i = 0$ 时,由于 $b_i + M$ 很大,此约束已无约束力.

而第 ③ 项约束,可保证有约束力的约束个数不少于 k.

同时,若式 ③ 等号成立,即 $\sum\limits_{i=1}^{m} y_i = k$,则说明恰有 k 个约束有效.

(3) 对于下面两个约束

$$\sum_{j=1}^{n} a_{kj}x_j \leqslant b_k$$
$$\sum_{j=1}^{n} a_{ij}x_j \leqslant b_l$$

若要求满足其一,则可将它们改写成(令 $M \gg 1$)

$$\begin{cases}\sum\limits_{j=1}^{n} a_{kj}x_j \leqslant b_k + \theta M \\ \sum\limits_{j=1}^{n} a_{lj}x_j \leqslant b_l + (1-\theta)M \\ 0 \leqslant \theta \leqslant 1, \quad \theta \text{ 是整数}\end{cases}$$

习　题

1. 用枚举法(结合图解)解下列 ILP 问题：

(1)

$$\max z = 3x_1 + 2x_2$$

$$\text{s.t.}\begin{cases}2x_1 + 3x_2 \leqslant 14.5 \\ 4x_1 + x_2 \leqslant 16.5 \\ x_1, x_2 \geqslant 0,\text{整数}\end{cases}$$

(2)

$$\max z = 3x_1 + 4x_2$$

$$\text{s.t.}\begin{cases}2x_1 + 5x_2 \leqslant 15 \\ 2x_1 - 2x_2 \leqslant 5 \\ x_1, x_2 \geqslant 0,\text{整数}\end{cases}$$

2. 用分支定界法解下面 ILP 问题：

(1)

$$\max z = 4x_1 + 3x_2$$

$$\text{s.t.}\begin{cases}4x_1 + x_2 \leqslant 10 \\ 2x_1 + 3x_2 \leqslant 8 \\ x_1, x_2 \geqslant 0,\text{整数}\end{cases}$$

(2)

$$\max z = 5x_1 + 8x_2$$

$$\text{s.t.}\begin{cases}x_1 + x_2 \leqslant 6 \\ 5x_1 + 9x_2 \leqslant 45 \\ x_1, x_2 \geqslant 0,\text{整数}\end{cases}$$

(3)

$$\max z = 4x_1 + 6x_2 + 2x_3$$

$$\text{s.t.}\begin{cases}4x_1 + 4x_2 \leqslant 5 \\ -x_1 + 6x_2 \leqslant 5 \\ -x_1 + x_2 + x_3 \leqslant 5 \\ x_1, x_2, x_3 \geqslant 0,\text{整数}\end{cases}$$

(4)

$$\max z = -4x_1 - 3x_2$$

$$\text{s.t.}\begin{cases}4x_1 + x_2 + x_3 = 10 \\ 2x_1 + 3x_2 + x_4 = 8 \\ x_1 \sim x_4 \geqslant 0,\text{整数}\end{cases}$$

[答：(3)(1,0,0)；(4)(2,1,1,1)]

3. 用割平面法解下面 ILP 问题：

(1)

$$\max z = x_1 + x_2$$

$$\text{s. t.}\begin{cases}2x_1+x_2\leqslant 6\\4x_1+5x_2\leqslant 20\\x_1,x_2\geqslant 0,\text{整数}\end{cases}$$

(2)
$$\max z=x_1+x_2$$
$$\text{s. t.}\begin{cases}-x_1+x_2\leqslant 1\\\frac{3}{4}x_1+\frac{1}{4}x_2\leqslant 1\\x_1,x_2\geqslant 0,\text{整数}\end{cases}$$

(3) 用割平面法解例 3.2.2,应与分支定界法比较.

[**提示**:(1) 有多解(1,3),(2,2),(0,4);(3) 用分支定界法收敛速度很慢]

4. (1) 用割平面法解下面 ILP 问题,且验证其多解

$$\max z=x_1+x_2$$
$$\text{s. t.}\begin{cases}-x_1+x_2\leqslant 1\\3x_1+x_2\leqslant 3\frac{1}{2}\\x_1,x_2\geqslant 0,\text{整数}\end{cases}$$

(2) 若以上问题中第 2 个约束为 $3x_1+x_2\leqslant 4$,而其余条件不变,试用割平面法解之.

[**提示**:(1) 若解得 $\boldsymbol{x}^*=(1,0)$,由目标函数中两变元对称性可知,(0,1) 亦为其最优解;(2) 注意迭代变形中 $\frac{3}{4}+\frac{1}{4}x_3+\frac{1}{4}x_4$ 是整数,由于 x_3,x_4 不全为 0,知上式不小于 1]

5. 用分支定界法解下面混整数规划问题

$$\max z=4x_1+5x_2+x_3$$
$$\text{s. t.}\begin{cases}3x_1+2x_2\leqslant 10\\x_1+4x_2\leqslant 11\\3x_1+3x_2+x_3\leqslant 13\\x_1\sim x_3\geqslant 0,x_2\text{ 为整数}\end{cases}$$

注:此问题亦可用割平面法来解,显然用分支定界法解此类问题更方便.

6. 利用匈牙利方法完成下面指派(效率矩阵分别如下),这里 x,a,b 均为参数.

(1) $\begin{pmatrix}2&10&9&x\\15&4&14&8\\13&14&16&11\\4&15&13&9\end{pmatrix}$;

(2) $\begin{pmatrix}15&18&21&b\\19&23&22&18\\26&a&16&19\\19&21&23&17\end{pmatrix}$;

(3) $\begin{pmatrix} 3 & 8 & 2 & 10 & 3 \\ 8 & 7 & 2 & 9 & 7 \\ 6 & 4 & 2 & 7 & 5 \\ 8 & 4 & 2 & 3 & 5 \\ 9 & 10 & 6 & 9 & 10 \end{pmatrix}$;

(4) 将问题(3) 矩阵中 7 全换为 x,试解之.

[**提示**:对于(1) 可将矩阵每个元素先减最小元素 2,再讨论 $x-2$ 的大小;对于(2) 每个元素先减最小元素 15]

注:此外,当(1) 中 $x=2$ 时先行后列减可得指派;(2) 中 $a=17,b=24$ 时无论先行后列减,均不能立即完成最优指派,但它有两个最优解,即指派($a_{11},a_{24},a_{33},a_{42}$) 或($a_{12},a_{21},a_{33},a_{44}$) 且工时和 $\sigma=70$.

7. 下面问题(1) 用"先列减后行减最小元"可直接给出最优指派,然而用"先行减后列减最小元"无法直接给出最优指派;而问题(2) 用"先行后列"或"先列后行"均无法立即给出最优指派,然而它用 max − min 方法亦无效(无论对行、对列),试验算之:

(1) $\begin{pmatrix} 12 & 7 & 9 & 7 & 9 \\ 8 & 9 & 6 & 6 & 6 \\ 7 & 17 & 12 & 14 & 12 \\ 15 & 14 & 6 & 6 & 10 \\ 4 & 10 & 7 & 10 & 6 \end{pmatrix}$;

(2) $\begin{pmatrix} 4 & 8 & 7 & 15 & 12 \\ 7 & 9 & 17 & 14 & 10 \\ 6 & 9 & 12 & 8 & 7 \\ 6 & 7 & 14 & 6 & 10 \\ 6 & 9 & 12 & 10 & 6 \end{pmatrix}$;

(3) $\begin{pmatrix} 4 & 10 & 7 & 5 \\ 2 & 7 & 6 & 3 \\ 2 & 3 & 4 & 4 \\ 3 & 6 & 6 & 3 \end{pmatrix}$;

(4) $\begin{pmatrix} 4 & 10 & 7 & 5 \\ 2 & 7 & 6 & 3 \\ 5 & 3 & 4 & 6 \\ 3 & 6 & 6 & 5 \end{pmatrix}$.

[**提示**:问题(4) 有多解]

8. 某公司打算在 4 个地方建 3 个不同的工厂,建厂费用如下:

工厂＼地点	甲	乙	丙	丁
A	13	10	12	11
B	15	—	13	20
C	5	7	10	6

其中 B 工厂不宜在乙地建.试给出总费用最小的安排.

[**提示**:设"—"为某个大数 M,则矩阵添一行"0"后,实施匈牙利解法得

$$\begin{pmatrix} 3 & (0) & 2 & 1 \\ 2 & M-13 & (0) & 7 \\ (0) & 2 & 5 & 1 \\ 0 & 0 & 0 & (0) \end{pmatrix}$$

即工厂 A 建在乙,B 建在丙,C 建在甲]

9. 完成下面的最大指派:

(1) $\begin{pmatrix} 1 & 8 & 9 & 2 & 1 \\ 5 & 6 & 3 & 10 & 7 \\ 3 & 10 & 4 & 11 & 3 \\ 7 & 7 & 5 & 4 & 8 \\ 4 & 2 & 6 & 3 & 9 \end{pmatrix}$;

(2) $\begin{pmatrix} 2 & 15 & 13 & 4 \\ 10 & 4 & 14 & 15 \\ 9 & 14 & 16 & 13 \\ 7 & 8 & 11 & 9 \end{pmatrix}$.

10*. (Schur 定理) 若 $\boldsymbol{A}=(a_{ij})_{n\times n}$,$\boldsymbol{x}=(x_1,x_2,\cdots,x_n)^{\mathrm{T}}$,$\boldsymbol{b}=(b_1,b_2,\cdots,b_n)$,又 $\sum\limits_{i=1}^{n}a_{ij}=\sum\limits_{j=1}^{n}$,则 $\prod\limits_{i=1}^{n}x_i\leqslant\prod\limits_{i=1}^{n}b_i$.

11*. 完成下面的指派问题(只讨论解法):有 m 件工作,$m+1$ 人去做,要求每人只做一件工作,且一件工作一人做(剩余 1 人),其效率矩阵为

$$\boldsymbol{A}=\begin{pmatrix} a_{11} & a_{12} & \cdots & a_{1,m+1} \\ a_{21} & a_{22} & \cdots & a_{2,m+1} \\ \vdots & \vdots & & \vdots \\ a_{m1} & a_{m2} & \cdots & a_{m,m+1} \end{pmatrix}=(a_{ij})_{m\times(m+1)}$$

[**提示**:解法有三:① 令第 i 人休息,考虑 $m+1$ 个 m 阶矩阵的指派问题,从中选取最优者;②$\boldsymbol{A}$ 矩阵添加一行 0 元,化为 $m+1$ 阶矩阵,然后再去考虑其指派问题,请注意添加 0 元的地位;

③ 添加A的m行中的任一行组成$m(m+1)\cdot(m+1)$矩阵，完成它们的指派，从中择优]

12. 某公司有5个分厂生产5种产品，根据市场情况，今打算停止一种产品的生产，保证产品的收益分别是(单位：百万元)：

产品	A	B	C	D
收益	80	90	100	85

各厂生产上述四种产品成本如下(单位：百万元)：

工厂＼地点	A	B	C	D
甲	71	78	93	76
乙	69	78	87	74
丙	72	80	89	76
丁	73	80	86	78
戊	65	84	92	72

在力争收益(利润) 最大的情况下，问应关闭哪个工厂？

第4章　运输问题及表上作业法

运输问题早在20世纪30,40年代已为人们关注，比如前苏联的康托洛维奇(Л. В. Конторович)[①]在《生产组织与计划中的数学方法》一书中及希奇柯克(F. L. Hitchcock)等人均对此问题研究过.但把它与线性规划或单纯形联系起来则是20世纪50年代以后的事(由Dantzig完成).

4.1　运输问题及其数学模型

运输问题是这样一类问题：表4.1.1是一张物资调运表，表中调运同一种物资$A_1,A_2,\cdots,A_m$是发站，$B_1,B_2,\cdots,B_n$是收站，且$b_j,a_i(1\leqslant j\leqslant n,1\leqslant i\leqslant m)$分别为相应收发量，$c_{ij}$表示从$A_i$运往$B_j$的单位运价.

表4.1.1

收（销）地 / 发（产）地	B_1	B_1	$\cdots$	B_n	发 量
A_1	c_{11}	c_{12}	$\cdots$	c_{1n}	a_1
A_2	c_{21}	c_{22}	$\cdots$	c_{2n}	a_2
$\vdots$	$\vdots$	$\vdots$		$\vdots$	$\vdots$
A_m	c_{m1}	c_{m2}	$\cdots$	c_{mn}	a_m
收 量	b_1	b_2	$\cdots$	b_2	

我们的问题是：在满足供需要求的前提下，如何安排调运计划，可使总运费最少？

这个问题被称为运输问题.其中若$\sum\limits_{j=1}^{m}a_j=\sum\limits_{i=1}^{n}b_i$，则称为产销平衡问题，否则称为产销不平衡问题.

产销平衡运输问题的数学模型是：设x_{ij}表示由A_i调往B_j的运量，则

① 康托洛维奇也因研究此问题而获得1975年诺贝尔经济学奖.

$$\text{V}: \min z=\sum_{i=1}^{m}\sum_{j=1}^{n} c_{ij}x_{ij}$$

$$\text{s. t.}\begin{cases}\displaystyle\sum_{j=1}^{n} x_{ij}=a_i & (i=1,2,\cdots,m)\\ \displaystyle\sum_{i=1}^{m} x_{ij}=b_j & (j=1,2,\cdots,n)\\ x_{ij}\geqslant 0\ (1\leqslant i\leqslant m,1\leqslant j\leqslant n)\end{cases}$$

它显然是一个线性规划问题,其约束又可写成

$$\begin{pmatrix}
1 & 1 & \cdots & 1 & & & & & & & & & \\
 & & & & 1 & 1 & \cdots & 1 & & & & & \\
 & & & & & & & & \ddots & & & & \\
 & & & & & & & & & 1 & 1 & \cdots & 1 \\
1 & & & & 1 & & & & \cdots & 1 & & & \\
 & 1 & & & & 1 & & & \cdots & & 1 & & \\
 & & \ddots & & & & \ddots & & & & & \ddots & \\
 & & & 1 & & & & 1 & \cdots & & & & 1
\end{pmatrix}
\begin{pmatrix} x_{11}\\ x_{12}\\ \vdots\\ x_{1n}\\ x_{21}\\ \vdots\\ x_{2n}\\ \vdots\\ x_{m1}\\ \vdots\\ x_{mm}\end{pmatrix}
=\begin{pmatrix} a_1\\ a_2\\ \vdots\\ a_m\\ b_1\\ b_2\\ \vdots\\ b_n\end{pmatrix}$$

其中式左系数矩阵 $\boldsymbol{C}=(c_{ij})_{(m+n)\times(mm)}$. 它又被称为约束矩阵.

可以看到:变元 x_{ij} 的系数向量 $\boldsymbol{p}_{ij}$ 系除第 i 分量和第 $j+m$ 分量为 1,其余全为 0 的向量,因而

$$\boldsymbol{p}_{ij}=(0,0,\cdots,0,\overset{i}{1},0,\cdots,0,\overset{m+j}{1},0,\cdots,0)^{\mathrm{T}}=\boldsymbol{e}_i+\boldsymbol{e}_{m+j}$$

这里 $\boldsymbol{e}_i+\boldsymbol{e}_{m+j}$ 均为 $m+n$ 维. 对于产销平衡问题而言:注意到

$$\sum_{j=1}^{n} b_j=\sum_{i=1}^{m}\Big(\sum_{j=1}^{n} x_{ij}\Big)=\sum_{j=1}^{n}\Big(\sum_{i=1}^{m} x_{ij}\Big)=\sum_{i=1}^{m} a_i$$

则约束中最多有 $m+n-1$ 个独立约束,换言之,上述矩阵的秩 $r\leqslant m+n-1$. 故基变元个数至多有 $m+n-1$ 个.

其实,当 $a_i=1(1\leqslant i\leqslant m)$, $b_j=1(1\leqslant j\leqslant n)$ 且 $x_{ij}=0$ 或 $1(1\leqslant i\leqslant m,1\leqslant j\leqslant n)$ 时,“运输问题” 即转化为“指派问题”,换言之,指派问题是运输问题的特殊情形.

可以证明：利用单纯形法对于收发量皆为整数的运输问题来讲，它得到的解为整数向量，如此一来，有些整数规划问题若转化为运输问题求解，会方便些.

显然该问题变元个数多，但有效约束不超过 $m+n-1$ 个，虽使用单纯形法方法未尝不可(因约束皆为等式，这样变元个数是 $mn+(m+n-1)$，其中 mn 个系统变元，$m+n-1$ 个人工变元)，只是有些麻烦(大量占用内存、增加运算量)，特别是手算时，人们试图针对其特点找到一种方便、有效的方法.

4.2　产销平衡问题的表上作业法

所谓表上作业法，即是在前述运输调运表上直接演算而得到最优调运方案的方法.它的步骤为：

(1) 给出初始(调运) 方案；

(2) 检验此方案(求检验数)；

(3) 调整方案，以使其改进.

当然(2)、(3) 两步是不断地、反复地进行，直至最优方案的给出.

下面我们举例说明.

例 4.2.1　求出下面运输问题(数据见表 4.2.1) 的最优解.

表 4.2.1

发地 \ 收地	B_1	B_2	B_3	B_4	发 量
A_1	3	11	3	10	7
A_2	1	9	2	8	4
A_3	7	4	10	5	9
收 量	3	6	5	6	

1. 初始(调运) 方案的给出

为了给出初始方案，通常有下面 3 种方法：

(1) **西北角法**(以地图指向为西北角即表的左上角处的格子处最先安排的方法)：此法没有考虑表中的信息，因而盲目性较大，手算基本不用(但它易于编程，故对电子计算机算法设计来讲还是有用的)；

(2) **最小元素法**：从单位运价最小的格子开始安排，逐步达到平衡，给出初始调运方案的方法；

(3)Vogel **法**：从运价表的每行、每列两最小元素（最小、次小）差的最大者开始安排（当最大者有多个时，应先从运量大的格子开始），且不断重复上述步骤，不过，每做完一步须重新计算每行、每列、最小元、次小元之差（若上一步划去行时，须重新计算列的数据，划去列时，须重新计算行的数据），直至给出初始调运方案.

我们仅介绍后面两种，先来看最小元素法.

表 4.2.1 中运价最小的是 1，它恰好位于(A_2，B_1) 格，由于 $\min\{3,4\}=3$，即收发量最小者为 3，故在该格填上运量 3，且划去 B_1 这一列，表示 B_1 接收完成（接收满）.

接下去，剩下的格子中运价最小为 2，它位于(A_2，B_3) 格，由于 A_2 已发 B_1 处 3 个运量，故还剩下 1，再由于 $\min\{1,5\}=1$，故在该格填上运量 1，且划去 A_2 行，表示 A_2 已发完. 再往下是(A_1，B_3) 格（表 4.2.2）.

表 4.2.2

收地 \ 发地	B_1	B_2	B_3	B_4	发量
A_1	3	11	3 4	10	7
A_2	1 3	9	2 1	8	4
A_3	7	4	10	5	9
收量	3	6	5	6	

重复上面步骤，最后有调运表（表 4.2.3），表中没有运量的格称为空格（运量为 0 者不是空格）.

表 4.2.3

	B_1	B_2	B_3	B_4	发量
A_1			4	3	7
A_2	3		1		4
A_3		6		3	9
收量	3	6	5	6	总运价 $\Sigma_1=86$

这里应该记住一点，每次划去行或列的原则是：每填一个格的运量后，要划去

一行且只能划去一行或一列(不能同时划去它们),即最终初始方案里有运量的格子应有$(m+n-1)$个(这样方可保证基变量个数,如前所述,可以证明约束矩阵 $\boldsymbol{A}$ 的秩为 $m+n-1$).

为了保证这一点,有时某个格子填完运量后该行该列均已平衡,故应同时划去一行一列,此时出现退化解,这样往往需要在划去行或列的某个格子处填上一个 0,这个 0 应与其他有运量格不构成闭回路(表示 0 运量),此 0 应不与其他已填运量格构成闭回路(此工作最好在该步骤最后进行).其道理我们稍后给出,有 0 的格子不算空格.如有两个以上格子可以添 0 又它们可使表中其余空格皆构成闭回路(见后文),此时 0 应添在运价最小的格子处,这样做可以减少调整工作.

我们再来看看 Vogel 法如何给出初始方案.

先将运价矩阵 $\boldsymbol{C}$ 的每行每列两最小(最小与次小)元素差列于矩阵旁,从中挑最大的,即求 $\max\{0,1,1;2,5,1,3\}=5$,这样 B_2 列为所求

行最小、次小元素差

↓

$$\boldsymbol{C}=\begin{pmatrix}3 & 11 & 3 & 10\\ 1 & 9 & 2 & 8\\ 7 & (4) & 10 & 5\end{pmatrix}\begin{matrix}0\\1\\1\end{matrix}$$

列最小、次小元素差 → 2　5　1　3

又 $\min\{4,9,11\}=4$,故(A_3,B_2)格为所最先填写运量的格子(矩阵中打括号者).由 $\min\{6,9\}=6$,故该格填上 6,见表 4.2.4.

表 4.2.4

	B_1	B_2	B_3	B_4	发量
A_1					7
A_2					4
A_3		6			9
收量	3	6	5	6	

划去运价矩阵 $\boldsymbol{C}$ 中这一列,得新矩阵 $\boldsymbol{C}_1$,重复上面步骤

$$\boldsymbol{C}_1=\begin{pmatrix}3 & 3 & 10\\ 1 & 2 & 8\\ 7 & 10 & (5)\end{pmatrix}\begin{matrix}0\\1\\2\end{matrix}$$

$$\begin{matrix}2 & 1 & 3\end{matrix}$$

由于 $\max\{0,1,2;2,1,3\}=3$,故应在表上相应格子(A_3,B_4)处填上运量,见表

4.2.5.遇到相同的情形,一般可先运量较大的格子填写.

表 4.2.5

	B_1	B_2	B_3	B_4	发量
A_1					7
A_2					4
A_3		6		3	9
收量	3	6	5	6	

由于 A_3 已发完,划去 $\boldsymbol{C}_1$ 中第 3 行得新矩阵 $\boldsymbol{C}_2$,重复上面步骤,最后得初始方案,见表 4.2.6.

表 4.2.6

	B_1	B_2	B_3	B_4	发量
A_1			5	2	7
A_2	3			1	4
A_3		6		3	9
收量	3	6	5	6	总运价 $\Sigma_2 = 85$

一般来讲,Vogel 法比最小元素法所给初始方案更好,因为它同时考虑了次小元素的信息.

这里再想强调一点:运输问题表解与 LP 问题单纯形法相比较知,表中有运量的格(包括 0 运量)即对应单纯形法的基变元,而空格则对应非基变元.注意:0 运量不是空格.

有了初始方案,接下去是如何检验它是否最优?如果不是最优将如何修改方案?

2. 检验方案(求检验数)

为了检验初始方案是否最优,我们需采用单纯形表的解法求出检验数,如上所说,初始方案中:填运量格相应的变元实为基变元,而空格处相应的变元为非基变元.

仿单纯形法,我们关心的当然是非基变元,即初始方案中(即表的)空格处变元检验数,其方法也有两种:

(1) **闭回路法** —— 当调运表中空格较少时用此法;

(2) **位势法** —— 当调运表中空格较多时用此法.

下面我们来看看闭回路法.

所谓空格闭回路是指从运量表上某一空格(i,j)出发,沿水平或竖直方向直行,遇到有运量的格方可拐直角(也可穿过),这样拐来拐去,若从i行开始,j列结束,或从j列开始到i行结束,最终回到出发空格的线路,称为空格闭回路(该空格是回路的一个顶点). 常见的闭回路有图 4.2.1 所示的 4 种.

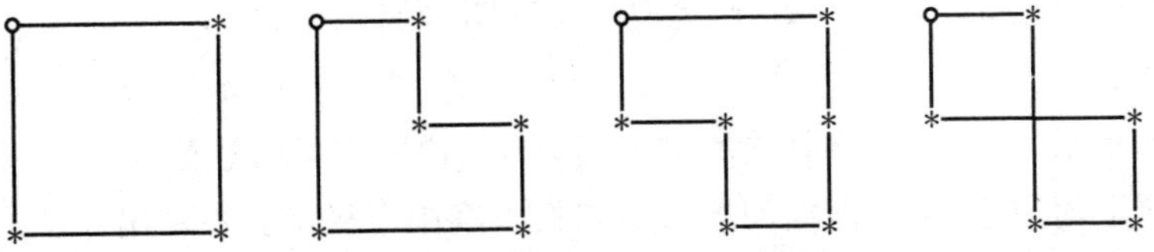

图 4.2.1 几种常见的闭回路

可以证明:对于$\boldsymbol{C}=(\boldsymbol{c}_{ij})_{m\times n}$,若运量表中有运量的格子(相应变元为 LP 中基变元)数为$m+n-1$,只要它们彼此间构成闭回路,则表中每个空格(相应变元为 LP 中非基变元)皆有一个且仅有一个闭回路.(对于前面所述退化即添 0 的情形须当心)

事实上,这一点可由线性方程组解的理论得到,请读者关注下面的命题:

命题 1 运输问题约束矩阵的秩为$m+n-1$.

命题 2 运输问题的约束方程组中任意$m+n-1$个方程均是独立的.

命题 3 运输问题约束矩阵列向量线性无关$\Leftrightarrow$矩阵列向量所对应的格集中不含闭回路.

有时闭回路可能要拧成"8"字(甚至不止一个 8 字),如图 4.2.2.

命题 3 告诉我们,填有运量的格子间不应存在闭回路(因为这些格子相应的变元为基变元). 这正是需添 0 运量时要遵守的原则.

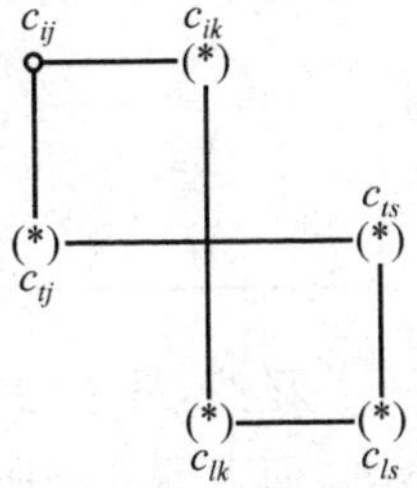

图 4.2.2

如果某相应运价为c_{ij}的空格(i,j)处,构成其闭回路的顶点格子相应运价依次为$c_1,c_2,\cdots,c_t$(显然t必为奇数),则称(沿逆或顺时针方向)

$$\sigma_{ij}=c_{ij}-c_1+c_2-\cdots-c_t$$

(或沿顺时针方向有$c_{ij}-c_t+c_{t-1}-\cdots+c_2-c_1$)为空格$(i,j)$的检验数.

其经济意义为:从某个有运量的格子调 1 单位货物至空格(因而会引起其他有运量的格子处的运量变化)所引起的运价或运费变化(图 4.2.3).

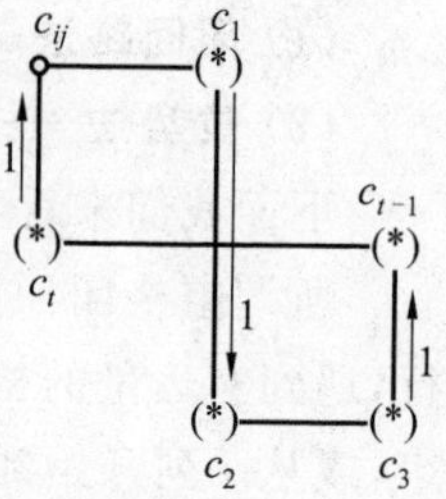

图 4.2.3

显然 $c_{ij}-c_1+c_2-\cdots-c_t=c_{ij}-c_t+c_{t-1}-\cdots+c_2-c_1$,这是由 t 为奇数所得到(即闭回路内格子数为偶数). 以上等式两边分别代表闭回路两种走向.

这样,若 $\sigma_{ij}<0$,则说明调整后运价(费)将减少;$\sigma_{ij}=0$,则说明调整后总运价(费)不变;$\sigma_{ij}>0$,则说明调整后总运价(费)增加.

如此看来,当全部空格处检验数 $\sigma_{ij}\geqslant 0$,则说明方案已达最优.

依照上面理论,可将前面问题所给初始方案中空格检验数求出.

(1) 最小元素法方案的检验数(表 4.2.7).

表 4.2.7

	B_1	B_2	B_3	B_4
A_1	1	2		
A_2		1		-1
A_3	10		12	

(2) Vogel 法方案的检验数(表 4.2.8).

表 4.2.8

	B_1	B_2	B_3	B_4
A_1	0	2		
A_2		2		1
A_3	9		12	

显然,最小元素法所给初始方案仍需调整(调整后的检验数即为表 4.2.8 所示),而 Vogel 法所给初始方案已最优.

至于理论上空格检验数 $\sigma_{ij}=\boldsymbol{c}_{ij}-\boldsymbol{c}_B\boldsymbol{B}^{-1}\boldsymbol{p}_{ij}$($i,j\in\mathbf{N}$,如前文,这里 i,j 为非基矩阵 $\mathbf{N}$ 的行、列及非基变元下标)推导可从下面关系看出:若 x_{ij} 对应的系数向量为 $\boldsymbol{p}_{ij}$(见本章开头所述),注意到

$$\boldsymbol{p}_{ij}=\boldsymbol{e}_i+\boldsymbol{e}_{m+j}=$$

$$\begin{aligned}&\boldsymbol{e}_i+\boldsymbol{e}_{m+k}-\boldsymbol{e}_{m+k}+\boldsymbol{e}_l-\boldsymbol{e}_l+\boldsymbol{e}_{m+s}-\boldsymbol{e}_{m+s}+\boldsymbol{e}_u-\boldsymbol{e}_u+\boldsymbol{e}_{m+j}=\\&(\boldsymbol{e}_i+\boldsymbol{e}_{m+k})-(\boldsymbol{e}_l+\boldsymbol{e}_{m+k})+(\boldsymbol{e}_l+\boldsymbol{e}_{m+s})-(\boldsymbol{e}_l+\boldsymbol{e}_{m+s})-\\&(\boldsymbol{e}_n+\boldsymbol{e}_{m+s})+(\boldsymbol{e}_u+\boldsymbol{e}_{m+j})=\\&\boldsymbol{p}_{ik}-\boldsymbol{p}_{lk}+\boldsymbol{p}_{ls}-\boldsymbol{p}_{us}+\boldsymbol{p}_{uj}\text{(图 4.2.4)}\end{aligned}\qquad(1)$$

这与前面的推导结果一致,不过这里是导出空格(非基) 变元系数向量,用有运量格(基) 变元系数向量表示.

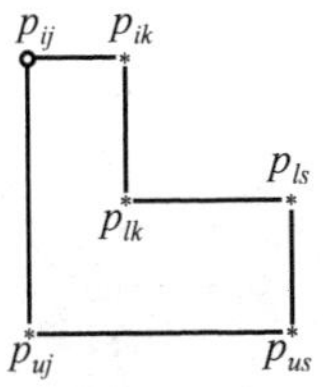

图 4.2.4

将上面式(1) 代入 $\sigma_{ij}=c_{ij}-\boldsymbol{c}_B\boldsymbol{B}^{-1}\boldsymbol{p}_{ij}$ 中,可有

$$\begin{aligned}\sigma_{ij}&=c_{ij}-(c_{ik}-c_{lk}+c_{ls}-c_{us}+c_{uj})=\\&c_{ij}-c_{ik}+c_{lk}-c_{ls}+c_{us}-c_{uj}\end{aligned}$$

这与前面所推导(定义) 的检验数一致.

检验数求出后,若显示问题的初始方案仍需调整,将计算转入下一步.

至于如何调整,我们稍后再介绍,下面再来谈谈用位势法(它又称乘子法) 求空格检验数.

位势法依据上文已有介绍,下面再从另一角度谈谈这个原理:

设 $u_1,u_2,\cdots,u_m;v_1,v_2,\cdots,v_n$ 是运输问题的对偶问题变元,由线性规划的对偶理论知道

$$\boldsymbol{c}_B\boldsymbol{B}^{-1}=(u_1,u_2,\cdots,u_m,v_1,v_2,\cdots,v_n)$$

又 $\boldsymbol{p}_{ij}=\boldsymbol{e}_i+\boldsymbol{e}_{m+j}$,则

$$\boldsymbol{c}_B\boldsymbol{B}^{-1}\boldsymbol{p}_{ij}=u_i+v_j$$

从而

$$\sigma_{ij}=c_{ij}-\boldsymbol{c}_B\boldsymbol{B}^{-1}\boldsymbol{p}_{ij}=c_{ij}-(u_i+v_j)$$

对于基变元而言 $\sigma_{ij}=c_{ij}-(u_i+v_j)=0(i,j\in\boldsymbol{B}$,这里表示 i,j 属于基矩阵 $\boldsymbol{B}$ 的行、列或基变元下标),即基变元处检验数为 0.

这样我们只需先从有运量格相应的(基) 变元的运价 c_{ij} 出发,将它们先凑成 u_i+v_j 形式,一旦确定这些 $u_i,v_j(1\leqslant i\leqslant m,1\leqslant j\leqslant n)$ 后,我们便可用它们去计算空格(非基) 变元检验数

$$\sigma_{ij}=c_{ij}-(u_i+v_j)\quad(i,j\in\mathbf{N})$$

下面我们仍以前例所给初始方案说明此法.

先将用最小元素法给出的方案中有运量(基) 格的运价写于表中,然后设法凑出 u_i,v_j,具体做法为:

从 v_1 开始,令 $v_1=1$,因 $c_{21}=1$,又 $c_{21}=u_2+v_1$,故 $u_2=0$.

由 $u_2=0$，而 $c_{23}=2$，且 $c_{23}=2$，且 $c_{23}=u_2+v_3$，知 $v_3=2$.

进而由 $c_{13}=3$，且 $c_{13}=u_1+v_3$，得 $u_1=1$(表 4.2.9).

表 4.2.9

	B_1	B_2	B_3	B_4	u_i
A_1				10	→ 1
A_2	1		2		→ 0
A_3		4		5	
v_j	1		2		

开始

根据以上步骤推算，最后可得到表 4.2.10.

表 4.2.10

	B_1	B_2	B_3	B_4	u_i
A_1			3	10	1
A_2	1		2		0
A_3		4		5	-4
v_j	1	8	2	9	

若令 $\boldsymbol{E}$ 是元素为 $e_{ij}=u_i+v_j$ 的 $m\times n$ 矩阵，则检验数矩阵为

$$\boldsymbol{\Sigma}=\boldsymbol{C}-\boldsymbol{E}$$

由于基(有运量处)变元检验数为 0，因而只需求出非基(空格)变元检验数，具体地先将 $u_i+v_j(i,j\in\mathbf{N})$ 填于上表空格处，再用运价表中空格处运价减之即可(表 4.2.11 和表 4.2.12).

表 4.2.11

	B_1	B_2	B_3	B_4	u_i
A_1	2	9			1
A_2		8		9	0
A_3	-3		-2	-4	-4
v_j	1	8	2	9	

表 4.2.12

	B_1	B_2	B_3	B_4
A_1	1	2		
A_2		1		−1
A_3	10		12	

显然,这与前面闭回路法求得的结果一样.是巧合吗?不是.

当然,我们亦可用解方程组的方法来求 u_i, v_j,只需解方程组

$$u_i + v_j = c_{ij} \quad (i,j \in \mathbf{N}) \tag{2}$$

即可.由于它有$(m+n)$个变元,但方程个数为$(m+n-1)$,这样方程组有无数组解,这也是前面所讲可以凑出 u_i, v_j 的道理(注意基变元处检验数为 0).

粗略地讲:空格处 $u_i + v_j (i,j \in \mathbf{N})$ 系方程组(2)的某些方程的线性组合,而检验数系 c_{ij} 与它的差(即这里是求差而非求值),而此时有运量格即对应基变元,故其检验数为 0.如此可知,该方法所给检验数固定.

换言之,位势法是将基变元检验数调整至 0 的检验方法.

当然,我们亦可从单纯形法的对偶理论中推导这一事实,对于运输问题而言,其模型为

$$(\mathrm{P}) \quad \begin{cases} \mathrm{V}: \min z = \sum_{i=1}^{m}\sum_{j=1}^{n} c_{ij} x_{ij} \\ \mathrm{s.t.} \begin{cases} \sum_{j=1}^{n} x_{ij} = a_i \quad (i=1,2,\cdots,m) \\ \sum_{i=1}^{m} x_{ij} = b_j \quad (j=1,2,\cdots,m) \\ x_{ij} \geqslant 0 \quad (i=1,2,\cdots,m; j=1,2,\cdots,n) \end{cases} \end{cases}$$

其对偶问题为

$$(\mathrm{D}) \quad \begin{cases} \mathrm{V}: \max w = \sum_{i=1}^{m} a_i u_i + \sum_{j=1}^{n} b_j v_j \\ \mathrm{s.t.} \begin{cases} u_i + v_j \leqslant c_{ij} \quad (i=1,2,\cdots,m; j=1,2,\cdots,n) \\ u_i, v_j \text{ 无约束(自由变元)} \end{cases} \end{cases}$$

由互补松弛定理:若$\{x_{ij}^*\}$与$\{u_i^*, v_j^*\}$分别为问题(P)和(D)的可行解,则

$$\text{它们同为最优解} \Leftrightarrow x_{ij}^*(u_i^* + v_j^* - c_{ij}) = 0 \tag{3}$$

若$\{x_{ij}^*\}$为非基变元,式(3)显然成立;

若$\{x_{ij}^*\}$为基变元,若令

$$u_i^* + v_j^* = c_{ij} \tag{4}$$

则式(3)亦成立.

u_I^* 称为第i行"行位势",v_j^* 称为第j列"列位势",且$u_i^* + v_j^*$ 称为x_{ij}^* 的位势.

若对于满足(4)的非基变元,x_{ij}^* 是否满足(D),只需检验

$$c_{ij} - (u_i^* + v_j^*) \geqslant 0$$

成立与否即可.

显然可称$\sigma_{ij} = c_{ij} - (u_i^* + v_j^*)$为该空格检验数.

3. 调整

调整在闭回路中进行.如前所述:检验数意义是往某空格调一单位运量后总运价的变化.若它们全部非负,则方案已最优;否则,须进行调整.调整原则:先从负检验数绝对值最大的空格开始(如遇两相同者,可先调其一),每次调一格(如单纯形表迭代每张表仅换一个基变元),调整办法(总是往空格方向调)及量见图4.2.5(亦可横向进行,图中双线箭所示,但注意调整是将运量调入空格).

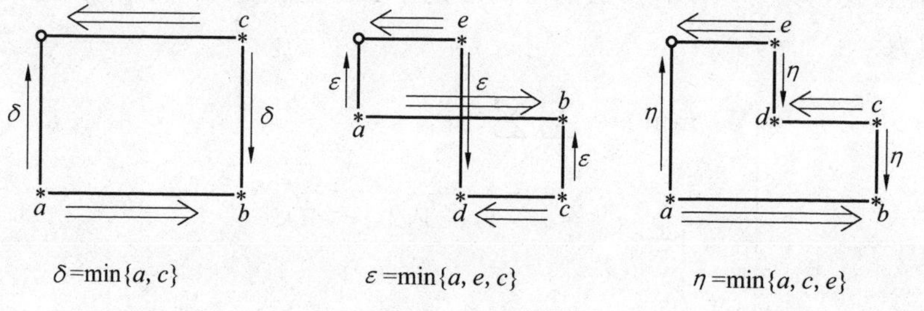

图 4.2.5

不破坏平衡条件下尽量多调,具体地,若空格处运量记$a_0=0$,闭回路各顶点运量依次记$a_1, a_2, \cdots, a_{2k+1}$,则调整量(调满,注意基变元与非基变元个数不能增减,换言之,只能置换一个空格而不能增减)

$$\delta = \min\{a_1, a_3, a_5, \cdots, a_{2k+1}\}$$

例如前面最小元素法给出的初始方案可调整为表4.2.13所示(调整在(A_2, B_4)的闭回路中进行).

表 4.2.13

	B_1	B_2	B_3	B_4	产量
A_1			5	2	7
A_2	3			1	4
A_3		6		3	9
销量	3	6	5	6	

这也恰好是 Vogel 法给出的初始方案,经检验它已最优.

这里还想指出一点:经上述调整后,(A_2,B_3) 格变为空格,(A_2,B_4) 变为有运量格.可以断定:(A_2,B_3) 格的检验数一定非负,从经济意义上看是显然的,调整后比原方案好,若再调回显然方案变坏.换言之:该回路中的新空格,其检验数一定为正,道理是此时新检验数恰为前一检验数的相反数,即无须再调整(调整后的方案比原来好).

此外,调整量也可以为 0(但注意调整后,空格及其检验数已发生变化).

如前文所述,如果检验数中同时有几个负值,则可以挑绝对值大的调整,在调整中若出现新的空格,这可能影响原来其他空格的闭回路路线;若遇此种情形,原来空格的检验数会因新的闭回路出现而有变,故须先计算这些空格的检验数(主要指因上次调整而使某些有运量格变为空格时,受到影响的空格检验数),然后再决定调整否,我们再次强调:

调整时,每次只能调一个格且每调一次需重新计算检验数.

对于其他检验数为负数,而上次调整中闭回路未受影响的空格,则可接着调整.

调整后,再行检验,如需要再调整,直至方案最优止.综上,对于产销平衡的运输问题,表上作业法步骤如图 4.2.6 所示.

还应指出一点,表上作业法不仅适用于运输问题,对于可化成此类问题的其他问题亦适用.比如生产调度问题等(见习题).

当然,指派(分配)问题,亦可视为运输问题的特例,因而表上作业法亦可解该问题,然而相对而言,匈牙利方法较之简便(仅对指派问题而言).

表上作业法与单纯形法并不相违,甚至可视为变形的单纯形法,请注意两者的对应关系,详见表 4.2.14.

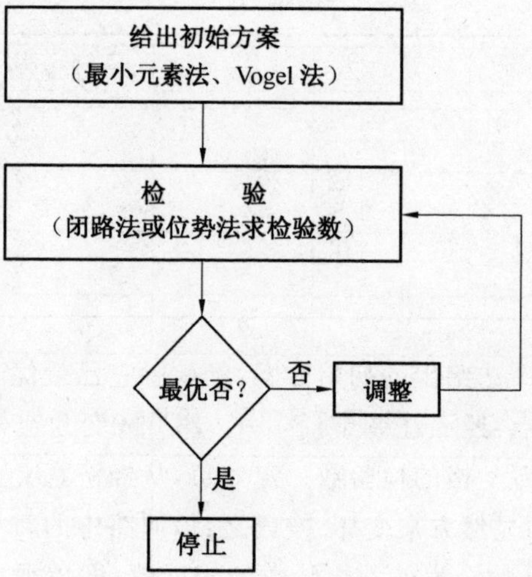

图 4.2.6

表 4.2.14

	基	基变元	非基变元	基变元检验数	非基变元检验数
单纯形法	$\boldsymbol{B}(\boldsymbol{I})$	$\boldsymbol{x}_B$	$\boldsymbol{x}_N$	0	$\boldsymbol{c}_N-\boldsymbol{c}_B\boldsymbol{B}^{-1}\boldsymbol{N}$
表上作业法	运量格	运量	空格	运量格检验数 0	闭回路或位势法求空格检验数

这样,对于运输问题解的讨论,可参照单纯形法.

(1) 多解情形

对于表上作业来讲,若终表(最优表,检验数全部非负)某个空格(非基变元)检验数为 0,则该问题有多解.

(2) 退化情形

(Ⅰ) 在填初始运量表的(A_i,B_j)格时,按供与需(发与收)量相同,填后应同时划去一行(列),为使表上有$(m+n-1)$格有运量,则通常需在划去一行(或一列)某空格处填上"0"(位置在不与其他有运量格构成闭回路的格子),这时所得的解为退化解;

(Ⅱ) 当空格检验数中出现两个或两个以上相等的最小负数时,此时只能选择其一为调入格,这往往先选择调整量较大的格子进行调整,若调整量为 0,则出现退化解;

(Ⅲ) 空格(A_i,B_j)处,调出格(A_k,B_j)与(A_i,B_l)运量相等 $x_{kj}=x_{il}$,调后调整

量为 $a=x_{kj}=x_{il}$(图 4.2.7),出现两个空格,此时其一处应填"0",另一格为空格,且该解退化.

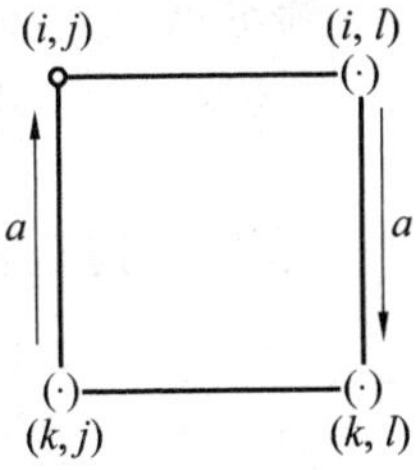

图 4.2.7

对于退化解,下次再调时,若遇填 0 的格子调出时,此时调整量视为"0"(详见习题).

(3) 整数解问题

可以证明:对产销平衡的运输问题,若产销量皆为整数,则利用单纯形法给出的最优解为整数解.

其实可以证明[3] 下面的命题:

命题 1　运输问题(表 4.1.1) 的系数矩阵 **A** 其各阶子式行列式值只取 0 和 ±1.

命题 2　运输问题的产销量均为整数时,用表上作业法(或单纯形法) 所得最优解皆为整数.

命题证明可借助解线性方程组的克莱姆法则完成.

4.3　产销不平衡运输问题

前述表上作业法是在"产销平衡" 这一前提下进行的,对于产销不平衡问题而言,可虚设产地或销地(它们的单位运价皆为0),以使最终产销平衡,这正是数学常用的方法 —— 转化.

这里要强调:虚设的产(或销) 地运价为 0(对于销大于产的情形,亦可设虚的产地的运价为 ∞),但它在"最小元素法" 或"Vogel 法" 给初始方案时,这些 0 不应视为最小元素.

具体地讲:对于产销不平衡问题

$$\min z=\sum_{i=1}^{m}\sum_{j=1}^{n}c_{ij}x_{ij}$$

$$\text{s. t.}\begin{cases}\sum_{j=1}^{n}x_{ij}\leqslant a_i & (1\leqslant i\leqslant m)\\ \sum_{i=1}^{m}x_{ij}=b_j & (1\leqslant j\leqslant n)\\ x_{ij}\geqslant 0 & (1\leqslant i\leqslant m,1\leqslant j\leqslant n)\end{cases}\tag{1}$$

当且仅当 $\sum_{i=1}^{m}a_i\geqslant\sum_{j=1}^{n}b_j$ (1) 有可行解,若严格不等号成立,则可虚设一个收点 B_{n+1},

使其需求量为

$$\sum_{i=1}^{m} a_i - \sum_{j=1}^{n} b_j = b_{n+1},\text{且 } c_{i,n+1} = 0 \quad (1 \leqslant i \leqslant m)$$

另外,产销不平衡问题

$$\min z = \sum_{i=1}^{m} \sum_{j=1}^{n} c_{ij} x_{ij}$$

$$\text{s. t.} \begin{cases} \sum_{j=1}^{m} x_{ij} = a_i \quad (1 \leqslant i \leqslant m) \\ \sum_{i=1}^{m} x_{ij} \leqslant b_j \quad (1 \leqslant j \leqslant n) \\ x_{ij} \geqslant 0 \quad (1 \leqslant i \leqslant m, 1 \leqslant j \leqslant n) \end{cases} \tag{2}$$

当且仅当 $\sum_{i=1}^{m} a_i \leqslant \sum_{j=1}^{n} b_j$(2) 有可行解,当不等号严格成立时,可虚设一个发货点 A_{m+1},其发货量为

$$\sum_{j=1}^{n} b_j - \sum_{i=1}^{m} a_i,\text{且单位运价 } c_{m+1,j} = 0 (1 \leqslant j \leqslant n)$$

对于(2) 来讲,若第 2 项约束为 $\sum_{i=1}^{m} x_{ij} \geqslant b_j$,其他同(2) 时:

当且仅当 $\sum_{i=1}^{m} a_i \geqslant \sum_{j=1}^{n} b_j$ 时,有可行解. 若不等号严格成立时,则先虚设一个收点 B_{n+1} 且将它视为转运点,并令

$$b_{n+1} = \sum_{i=1}^{m} a_i - \sum_{j=1}^{n} b_j, c_{i,n+1} = \min\{c_{ij} \mid 1 \leqslant j \leqslant n\} = c_{ir_i} \quad (1 \leqslant i \leqslant m)$$

若上述问题最优解为 $\hat{x}_{ij}$,则原问题最优解为

$$\begin{cases} \hat{x}_{ij} + \hat{x}_{i,n+1}, & \text{若 } j = r_i \\ \hat{x}_{ij}, & \text{若 } j \neq r_i \end{cases} \quad (1 \leqslant i \leqslant m)$$

上述产销不平衡问题转化为产销平衡问题,是运筹学课程中的一种转化,其实这种转化还有许多,仅与运输问题有关的就有(⇒ 表示转化为或化为之意):

(1) 产销不平衡问题 ⇒ 产销平衡问题;

(2) 求最大总运价(利润) 问题 ⇒ 最小总运价问题;

(3) 指派问题 ⇒ 运输问题.

当然,运输问题还有一些特殊类型,比如有界收发量问题等,它们仍需先转化为普通运输问题(这往往需要某些方法与技巧) 后再处理,参见本章习题 13 及其解

法提示. 当然,从某种意义上讲,这类问题往往更贴近实际.

注　记

1. 运输问题中的悖论

运输问题中有一个悖论:在单位运价不变的前提下增加收发(产销)量,总运价反而减少. 情况是这样的:

1971 年 A. Charnes 与 D. Klingman 首次提出且研究了分配模型中的"多反而少"悖论.

1982 年,我国周奇给出了运输问题中这种现象. 林耘与 Charnes. Dufuaa 以及 Ryan 分别在 1986 年和 1987 年讨论了这种 LP 问题中的"多反而少现象".

这方面的具体例子有:

表 4.3.1 给出一个最优运输方案,它的总运价为 $\Sigma_1 = 444$.

表 4.3.1

	B_1	B_2	B_3	B_4	B_5	发量
A_1	[14]	[15]	[6] 7	[13]	[14]	7
A_2	[16] 4	[9] 6	[22]	[13] 8	[16]	18
A_3	[8]	[5]	[11] 5	[5]	[5] 1	6
A_4	[12]	[4] 5	[18]	[9]	[10] 10	15
收量	4	11	12	8	11	46

在上述(单位)运价不变的情况下,如果 A_1,A_3 发量各增加 5,B_2 增加收量 10,常规认为总运价应该增加,但新的调运方案告诉人们,总运价不仅没有增加却反而减少了. 其最优方案如表 4.3.2 所示.

表 4.3.2

	B_1	B_2	B_3	B_4	B_5	发量
A_1			12			12
A_2	4	6		8		18
A_3					11	11
A_4		15				15
收量	4	21	12	8	11	56

这时总运价为 $\Sigma_2 = 409$. 这是一个"多反而少"现象的例子.

其原因的初步解释是:在表 4.3.1 中,闭回路

$$\underset{1}{(A_1,B_2)} \to \underset{2}{(A_1,B_3)} \to \underset{3}{(A_3,B_3)} - \underset{4}{(A_3,B_5)} \to \underset{5}{(A_4,B_5)} \to \underset{6}{(A_4,B_2)}$$

有以下特点：

(1) 空格(A_1,B_2)处位势和 $u_1+v_2=-6$；

(2) 奇数个数字格被偶数条纵横线交错联结；

(3) 奇数格与偶数格总运价的代数和为负值：$c_{13}-c_{33}+c_{35}-c_{45}+c_{42}=-6$.

这时从偶数格调整一些运量至奇数格，便可使总运价减少.

2. 两个更简单的例子

下面是一个更简单的悖论例子，两运输问题见表 4.3.3 和表 4.3.4.

表 4.3.3

	B_1	B_2	发量
A_1	1	3　1	1
A_2	4	1　1	1
收量	0	2	**总运价** $\Sigma_1=4$

表 4.3.4

	B_1	B_2	发量
A_1	1　1	3	1
A_2	4	1　2	1
收量	1	2	**总运价** $\Sigma_1=3$

表 4.3.4 中运量较表 4.3.3 多，而单位运价未变，但表 4.3.4 总运价反而比表 4.3.3 少.(更一般的讨论见习题 9)

其实，一般的运输问题中不少问题都可产生"悖论"，这方面可参见习题 10.

3. 产生悖论的缘由

参考文献[7]给出产生悖论的原因，对一般 LP 问题 $\min\{\boldsymbol{cx} \mid \boldsymbol{Ax}=\boldsymbol{b},\boldsymbol{x}\geqslant\boldsymbol{0}\}$ 而言，关于基 $\boldsymbol{B}$ 的基本解 $\boldsymbol{x}^*=(\boldsymbol{x}_B,\boldsymbol{x}_N)$ 为非退化的最优解，问题产生悖论 $\Leftrightarrow$ 影子价格 $\boldsymbol{c}_B\boldsymbol{B}^{-1}$ 中存在负分量.

参考文献[47]给出 LP 问题：$\min\{\boldsymbol{cx} \mid \boldsymbol{Ax}=\boldsymbol{b},\boldsymbol{x}\geqslant\boldsymbol{0}\}(L_1)$ 和 $\min\{\boldsymbol{cx} \mid \boldsymbol{Ax}\geqslant\boldsymbol{b},\boldsymbol{x}\geqslant\boldsymbol{0}\}(L_2)$ 对(L_1)而言产生悖论 $\Leftrightarrow$ 若 $\boldsymbol{x}^*$ 为(L_1)最优解，$\boldsymbol{x}^{**}$ 为(L_2)最优解，有 $\boldsymbol{cx}^*\neq\boldsymbol{cx}^{**}$.

4. 关于运输问题的悖论产生

运筹学中线性规划里的"多反而小"问题，曾引起不少人关注，且引来一批文章讨论.其中在运输问题中的反映更是强烈，它真的那么令人困惑吗？

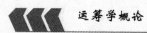

运输问题中的悖论是一个可使"棘手的问题绽开出美丽的理论之花的"(P. J. Davis)的趣题.它是由单位运价不变，运量(收发或供需量)增加总运费反而减少的现象开篇的.敲击关键词"运输悖论"、"多反而少现象"等进行检索就会看到成堆的论文涌现.例如文[91]，[92]皆从不同

角度或侧面详细讨论过当时称之为"多反而少"问题.

仔细分析可以发现：这些文章其实是将原本并不很复杂的问题复杂化了，本质上讲那里所得"悖论"是由运输问题退化解引发的，说得详细点(这里我们仅以人们常用的表上作业法来阐述之)：

运输问题若遇到如下退化情形：比如最终调运表中含有如图 4.3.1 的闭回路 $abcd$ 里，空格 a 的检验数为负值，此时的解显然不是最优，换言之方案应该调整.

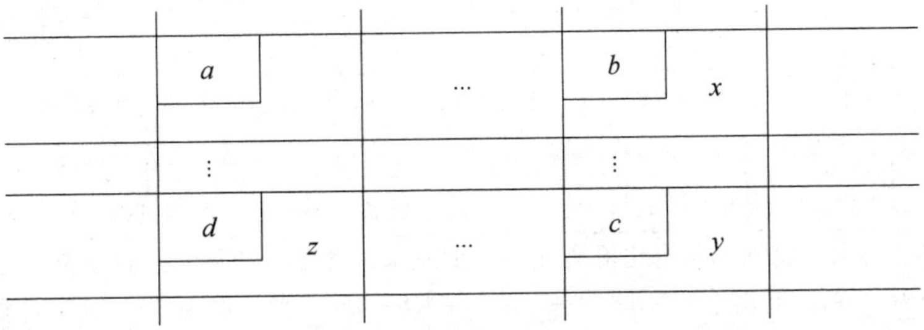

图 4.3.1

但若 b 或 d 格此时的运量 x 或 z 之一是 0(显然，此时的解为退化解)，则该闭回路调整量为 0，调后此回路已是最优. 但注意到此时总运价却丝毫未发生变化，尽管经过调整前后两方案已在最优性判定上截然不同.

下面我们看看在此种情况适当增加运量后的情形. 无妨设 b 格运量 $x = 0$，注意到若此时运量由 0 增加至 z，情况将如图 4.3.2 或 4.3.3 所示.

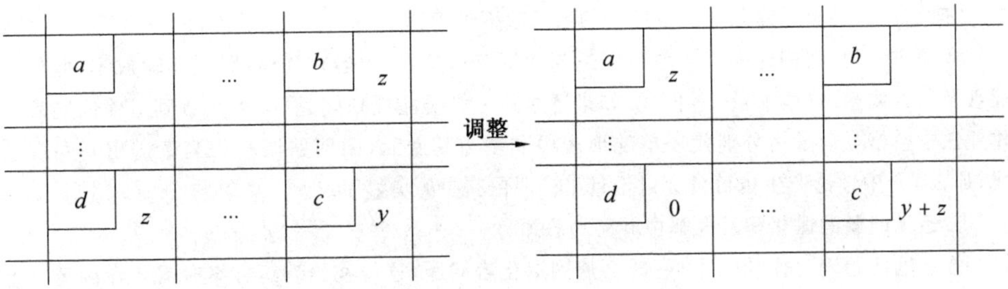

图 4.3.2

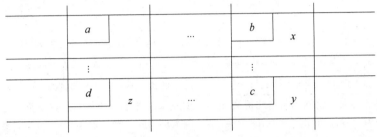

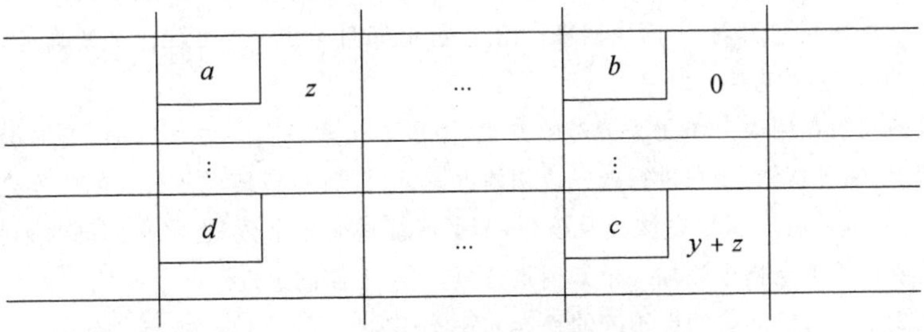

图 4.3.3

依据运输问题表上作业法的理论或检验数的经济意义知，此时运量即供需量增加 z 后，总运费不仅不增反而减小了 $|\sigma| z$，其中 $\sigma<0$ 是该闭回路的检验数. 这就造成了所谓运输问题“悖论”.

再比如文[37]或如前文中的一个悖论例子.（表 4.3.5，表 4.3.6）

表 4.3.5

	B_1	B_2	发量
A_1	a	b 1	1
A_2	c	d 1	1
收量	0	2	

表 4.3.6

	B_1	B_2	发量
A_1	a 1	b	1
A_2	c	d 2	2
收量	1	2	

它实质上也是前文所论的退化情形，注意到此时 a，c 格之一应为 0 运量（运量格为 $m+n-1$ 个）另一个为空格，此时由于 $a-b+d-c$ 或 $-a+b-d+c$ 之一必为负值，这可将 0 运量增加到与此相应的格里，这就符合我们前述悖论产生的条件.

至于文[6]中的例子，其实质上亦无非如此，只是形式有些隐蔽且叙述中运用了某些较为抽象的理论罢了.

从上面的简单分析可以得出，运输问题（表上作业法）产生悖论的条件有二：

(1) 最优解为退化解；

(2) 有检验数为负且调整量为 0 的格存在（即便是隐性的）.

如此一来，对于运输问题产生悖论的情形就不难理解了.

顺便讲一句，利用这一点当然可以适当地调节运量、扩大运输规模、降低运输成本，此外它还涉及最大调整量（增加量）等问题. 如果还原到一般线性规划问题，只需注意到运输问题表上作业法中空格与运量格分别代表单纯形表中非基与基变元，闭回路调整相当于进出基一次迭代，那么 LP 中悖论产生也可依此讨论且不难明白其中的奥妙了.

5. 运输问题的退化解及表解中 0 元的添加

在运输问题表上作业法中，有时会遇到退化解问题，这样在给调运方案时需要在调运表上添加 0 元，可是 0 应添在何处？大多数文献中均未具体给出或给出的结论有误，0 元的添加不当有时会导致一系列问题出现，下面我们来讨论这些问题，且给出一个 0 元添加的确定的答案.

(1) 退化解的初始方案

求解运输问题在用表上作业法给初始方案（用最小元素，Vogal 法[88]）时，有时会遇到处理退化解的情形，说得具体点，在进行或完成初始方案过程，当遇到某行及某列的收发余量相等的情景，这样填上运量后应当划去该行及该列，为了保证基变元个数，在将它们同时划去时，须在所划去的列或行某个空格中添加一个 0 运量，这是基于下面的定理.

定理 4.3.1 运输问题约束矩阵的秩为 $m+n-1$.

它的证明可见文献[82].

此定理告诉我们，运输问题(也是 LP) 基变元个数为 $m+n-1$，在表上作业法中，若所填运量少于此数须在相应格处添加 0 元，此时得退化解，此外对运输问题还可有：

定理 4.3.2　运输问题的约束方程组中任意 $m+n-1$ 个均系独立的.

定理 4.3.2 虽然在讲约束方程组独立个数问题，但其并未对于退化运输问题初始方案基变元中 0 元添加过多述及，特别是它们的具体位置，即 0 到底应该添在何处的问题更是如此. 不少文献对此并无交代，认为似无大碍，有些文献甚至认为 0 元添加较为随意，比如文献[3] 写道：当确定初始解的各供求关系时，若在(i,j) 格填入某数字后，出现 A_i 处的余量等于 B_j 处的余量. 这时在产销平衡表上添一个数，并在单位运价表上相应地划去 i 行和 j 列. 为了使在产销平衡表上有 $m+n-1$ 个数字格，这时需要添加一个"0"，它的位置 j 可在对应同时划去的那行或那列的任一空格处.

此话显然欠妥，我们想指出："0" 运量在表中并非可随意添加，填不好一者将会影响下一步计算，即用闭回路及位势法求检验数，再者可能会对(传统的) 解的情况带来影响.

比如求解表 4.3.7 的问题.

表 4.3.7　运输问题(Ⅰ)

	B_1	B_2	B_3	B_4	发量
A_1	3	7	6	4	5
A_2	2	4	3	2	2
A_3	4	8	8	5	3
收量	3	3	2	2	

用最小元素法可以给出初始方案.(表 4.3.8)

表 4.3.8　运输问题(Ⅰ)的初始方案

	B_1	B_2	B_3	B_4	发量
A_1	3　1	7　*	6　2	4　2	5
A_2	2　2	4	3　0	2	2
A_3	4	3　3	8	5	3
收量	3	3	2	2	

这是一个退化解的问题，方案中需要添加 0 元，但表中 0 元的添加位置就不妥，因为此时表中 * 格找不到可以求出相应检验数的闭回路，虽然可以用位势法求得其检验数，但严格地讲这有时不妥，原方程组为 $m+n$ 个变元 $m+n-1$ 个方程，新方程组为 $m+n$ 个变元，最多 $m+n-2$ 个方程，因为其中可能有两个或两个以上方程相关，这两个方程组有时并不同解.

文献[83]，[84] 所谈及的所谓运输问题退化解补 0 后也达不到调优方案的问题，其实也与 0 元添加位置不当有关. 如果 0 元添加的正确，上述情况就不会发生，因为运输问题有最优解的结论是毋庸置疑的. 问题出在哪里？下面我们来简单分析一下.

文献[85],[86]还定义且涉及了所谓运输问题中多重最优解等问题,该问题本质上讲仍是涉及退化运输问题表上作业法0元添加和多解以及表上作业法得出的是基本最优解[66]的事实(文献[85],[86]显然对此理解有误).注意到运输问题仍是线性规划问题,故关于它解的讨论与线性规划问题是等同的(因其可行域非空有界,故不会发生无解及无界解的情形),那里的定义与理解似乎不妥(这一点见后文).

(2)"0"运量应填在何处

运输问题遇到解退化的情形,表上作业法中显然应该添加0元,这个"0"应填在哪里?其实我们有下面的命题:

命题 用表上作业法给出运输问题初始方案时,遇到退化解的情形,0运量应添在不与其他有运量格构成闭回路的格子里.

它的依据是下面的定理:

定理 4.3.3 运输问题列向量线性无关 ⇔ 向量对应格集中不含闭回路.

它的证明可见文献[87].

我们知道:运输问题的基变元对应于调运表上填有运量格,这样关于它们有结论:

定理 4.3.3′ 运输问题表上作业法中运量格对应的变元独立 ⇔ 运量格彼此间不存在闭回路.

对于退化解情形,0元亦应为基变元,故它所在格子应与其他有运量格不构成闭回路.

依照命题结论中的0元添加方法可保证下一步的实施.这样文[21]中的那段话应该添加几个字,即"已划去的行或列中的空格除外"或者"0元位置应在不与其他运量格间存在闭回路处".

(3)0元的填法对解的影响

1)0元移位可给出非基本最优解

在LP问题中,无论基变元如何选取一般来讲不会影响其最优解的个数,因为他们给出的均为基本最优解(注意并非全部最优解)[66].

但在运输问题中由于运量格相应于基变元,故在遇到退化解需添加0元时,有时0元添加位置不同会出现看上去令人不解的现象,比如对于运输问题(表4.3.9),运用表上作业法,我们可以给出下面最优解(表4.3.10).

表 4.3.9 运输问题(Ⅱ)

	B_1	B_2	B_3	发量
A_1	10	2	5	4
A_2	9	3	6	7
A_3	2	1	2	2
收量	2	3	8	

表 4.3.10　运输问题(Ⅱ)的解

	B_1	B_2	B_3	发量
A_1	10	2　3	5　1	4
A_2	9	3　*	6　7	7
A_3	2　2	1	2　0	2
收量	2	3	8	$\Sigma=57$

但是,若一开始 0 元添加位置不一,这样最优解中的 0 元会有不同位置,比如 0 元添在 * 位置,注意到闭回路(A_1,B_2),(A_2,B_2),(A_2,B_3),(A_1,B_3)中的运价 $2+6=3+5$ 的事实,这样如我们在闭回路(A_1,B_2),(A_2,B_2),(A_2,B_3),(A_1,B_3)中调整 2 个运量至 0 元格便会有下面的解,虽然它也是最优解(此时它的总运价为 57,因而也是实际意义上的最优解,表 4.3.11),但这个时候,如何再用闭回路方法检验它出现了困难,因为表中有些空格因找不到闭回路而无法用此求得检验数(当然可用其他方法去求).

表 4.3.11　运输问题(Ⅱ)另解

	B_1	B_2	B_3	发量
A_1	10	2　1	5　3	4
A_2	9	3　2	6　5	7
A_3	2　2	1	2	2
收量	2	3	8	$\Sigma=57$

此外这里 0 元添加还涉及另一个问题,我们知道对于运输问题而言,还可有下面的结论:

定理 4.3.4　对于产销平衡的运输问题,若收发量皆为整数的问题,用表上作业法(或单纯形法)求解时所给出的最优解均为整数解[87].

但是对于前面的例子,在上述的闭回路中调整量为 1.5 时将会有如表 4.3.12 所示的解.

表 4.3.12　运输问题(Ⅱ)又一解

	B_1	B_2	B_3	发量
A_1	10	2　1.5	5　2.5	4
A_2	9	3　1.5	6　2.5	7
A_3	2　2	1	2	2
收量	2	3	8	$\Sigma=57$

它所给出的解虽然也是最优解,但它们不再是整数,这看上去似乎又与定理4.3.4 矛盾.其实不然,其根本原因也在于基变元的选取.因为表 4.3.12 给出的解不是基本解,因而不是基本最优解,而定理 4.3.4 要求的是基本最优解,因而得不到定理 4.3.4 的结论.

2）检验数判断的只是基本最优解

表 4.3.13 给出的其实也是上述问题的一个最优解，因为它的总运价也是 57.

表 4.3.13　运输问题（Ⅱ）再一解

	B_1	B_2	B_3	发量
A_1	10	2　3	5　1	4
A_2	9　*	3	6　7	7
A_3	2　2	1	2	2
收量	2	3	8	$\Sigma=57$

但此时空格 *（在闭回路（A_2，B_1），（A_2，B_3），（A_1，B_3），（A_1，B_1）中）检验数为：$\sigma=9-10+5-6=-2$，按照定理，非基变元检验数全部非负才为最优解，这里显然不满足，这也是因 0 填在不同位置所致（其实只需往 * 格调 0 运量即可）. 此处得出的不是基本最优解，由于解系退化解，看上去似乎与基本最优解无异，其实不然.

3）关于退化最优解个数

运输问题是一个特殊的 LP 问题，对于退化解的处理，用表上作业法求解时，即使 0 元添加正确，有时也会对通常解的讨论造成影响. 比如下面产销平衡的运输问题（表 4.3.14）.

表 4.3.14　运输问题（Ⅲ）

	B_1	B_2	B_3	B_4	发量
A_1	3	7	6	4	5
A_2	2	4	3	2	2
A_3	4	3	8	5	3
收量	3	3	2	2	

它可有下面两种解法（均需补 0，但 0 之所补位置不同）：

解 1　用最小元素法给出初始方案，且求出检验数（表 4.3.15 中加括弧的数字）.

表 4.3.15　运输问题（Ⅲ）初始方案

	B_1	B_2	B_3	B_4	发量
A_1	3　1	7　(+6)	6　2	4　2	5
A_2	2　2	4　(+4)	3　(−2)	2　(−1)	2
A_3	4　(−1)	3　3	8　0	5　(−1)	3
收量	3	3	2	2	

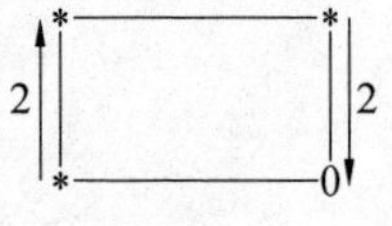

调整后再求检验数（表 4.3.16）.

表 4.3.16　运输问题(Ⅲ)调整

	B_1	B_2	B_3	B_4	发量
A_1	3　3	7　(+8)	6　(+2)	4　2	5
A_2	2　0	4　(+6)	3　2	2　(−1)	2
A_3	4　(−3)	3　3	8　0	5　(−3)	3
收量	3	3	2	2	

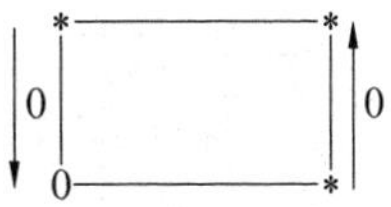

重复上面的步骤可有表 4.3.17.

表 4.3.17　运输问题(Ⅲ)再调整

	B_1	B_2	B_3	B_4	发量
A_1	3　3	7　(+5)	6　(−1)	4　2	5
A_2	2　(+3)	4　(+6)	3　2	2　(+2)	2
A_3	4　0	3　3	8　0	5　(0)	3
收量	3	3	2	2	

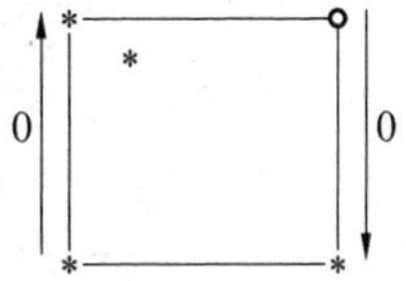

再调整后得最优解(表 4.3.18).

表 4.3.18　运输问题(Ⅲ)的最优解

	B_1	B_2	B_3	B_4	发量
A_1	3　3	7　(+5)	6　0	4　2	5
A_2	2　(+2)	4　(+5)	3　2	2　(+1)	2
A_3	4　0	3　3	8　(+1)	5　(0)	3
收量	3	3	2	2	$\Sigma=22$

结论:因为空格检验数有 0 元,它有无穷多最优解(在检验数为 0 的格子所在闭回路中调整量是 0).

解 2　用最小元素法给初始方案,求检验数可有表 4.3.19.

表 4.3.19　运输问题(Ⅲ)的另一初始方案

	B_1	B_2	B_3	B_4	发量
A_1	3　1	7　(+2)	6　2	4　2	5
A_2	2　2	4　0	3　(−2)	2　(−1)	2
A_3	4　(+3)	3　3	8　(+4)	5　(+1)	3
收量	3	3	2	2	

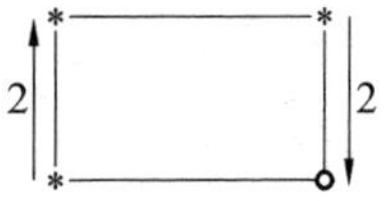

调整后,再求检验数(表 4.3.20).

表 4.3.20　运输问题(Ⅲ)的检验

	B_1		B_2		B_3		B_4		发量
A_1	3	3	7	(+2)	6	(+2)	4	2	5
A_2	2	0	4	0	3	2	2	(−1)	2
A_3	4	(+3)	3	3	8	(+6)	5	(+3)	3
收量	3		3		2		2		

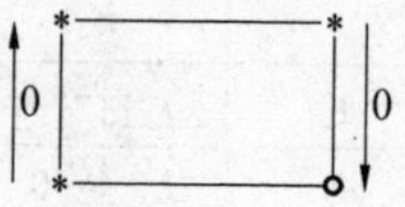

再调整得最优解(表 4.3.21).

表 4.3.21　运输问题(Ⅲ)的最优解

	B_1		B_2		B_3		B_4		发量
A_1	3	3	7	(+1)	6	(+1)	4	2	5
A_2	2	(+1)	4	0	3	2	2	0	2
A_3	4	(+4)	3	3	8	(+6)	5	(+4)	3
收量	3		3		2		2		$\Sigma=22$

结论:因表中空格检验数全部为正,它有唯一解.

上面两解法给出的结论看上去前后矛盾,但实际上却不然,仔细对照不难看出:两解法最优表中,非 0 运量是完全一样的,不同的是 0 元添加的位置. 换言之,尽管它们给出的解形状上一样,但其在表上作业法中的含义不同,即基变元特别是 0 作为基变元的选取不同.

从某种意义上讲,解法 1 所得的解,尽管多解,但其调整量为 0,因而实际上是一个解.

如此一来对于运输问题多解的讨论应修正为:

空格检验数全部非负,且至少有一个格检验数为 0,同时调整量不为 0 时才有多解.

为区别计,我们称调整量为 0 时的多解为“伪多解”. 对于这类问题其实还与运输问题中的“多反而少”现象有关,这可详见前文.

习　题

1. 用表上作业法给出下面运输问题的最优解,需求、运价表如下.

问题(1):

	B_1	B_2	B_3	发量
A_1	10	2	5	4
A_2	9	3	6	7
A_3	2	1	2	2
收量	2	3	8	

问题(2):

	B_1	B_2	B_3	B_4	发量
A_1	3	7	6	4	5
A_2	2	4	3	2	2
A_3	4	3	8	5	3
收量	3	3	2	2	

问题(3)：

	B_1	B_2	B_3	B_4	发量
A_1	2	5	9	4	5
A_2	1	9	2	6	2
A_3	7	5	4	3	3
收量	6	3	2	4	

[**提示**:问题(1) 有多解;问题(3) 为产销不平衡问题]

2. 试证:若某运输问题运价表上:(1) 所有运价皆乘以 k;(2) 某行或某列加一负常数 r,则变化前后两运输问题最优解相同(最优值不同).

3. 若运输问题的运价表及最优方案如表 1 所示.

表 1

	B_1	B_2	B_3	B_4	发量
A_1	[10]	[1] 5	[20]	[11] 10	15
A_2	[12] 0	[7] 10	[9] 15	[20]	25
A_3	[2] 5	[14]	[16]	[18]	5
收量	5	15	15	10	

试分析:(1) 从 A_2 运至 B_2 的单位价 c_{22} 在何范围变化时,最优方案不变;(2)c_{24} 为何值时,问题有多解.

[**提示**:(1) 方法有二:① 找与(A_2,B_2) 格有关的所有闭回路,考虑它们的检验数;② 用位势法,设(A_2,B_2) 检验数为 c_{22},再用位势法将表中空格检验数用 c_{22} 表出,然后考虑方案为最优的条件,可得不等式组,解之即可.答(1)$3 \leqslant c_{22} \leqslant 10$;(2)$c_{24} = 17$]

4. 求解表 2 所示的运输问题(分别用最小元素法和 Vogel 法给出初始方案),且求出最小总运价.

表 2

收＼发	B_1	B_2	B_3	发量
A_1	1	2	6	7
A_2	0	4	2	12
A_3	3	1	5	11
收量	10	10	10	

[**提示**:注意在产销平衡问题中,单位运量运价 0 应视为最小元素.答:最优方案有两种(有以

下方案Ⅰ(表3)和方案Ⅱ(表4))]

表3　方案Ⅰ

	B_1	B_2	B_3	**收量**
A_1	7			7
A_2	3		9	12
A_3		10	1	11
发量	10	10	10	

表4　方案Ⅱ

	B_1	B_2	B_3	**收量**
A_1	7			7
A_2	2		10	12
A_3	1	10		11
发量	10	10	10	

注:此问题亦可看出 Vogel 法给出的初始方案,相对较优.

5. 考虑如图1所示几种情况的调整后,新出现的空格处的检验数(原来空格检验数为"—")的符号,这里 $a,b,c,\cdots,x$ 代表该格运价(单位运价).

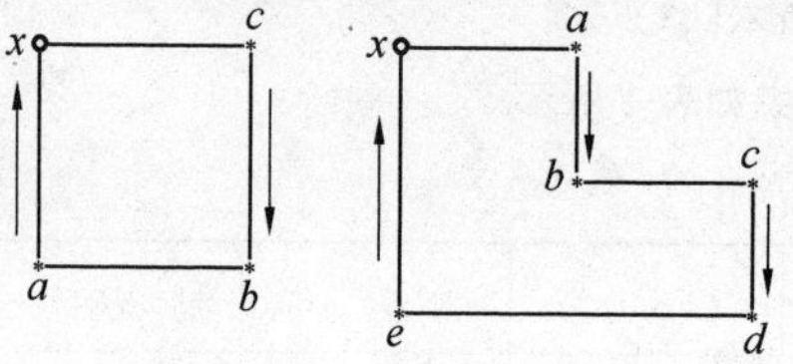

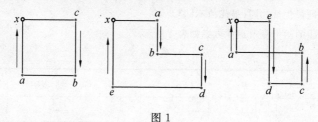

图1

[**提示**:空格出现的位置须讨论]

6. 某发动机厂各月生产发动机台数和据合同应交付台数分别如表5.

表5　　　　**单位:台**

月份	1月	2月	3月	4月
生产能力	25	35	30	10
合同数量	10	15	25	20

由于诸多因素,机器在不同月份生产成本不同.具体见表6.

表6　　　　**单位:百万元**

月份	1月	2月	3月	4月
生产成本	1.08	1.11	1.10	1.13

这样厂方可根据情况,在某些成本较低的月份多生产一些,留后面月份用,但机器放在仓库每月保管费为0.015(百万元),试给出生产总成本最小的安排.

[**提示**:此问题可化为表7所示问题]

表 7

	1	2	3	4	库存	供（发）
1	1.08	1.095	1.11	1.125	0	25
2		1.11	1.125	1.140	0	35
3			1.10	1.115	0	30
4				1.130	0	10
需（收）	10	15	25	20	30	

7. 解下面产销不平衡问题(需求、运价表 8).

表 8

	B_1	B_2	B_3	发 量
A_1	10	3	10	80
A_2	5	7	1	70
收 量	50	80	50	

8. 求解下面最大利润(收益)的调运问题,数据如表 9 所示.

表 9

	B_1	B_2	收 量
A_1	6	4	2
A_2	8	5	4
发 量	3	3	

[**提示**:将调运收益问题转化为最小总运价问题. 答:37]

9. 试讨论下面最优调运表 10,11 可以产生悖论的条件(即 a,b,c,d 满足的关系).

表 10

	B_1	B_2	发 量
A_1	a	b　1	1
A_2	c	d　1	1
收 量	0	2	

表 11

	B_1	B_2	发 量
A_1	a　1	b	1
A_2	c	d　2	2
收 量	1	2	

10. 分析下面运输问题产生"悖论"的原因(表 12,13).

表 12　一个最优调运方案

	B_1	B_2	B_3	B_4	发量
A_1	[3]	[11]	[3] 5	[10] 2	7
A_2	[1] 3	[9]	[2]	[8] 1	4
A_3	[7]	[4] 6	[10]	[5] 3	9
收量	3	6	5	6	20

这时总运价$\sum_1=85$

表 13　A_3 增加发量 3 后的新方案(单位运价不变)

	B_1	B_2	B_3	B_4	发量
A_1			7	0	7
A_2	4			0	4
A_3		6		6	12
收量	4	6	7	6	23

我们发现：A_3 增加发量 3 后，以上方案(即使不是最优)已使总运价减少.

[**提示**：表 12 中第 4 列中有 3 格有运量，其中的两格单位运价较大，当它们的运量移至同行中某个单位运价较小的格子时，总运价会减少. 又表 13 中的两个 0 是为使有运量的格子数保证为 $m+n-1$]

11. 对于某运输问题，初始方案表的部分表格分别如下(此时对应一个退化解)：

问题 1

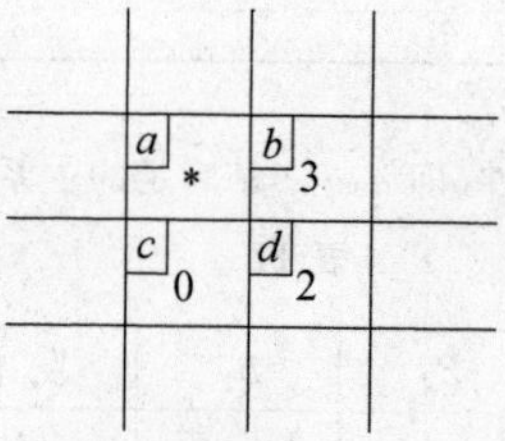

问题 2

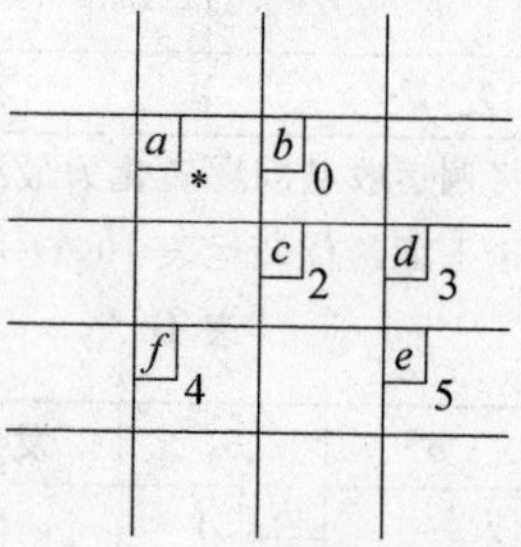

经检验，空格 * 处检验数为负值. (1) 如何调整? (2) 调整后，此闭回路是否最优?

问题 1 调整

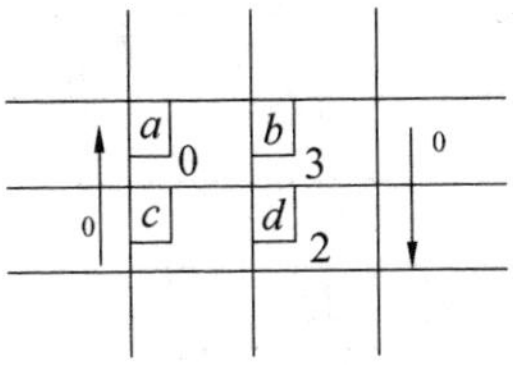

问题 2 调整

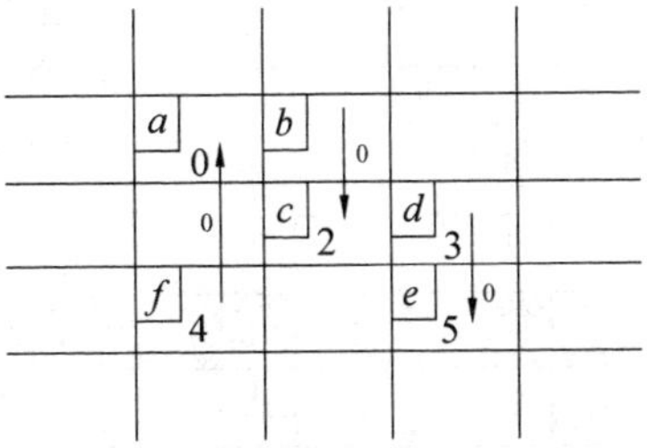

[**提示**:调整量为 0,此时运价为 c 和 b 的(对应问题 1、2)格变为空格,其检验数与 a 格恰好差一符号,知它必为正]

12*. 写出下面运输问题的对偶规划问题

$$\min f = \sum_{i=1}^{m}\sum_{j=1}^{n} c_{ij}x_{ij}$$

$$\text{s.t.}\begin{cases}\sum\limits_{i=1}^{n} x_{ij} = a_i \quad (i = 1,2,\cdots,m)\\ \sum\limits_{i=1}^{m} x_{ij} = b_j \quad (j = 1,2,\cdots,n)\\ x_{ij} \geqslant 0 \quad (i = 1,2,\cdots,m; j = 1,2,\cdots,n)\end{cases}$$

并证明可行解 $\{x_{ij}^0\}$ 是最优解 $\Leftrightarrow$ 存在 $u_i(i = 1,2,\cdots,m)$ 和 $v_j(j = 1,2,\cdots,n)$ 满足

$$\begin{cases}c_{ij} - u_i - v_i \geqslant 0 & ①\\ (c_{ij} - u_i - v_j)x_{ij}^0 = 0 & ②\end{cases}$$

[**提示**:利用对偶规划理论]

注:显然式 ① 即为位势法中的检验数. 从关于约束规划中的 K－T 条件看,①,② 两式为其特例.

13*. 解下面产销不平衡的有界发量的运输问题(表 14).

表 14

	B_1	B_2	B_3	**最低发量**	**最高发量**
A_1	4	6	7	60	80
A_2	*	7	8	40	40
A_3	5	4	6	40	不限
A_4	4	5	*	0	50
收　量	70	80	50		

这里有 * 的格表示不调运.

[**提示**:总收量 200,最低发量 140,知 A_3 最高发量为 100(最低发量与收发量差的和). 由于全部最高发量为 270. 从而可设虚收点 B_4 收量为 70,同时将 A_i 发量分成两部分,从而问题可化为表 15(M 是一个充分大的数). 答:$x_{11} = 60, x_{24} = 20, x_{33} = 40, x_{42} = 40, x_{52} = 40, x_{53} = 10$,

$x_{54}=10, x_{61}=10, x_{64}=40$]

表 15

	B_1	B_2	B_3	B_4	发量
A'_1	4	6	7	M	60
A''_1	4	6	7	0	20
A_2	M	7	8	M	40
A'_3	5	4	6	M	40
A''_3	5	4	6	0	60
A_4	4	5	M	0	50
收量	70	80	50	70	

14*. 对于产销不平衡的运输问题(表 16,销大于产问题),虚拟一个产地 A_4,用最小元素法和 Vogel 法分别给出初始方案,再调整后有最优方案及空格检验数(带圆圈数字)(表 17,18).

表 16

	B_1	B_2	B_3	B_4	发量
A_1	3	11	3	10	9
A_2	1	9	2	8	11
A_3	7	4	10	5	2
收量	5	9	4	6	

表 17　由最小元素法经调整给出的方案

	B_1	B_2	B_3	B_4	发量
A_1	⓪	5	4	0	9
A_2	5	⓪	①	6	11
A_3	⑪	2	⑤	⑧	2
A_4	⑧	2	⑧	①	2
收量	5	9	4	6	

表 18　由 Vogel 法经调整给出的方案

	B_1	B_2	B_3	B_4	发量
A_1	⓪	⓪	4	5	9
A_2	5	5	①	1	11
A_3	⑪	2	⑭	②	2
A_4	⑧	2	⑧	①	2
收量	5	9	4	6	

有趣的是:两表空格检验数中皆有 0,依理论该问题有无穷多最优解. 但表 17A_1,B_1 格实际上无法调整(只能调 0 运量),因而本质上只有一个最优解;但 A_2,B_2 格处(检验数亦为 0)却可调,而表 18 则可给出无穷多个最优解,试给出该现象的一种解释或说明.

15. 用表上作业法求解指派问题,其效率矩阵为

$$\begin{pmatrix} 2 & 10 & 9 & 7 \\ 15 & 4 & 14 & 8 \\ 13 & 14 & 16 & 11 \\ 4 & 15 & 13 & 9 \end{pmatrix}$$

第5章　目标规划

具有多个目标的极值问题叫做多目标规划，而具有多个目标的线性规划问题叫做多目标线性规划，它是由 LP 问题发展演化而来的.

查恩斯（A. Charnes）和库伯（W. W. Cooper）于 1961 年在考虑可行 LP 问题近似解时，首先提出这类问题（在《管理模型和线性规划的工业应用》一书中），后经尤吉·艾吉里（Yaji Ijiri）等人（1965 提出优先因子概念）不断改进和完善，从而成为一门新的规划分支.

1974 年 Zeleny 出版了《线性多目标规划》一书，较系统地处理线性多目标规划问题.

1982 年 Zeleny 出版了论述多目标决策问题的教科书.

多目标线性规划问题（LGP）有时也称为向量极值问题（常简记为 VM）. 为方便计，以下多目标线性规划问题皆简称为多目标规划问题，换言之，本书只考虑线性多目标规划问题.

对于多目标线性规划，其数学模型可写为

$$V: \max(\text{或 } \min) z = \boldsymbol{C}\boldsymbol{x}$$

$$\text{s. t.} \begin{cases} \boldsymbol{A}\boldsymbol{x} \vee \boldsymbol{b} \\ \boldsymbol{x} \vee \boldsymbol{0} \end{cases}$$

这里 $\boldsymbol{C} = (c_{ij})_{p\times n}$，$\boldsymbol{A} = (a_{ij})_{m\times n}$，且

$$\boldsymbol{z} = \begin{pmatrix} z_1 \\ z_2 \\ \vdots \\ z_p \end{pmatrix}, \quad \boldsymbol{x} = \begin{pmatrix} x_1 \\ x_2 \\ \vdots \\ x_n \end{pmatrix}, \quad \boldsymbol{b} = \begin{pmatrix} b_1 \\ b_2 \\ \vdots \\ b_n \end{pmatrix}, \quad \boldsymbol{0} = \begin{pmatrix} 0 \\ 0 \\ \vdots \\ 0 \end{pmatrix}$$

注意这里的目标是 p 个（以向量形式表示）.

迄今为止，多目标规划问题已有许多解法，且目前仍不断有新的解法出现. 但这些解法多基于下面 3 种方法：

（1）**权系数（或称效用系数）方法**（先在目标间寻找一种度量标准，再将目标单一化）；

（2）**优先等级法**（1965 年由 Ijiri 提出，其主要思想是将多目标问题转化为单目

标模型)；

(3) **有效解方法**(它力图避开目标间权系数及优先级而求出所有有效解).

目标规划(从另外角度构造模型且求解的方法)是求解多目标线性规划问题的有效方法.为方便计,人们将之从中引申,它的基本思想是：

对每一个目标函数引进一个期望值(理想值),再考虑实际情况的实现与期望值间的偏差,然后对所有的目标函数建立约束方程(或不等式)并入原来约束条件中构成新的约束,接着在此约束下依照各目标的重要性,化为求各期望值的偏差最小的问题,从而保证各目标期望值的实现(即目标加权分级,逐级优化).这样求偏差最小成了新的目标.此外,我们还需引进目标的优先级和权系数,以体现目标的重要程度(简言之,这里是以偏差为目标去求系统变元 x_i 的方法).

目标规划与 LP 问题的差别在于：

LP 是研究资源的有效分配和利用,即在满足一系列约束条件下,寻求某一目标的(极)最大或(极)最小值问题.

目标规划是据企业情况和制定的经营目标以及它们的重要程度,考虑现有资源,分析如何达到期望目标或使之与现实情况(由约束而致)差距尽量小.

5.1 目标规划模型

在介绍目标规划模型之前,先介绍几个概念.

1.偏差

表明实际值与目标期望值间的差异,且记：

d^+ 为超出目标的差值,称为正偏差;d^- 为未达目标的差值,称为负偏差.

若规定 $d^+\geqslant 0, d^-\geqslant 0$,显然在同一目标中,有 $d^+\cdot d^-=0$.

2.优先级及权系数

在目标函数中,各目标次序等级(它们与目标提出的先后有关)称为优先级(或优先因子);在同级目标中区分轻重赋权系数.

优先因子级常用正数 $p_1, p_2, p_3, \cdots$ 表示,且规定 $p_1 \gg p_2$(p_1 远大于 p_2),$p_2 \gg p_3, \cdots$

还应提及的是:无论权系数 M 多么大,对于 p_k 与 p_{k+1} 而言,$p_k \gg M\cdot p_{k+1}$.

3. 系统约束与目标约束

资源使用上的严格限制条件称为系统约束，数学形式为严格等式或不等式.

与期望目标允许一定偏差的约束称为目标约束，数学形式为带有正负偏差的等式.

4. 达成函数

为使目标函数期望值得以实现(达成)的新的目标函数称为达成函数(也可认为是模型的目标函数). 大多是由偏差和级、权系数的函数形式出现，且常常是求极小值(数学中多是求偏差极小)形式(我们再强调一次：目标与系统变元无关，而最终要解出系统变元).

5. 目标规划的数学模型

目标规划模型的矩阵形式为

$$\text{V}:\min f=\boldsymbol{P}\cdot(\boldsymbol{W}^{-}\boldsymbol{D}^{-}+\boldsymbol{W}^{+}\boldsymbol{D}^{+}) \qquad (\text{达成函数})$$

$$\text{s.t.}\begin{cases}\boldsymbol{CX}+\boldsymbol{D}^{-}-\boldsymbol{D}^{+}=\boldsymbol{E} & (\text{目标约束})\\ \boldsymbol{AX}\vee\boldsymbol{B} & (\text{系统约束})\\ \boldsymbol{X}\geqslant\boldsymbol{0},\boldsymbol{D}^{\pm}\geqslant\boldsymbol{0} & (\text{符号约束})\end{cases}$$

其中 $\boldsymbol{P}=(\boldsymbol{p}_1,\boldsymbol{p}_2,\cdots,\boldsymbol{p}_k)$，$\boldsymbol{W}^{-}=(w_{ij}^{-})_{k\times m}$，$\boldsymbol{W}^{+}=(w_{ij}^{+})_{k\times n}$，$\boldsymbol{C}=(c_{ij})_{m\times n}$，$\boldsymbol{A}=(a_{ij})_{l\times n}$，$\boldsymbol{X}=(x_i)_{m\times 1}$，$\boldsymbol{D}^{\pm}=(d_i^{\pm})_{m\times 1}$，$\boldsymbol{E}=(e_i)_{m\times 1}$，$\boldsymbol{B}=(b_i)_{l\times 1}$，这里 x_i 称为系统变元，$d_i^{\pm}$ 称为偏差变元.

显然，它仍然是一个线性规划问题，不同的是，目标中有优先因子级.

此外，目标规划的解有两种：最优解(目标全部达到)和满意解(目标部分达到). 关于满意解概念详见后文.

上一节中提到的前两种方法的结合，我们后文要介绍. 对于有效解法(所谓有效解是指无法不破坏其中一些目标而改进另一些目标的一种解)，这里不打算多介绍. 下面请看例 5.1.1.

例 5.1.1　某企业生产情况如表 5.1.1(表示每种产品所需工时).

今考虑诸多因素后，提出下面一些目标：

(1) 力争利润不低于 12；

(2) 考虑市场需求，力争使 Ⅰ、Ⅱ 两产品产量比为 1∶1；

(3) 设备 A 尽量使用，设备 B 必要时可加班，但力争少加班；设备 C、D 禁止超时使用.

如何安排尽可能地实现上述诸目标?

表 5.1.1

工时利润 产品 \ 设备	A	B	C	D	利润/件
Ⅰ	2	1	4	0	2
Ⅱ	2	2	0	4	3
总工时	12	8	16	12	

解 设Ⅰ、Ⅱ两产品产量各为 x_1, x_2,则先依据目标(1)~(3),可有下面等式

$$2x_1+3x_2+d_1^- - d_1^+ = 12 \qquad \text{目标(1)}$$

(注意 $2x_1+3x_2 \geqslant 12$,则不妥,因为此时目标不一定能 $\geqslant 12$)

$$x_1 - x_2 + d_2^- - d_2^+ = 0 \qquad \text{目标(2)}$$

(显然对于目标(2),用等式 $(x_1 : x_2) + d_2^- - d_2^+ = 1$ 不妥,此式已非线性)

$$\begin{cases} 2x_1+2x_2+d_3^- - d_3^+ = 12 \\ x_1+2x_2+d_4^- - d_4^+ = 8 \end{cases} \qquad \text{目标(3)}$$

显然它们已成为约束,且称之为目标约束,又约束

$$\begin{cases} 4x_1 \leqslant 16 \\ 4x_2 \leqslant 12 \end{cases}$$

称为系统约束(式中无偏差),同时 $x_1, x_2 \geqslant 0$,$d_1^{\pm} \sim d_4^{\pm} \geqslant 0$ 称为符号约束.

为了实现前述诸目标,我们应在偏差上做文章,这样可由下面式子表达(我们没有取偏差极大是为某些情况下目标没能实现而埋下伏笔,换言之,这里的目标是相对保守的)

$$\min z = p_1 d_1^- + p_2(d_2^+ + d_2^-) + 3p_3(d_3^+ + d_3^-) + p_3 d_4^+$$

这里 p_1, p_2, p_3 为优先因子,其依据是前面提出目标的顺序:让 d_1^- 尽量小是"力求利润不低于12";希望两种产品产量力争达到1∶1,可让 $d_2^+ + d_2^-$ 尽量小;希望设备A充分利用,可让 $d_3^+ + d_3^-$ 尽量小. 又B设备必要时可加班,且尽量少加,可让 d_4^+ 尽量小.

在设备A、B使用控制上,它们属同一级(优先因子级别一样),但设备A的要求更重要一些,可在其前面加上权系数(乘以3).

这样上述目标规划模型为

$$\text{V}: \min z = p_1 d_1^- + p_2(d_2^+ + d_2^-) + 3p_3(d_3^+ + d_3^-) + p_3 d_4^+$$ ①

$$\text{s.t.}\begin{cases} 2x_1 + 3x_2 + d_1^- - d_1^+ = 12 & ① \\ x_1 - x_2 + d_2^- - d_2^+ = 0 & ② \\ 2x_1 + 2x_2 + d_3^- - d_3^+ = 12 & ③ \\ x_1 + 2x_2 + d_4^- - d_4^+ = 8 & ④ \\ 4x_1 \leqslant 16 & ⑤ \\ 4x_2 \leqslant 12 & ⑥ \\ x_1, x_2 \geqslant 0, d_1^\pm \sim d_4^\pm \geqslant 0 & ⑦ \end{cases}$$

显然,这仍是一个线性规划问题,但又有别于一般的 LP 问题.

5.2　目标规划解法

由于目标规划仍是一个 LP 问题,则它可以用解 LP 问题的方法求解:

(1) 图解法(系统变元个数较少时,即一般不多于 3 个时);

(2) 单纯形方法.

1. 目标规划的图解法

我们先介绍图解法.当问题系统变元少于 3 个(有时对于数目为 3 的情况也可)时可用此法,为介绍此方法首先我们对直线 $l: ax_1 + bx_2 = c$ 的偏差进行分析,如图 5.2.1(这里仅讨论了部分情形).

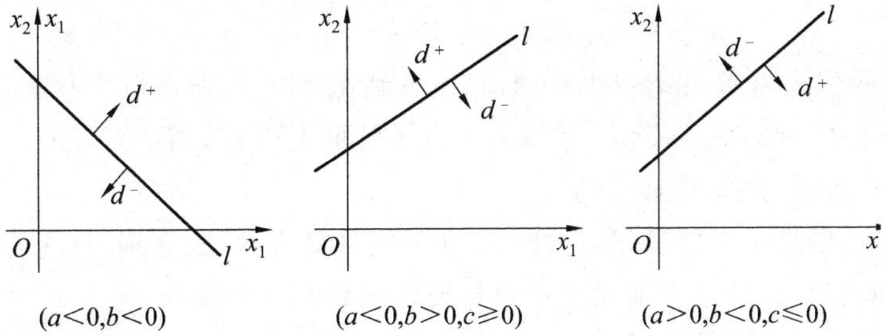

图 5.2.1

① 有的文献上记之为 lexmid $d = \{(d_1^-), (d_2^+ + d_2^-), (3(d_3^+ + d_3^-) + d_4^+)\}$.

从图中可以看到对每种直线走向，所对应偏差的位置情况. 这样我们可以据此去解目标规划的问题，仍以例 5.1.1 为例.

(1) 建立坐标系，先将除去诸偏差的直线画出；

(2) 表示系统的可行范围(图 5.2.2 中阴影部分)，它由约束 ⑤，⑥ 及 $x_1 \geqslant 0, x_2 \geqslant 0$ 确立；

(3) 按优先级分析偏差所示区域(在相应的直线两侧).

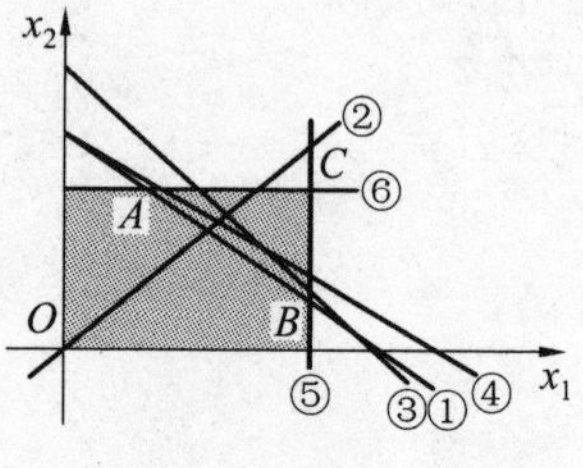

图 5.2.2

首先对应 p_1 的 d_1^- 尽量小的区域在直线 ① 的右上方(此时由 $d_1^+ d_1^- = 0$，若 $d_1^+ > 0$，则 $d_1^- = 0$)(图 5.2.3).

其次对于 p_2 的 $d_2^+ + d_2^-$ 尽量小，它恰好在直线 ② 上，从而在 DE 上(图 5.2.4).

再于 p_3 相应的 $d_3^+ + d_3^-$ 尽量小，它应在直线 ③ 上，从而在直线 ②，③ 交点 F 处；又 d_4^+ 尽量小，应在直线 ④ 左下方，应在 FD 上(图 5.2.5).

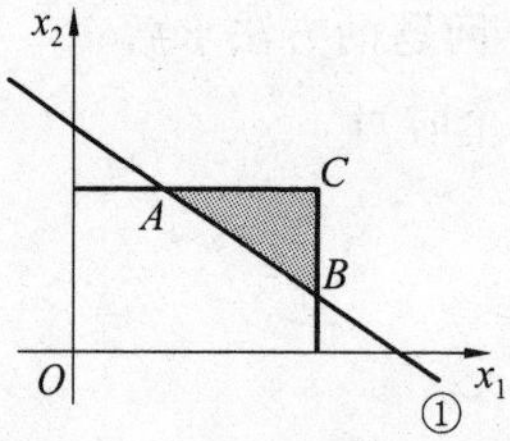

图 5.2.3

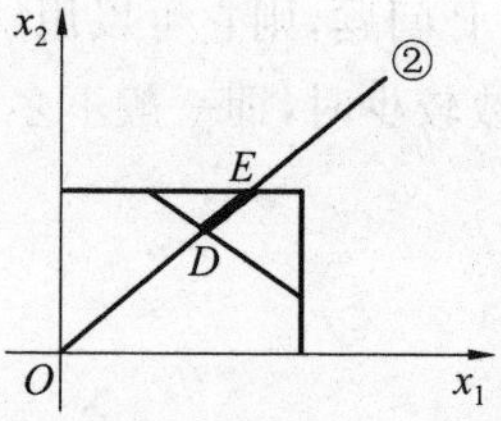

图 5.2.4

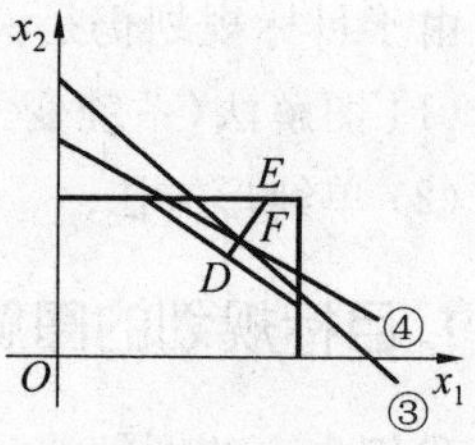

图 5.2.5

由于 $d_3^+ + d_3^-$ 有权系数 3，从而应先满足它，则下一级目标舍弃. 这样所求解应为点 F，即直线 ②，③ 的交点

$$x_1 = 3, x_2 = 3$$

由此 我们还可求出 $d_i^\pm = 0, i = 2, 3$(注意到 $d_i^+ d_i^- = 0$，故实际上仅有两个偏差可能出现)，且 $d_1^+ = 3, d_1^- = 0, d_4^+ = 1, d_4^- = 0$.(利润达到 15，请注意 $d_4^+ = 1$，换言之因 B 设备加班，最大利润增加了 1)

这里 d_4^+ 尽量小未能满足，这样(3,3)不能算最优解，为区别，称之为**满意解**(它仅满足了依照目标顺序中前面某些目标要求的解).

显然，有时上述解可能限定于某个区域、某个线段. 如果全部目标达到，此时为**最优解**(比如上面问题看上去是 8 个变元，4 个方程，但由 $d_i^+ d_i^- = 0 (i = 1, 2, 3, 4)$，实际变元仅有 4 个，故有时可得到唯一解).

如上例中去掉第三级目标，则解集是一线段；去掉第二三级目标，则解集是一个三角区域；去掉目标中 $p_3 d_4^+$，则解是一个点(最优).

2. 目标规划的单纯形解法

对于系统变元个数较多的情形,则可以用单纯形法. 不过与普通 LP 问题的单纯形方法具有以下区别:优先因子及权系数将在检验数中分级处理,目的为方便区别各级的轻重差异.

下面我们来看例 5.1.1 的单纯形解法.

解　先将问题标准化:目标函数化为极大,系统约束⑤,⑥分别加上松弛变元 x_3,x_4 变为等式,这样可有表 5.2.1(注意进基变元为 $x_3,x_4;d_1^-,d_2^-,d_3^-,d_4^-$).

表 5.2.1

			0	0	0	0	$-p_1$	$-p_2$	$-p_3$	0	0	$-p_2$	$-3p_3$	$-p_3$	b
			x_1	x_2	x_3	x_4	d_1^-	d_2^-	d_3^-	d_4^-	d_1^+	d_2^+	d_3^+	d_4^+	
	$-p_1$	d_1^-	2	3			1				-1				12
	$-p_2$	d_2^-	1	-1				1				-1			0
(0)	$-3p_3$	d_3^-	2	2					1				-1		12
	0	d_4^-	1	2						1				-1	8
	0	x_3	4		1										16
	0	x_4		[4]		1									$\overrightarrow{12}$
σ_N		p_1	2	$3^\uparrow$											
		p_2	1	-1							—	—	—	—	
		p_3	6	6											
	$-p_1$	d_1^-	[2]			$-3/4$	1				-1			$\overrightarrow{3}$	
	$-p_2$	d_2^-	1			1/4		1				-1			3
(1)	$-3p_3$	d_3^-	2			$-1/2$			1				-1		6
	0	d_4^-	1			$-1/2$				1				-1	2
	0	x_3	4		1										16
	0	x_2		1		1/4									3
σ_N		p_1	$2^\uparrow$			$-3/4$									
		p_2	1			1/4						—	—	—	—
		p_3	6			$-3/2$									

续表 5.2.1

			0	0	0	0	$-p_1$	$-p_2$	$-p_3$	0	0	$-p_2$	$-3p_3$	$-p_3$	
			x_1	x_2	x_3	x_4	d_1^-	d_2^-	d_3^-	d_4^-	d_1^+	d_2^+	d_3^+	d_4^+	$\boldsymbol{b}$
	0	x_3	1			$-3/8$	$1/2$				$-1/2$				$3/2$
	$-p_2$	d_2^-				[5/8]	$-1/2$	1			$1/2$	-1			$\overrightarrow{3/2}$
(2)	$-3p_3$	d_3^-				$1/4$	-1		1		1		-1		3
	0	d_4^-				$-1/8$	$-1/2$			1	$1/2$			-1	$1/2$
	0	x_3			1	$3/2$	-2				2				10
	0	x_2		1		$1/4$									3
$\boldsymbol{\sigma}_N$		p_1				↑									
		p_2				$5/8$	—				$1/2$	—	—	—	
		p_3				$3/4$					3				
	0	x_1	1				$1/5$	$3/8$			$-1/5$	$-3/5$			$12/5$
	0	x_4				1	$-4/5$	$8/5$			$4/5$	$-8/5$			$12/5$
(3)	$-3p_3$	d_3^-					$-4/5$	$-2/5$	1		$4/5$	$2/5$	-1		$\overline{12/5}$
	0	d_4^-					$-3/5$	$1/5$		1	[3/5]	$-1/5$		-1	$4/5$
	0	x_3			1		$-4/5$	$-12/5$			$4/5$	$12/5$			$32/5$
	0	x_2		1			$1/5$	$-2/5$			$-1/5$	$2/5$			$12/5$
	$-p_1$	d_1^-	2	3			1				-1				12
$\boldsymbol{\sigma}_N$		p_1									↑				
		p_2						—	—		—	—	—	—	
		p_3									$12/5$	$6/5$			

续表 5.2.1

		0	0	0	0	$-p_1$	$-p_2$	$-p_3$	0	0	$-p_2$	$-3p_3$	$-p_3$	
		x_1	x_2	x_3	x_4	d_1^-	d_2^-	d_3^-	d_4^-	d_1^+	d_2^+	d_3^+	d_4^+	$\boldsymbol{b}$
	0	x_1	1					2/3		1/3		$-2/3$		$-1/3$	12/5
	0	x_4				1		4/3		$-4/3$		$-4/3$		[4/3]	4/3
(4)	$-3p_3$	d_3^-						$-2/3$	1	$-4/3$		2/3	-1	4/3	4/3
	0	d_1^+					-1	1/15		1/3	1	$-1/15$		$-1/3$	4/15
	0	x_3			1			32/15		$-4/3$		8/3		4/3	16/3
	0	x_2		1				$-1/3$		1/3		1/3		$-1/3$	8/3
$\boldsymbol{\sigma}_N$	p_3						—	—		1		—	—	3	
	0	x_1	1			1/4		1				-1			3
	$-p_3$	d_4^+				3/4		1		-1		-1		1	1
(5)	$-3p_3$	d_3^-				-1		-2	1			2	-1		0
	0	d_1^+				5/4	-1	2			1	-2			3
	0	x_3			1	-1		-4				4			4
	0	x_2		1		1/4									3
	p_1														
$\boldsymbol{\sigma}_N$	p_2					0	—	—		0		—	0		
	p_3						—	0	—		—		5	—	

注意到在迭代过程中：

(1) 每次迭代中，与进出基无关的构成 $\pm\boldsymbol{I}$ 的列在迭代中不变(见习题)；

(2) 迭代过程虽然有检验数为正，但若继续迭代后，会破坏上一级目标，则迭代停止(一般须多迭代一步方可判定).

至此解得 $x_1=3, x_2=3$，即 $\boldsymbol{x}^*=(3,3)$.

如前所述，由此我们还可以从约束方程 组求得偏差 $d_i^\pm(i=1,2,3,4)$.

据以上表解法，我们可以看出：在每步计算检验数时，若遇到 p_1 级中有"+" 号且它们系数不相同时，$p_2, p_3, \cdots$ 级已无须计算(注意 $p_1 \gg p_2 \gg \cdots$ 的约定). 同样若 p_1 级皆为"—"，而 p_2 级中有"+" 号且它们系数不相同时，则 $p_3, p_4, \cdots$ 级检验数已无须计算. 以下类同.(对于某级 p_i 系数相同时，应考虑下一级 p_{i+1} 系数)

此外还可以看到:表解法中诸表(1),(2),(3),(4),(5)分别与上面图解法中图5.2.2,图5.2.3,图5.2.4,图5.2.5对应.

表解结果认定 $\boldsymbol{x}^*$ 已最优,尽管 d_4^+ 这级目标仍未完全满足;而图解也恰好证实这一点(因为也是这一级目标未能满足).

还有一点:在表5.2.1中的表(3)至表(4)的迭代中,我们可先将约束系数矩阵中的各元素分母1/5提出来,运算完成后再乘它(这对手算来讲是方便的).

下面我们再来看一个例子.

例5.2.1 求解

$$\min z = p_1(d_1^+ + d_2^+) + p_2 d_3^- + p_3 d_4^+$$

$$\text{s.t.}\begin{cases}2x_1 + x_2 + d_1^- - d_1^+ = 12\\ x_1 + x_2 + d_2^- - d_2^+ = 10\\ x_1 + d_3^- - d_3^+ = 7\\ x_1 + 4x_2 + d_4^- - d_4^+ = 14\\ x_1, x_2 \geqslant 0, d_1^\pm \sim d_4^\pm \geqslant 0\end{cases}$$

解 先将问题标准化,即将目标函数化为

$$\max(-z) = -p_1(d_1^+ + d_2^+) - p_2 d_3^- - p_3 d_4^+$$

当然,我们也可用对偶单纯形法解之,而无须转换目标函数.不过在考虑进出基时,常因 $\boldsymbol{b} \geqslant \mathbf{0}$,无法先选出基变元,故应将负检验数绝对值大者先进基,出基准则不变.这与前述的对偶单纯形法稍有不同(关键这里没有涉及正则解).

由于这是一个有10个变元(2个系统变元,8个偏差变元)的LP问题,因而有如表5.2.2所示的单纯形表.

表5.2.2

		0	0	0	0	0	0	p_1	p_1	0	p_3	
		x_1	x_2	d_1^-	d_2^-	d_3^-	d_4^-	d_1^+	d_2^+	d_3^+	d_4^+	$\boldsymbol{b}$
0	d_1^-	[2]	1	1				−1				12
0	d_2^-	1	1		1				−1			10
p_2	d_3^-	1				1				−1		7
0	d_4^-	1	4				1				−1	14
$\boldsymbol{\sigma}_n$	p_1							1	1			
	p_2	−1								1		

续表 5.2.2

		0	0	0	0	0	0	p_1	p_1	0	p_3	
		x_1	x_2	d_1^-	d_2^-	d_3^-	d_4^-	d_1^+	d_2^+	d_3^+	d_4^+	**b**
0	x_1	1	1/2	1/2				−1/2				6
0	d_2^-		1/2	−1/2	1			1/2	−1			4
p_2	d_3^-		−1/2	−1/2		1		[1/2]		−1		1
0	d_4^-		7/2	−1/2			1	1/2			−1	8
$\boldsymbol{\sigma}_n$	p_1							1	1			
	p_2		1/2	1/2				−1/2		1		
0	x_1	1				1				−1		7
0	d_2^-		1		1	−1			−1	1		3
p_1	d_1^+		−1	−1		2		1		−2		2
0	d_4^-		4			−1	1			1	−1	7
$\boldsymbol{\sigma}_n$	p_1		1	1		−2				2		
	p_2					1						
	p_3										1	

至此已看出:迭代第二步中,p_2 级目标检验数仍有负值,但与 $-1/2$ 相应的 d_1^+ 不能进基,这从表中可清楚地看到,在那里它的 p_1 级检验数一直是"+"(当然你从下面的直接迭代可看出,目标函数非但没有改善,反而破坏了 p_1 级目标),这样 d_1^+ 一旦进基,必破坏 p_1 级目标的实现,故不妥. 这里再强调一下:迭代是在不破坏上一级目标前提下进行的,一旦上一级目标遭破坏,迭代停止.

这时可考虑 p_3 级目标,它有着与 p_2 级相类似的情况:若这级中唯一的负检验数对应的变元无法进基(不然将破坏 p_2 级目标的实现),则至此已求得问题的满意解;否则迭代可继续进行(见习题). 本例中至此已解毕,得满意解

$$x_1=6, x_2=0$$

还应强调一点,若约束中有系统变元,有时还应加松弛或人工变元,这方面例子可参见本章习题.

5.3　目标规划解的讨论

与线性规划问题相比较，目标规划与之存有以下差异：① 目标多寡不同；② 偏差 $d^{\pm}$ 的引入；③ 约束中增加了目标约束；④ 目标（达成）函数以偏差为变元，且引入优先因子级；⑤ 目标规划的解一般为满意解，它仅仅满足顺序靠前的目标；而线性规划问题的解或唯一、或多解、多无解.

在 LP 问题中，单纯表可提供有无可行解、最优解、无界解等信息. 对目标规划而言，单纯形表也可提供这些信息.

关于目标规划解的情况有：

(1) 无可行解　由于目标规划约束条件一般不会出现矛盾方程（由于正负偏差的引入），因而可行解空间（集）往往非空，即无可行解的情况一般不会发生（但也有例外，见本章习题）.

(2) 无界解　由于目标规划引入了目标函数期望值，所以一般目标规划的解不会无界，但目标规划的满意解对目标函数期望值而言：有可能全部实现（此时称为最优解），或者尽量接近它们.

(3) 可选择的满意解　由图解中可以看到：有时满足目标期望值的解为一个点、一条线段或一个区域，它们可供决策者选择. 对于单纯形法而言：终表非基变元检验数有 0 者，则存在可选择的满意解.

由前述可以看出：目标规划比 LP 适应面要灵活得多，又由于目标函数划分优先级及权系数大小，这样决策者可根据外部世界变化，通过调整目标优先级及权系数，去适应新情况，解决新问题.

目标规划如今已在经营计划、生产管理、市场营销、财务分析、资源分配、环境保护以及行政管理等诸多方面得以应用，且取得较好的效果.

在国内，近年来也有不少应用目标规划而大获成功的例子.

限于篇幅，这里不多介绍了，详请参见参考文献[10]、[18] 及本章习题.

5.4　优先因子和权系数的确定

在目标规划中，优先因子和加权系数的确定是至关重要的. 关于它们的确定有下面的一些方法.

1. 两两比较法

若目标个数有 n 个，决策者仅一人，他可从诸多目标中两两比较(共比较 $n(n-1)/2$ 次)：比如目标 G_i，G_j，若认为 G_i 较 G_j 重要，则可记为 $G_i > G_j$，反之记为 $G_i > G_j$.

一一比较后，将全部不等式调成一顺，比如全部调为“>”，然后可依其在不等式式左(或式右)出现的次数多少(由大到小)依次决定目标优先次序，再赋予它们不同的优先因子以及权系数.

对于多个人进行比较时，处理方法有二：

(1) 若每个人权重一样时，将每个人对于目标 G_i 比较中在不等式左方出现的次数统计出来且求和，然后依据它们出现的次数多少而决定它们的优先次序；

(2) 加权系数进行统计，比如 4 位专家甲、乙、丙、丁，他们的权系数分别为 0.4，0.3，0.2 和 0.1，又 G_i 在不等式“>”号左边出现的次数见表 5.4.1，一旦求出它们的加权数和后，便可得出 G_i 的优先顺序.

表 5.4.1

专家及权系数		G_i 在 > 号左边出现的次数				
		G_1	G_2	G_3	G_4	G_5
甲	0.4	3	2	4	1	0
乙	0.3	4	1	3	2	0
丙	0.2	4	2	0	1	1
丁	0.1	2	4	1	1	2
加权和		3.4	1.9	2.6	1.3	0.4

当然加权方法还有另外一种，它是先确定每位专家(评估人)对于 G_i 的优先顺序，然后再行加权.

2. 加权平均法

对于目标重要性次序的多人综合评估，若仅知道它们(目标)在各专家排序中的次序(不知道次数)，可采用先赋值再加权平均的办法. 今以 5 个目标，4 位专家的评估为例说明此法. 表 5.4.2 是 4 位专家的各自评估结果.

表 5.4.2

专家序号	目标顺序					权系数 v_i	$v_i/\sum_{i=1}^{4}v_i$ (归一化)
	1	2	3	4	5		
1	G_2	G_5	G_1	G_3	G_4	0.7	0.28
2	G_3	G_1	G_5	G_4	G_2	0.6	0.24
3	G_5	G_3	G_2	G_1	G_4	0.8	0.32
4	G_5	G_2	G_4	G_1	G_3	0.4	0.16

为计算方便,各目标顺序依次赋值为 5,4,3,2,1,然后依据表 5.4.2 算出各目标综合得分:

G_1 得分　$g_1=3\cdot0.28+4\cdot0.24+2\cdot0.32+2\cdot0.16=3.08$

G_2 得分　$g_2=5\cdot0.28+1\cdot0.24+3\cdot0.32+4\cdot0.16=3.24$

G_3 得分　$g_3=2\cdot0.28+5\cdot0.24+4\cdot0.32+1\cdot0.16=3.20$

G_4 得分　$g_4=1\cdot0.28+2\cdot0.24+1\cdot0.32+2\cdot0.16=1.56$

G_5 得分　$g_5=4\cdot0.28+3\cdot0.24+5\cdot0.32+5\cdot0.16=4.24$

这样 5 个目标排队次序为:$G_5>G_2>G_3>G_1>G_4$.

然后可据此赋予以上诸目标优先因子和加权系数,如表 5.4.3 所示.

表 5.4.3

目　标	G_5	G_2	G_3	G_1	G_4
优先级权系数	p_1	p_2	p_3	p_4	p_5

一般约定 $p_1\gg p_2\gg p_3\gg p_4\gg p_5$.

当然,我们也可以根据其得分整数部分大小分为 3 级,如表 5.4.4 赋予诸目标优先因子和权系数.

表 5.4.4

目　标	G_5	G_2	G_3	G_1	G_4
优先级权系数	p_1	$3p_2$	$2p_2$	p_2	p_3

其中,G_2,G_3,G_1 优先级均为 p_2 级,权系数分别为 3,2,1(但它们同为三级目标).

其实级间关系还可以进一步细化，这样优先系数可据定义给出，比如定义 <、≪、⋘ 等，这些留给读者自己考虑. 此外，关于级间更为精细的讨论，要用到所谓层次分析方法（详见后文）.

注　记

多目标规划是一个发展很快的“运筹学”分支. 对于它的构模和解法除了加权（优先因子和权系数）之外（即目标规划解法）还有下面一些方法.

1. 有效解集法

如果多目标规划的数学模型是

$$(\mathrm{VM})\quad \begin{gathered} \mathrm{V:}\min z = \boldsymbol{Cx} \\ \text{s.t.} \begin{cases} \boldsymbol{Ax} = \boldsymbol{b} \\ \boldsymbol{x} \geqslant \boldsymbol{0} \end{cases} \end{gathered}$$

这里 $\boldsymbol{A} = (a_{ij})_{m\times n}$，$\boldsymbol{x}$，$\boldsymbol{b}$ 分别为 n，m 维向量，$\boldsymbol{C} = (c_{ij})_{l\times n}$，则它用有效解集法.

2. 逐步法(STEM) 和妥协约束法

Zeleny 等人将单纯形修正或将目标规划转化而给出的方法.

3. 分层序列法

把目标按其重要性给出一个序列，然后逐个求出优化序列的最优化.

4. 层次分析法(AHP)

这是美国数学家 T. L. Saaty 于 20 世纪 70 年代提出的定性与定量分析相结合的求解多目标规划的方法. 它对目标结构缺乏必要数据情况下更为适用（详见参考文献[21]，我们在后文中还将介绍）.

此外，多目标规划又发展出下面一些分支.

1. 模糊多目标规划

模糊目标规划主要是利用模糊隶属概念去研究多目标规划问题.

它的优点是可以转化为常规 LP 模型（已知模糊隶属函数的线性形式）；且目标函数（达成函数）的处理（一旦通过期望值转换为现实目标）与约束的处理完全统一.

2. 区域多目标规划

区域目标规划是在期望值某个范围中讨论满意程度，而非在单个值上讨论.

3. 交互式多目标规划

其中心思想是把决策者包括在决策过程中，即它随时将各种数据和结论在决策过程的不同阶段提供给决策者，然后决策沿决策者意向前进.

关于上述诸内容，可参见参考文献[10].

此外，随机多目标问题因实际需要而相应提出（像 LP 中的随机问题一样），不过解决它的难度更大.

目标规划的对偶问题,也可仿 LP 问题的对偶问题那样讨论. 限于篇幅这里不介绍了,详见参考文献[10]、[18].

习　题

1. 图解下列目标规划问题:

(1)
$$\min z = p_1(d_1^- + d_1^+) + p_2 d_2^+$$
$$\text{s.t.}\begin{cases}10x_1 + 12x_2 + d_1^- - d_1^+ = 62\\ x_1 + 2x_2 + d_2^- - d_2^+ = 10\\ 2x_1 + x_2 \leqslant 8\\ x_1, x_2 \geqslant 0, d_1^\pm, d_2^\pm \geqslant 0\end{cases}$$

(2)
$$\min z = p_1(d_1^+ + d_2^+) + p_2 d_3^- + p_3 d_4^+ + p_4 d_5^+$$
$$\text{s.t.}\begin{cases}4x_1 + 5x_2 + d_1^- - d_1^+ = 80\\ 4x_1 + 2x_2 + d_2^- - d_2^+ = 48\\ 8x_1 + 10x_2 + d_3^- - d_3^+ = 80\\ x_1 + d_4^- - d_4^+ = 6\\ x_1 + x_2 + d_5^- + d_5^+ = 7\\ x_1, x_2 \geqslant 0, d_1^\pm \sim d_5^\pm \geqslant 0\end{cases}$$

2. 用单纯形法解下面目标规划问题

$$\min z = p_1(d_1^+ + d_2^+) + p_2 d_3^- + p_3 d_4^+$$
$$\text{s.t.}\begin{cases}2x_1 + 5x_2 + d_1^- - d_1^+ = 12\\ x_1 + x_2 + d_2^- - d_2^+ = 10\\ x_1 + d_3^- - d_3^+ = 7\\ x_1 + 4x_2 + d_4^- - d_4^+ = 4\\ x_1, x_2 \geqslant 0, d_i^\pm \geqslant 0 (i = 1,2,3,4)\end{cases}$$

3. 某工厂生产 A、B 两种产品,须在甲、乙两车间加工:

预计平均每月可生产 A 产品 50,B 产品 80. 考虑力争做到:(1) 检验费每月不超过 4 600;(2) 每月 A 产品不少于 50;(2) 两车间工时充分利用(权系数按车间工时费比例);(4) 甲车间加班不超过 20;(5) 每月 B 产品不少于 80;(6) 两车间加班总时数有控制(权系数按车间工时费比例).

表 1

车间 \ 工时 \ 产品	A	B	车间工时总数	单位工时费
车间甲	2	1	120	80
车间乙	1	3	150	20
单位利润	100	75		
单位检验费	50	30		

试建立模型,并求解之(用图解及单纯形表解)(表 1).

[**提示**:应用模型

$$\min z = p_1 d_3^+ + p_2 d_4^- + p_3(4d_1^- + d_2^-) + p_4 d_6^+ + p_5 d_5^- + p_6(4d_1^+ + d_2^+)$$

$$\text{s.t.}\begin{cases} 2x_1 + x_2 + d_1^- - d_1^+ = 120 \\ x_1 + 3x_2 + d_2^- - d_2^+ = 150 \\ 50x_1 + 30x_2 + d_3^- - d_3^+ = 4\ 600 \\ x_1 + d_4^- - d_4^+ = 50 \\ x_2 + d_5^- - d_5^+ = 80 \\ d_1^+ + d_6^- - d_6^+ = 20 \\ x_1, x_2 \text{ 非负整数}, d_i^{\pm} \geqslant 0 (i = 1, 2, \cdots, 6) \end{cases}$$

可解]

4.(调资升级模型) 某单位升级调资方案遵循:

(1) 不超过年工资总限额 7 200 000;(2) 提级时,每级定编人数不得超过;(3) 升级面不超过现有人数的 20%,且尽可能多提;(4)C 级不足人数可录用新职工,A 级将有 10% 人员退休(退休后工资由社会福利基金开支). 有关数据如表 2.

表 2

等级	年薪	现有人数	编制人数
A	24 000	100	120
B	18 000	120	150
C	12 000	150	150

试制订一个升级调资方案.

[**提示**:设由 B 级升 A 级人数为 x_1,由 C 级升 B 级人数为 x_2,新录用人员(C 级) 为 x_3]

5.(人事安排) 美国某大学各类人员承担工作量、工资、人员比例见表 3.

表 3

人员种类	教学工作量		占教师比例		年　薪
	本科生	研究生	最　大	最　小	
① 助研(研究生兼)	0	0	—	—	3 000
② 助教(研究生兼)	6/周	0	7%	—	3 000
③ 讲师	12	0	7	—	8 000
④ 教授助理(非博士)	9	0	15	—	13 000
⑤ 副教授(非博士)	9	0	5	—	15 000
⑥ 教授(非博士)	6	0	2	—	17 000
⑦ 兼职教员(非博士)	3	0	1	—	2 000
⑧ 专家(非博士)	0	3/周	—	1%	30 000
⑨ 职工	—	—	—	—	4 000
⑩ 教授助理(博士)	6	3	—	21	13 000
⑪ 副教授(博士)	6	3	—	14	15 000
⑫ 教授(博士)	3	3	—	23	17 000
⑬ 兼职教师(博士)	0	3	2	—	2 000
⑭ 专家(博士)	0	3	—	2	30 000

校方确定的决策目标为：

(1)75% 教师是专职的；任本科生教学工作的教师中至少有 40% 有博士学位；任研究生课的教师中至少 75% 有博士学位.

(2) 工资总额不超过 176 000，且 ①，②，⑨ 类人员增加的工资总数为原基数的 6%；其他人员为 8%.

(3) 学校计划招本科生 1 820 人，研究生 100 人，本科生周学时总数为 910；研究生周学时总数为 100.

本科生教师与学生人数比例为 1 : 20(即本科生教师 91 人).

研究生教师与学生人数比例为 1 : 10(即研究生教师 10 人).

(4)②，③ 类人员各不超过职工总数的 7%；④、⑤ 类各不超过 15%；⑥ 类不超过 2%；⑦ 类不超过 1%；⑧ 类不低于 1%；⑩ 类不低于 21%；⑪ 类不低于 14%；⑫ 类不低于 23%；⑬ 类不超过 2%；⑭ 类不低于 2%.

(5) 教师与管理人员比例不超过 4 : 1.

(6) 教师与助研比较不超过 5∶1.

(7) 职工总工资基数尽量小.

试给出各类人员具体数字，以尽量实现上述诸目标.

6. 某地区计划建核电站，考虑下述目标：G_1 为供需电量吻合；G_2 为可靠性；G_3 为费用最小；G_4 为供电系统安全；G_5 为对环境污染小，决策者比较结果为

$$G_1 > G_2, G_2 < G_3, G_3 < G_4, G_4 > G_5, G_1 > G_3, G_2 < G_4$$

$$G_3 > G_5, G_1 < G_4, G_2 > G_5, G_1 > G_5$$

试给出该问题的优先级(优先因子)次序.

7*. (投资问题) 某经济区计划向钢铁、石油、化工等行业投资(有一定风险)，具体效益见表 4.

表 4

行业	钢铁				化工			石油			
方案	1	2	3	4	5	6	7	8	9	10	11
风险因子 r_i	0.2	0.2	0.3	0.3	0.4	0.2	0.5	0.7	0.6	0.4	0.1
效益(增加)	0.5	0.5	0.3	0.4	0.6	0.4	0.6	0.5	0.1	0.6	0.3

并且要求：(1) 总风险不超过 0.2；(2) 总收入至少增 0.55；(3) 钢铁投资不超过总投资的 35%，化工投资至少占 15%；石油投资不超过 50%.

试给出投资的最理想比例.

[**提示**：设 x_i 为 i 方案投资百分比. 有 $x_1 + x_2 + x_3 + x_4 \leqslant 0.35$，$x_5 + x_6 + x_7 \geqslant 0.15$，$x_8 + x_9 + x_{10} + x_{11} < 0.5$；且 $\sum_{i=1}^{11} r_i x_i + d_1^- - d_1^+ = 0.2$；$\sum_{i=1}^{11} g_i x_i + d_2^- - d_2^+ = 0.55$；$\sum_{i=1}^{11} x_i + d_3^- - d_3^+ = 1$. 目标为 $\min z = p_1 d_1^+ + p_2 d_2^- + p_3 d_3^+$]

注：此题中系统约束有"$\geqslant$"，则须用人工变元或对偶单纯形法. 若将它们加偏差 $d_4^\pm, d_5^\pm, d_6^\pm$，则目标函数转为 $\min \bar{z} = p_4(d_5^+ + d_6^- + d_7^+)$.

8. 验证下面目标规划问题无解：

(1)

$$\min z = p_1 d_1^- + p_2 d_2^-$$

$$\text{s.t.}\begin{cases} x_1 - x_2 + d_1^- - d_1^+ = 50 \\ -2x_1 + 3x_2 + d_2^- - d_2^+ = 0 \\ x_1 + x_2 \leqslant 200 \\ x_1, x_2 \geqslant 0, d_i^\pm \geqslant 0 (i = 1,2) \end{cases}$$

(2)

$$\min z = p_1 d_1^- + p_2 d_2^-$$

$$\text{s.t.}\begin{cases}x_1+d_1^- - d_1^+ = 15\\4x_1+5x_2+d_2^- - d_2^+ = 200\\3x_1+4x_2 \leqslant 120\\x_1-2x_2 \geqslant 15\\x_1,x_2 \geqslant 0, d_i^\pm \geqslant 0(i=1,2)\end{cases}$$

9. 证明:单纯形法迭代中,与进出基无关的构成 $\pm \boldsymbol{I}$($\boldsymbol{I}$ 为单位矩阵)的列在迭代中不变.

第 6 章　图与网络分析

"图论"是一门应用广泛的数学分支,运筹学中涉及的图论问题,是图论研究中的一部分 —— 极值问题.

图论的历史虽然不长,但涉及图论的最早问题,可追溯到 1736 年.

在东普鲁士普雷格尔河畔的小城哥尼斯堡,河中有两个小岛,它们与河两岸间有 7 座桥连接. 有人提出了"哥尼斯堡七桥问题"(一次不重复地走完图 6.0.1 中的全部 7 座桥) 被数学大师欧拉抽象化,且完美地解决了:

他首先将问题转化为图 6.0.2,将点代表陆地(岸),将线代表桥;

这样原问题化为:能否一笔画出图 6.0.2 所示图形.

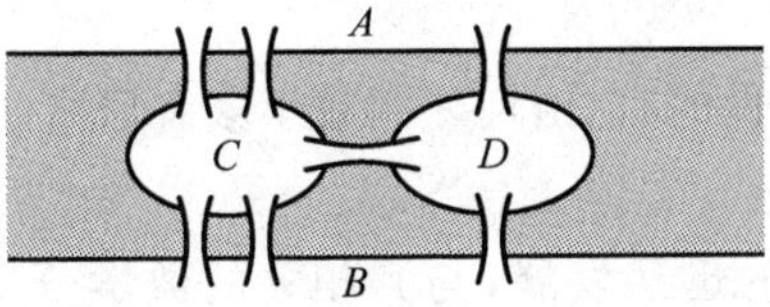

图 6.0.1

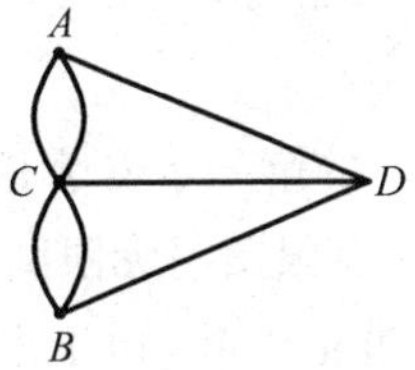

图 6.0.2

欧拉经研究发现上述问题不可能获解,为此他发表了堪称"图论"学科的创始论文(题为"论哥尼斯堡七桥问题"),文中给出了图形可以一笔画出充要条件:奇点(连接该点的线段数为奇数的点) 的个数只能是 0 或 2.

1847 年物理学家克希霍夫(G. Kirchhoff) 用图的方法解决电网络的问题,给出著名的电流定律. 1857 年,凯莱(A. Cayley) 在有机化学中研究同分异构体结构时,引入树的概念.

图论中另一著名问题源于 1852 年,英国大学生葛科斯发现:球面或平面上地图,仅用四种颜色便可将相邻区域均区分开. 1887 年,数学家凯莱发表文章,正式提出上述"四色猜想". 尔后不少人对此作过研究,但终未果.

1976 年美国伊利诺伊州的 W. Hakan, K. Appal 和 J. Koch 借助大型电子计算机(花 1 200 小时机上时间,进行 60 亿个逻辑判断),宣布证得此问题.

与图论产生有关的问题还有:"哈密顿周游世界的问题"、"三工厂引线问题"(不可平面图形)、"货郎担问题"、"完美正方形问题"(图 6.0.3)、"残棋盘剪裁问题”(图 6.0.4)、“完美标号问题”…… 限于篇幅,这里不多介绍,有兴趣的读者可阅读有关图论的书籍.

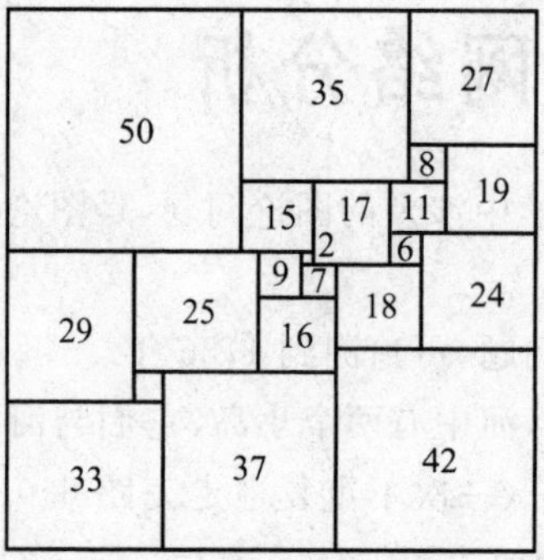

图 6.0.3

用大小各不相同的 21 个正方块所拼成的完美正方形称为 21 阶完美正方形(图中数字表示该正方块边长)

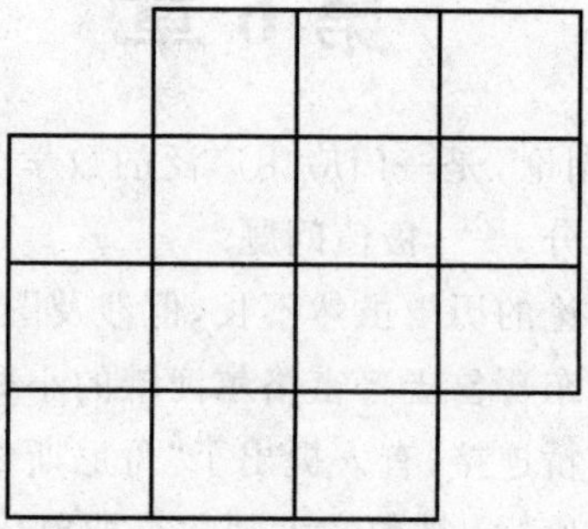

图 6.0.4

有 14 个方格(方格边长为 1)的残棋盘能裁出 7 个 1×2 的小矩形吗?

“图论”的第一本专著是 1936 年问世的,它由匈牙利数学家寇尼格(O,König)完成,名为《有限图与无限图的理论》.

至 20 世纪中叶,由于电子计算机的迅猛发展,与其相关的数学分支“离散数学”变得活跃,图论为该学科提供模型与理论.

目前图论已广泛地用于网络理论,信息科学、控制论、计算机科学、物理、化学、工程、社会科学等领域.

6.1 图的基本概念

这里仅介绍与本教程有关的一些图的基本概念.

点、边、弧　点间无指向的连线称为边,有指向的连线称为弧.对于点 v_i,v_j 来讲,边记$[v_i,v_j]$,弧记(v_i,v_j).

无向图　由点及边构成的图,记$G=(V,E)$,V表示点集,E表示边集.且$|V|$,$|E|$分别表示点数和边数.有时也用 $p(G)=|V|$,$q(G)=|E|$ 表示.

若 $p(G)=|V|=n$,称 G 为 n 阶图,0 阶图称为平凡图.

有向图　由点及弧构成的图,记 $D=(V,A)$,V 表示点集,A 表示弧集.

下面先介绍无向图的一些概念.

端点、相邻、关联边　若 $e=[u,v]\in E$，则称 u,v 为 e 的端点；u,v 称为相邻；e 为点 u,v 的关联边.

环　端点相同（重合）的一条边构成的图形称为环.

多重边　两点间多于一重的边称为多重边.

简单图　一个无环、无多重边的图称为简单图.有多重边的图称为多重图，有环及多重边的图称为伪图.

次、奇偶点、孤立点　与 v 相关联的边的数目称为次（也叫度），记作 $\mathrm{d}(v)$，次数为奇（或偶）数的点称为奇（或偶）点.次数为 0 的点称为孤立点.

链、圈　若图 $G=(V,E)$ 的一个点边交错序列 $\mu=(v_{i1},e_{i1},v_{i2},e_{i2},\cdots,v_{ik-1},e_{ik-1},v_{ik})$ 中，$e_{it}=[v_{it},v_{it+1}](t=1,2,\cdots,k-1)$，则称 μ 为联结 v_{i1} 和 v_{ik} 的一条链；若 $v_{i1}=v_{ik}$，则称之为圈.

连通　两点间至少有一条链（或任一点至少与另外某点间有一条边相连）的图称为连通图.

子图、部分图　对于图 $G_1=(V_1,E_1)$，$G_2=(V_2,E_2)$ 而言，若 $V_1\subseteq V_2$ 且 $E_1\subseteq E_2$，则称 G_1 是 G_2 的子图；若 $V_1=V_2$，又 $E_1\subseteq E_2$，称 G_1 是 G_2 的部分图（支撑子图）.

对于有向图而言：若弧 $a=(u,v)$，则 u,v 分别称为弧 a 的始、终点，且称弧 a 是由 u 指向 v.

有向图中，与无向图相应的链称为路（有时也称链）.始点、终点相同的路称为回路.

有了上面的概念，对无向简单图及多重图而言，可有：

命题 1　图 $G=(V,E)$ 中，$\sum\limits_{v\in V}\mathrm{d}(v)=2q$，这里 q 是 G 的边数 $q(G)$.

命题 2　任一图中，奇点个数必为偶数.

前者可用数学归纳法去考虑，而后者可用反证法结合命题 1 的结论，注意奇偶数和性质即可.

6.2　树图及其性质

我们先来考虑简单图的性质（如无特殊声明，以下叙述及内容皆指简单图和多重图）.

一个无圈的连通图称为树，树中点的个数称为该树图的阶.且称次为 1 的点为悬挂点，与之相邻的边称为悬挂边.仅一个点的图可视为平凡树.

树图(以下不考虑平凡树的情形)有以下性质:

命题 1 任何树图皆存在悬挂点,且至少 2 个.

证 设 $G=(V,E)$ 是一个树图,则 G 中点数 $\mathrm{p}(G)\geqslant 2$.

又设 $\mu=uv_1v_2\cdots v_kv$ 是 G 中最长(边的条数最多)的一条链,则 $\mathrm{d}(u)=\mathrm{d}(v)=1$.

若不然,$\mathrm{d}(u)\geqslant 2$,则有 $w\in\{V\backslash u\}$ 与 u 相邻(连接),且 $w\neq v_1$,若 $w\in V(\mu)$,这里 $V(\mu)$ 表示链 μ 的顶点集,则 μ 有圈,矛盾!若 $w\notin V(\mu)$,则 $wuv_1v_2\cdots v_kv$ 是更长的链,与假设矛盾!

这是一种指出存在的证明方法,它亦可视为构造性方法.

下面的命题可以作为树图的判定准则.

命题 2 设 G 是树,则 G 的边数 $\mathrm{q}(G)=\mathrm{p}(G)-1$.

证 用数学归纳法,当 $p(G)=1$ 时,$q(G)=0$,结论为真.

设 $\mathrm{p}(G)=k$ 时,结论真,今考虑 $k+1$ 阶树,因其有悬挂点,设其一为 v,且 vv' 是悬挂边,考虑 $G-v$,它是一个 k 阶树,由归纳假设,知 $\mathrm{q}(G-v)=k-1$,故 $\mathrm{q}(G)=k$.

命题 3 下述论断是等价的:(1) 图 G 是树图;(2) 图 G 连通,且 $\mathrm{q}(G)=\mathrm{p}(G)-1$.

证 (2)⇒(1). 先证 G 无圈. 若 $\mathrm{p}(G)=1$,结论显然成立.

设 $\mathrm{p}(G)\geqslant 2$,且连通,同时 $\mathrm{q}(G)=\mathrm{p}(G)-1$.

用反证法证 G 无圈. 若不然,设 G 有圈,则可从中去掉一条边(点未少),图仍连通. 如此下去,直至 G 中无圈为止.

由于余下支撑子图 G' 仍连通,且无圈,故为树图,则 $\mathrm{q}(G')=\mathrm{p}(G')-1$.

而 $\mathrm{p}(G)=\mathrm{p}(G')$,$\mathrm{q}(G)>\mathrm{q}(G')$,与假设 $\mathrm{q}(G)=\mathrm{p}(G)-1$ 矛盾!

关于树图还有许多性质,比如下面关于所谓“优美(完美)图”的猜想便是其中之一(这里的“优美”概念系与图中点与边的标号问题有关).

所有树图都是优美的(A. Rosa 猜想,1966 年).

这个猜想至今未被证明或否定(其中几类树图优美性已获证). 其实它与所谓“省刻度尺问题”亦有联系,它还被用到射电天文学等领域中去.

6.3 最小部分树(支撑树)及其求法

若 G_1 是 G 的部分图,且 G_1 是一个树图,则称 G_1 是 G 的部分树(或支撑树),树图的边称为树枝,枝长又称树数.

显然，若图 G 有支撑树，则它是连通的. 反之，连通图总有其支撑树（见下面命题 1）.

树枝总长最小的部分树，称为该图的最小部分树，简称最小树.

关于支撑树有下面命题：

命题 1　图 G 有支撑树 $\Leftrightarrow$ 图 G 连通.

证　证 $\Rightarrow$. 显然.

再证 $\Leftarrow$. 设 G 连通，若 G 无圈，则 G 是树图.

若 G 含圈，则可逐一去掉一条边，最后得到一个不含圈的支撑子图. 它是一个树图.

命题 2　若 $v_i \in G$，又 $[v_i, v_j]$ 是与 v_i 相邻的最短边，则 $[v_i, v_j]$ 必含于 G 的最小树中.

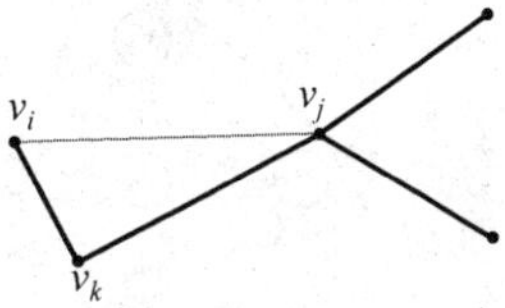

图 6.3.1

证　用反证法. 如图 6.3.1，若 $[v_i, v_j]$ 不在 G 的最小树中，而 $[v_i, v_k]$ 为最小树的关联边.

又 $[v_i, v_j] < [v_i, v_k]$，加入 $[v_i, v_j]$ 后，则构成圈，去掉 $[v_i, v_k]$ 时，仍为支撑树，但此时总树长将减少，这与假设矛盾！

系　若 $G=(V,E)$，又 $V=V_1 \cup \bar{V}_1$，则点集合 V_1 与 $\bar{V}_1$ 间连线最短者定含于 G 的最小树中.

为叙述方便，我们把一个赋权的连通图称为网络.

下面介绍网络最小树的求法. 通常有两种方法：

一是美国贝尔实验室的 J. B. Kruskal 于 1956 年提出的避圈法；二是 Rosenstithl 于 1967 年和管梅谷于 1975 年分别给出的破圈法.

1. 避圈法

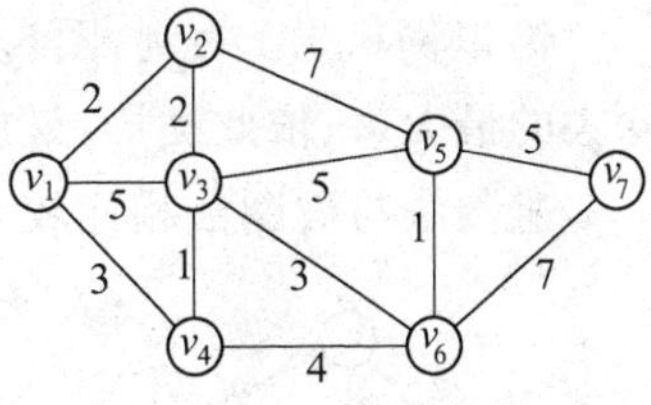

图 6.3.2

若 $G=(V,E)$，寻找最小树步骤为：

(1) 从 G 任选一点 v_i，令 $V_1 \in \{v_i\}$，且 $V\backslash\{v_i\}=\bar{V}_1$；

(2) 从 V_1 与 $\bar{V}_1$ 连线中找最小者，设为 $[v_i, v_j]$，将其加粗；

(3) 令 $V_1 \cup \{v_j\}=V_2$，且 $\bar{V}_1\backslash\{v_j\}=\bar{V}_2$；重复上述步骤，直至 $V_k=V$.

下面仅举一例说明.

例 6.3.1　求图 6.3.2 所示网络的最小树.

注意这里边的权数 路长，它不一定满足“三角形，也小于其他两边和”的命题.

解　解题步骤见图 6.3.3.

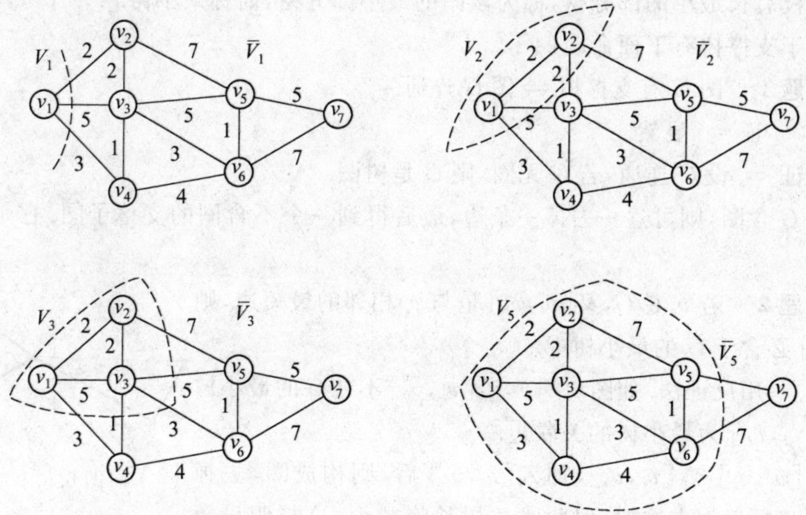

图 6.3.3

至此已得到最小部分树(支撑树).

当然还要留神多解的情形.

2. 破圈法

设 $G=(V,E)$ 为一网络，破圈法步骤为：

(1) 从图 G 中任找一个圈，去掉其(权数) 最大边(破圈)；

(2) 从余下图中重复上述步骤，直至 G 中无圈为止.

仍以例 6.3.1 为例，图 6.3.4 中“|”表示第 1 次除去的最大边，“||”表示第 2 次除去的最大边，依此类推，最后可得图 6.3.5.

避圈法与破圈法相比较，破圈法稍简便.

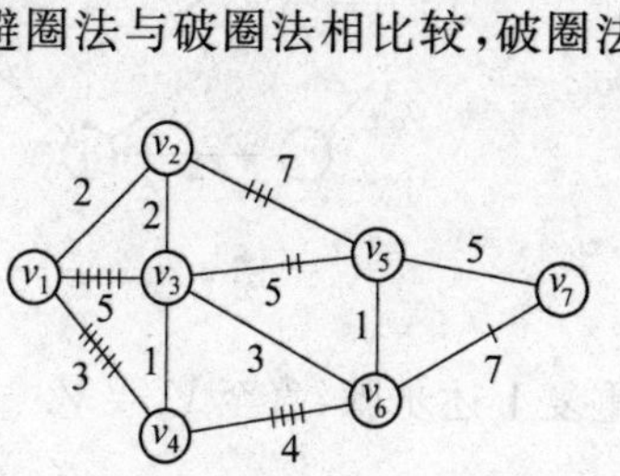

图 6.3.4　先去边、破图

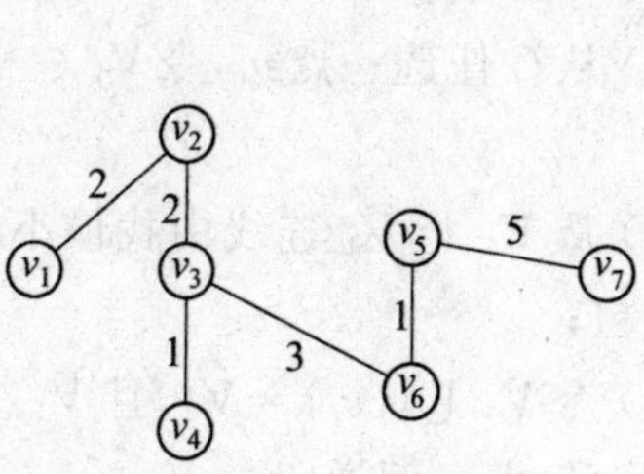

图 6.3.5　将剩余边加粗

3. 最小边生成最小树法

见本章习题 13.

4. 矩阵算法

上面 3 种方法均是在图上操作，由于图与矩阵的关联，下面我们再给出该问题一个矩阵算法，它基于图的理论和最小元生成最小树的方法，为此先给出一个定理.

定理 6.3.1　n 阶树图的距离矩阵（见下一节内容）里非零元素有 $(n-1)$ 个，其中 d_{ij} 的脚标 i,j 满足：(1) 是 $1\sim n$ 的一个完备集，即在 $1\sim n$ 至少出现一次，且 i，j 中至少有一个与另一元素 d_{lk} 的脚标 l,k 之一相同；(2) 任意划分成两个子集交集不空（即脚标 i,j 有公共元素）.

它的证明基于：(1) 树图的定义（无圈的连通图）；(2) 图与距离矩阵的关系；(3) 图 G 为树图 $\Leftrightarrow$ 图 G 连通且其边数为点数减 1，即 $\mathrm{q}(G)=\mathrm{p}(G)-1$.

这样我们用矩阵求最小树只需实现下述目标：

(1) 所选元素 d_{ij} 恰好 $(n-1)$ 个；

(2) 使 d_{ij} 的脚标完备（故此图连通）且任意划分成两个子集交集不空；

(3) 力争 d_{ij} 的和尽量最小，如此即可给出最小树图.

具体的算法及其步骤为：

第 1 步　写出网络相应的邻接距离矩阵 $\boldsymbol{D}=(d_{ij})_{m\times n}$，其中

$$d_{ij}=\begin{cases}0, & v_i=v_j\\ d_{ij}, & v_i\neq v_j \text{ 且相邻}\\ \infty, & v_i\neq v_j \text{ 且不相邻}\end{cases}$$

则

$$\boldsymbol{D}=\begin{pmatrix}0 & & & \\ & & d_{ij} & \\ & & & \ddots & \\ & * & & \\ & & & & 0\end{pmatrix}$$

由于邻接距离矩阵的对称性，因此只写矩阵的上三角部分（运算时须写全）.

第 2 步　从每行中找出非零最小元素并将其加括号标记.

第 3 步　检查每行中标记后的元素，其所在列中是否存在比其更小的但未标

记非零元素，如果有，则弃大选小，进行置换（即对较小元素加括号标记，去除较大元素所加的括号标记）.

第 4 步　在完成第 k 列的 i，j 元素置换（弃大换小）后，如 d_{ij} 换成 d_{jk} 后，若第 j 列元素中仍有比 d_{jk} 更小且未被加括号标记的元素 d_{rj}，则再将 d_{jk} 置换成 d_{rj}（即弃 d_{jk} 选 d_{rj}）.

第 5 步　在有两个或两个以上标记的行与列元素中，有比它们更小且未标记的非零元时，在保证下标完备前提下应再作置换，且重新标记.

第 6 步　检查且确定 d_{ij} 的下标集应为完备集，且任一划分的两子集交不空.

第 7 步　若所标元素有圈，将圈中最大元素按第 4 步进行置换以消除圈.

第 8 步　重复上述步骤，直至所标元素满足行列标记要求的最小为止.

这样做，一是保证树长最短，二是保证 v_i 与其他点的连通.

由距离矩阵求最小树的步骤当然也可以从列找非零最小元开始，其他步骤只需做相应的调整.

我们来看例子，先仍以前面例 6.3.1 为例说明.

解　建立邻接距离矩阵并求解.

方法 1　从行选最小元开始变换.

$$
\boldsymbol{D}=\begin{bmatrix}
0 & 2 & 5 & 3 & \infty & \infty & \infty \\
 & 0 & 2 & \infty & 7 & \infty & \infty \\
 & & 0 & 1 & 5 & 6 & \infty \\
 & & & 0 & \infty & 7 & \infty \\
 & & & & 0 & 1 & 5 \\
 & & & & & 0 & 7 \\
 & & & & & & 0
\end{bmatrix}
\xrightarrow[\text{最小元}]{\text{行选非零}}
\begin{bmatrix}
0 & (2) & 5 & 3 & \infty & \infty & \infty \\
 & 0 & (2) & \infty & 7 & \infty & \infty \\
 & & 0 & (1) & 5 & 6 & \infty \\
 & & & 0 & \infty & (7) & \infty \\
 & & & & 0 & (1) & 5 \\
 & & & & & 0 & 7 \\
 & & & & & & 0
\end{bmatrix}
$$

$$
\xrightarrow[\substack{d_{36}\ \text{置换}\ d_{46} \\ d_{57}\ \text{置换}\ d_{67}}]{\text{因为}\ d_{36}<d_{46},\,d_{57}<d_{67}}
\begin{bmatrix}
0 & (2) & 5 & 3 & \infty & \infty & \infty \\
 & 0 & (2) & \infty & 7 & \infty & \infty \\
 & & 0 & (1) & 5 & (6) & \infty \\
 & & & 0 & \infty & (7) & \infty \\
 & & & & 0 & (1) & (5) \\
 & & & & & 0 & 7 \\
 & & & & & & 0
\end{bmatrix}
$$

$$\xrightarrow[d_{35}\text{置换}d_{36}]{\text{因为}d_{35}<d_{36}}\begin{pmatrix}0 & (2) & 5 & 3 & \infty & \infty & \infty\\ & 0 & (2) & \infty & 7 & \infty & \infty\\ & & 0 & (1) & (5) & 6 & \infty\\ & & & 0 & \infty & 7 & \infty\\ & & & & 0 & (1) & (5)\\ & & & & & 0 & 7\\ & & & & & & 0\end{pmatrix}$$

则由脚标 12,23,34,35,56,57 为 1 ～ 7 的完备集，且它们的任意划分两子集的交集非空，故 d_{12}，d_{23}，d_{34}，d_{35}，d_{56}，d_{57} 为最小树树枝长，最小树长为

$$z=2+2+1+5+1+5+16$$

方法 2　从列选最小元开始

$$\boldsymbol{D}=\begin{pmatrix}0 & 2 & 5 & 3 & \infty & \infty & \infty\\ & 0 & 2 & \infty & 7 & \infty & \infty\\ & & 0 & 1 & 5 & 6 & \infty\\ & & & 0 & \infty & 7 & \infty\\ & & & & 0 & 1 & 5\\ & & & & & 0 & 7\\ & & & & & & 0\end{pmatrix}\xrightarrow[\text{最小元}]{\text{行选非零}}\begin{pmatrix}0 & (2) & 5 & 3 & \infty & \infty & \infty\\ & 0 & (2) & \infty & 7 & \infty & \infty\\ & & 0 & (1) & (5) & 6 & \infty\\ & & & 0 & \infty & 7 & \infty\\ & & & & 0 & (1) & 5\\ & & & & & 0 & 7\\ & & & & & & 0\end{pmatrix}$$

脚标 12,23,34,35,56,57 为 1 ～ 7 的完备集，且它们任一划分成两个子集交集非空，因此 d_{12}，d_{23}，d_{34}，d_{56}，d_{57} 为最小树树枝长，最小树长为

$$z=2+2+1+5+1+5=16$$

例 6.3.2　求图 6.3.6 所示网络的最小树.

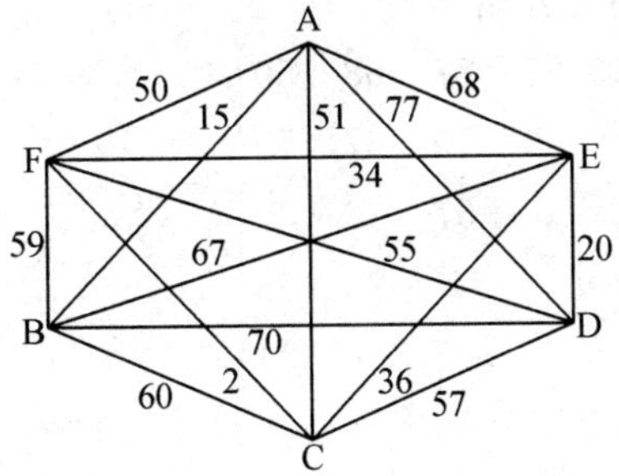

图 6.3.6

解　建立邻接距离矩阵并求解.

方法 1　从行选最小元开始

$$
\boldsymbol{D}=\begin{pmatrix}
0 & 13 & 51 & 77 & 68 & 50 \\
 & 0 & 60 & 70 & 67 & 59 \\
 & & 0 & 57 & 36 & 2 \\
 & & & 0 & 20 & 55 \\
 & & & & 0 & 34 \\
 & & & & & 0
\end{pmatrix}
$$

$$
\xrightarrow{\text{行选非零最小元}}\begin{pmatrix}
0 & (13) & 51 & 77 & 68 & 50 \\
 & 0 & 60 & 70 & 67 & (59) \\
 & & 0 & 57 & 36 & (2) \\
 & & & 0 & (20) & 55 \\
 & & & & 0 & (34) \\
 & & & & & 0
\end{pmatrix}
$$

$$
\xrightarrow[d_{16}\text{ 置换 }d_{26}]{\text{因为 }d_{16}<d_{26}}\begin{pmatrix}
0 & (13) & 51 & 77 & 68 & (50) \\
 & 0 & 60 & 70 & 67 & 59 \\
 & & 0 & 57 & 36 & (2) \\
 & & & 0 & (20) & 55 \\
 & & & & 0 & (34) \\
 & & & & & 0
\end{pmatrix}
$$

则脚标 12,16,36,45,56 为 $1\sim6$ 的完备集,故 d_{12},d_{16},d_{36},d_{45},d_{56} 为最小树树枝长,最小树长为

$$z=13+50+2+20+34=119$$

方法 2　从列选最小元开始

$$
\boldsymbol{D}=\begin{pmatrix}
0 & 13 & 51 & 77 & 68 & 50 \\
 & 0 & 60 & 70 & 67 & 59 \\
 & & 0 & 57 & 36 & 2 \\
 & & & 0 & 20 & 55 \\
 & & & & 0 & 34 \\
 & & & & & 0
\end{pmatrix}
$$

$$\xrightarrow{\text{列选非零最小元}}\begin{pmatrix} 0 & (13) & (51) & 77 & 68 & 50 \\ & 0 & 60 & 70 & 67 & 59 \\ & & 0 & (57) & 36 & (2) \\ & & & 0 & (20) & 55 \\ & & & & 0 & 34 \\ & & & & & 0 \end{pmatrix}$$

$$\xrightarrow[\substack{d_{13}\ \text{置换}\ d_{16} \\ d_{34}\ \text{置换}\ d_{34}}]{\text{因为}\ d_{13}<d_{16},d_{35}<d_{34}}\begin{pmatrix} 0 & (13) & 51 & 77 & 68 & (50) \\ & 0 & 60 & 70 & 67 & 59 \\ & & 0 & 57 & (36) & (2) \\ & & & 0 & (20) & 55 \\ & & & & 0 & 34 \\ & & & & & 0 \end{pmatrix}$$

$$\xrightarrow[d_{56}\ \text{置换}\ d_{35}]{\text{因为}\ d_{56}<d_{35}}\begin{pmatrix} 0 & (13) & 51 & 77 & 68 & (50) \\ & 0 & 60 & 70 & 67 & 59 \\ & & 0 & 57 & 36 & (2) \\ & & & 0 & (20) & 55 \\ & & & & 0 & (34) \\ & & & & & 0 \end{pmatrix}$$

则脚标 12,16,36,45,56 为 $1\sim 6$ 的完备集，故 $d_{12},d_{16},d_{36},d_{45},d_{56}$ 为最小树树枝长，最小树长为

$$z=13+50+2+20+34=119$$

与无向网络相关的另一类极值问题是最短路问题，它与最小树问题类同. 这个问题我们将在下一节中介绍.

注　记

1992 年我国数学家堵丁柱和旅美华人黄光明两人解决了所谓“Steiner 比”问题，引起不少轰动(尽管后来有人提出异议).

所谓“Steiner 比”与最小树有关，为介绍此问题我们必须先来介绍“Steiner 问题”.

法国 17 世纪业余数学家费马的发现最引人注目：

如图 6.3.7，若 P 为 $\triangle ABC$ 内一点，则 $PA+PB+PC$ 的长小于三角形的周长.

当然，这个结论还可以进一步加强：

若 a,b,c 分别为 $\triangle ABC$ 三边长，且记 $a+b,b+c,c+a$ 中最大者为 $\max\{a+b,b+c,c+a\}$，则

$$PA+PB+PC \leqslant \max\{a+b,b+c,c+a\}$$

到了 19 世纪，瑞士数学家雅谷比 · 斯坦纳(J. Steiner) 再度研究这个问题时发现：

如图 6.3.8，在 $\triangle ABC$ 内的所有点，当 P 与三角形三顶点连线夹角均为 120° 时，$PA+PB+PC$ 最小.

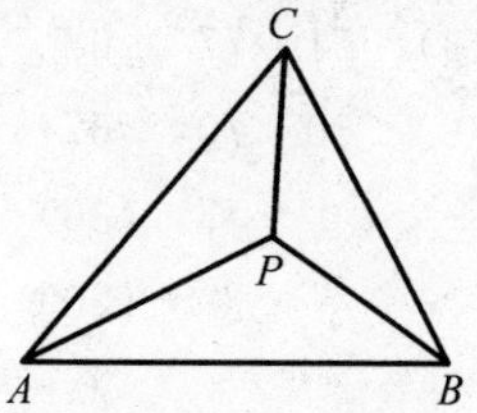

图 6.3.7

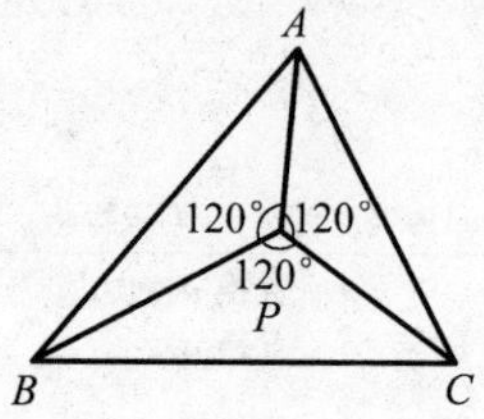

图 6.3.8

这个问题通常称为"斯坦纳问题"，而这个点 P 称为"费马点"，以纪念费马对此类问题的开创性研究.

它的证明不很困难，然而值得一提的是：波兰著名数学家斯坦因豪斯借助力学方法对此问题给出一个漂亮的证明，他的方法是这样的：

如图 6.3.9，在一块薄木板上画出 $\triangle ABC$，再分别在某顶点处各钻一小孔，然后用 3 条系在一起(结点为 P) 的细绳，另一端分别穿过小孔，绳下各自挂一个等重砝码. 待这个力学系统平衡后，点 P 的位置恰好使 $\angle APB=\angle BPC=\angle CPA=120°$.

而从静力学角度(势能最小原理) 得知，这是使 P 到 3 顶点距离和最小的点.

对于 4 个点情况如何？最简单的情形是该 4 点为某正方形的 4 个顶点，人们研究后惊奇地发现连续 4 个顶点的最小线段和，既不是它的周长，也非它的两条对角线，而是添加两点 P,Q 后，使 $APQD$ 和 $BPQC$ 分别为正六边形的一部分时，$AP+BP+PQ+CQ+DQ$ 的长，如图 6.3.10 所示.

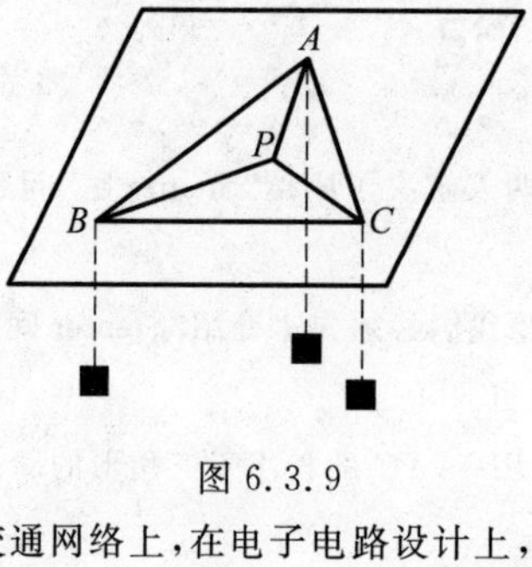

图 6.3.9

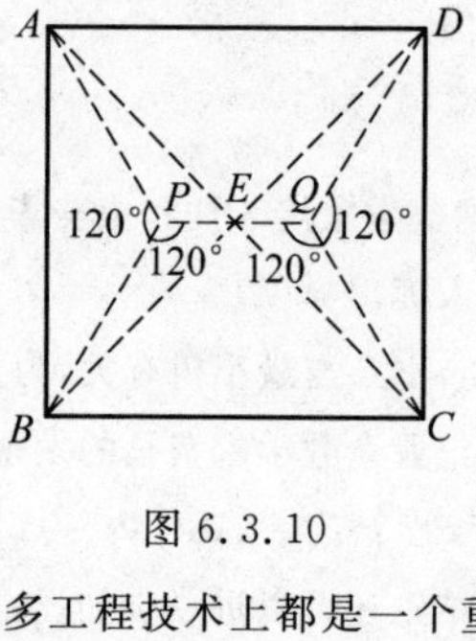

图 6.3.10

在通信、交通网络上，在电子电路设计上，以及在许多工程技术上都是一个重要的课题. 当

然这里只需保证各点间的连通即可，那么这时连线段之和何时最小(即求最小树长)？

如图 6.3.11，平面上有 3 个点 A,B,C(它们分别位于正三角形 3 个顶点处)，连通它们间的线段只需两条(比如 AB,AC) 即可；如果在其内增加一个点 P，由前面已讲的结论

$$PA + PB + PC \leqslant AB + AC$$

而当 $\angle APB = \angle BPC = \angle CPA$ 时，$PA + PB + PC$ 最小，这样

$$PA + PB + PC < AB + AC$$

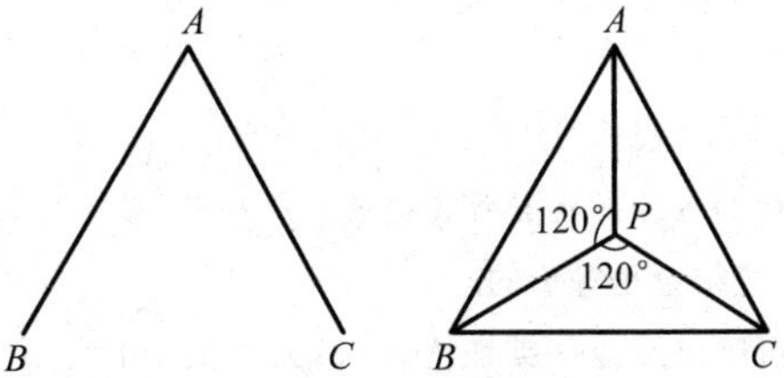

图 6.3.11

试问它们(不添加点的最小树长 l_0 与添加点后的最小树长 l) 之间的比为多少？这显然可视为树长缩小多寡的一种指标. 如图 6.3.12，容易算出，对正三角形三顶点而言，这种比为

$$\frac{l}{l_0} = \frac{3 \cdot \frac{2}{3} \cdot \sqrt{3}}{2 \cdot 2} \approx 0.866\cdots$$

同样，如图 6.3.13，对位于正方形顶点的 4 个点来讲，不添加点的最小树长 l_0 与添加两点后最小树长 l 的比为

$$\frac{l}{l_0} = \frac{3 + \sqrt{3}}{3\sqrt{3}} \approx 0.910\ 6\cdots$$

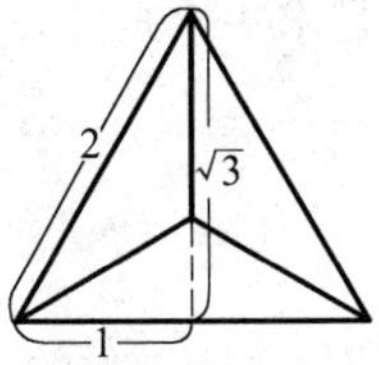

图 6.3.12

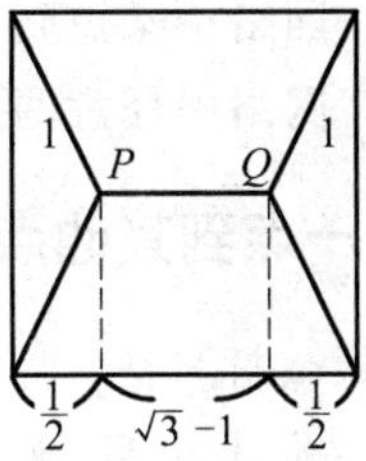

图 6.3.13

人们将此问题推广而提出：

给定平面上 n 个点，在添加某些新点后连接它们间的最小树长是多少？(此问题称斯坦纳允许添加点后最小树问题)

为了给出一种衡量标志，人们把添加某些点后的最小树长 l 与不添加点的最小树长 l_0 之比，称为“斯坦纳比”.

然而这个比的界限是多少便成为人们研究的热点.

1968 年,美国贝尔电话电报实验室的吉贝尔特和波拉克猜测

$$\frac{l}{l_0} \geqslant \frac{\sqrt{3}}{2} \approx 0.866\cdots$$

即 $l_0 - l \leqslant \left(\frac{\sqrt{3}}{2}+1\right) l_0$ 或 $l_0 - l \leqslant \left(\frac{\sqrt{3}}{2}-1\right) l$.

直到 1989 年,人们才对 7 个点的情形给出证明.

1990 年,堵丁柱与黄光明博士共同完成了 n 为一般情形的上述猜想的证明,他们的方法是全新的:

先将上面问题转化为一个"极小一极大问题",然后证得:

平面上 n 个点,通过增加另外一些点所获得的最小树长,最多可比原来缩短0.134.

这个结论实际上与上述结论是等价的.

利用他们的方法,还可解决其他一类最优化(最大和最小)问题. 1992 年,他们两人经过努力,解决了 n 维空间上的最小树问题.

当然,这个解答中的细节和问题可参见参考文献[37].关于上述证明可参见参考文献[39],[45],[46].

6.4 网络最短路及其算法

给定网络(或赋权连通图)G 中某点到另外一点权数最小(长度最短) 的路称为最短路.

网络(或连通网)G 最短路问题有两类:

问题 1 网络中某点到其他点的最短路及路长(这是求一个向量).

问题 2 网络中任意两点间的最短路及路长(这是求一个矩阵).

1. 求某一点到其他点的最短路的算法

(1)Dijkstra 标号法

对于问题 1, 目前公认的最好的方法是由荷兰数学家 E. W. Dijkstra(1930—2002,荷兰计算机科学家,1972 年获 ACM 图灵(A. M. Turing) 奖,1982 年获 IEEE 计算机先驱奖) 于 1959 年提出的,其基本思想是:

从 v_s 出发,逐步向外探寻最短路,执行过程中,于每个点处记下从 v_s 到该点的最短路的权(称为该点标号). 经有限步骤后,可求出从 v_s 到各点的最短路.

若设 d_{ij} 为G 中点 v_i,v_j 相邻时的权数(边长),且 v_i,v_j 不相邻时,$d_{ij}=\infty$;同时 $d_{ii}=0$. 又记 L_{si} 为 v_i 到 v_s 的最短路长.

这样 Dijkstra 标号法步骤为：

① 从点 v_s 出发，因 $L_{ss}=0$，在该点标记$\boxed{0}$.

② 从 v_s 出发，找与之相邻点权数(距离)的最小者，设点为 v_r. 若 $L_{sr}=L_{ss}+d_{sr}$，将$\boxed{L_{sr}}$标于 v_r 处，且将 v_sv_r 加粗.

③ 从已标号的点出发，找与这些点相邻点中最小权数(距离)者.

若 $L_{sp}=\min\{L_{ss}+d_{sp},L_{sr}+d_{rp}\}$，这里 s,r 为已标号者的下标，p 为未标号者的下标，则将$\boxed{L_{sp}}$标于 v_p 处.

④ 重复上述步骤，直至全部点标完为止.

我们仍以上一节中例 6.3.1 的网络为例，求 v_1 至各点的最短路.(图 6.4.1 ～ 6.4.4)

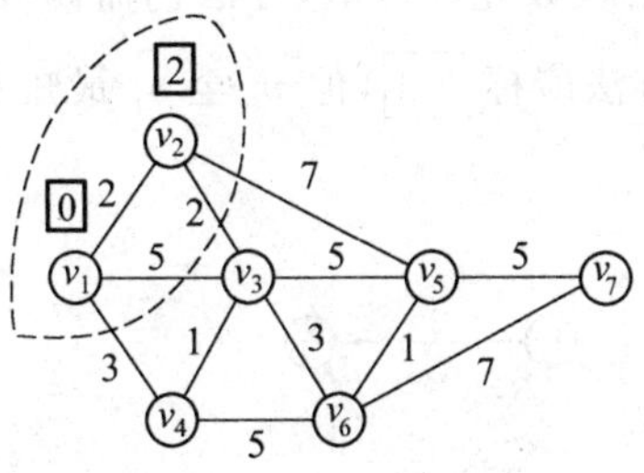

图 6.4.1

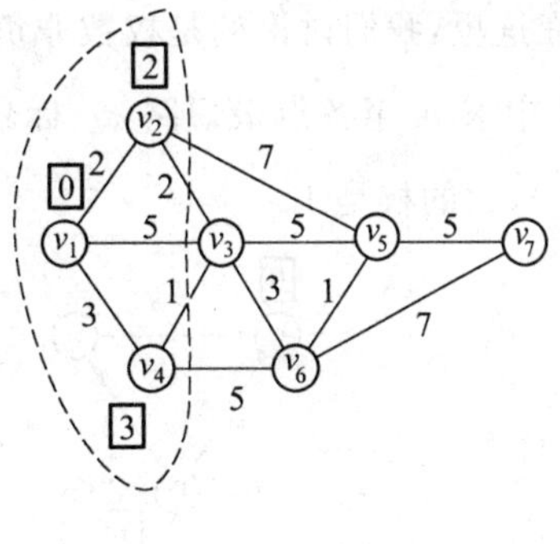

图 6.4.2

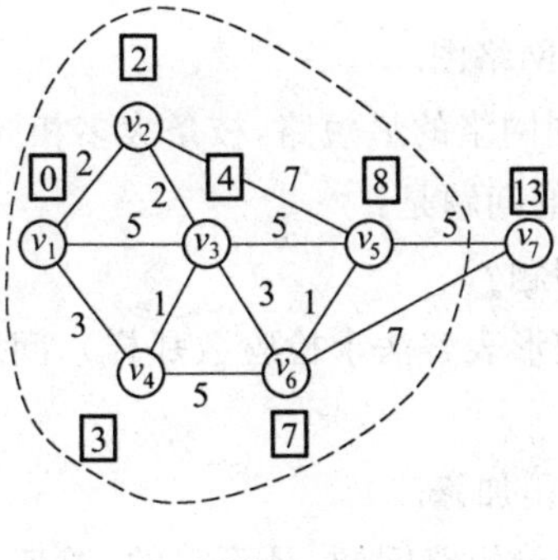

图 6.4.3

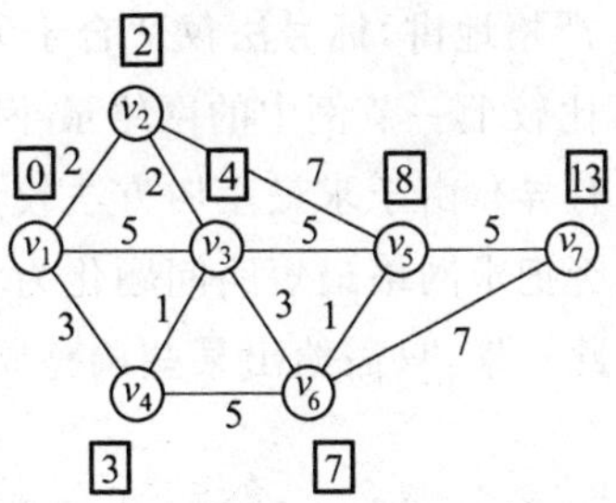

图 6.4.4

当然，当 $L_{sp}=\min\{L_{ss}+d_{sp},L_{sr}+d_{rp}\}$ 的点 v_p 不唯一时，可任选其一即可.(如 v_3 标号可从 $v_1-v_2-v_3$ 标记，也可从 $v_1-v_4-v_3$ 标记) 这样上面的问题还可有下列解，图中方框内数字即为 v_1 到各 $v_k(k=2,3,\cdots,7)$ 的最短路长，如图 6.4.5 所示.

$v_1 \to v_2$:2;

$v_1 \to v_4$:3;

$v_1 \to v_4 \to v_3$(或 $v_1 \to v_2 \to v_3$):4;

$v_1 \to v_4 \to v_3 \to v_6$:7;

$v_1 \to v_4 \to \cdots \to v_5$:8;

$v_1 \to v_4 \to \cdots \to v_5 \to v_7$:13.

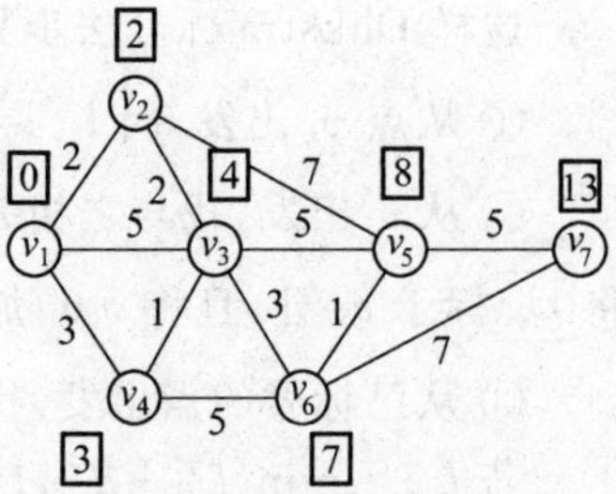

图 6.4.5

此题有两解 $v_1 - v_2 - v_3 \cdots$ 与 $v_1 - v_4 - v_3 \cdots$

关于网络极值问题,这里想说明几点:

① 用标号求网络最短路,上述方法是对无向网络而言的.若网络为有向网络,则方法需要修改,关键是要注意指向.如图 6.4.6 中,v_i 标号后,v_j 只能标 3,而不能标 2.因为 v_s 至 v_j 只有逆向路(即 v_j 至 v_s 单行).

在这里,我们讨论的是权数非负的情形,若权数允许负值,方法仍需修改,如图 6.4.7 中求 v_s 至各点最短路,v_j 标号按前述方法应标 $\boxed{-1}$,但 v_s 至 v_j 最短路应是 (v_s, v_j),它的权是 1.

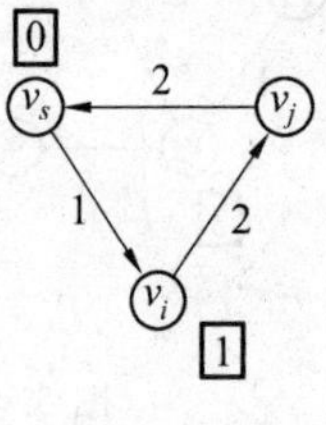

图 6.4.6

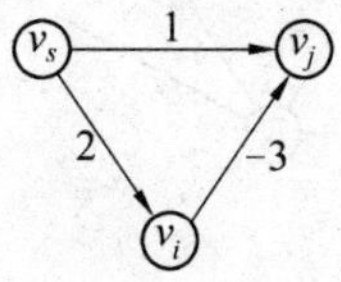

图 6.4.7

② 严格地讲,标号法仅适合于无有向圈的网络图.

③ 比较上一节例中的网络最小树与本节同网络的最短路,枝条大多相同(仅局部地方有异),由于求最小树方法较方便,我们的问题是:

能否把求网络最短路问题化为求最小树问题?

如此一来,只需给出某些调整原则(如单纯形表解法求检验数那样),问题解决有望.

④ 利用标号法还可求网络的最长路(步骤稍加修改).

注意:若先将网络权数取负值,再将其化为最短路问题,是不妥的.道理是从某点至另外一点最短路由于经过的节点数(个数)不同,此时点与点间距离缩小(变化)的程度不一.

⑤ 若网络中某一条或几条边权数为变元时,求网络最小树、最短路等,则需讨

论.

(2) 距离矩阵算法(Hasse 法)

对于一个有 n 个点的网络,先建立邻接距离矩阵

$$\boldsymbol{D}=(d_{ij})_{n\times m},\text{其中 } d_{ij}=\begin{cases}0, & i=j\\ d_{ij}, & i\text{ 与 } j\text{ 相邻}\\ \infty, & i\text{ 与 } j\text{ 不相邻}\end{cases}$$

对于无向网络而言,由于 $d_{ij}=d_{ji}$,故 $\boldsymbol{D}$ 是一个对称矩阵,且对角线元素为 0.

这样上面例中的网络可建立邻接距离矩阵

$$\boldsymbol{D}=\begin{pmatrix}0 & 2 & 5 & 3 & \infty & \infty & \infty\\ 2 & 0 & 2 & \infty & 7 & \infty & \infty\\ 5 & 2 & 0 & 1 & 5 & 3 & \infty\\ 3 & \infty & 1 & 0 & \infty & 5 & \infty\\ \infty & 7 & 5 & \infty & 0 & 1 & 5\\ \infty & \infty & 3 & 5 & 1 & 0 & 7\\ \infty & \infty & \infty & \infty & 5 & 7 & 0\end{pmatrix}$$

接下来我们将从 v_1 到各点,比如从 v_1 到 v_7 的最短路问题转化为最小指派问题,为了使问题便于计算且保证从 v_1 到 v_7 的道路通畅(详见后文分析),即(7,1)元素保证指派,令 ∞ 为一个大数,比如设它为 10,而设 d_{71} 为一个最小数,如 -10,则 $\boldsymbol{D}$ 化为

$$\boldsymbol{D}'=\begin{pmatrix}0 & 2 & 5 & 3 & 10 & 10 & 10\\ 2 & 0 & 2 & 10 & 7 & 10 & 10\\ 5 & 2 & 0 & 1 & 5 & 3 & 10\\ 3 & 10 & 1 & 0 & 10 & 5 & 10\\ 10 & 7 & 5 & 10 & 0 & 1 & 5\\ 10 & 10 & 3 & 5 & 1 & 0 & 7\\ -10 & 10 & 10 & 10 & 5 & 7 & 0\end{pmatrix}$$

它的最小指派是(打圆括号处为相应的指派,这里 0 不算是最小元)

$$\begin{pmatrix} 0 & (2) & 5 & 3 & 10 & 10 & 10 \\ 2 & 0 & (2) & 10 & 7 & 10 & 10 \\ 5 & 2 & 0 & 1 & 5 & (3) & 10 \\ 3 & 10 & 1 & (0) & 10 & 5 & 10 \\ 10 & 7 & 5 & 10 & 0 & 1 & (5) \\ 10 & 10 & 3 & 5 & (1) & 0 & 7 \\ (-10) & 10 & 10 & 10 & 5 & 7 & 0 \end{pmatrix}$$

换言之，我们已经得到了 v_1 到 v_7 的最短路

$$d_{12} \to d_{23} \to d_{36} \to d_{65} \to d_{57} \to d_{71}\text{（注意 } d_{44} \text{ 不在路上）}$$

v_1 到 v_2 最短路长：$d_{12} + d_{22} + d_{36} + d_{65} + d_{57} + d_{71} = 13$.

它的找法是：$d_{1j} \to d_{jk} \to d_{kl} \to d_{lr} \to \cdots \to d_{s7} \to d_{71}$，即从第 1 行指派开始，指派处第 2 个下标 j 作为下一行的行数，找到其指派，它的第 2 个下标 k 作为再下一行的行数，找到其指派，它的第 2 个下标 l 又作为下一行的行数去指派 …… 直到第 1 个下标是 7 第 2 个下标是 1 为止（其实到第 2 个下标是 7 已完成寻访，因而计算路长时无须计算 d_{71}）.

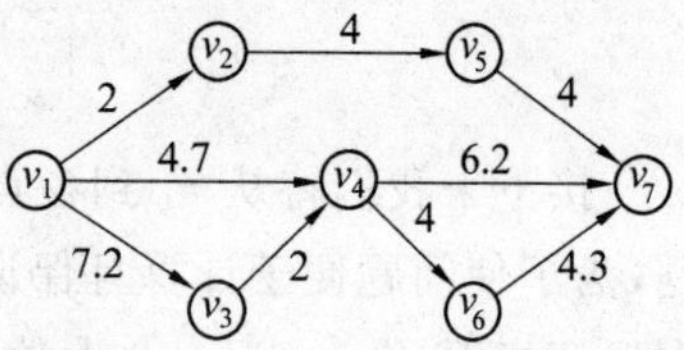

图 6.4.8

我们再来看一个有向网络最长路的例子.

例 6.4.1 在如图 6.4.8 所示的有向网络中，求 v_1 到 v_7 的最长路.

解 在邻接距离矩阵中 ∞ 取 -10（因为要求最大指派），而 d_{71} 取 10（为了保证从 v_1 到达 v_7，且在此中止），从而可求下面矩阵 $\tilde{\boldsymbol{D}}$ 相应问题的最小指派（过程略）

$$\tilde{\boldsymbol{D}} = \begin{pmatrix} 10 & -2 & (-7.2) & -4.7 & 10 & 10 & 10 \\ 10 & (0) & 10 & 10 & -4 & 10 & 10 \\ 10 & 10 & 0 & (-2) & 10 & 10 & 10 \\ 10 & 10 & 10 & 0 & 10 & (-4) & -6.2 \\ 10 & 10 & 10 & 10 & (0) & 10 & -4 \\ 10 & 10 & 10 & 10 & (0) & 0 & (-4.3) \\ (-10) & 10 & 10 & 10 & 10 & 10 & 0 \end{pmatrix}$$

其中打“（　）”处为相应的最优指派，由此知 v_1 到 v_7 的最长路径可由

$$d_{13} \to d_{34} \to d_{46} \to d_{67}$$

给出，它的长度为 $d_{13} + d_{34} + d_{46} + d_{67} = 17.5$.

这个问题的实际意义，我们将在第 7 章“网络计划技术”中介绍.

2. 求网络上任意两点最短路的算法(Floyd 算法)

下面我们谈谈问题 2 的解法,即求网络中任两点间最短路的矩阵计算法.

矩阵算法的具体步骤为:

(1) 求 $\boldsymbol{D}^{(1)}=(d_{ij}^{(1)})_{n\times n}$,其中 $d_{ij}^{(1)}=\min\limits_{1\leqslant r\leqslant n}\{d_{ir}+d_{rj}\}$;

(2) 求 $\boldsymbol{D}^{(2)}=(d_{ij}^{(2)})_{n\times n}$,其中 $d_{ij}^{(2)}=\min\limits_{1\leqslant r\leqslant n}\{d_{ir}^{(1)}+d_{rj}^{(1)}\}$;

(3) 重复上面步骤直至 $\boldsymbol{D}^{(k)}=(d_{ij}^{(k)})_{n\times n}$,其中 $d_{ij}^{(k)}=\min\limits_{1\leqslant r\leqslant n}\{d_{ir}^{(k-1)}+d_{rj}^{(k-1)}\}$,这里 k 满足

$$k-1<\frac{\lg(n-1)}{\lg 2}\leqslant k \text{ 或 } \frac{\lg(n-1)}{\lg 2}=k$$

当然,若 $\boldsymbol{D}^{(m+1)}=\boldsymbol{D}^{(m)}\ (m\leqslant k)$,计算也可结束. 因为上面给出的 k 为计算的至多步数.

(由于 $\boldsymbol{D}$ 的对称性,可有 $d_{ij}^{(k)}=\min\limits_{1\leqslant r\leqslant n}\{d_{ir}^{(k-1)}+d_{jr}^{(k-1)}\}$,因为 $d_{rj}^{(k-1)}=d_{jr}^{(k-1)}$,这对于它们手算求和来讲是方便的,因为步骤可直接在 $\boldsymbol{D}$ 上进行)

这里 $\boldsymbol{D}^{(k)}$ 即给出网络诸点间最短路,且 $d_{ji}^{(k)}$ 表示点 v_i 至 v_j 的最短路长.(显然诸 $\boldsymbol{D}^{(l)}$ 皆为对称矩阵) 容易看出上面步骤的实际意义:

$d_{ij}^{(0)}$ 表示 G 中不经过任何中间点而直达另一点的最短路长;

$d_{ij}^{(1)}$ 表示 G 中任意两点经过一个中间点或直接到达(认为 0 个中间点) 时的最短路长;

$d_{ij}^{(2)}$ 表示 G 中任意两点经过 0,1,2,3(即至多 2^2-1) 个中间点时的最短路长;

……

一般地,$d_{ij}^{(k)}$ 表示 G 中任意两点经过 0 或 $1\sim 2^k-1$(即至多 2^k-1) 个中间点时的最短路长.

这里计算步骤的 k 满足:$2^{k-1}-1<n-1\leqslant 2^k-1$,注意这里 $n-2$ 系 n 个点中,任两点间的最短路至多经过 $n-2$ 个中间点的缘故. 同时还须指出 $n-2$ 系题设所给条件的要求,而 k 是计算所需步骤(图 6.4.9 中给出部分路径,图中实点 · 表示已到达,圆点 。表示中转).

我们仍以例 6.4.1 所给网络为例进行说明

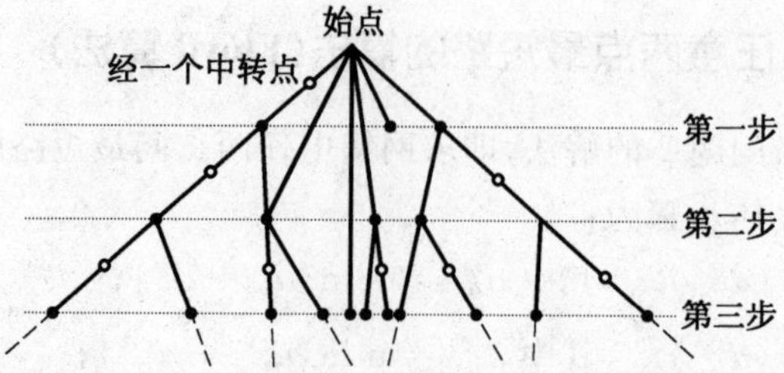

图 6.4.9

$$D^{(0)}=\begin{pmatrix}0&2&5&3&\infty&\infty&\infty\\ &0&2&\infty&7&\infty&\infty\\ & &0&1&5&3&\infty\\ & & &0&\infty&5&\infty\\ & & & &0&1&5\\ & & & & &0&7\\ & & & & & &0\end{pmatrix},D^{(1)}=\begin{pmatrix}0&2&4&3&9&8&\infty\\ &0&2&3&7&5&12\\ & &0&1&4&3&10\\ & & &0&6&4&12\\ & & & &0&1&5\\ & & & & &0&6\\ & & & & & &0\end{pmatrix}$$

$D^{(1)}$ 即不经过任何中间点时网络上任两点的最短路长.

比如 $d_{35}^{(1)}=4$ 表示从 v_3 到 v_s 直达时最短路为 5,而经过一个中间点时最短路为 $4(v_3-v_6-v_5)$;同样 $v_{(17)}^{(1)}=\infty$ 表示 v_1 到 v_7 只经过一个中间点无法到达 v_7.

接下来可有

$$D^{(2)}=\begin{pmatrix}0&2&4&3&8&7&14\\ &0&2&3&6&5&11\\ & &0&1&4&3&9\\ & & &0&5&4&10\\ & & & &0&1&5\\ & & & & &0&6\\ & & & & & &0\end{pmatrix},D^{(3)}=\begin{pmatrix}0&2&4&3&8&7&13\\ &0&2&3&6&5&11\\ & &0&1&4&3&9\\ & & &0&5&4&10\\ & & & &0&1&5\\ & & & & &0&6\\ & & & & & &0\end{pmatrix}$$

至多经 3 个中间点的情形　　　　至多经 7 个中间点的情形

又 $D^{(4)}=D^3$,知 D^3 已为网络两点最短路长的矩阵.

当然我们亦可从 $\dfrac{\lg(n-1)}{\lg 2}=\dfrac{\lg 6}{\lg 2}\approx 2.6$,求得 $k=3$,即只需计算至 $D^{(3)}$ 即可.

另外从矩阵迭代可以看出:一般来讲(当然并非全部情况),每次迭代过程中:

$\boldsymbol{D}^{(1)}=$ 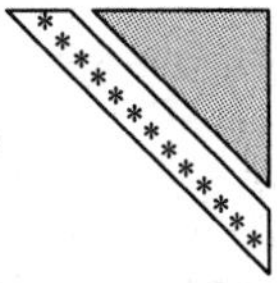 到 $\boldsymbol{D}^{(2)}=$ 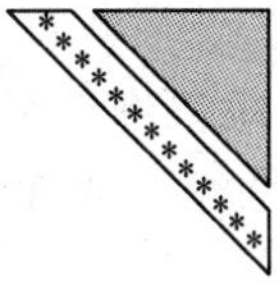,“ * ”部分基本没有变化,  有变化,且随迭代次数增加, 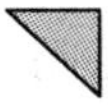 逐渐变小. 如果讲得具体点,有 $\boldsymbol{D}^{(k-1)}$ 到 $\boldsymbol{D}^{(k)}=$ ,则  不变部分的宽度(梯形腰)为 2^{k-1},这样计算 $\boldsymbol{D}^{(k)}$ 时,有时只需计算 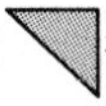 部分即可(有时也会有例外).

我们再来看一个加权的最短路问题 —— 多村办学问题.

例 6.4.2　如例 6.3.1 图中 7 个村子 $v_i(1\leqslant i\leqslant 7)$ 要联合办一所学校. 各村学生数分别为 30,40,20,15,35,25,50. 问学校建在何村,可使全部学生上下学所走路程和最小.

解　这是一则加权任意两点最短路问题,可将前面所求 $\boldsymbol{D}^{(3)}$ 各行分别乘以 30,40,…,50,可得表 6.4.1.

表 6.4.1

	学校建在不同村子学生上学走的路程						
村	v_1	v_2	v_3	v_4	v_5	v_6	v_7
×30	0	60	120	90	240	210	390
×40	80	0	80	120	240	200	440
×20	80	40	0	20	80	60	180
×15	45	45	15	0	75	60	150
×35	280	210	140	175	0	35	175
×25	175	125	75	100	25	0	150
×50	650	550	450	500	250	300	0
$\Sigma_{列和}$	1 310	1 030	880	905	910	865	1 485

然后将各列求和,它表示各村学生到该村所走路程之和,其中 865 最小,故可将学校建在 v_6 村.

注:波兰数学家史坦因豪斯曾给该问题一个模拟解法 —— 力学方法.

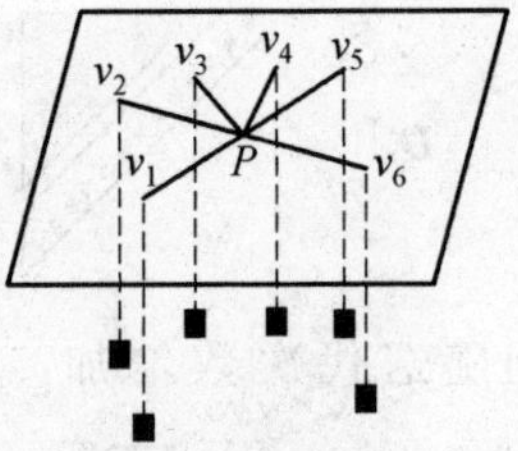

图 6.4.10

在一块木板上画出 7 个村所在位置，然后各打一个孔，再用 7 根系在一起的细绳子穿过小孔，每根细绳另端分别挂上重量比为 30∶40∶20∶15∶35∶25∶50 的重物，如图 6.4.10.

当力系平衡时，绳结点 P 位置即为办学最佳位置（依据位能最小原理）. 显然，与 P 最靠近的村子即为所求.

对于有向网络而言，亦可先建立它的邻接距离矩阵（注意这时已不再对称），然后仿上述方法可求得网络上任何两点间的最短路长.

一个反问题是：广义指派可否化为网络最短路问题？（关键在于效率矩阵与网络之间关系的确定）.

3. 图的矩阵表示

我们还想指出一点：在某些经济、管理模型中还常会遇到有向网络图的另两种矩阵表示：邻接矩阵和可达矩阵. 我们以图 6.4.11 为例做简单介绍.

(1) 邻接矩阵　$\boldsymbol{A}=(a_{ij})_{n\times n}$，这里 n 为节点数. 其中

$$a_{ij}=\begin{cases}1, & v_i \text{ 直达 } v_j \\ 0, & v_i \text{ 不直达 } v_j\end{cases} \qquad (1\leqslant i,j\leqslant n)$$

这样图 6.4.11 的邻接矩阵

$$\boldsymbol{A}=\begin{bmatrix}0&0&0&0&0&0\\0&0&1&0&0&0\\1&1&0&0&0&0\\0&0&1&0&1&1\\1&0&0&0&0&0\\1&0&0&0&0&0\end{bmatrix}$$

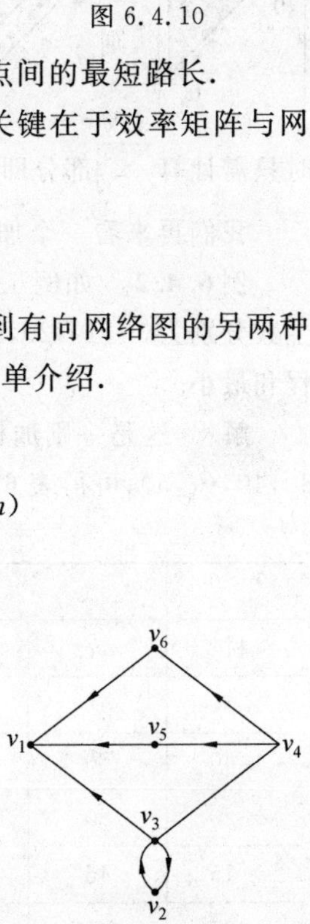

图 6.4.11

(2) 可达矩阵 $\boldsymbol{R}$　它表示有向网络各节点间经过一定长度的通路后可达的状况（程度）. 其计算方法为：

令 $\boldsymbol{A}_1=\boldsymbol{A}+\boldsymbol{I}$，定义 $\boldsymbol{A}_2=\boldsymbol{A}_1^2=(\boldsymbol{A}+\boldsymbol{I})^2$，这里 $\boldsymbol{I}$ 是单位矩阵，且矩阵乘法实施中矩阵元素间运算使用布尔代数运算规则

$$0+0=0, 0+1=1, 1+0=1, 1+1=1$$

$$0\times 0=0, 0\times 1=0, 1\times 0=0, 1\times 1=1$$

其中 $\boldsymbol{A}_2$ 描述了各节点间经过长度不大于 2（网络中各弧长均为 1）的通路可达程度.

一般地，若 $\boldsymbol{A}_1 \neq \boldsymbol{A}_2 \neq \cdots \neq \boldsymbol{A}_{r-1} = \boldsymbol{A}_r (r \leqslant n-1)$，则称 $\boldsymbol{A}_{r-1} = (\boldsymbol{A}+\boldsymbol{I})^{r-1} = \boldsymbol{R}$ 为可达矩阵. 它表明各节点间经过长度不大于$(n-1)$ 的通路可达程度(注意，前面已假设两点间直达路长为 1). 显然最长的通路长度不大于$(n-1)$.

图 6.4.11 相应的可达矩阵

$$\boldsymbol{R} = \begin{pmatrix} 1 & 0 & 0 & 0 & 0 & 0 \\ 1 & 1 & 1 & 0 & 0 & 0 \\ 1 & 1 & 1 & 0 & 0 & 0 \\ 1 & 1 & 1 & 1 & 1 & 1 \\ 1 & 0 & 0 & 0 & 0 & 0 \\ 1 & 0 & 0 & 0 & 1 & 0 \\ 1 & 0 & 0 & 0 & 0 & 1 \end{pmatrix}, \widetilde{\boldsymbol{R}} = \begin{pmatrix} 1 & 0 & 0 & 0 & 0 \\ 1 & 1 & 0 & 0 & 0 \\ 1 & 1 & 1 & 1 & 1 \\ 1 & 0 & 0 & 1 & 0 \\ 1 & 0 & 0 & 0 & 1 \end{pmatrix}$$

矩阵 $\boldsymbol{R}$ 的第 2，3 两行元素相同，说明 v_2，v_3 间有回路.

划去 $\boldsymbol{R}$ 的第 2(或 3) 行、划去 $\boldsymbol{R}$ 的第 2(或 3) 列后的矩阵称为缩减可达矩阵，如上面的 $\widetilde{\boldsymbol{R}}$ 即为 $\boldsymbol{R}$ 的缩减矩阵.

4. 图的结构分析 —— 结构模型化技术

结构模型化技术是一种应用十分广泛的系统分析方法，其中尤以解释结构模型法(简称 ISM) 最常用. 它是 1973 年美国人华费尔特(J. Whitefield) 为分析复杂的社会经济系统有关问题而提出的一种方法. 其特点是：它可将复杂的系统分解为若干子系统，然后利用人们的实践经验，结合数学方法及电子计算机的帮助，最终将系统构造成一个多级递进的结构模型.

方法主要步骤是通过邻接矩阵与可达矩阵的建立与简化，最终给出各子系统之间关系的结构模型，这对于帮助我们理顺各子系统间的关系，对各种复杂问题的分析、判断、解决，提供重要支持.

这些内容在“系统工程”学科中将有深入、全面、系统的介绍，这里不再赘述，有兴趣的读者可参阅有关文献.

6.5　网络最大流及其算法

有向网络是点与弧的集合，如前所述记作 $D(V,A)$，这里 V 表示点集，A 表示弧集.

若 $c(a)$ 是定义在 A 上的一个非负函数，称之为容量，它与弧或线段长短无关.

若弧 $a=(v_i,v_j)$(为简单计,有时记 $a=v_iv_j$),我们也记 $c(a)=c_{ij}$,且称之为弧 a 上容量(注意:一般来讲,它与线段(或弧)的长度无关).

给了容量函数,则 D 称为(有向)容量网络,记作 $D=(V,A,c(A))$.

定义在 A 上的函数 $f(a)$ 称为容量网络 D 上的流.若 $a=(v_i,v_j)$,记 $f(a)=f_{ij}$,且称之为弧 a 上的流量,可表示为

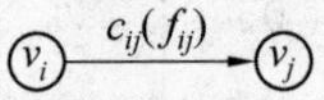

设 D 是一个容量网络,D 中给定两点,一点 v_s 称为发点,一点 v_t 称为收点,网络中其余点称为中间点.且称之为**带收发点的容量网络**.

设 $f=\{f_{ij}\}$ 是带收发点网络 D 上的一个流,且 f 满足:

(1) 对任意$(v_i,v_j)\in A$,$0\leqslant f_{ij}\leqslant c_{ij}$;

(2) 对任意点 $v_i\in V\backslash\{v_s,v_t\}$,有 $\sum\limits_{(v_i,v_j)\in A} f_{ij}-\sum\limits_{(v_j,v_i)\in A} f_{ji}=0$.

则称 f 是 D 上的一个可行流.

若 f 是一个可行流,称 $\sum\limits_{(v_s,v_i)\in A} f_{si}-\sum\limits_{(v_j,v_t)\in A} f_{jt}$ 为可行流 f 的流量,且记为 $v(f)$.此时将 v_t 替换上式 v_s 时,结果为 $-v(f)$

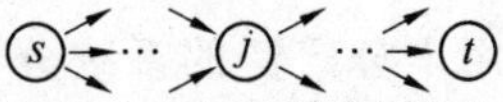

若 $v(f)=0$,则称 f 为一个 0 流,它显然是一个可行流.

我们也可用下面记号表示 f 是流量 $v(f)$ 的可行流

$$f(v_i,V)-f(V,v_i)=\begin{cases}v(f), & i=s\\0, & i\neq s,t\\-v(f), & i=t\end{cases}$$

给定一个带收发点的容量网络 D,若 D 上有使 $v(f)$ 最大的可行流,则称为网络最大流.

该问题是 L. R. Ford,D. R. Fulkerson 于 1955 年提出的.这个问题的提出及解决,加深了图论和运筹学(特别是 LP)的联系,也开辟了图论应用的一条新途径.

为了寻求网络最大流,我们引进下面两个概念.

(1) 前向弧和后向弧

设 μ 是 D 中一条$(v_s,\cdots,v_t)$链,规定 v_s 到 v_t 为正向,则 μ 上的弧 α 与 μ 正向相同的称为前向弧(记 α^+),反之称为后向弧(记 α^-).

如图 6.5.1 中(v_s,v_k)和(v_l,v_m)称为前向弧,(v_k,v_l)称为后向弧.

显然,弧在不同的链上前后指向会有不同.

(2) 增广链(非饱和链)

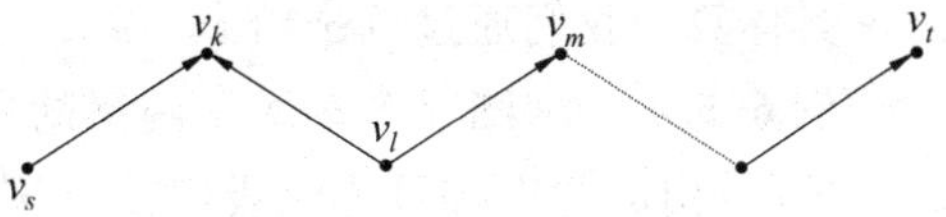

图 6.5.1

设 f 是 D 中的一个可行流,μ 是一条 $(v_s,\cdots,v_t)$ 链(严格地讲,这里应称之为路),若 μ 上任一弧 (v_i,v_j) 有

$$f_{ij}\begin{cases}< c_{ij}, & 若(v_i,v_j)\in\mu^+,即前向弧\\ > 0, & 若(v_i,v_j)\in\mu^-,即后向弧\end{cases}$$

则称 μ 是关于流 f 的一条增广链(亦称非饱和链或可扩链、可增链).

1956 年 L. R. Ford,D. R. Fulkerson 曾给出判断网络最大流的一种方法(最大流 — 最小割集定理)(详见本章习题 10),与之相应的最大流算法也由他们同时给出 ——Ford-Fulkerson 标号法(FF 标号法).

FF 标号法对弧容量为无理数时,有时无法在有限步内终止,且可行流序列亦可能不收敛于最大流.

1972 年,J. Edmonds, R. M. Karp 提出了修改 FF 标号法.

20 世纪 70 年代后期,许多改进方法相继出现.其中由 V. M. Malhotra,K. M. Pramodh 和 S. N. Maheshwari 根据 Karzanov 思想提出的方法(简称 MPM 方法)很有效.

J. Edmonds, R. M. Karp 的方法是:用广探法找出(从 v_s 到 v_t)关于 f 的长度最短(弧的条数最少)的增广链 μ,然后调整链上的流量:

令 $\theta=\min\{\min\limits_{v_iv_j\in\mu^+}(c_{ij}-f_{ij}),\ \min\limits_{v_iv_j\in\mu^-}f_{ij}\}$ 称为该链上的**最大调整量**,则若 $v_iv_j\in\mu^+$,使 $f_{ij}+\theta$;若 $v_iv_j\in\mu^-$,使 $f_{ij}-\theta$;若 $v_iv_j\notin\mu$,则 f_{ij} 不变.

这个过程称为 μ 上对 f 作 θ 的**平移变换**,且记 $f'=f\xrightarrow{\mu}\theta$.显然,平移后的流仍为可行流.

然后对新的可行流再用广探法寻找增广链,如此重复下去,直到不存在增广链为止.此外可以证明:

定理 6.5.1　流 f 是容量网络 D 的最大流 $\Leftrightarrow$ 不存在关于 f 的增广链.

定理 6.5.2　容量网络 D 上的最大流量等于其上的最小割容量.

如此我们就得到一种计算网络最大流的方法.

(1) 给出网络任一初始可行流;

(2) 设法(如用广探法、标号法等详见下面叙述)判断可行流中有无增广链,如有,找出其最短的一条,然后进行流量调整;

(3) 重复上面步骤,直到该可行流再无增广链为止.

具体算法我们通过例子给出.

例 6.5.1 求图 6.5.2 所示网络的最大流(图中数字为该弧容量).

解 由题意先按可行流规则给出该问题的一个初始流(图 6.5.3 中括号内数字为流量)①.

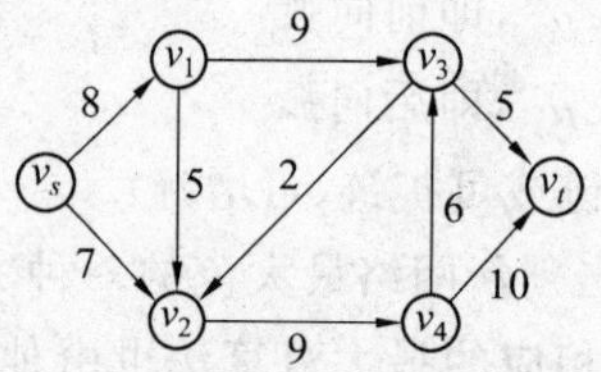

图 6.5.2

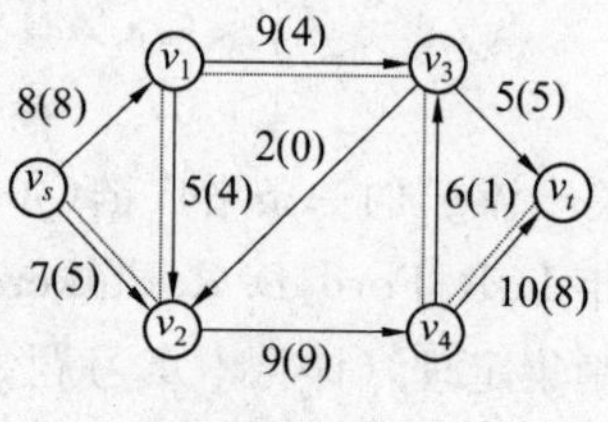

图 6.5.3

再用广探法从中找出增广链(最短的)μ,如图 6.5.3 中虚线所示,求最大调整量

$$\theta=\min\{7-5,9-4,10-8,4,1\}=1$$

在 μ 上对 f 作 θ 的平移变换见图 6.5.4. 显然,图中已找不出新的增广链,则上面给出该网络的一个最大流,且最大流量 $v(f)=14$.

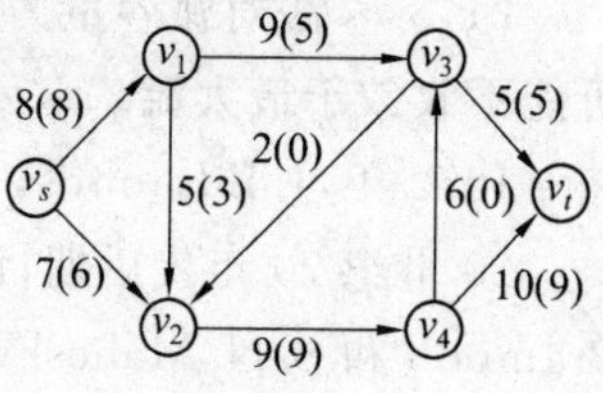

图 6.5.4

下面我们介绍已给初始可行流 $f^{(0)}$ 后,寻找增广链的方法 —— 标号法:

(1) 给 v_s 标号(0,+),且假设 v_i 是已标号但未检查的点.

(2) 检查 v_i:对每个与 v_i 相邻的且未标号的 v_j 进行标号,原则是:

若$(v_i,v_j)\in\mu^+$,$f_{ij}<c_{ij}$,则给 v_j 标$(v_i,+)$;若$f_{ij}=c_{ij}$,则 v_j 不标号;

若$(v_i,v_j)\in\mu^-$,$f_{ij}>0$,则给 v_j 标$(v_i,+)$;若 $f_{ij}=0$,则 v_j 不标号.

这时可在 v_i 标号下面划一横线,说明该点已查毕.

重复上面步骤,一旦 v_t 被标号,则表明此轮标号完毕,从中反向(显然是为了方便,如走迷宫游戏中的倒推法)寻找(从 v_s 到 v_t 的)增广链(从有标号的各点中寻找).

对于图 6.5.5 所示的容量网络的一个初始流标号,做如下介绍:

增广链显然为(v_s,v_1,v_3,v_t). 调整流量后可再行标号,以探求新的增广链(如果存在的话).

---

① 有些文献上将弧容量、流量记为(c_{ij},f_{ij}),并标于该弧旁.

有些文献将上面标号中括号内第 2 项内容(即“+”号)外标上从上一标号点到这个标号点的流量最大允许调整值的标号方法称为 Ford-Fulkerson 标号法.

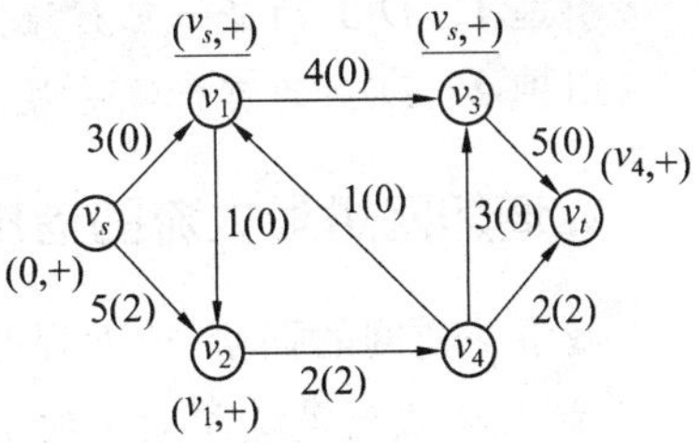

图 6.5.5

顺便讲一句,若 $v_i \to v_j$ 容量改为 x,则问题需要讨论.

至少我们可以有以下小结:

(1) 寻找增广链的方法有:① 广探法;② 标号法.

(2) 判断网络最大流的方法有:① 寻找增广链,若已判明可行流中无增广链,则该可行流即为最大流;② 利用所谓最小割容量(即最小割 — 最大流定理)来判断,这一点可参见本章习题 10 和习题 11.

6.6　用网络流理论解决城市交通拥堵问题的讨论

近些年来,随着我国改革开放步伐加快,以及科学技术进步和人们生活水平的提高,城市中机动车辆迅猛增加,因而造成城市交通拥堵现象日趋严重. 加强管理、合理分流以及有效疏导固然重要,但这种定性化的模式有时很难操作且效果不佳. 这里我们试图用网络流理论,对定量解决城市交通拥堵问题提出几点设想. 为此先介绍几个概念.

1. 割、割容

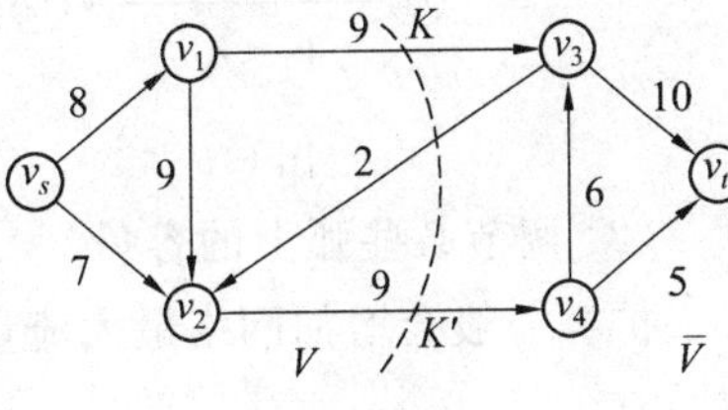

图 6.6.1

给定一个带收发点的容量网络 D,若将容量网络的收点 v_t 和发点 v_s 分割开(图 6.6.1),使 $v_s \to v_t$ 中断的弧集称为割(截)集,简称为割(截). 换言之,若线 KK' 将网络上的点集分割成 V 和 $\bar{V}$,且 $v_s \in V$,$v_t \in \bar{V}$,从 V 指向 $\bar{V}$ 的弧集$(V, \bar{V})$ 称为割. 而 KK' 称为割(截)线.

割(截)集中各弧容量和称为割(截)容(量).

对于割容与网络流之间的关系,1956 年,L. R. Ford 等人给出以下定理.

定理 6.6.1　在一个带收发点的容量网络 D 中,最大流量等于最小割(截)容.

对于上述定理还可给出另一证明,它基于下面两条引理.

引理 1　D 上的任一可行流流量不大于任一割容量.

引理 2　D 上的可行流是最大流的充要条件为不存在增广(可扩)链.

2. 增加网络最大流的措施

城市交通网的拥堵,很大程度上与该网络最大流量的多寡有关,在现有交通设施下,增加最大流的流量对解决交通拥堵来讲至关重要,我们认为这可以从下面几个方面加以考虑.

(1) 改变某些弧的流向.

为增加网络流量,有时可通过改变某些弧的流向实现,为此我们有:

命题 1　容量网络最小割中,改变 $\bar{V}\to V$ 弧的流向,该网络最大流至少不减.

命题的证明是显然的,请看例 6.6.1.

例 6.6.1　图 6.6.2 为初始容量网络,其最小割容为 18,且 KK' 为割线;由于割集中存在 $\bar{V}\to V$ 流向的弧(v_3,v_2),改变其流向变为 $v_2\to v_3$(图 6.6.3),其相应的最小割容为 19,即网络最大流增加了一个单位的流量.注意到此时割线中亦涉及 $\bar{V}\to V$ 流向的弧(v_4,v_3),当然若再改变弧(v_4,v_3)的流向,最小割容还将会增加,即网络最大流也会相应地增加.

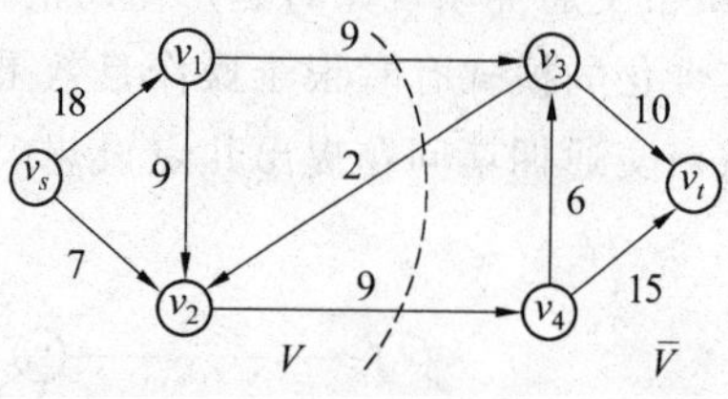

图 6.6.2

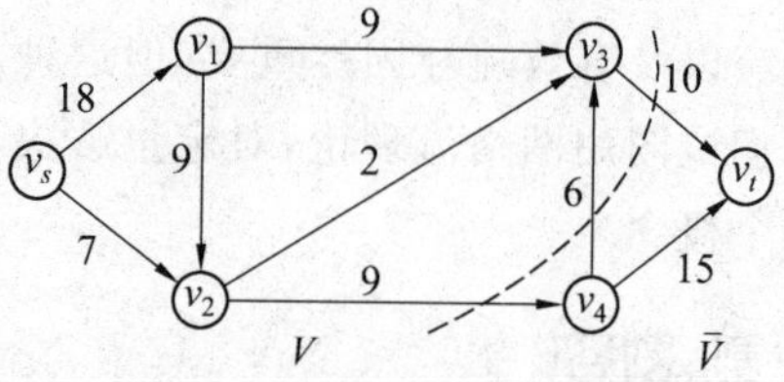

图 6.6.3

(2) 调节某些弧上的容量

扩容一般会增加网络最大流量,量关键是选择最为合理的位置进行扩容,为此我们有:

命题 2　增加最小割的割容量后,网络的最大流至少不减.

网络结构可用图 6.6.4 所示的管道截面表示容量,相应的割亦可从图中看出,这样如图 6.6.4 所示的网络中:增加其最小割 KK'(管道直径最小处)的割容量(增加这段管道的直径)后,网络的最大流将会增加(如图 6.6.5 及图 6.6.6 所示),具体的方法为:

1) 最小割 KK' 增加(容)流量到次小割容,最大流增至次小割 $K_1K'_1$ 的割容;

2) 重复上面的步骤,可不断有效增加网络最大流的流量.

当然也可以先一次规划(做出最大流量设计)好,再实施一步到位的网线(整个网络)改造.

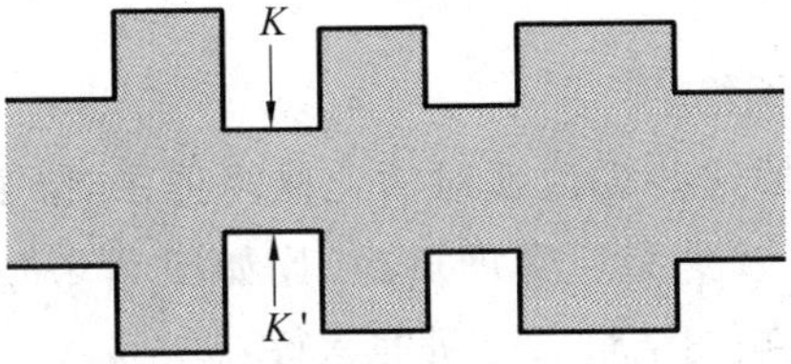

图 6.6.4

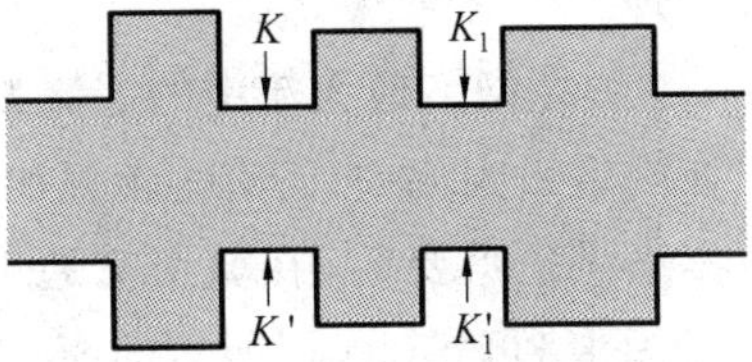

图 6.6.5

(3) 适当增添辅助弧

有些情况增添辅助弧及弧容亦可最有效地增大网络流量,如图 6.6.7 所示的网络,其最大流量显然是 2.

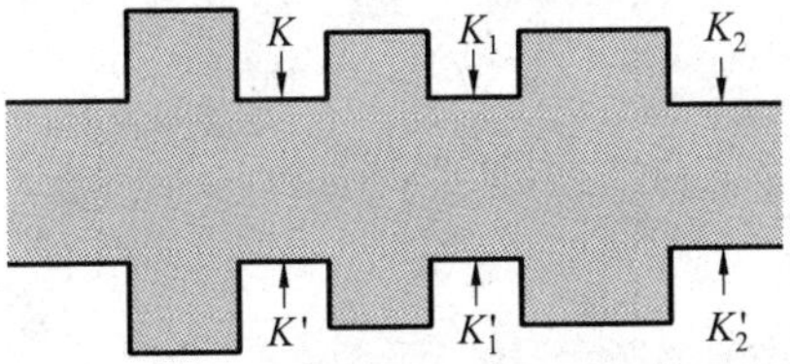

图 6.6.6

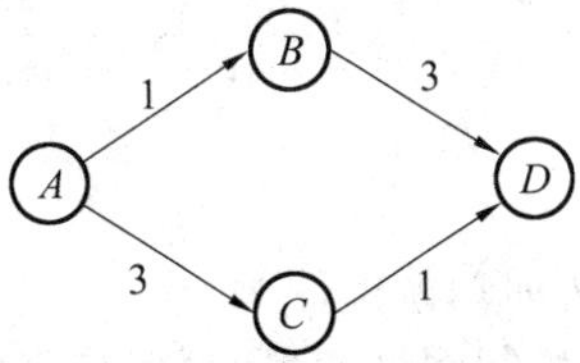

图 6.6.7

如果欲使网络增加流量,做法有:

1) 弧(A,B),(C,D)上同时各增加容量 1(图 6.6.8),这可使整个网络最大流量达到 4;

2) 修一条辅助路(图 6.6.9),即增添弧(C,B),且使其上容量为 2,亦可使整个网络最大流量为 4.

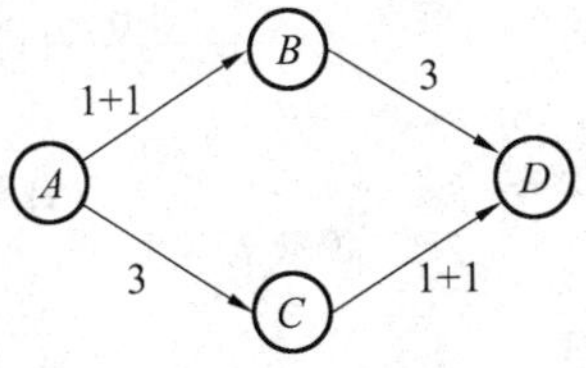

图 6.6.8

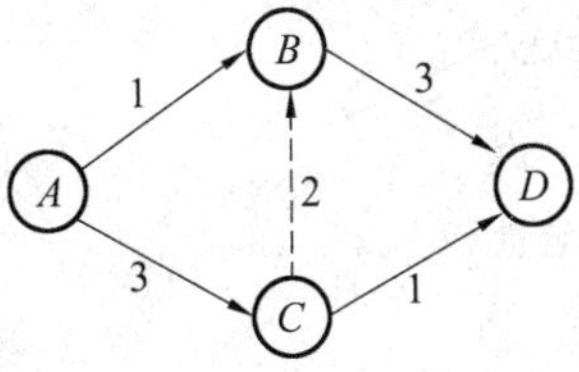

图 6.6.9

如果考虑总成本及方案的可行性,应比较两者优劣,从中择优.

3. 简化网络、控制流量

对于给定网络，一旦最大流确定，我们还可通过一些相关措施改善网络流的运行及管理.

(1) 去掉网络最大流中的零流弧，简化网络

在网络最大流中，若有零流弧出现，去掉这些零流弧对简化网络体系，降低运营成本来讲是重要的，在城市交通网中，可减少交通管理负担. 比如图 6.6.10 中(a) 所示网络可作(b) 图所示的简化而不影响网络最大流量的运行.

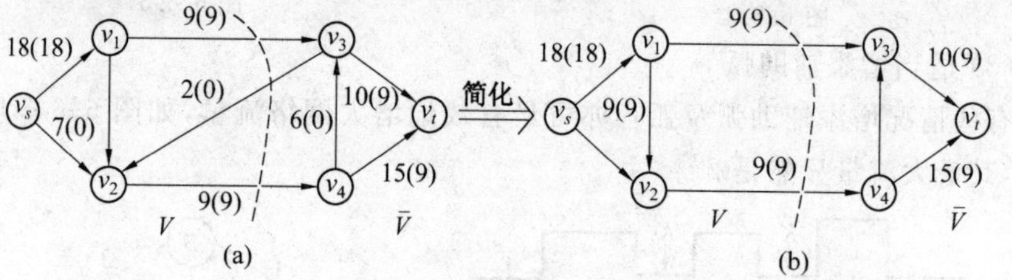

图 6.6.10

(2) 加强流量控制

1) 控制网络流量，是保障网络最大流通畅的关键.

在城市交通网中控制流量尤为重要，比如：控制进入交通网络的流量(可行流)，一旦超过交通网络的承受能力(最大流)，应分流车辆改行它路(限制车辆进入网络).

2) 在各节点加强疏导，合理分配流量.

例如图 6.6.11 所示的网络节点处，容量给定后，流量分派及评价也就定了.

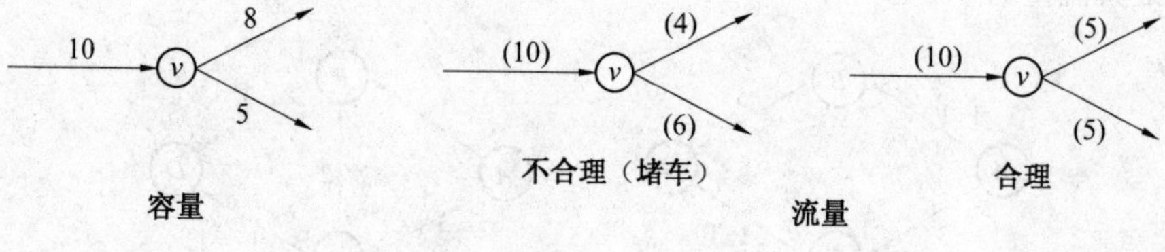

图 6.6.11

4. 几点注记

就现在交通设施前提下，改善城市交通，解决拥堵问题实际上是增加城市交通

网络最大流的问题. 以上措施只是对交通系统某些软硬件实施管理、改造提出的设想,解决交通拥堵问题是一个十分复杂的系统工程,它涉及市政建设、道路规划、交通管理等诸多领域,但本文给出的方法多少可在某些方面解决交通拥堵存在的问题.

当然,我们这里(1) 没有涉及流速(它也关系交通拥堵);(2) 没有考虑信号系统的效率(如减少接连红灯信号).

如果上面两点配合适当,问题的解决效果可能更佳.

这里,我们还想提出一点,由于城市道路多为双向行驶,这里谈及的是单向网络,但我们可将问题分成两部分考虑:①$S \to T$(正向);②$T \to S$(反向),即化为两个网络问题处理.

另外,我们的方法不仅对解决交通拥堵问题有效,对其他容量网络问题增加最大流量也是有效的.

6.7　中国邮递员问题

我们曾在前面提到欧拉一笔画问题,为了下面讨论方便,定义:

欧拉链　给定一个连通多重图 G,若存在一条链,过每边一次且仅一次,称该链为欧拉链,如果存在这样的圈,则称为欧拉圈.

有欧拉圈的图称为欧拉图. 关于欧拉图有下面的定理:

定理 6.7.1　连通多重图 G 是欧拉图 $\Leftrightarrow G$ 中无奇点.

系　连通多重图 G 有欧拉链 $\Leftrightarrow G$ 中有两个奇点.

中国邮路问题是我国管梅谷教授率先提出并研究的一种图的极值问题,国际上称之为"中国邮递员问题"(Chinese Postman Problem),问题是这样叙述的:

给定一个连通图 $G=(V,E)$,其中边 e 上分别赋权 $w(e)$(非负)构成一个网络. 今求 G 的一个圈 μ(不一定是简单的),过每边至少一次且 μ 的总权数 $\sum\limits_{e\in\mu} w(e)$ 最小.

若 G 不含奇点,则其有欧拉通路(圈),问题直接获解.

若 G 含奇点,则需添加重边,一是使奇点消灭构成新圈 μ',二是使 μ' 总权数最小. 显然此时等价于添加重边集 $E_1 \subseteq E$ 的总权数 $\sum\limits_{e\in E_1} w(e)$ 最小. 这种总权数最小的添加边集 E_1 称为最优集.

为此管梅谷先生于 1960 年给出下面判定定理:

定理 6.7.2 可行集 E_1 是最优集 $\Leftrightarrow$ 对每个(初等)圈 μ 皆有

$$\sum_{e \in E_1 \cap E(\mu)} w(e) \leqslant \sum_{e \in E(\mu) \setminus E_1} w(e)$$

简言之:在一个边 e_i 上赋权 $w(e_i)(\geqslant 0)$ 的连通图上,求一个圈(未必是简单的)使之过每边至少一次,且使圈的总权数最小.

它的具体提法是:

一个邮递员每次从邮局出发投递,且要走遍他负责的区域上的每条街道,然后回到邮局.如何走,可使他的投递路线总长最短?

解此问题关键是:若图中无奇点,有欧拉圈存在;若图中有奇点可适当增加一些重复边,使图不含奇点,但要求重复边总权数最小,为此有命题或判优原则,方法可依此.

原则 1 在最优方案中,重复边的重数最多是2(即每条边最多有1条重复边).

原则 2 在最优方案中,重复边的总权数,不大于该圈总权数的一半.

以上两原则的证明是显然的,对于原则 1,若某边有重复边 2 条以上,每次去掉偶数条后,该边相邻顶点奇偶性不变(故方案仍可行),但总权数减少,与方案最优性相抵.

对于原则 2,如图 6.7.1,若重复边$[v_i,m,v_j]$权数大于该圈总权数一半,则可去此边换上另一边$[v_i,n,v_j]$,此时 v_i,v_j 奇偶性未变,但总权数减少.

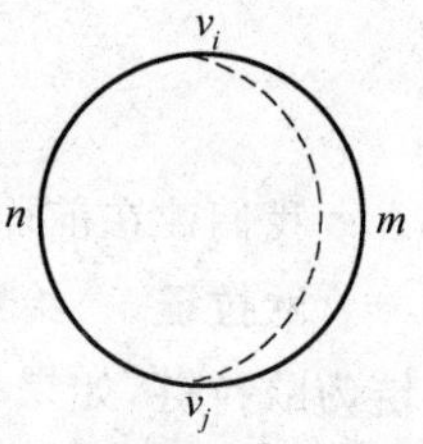

图 6.7.1

具体步骤是:

(1) 若图中不含奇点,则由欧拉定理,邮递员可依次不重复地走完每条街道,而后回到邮局,问题获解(即找出一笔画).

(2) 若图中有奇点,可用添加边的办法设法消灭奇点.具体地讲:先找出全部奇点(个数必为偶数),设它们为 $v_1,v_2,\cdots,v_{2k}$,然后作经任两个奇点为始终点的链 v_iv_j 为添补边.显然此链中的起讫点变成偶点,而其他点的奇偶性不变.重复该步骤,直到全部奇点消失.

(3) 检查图上所有的圈是否满足原则 1、原则 2,然后再行调整(方法如上述).

我们通过以下例子说明此方法.

例 6.7.1 某邮递员负责投递路段见图 6.7.2(v_1 是邮局所在),投递后返回邮局.请给出他的最优投递路线.

解 图中有 4 个奇点 v_2,v_4,v_6,v_8.我们可添加重复边(图 6.7.3 中虚线所示)以消灭奇点.

接下来检查有重复边的圈中，计算重复边的权数.

(v_4, v_5, v_6, v_7) 圈中，重复边权数小于圈总权数的一半；

(v_2, v_3, v_6, v_5) 圈中，重复边权数 $5+9=14$ 大于圈总权数 $5+9+4+6=24$ 的一半，故需以另外半圈换之，见图 6.7.4.

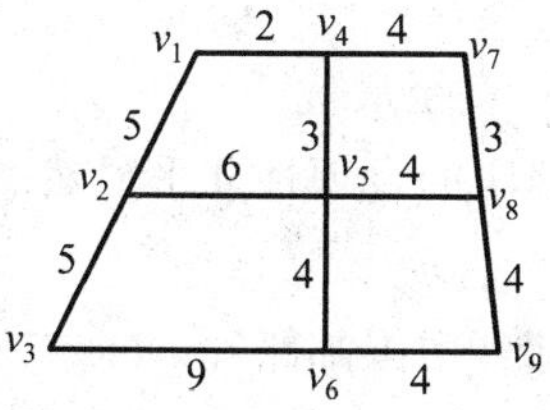

图 6.7.2

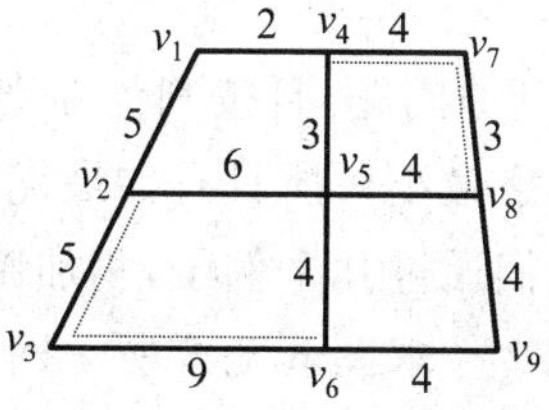

图 6.7.3

再检查图 6.7.4 中的 $(v_1, v_2, v_5, v_8, v_7, v_4)$ 圈，重复边权数和为 13 大于该圈总权数之半，故可换上另外半圈，见图 6.7.5，经检验，此方案已最优.

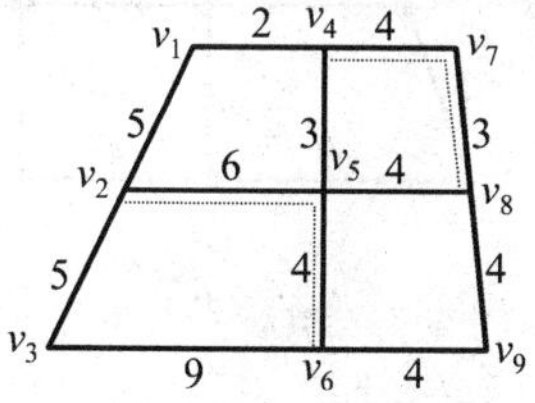

图 6.7.4

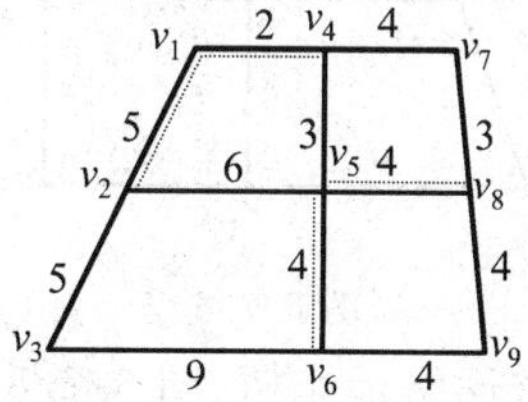

图 6.7.5

以上方法又称奇偶点作业法.

应该指出：上述方法的主要困难是检查图中诸圈添加边的权，当图中点、边、圈的个数较多时，算法较复杂.

1973 年 Edmonds, Johnson 给出了“中国邮递员问题”一个更有效的算法.

与中国邮路问题类似的还有“Hamilton 周游世界问题”，这里不多谈了.

最后我们也想给“中国邮递员”问题一个解法，至少它在“添边去奇点”时减少一些盲目（换言之，充分利用现有信息）：

处理中国邮路问题的传统方法一上来并不考虑与奇点相关联的边的权数大小，因而添加重边消灭奇点时多少带有盲目性.

我们的方法正是针对此弊，试图充分利用已给信息，尽可能地将初始方案做得好一些（如运输问题中的最小元素法或 Vogel 法和西北角法），以减少调整麻烦，其中关键是利用网络最小树理念.

下面给出“中国邮路问题”初始方案的一种解法.

(1) 在所给网络的奇点处做标记,如加“ * ”或“○”;

(2) 求该网络最小树(用避圈法或破圈法,破圈原则:① 从权数最长边的圈开始;② 尽可能多保留与奇点相连的边;③ 已为偶点者的边尽可能不去掉);

(3) 在最小树上的奇点处添加重复边(原则是点从权数最小的边开始),以消灭奇点;

(4) 回到原问题,且按判优准则检验和调整,直至最优.

根据网络最小树所具有的最优性质,上面解法的合理性几乎显然.

下面我们通过几个例子,稍加阐明.

例 6.7.2 求图 6.7.6 所示网络的最优邮路(中国邮路).

解 (1) 先在网络奇点处打上“○”(图 6.7.7).

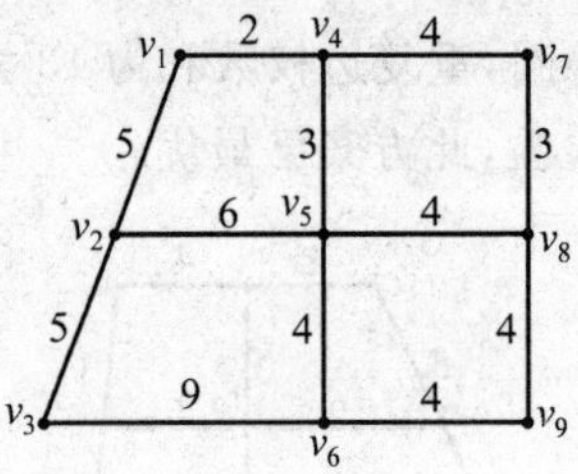

图 6.7.6

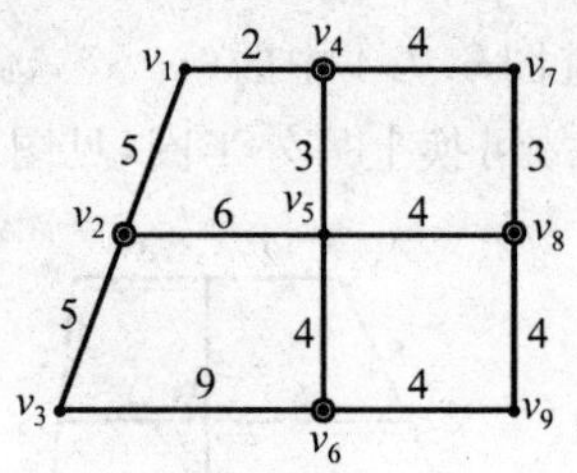

图 6.7.7

(2) 求该网络最小树(图 6.7.8).

(3) 在最小树上添加重复边,以消灭奇点(图 6.7.9).

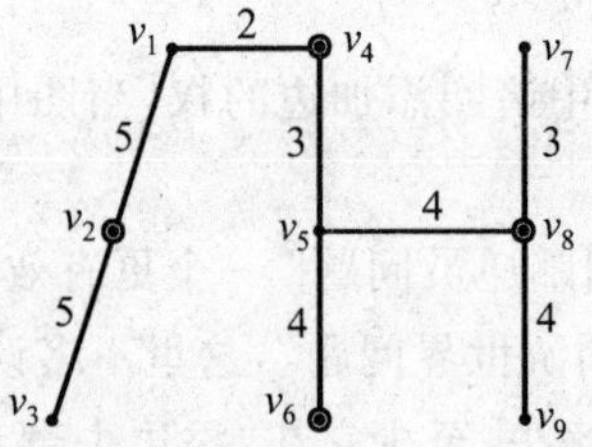

图 6.7.8

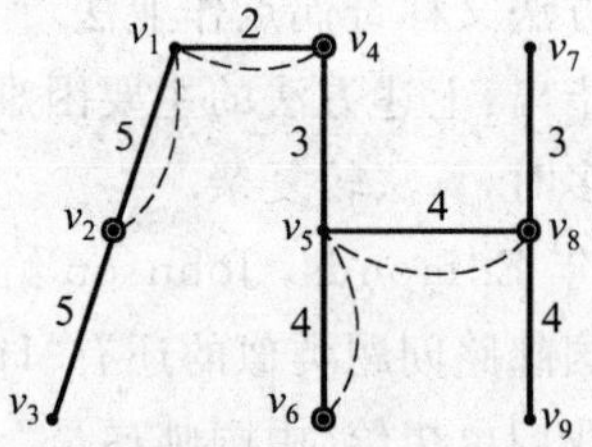

图 6.7.9

经检验,此已是最优解,见图 6.7.10.

与传统解法相比较,优势自不待言.

例 6.7.3 求图 6.7.11 所示网络的最优邮路.

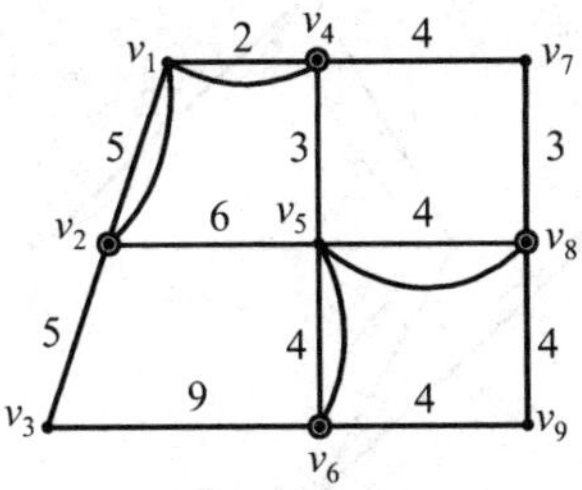

图 6.7.10

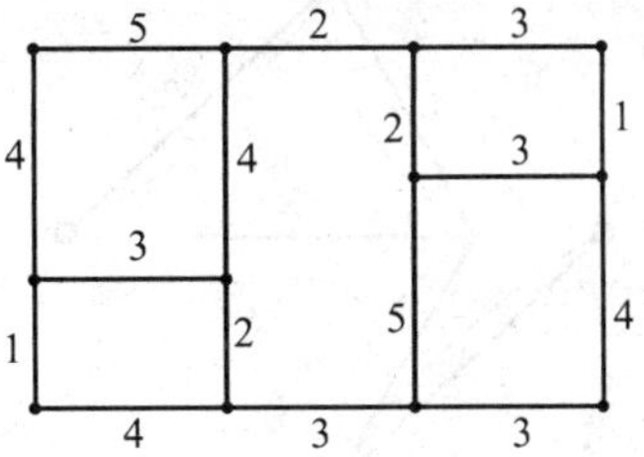

图 6.7.11

解　按前述步骤分别有图 6.7.12 ～ 图 6.7.15.

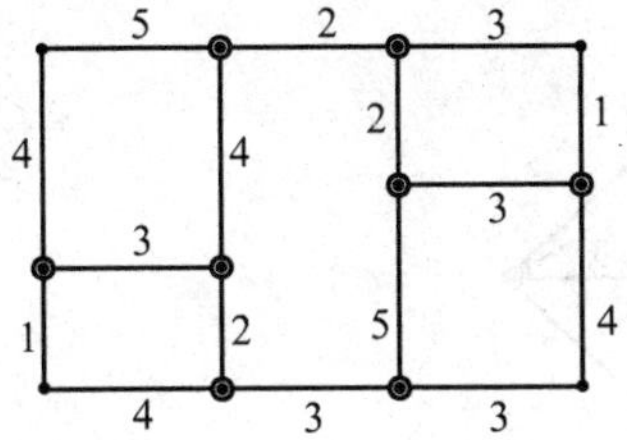

图 6.7.12 （标出奇点）

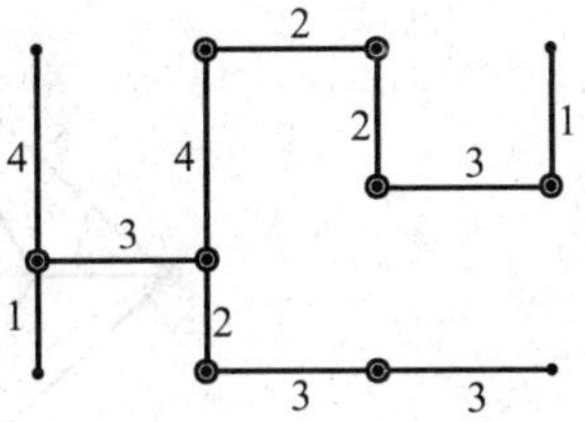

图 6.7.13 （求网络最小树）

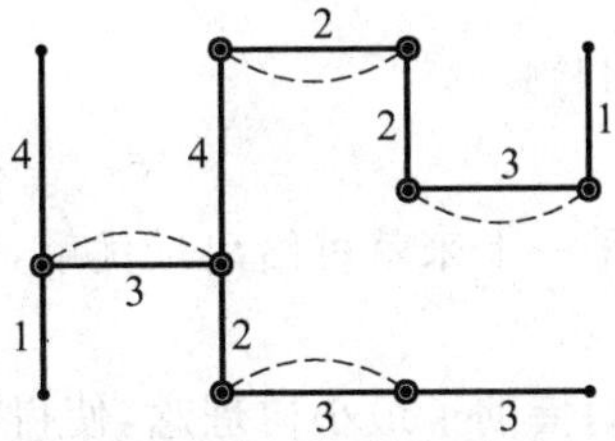

图 6.7.14 （添重复边去奇点）

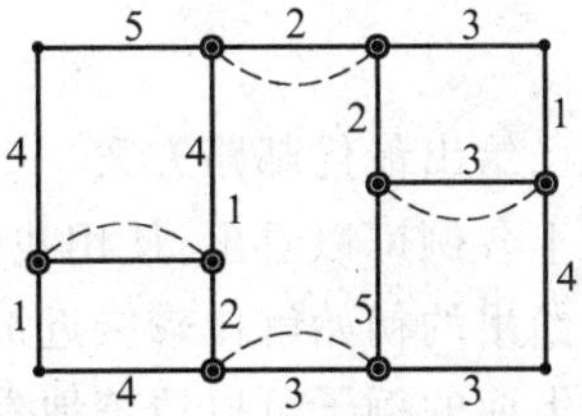

图 6.7.15 （还原并检验）

经检验,此方案已是最优.

例 6.7.4　求图 6.7.16 所示网络的最优邮路.

解　按图 6.7.17 至图 6.7.20 所示步骤运算.

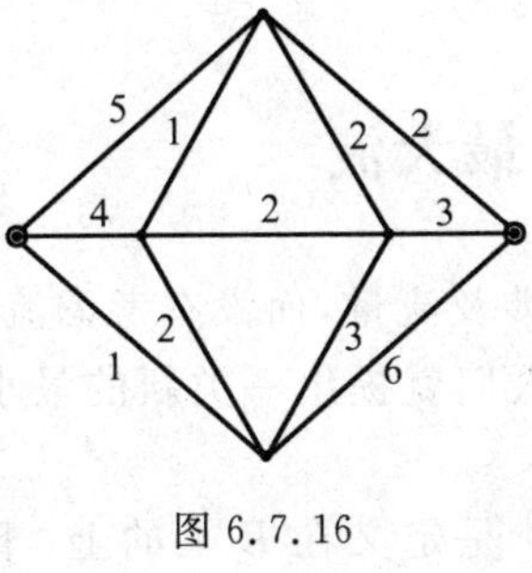

图 6.7.16

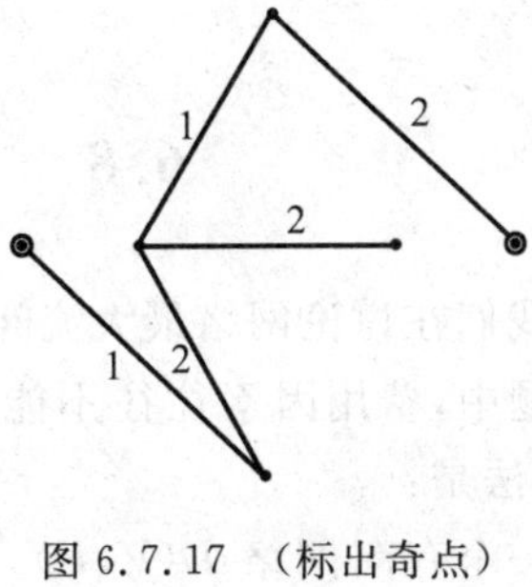

图 6.7.17 （标出奇点）

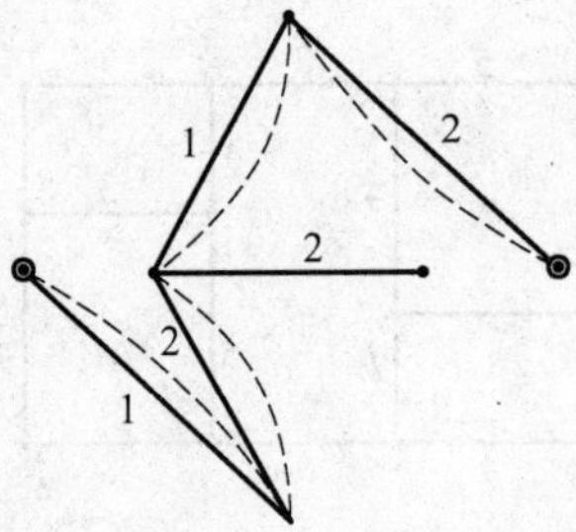

图 6.7.18 （求网络最小树）

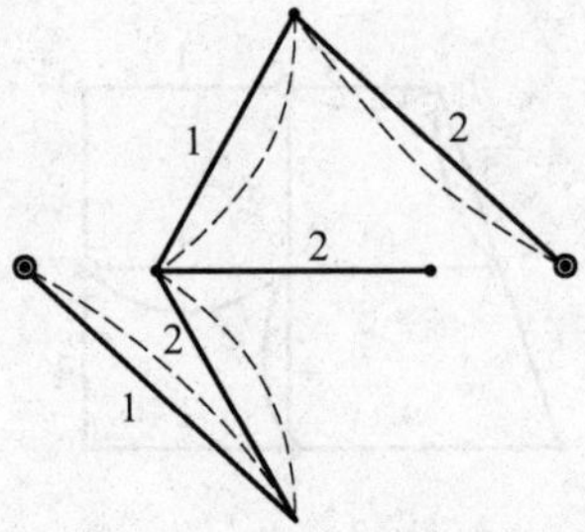

图 6.7.19 （添重复边去奇点）

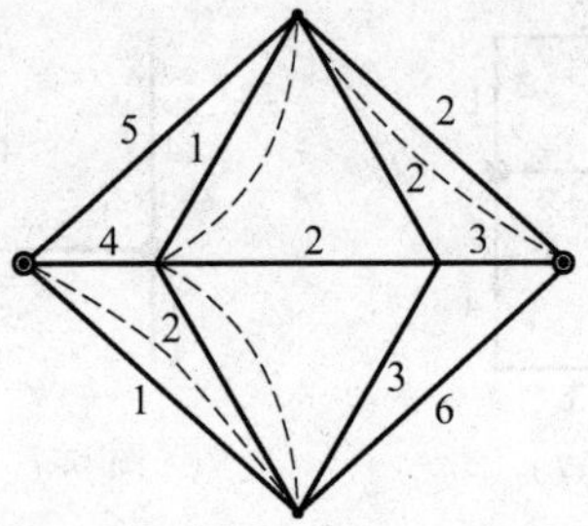

图 6.7.20 （还原且检验）

至此已给出最优邮路方案.

从以上各例可以看出:使用我们的方法几乎一上来就可给出最优解,这至少说明该方法给出的初始解比较接近最优解.

通过上面的例子可以清楚地看到:由于我们借助了最小树理念,使得我们在处理中国邮路问题时,已充分考虑到原有网络的信息,这样在添加重边,消灭奇点过程便有的放矢,避免盲目.

诚然,这里提到的办法仍是给出问题的初始方案,要判断其是否最优,仍需检验,而邮路问题的困难之处,正是检验工作的繁复,且至今仍未能给出有效而简单的检验方法.

6.8 最小费用最大流

前面我们在讨论网络最大流问题中,仅仅涉及流量,而没有考虑流的费用,但在实际问题中,费用因素往往不能忽略,这样人们就提出一类新的最小费用流问题,它的提法是:

给定一个有向网络 $D(V,E)$,设 $l(e),c(e)$ 是定义在 E 上的上、下容量函数

$(0 \leqslant l(e) \leqslant c(e))$，又定义在 E 上非负函数 $b(e)$ 表示弧 e 上单位流量费用函数. 又设 V 上函数 $a(v)$ 满足 $\sum_{v \in V} a(v) = 0$.

若 $f = \{f_{ij}\}$ 是 D 上一个流且满足

$$\begin{cases} f(v_i, V) - f(V, v_i) = a(v_i), & (v_i \in V) \\ l_{ij} \leqslant f_{ij} \leqslant c_{ij}, & (v_i v_j \in E) \end{cases}$$

则称 f 为 D 上一个可行流，其中使 f 的总费用 $b(f) = \sum_{v_i v_j \in E} b_{ij} f_{ij}$ 最小者，称为最小费用流.

在标准运输问题

$$\min z = \sum_{i=1}^{m} \sum_{j=1}^{n} c_{ij} x_{ij}$$

$$\begin{cases} \sum_{j=1}^{n} x_{ij} = a_i & (i = 1, 2, \cdots, m) \\ \sum_{i=1}^{m} x_{ij} = b_j & (j = 1, 2, \cdots, n) \\ x_{ij} \geqslant 0 & (1 \leqslant i \leqslant m, 1 \leqslant j \leqslant n) \end{cases}$$

先构造网络，比如 $D = (S, T; E)$，$S = \{s_1, s_2, \cdots, s_m\}$，$T = \{t_1, t_2, \cdots, t_n\}$，且对定向弧 $s_i t_j$ 上 $l_{ij} = 0, c_{ij} = +\infty$，同时 $a(s_i) = a_i, a(t_j) = -b_j (1 \leqslant i \leqslant m, 1 \leqslant j \leqslant n)$.

这样标准运输问题即可化为 $D' = (V, E, l(e), a(v), b(e))$ 上的最小费用流问题.

对于给定带收发点的容量网络 $D = (V, E, c(e))$，每段弧 e 上单位流量费用为 $b(e)$. 要求 D 上最大流 f 使 $\sum_{E} b_{ij} f_{ij}$ 最小.

若又令 $a(v_s) = v^*, a(c_t) = -v^*, a(v) = 0 (v \neq v_s, v_t)$，这里 v^* 为 D 的最大流量. 于是得 $D' = (V, E, l = 0, c(e), a(e), b(e))$，则 D' 上最小费用流即为求 D 上最小费用最大流.

关于这类问题(又如物资调运中的图上作业法等)的讨论，这里我们就不多介绍了，有兴趣的读者可参阅参考文献[24].

注　记

前面我们曾提出过所谓 Hamilton 周游世界问题，其实更为著名且至今尚未解决的与上述问题有关的另一类问题是我们在前面章节曾介绍过的所谓货郎担问题. 为了阐明此问题，我们先介绍一下 Hamilton 问题.

1856 年 W. R. Hamilton 在给他朋友的信中提出一个数学游戏.

某人在正十二面体任意5个顶点处分别插上五根大头针，形成一条路，要求另一个扩展该路而形成一个经过正多面体所有顶点的圈（生成圈）见图 6.8.1，此称为 Hamilton 圈（简称 H－圈）.

将此正十二面体拓扑变换成平面图则有图 6.8.2，它显然存在 Hamilton 圈（图中粗黑线所示）.

应该指出：并非所有网络均有 Hamilton 圈，如图 6.8.3（它由 Herschel 给出）就不存在 Hamilton 圈.

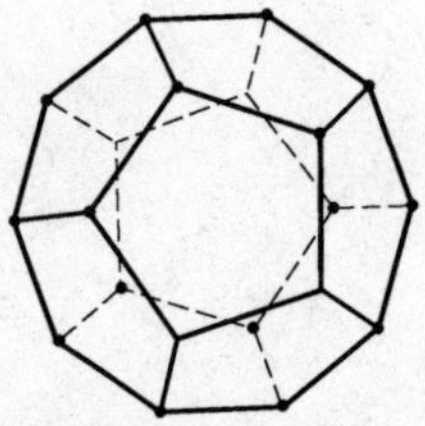

图 6.8.1

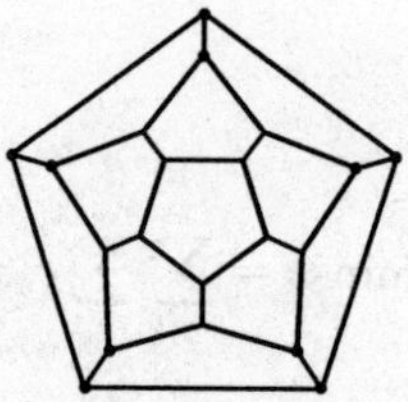

图 6.8.2

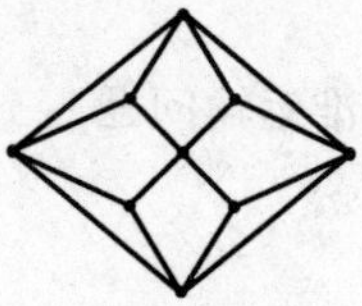

图 6.8.3

货郎担问题是这样的：一个货郎想去若干城镇推销货物，然后回到他的出发地. 给定各城镇间路程（或所需旅行时间），问如何安排可使他每个城镇仅去一次且所走全部路程（所需时间）最短？

这个问题直至目前尚无有效算法. 原因是所谓"维数障碍". 当城市数是 n 时，货郎将面临 $(n-1)!$ 条路线去选择，计算每条路线长再去比较，将随 n 的增大变得越来越困难，因为 $n!$ 是一个增长极快的数字，依斯特林公式知

$$n! = \sqrt{n\pi}\left(\frac{n}{\mathrm{e}}\right)^n \mathrm{e}^{\theta/12n} \quad (0<\theta<1)$$

当 $n \gg 1$ 时

$$n! \approx \sqrt{2n\pi}\left(\frac{n}{\mathrm{e}}\right)^n$$

较精细的公式为

$$n! = \sqrt{2n\pi}\left(\frac{n}{\mathrm{e}}\right)^n\left[1+\frac{1}{12n}+\frac{1}{288n^2}-\frac{139}{51\,840n^3}-\frac{571}{2\,488\,320n^4}+o\left(\frac{1}{n^5}\right)\right]$$

这样当 $n=30$ 时，上述问题要进行大约 2.6×10^{32} 次运算，即使使用每秒能计算百亿次的电子计算机来计算也需 8 千万亿年，这显然不可行.

人们正在寻求并且已找到了一些克服上述困难的算法（包括一些近似算法），完全地解决此类问题尚有不少困难.

下面是一个可行（注意这里只是可行）的算法：

先从赋权（权重为 w_{ij}）网络中找出一个 Hamilton 圈 C，然后适当修改边，使得到另一个权数较小的 Hamilton 圈. 方法是：

设 $C=v_1v_2\cdots v_nv_1$，对于适合 $1<i+1<j<n$ 的 i,j，考虑新圈

$$C_{ij} = v_1v_2\cdots v_iv_jv_{j-1}\cdots v_{i+1}v_{j+1}v_{j+2}\cdots v_nv_1$$

它是由 C 删去边的 v_iv_{i+1} 和 v_jv_{j+1}，而添加边 v_iv_j 和 $v_{i+1}v_{j+1}$ 而得到的（图 6.8.4）.

具体地讲，其置换过程如图 6.8.5 所示.

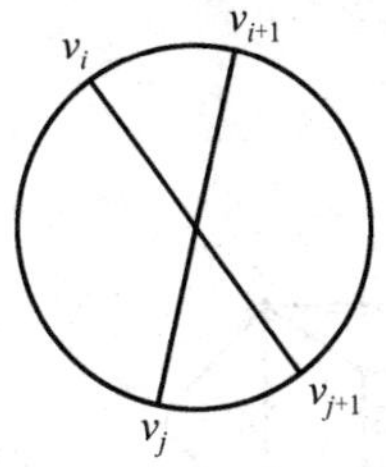

图 6.8.4

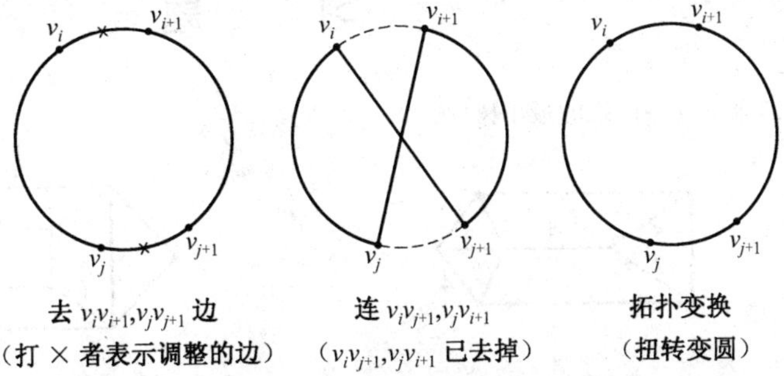

图 6.8.5

若对某对 i,j 有 $w_{ij}+w_{i+1,j+1}<w_{i,i+1}+w_{j,j+1}$，则 C_{ij} 是 C 的一个改进. 重复上面步骤，直至无法改进为止.

例如六城市 A,B,C,D,E,F 之间航路及长如图 6.8.6 所示，试求最优货郎路线.

我们先给一个 H－圈 $ABCDEFA$，其中的三次修改如图6.8.7 所示.

最终得到一个权数为 192 的圈：$A\to D\to E\to F\to B\to C\to A$.

还原成原图即为图 6.8.8 所示.

此方法系 S. Lin 于 1965 年首先提出，后由 M. Held 和 R. M. Karp 于 1970 和 1971 年修改的.

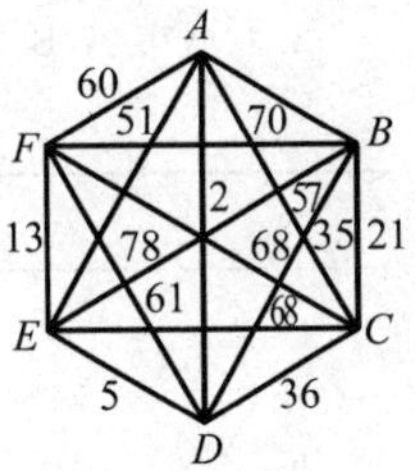

图 6.8.6

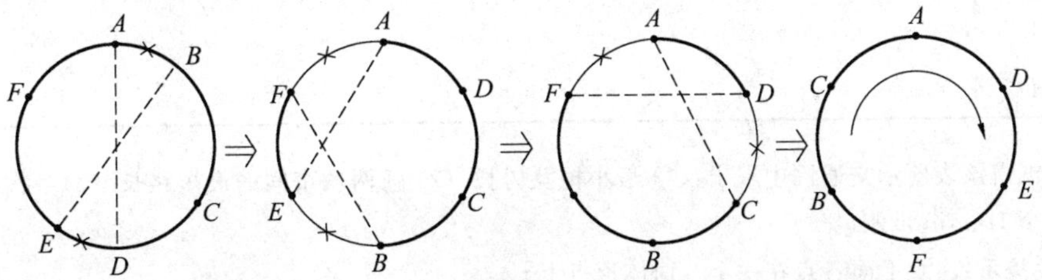

图 6.8.7

S. Lin 还发现：圈的修改过程每次改动三条边比一次改动两条边更有效.

令人不解的是：若每次改动边的条数再增加方法反而效果不佳.

我们还想指出一点，“货郎担问题” 亦可视为动态规划问题，故可用动态规划方法去解（详见后面章节）. 然后这些方法当 n（点的个数）很大时，计算仍是困难的，纵然是使用大型高速电子计算机.

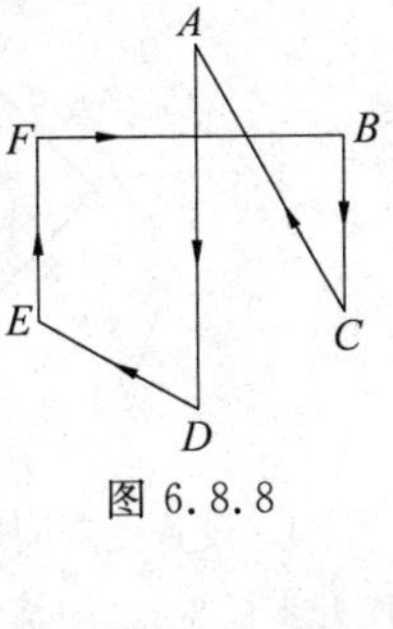

图 6.8.8

习 题

1. 求下列各网络的最小树(图 1).

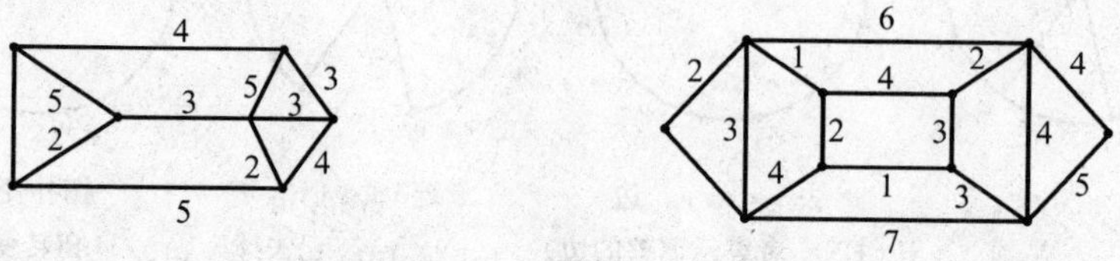

图 1

2. 六城市 A,B,C,D,E,F 距离如表 1.

表 1

	A	B	C	D	E	F
A	0	13	51	77	68	50
B		0	60	70	67	59
C			0	57	36	2
D				0	20	55
E					0	34
F						0

试由该表所示交通网中求出:(1) 最小树及树长. (2) 任两城市间的最短路长. (3)* 找出图中一个 Hamilton 圈.

[**提示**:注意上面各点在一个八面体顶点上]

3. 求图 2 所示网络的最短路:(1) 从 v_1 至各点;(2) 任意两点间最短路(这里 $x \in \mathbf{N}$).

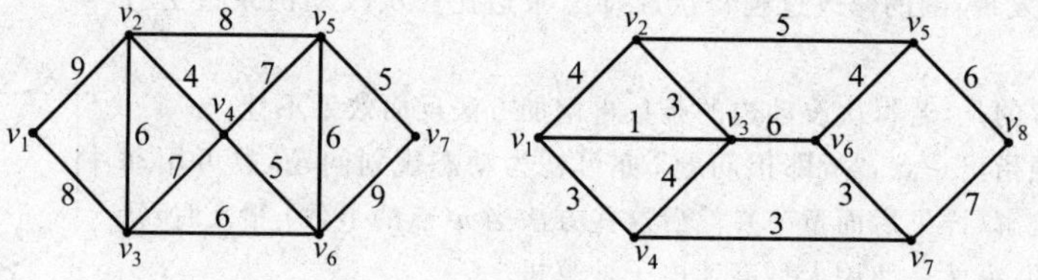

图 2

4. (设备更新问题) 企业年初或购新机器,或维修旧机器,问题是要制订一个设备更新计划,使开支最少,已知某设备 5 年内价格依次为:

第 1 年	第 2 年	第 3 年	第 4 年	第 5 年
11	11	12	12	13

又使用不同年限旧机器维修费用为：

使用年限	0 ～ 1	1 ～ 2	2 ～ 3	3 ～ 4	4 ～ 5
维修费	5	6	8	11	18

请给出该企业 5 年内更新此种机器的方案.

[**提示**：将此问题化为图 3 所示网络的最短路问题，其邻接距离矩阵为 $\boldsymbol{D}$，则

$$\boldsymbol{D}=\begin{pmatrix} 0 & 16 & 22 & 30 & 41 & 59 \\ \infty & 0 & 16 & 22 & 30 & 41 \\ \infty & \infty & 0 & 17 & 23 & 31 \\ \infty & \infty & \infty & 0 & 17 & 23 \\ \infty & \infty & \infty & \infty & 0 & 18 \\ \infty & \infty & \infty & \infty & \infty & 0 \end{pmatrix}$$

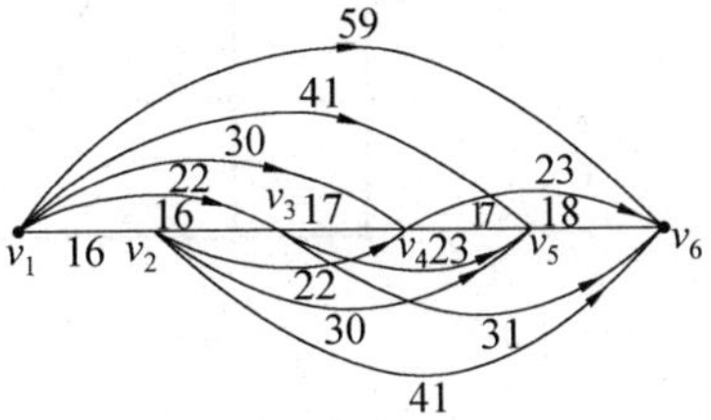

图 3

答：最短路为(0,16,22,30,41,53)]

注：此问题也可化为图 4 所示网络，以求 v_1 到 v_6 的最短路：

图中粗线表示 v_1 到 $v_i(i=2,3,4,5,6)$ 的最短路线.

此图与上面的图形并无原则上的区别，从"拓扑"观点看，它们是等价的(从"图论"观点看亦如此).

不过从"经验"或"习惯"上讲，人们似乎对于后者更为偏爱 —— 因为它是人们熟悉的几何图形.

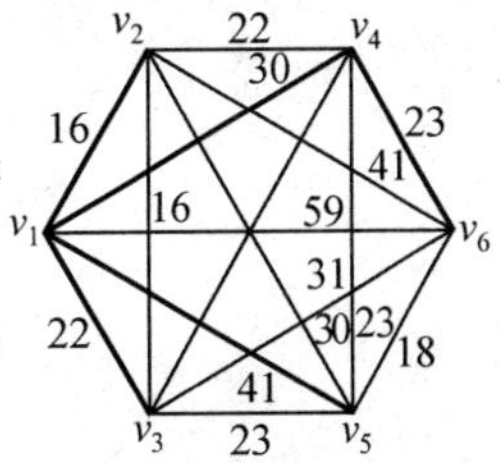

图 4

5. 求图 5 所示容量网络的最大流(这里 $x \in \mathbf{Z}^+$).

又在图(a) 中改变 ① 一条弧的容量；② 两条弧的容量，可能最大流增至多少？

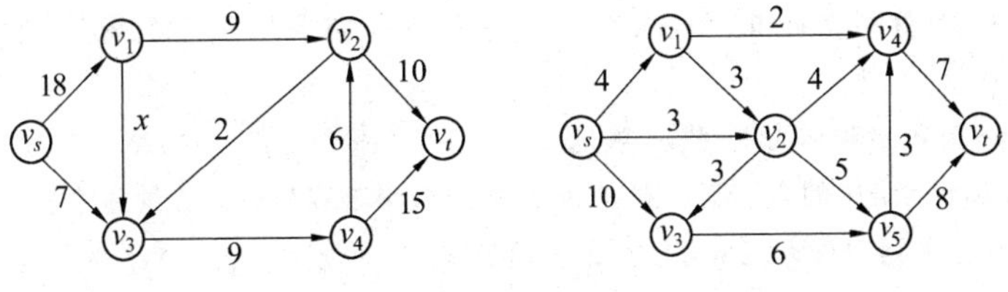

(a)　　(b)

图 5

6. 给出图 6 中国邮递员问题的最优解.

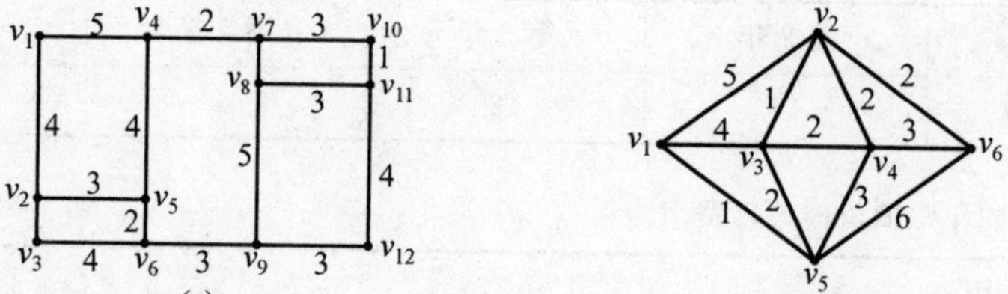

(a) (b)

图 6

7. 求图 7 中圈的个数.

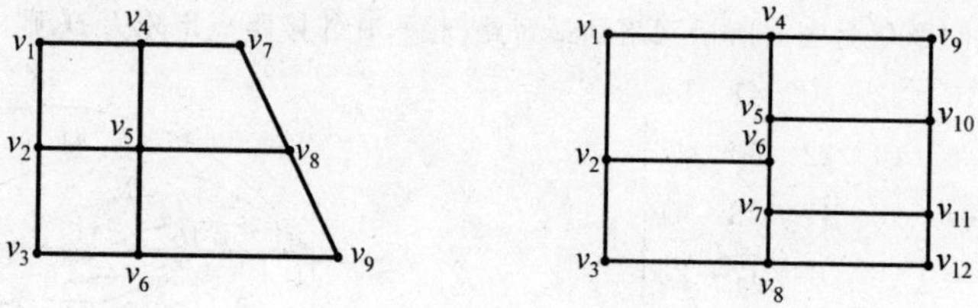

(a) (b)

图 7

8. 设 $D=(V,A,c)$ 是一个容量皆为整数的网络，则必存一个 f_{ij} 均为整数的最大流 $f=\{f_{ij}\}$.

9. 六个城 $C_i(1\leqslant i\leqslant 6)$ 间航空票价 c_{ij}（表示 C_i 与 C_j 间票价）如下（∞ 表示无直接航线）

$$\begin{pmatrix} 0 & 50 & \infty & 40 & 25 & 10 \\ & 0 & 15 & 20 & \infty & 25 \\ & & 0 & 10 & 20 & \infty \\ & & & 0 & 10 & 25 \\ & & & & 0 & 55 \\ & & & & & 5 \end{pmatrix} = (c_{ij})_{6\times 6}$$

请设计出任两城市间票价最廉的路线.

10. 将容量网络的收点 v_t 和发点 v_s 分割开，使 $v_s \to v_t$ 中断的弧集称为割（截）集. 换言之，若线 KK' 将网络上点分割成 V 和 $\bar{V}$，且 $v_s\in V$，$v_t\in \bar{V}$，从 V 指向 $\bar{V}$ 的弧集 $(V,\bar{V})$ 称为割（截）集. 而 KK' 称为割线.

又割集中各弧容量和称为割（截）容（量）.

试求例 6.5.1 网络中的全部割及割容. 比较网络最小割容与最大流量之关系.

11*. 试证：容量网中最大流量等于其最小割容量.

［**提示**：设该网络最大流为 $v^*(f)$，最小割容量为 $c^*(S,\bar{S})$，先证 $v^*(f)\leqslant c^*(S,\bar{S})$，再证 $v^*(f)\geqslant c^*(S,\bar{S})$］

注 1：从对偶理论来看，网络最大流与最小割是一对对偶问题.

注 2:我们想指出:Ford-Fulkerson 方法在当容量网络为有理数时,可以证明它在有限步后可求出网络最大流;但可以构造一个容量为无理数的网络,使它不能在有限步调整终止的例子,同时计算过程中得到的序列也不收敛到最大流.

1972 年 Edmonds Karp 提出了修正算法,使之计算量仅依赖于图中的节点数,而与容量无关,从而保证了算法的有限性,其中的关键如前所述:每次总是找长度最短的增广链进行调整.

本命题作为判断网络的最大流量来讲是有意义的,但它只能确定最大流量,而无法指出最大流来.

注 3:问题稍详细的证明:若令 $V_s = V_1, V_t = V_m$,中间点是 $V_2 \sim V_{m-1}$.

由

$$\sum_{\{j \mid (i,j) \in E\}} f_{ij} - \sum_{\{k \mid (k,i) \in E\}} f_{ki} = \begin{cases} f, & i = 1 \\ 0, & i \neq 1, m \\ -f, & i = m \end{cases}$$

则

$$f = \sum_{V_i \in S} \Big[\sum_{(i,j) \in E} f_{ij} - \sum_{(k,i) \in E} f_{ki} \Big] = \sum_{(i,j) \in (S,\bar{S})} f_{ij} - \sum_{v_i \in S, V_i \in \bar{S}(i,j) \in E} f_{ki} \leqslant \sum_{(i,j) \in (S,\bar{S})} C_{ij} = (S,\bar{S})$$

这里 $G(V,E)$ 是给定网络,$S \subset V$,又 $V_1 \in S, V_m \notin S$,且 $\bar{S} = V \backslash S$.

同时$(S,\bar{S}) \triangleq \{(i,j) \in E \mid V_i \in S, V_j \in \bar{S}\}$称为 G 的一个割,而 $C(S,\bar{S}) \triangleq \sum_{(i,j) \in (S,\bar{S})} C_{ij}$,称为割容.

12*. 至少要拆掉几座桥,才可使图 8 中自河岸 A 到河岸 B 的交通切断?(图中 C,D,E,F 为四河心岛)

[**提示**:仿欧拉 7 桥问题,将图绘成网络图 9,然后求其最小割]

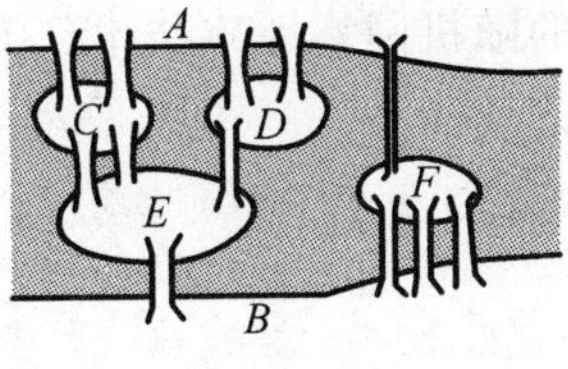

图 8

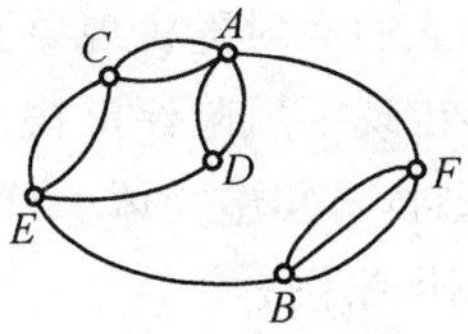

图 9

13.(最小边生成最小树法)求网络最小树问题其实还可以依下述方法进行:

(1) 在所有边中找权数最小的加粗;

(2) 在余下边中找权数最小的加粗,前提是加粗后的边与其他粗边不构成圈;否则将此边打上"×"表示此边不再考虑;

(3) 重复上面步骤直至最小树生成.

应用该方法解习题中各最小树问题.

第 7 章　网络计划技术

网络技术是应用网络模型描述各种工程技术、生产组织、经营管理问题或系统，且简捷地分析、求解、优化这类问题与系统的有效技术.

用网络分析的方法编制的计划称为网络计划或计划网络.通过将所研究的问题构造成网络，然后再用数学方法分析，以获得最佳的决策效果的方法称为网络分析.

借助于网络表示各项工作间相互关系及所需时间，通过网络分析研究工程费用与工期的相互关系，且找出编制和执行计划的关键路线，该方法称为关键路线法(常记为 CPM)，它是 1957 年美国杜邦公司用于工程紧急维修时创造的一种方法.

应用网络分析方法和网络计划去评价和审查各项工作安排，此方法称为计划评审方法(简记为 PERT)，它是 1958 年美国研制北极星导弹计划时应用的一项技术.

关键路线法，即 CPM 多用于已取得一定经验的承包工程，而计划评审方法，即 PERT 多用于项目的研制和开发.

20 世纪 60 年代，以华罗庚教授为首的我国数学家已在我国推广和应用 CPM 和 PERT，当时称为统筹方法.

如今 CPM 和 PERT 已实际上合并成为一种方法，国外称之为 PERT/CPM，我们这里称其为网络计划技术.

近年来，人们面对随机现象又开创一门新的随机网络评审技术(GERT).20 世纪 80 年代还出现了风险评审技术(VERT) 等.

网络计划技术实施大体上可分为三个基本阶段：

(1) 绘制网络图；

(2) 通过计算找出关键路线和工序；

(3) 依优化方法调整网络及数据，使方案最优.

具体可参见图 7.0.1.

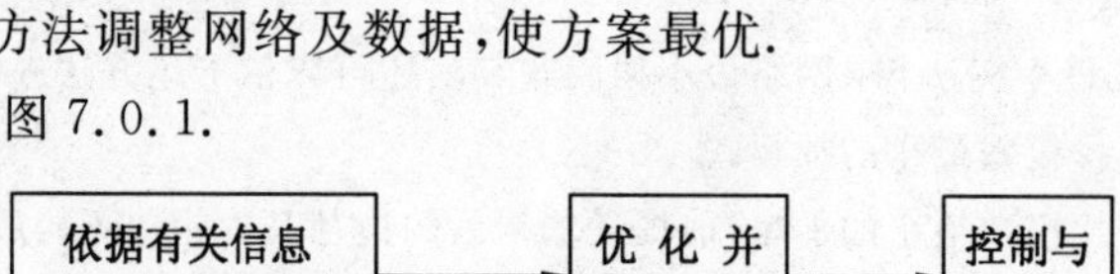

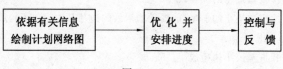

图 7.0.1

7.1　计划网络图

为了介绍网络计划技术，我们先来介绍一些与之有关的概念.

表示各项工序（又称活动或作业）之间相互关系和先后顺序的有向图称为计划网络图.

工序常用有向弧(i,j)表示（此称双代号法），有时也只用一个字母表示（此称单代号法）该工序，如下面所示两种表示法：

$$ⓘ \xrightarrow[t(i,j)]{\text{工序}(i,j)} ⓙ \ (t(i,j) \text{ 表示该作业所需时间}) \text{ 或 } ⓘ \xrightarrow[t(i,j)]{A} ⓙ$$

在计划网络图中一项工序用一条且仅用一条弧表示，并用节点（有时又称为事项）规定各项作业之间的连接关系和先后顺序，节点是一个特定的时间点，它表示某些工序的结束（完成）或另一些工序的开始时间. 节点本身不占用时间，它在图中用点（或小圆圈）表示.

绘制计划网络图应遵循下面准则：

(1) 绘制时标号一般从上到下，从左至右，且节点标号箭头处的应大于箭尾处的.

(2) 两节点间仅能连一条弧，遇有多项作业时，应设虚节点、虚作业. 如图7.1.1中节点 ② 和工序(2,3) 或 C 分别为虚节点和虚工序，虚工序所需时间为 0.

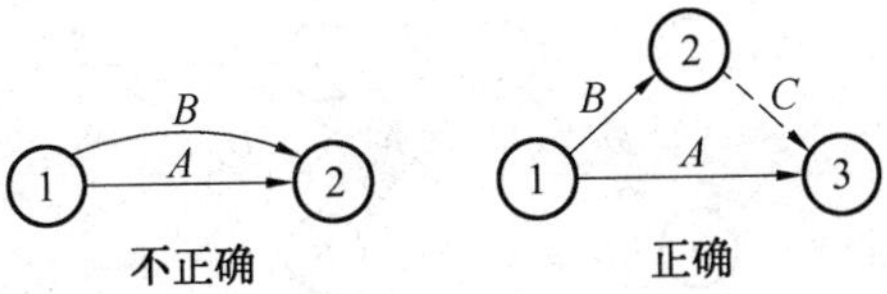

图 7.1.1

(3) 图 7.1.2 所示各图表示各工序间关系（次序）：

为叙述方便，我们将 $\bigcirc \xrightarrow{A} \bigcirc \xrightarrow{B} \bigcirc$ 中的工序 A 称作 B 的紧前工序，而将工序 B 称为 A 的紧后工序.

(4) 计划网络图中除起始点、终点外，所有节点前后均有弧连接不得中断；同时不允许出现回路（否则工程产生循环，但另一方面这样要求又排除了内容极为丰富的、重要的反馈环节），不允许出现交叉.

(5) 为了需要，计划网络图有时需合并或简化：

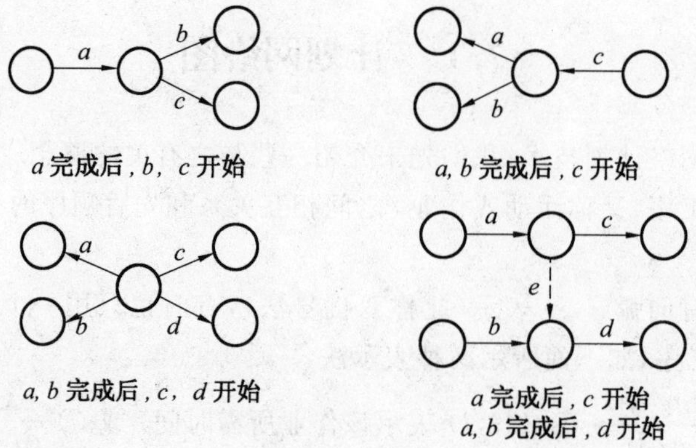

图 7.1.2

将一组工序简化为一个组合工序称为计划网络图的简化.

把若干(局部)计划网络图归并到一个计划网络图中,称为网络的合并.

(6) 计划网络图仅有一个始点和一个终点.

例 7.1.1 某加工任务有 A,B,C,D,E,F,G,H,I 共 9 道工序,加工顺序如下:工序 A 在 C,D 之前,工序 B 在 D 之前(紧前);工序 C 和 D 在 E,F 之前,工序 G 在 E 之后,H 在 F 之后(紧后),I 在 G,H 之后,9 道工序加工时间分别为 3,1,4,2,5,4,6,8,7 小时,画出计划网络图.

解 由题设及绘图规划可绘得图 7.1.3 所示的计划网络图.

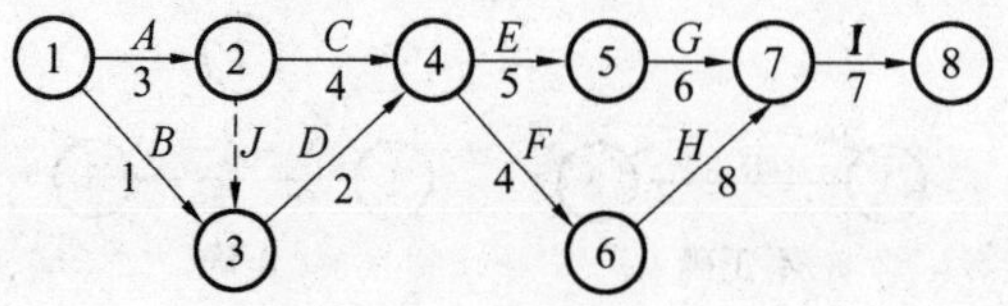

图 7.1.3

注意,图中作业 J 为虚作业,同时注意作业 D 在 A 后,且又在作业 B 后.

7.2 计划网络的计算

计划网络图绘制出来以后,接下来的工作是确定完成该项工程所需最少时间,这往往是通过寻找所谓关键路线即其上各项工序总的延续时间系整个工程完工时间的一条路线.为此常需计划以下各种数据:

工序最早开始时间 $t_{ES}(i,j)$，工序最早结束时间 $t_{EF}(i,j)$，工序最迟开始时间 $t_{LS}(i,j)$，工序最迟结束时间 $t_{LF}(i,j)$ 和时间 t_{ET} 等.

它们的含义及计算公式(有时这些数据记为 ES，EF，LS，LF 和 ST，符号含义可以简单记为 E—— 早，L—— 晚，S—— 开始，F—— 结束) 分别为：

最早开始时间　$t_{ES}(i,j)=\max\limits_{k}\{t_{EF}(k,i)\}$

(其紧前工序最早结束、本工序最早可能开始时间)

最早结束时间　$t_{EF}(i,j)=t_{ES}(i,j)+t(i,j)$

(本工序最早结束、紧后工序最早可能开始时间)

最迟结束时间　$t_{LF}(i,j)=\min\limits_{k}\{t_{LS}(j,k)\}$

(在不影响工程最早结束前提下，本工序最迟结束、紧后工序最迟开始时间)

最迟开始时间　$t_{LS}(i,j)=t_{LF}(i,j)-t(i,j)$

(在不影响工程最早结束时，本工序最迟开始时间)

显然对各工序而言，开始越迟更有利，结束越早越好.

这里需强调指出：计算 t_{ES}，t_{EF} 系**从前往后**(从开始工序到结束工序) 正向计算；而计算 t_{LF}，t_{LS} 系**从后往前**逆向计算(一般来讲，我们只需计算 t_{ES} 和 t_{LF} 即可)

$$\boxed{\text{开始节点(始点)}}\underset{\text{计算 } t_{LF},t_{LS}}{\overset{\text{计算 } t_{ES},t_{EF}}{\rightleftharpoons}}\boxed{\text{结束节点(终点)}}$$

在不影响整个工程最早结束条件下，工序最迟开始(结束) 与最早开始(结束) 时间之差称为总时差(有时也称为宽限时间). 它系指计划网络上可利用的最大时间差，记为 $R(i,j)$，有时也记作 ST 或 t_{ST} 等. 它的计算公式是

$$R(i,j)=t_{LF}(i,j)-t_{ES}(i,j)-t(i,j)$$

或

$$R(i,j)=t_{LF}(i,j)-t_{EF}(i,j)=t_{LS}(i,j)-t_{ES}(i,j)$$

某项工序时差一旦使用将影响与之关联的其他工序时的总工序.

工序的单时差系指不影响它的各项紧后工序最早开始、本工序最早结束时间，可以推迟的可利用时间差(人们通常不必计算)，单时差有时也称自由时差. 其记为 $F(i,j)$，它的计算公式为

$$F(i,j)=\min_{k}\{t_{ES}(j,k)\}-t_{EF}(i,j)$$

或

$$F(i,j)=\max_{l}\{t_{EF}(l,j)-t_{EF}(i,j)\}$$

以上各项时间、时差关系见图7.2.1(注意,在结点k处标注的是工序a的t_{EF}和t_{LF},而t_{ES}和t_{LS}是a的紧后作业b的).

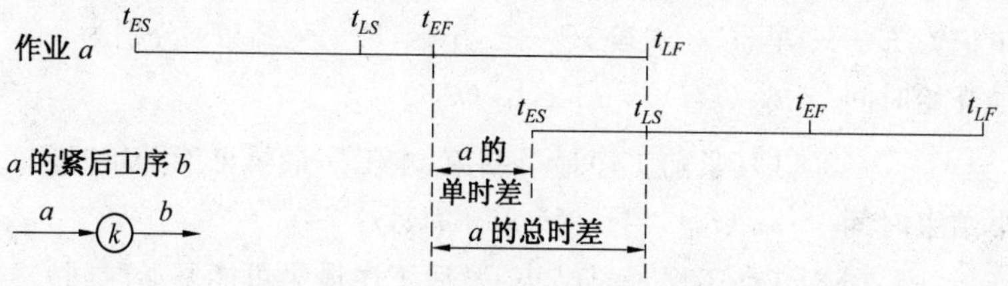

图7.2.1

网络图上从起始点开始,依各工序顺序连续地到达终点的一条通路称为路线.完成各工序历时最长的路线称为关键路线.

关键路线可能不唯一.

总时差为0的工序称为关键工序.关键路线系全部由关键工序组成的路线,因而其上所有工序总时差为0.

此外还需强调一点.

起始点处的各工序最早开始与最迟开始时间无异,终点处的紧后工序(假设存在)最早开始与紧前工序最迟结束时间相同.

仍以例7.1.1来说明各数据计算,其实我们只需在网络图上先从前(开始)往后(结束)各工序最早开始时间,然后再从后向前计算各工序最迟结束时间.这样计划网络图上的每个节点处可标上各工序各类时间的工序数据(订的是t_{ES},t_{LF}和$t(i,j)$等),如图7.2.2.

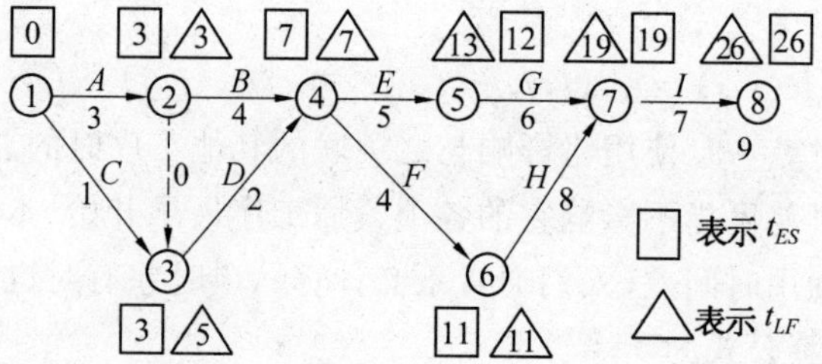

图7.2.2

注意到,事件点处的(最早)开始时间是指下一工序即以此点为箭尾工序的;而(最迟)结束时间系指上一工序即箭头终止工序的.

其余数据的计算便可以通过表 7.2.1 及图 7.2.1 来扩充、完成.

表 7.2.1

工　序	① $t(i,j)$	② $t_{ES}(i,j)$	③ $t_{EF}(i,j)$	④ $t_{LS}(i,j)$	⑤ $t_{LF}(i,j)$	⑥ $R(i,j)$	⑦ $F(i,j)$
A	3	**0**	3	0	**3**	0	0
B	1	**0**	1	4	**5**	4	2
C	4	**3**	7	3	**7**	0	0
D	2	**3**	5	5	**7**	2	2
E	5	**7**	12	8	**13**	1	0
F	4	**7**	11	7	**11**	0	0
G	6	**12**	18	13	**19**	1	1
H	8	**11**	19	11	**19**	0	0
I	7	**19**	26	19	**26**	0	0

注意表中 ①、②、⑤ 三列数据已给或算出,然后可循下面方式计算其余各列数据(这里 ⓘ表示 i 列数据,ⓙ 表示 j 列数据)

$$①+②=③,⑤-①=④,⑤-③=⑥$$

表中第 ⑦ 列数据依据前面公式给出,或由时差关系图 7.2.1 中 a 工序的($t_{LF}-t_{EF}$)减去其紧后工序的($t_{LS}-t_{ES}$),或 a 紧后工序的 t_{ES} 减去 a 工序的 t_{EF} 得到.

接下来,我们把各项工序的时差(这里指总时差,以后若无特别指明,所说时差皆为总时差)标在图上各作业箭线下方.

如此,我们可对例 7.2.1 的计划网络图标注见图 7.2.3.

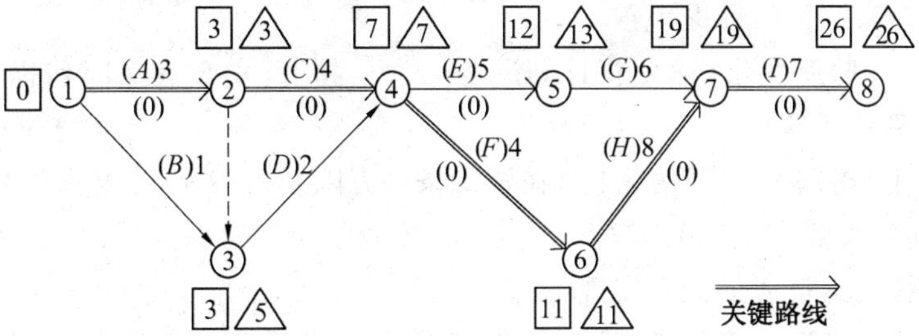

图 7.2.3

容易得到:工序 A,C,F,H,I 的总时差为 0,则由它们组成的路线即为关键路线,它的意义为:

(1) 它的持续时间决定整项工程完成所需的最少时间；

(2) 关键路线上各项作业均对计划进度起关键影响.

我们前文已说过：在计划网络图中，关键路线有时不止一条.

综上，计算计划网络可循下面步骤完成：

① 绘出网络图；

② 画表且填上各工序的 ES，LF；

③ 计算(依表) 各工序的 LS，EF 及 R 等.

为了缩短整个工程工期，重要的在于缩短关键路线上各个工序的工期(这可用加大投入，改进工艺等方法实现)，但这往往势必增加费用.

关键路线法(即 CPM 方法) 的研究主要在如何从总费用和完工时间上进行权衡，以期达到工期短、费用低的效果.

正如我们上一章介绍的那样，关键路线还可由求网络最长路线的方法求得(见第 6.4 节的例或直接用标号法)—— 在那儿它是先化为求网络最短路问题，进而转化为指派问题，再利用邻接矩阵计算完成的. 当然也可用标号法(求最长路) 来完成.

7.3　网络优化技术(关键路线法)

关键路线法(CPM) 模型中的网络优化问题往往有如下假定：

(1) 知道工序不增加投入的正常完成时间和增加投入后最快完成时间；

(2) 投入费用与缩短时间存在线性关系(如非线性关系，可用分段线性关系去近似).

这样会有三类问题提出：

模型 Ⅰ(时间优化)　依据计划进度，人力、物力、资金有保障前提下，力求缩短工程工期.

模型 Ⅱ(时间 — 资源优化)　在资源条件有限制的前提下，要求计划总工期不超过 T，问各作业完成时间 $t(i,j)$ 为多少，才能缩短工时保证期限，并尽可能地统筹合理安排现有资源前提下实现.

模型 Ⅲ(时间 — 费用模型)　一般情况下，工程费用与工时是一对矛盾，若将它们均作为优化目标处理起来一般比较困难. 但我们可以提出下面两类问题：① 编制计划网络时如何使工程尽量缩短、但花费较少，或 ② 花费最少但力求工期合理缩短.

我们这里仅就模型 Ⅲ 举一例说明.

例 7.3.1　某项工程由 9 道工序组成,其所费工时及各工序前后施工顺序如表 7.3.1 所示.

表 7.3.1

工序	A	B	C	D	E	F	G	H	I
历时 t	2	4	4	4.7	7.2	2	6.2	4	4.3
紧前工序	—	A	B	—	—	E	D,F	D,F	H

依据题设及前面的规划,可画得该工程的计划网络图如图 7.3.1 所示.

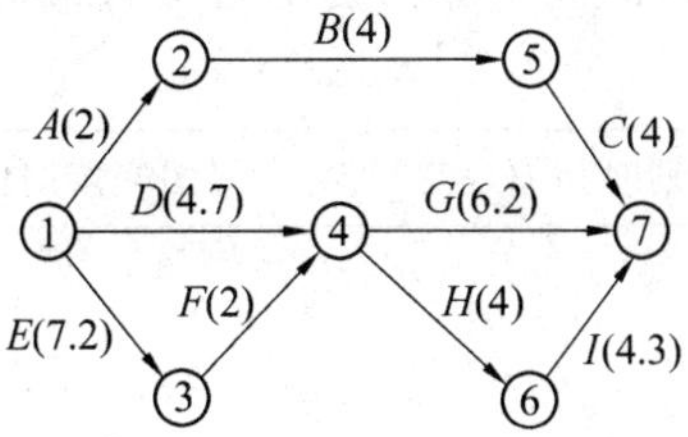

图 7.3.1

在图上计算得到各工序 ES 和 LF,依次填入表 7.3.2 中,接着便可再计算其余数据(请读者补上空缺格的数据).

表 7.3.2

工序	t	t_{ES}	t_{EF}	t_{LS}	t_{LF}	R
A	2	0			9.5	7.5
B	4	2			13.5	7.5
C	4	6			17.5	7.5
D	4.7	0			9.2	4.5
E	7.2	0			7.2	0
F	2	7.2			9.2	0
G	6.2	9.2			17.5	2.1
H	4	9.2			13.2	0
I	4.3	13.2			17.5	0

标有更多数据的计划网络图见图 7.3.2.

问题接下来是:为抢工期决定在 15 小时内完成此工程,已知完成各工序所需

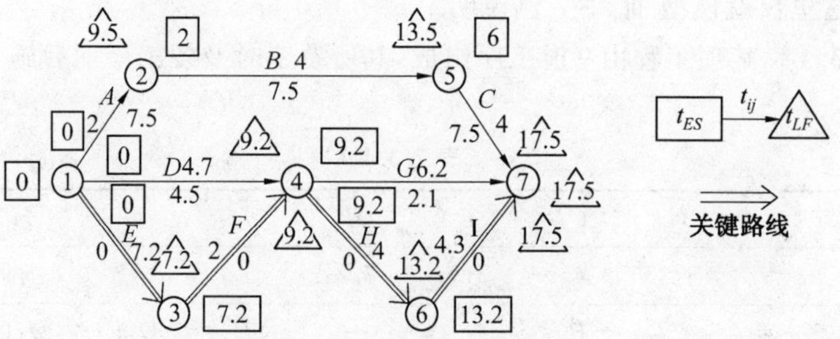

图 7.3.2

最短时间及原计划缩短单位时间增加的费用见表 7.3.3.

表 7.3.3

工序	计划时间 $t(i,j)$	最短完成时间	缩短 1 小时增加的费用
E	7.2	4.2	5
F	2	1	4
H	4	1	3
I	4.3	2.8	6
D	4.7	3.5	2
G	6.2	4	2.5

请问如何安排施工可使总费用增加最少?

解 从网络图 7.3.2 上知 $E-F-H-I$ 为关键路线,从上表知其中工序 H 为该路线上工序缩短单位时间费用最小者.

整个工期要求缩短 2.5 小时,工序 H 最短时间与计划时间可相差 3 小时,即最多可缩短 3 小时.

但工序 G 的自由时差为 2.1,也就是说,作为 H 若缩短超过 2.1 小时,将出现新关键路线.

因而作业 H 最多缩时不超过 $\min\{2.5,3,2.1\}=2.1$,这时需增加费用 $2.1\cdot 3=6.3$,不过此时仍差 0.4 小时.

重复上面步骤,但注意到此时已有两条关键路线(图 7.3.3). 它们的公共部分工序是 E,F,考虑题设条件,紧缩时间只能在这两项工序进行(因对这两条关键路线上的工序同时调整才能达到缩短工时的目的). 当然我们有时也需对它们的非公共部分进行考察:若在两支叉上同时缩短所要求的工时,所增费用总开支小于其公共部分上最节省的工时紧缩方案时,则紧缩时间可在其支叉上同时紧缩而完成,有

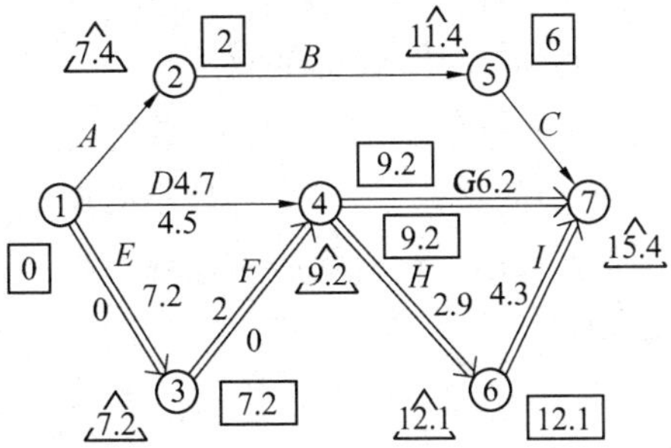

图 7.3.3

四种缩减法可供选择.但本例中情况不然,因而只能紧缩其公共部分.

但由于工序 F 缩短单位时间成本最少,则可考虑此工序,它最多可缩 1 小时.现在离要求工期还有 $2.5-2.1=0.4$ 小时,而工序 D 的自由时差为 4.5,这样由

$$\min\{1,0.4,4.5\}=0.4$$

则工序 F 可缩 0.4 小时,这时增加费用 $4\cdot 0.4=1.6$.

(此时若将 H 或 I 与 G 同缩 0.4 小时的花费要比该方案多花费)

故按题设要求完工,总增加费用至少为 $6.3+1.6=7.9$.

顺便讲一句,由此步运算可以看出:工期还可再提前 0.6,不过费用还需再增加 $4\cdot 0.6=2.4$.(这时不会产生新的关键路线)

当然,我们还可以有问题:在费用不超过给定的限度(比如 10) 情况下,总工期最多可提前多少? 这个问题稍稍复杂了.

7.4　计划评审方法

1966 年美国科学家 A. Pritsker 在研究阿波罗空间系统的最终发射时间的过程中,提出计划评审方法.

在计划网络中,工序及事件相互关系及数据(如工程量、施工定额、参建人数等) 皆是确定的,但在生产、科研实践中开发新项目、实施新计划时,有些工序及节点间关系却是随机的,因而需对作业时间做相应估计.

研究作业时间随机变动情况下工序统筹安排的方法称为计划评审技术.显然解决此问题关键是计算出各项工序的时间估计.

从概率论角度看:工序延续时间是一种随机变量,为了使估计更仿真,人们往

往先给出三种时间估计(常称“三时估计法”):

最可能时间 m,最乐观时间 a,最悲观时间 b.

显然,工序时间取 a,b 的概率较小,取 m 的概率较大.我们当然希望从这些估计中,给出一个更为精细、可能的估值 —— 方差最小的期望值.

在计划评审方法中,大多采用延续时间服从单峰点在 m,端点在 a,b 的 β - 分布(图 7.4.1).

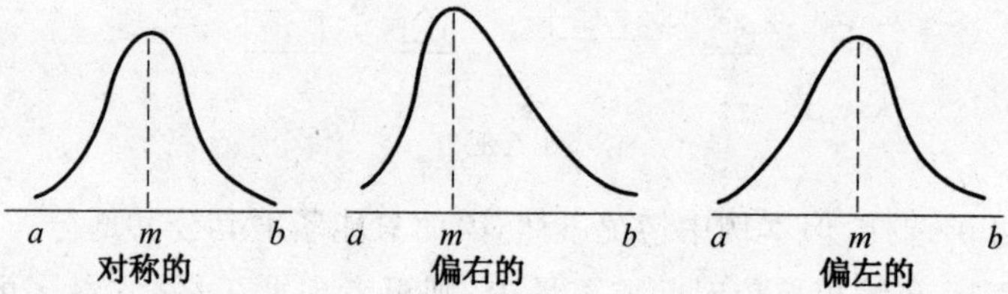

图 7.4.1

具体计算时,常采用加权平均的办法可求得相应工时的期望值和方差.

期望值

$$\mu=\frac{a+4m+b}{6} \tag{1}$$

方差

$$\sigma^2=\left(\frac{b-a}{6}\right)^2 \tag{2}$$

一个粗略的解释:m 为 a,b 的两倍可能,则 m 与 a,b 的加权平均分别为 $(a+2m)/3$ 和 $(b+2m)/3$,故

$$\mu=\frac{1}{2}\left(\frac{a+2m}{3}+\frac{b+2m}{3}\right)=\frac{a+4m+b}{6}$$

$$\sigma^2=\frac{1}{2}\left[\left(\frac{a+4m+b}{6}-\frac{a+2m}{3}\right)^2+\left(\frac{a+4m+b}{6}-\frac{b+2m}{3}\right)^2\right]=\left(\frac{b-a}{6}\right)^2$$

这样计划评审方法可按下面步骤进行:

(1) 给出计划网络各工序延续时间的估计值 a,b,m;

(2) 计算各工序的延续时间期望 μ 和方差 σ^2;

(3) 以 μ 为各工序延续时间,利用 CPM 方法找出关键路线;

(4) 计算总工期 T 的期望值和方差(这里假设各工序独立)

$$E(T)=\sum_{(i,j)}\mu_{ij},V(T)=\sum_{(i,j)}\sigma_{ij}^2$$

此外我们还可以依据概率知识,对工期计划情况做可行性评估,下面来看一个

例子.

例 7.4.1　考虑 9 道工序的工程($A,B,C,\cdots,I$)的计划项目,其前后 序关系及时间估计见表 7.4.1 的左半部分.

表 7.4.1

工序	紧前工序	a	m	b	μ	σ	σ^2
A		2	5	8	5	1	1
B	A	6	9	12	9	1	1
C	A	6	7	8	7	1/3	1/9
D	B,C	1	4	7	4	1	1
E	A	8	8		8	0	0
F	D,E	5	14	17	13	2	4
G	C	3	12	21	12	3	9
H	F,G	3	6	9	6	1	1
I	H	5	8	11	8	1	1

现要求:(1) 画出计划网络图;(2) 找出关键路线;(3) 求出整个项目(关键路线)的期望工期和方差.

解　可依据上面公式(1),(2) 求得 μ,σ^2 等,所得数据见表 7.4.1 的右半部分.

(1) 依据题设及上面计算可有计划网络图 7.4.2.

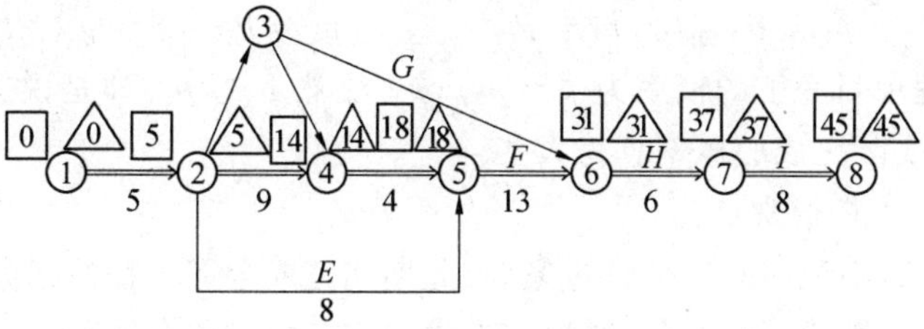

图 7.4.2

(2) 经计算知关键路线(我们当然也可用求网络最长路的标号法直接求得) 为①→②→④→⑤→⑥→⑦→⑧,关键工序(作业) 为 A,B,D,F,H 和 I.

(3) 该项目期望工期和方差分别为

数学期望　　$E(T)=5+9+4+13+6+8=45$

方差　　　　$V(T)=1+1+1+4+1+1=9$

标准差 $\sigma(T)=3$

由前面假设,这里工序的延续时间是彼此独立的,且服从相同的概率分布.一般地,当工序数目较多时,由中心极限定理知整个计划工期 T 亦服从数学期望为 $E(T)$,方差 $V(T)$ 的正态分布.

令 $z=\dfrac{T-E(T)}{\sigma(T)}$,则 z 服从标准正态分布 $N(0,1)$.

这时我们可以根据指定工期和计算(查标准正态分布表)来得到整个项目工期 T 不超过指定工期的概率.

例 7.4.2 求例 7.4.1 中关键路线指定工期为(1)50 天;(2)41 天时,项目能完成的概率.

解 (1) 由 $T=50$,又 $E(T)=45,\sigma(T)=3$,则

$$P\{T\leqslant 50\}=P\left\{z\leqslant\frac{50-45}{3}\right\}=P\{z\leqslant 1.67\}\xlongequal{\text{查表}}0.95$$

(2) 由 $T=41,E(T)=45,\sigma(T)=3$,则

$$P\{T\leqslant 41\}=P\left\{z\leqslant\frac{41-45}{3}\right\}=P\{z\leqslant -1.33\}\xlongequal{\text{查表}}0.09$$

也就是说,计划工期为 50 天完成项目的概率为 0.95;而计划工期为 41 天完成项目的概率为 0.09(注意到 $P\{T<+\infty\}=1$).

严格地讲,全部工程工期完工概率的计算要考虑图中所有路线,这就是说,除关键路线之外,还有 $A-C-G-H-I$ 和 $A-E-F-H-I$ 两条路线也需考虑,在计算得到它们完工的概率

$$p_1=P_{\text{关键路线}},p_2=P_{A-C-G-H-I},p_3=P_{A-E-F-H-I}$$

后,有整个工程项目完工的概率为 $p=p_1p_2p_3$.显然 $p\leqslant p_1$.即是说关键路线上所求完工概率比实际完成的概率算得大些.

对于 p 值,人们通常认为:

若 $p<0.3$,则说明时间估计过紧(在此期间完成全部工程的把握不大);

若 $p>0.7$,则说明时间估计过松(有提前完工的量或余地).

此外,我们还可从随机变量 ξ 服从数学期望为 μ、方差为 σ^2 的正态分布,得知在 $\mu\pm\sigma$ 期间完工的概率

$$P\{\mu-\sigma\leqslant\xi\leqslant\mu+\sigma\}=k$$

等这可反过来求得计划工期范围以保证工程完工的概率值为 p.

比如要求整个工程(项目)完工概率为 0.95,求计划工期范围.

由 $P\{\mu-2\sigma\leqslant\xi\leqslant\mu+2\sigma\}=0.954$,从而 $E(T)\pm 2\sigma(T)=45\pm 2\times 3$,即计划

工期为 39 ～ 51 天之内完成项目的概率为 0.954.

下面几个数据是常用的(请读者记住)

$$P\{\mu-\sigma\leqslant\xi\leqslant\mu+\sigma\}=0.683$$
$$P\{\mu-2\sigma\leqslant\xi\leqslant\mu+2\sigma\}=0.954$$
$$P\{\mu-3\sigma\leqslant\xi\leqslant\mu+3\sigma\}=0.997$$

习　　题

1. 一项工程由 $A,B,C,\cdots,I$ 共 9 道工序组成,其每道工序延续时间和工序关系见表 1.

表 1

	A	B	C	D	E	F	G	H	I
紧前工序	—	—	A,B	A,B	B	D,E	C,F	D,E	G,H
延续时间	15	10	10	10	5	5	20	10	15

(1) 画出计划网络图;

(2) 求该项工程最早结束时间和最迟结束时间;

(3) 找出关键路线.

2. 某项工程计划网络图见图 1.

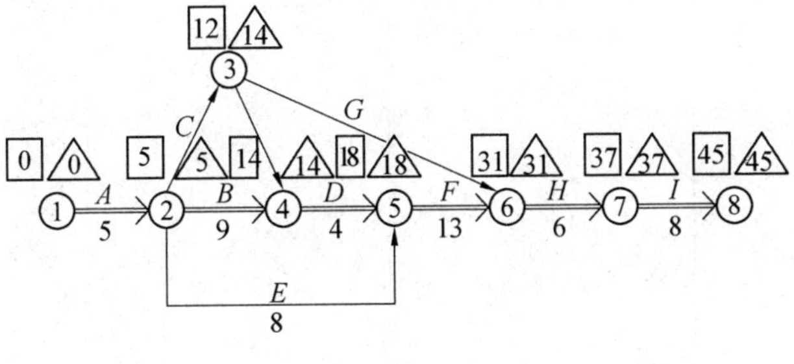

图 1

已知每项作业正常完成时间,加快完成时间及每天加快费见表 2.

(1) 求 T 的最大值 $T_{\max}$ 和最小值 $T_{\min}$;

(2) 若计划期为 $T_{\min}$,求最小的总加快费.

[**提示**:用正常期及加快期分别求关键路线]

表 2

工序	正常期	加快期	加快费 / 天	工序	正常期	加快期	加快费 / 天
A	10	7	4	F	6	3	5
B	5	4	2	G	5	2	1
C	3	2	2	H	6	4	4
D	4	3	3	I	6	4	3
E	5	3	3	J	4	3	3

3. 对计划网络图 2 中各工序工期的 3 个估计值见表 3.

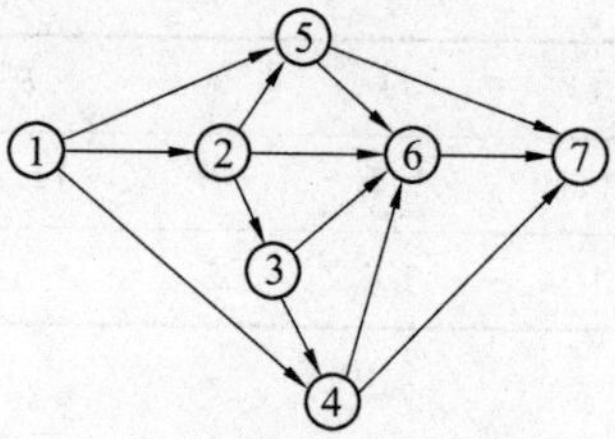

图 2

表 3

工序	(a,b,m)	工序	(a,b,m)
(1,2)	(5,8,6)	(3,6)	(3,5,4)
(1,4)	(1,4,3)	(4,6)	(4,10,8)
(1,5)	(2,5,4)	(4,7)	(5,8,6)
(2,3)	(4,6,5)	(5,6)	(9,15,10)
(2,5)	(7,10,8)	(5,7)	(4,8,6)
(2,6)	(8,13,9)	(6,7)	(4,8,6)
(3,4)	(5,10,9)		

(1) 计算每项工序的 μ 和 σ^2；(2) 求 $E(T)$ 和 $V(T)$；(3) 求比 $E(T)$ 提前 5 天完工的概率.

4. 某工程流程图如图 3 所示，根据图中数据填表 4.

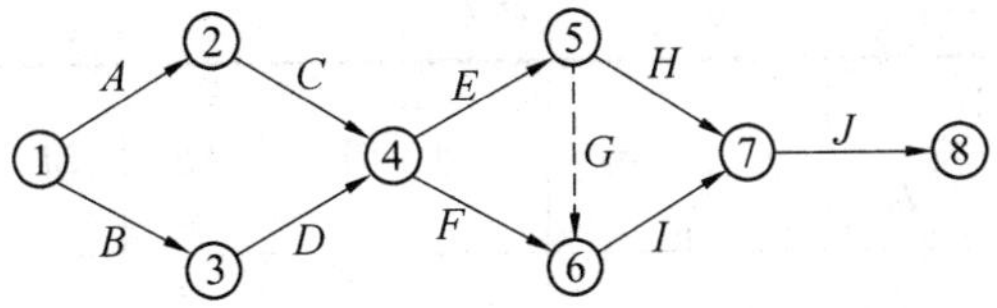

图 3

表 4

工序	A	B	C	D	E	F	G	H	I	J
t	2	3	4	1	3	2	0	3	1	2
t_{ES}										
t_{EF}										
t_{LS}										
t_{LF}										
R										

5. 根据表 5 数据，(1) 绘出该工程的计划网络图.

表 5

工序	A	B	C	D	E	F	G
历时 t	3	4	4	8	6	2	7
紧前工序	—	—	A	B	C	D,E,F	

(2) 填表 6，且在网络图上找出关键路线.

表 6

工序	t	ES	EF	LS	LF	R
A						
B						
⋮						
G						

(3) 利用三时估计法，根据表 7 中的数据填表.

表 7

工序	时间估计			μ_i	σ_i	期望工时 t_i	ES	EF	LS	LF	R
	a_i	m_i	b_i								
A	2	3	5								
B	3	4	5								
C	2	4	6								
D	7	8	10								
E	4	6	7								
F	1	2	3								
G	6	7	8								

(4) 计算工程关键路线 20 天完工的概率.

(5) 计算全部工程 20 天完工的概率(要考虑每条路线完工的概率).

(6) 若工序赶工期限及费用见表 8.

表 8

工序	正常工期	可提前天数	每天赶工增加的费用
A	3	1	120
B	4	1	11
C	4	0	—
D	8	2	90
E	6	1	100
F	2	0	—
G	7	2	125

根据上列数据填表 9.

表 9

总工期提前量	方　　案	增加费用	关键路线	总工期
1	Ⓓ −1			
2	Ⓓ ,Ⓖ −1			
3	Ⓓ −1,Ⓖ −2			
4	Ⓓ −1,Ⓖ −2,Ⓔ −1			

6. 某计划网络图的子图中全部工序均为关键工序，图 4 中各工序旁边数字为该工序单位时间的加快费.

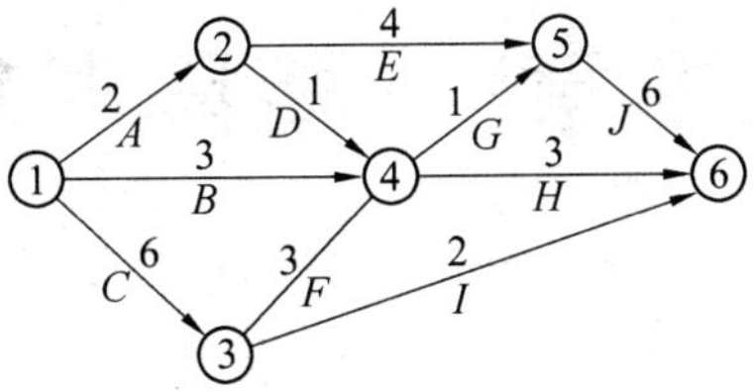

图 4

今打算将总工时缩短一个单位时间，试给出总加快费最小的方案（指出工序且给出总加快费用）. 又当 F 费时为 x（$x \in \mathbf{R}^+$）时讨论之.

［**提示**：化为网络（广义）最小割容考虑］

第 8 章　矩阵对策

带有竞争或争斗性质的现象(行为)称为对策现象,如游戏、下棋等."对策论"就是用数学方法研究对策现象的一门学科,它又称"博弈论"(博:赌博,弈:下棋.博弈即一些人、组,面对一定的环境条件,在一定的规则下,同时或先后,一次或多次,从各自允许的行为策略中选取且实施,从而判定输赢的过程).说得具体点就是,它是研究处于竞争状态下当事人双(或多)方可能采取的策略行动,再通过每一策略行动给各方案带来的经济损益等估算,运用数学方法,确定采取何种对策可使己方收益最大或损失最小.

对策问题在我国古代就有:闻名于世的《孙子兵法》堪称军事上对策论研究的先河(其实,当今它已广泛用于商业活动中).

战国时期齐王和田忌赛马的故事被广为流传(见本章习题).

象棋、围棋的出现及研究它们步法的书籍均可视为这方面的著述(只是没有能数学化、系统化、理论化).

国外关于对策问题研究,则是近二三百年的事:帕斯卡(B. Pascal)、费马(P. de Fermat)研究投骰子点数、惠更斯(C. Huygens)1657 年的《论赌博中的推论》的论文,虽是研究博弈现象,然而最终却成为"概率论"学科的奠基论文.

1838 年和 1883 年库尔诺特(A. A. Cournot)和贝尔兰德(J. L. F. Bertrand)分别提出了关于产量决策和价格决策的数学模型,是经典的博弈模型.

1912 年,策墨罗(E. Zermelo)首先用数学方法研究象棋对策问题(论文题目"关于集合论在象棋对策中的应用").

1921 年,法国数学家波尔(E. Borel)也讨论了一些对策现象问题,且引入"最优策略"的概念.

1928 年,冯·诺依曼(J. Von. Neuman)发表了"二人零和矩阵对策"的主要结果,为对策论研究奠定了理论基础. 1944 年冯·诺依曼与 O. Morgenstern 的《对策论与经济行为》出版,使对策论趋向系统化和公理化.

1950 年,纳什(J. F. Nash)研究了几个非结盟对策,提出了"Nash 均衡"概念.后来,希尔顿(R. Selten)和哈尔萨尼(J. C. Harsanyi)对该问题的研究有所发展(三人同获 1994 年诺贝尔经济奖),使对策论在经济活动分析中崭露头角. 同年图肯

(A. Tucker) 在《两人囚徒之谜》文章中提出囚徒问题,且对"囚徒窘境"做了明确定义.

1954 ~ 1955 年间,又出现了微分博弈(对策)论. 20 世纪 70 年代,"进化博弈论"诞生,同时海萨尼(Harsanyi) 发表了导致"信息经济学"诞生的奠基性论文(3 篇).

近十几年,对策论有了长足发展,成为一门广泛应用于科学管理、统计决策、军事计划、商业活动等诸多领域的学科.

8.1　对策行为模型与分类

对策行为包括下面三个基本要素:

(1) 局中人:在对策中有权决定自己行动的对策参与者称为局中人.

通常用 I 表示局中人集合. 如 $I=\{\text{Ⅰ},\text{Ⅱ},\text{Ⅲ},\cdots\}$ 或{甲,乙,丙,…} 或$\{A,B,C,\cdots\}$.

(2) 策略、策略集:策略为每个局中人在对策中可以选择采用的行动方案. 可供局中人选择的实际可行的、完整的行动方案集合(部分或全体) 为策略集.

策略集通常用 S 表示. 如第 i 局中人的策略集记为 S_i.

(3) 支付函数:支付即局中人从对策中获得的收益(依不同策略而不同),其相应的函数称为支付函数.

在一对策中,各局中人选定的策略形成的策略组称为局势.

对于任一局势 $\boldsymbol{s}=(s_i^{(1)},s_j^{(2)},\cdots,s_k^{(m)})$,局中人 i 的输赢 $H_i(\boldsymbol{s})$ 称为第 i 个局中人的支付函数($H_i(\boldsymbol{s})$ 是 $\boldsymbol{s}$ 的或定义在 $\boldsymbol{s}$ 上的函数).

对于某对策,若一方局中人的赢得值恰为另一方局中人输掉值,这种对策称为零和对策,两人参与的零和对策称为二人零和对策;n 人参与的称为 n 人零和对策. 此外还有常和(输赢值和为常数)、变和(输赢值和为变量) 博弈等.

对策又分结盟和非结盟对策.

此外据对策与时间关系又可分为静态对策和动态对策,具掌握对手信息情况分信息完全和信息不完全对策.

完全信息　每个局中人对自己及对手的策略空间,支付函数等完全了解称为完全信息,否则称为不完全信息.

静态对策　指局中人同时选择行动(策略) 的对策.

动态对策　指局中人行动有先后顺序,且后行动者可以观察先行动者的行动，然后再选择自己的策略.

各种对策问题具体的可参见图 8.1.1.

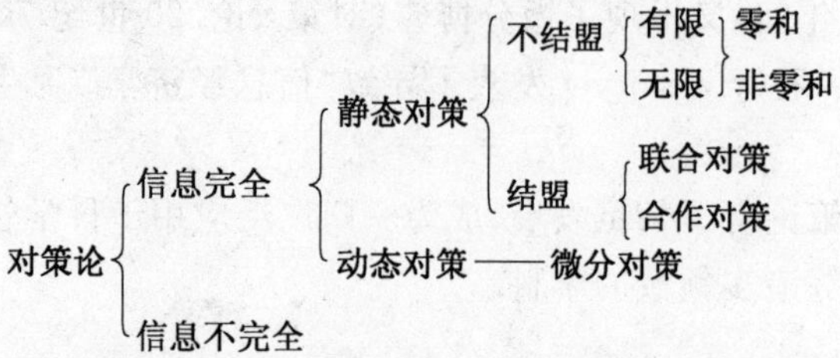

图 8.1.1

我们这里主要介绍信息完全静态 n 人不结盟的零和对策中的二人对策问题.

8.2 矩阵对策和纯策略解

二人(有限) 零和对策称为矩阵对策，因为它的支付情况可用矩阵表示(或确定).

具体地讲，① 对策为两方；② 策略有限；③ 全部供选择的策略彼此均知道，且支付情况亦知道；④ 双方输赢值代数和为 0.

设局中人 Ⅰ 有 m 个策略 $S_1=\{s'_1,s'_2,\cdots,s'_m\}$，局中人 Ⅱ 有 n 个策略 $S_2=\{s''_1,s''_2,\cdots,s''_n\}$. 若局中人 Ⅰ 选择 s'_i，局中人 Ⅱ 选择 s''_j 时，局中人 Ⅰ 从局中人 Ⅱ 处得到的支付为 a_{ij}，详见表 8.2.1.

表 8.2.1　二人零和对策支付表

Ⅰ \ Ⅱ	s''_1	s''_2	s''_3	…	s''_n
s'_1	a_{11}	a_{12}	a_{13}	…	a_{1n}
s'_2	a_{21}	a_{22}	a_{23}	…	a_{2n}
⋮	⋮	⋮	⋮		⋮
s'_m	a_{m1}	a_{m2}	a_{m3}	…	a_{mn}

我们记 $\mathbf{A}=(a_{ij})_{m\times n}$ 称为局中人 Ⅰ 的赢得矩阵，或局中人 Ⅱ 的支付矩阵. 有时

为方便计，常称之为对策的支付矩阵.

这种对策常简记为 $G=\{S_1,S_2;\boldsymbol{A}\}$. 下面我们来求解该问题.

解对策问题时通常基于下面三点要求：

① 局中人是理智的且地位平等；

② 每个局中人对双方拥有的全部策略及得失均了解；

③ 选择策略时各方均是保密的.

对二人零和对策来讲，若两人输赢期望值的绝对值相等即二人最优对策值均为 0 时，称对策是公平(允)的，否则称不公平. 对于不公平的对策，可通过对支付矩阵平移而使对策公平.

对于策略的选取，人们发现了下面的原则：

max min 和 min max 原则　对于局中人 Ⅰ 来讲，当他选择策略 s'_i 时，他将对方假想得十分聪明，因而他考虑的最坏结果是他出某个策略时，可能得到的最小收益，即得到收益为 $\min\limits_{1\leqslant j\leqslant n}\{a_{ij}\}$；当他再通盘(整体)考虑时，他会从诸策略中选择收益最大的一个，即

$$v_1=\max_{1\leqslant i\leqslant m}\min_{1\leqslant j\leqslant n}\{a_{ij}\}$$

同理对局中人 Ⅱ 来讲，他选择策略 s''_i 时，他同样把对方想象成十分聪明，因而他会考虑其中最大的支付 $\max\limits_{1\leqslant i\leqslant m}\{a_{ij}\}$，通盘考虑时，他希望从这些支付中选择最小的一个，即

$$v_2=\min_{1\leqslant j\leqslant n}\max_{1\leqslant i\leqslant m}\{a_{ij}\}$$

容易证明(见下面命题 1)：一般情况下，有 $v_1\leqslant v_2$.

对于矩阵对策 $G=\{S_1,S_2;\boldsymbol{A}\}$，若 $\max\limits_i\min\limits_j a_{ij}=\min\limits_j\max\limits_i a_{ij}=a_{i^*j^*}$，则称 $v=a_{i^*j^*}$ 为使局势(s'_{i^*}，s''_{j^*})在纯策略下的解(通常指对策双方可以接受的结果)，又称 s'_{i^*} 和 s''_{j^*} 为局中人 Ⅰ，Ⅱ 的最优纯策略，且称 $a_{i^*j^*}$ 为支付矩阵 $(a_{ij})_{m\times n}$ 的鞍点(又称平衡点)，有时亦称(s'_{i^*}，s''_{j^*})为鞍点①

命题 1　对于 $\boldsymbol{A}=(a_{ij})_{m\times n}$，总有 $\max\limits_i\min\limits_j a_{ij}=\min\limits_j\max\limits_i a_{ij}$.

证　对于每个 i，有

$$\min_j a_{ij}\leqslant a_{ij}\quad(1\leqslant j\leqslant n)$$

① 更一般地，若 $f(x,y)$ 是一个定义在 $x\in A$，$y\in B$ 上的实值函数，且若有 $x^*\in A$，$y^*\in B$，对 $x\in A$，$y\in B$ 的一切值，有 $f(x,y^*)\leqslant f(x^*,y^*)\leqslant f(x,y^*)$，称 (x^*,y^*) 是 f 的一个鞍点.

又对于每个 j,有

$$a_{ij} \leqslant \max_i a_{ij} \quad (1 \leqslant i \leqslant m)$$

故对任一 i,j,有

$$\min_j a_{ij} \leqslant \max_i a_{ij}$$

上式式右与 j 无关,显然 $\min_j a_{ij} \leqslant \min_j \min_i a_{ij}$ 亦成立.

同理有 $\max_i \min_j a_{ij} \leqslant \max_i a_{ij}$(对所有 j 成立).

由以上两式之一,均可有 $\max_i \min_j a_{ij} \leqslant \min_j \max_i a_{ij}$.

由上述命题知,对一般的矩阵对策 $G=\{S_1,S_2;\mathbf{A}\}$ 而言,不一定存在鞍点,且对于有鞍点的对策来讲,成立下面不等式(见习题)

$$a_{ij^*} \leqslant a_{i^*j^*} \quad (1 \leqslant i \leqslant m, 1 \leqslant j \leqslant n)$$

也就是说,若局中人Ⅰ选择 s'_{i^*},而局中人Ⅱ选择除 s''_{j^*} 以外的策略,局中人Ⅰ的支付期望值不小于 v.

同样,若局中人Ⅱ选择 s''_{j^*},而局中人Ⅰ选择除 s'_{i^*} 以外的策略,局中人Ⅱ的赢得期望值不大于 v.

其实我们可以证明可参见文献[27]~[31].

定理 8.2.1 矩阵对策 $G=\{S_1,S_2;\mathbf{A}\}$ 在纯策略下有解 $\Leftrightarrow$ 有局势(s'_{i^*},s''_{j^*})使 $a_{ij^*} \leqslant a_{i^*j^*} \leqslant a_{i^*j}(1 \leqslant i \leqslant m, 1 \leqslant j \leqslant n)$.

证 “$\Leftarrow$.”设 $\max_i \min_j a_{ij} = \min_j a_{i_0j}$,$\min_j \max_i a_{ij} = \max_i a_{ij_0}$. 则

$$\min_j a_{i_0j} \leqslant a_{i_0j_0} \leqslant \max_i a_{ij_0}$$

故

$$\max_i \min_j a_{ij} \leqslant \min_j \max_i a_{ij} \tag{1}$$

从而有 $\max_i a_{ij^*} \leqslant a_{i^*j^*} \leqslant \min_j a_{i^*j^*}$,且

$$\min_j \max_i a_{ij} \leqslant \max_i a_{ij^*} \leqslant \min_j a_{i^*j} \leqslant \max_i \min_j a_{ij} \tag{2}$$

由(1)及(2),有

$$\max_i \min_j a_{ij} = \min_j \max_i a_{ij}$$

再由题设有 $\min_j a_{i_0j} = \max_i a_{ij_0}$,则

$$a_{i_0j_0} = \min_j a_{i_0j} = \max_i a_{ij_0}$$

故 $a_{ij_0} \leqslant a_{i_0j_0} \leqslant a_{i_0j}, i=1,2,\cdots,m, j=1,2,\cdots,n$.

关于矩阵对策 $G=\{S_1,S_2;\mathbf{A}\}$ 的鞍点有下面性质.

命题 2 若(s'_i,s''_j),(s'_k,s''_l)是 $G=\{S_1,S_2;\mathbf{A}\}$ 的两个鞍点,则 $a_{ij}=a_{kl}$,且

(s'_i, s''_j)，(s'_k, s''_l) 也是 G 的鞍点.

此命题意为：多鞍点常存在于矩形的 4 个顶点处(以鞍点策略下标为坐标).

有了上面的命题，我们一起来看下面的例子.

例 8.2.1　对策问题的支付矩阵为 $\boldsymbol{A}$，由下面运算

$$\begin{array}{rcc} & & \text{min} \\ \boldsymbol{A}= & \begin{pmatrix} 1 & 4 \\ 8 & 6 \end{pmatrix} & \begin{matrix} 1 \\ ⑥ \end{matrix} \\ \text{max} & \begin{matrix} 8 & ⑥ \end{matrix} & \end{array}$$

知 6 为鞍点处的值，即 (s'_1, s''_2) 为鞍点，6 为对策值即局中人 Ⅰ 的期望收益，也是局中人 Ⅱ 的期望支付，此时矩阵对策问题有纯策略解(两人均以概率 1 使出各自的第 2 个策略).

例 8.2.2　对策问题 G 的支付矩阵为 $\boldsymbol{A}$，由下面运算

$$\begin{array}{rcc} & & \text{min} \\ \boldsymbol{A}= & \begin{pmatrix} 1 & -1 & 0 & 0 \\ -2 & -3 & -1 & -3 \\ 2 & 2 & 3 & 4 \end{pmatrix} & \begin{matrix} -1 \\ -3 \\ ② \end{matrix} \\ \text{max} & \begin{matrix} ② & ② & 3 & 4 \end{matrix} & \end{array}$$

知该矩阵对策问题有两个鞍点(两个纯策略解)，即 G 的解为 (s'_3, s''_1)，(s'_3, s''_2)，它们为 G 的鞍点，且对策值为 $a_{31}=a_{32}=2=v$.

8.3　矩阵对策的混合策略和优超

1. 矩阵对策的混合策略解

对于对策 $G=\{S_1, S_2; \boldsymbol{A}\}$ 来讲，若支付矩阵 $\boldsymbol{A}$ 有鞍点，则对策有纯策略解；如果矩阵无鞍点，即 $\max\limits_i \min\limits_j a_{ij} < \min\limits_j \max\limits_i a_{ij}$ 时，问题将如何解？

我们先来看一个例子.

例 8.3.1　若对策 $G=\{S_1, S_2; \boldsymbol{A}\}$ 中 $\boldsymbol{A}=\begin{pmatrix} 1 & 4 \\ 3 & 2 \end{pmatrix}$，试求局中人各自的最优策略.

解　容易验算 $\boldsymbol{A}$ 无鞍点. 这时若用纯策略去解，双方均有不稳定感，为此双方

必须考虑如何随机地使用自己的策略(以不同的概率使出各自的策略),以迷惑对方.这便是所谓混合策略.为此:

设局中人 Ⅰ 以 x 概率使用策略 s'_1 以 $(1-x)$ 概率使用策略 s'_2 对付局中人 Ⅱ 的策略 s''_1 时;则他收入的期望值 v'_1 为

$$v'_1 = 1 \cdot x + 3(1-x) = 3 - 2x \qquad ①$$

若局中人 Ⅰ 以上述策略对付局中人 Ⅱ 的策略 s''_2 时,他收入的期望值 v''_1 为

$$v''_1 = 4 \cdot x + 2(1-x) = 2 + 2x \qquad ②$$

以上两方程用图像表示见图 8.3.1,从中可看出:v'_1 的值随 x 增加而减少,v''_1 的值随 x 增加而增加.因他总是从最坏处着眼,因而会考虑两段收益小的粗线段,再从中选它们的最大点.显然线段 ①,② 交点 (x^*, v_1) 应为局中人 Ⅰ 的选择.

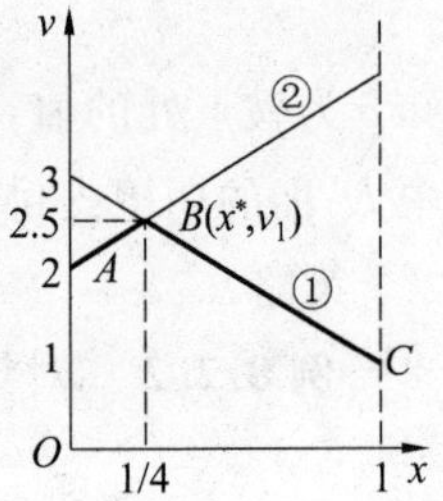

图 8.3.1

这一点恰好适合最大最小原则,即

$$\max\{\min(3-2x, 2+2x)\} \qquad (*)$$

而 $\min(3-2x, 2+2x)$ 为折线 ABC,又点 B 恰好是 ABC 的最高点,即满足式$(*)$的点,根据下面推导,可以得出,此即 $v'_1 = v'_2$ 的点.

由上解得 $x^* = \dfrac{1}{4}, v_1 = \dfrac{5}{2}$,即局中人 Ⅰ 以$\dfrac{1}{4}$ 概率出策略 s'_1,$\dfrac{3}{4}$ 概率出策略 s'_2.赢得期望值为$\dfrac{5}{2}$.

记 $\boldsymbol{x}^* = \left(\dfrac{1}{4}, \dfrac{3}{4}\right)$,且称 $\boldsymbol{x}^*$ 为局中人 Ⅰ 的最优混合策略.而$\left\{\dfrac{1}{4}, \dfrac{3}{4}; \dfrac{5}{2}\right\}$ 称为局中人 Ⅰ 的混合策略解.

类似地,可以分析局中人 Ⅱ 的选择有(图 8.3.2)

$$\begin{cases} v'_2 = 4 - 3y & ③ \\ v''_2 = 2 + y & ④ \end{cases}$$

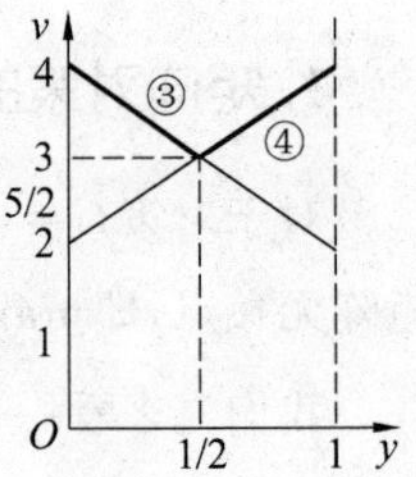

图 8.3.2

由最小最大原则,有 $y^* = \dfrac{1}{2}, v_2 = \dfrac{5}{2}$.则局中人 Ⅱ 以$\dfrac{1}{2}$ 概率出 s''_1,s''_2 策略,且 $v_2 = \dfrac{5}{2}$.这时 $v_1 = v_2$.

记 $\boldsymbol{y}^* = \left(\dfrac{1}{2}, \dfrac{1}{2}\right)$,且称 $\boldsymbol{y}^*$ 为局中人 Ⅱ 的最优混合策略.

而$\left\{\frac{1}{2},\frac{1}{2};\frac{5}{2}\right\}$称为局中人 Ⅱ 的最优混合策略解.

这里得到 $v_1=v_2=\frac{5}{2}$,称为混合策略意义上的鞍点值.对于 G 而言,局中人取混合策略的对策,称为 G 的混合扩充,常记为 G^*.

一般地,若记 $\boldsymbol{x}=(x_1,x_2,\cdots,x_m)$ 和 $\boldsymbol{y}=(y_1,y_2,\cdots,y_n)$ 为局中人 Ⅰ,Ⅱ 各自使用策略的概率,则 $\sum_{i=1}^{m} x_i=1$,又 $\sum_{j=1}^{n} y_j=1$.且两人期望收益为

$$E(\boldsymbol{x},\boldsymbol{y})=\boldsymbol{x},\boldsymbol{A}\boldsymbol{y}^T=\sum_{i=1}^{m}\sum_{j=1}^{n} c_{ij}x_iy_j$$

若 $\max_i \min_j E(\boldsymbol{x},\boldsymbol{y})=\min_j \max_i E(\boldsymbol{x},\boldsymbol{y})=E(\boldsymbol{x}^*,\boldsymbol{y}^*)$,则称$(\boldsymbol{x}^*,\boldsymbol{y}^*)$为混合策略下对策问题 $G=\{S_1,S_2;\boldsymbol{a}\}$ 的鞍点(或平衡点).

容易看出:对于对策 $G=\{S_1,S_2;\boldsymbol{a}\}$ 来讲,若局中人 Ⅰ 不使用混合策略 $\boldsymbol{x}^*$,则他的收入期望值将不会超过 $E(\boldsymbol{x}^*,\boldsymbol{y}^*)$;同样,若局中人 Ⅱ 不使用混合策略 $\boldsymbol{y}^*$,则他的支付期望值将不少于 $E(\boldsymbol{x}^*,\boldsymbol{y}^*)$.

其实可以证明:任何矩阵对策在混合策略意义下均有鞍点(最优解).证明详见下一节中的定理.

显然,最优纯策略可视为局中人以概率 1 选取其中的某策略,而以概率 0 选取其余策略的一种解.

这样一来,例 8.3.1 的解法实则可化为:记

$$E(x,y)=(x,1-x)\begin{pmatrix}1 & 4\\3 & 2\end{pmatrix}\begin{pmatrix}y\\1-y\end{pmatrix}$$

解$\frac{\partial E}{\partial x}=0,\frac{\partial E}{\partial y}=0$,即可求得 $x=\frac{1}{4},y=\frac{1}{2}$.

上面我们实质上彻底解决了 2×2 矩阵的对策问题(无论它是否有鞍点),当然,对于一般的 2×2 矩阵 $\boldsymbol{A}=\begin{pmatrix}a & b\\c & d\end{pmatrix}$ 的对策问题,可有下面结论:

(1) 若 $\boldsymbol{A}$ 有鞍点,即得纯策略解;

(2) 若 $\boldsymbol{A}$ 无鞍点,当 $a<b,a<c,d<b,d<c$(或 $a>b,a>c,d>b,d>c$)时,设局中人 Ⅰ,Ⅱ 的混合策略为 $\boldsymbol{x}=(x_1,x_2),\boldsymbol{y}=(y_1,y_2)$,可有

$$ax_1+cx_2=bx_1+dx_2,x_1+x_2=1,x_i\geqslant 0(i=1,2)$$
$$ay_1+by_2=cy_1+dy_2,y_1+y_2=1,y_i\geqslant 0(i=1,2)$$

若令 $x=x_1,y=y_1$,则 $x_2=1-x,y_2=1-y$,可得

$$x^* = \frac{d-c}{a+d-b-c}, y^* = \frac{d-b}{a+d-b-c}, v = \frac{ad-bc}{a+d-b-c}$$

即为其混合策略解. 此方法亦称为代数方法,它可以推广到高阶矩阵的情形.

对于一般的情形我们有下面结论:

定理 8.3.1 给定矩阵对策 $G=\{S_1,S_2;\boldsymbol{A}\}$,若对策值非 0,则 $\boldsymbol{x},\boldsymbol{y}$ 是其最优策略 $\Leftrightarrow$ 有 $\boldsymbol{A}$ 的满秩子阵 $\boldsymbol{A}_1$,使

$$\tilde{\boldsymbol{x}} = \frac{\boldsymbol{e}_r\boldsymbol{A}_1^{-1}}{\boldsymbol{e}_r\boldsymbol{A}_1^{-1}\boldsymbol{e}_r^{\mathrm{T}}}, \tilde{\boldsymbol{y}} = \frac{\boldsymbol{e}_r(\boldsymbol{A}_1^{\mathrm{T}})^{-1}}{\boldsymbol{e}_r\boldsymbol{A}_1^{-1}\boldsymbol{e}_r^{\mathrm{T}}}, v = \frac{1}{\boldsymbol{e}_r\boldsymbol{A}_1^{-1}\boldsymbol{e}_r^{\mathrm{T}}}$$

这里 $\boldsymbol{e}_r = \underbrace{(1,1,\cdots,1)}_{r\text{个}1}$,且 $\tilde{\boldsymbol{x}},\tilde{\boldsymbol{y}}$ 是 $\boldsymbol{x},\boldsymbol{y}$ 从 $\boldsymbol{A}_1$ 在 $\boldsymbol{A}$ 中相应行、列位置的部分分量. 其证明详见参考文献[70].

当然对于 2×2 的矩阵($n\times n$ 的亦如此)$\boldsymbol{A}$ 来讲,对策问题 $G=\{S_1,S_2;\boldsymbol{A}\}$ 亦可用定理 8.3.1 来解,即化为不等式组的办法.(这种方法与上面方法无异,故它也可称为代数方法)

例 8.3.2 求解对策问题 $G=\{S_1,S_2;\boldsymbol{A}\}$,其中 $\boldsymbol{A}=\begin{pmatrix}7 & 3\\ 4 & 6\end{pmatrix}$.

解 这是一个无鞍点问题. 设 x_1,x_2 为局中人 Ⅰ 使用策略 s'_1,s'_2 的概率,而 y_1,y_2 为局中人 Ⅱ 使用策略 s''_1,s''_2 的概率,且设对策值为 v,则由定理有

$$\begin{cases}7x_1+4x_2\geqslant v\\ 3x_1+6x_2\geqslant v\\ x_1+x_2=1\\ x_1,x_2\geqslant 0\end{cases} \quad \begin{cases}7y_1+3y_2\leqslant v\\ 4y_1+6y_2\leqslant v\\ y_1+y_2=1\\ y_1,y_2\geqslant 0\end{cases}$$

先考虑一个"冒失"的解决方案,即解方程组

$$\begin{cases}7x_1+4x_2=v\\ 3x_1+6x_2=v\\ x_1+x_2=1\end{cases} \quad \begin{cases}7y_1+3y_2=v\\ 4y_1+6y_2=v\\ y_1+y_2=1\end{cases}$$

解得

$$\boldsymbol{x}^* = \left(\frac{1}{3},\frac{2}{3}\right), \boldsymbol{y}^* = \left(\frac{1}{2},\frac{1}{2}\right), v=5$$

其实这里的方法与例 8.3.1 的图解法几乎无异(请对照一下). 不过应该强调一点:当不等式取等号而得到方程组的解,已满足 $\boldsymbol{x}^*\geqslant\boldsymbol{0},\boldsymbol{y}^*\geqslant\boldsymbol{0}$,此时已得混合策略意义上的最优解;否则将仍需讨论不等式组中不等式取 >、=、< 号的各种情形,以期求出适合 $\boldsymbol{x}^*\geqslant\boldsymbol{0},\boldsymbol{y}^*\geqslant\boldsymbol{0}$ 的解.

当然全部不等式均取“$>$”或“$<$”的情形不会发生，否则 $\boldsymbol{x}^*$，$\boldsymbol{y}^*$ 将不会是最优解，比如对于支付矩阵

$$\boldsymbol{A}=\begin{pmatrix}3 & -2 & 4\\ -1 & 4 & 2\\ 2 & 2 & 6\end{pmatrix}$$

的对策问题，约束取不等号或等号的可能情形共有 $2^6=64$ 种，各种情形中仅有下面两种情形有非负解 $\boldsymbol{x}^*$，$\boldsymbol{y}^*$

$$\begin{cases}3x_1-x_2+2x_3=v\\ -2x_1+4x_2+2x_3=v\\ 4x_1+2x_2+6x_3>v\\ x_1+x_2+x_3=1\end{cases}\quad\text{和}\quad\begin{cases}3y_1-2y_2+4y_3<v\\ -y_1+4y_2+2y_3=v\\ 2y_1+2y_2+6y_3=v\\ y_1+y_2+y_3=1\end{cases}$$

（先将前三式分别消去 v，再解不等式组）它们分别解得

$$\boldsymbol{x}^*=(0,0,1),\boldsymbol{y}^*=\left(\frac{2}{5},\frac{3}{5},0\right)$$

从上面解法中我们不难发现：

对于 $2\times n$ 或 $m\times 2$ 的支付矩阵 $\boldsymbol{A}$ 来讲，图解法同样适用，这里不同的是：

对于局中人 Ⅰ 讲，求 $\max\{\min\limits_{0\leqslant x\leqslant 1}(l_1(\boldsymbol{x}),l_2(\boldsymbol{x}),\cdots,l_n(\boldsymbol{x}))\}$.

对于局中人 Ⅱ 讲，求 $\min\{\max\limits_{0\leqslant y\leqslant 1}(l_1(\boldsymbol{y}),l_2(\boldsymbol{y}),\cdots,l_m(\boldsymbol{y}))\}$.

这里 $l_i(\boldsymbol{x})$ 或 $l_j(\boldsymbol{y})$ 表示相应的直线方程.

比如对于 2×3 的矩阵来讲，局中人 Ⅰ 可从图 8.3.3 中找到 $\boldsymbol{x}^*$；

又对于 3×2 的矩阵来讲，局中人 Ⅱ 可从图 8.3.4 中找到 $\boldsymbol{y}^*$.

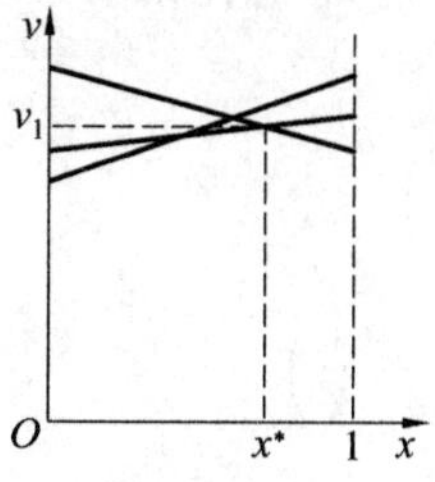

图 8.3.3

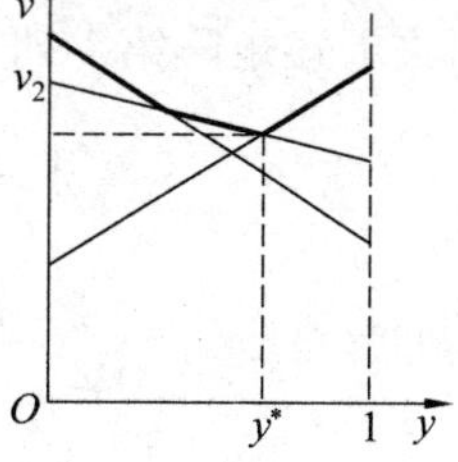

图 8.3.4

当然，余下的工作（比如对于 2×3 的矩阵求解 $\boldsymbol{y}^*$ 以及 3×2 的矩阵求解 $\boldsymbol{x}^*$）仍需另寻他法. 比如可用求解方程组的办法求得另一人的混合最优策略，当然有时要利用已求得的最优策略值.

2. 矩阵优超

下面我们来研究一般情形：即对无鞍点的支付矩阵 $\boldsymbol{A}$($m\times n$ 阶)，对策问题 $G=\{S_1,S_2,\boldsymbol{A}\}$ 如何去解？

通常来讲，有两种途径：一是考虑支付矩阵 $\boldsymbol{A}$ 的简(约) 化；二是设法化为其他熟知的数学问题.

对于前者，我们将介绍所谓"优超" 准则及方法；对于后者，我们将看到它可化为 LP 问题，因而可用 LP 方法.

下面先来通过例题看看所谓"优超" 概念及方法.

例 8.3.3 求解对策问题 $G=\{S_1,S_2,\boldsymbol{A}\}$，其中

$$\boldsymbol{A}=\begin{pmatrix}1 & -2 & 0\\ 0 & 1 & -1\\ 2 & -1 & 1\end{pmatrix}$$

解 这是一个无鞍点的对策，容易看出：对上述 $\boldsymbol{A}$ 来讲，局中人 Ⅰ 选择策略 s'_1 是不明智的，因为 $\boldsymbol{A}$ 的第 3 行元素均不小于第 1 行元素，换言之，不论局中人 Ⅱ 选择何策略，局中人 Ⅰ 选取策略 s'_3 总比选择策略 s'_1 要好(称 s'_3 优超于 s'_1)，我们可以划去 $\boldsymbol{A}$ 的第一行，得

$$\begin{pmatrix}0 & 1 & -1\\ 2 & -1 & 1\end{pmatrix}$$

对于上述矩阵，我们直接可用图解法求得其解.

但仔细观察此矩阵又可发现：它的第1列元素均不小于第3列元素，这就是说，无论局中人 Ⅰ 采取什么策略，局中人 Ⅱ 采取策略 s''_3 总比采取策略 s''_1 要好(称 s''_3 优超于 s''_1). 故划去上述矩阵第 1 列，得

$$\widetilde{\boldsymbol{A}}=\begin{pmatrix}1 & -1\\ -1 & 1\end{pmatrix}$$

仿例 8.2.2，可解得 $\tilde{\boldsymbol{x}}^*=\left(\frac{1}{2},\frac{1}{2}\right)$，$\tilde{\boldsymbol{y}}^*=\left(\frac{1}{2},\frac{1}{2}\right)$.

回到原问题有 $\boldsymbol{x}^*=\left(0,\frac{1}{2},\frac{1}{2}\right)$，$\boldsymbol{y}^*=\left(0,\frac{1}{2},\frac{1}{2}\right)$，$v=0$.

对于一般的情形，我们有下面优越概念.

定义 8.3.1 设 $\boldsymbol{A}=(a_{ij})_{m\times n}$ 为矩阵对策 $G=\{S_1,S_2;\boldsymbol{A}\}$ 的支付矩阵，则：

若 $a_{kj}\geqslant a_{lj}$ $(j=1,2,\cdots,n)$，则对局中人 Ⅰ 来讲称策略 s'_k 优超于策略 s'_l，且称

s'_l 为劣着(招)(对局中人 Ⅰ);

若 $a_{ik} \leqslant a_{il}(i=1,2,\cdots,m)$,则对局中人 Ⅱ 来讲称策略 s''_k 优超于策略 s''_l,且称 s''_l 为劣着(招)(对局中人 Ⅱ).

若上述不等式严格成立,则称为**严格优超**.

这样我们可以证明下面的结论.

定理 8.3.2　若对策 $G=\{S_1,S_2;\boldsymbol{A}\}$ 的支付矩阵 $\boldsymbol{A}$,划去劣着(招)对应的支付矩阵的行列所得新矩阵 $\widetilde{\boldsymbol{A}}$,则相应的对策 $\widetilde{G}=\{\widetilde{S}_1,\widetilde{S}_2;\widetilde{\boldsymbol{A}}\}$ 的解即为 G 的解.

这里不做证明,请注意,划去的只是以 0 概率采用的策略相应的行或列,不过我们想指出一点:

一般来讲,解矩阵对策问题时,矩阵化简中若是严格优超,则 $\widetilde{G}$ 与 G 多数情况下同解;若不是严格优超,则 $\widetilde{G}$ 的解仅为 G 的部分解,换言之,优超(包括严格优超)可能失去某些解.

具体地讲,对甲优超时,可能使乙失解;对乙优超时,可能使甲失解.对于失解及其补救可参见后文的介绍.

下面来看一个有鞍点例子.

例 8.3.4　求解对策 $G=\{S_1,S_2;\boldsymbol{A}\}$,其中支付矩阵

$$\boldsymbol{A}=\begin{pmatrix}3 & 5 & 3\\ 4 & -3 & 2\\ 3 & 2 & 3\end{pmatrix}$$

解　这是一个有鞍点(s'_1,s''_3)的对策,且对策值 $v=a_{13}=3$.

我们仍用优超原则去简化,可划去 $\boldsymbol{A}$ 的第 3 行、第 1 列,得

$$\widetilde{\boldsymbol{A}}=\begin{pmatrix}5 & 3\\ -3 & 2\end{pmatrix}$$

它仍有鞍点,故解得 $\tilde{\boldsymbol{x}}^*=(1,0)$,$\tilde{\boldsymbol{y}}^*=(0,1)$.

对应原问题解 $\boldsymbol{x}^*=(1,0,0)$,$\boldsymbol{y}^*=(0,0,1)$,$v=3$.

但我们从原来矩阵 $\boldsymbol{A}$ 中知道,$\boldsymbol{x}^{**}=(0,0,1)$,$\boldsymbol{y}^{**}=(0,0,1)$ 也是 G 的解(由第 8.2 节命题 2 知它还有其他两解).

同时可以验证(用定理 8.2.1):$\boldsymbol{x}^*=\left(\frac{1}{3},0,\frac{2}{3}\right)$,$\boldsymbol{y}^*=\left(\frac{1}{2},0,\frac{1}{2}\right)$ 也是 G 的一个解(见本章习题 6).

其实可以进一步讲明:这些最优解的凸组合仍为最优解.

严格优超也可能失解的例子,可参见前面我们在代数解法中提到的例子,即支

付矩阵

$$A=\begin{pmatrix}3 & -2 & 4\\ -1 & 4 & 2\\ 2 & 2 & 6\end{pmatrix}$$

因$(4,2,6)^T > (3,-1,2)^T$,故可划去矩阵第3列,此时A变为

$$\tilde{A}=\begin{pmatrix}3 & -2\\ -1 & 4\\ 2 & 2\end{pmatrix}$$

设局中人Ⅱ出策略s''_1,s''_2的概率分别为y和$1-y$,且设对策值为v,则有

$$\begin{cases}3y-2(1-y)=v\\ -y+4(1-y)=v\\ 2y+2(1-y)=v\\ 0\leqslant y\leqslant 1\end{cases}$$

即

$$\begin{cases}-2+5y=v & ①\\ 4-5y=v & ②\\ 2=v & ③\\ 0\leqslant y\leqslant 1 & ④\end{cases}$$

由式③得$v=2$,代入式①,②,分别得$y=\frac{4}{5}$和$y=\frac{2}{5}$,其实$\frac{2}{5}$是其解,但它不适合式①,换言之此方程组无解.

问题症结在于式①原应为不等式(严格地讲)

$$3y_1-2y_2+4y_3<v$$

且原解中$y_3=0$,即$3y_1-2y_2<v$,因而式①中的等号是不成立的.

3. 失解的寻找*

为了寻找由于优超失去的矩阵对策的解,我们给出下面的定理:

定理 8.3.3 设矩阵对策问题$G=\{S_1,S_2;A\}$,其支付矩阵

$$A=(a_{ij})_{m\times n}=(\boldsymbol{\alpha}_1,\boldsymbol{\alpha}_2,\cdots,\boldsymbol{\alpha}_n)$$

$$\boldsymbol{\alpha}_j=(a_{1j},a_{2j},\cdots,a_{mj})^T,\quad j=1,2,\cdots,n$$

满足

$$a_{1j}\geqslant a_{mj},且\ a_{i1}\leqslant a_{in},i=1,2,\cdots,m;j=1,2,\cdots,n$$

对于矩阵对策问题 $\bar{G}=\{\bar{S}_1,\bar{S}_2;\bar{A}\}$ 及 $\bar{\bar{G}}=\{\bar{\bar{S}}_1,\bar{\bar{S}}_2;\bar{\bar{A}}\}$，其中

$$\bar{A}=(\bar{\boldsymbol{\alpha}}_1,\bar{\boldsymbol{\alpha}}_2,\cdots,\bar{\boldsymbol{\alpha}}_n),\bar{\bar{A}}=(\bar{\boldsymbol{\alpha}}_1,\bar{\boldsymbol{\alpha}}_2,\cdots,\bar{\boldsymbol{\alpha}}_{n-1})$$

$$\bar{\boldsymbol{\alpha}}_j=(a_{1j},a_{2j},\cdots,a_{m-1j})^{\mathrm{T}},j=1,2,\cdots,n$$

对局中人甲有下面的结论：

(1) 若$(\bar{x}_1,\bar{x}_2,\cdots,\bar{x}_{m-1},\bar{v})$ 为 $\bar{G}$ 的最优解，则$(\bar{x}_1-\lambda,\bar{x}_2,\cdots,\bar{x}_{m-1},\lambda;\bar{v})$ 为 G 的最优解，其中 λ 满足

$$0\leqslant\lambda\leqslant\min\left\{\bar{x}_1,\ \min_{\substack{1\leqslant j\leqslant n\\ a_{1j}-a_{mj}\neq 0}}\left[\left(\sum_{i=1}^{m-1}a_{ij}\bar{x}_i-\bar{v}\right)\Big/(a_{1j}-a_{mj})\right]\right\}$$

(2) 若$(\bar{x}_1,\bar{x}_2,\cdots,\bar{x}_{m-1},\bar{v})$ 为 $\bar{\bar{G}}$ 的最优解，则$(\bar{x}_1,\bar{x}_2,\cdots,\bar{x}_{m-1},\bar{v})$ 为 $\bar{G}$ 的最优解.

证明　我们考虑三个矩阵对策问题$G,\bar{G},\bar{\bar{G}}$的LP模型，对于局中人甲来讲，三个问题的相应线性规划模型分别为

$$\max v$$

$$(\mathrm{LP}_1)\quad\begin{cases}\boldsymbol{\alpha}_j^{\mathrm{T}}\boldsymbol{x}_m\geqslant v,j=1,2,\cdots,n\\ x_1+x_2+\cdots+x_m=1\\ \boldsymbol{x}_m=(x_1,x_2,\cdots,x_m)^{\mathrm{T}}\geqslant 0\end{cases}$$

$$\max v$$

$$(\mathrm{LP}_2)\quad\begin{cases}\bar{\boldsymbol{\alpha}}_j^{\mathrm{T}}\boldsymbol{x}_{m-1}\geqslant v,j=1,2,\cdots,n\\ x_1+x_2+\cdots+x_{m-1}=1\\ \boldsymbol{x}_{m-1}=(x_1,x_2,\cdots,x_{m-1})^{\mathrm{T}}\geqslant 0\end{cases}$$

$$\max v$$

$$(\mathrm{LP}_3)\quad\begin{cases}\bar{\boldsymbol{\alpha}}_j^{\mathrm{T}}\boldsymbol{x}_{m-1}\geqslant v,j=1,2,\cdots,n-1\\ x_1+x_2+\cdots+x_{m-1}=1\\ \boldsymbol{x}_{m-1}=(x_1,x_2,\cdots,x_{m-1})^{\mathrm{T}}\geqslant 0\end{cases}$$

(1) 因为$(\bar{x}_1,\bar{x}_2,\cdots,\bar{x}_{m-1};\bar{v})$ 为 $\bar{G}$ 的最优解，则

$$\begin{cases}\bar{\boldsymbol{\alpha}}_j^{\mathrm{T}}\boldsymbol{x}_{m-1}\geqslant v,j=1,2,\cdots,n-1\\ x_1+x_2+\cdots+x_{m-1}=1\\ \boldsymbol{x}_{m-1}=(x_1,x_2,\cdots,x_{m-1})^{\mathrm{T}}\geqslant 0\end{cases}$$

因此有

$$a_{1j}(\bar{x}_1-\lambda)+\sum_{i=2}^{m-1}a_{ij}\bar{x}_i+a_{mj}\lambda=\sum_{i=1}^{m-1}a_{ij}\bar{x}_i-\lambda(a_{1j}-a_{mj})\geqslant$$

$$\sum_{i=1}^{m-1} a_{ij}\bar{x}_i-(a_{1j}-a_{mj})\min_{\substack{1\leqslant j\leqslant n\\ a_{1j}-a_{mj}\neq 0}}\left[\left(\sum_{i=1}^{m-1} a_{ij}\bar{x}_i-\bar{v}\right)\Big/(a_{1j}-a_{mj})\right]\geqslant \bar{v}(j=1,2,\cdots,n)$$

且

$$(\bar{x}_1-\lambda)+\bar{x}_2+\cdots+\bar{x}_{m-1}+\lambda=\bar{x}_1+\bar{x}_2+\cdots+\bar{x}_{m-1}=1$$

$$\bar{x}_1-\lambda\geqslant\bar{x}_1-\bar{x}_1\geqslant 0,\ \bar{x}_2\geqslant 0,\ \cdots,\ \bar{x}_{m-1}\geqslant 0,\ \lambda\geqslant 0$$

所以$(\bar{x}_1-\lambda,\bar{x}_2,\cdots,\bar{x}_{m-1},\lambda;\bar{v})$为$G$的可行解.

设$(\tilde{x}_1,\tilde{x}_2,\cdots,\tilde{x}_{m-1},\tilde{x}_m;\tilde{v})$为$G$的最优解,一方面有$\tilde{v}\geqslant\bar{v}$;同时容易证明$(\tilde{x}_1+\tilde{x}_m,\tilde{x}_2,\cdots,\tilde{x}_{m-1};\tilde{v})$为$\bar{G}$的可行解,又有$\tilde{v}\leqslant\bar{v}$,这样有$\tilde{v}=\bar{v}$.

综上所证,所以$(\bar{x}_1,\bar{x}_2,\cdots,\bar{x}_{m-1};\bar{v})$为$\bar{G}$的最优解,因此有

$$\begin{cases}\bar{\boldsymbol{\alpha}}_j^{\mathrm{T}}\bar{\boldsymbol{x}}_{m-1}\geqslant\bar{v},j=1,2,\cdots,n-1\\ \bar{x}_1+\bar{x}_2+\cdots+\bar{x}_{m-1}=1\\ \bar{\boldsymbol{x}}_{m-1}=(\bar{x}_1,\bar{x}_2,\cdots,\bar{x}_{m-1})\geqslant 0\end{cases}$$

同时有$\sum_{i=1}^{m-1} a_{in}\bar{x}_i\geqslant\sum_{i=1}^{m-1} a_{i1}\bar{x}_i\geqslant\bar{v}$,所以

$$\begin{cases}\bar{\boldsymbol{\alpha}}_j^{\mathrm{T}}\bar{\boldsymbol{x}}_{m-1}\geqslant\bar{v},j=1,2,\cdots,n-1\\ \bar{x}_1+\bar{x}_2+\cdots+\bar{x}_{m-1}=1\\ \bar{\boldsymbol{x}}_{m-1}=(\bar{x}_1,\bar{x}_2,\cdots,\bar{x}_{m-1})^{\mathrm{T}}\geqslant 0\end{cases}$$

即$(\bar{x}_1,\bar{x}_2,\cdots,\bar{x}_{m-1};\bar{v})$为$\bar{G}$的可行解.

设$(\tilde{x}_1,\tilde{x}_2,\cdots,\tilde{x}_{m-1};\tilde{v})$为$\bar{G}$的最优解,一方面有$\tilde{v}\geqslant\bar{v}$;同时容易证明$(\tilde{x}_1,\tilde{x}_2,\cdots,\tilde{x}_{m-1};\tilde{v})$为$\bar{\bar{G}}$的可行解,又有$\tilde{v}\leqslant\bar{v}$,这样有$\tilde{v}=\bar{v}$.

综上所证,$(\bar{x}_1,\bar{x}_2,\cdots,\bar{x}_{m-1};\bar{v})$为$\bar{G}$的最优解.

同样,对于局中人乙有类似的结论:

定理 8.3.4 设矩阵对策问题$G=\{S_1,S_2;\boldsymbol{A}\}$,其支付矩阵

$$\boldsymbol{A}=(a_{ij})_{m\times n}=(\boldsymbol{\beta}_1,\boldsymbol{\beta}_2,\cdots,\boldsymbol{\beta}_m)^{\mathrm{T}},\boldsymbol{\beta}_i=(a_{i1},a_{i2},\cdots,a_{in}),i=1,2,\cdots,m$$

满足$a_{1j}\geqslant a_{mj}$,且$a_{i1}\leqslant a_{in}$,$i=1,2,\cdots,m;j=1,2,\cdots,n$.

对于矩阵对策问题$\bar{G}=\{S_1,S_2;\boldsymbol{A}\}$及$\bar{\bar{G}}=\{\bar{\bar{S}}_1,\bar{\bar{S}}_2;\bar{\bar{\boldsymbol{S}}}\}$,其中

$$\bar{\boldsymbol{A}}=(\boldsymbol{\beta}_1,\boldsymbol{\beta}_2,\cdots,\boldsymbol{\beta}_{m-1})^{\mathrm{T}}$$

$$\bar{\boldsymbol{\beta}}_i=(a_{i1},a_{i2},\cdots,a_{i,n-1}),i=1,2,\cdots,m-1$$

对局中人乙有下面的结论:

(1) 若$(\bar{y}_1,\bar{y}_2,\cdots,\bar{y}_n;\bar{v})$为$\bar{G}$的最优解,则$(\bar{y}_1,\bar{y}_2,\cdots,\bar{y}_n;\bar{v})$为$G$的最优解.

(2) 若$(\bar{y}_1,\bar{y}_2,\cdots,\bar{y}_{n-1};\bar{v})$为$\bar{G}$的最优解，则$(\bar{y}_1-\lambda,\bar{y}_2,\cdots,\bar{y}_{n-1}-\lambda;\bar{v})$为$G$的最优解，其中$\lambda$满足

$$0\leqslant\lambda\leqslant\min\left\{\bar{y},\ \min_{\substack{1\leqslant i\leqslant m-1\\ a_{in}-a_{i1}\neq 0}}\left[\left(\bar{v}-\sum_{j=1}^{n-1}a_{ij}\bar{y}_j\right)\Big/(a_{in}-a_{i1})\right]\right\}$$

下面来看几个例子.

例 8.3.5　求解矩阵对策$G=\{S_1,S_2;\boldsymbol{A}\}$，其中支付矩阵

$$\boldsymbol{A}=\begin{pmatrix}3&5&3\\4&-3&2\\3&2&3\end{pmatrix}$$

解　由例 8.3.4 的解法，有

$$\boldsymbol{A}=\begin{pmatrix}3&5&3\\4&-3&2\\3&2&3\end{pmatrix}\xrightarrow{\text{优超}}\bar{\boldsymbol{A}}=\begin{pmatrix}3&5&3\\4&-3&2\end{pmatrix}\bar{\bar{\boldsymbol{A}}}=\begin{pmatrix}5&3\\-3&2\end{pmatrix}$$

对于矩阵对策$\bar{\bar{G}}=\{\bar{\bar{S}}_1,\bar{\bar{S}}_2;\bar{\bar{\boldsymbol{A}}}\}$，很容易求得其最优解$\bar{\boldsymbol{x}}_2=(1,0)$，$\bar{\boldsymbol{y}}_2=(0,1)$，$\bar{v}=3$，如前文所说，此解法失去部分解. 因此根据上面定理有：对于矩阵对策问题$\bar{G}=\{\bar{S}_1,\bar{S}_2;\bar{\boldsymbol{A}}\}$有最优解$\bar{\boldsymbol{x}}_2=(1,0)$，$\bar{\boldsymbol{y}}_3=(\lambda'',0,1-\lambda'')$，$\bar{v}=3$；对于矩阵对策问题$G=\{S_1,S_2;\boldsymbol{A}\}$有最优解$\bar{\boldsymbol{x}}_3=(1-\lambda',0,\lambda')$，$\bar{\boldsymbol{y}}_3=(\lambda'',0,1-\lambda'')$，$\bar{v}=3$，其中

$$0\leqslant\lambda'\leqslant\min\left\{1,\frac{5\cdot1+(-3)\cdot0-3}{5-2}\right\}=\frac{2}{3}$$

$$0\leqslant\lambda''\leqslant\min\left\{1,\frac{3-(-3)\cdot0-2\cdot1}{4-2}\right\}=\frac{1}{2}$$

这样恰好找回了失去的解，下面再来看一个例子.

例 8.3.6　求解矩阵对策$G=\{S_1,S_2;\boldsymbol{A}\}$，其中支付矩阵

$$\boldsymbol{A}=\begin{pmatrix}1&-1&3\\-2&-1&-3\\0&-3&3\\0&-3&4\end{pmatrix}$$

解　由题设先对$\boldsymbol{A}$优超

$$\boldsymbol{A}=\begin{pmatrix}1&-1&3\\-2&-1&-3\\0&-3&3\\0&-3&4\end{pmatrix}\xrightarrow{\text{优超}}\bar{\boldsymbol{A}}=\begin{pmatrix}1&-1&3\\0&-3&3\\0&-3&4\end{pmatrix}\xrightarrow{\text{优超}}$$

$$\bar{\bar{A}}=\begin{pmatrix}1 & -1 & 3\\ 0 & -3 & 4\end{pmatrix}\xrightarrow{\text{优超}}\tilde{A}=\begin{pmatrix}1 & -1\\ 0 & -3\end{pmatrix}$$

对于矩阵对策 $\tilde{G}=\{\tilde{S}_1,\tilde{S}_2;\tilde{\boldsymbol{A}}\}$，很容易求得其最优解 $\tilde{\boldsymbol{x}}_2=(1,0)$，$\tilde{\boldsymbol{y}}_2=(0,1)$，$\tilde{v}=-1$，它可能丢解，因此根据上面各定理有：

对于矩阵对策 $\bar{\bar{G}}=\{\bar{\bar{S}}_1,\bar{\bar{S}}_2;\bar{\bar{\boldsymbol{A}}}\}$，很容易求得其最优解 $\bar{\boldsymbol{x}}_2=(1,0)$，$\bar{\boldsymbol{y}}_3=(0,1-\lambda'',\lambda'')=(0,1,0)$，$\bar{v}=-1$，其中

$$0\leqslant\lambda''\leqslant\min\left\{1,\frac{-1-1\cdot 0-(-1)\cdot 1}{3-(-1)},\frac{-1-0\cdot 0-(-3)\cdot 1}{4-(-3)}\right\}=0$$

对于矩阵对策问题 $\bar{G}=\{\bar{S}_1,\bar{S}_2;\bar{\boldsymbol{A}}\}$，有最优解 $\boldsymbol{x}_3=(1-\lambda'_1,\lambda'_1,0)=(1,0,0)$，$\bar{\boldsymbol{y}}_3=(0,1,0)$，$\bar{v}=-1$，其中

$$0\leqslant\lambda'_1\leqslant\min\left\{1,\frac{1\cdot 1+0\cdot 0-(-1)}{1-0},\frac{-1\cdot 1-3\cdot 0-(-1)}{-1-(-3)}\right\}=0$$

对于矩阵对策问题 $G=\{S_1,S_2;\boldsymbol{A}\}$，有最优解 $\bar{\boldsymbol{x}}_4=(1-\lambda'_2,\lambda'_2,0,0)$，$\bar{\boldsymbol{y}}_3=(0,1,0)$，$\bar{v}=-1$，其中

$$0\leqslant\lambda'_2\leqslant\min\left\{1,\frac{1\cdot 1+0\cdot 0+0\cdot 0-(-1)}{1-(-2)},\frac{3\cdot 1-3\cdot 0+4\cdot 0-(-1)}{3-(-3)}\right\}=\frac{2}{3}$$

这时我们也找回了失去的解.

4. 有鞍点情形的几何解法

我们还想指出，对于矩阵有鞍点的情形，只需用纯策略方法即可；若用几何方法，当方法使用不当(不仅仅只是求直线交点这样一个简单事实)，便会遇到一些麻烦，特别是当你省略了画图过程时更是如此，请看下面的例子及解法.

例 8.3.7　求解矩阵对策问题 $G=\{S_1,S_2;\boldsymbol{A}\}$，其中

$$\boldsymbol{A}=\begin{bmatrix}8 & 6 & 2 & 8\\ 8 & 9 & 4 & 5\\ 7 & 5 & 3 & 5\end{bmatrix}$$

这是一个有鞍点的问题，我们不难从下面的分析中看到

$$\begin{array}{c|cccc|c} & & & & & \min\\ & 8 & 6 & 2 & 8 & 2\\ & 8 & 9 & 4 & 5 & \textcircled{4}\\ & 7 & 5 & 3 & 5 & 3\\ \max & 8 & 9 & \textcircled{4} & 8 & \end{array}$$

因 $\max\{2,4,3\}=\min\{8,9,4,8\}$，知该问题有纯策略解 $\boldsymbol{x}^*=(0,1,0)$，$\boldsymbol{y}^*=(0,0,1,0)$，且 $v^*=4$. 但是若用优超办法，注意到

$$\begin{pmatrix}8\\8\\7\end{pmatrix}>\begin{pmatrix}2\\4\\3\end{pmatrix},\quad \begin{pmatrix}8\\5\\5\end{pmatrix}>\begin{pmatrix}2\\4\\3\end{pmatrix}$$

矩阵可划去第 1，第 4 列，有 $\begin{pmatrix}6&2\\9&4\\5&3\end{pmatrix}$，由于 $(5,3)<(9,4)$，故可划去第 3 行，得约化矩阵

$$\begin{pmatrix}6&2\\9&4\end{pmatrix}$$

此时 4 仍为鞍点，同样可求得纯策略解，但若用求混合策略方法，且直接由

$$6x+9(1-x)=2x+4(1-x)$$

求得 $x=5$，这显然不妥(因为 $0\leqslant x\leqslant 1$).

此外，若注意到 $\boldsymbol{A}$ 的第 1，第 2 列与第 3 列的关系，可知能划去 $\boldsymbol{A}$ 的第 1，第 2 列，得 $\begin{pmatrix}2&8\\4&5\\3&5\end{pmatrix}$，再注意到 $(3,5)\leqslant(4,5)$，可划去该矩阵第 3 行，有 $\begin{pmatrix}2&8\\4&5\end{pmatrix}$. 此时 4 仍为其鞍点.

如仍用求混合策略方法解之，亦会遇到麻烦；若直接由方程

$$2x+4(1-x)=8x+5(1-x)$$

可求得 $x=-\dfrac{1}{5}$，注意到 $0\leqslant x\leqslant 1$，知以上结论亦不妥.

产生上述现象的原因是：$6x+9(1-x)$ 当 $x\in[0,1]$ 时，其值无论如何也不会跑到区间 $[6,9]$ 之外，而 $2x+4(1-x)$ 当 $x\in[0,1]$ 时，值落在区间 $[2,4]$ 上，没有强调 $0\leqslant x\leqslant 1$ 是产生上述现象的原因所在.

但这并非是该问题无解或该方法不当，只是上述步骤欠妥.

这些从图 8.3.5 上可以看得很清楚，直接从方程组求上述交点是不妥的：对于约化阵为 $\begin{pmatrix}6&2\\9&4\end{pmatrix}$ 的情形，我们可以建立方程组

$$\begin{cases}v_1=9-3x & ①\\ v_2=4-2x & ②\end{cases}$$

依 max{min} 准则两线段应先选 ②，再从 ② 中找最大点，即(0,4)，显然与 4 是鞍点值是不相悖的(图 8.3.5)，但直线的交点横坐标值落在(0,1) 区间外.

对于约化阵$\begin{pmatrix}2 & 8\\4 & 5\end{pmatrix}$来讲，我们可以建立方程组

$$\begin{cases}v_1 = 4 - 2x & ③\\ v_2 = 5 + 3x & ④\end{cases}$$

化解后会有同样的情形与结论，详见图 8.3.6.

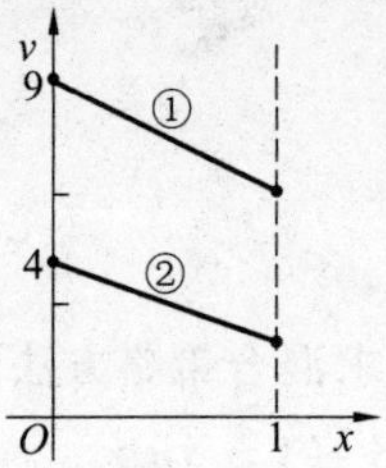

图 8.3.5

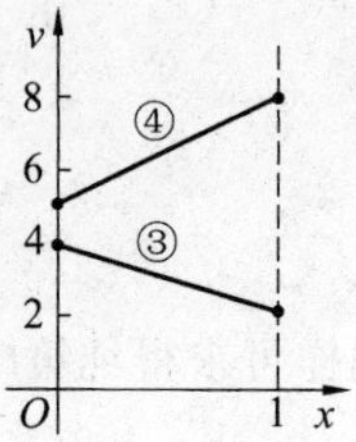

图 8.3.6

显然，这类问题往往只发生在有鞍点的情形.

5. 广义优超

当然我们还想指出一点：优超概念可以拓广为广义优超. 比如在上例中，$a_{11}=2$ 时，普通优超已无能为力(此时矩阵已无鞍点).

对于对策 $G=\{S_1,S_2;\boldsymbol{A}\}$ 来讲，若支付矩阵 $\boldsymbol{A}$ 的某一行(比如 k 行)元素不大于其他某些行元素的凸组合(系数可视为以不同的概率出着)，则对局中人 Ⅰ 来讲，策略 s'_k 为劣着，其相应的 $\boldsymbol{A}$ 中第 k 行元素可划去，且列亦然.

用数学式子可表为：若 $\boldsymbol{A}=\begin{pmatrix}\boldsymbol{a}_1\\ \boldsymbol{a}_2\\ \vdots\\ \boldsymbol{a}_m\end{pmatrix}$，且 $\boldsymbol{a}_k \leqslant \sum \lambda_i \boldsymbol{a}_i$(这里系对某些 i 求和)，其中 $0 \leqslant \lambda_i \leqslant 1$，且 $\sum \lambda_i = 1$，则 s'_k 对局中人 Ⅰ 来讲为劣着.

同样若 $\boldsymbol{A}=(\bar{\boldsymbol{a}}_1,\bar{\boldsymbol{a}}_2,\cdots,\bar{\boldsymbol{a}}_n)$，且 $\bar{\boldsymbol{a}}_k \geqslant \sum \mu_i \bar{\boldsymbol{a}}_i$，这里 $0 \leqslant \mu_i \leqslant 1$，且 $\sum \mu_i = 1$，则 s''_k 对局中人 Ⅱ 来讲为劣着.

优超概念还可以进一步推广：若某些行集合 R_1 的凸组合优超于另外某些行集合 R_2 的凸组合，则 R_2 中存在可删去的行.

又若分块矩阵 $\boldsymbol{A}=\begin{pmatrix}\boldsymbol{A}_1 & \boldsymbol{A}_2\\ \boldsymbol{A}_3 & \boldsymbol{A}_4\end{pmatrix}$，且 $\boldsymbol{A}_2$ 的每一列严格优超 $\boldsymbol{A}_1$ 的列的某种凸组合；$\boldsymbol{A}_3$ 的第 1 行严格被 $\boldsymbol{A}_1$ 的某些行的凸组合优超，则 $\boldsymbol{A}_2,\boldsymbol{A}_3,\boldsymbol{A}_4$ 删去后，对局中人 Ⅰ 的解无影响.

划去后的矩阵 $\widetilde{\boldsymbol{A}}$ 相应的对策 $\widetilde{G}=\{\widetilde{S}_1,\widetilde{S}_2;\widetilde{\boldsymbol{A}}\}$ 的解仍为对策 $\{S_1,S_2;\boldsymbol{A}\}$ 的解.

下面我们来看一个用到简单广义优超的例子.

例 8.3.8　求解对策 $G=\{S_1,S_2;\boldsymbol{A}\}$，其中

$$\boldsymbol{A}=\begin{pmatrix}3 & 2 & 4 & 0\\ 3 & 4 & 2 & 3\\ 4 & 3 & 4 & 2\\ 0 & 4 & 0 & 8\end{pmatrix}$$

解　这是一个无鞍点的矩阵对策问题，利用普通优超准则，$\boldsymbol{A}$ 只能划去第 1 行（与第 3 行相比）、第 1 列（剩下的矩阵中与第 3 列相比）为

$$\begin{pmatrix}4 & 2 & 3\\ 3 & 4 & 2\\ 4 & 0 & 8\end{pmatrix}$$

这样我们上面介绍的图解办法已不适用（但可用前面我们介绍过的“代数解法”和后面将要介绍的方法去解）.

但是若利用广义优超准则，可继续对上述矩阵化简，注意到

$$\begin{pmatrix}4\\3\\4\end{pmatrix}\geqslant\frac{1}{2}\begin{pmatrix}2\\4\\0\end{pmatrix}+\frac{1}{2}\begin{pmatrix}3\\2\\8\end{pmatrix}，这里\ p=\frac{1}{2},q=\frac{1}{2}，且\ p+q=1$$

则可划去该矩阵第 1 列，得 $\begin{pmatrix}2 & 3\\ 4 & 2\\ 0 & 8\end{pmatrix}$（至此已可用图解法）.

再注意到 $(2,3)\leqslant\frac{1}{2}(4,2)+\frac{1}{2}(0,8)$，这里 $p=q=\frac{1}{2}$，且 $p=q=1$. 则可划去上述矩阵的第 1 行，从而得到

$$\widetilde{\boldsymbol{A}}=\begin{pmatrix}4 & 2\\ 0 & 8\end{pmatrix}$$

解得 $\tilde{\boldsymbol{x}}^*=\left(\frac{4}{5},\frac{1}{5}\right)$，$\tilde{\boldsymbol{y}}^*=\left(\frac{3}{5},\frac{2}{5}\right)$，$v=\frac{16}{5}$.

回到原问题有 $\boldsymbol{x}^*=\left(0,0,\frac{4}{5},\frac{1}{5}\right),\boldsymbol{y}^*=\left(0,0,\frac{3}{5},\frac{2}{5}\right)$，且 $v=\frac{16}{5}$.

这里仅是给出 G 的一个解，其实它有多解(因为这里不是广义严格优超，见本章习题 8).

注意：上面广义优超是说，分别以 $\frac{1}{2}$ 概率出 s'_2,s'_3 的策略比策略 s'_1 好，而所求最优策略解 x^* 是以 $0,\frac{4}{5}$ 概率分别出着 s'_1,s'_3，前面的优超是否还有效？答案是肯定的. 因为我们有：

定理 8.3.5 设矩阵对策问题 $G=\{S_1,S_2;\boldsymbol{A}\}$，其中 $\boldsymbol{A}=(\boldsymbol{a}_1,\boldsymbol{a}_2,\boldsymbol{a}_3)$，又假设：

①$\boldsymbol{a}_1,\boldsymbol{a}_2,\boldsymbol{a}_3$ 中再没有劣招；

② 存在 $\lambda_0(0<\lambda_0<1)$，使得 $\boldsymbol{a}_1\geqslant\lambda_0\boldsymbol{a}_2+(1-\lambda_0)\boldsymbol{a}_3$；

③ 除去 $\boldsymbol{a}_1$ 后的最优解为 $(0,1-\lambda,\lambda)$，不去掉 $\boldsymbol{a}_1$ 的最优解为 $(\lambda_1,\lambda_2,\lambda_3)$(其中 $\lambda_1+\lambda_2+\lambda_3=1$).

对于以上三种情况，问题的最优策略值都不变.

证 由假设有下面两不等式成立

$$\lambda_1\boldsymbol{a}_1+\lambda_2\boldsymbol{a}_2+\lambda_3\boldsymbol{a}_3\leqslant(1-\lambda)\boldsymbol{a}_2+\lambda\boldsymbol{a}_3$$

$$\begin{aligned}\lambda_1\boldsymbol{a}_1+\lambda_2\boldsymbol{a}_2+\lambda_3\boldsymbol{a}_3&\geqslant\lambda_1[\lambda_0\boldsymbol{a}_2+(1-\lambda_0)\boldsymbol{a}_3]+\lambda_2\boldsymbol{a}_2+\lambda_3\boldsymbol{a}_3=\\&\lambda_1\lambda_0\boldsymbol{a}_2+\lambda_1\boldsymbol{a}_3-\lambda_1\lambda_0\boldsymbol{a}_3+\lambda_2\boldsymbol{a}_2+\lambda_3\boldsymbol{a}_3=\\&\lambda_1\lambda_0(\boldsymbol{a}_2-\boldsymbol{a}_3)+\lambda_2\boldsymbol{a}_2+(\lambda_1+\lambda_3)\boldsymbol{a}_3=\\&\lambda_1\lambda_0(\boldsymbol{a}_2-\boldsymbol{a}_3)+\lambda_2\boldsymbol{a}_2+(1-\lambda_2)\boldsymbol{a}_3\end{aligned}$$

由 ① 与 ②，可得到不等式

$$(1-\lambda)\boldsymbol{a}_2+\lambda\boldsymbol{a}_3\geqslant\lambda_1\lambda_0(\boldsymbol{a}_2-\boldsymbol{a}_3)+\lambda_2\boldsymbol{a}_2+(1-\lambda_2)\boldsymbol{a}_3$$

即
$$(1-\lambda-\lambda_2)\boldsymbol{a}_2+(\lambda+\lambda_2-1)\boldsymbol{a}_3\geqslant\lambda_1\lambda_0(\boldsymbol{a}_2-\boldsymbol{a}_3)$$

或
$$(1-\lambda-\lambda_2)(\boldsymbol{a}_2-\boldsymbol{a}_3)\geqslant\lambda_1\lambda_0(\boldsymbol{a}_2-\boldsymbol{a}_3)$$

故
$$(1-\lambda-\lambda_2-\lambda_1\lambda_0)(\boldsymbol{a}_2-\boldsymbol{a}_3)\geqslant 0$$

由假设 ① 知，$(\boldsymbol{a}_2-\boldsymbol{a}_3)$ 不完全大于等于零，也不完全小于等于零，故有

$$1-\lambda-\lambda_2-\lambda_1\lambda_0=0$$

(i) 若 $\lambda_1=0$，有 $1-\lambda=\lambda_2,\lambda_3=1-\lambda_1-\lambda_2=\lambda$，因而

$$(\lambda_1,\lambda_2,\lambda_3)=(0,1-\lambda,\lambda)\text{(去掉 }\boldsymbol{a}_1\text{ 前后的最优解完全相同)}$$

(ii) 若 $\lambda_1\neq 0$，有

$$1-\lambda=\lambda_2+\lambda_1\lambda_0,\lambda=1-\lambda_2-\lambda_1\lambda_0$$

$$
\begin{aligned}
(1-\lambda)\boldsymbol{a}_2+\lambda\boldsymbol{a}_3 &= (\lambda_2+\lambda_1\lambda_0)\boldsymbol{a}_2+(1-\lambda_2-\lambda_1\lambda_0)\boldsymbol{a}_3= \\
&\lambda_2\boldsymbol{a}_2+\lambda_1\lambda_0\boldsymbol{a}_2+\boldsymbol{a}_3-\lambda_2\boldsymbol{a}_3-\lambda_1\lambda_0\boldsymbol{a}_3= \\
&\lambda_1(\lambda_0\boldsymbol{a}_2-\lambda_0\boldsymbol{a}_3)+\lambda_2\boldsymbol{a}_2+(1-\lambda_2-\lambda_1)\boldsymbol{a}_3+\lambda_1\boldsymbol{a}_3= \\
&\lambda_1[\lambda_0\boldsymbol{a}_2+(1-\lambda_0)\boldsymbol{a}_3]+\lambda_0\boldsymbol{a}_2+\lambda_3\boldsymbol{a}_3\leqslant \\
&\lambda_1\boldsymbol{a}_1+\lambda_2\boldsymbol{a}_2+\lambda_3\boldsymbol{a}_3
\end{aligned}
$$

所以有$(1-\lambda)\boldsymbol{a}_2+\lambda\boldsymbol{a}_3=\lambda_1\boldsymbol{a}_1+\lambda_2\boldsymbol{a}_2+\lambda_3\boldsymbol{a}_3$(去掉 $\boldsymbol{a}_1$ 前后的最优值).

总之,无论去掉或不去掉 $\boldsymbol{a}_1$ 都有最优值是保持不变的.

当然我们还想指出,并非所有支付矩阵皆可优超(包括广义优超),比如将例 8.3.6 的支付矩阵改为(仅仅改动一个数)

$$
\begin{pmatrix} 2 & 5 & 3 \\ 4 & -3 & 2 \\ 3 & 2 & 3 \end{pmatrix}
$$

纵然是广义优超亦无法将该矩阵化简,这时我们只好采用其他方法.

至此我们小结得到如图 8.3.7 所示的矩阵对策问题的解法步骤(图中的 LP 解法我们将在后面章节中叙述).

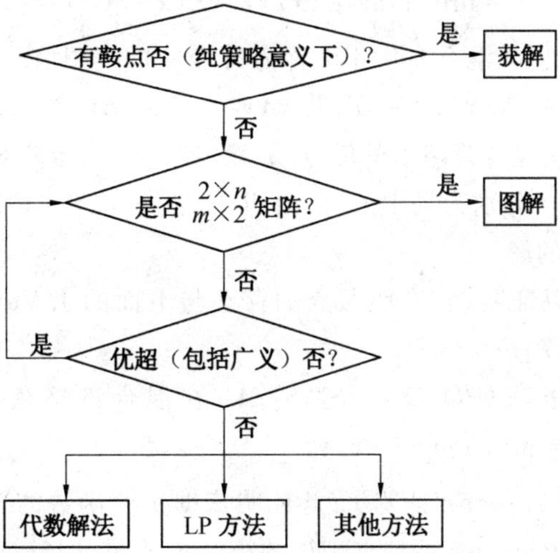

图 8.3.7

8.4　矩阵对策的基本定理

对于矩阵对策 $G=\{S_1,S_2;\boldsymbol{a}\}$，若纯策略集 S_1,S_2 对应的概率向量

$$\boldsymbol{x}=(x_1,x_2,\cdots,x_m)\text{，其中 } x_i\geqslant 0 \text{ 且}\sum_{i=1}^{n} x_i=1$$

$$\boldsymbol{y}=(y_1,y_2,\cdots,y_m)\text{，其中 } y_i\geqslant 0 \text{ 且}\sum_{i=1}^{n} y_i=1$$

它们分别称为局中人 Ⅰ 和 Ⅱ 的混合策略，称 $E(\boldsymbol{x},\boldsymbol{y})=\boldsymbol{xAy}^{\mathrm{T}}=\sum_{j=1}^{n} x_i a_{ij} y_j$ 为局中人 Ⅰ 的期望赢得(值).

若记

$$X=\{\boldsymbol{x}\mid x_i\geqslant 0(1\leqslant i\leqslant m),\sum_{i=1}^{m} x_i=1\}$$

$$Y=\{\boldsymbol{y}\mid y_i\geqslant 0(1\leqslant j\leqslant n),\sum_{j=1}^{n} y_i=1\}$$

则若 $\max\limits_{x\in X}\ \min\limits_{y\in Y} E(\boldsymbol{x},\boldsymbol{y})=\min\limits_{x\in X}\ \max\limits_{y\in Y} E(\boldsymbol{x},\boldsymbol{y})=E(\boldsymbol{x}^*,\boldsymbol{y}^*)=v$，便称 $\boldsymbol{x}^*,\boldsymbol{y}^*$ 分别为局中人 Ⅰ 和 Ⅱ 的最优(混合)策略，v 称为对策 G 的期望值.

同样，对 $\boldsymbol{x},\boldsymbol{x}^*\in X;\boldsymbol{y},\boldsymbol{y}^*\in Y$，若 $\boldsymbol{xAy}^{*\mathrm{T}}\leqslant\boldsymbol{x}^*\boldsymbol{Ay}^{*\mathrm{T}}\leqslant\boldsymbol{x}^*\boldsymbol{Ay}^{\mathrm{T}}$ 成立的($\boldsymbol{x}^*,\boldsymbol{y}^*$)为矩阵对策 $\boldsymbol{A}$ 在混合策略下的鞍点. 显然，$\boldsymbol{x}^*,\boldsymbol{y}^*$ 为矩阵对策 $\boldsymbol{A}$ 在混合策略下的鞍点，同时，$\boldsymbol{x}^*,\boldsymbol{y}^*$ 分别为局中人 Ⅰ 和 Ⅱ 的最优(混合)策略解，并称($\boldsymbol{x}^*,\boldsymbol{y}^*$)为 G 在混合策略下的解.

这样我们还可以证明(它表明鞍点的存在与下面的 J. Von Neumann 定理等价，详见参考文献[27])

定理 8.4.1　矩阵对策 $G=\{S_1,S_2;\boldsymbol{A}\}$ 在混合策略意义下有解(鞍点)⇔ $\max\limits_{x\in X}\ \min\limits_{y\in Y} E(\boldsymbol{x},\boldsymbol{y})=\min\limits_{y\in Y}\ \max\limits_{x\in X} E(\boldsymbol{x},\boldsymbol{y})$.

1928 年，J. V. Neumann 证明了(此证明依据实变函数的理论；1937 年他又给出依据拓扑学中的 Brouwer 不动点理论的第 2 个证明；1947 年他依据凸集理论给出了第 3 个证明；1950 年他给出了应用常微分方程理论的第 4 个证明)下面的结论(它表明：任何矩阵对策皆存在混合策略下的最优解)：

定理 8.4.2(J. V. Neumann 定理)　对于任意矩阵对策 $G=\{S_1,S_2;\boldsymbol{A}\}$ 总有 $\max\limits_{x\in X}\ \min\limits_{y\in Y} E(\boldsymbol{x},\boldsymbol{y})=\min\limits_{y\in Y}\ \max\limits_{x\in X} E(\boldsymbol{x},\boldsymbol{y})$.

其证明这里不介绍. 详见参考文献[27].

由此可看出:从某种意义上讲,对策论所研究的是一种最保守(使己方立于不败)的策略.

对于矩阵对策,我们还可以证明下面结论:

命题　给定矩阵对策问题 $G_1=\{S_1,S_2;\boldsymbol{A}\}$ 和 $G_2=\{S_1,S_2;\widetilde{\boldsymbol{A}}\}$,其中 $\boldsymbol{A}=(a_{ij})_{m\times n}$,$\widetilde{\boldsymbol{A}}=(ka_{ij}+a)_{m\times n}$,这里 a,k 是给定常数,则两对策问题的解相同,且对策值仅差一个倍数 k 和常数 a,即:$v_{G_2}=kv_{G_1}+a$.

证　它的同解性见本章习题 15. 今证其后半部分. 设 G_1,G_2 的局中人 Ⅰ 的期望赢得分别是 $E_1(\boldsymbol{x},\boldsymbol{y})$ 和 $E_2(\boldsymbol{x},\boldsymbol{y})$.

由

$$E_2(\boldsymbol{x},\boldsymbol{y})=\sum_{i=1}^{m}\sum_{j=1}^{n}(ka_{ij}+a)x_iy_j=$$
$$\sum_{i=1}^{m}\sum_{j=1}^{n}ka_{ij}x_iy_j+\sum_{i=1}^{m}\sum_{j=1}^{n}ax_iy_j$$

而

$$\sum_{i=1}^{m}\sum_{j=1}^{n}ax_iy_j=a\sum_{i=1}^{m}x_i\left(\sum_{j=1}^{n}y_j\right)=a$$

故

$$E_2(\boldsymbol{x},\boldsymbol{y})=kE_1(\boldsymbol{x},\boldsymbol{y})+a$$

这个命题若用向量矩阵(二次型)来证明则更简洁明了. 应该看到:该命题为我们解某些矩阵对策提供了方便,比如我们求解对策问题 $G=\{S_1,S_2;\boldsymbol{A}\}$,其中

$$\boldsymbol{A}=\begin{pmatrix}3&-2&4\\-1&4&2\\2&2&6\end{pmatrix}$$

时,因 $\boldsymbol{A}$ 中元素 2 较多,故可将 $\boldsymbol{A}$ 各元素均分别减 2,得

$$\widetilde{\boldsymbol{A}}=\begin{pmatrix}1&-4&2\\-3&2&0\\0&0&4\end{pmatrix}$$

相对来讲,上述矩阵计算较为方便(它有一些 0 元).

注　矩阵对策系指二人有限零和对策,但对策问题在多数情形是非零和的.

若记 S_1,S_2 分别为局中人 Ⅰ 和 Ⅱ 的策略集,又 $\boldsymbol{A}=(a_{ij})_{m\times n}$,$\boldsymbol{B}=(b_{ij})_{m\times n}$ 分别为局中人 Ⅰ 和 Ⅱ 的赢得矩阵,则 $G=\{S_1,S_2;(\boldsymbol{A},\boldsymbol{B})\}$ 可表示二人非零和对策,这里 $\boldsymbol{A}+\boldsymbol{B}\neq\boldsymbol{O}$,它又称为矩阵对策.

显然,若 $\boldsymbol{A}+\boldsymbol{B}=\boldsymbol{O}$,此即二人零和对策问题.

对于满足 $x^{\mathrm{T}}Ay^{*} \leqslant x^{*\mathrm{T}}Ay^{*}$ 且 $x^{*\mathrm{T}}By \leqslant x^{*\mathrm{T}}aY^{*}$ 的(x^{*},y^{*})称为平衡局势(Nash 均衡点).

现已证得:任何双矩阵对策的平衡局势都存在.然而其一般解法(除 2×2 矩阵外)至今尚未找到.

这类问题还与博弈经济学中 Nash 均衡理论有关,它也是当代经济学研究中最活跃的分支之一.

此外,对完全信息下混合策略均衡有下面定理

定理 8.4.3(Nash,1950) 每个有限策略式博弈均具有混合策略均衡.

对于连续收益(支付)无限博弈有下面定理

定理 8.4.4(Debreu,1952) 若策略式博弈的策略空间是欧氏空间的非空紧凸集,且支付函数连续,局中人纯策略是拟凹的(即其反应映射是凸值的),则存在纯策略 Nash 均衡.

这里所谓紧集系指对欧氏空间子集 X,若 X 中任何序列均具有一个子序列收敛到 X 的极限点,则称它至紧集(紧集).

又若 X 是 $\mathbf{R}^n$ 上的一个凸子集,f 是 $X \to \mathbf{R}$ 的映射,若 $r \in \mathbf{R}$ 集合$\{x \in X \mid f(x) \geqslant z\}$是凸的,则称 f 在 X 中拟凹的.

当收益连续,但不一定拟凹时,可有

定理 8.4.5(Glicksberg,1952) 若策略式博弈,其策略空间 S_i 是度量空间非空紧集,且支付函数是连续的,则存在混合策略的 Nash 均衡.

8.5 矩阵对策的 LP 解法

对于给定对策 $G=\{S_1,S_2;\mathbf{A}\}$ 来讲,若矩阵 $\mathbf{A}$ 既无鞍点,又无法优超或优超降价后矩阵行数或列数仍均大于 2 时,则前述各种方法已不再有效(除代数解法外).如何解之?我们可将问题转化为 LP 问题,再用解 LP 的方法即可.

对 G 来讲,求混合策略下的最优解$(\boldsymbol{x},\boldsymbol{y})$和对策值 v,其实质系求解下面两个不等式组:

$$(\mathrm{I})\begin{cases}\sum\limits_{i=1}^{m} a_{ij}x_j \geqslant v(1 \leqslant j \leqslant n)\\ \sum\limits_{i=1}^{m} x_i = 1\\ x_i \geqslant 0(1 \leqslant i \leqslant m)\end{cases}\quad 或(\mathrm{II})\begin{cases}\sum\limits_{j=1}^{n} a_{ij}y_j \leqslant v(1 \leqslant i \leqslant m)\\ \sum\limits_{j=1}^{n} y_j = 1\\ y_j \geqslant 0(1 \leqslant j \leqslant n)\end{cases}$$

（上述不等式组恰好正是我们前面提到的代数解法中的不等式组）.

这是因为：比如对第一个不等式组来讲，它是由下面问题转化的

$$\begin{cases} v=\max\limits_{i}\ \left\{\min\limits_{j}\ \sum\limits_{i=1}^{m}\ a_{ij}x_{i}\right\} \\ \sum\limits_{i=1}^{m}\ x_{i}=1 \\ x_{i}\geqslant 0(1\leqslant i\leqslant m) \end{cases}$$

若令 $v'=\min\limits_{1\leqslant j\leqslant n}\left\{\sum\limits_{i=1}^{m}\ a_{ij}x_{i}\right\}$，则上面问题可转化为下面问题（我们亦可根据矩阵对策含义直接建立此数学模型）

$$\mathrm{V}:\max\{v'\}$$

$$\text{s. t.}\begin{cases} \sum\limits_{i=1}^{n}\ a_{ij}x_{i}\geqslant v'(1\leqslant j\leqslant n) \\ \sum\limits_{i=1}^{m}\ x_{i}=1 \\ x_{i}\geqslant 0(1\leqslant i\leqslant m) \end{cases}$$

（注意所设 v' 的含义，且规定 $v'>0$）至此，问题已化为 LP 问题

$$\max\left\{v'\,\middle|\,\sum_{i=1}^{n}\ a_{ij}x_{i}-v\geqslant 0(1\leqslant j\leqslant n),\sum_{i=1}^{n}\ x_{i}=1,x_{i}\geqslant 0(1\leqslant i\leqslant m)\right\}$$

我们当然可从中直接解 x_i，但一方面为使模型化为通常形式，另一方面也为了看清对策双方的关系与地位，我们将它们化为另一变形问题.

由于上面不等式组与前面第（Ⅰ）个不等式组等价，为了将上面问题转化为另一种形式的 LP 问题，令 $x'_{i}=\frac{x_i}{v'}$，注意到 $\sum\limits_{i=1}^{m}\ x_{i}=1$，有 $\sum\limits_{i=1}^{m}\ x'_{i}=\frac{1}{v'}$，这时，上面问题转化为

$$\mathrm{V}:\min\left\{\frac{1}{v'}\right\}=\min\left\{\sum_{i=1}^{m}\ x'_{i}\right\}$$

$$\text{s. t.}\begin{cases} \sum\limits_{i=1}^{n}\ a_{ij}x'_{i}\geqslant 1\quad(1\leqslant j\leqslant n) \\ x'_{i}\geqslant 0\quad(1\leqslant i\leqslant m) \end{cases}\tag{$\mathrm{L_1}$}$$

（请注意：约束中的 $\sum\limits_{i=1}^{m}\ x_{i}=1$ 已在目标函数中体现）.

目标函数转化过程可简要地写为

$$1=\sum x_i=\sum vx'_i=v\sum x'_i$$

则

$$\max v\sim\min\frac{1}{\sum x'_i}\sim\max\sum x'_i$$

此时它已化为一个标准形式的 LP 问题,类似地不等式组(Ⅱ)可化为

$$\text{V}:\max\left\{\frac{1}{v''}\right\}=\max\left\{\sum_{j=1}^{n}y'_j\right\}$$

$$\text{s. t.}\begin{cases}\sum\limits_{j=1}^{n}a_{ij}y'_j\leqslant 1 & (1\leqslant i\leqslant m)\\ y'_j\geqslant 0 & (1\leqslant j\leqslant n)\end{cases}\qquad (\text{L}_2)$$

显然,(L_1)与(L_2)是一对相互对偶的 LP 问题(我们又一次遇到了对偶问题,这也是矩阵对策问题的实质或根本内涵).只需解其中之一即可(通常来讲,解(L_2)较方便,因为无需添加人工变元).下面我们来看一个例子.

例 8.5.1 求解对策问题 $G=\{S_1,S_2;\boldsymbol{A}\}$,其中

$$\boldsymbol{A}=\begin{pmatrix}8&4&12\\12&6&2\\4&16&8\end{pmatrix}$$

解 这是一个无鞍点对策问题,且无法对 $\boldsymbol{A}$ 优超降阶.

令 $\boldsymbol{x}=(x_1,x_2,x_3)$,$\boldsymbol{y}=(y_1,y_2,y_3)$ 分别为局中人 Ⅰ,Ⅱ 使用策略 $S_1=(s'_1,s'_2,s'_3)$,$S_2=(s''_1,s''_2,s''_3)$ 的概率,则对局中人 Ⅰ,Ⅱ 来讲,须解

$$\text{V}:\min\{x'_1+x'_2+x'_3\}\qquad\qquad \text{V}:\max\{y'_1+y'_2+y'_3\}$$

$$\text{s. t.}\begin{cases}8x'_1+12x'_2+4x'_3\geqslant 1\\4x'_1+6x'_2+16x'_3\geqslant 1\\12x'_1+2x'_2+8x'_3\geqslant 1\\x'_i\geqslant 0(i=1,2,3)\end{cases}\qquad \text{s. t.}\begin{cases}8y'_1+4y'_2+12y'_3\leqslant 1\\12y'_1+6y'_2+2y'_3\leqslant 1\\4y'_1+16y'_2+8y'_3\leqslant 1\\y'_j\geqslant 0(j=1,2,3)\end{cases}$$

我们只需解后者,运用单纯形表解,见表 8.5.1(中间一些步骤已省略).

注意到前面的代换,因而这里求得的解可能多为分数.由表 8.5.1 得 $\boldsymbol{y}'=\left(\frac{1}{16},\frac{1}{32},\frac{1}{32}\right)$,代回原变量,得 $\boldsymbol{y}^*=\left(\frac{1}{2},\frac{1}{4},\frac{1}{4}\right)$,且 $v=8$.

另根据上面单纯形表终表,也可以给出其对偶问题的解(松弛变元检验数绝对值):$\boldsymbol{x}'=\left(\frac{3}{56},\frac{1}{28},\frac{1}{28}\right)$,同样有 $\boldsymbol{x}^*=\left(\frac{3}{7},\frac{2}{7},\frac{2}{7}\right)$,且 $v=8$.

表 8.5.1

		1	1	1	0	0	0	b
		y'_1	y'_2	y'_3	y'_4	y'_5	y'_6	
0	y_4	8	4	12	1			1
0	y_5	[12]	6	2		1		1
0	y_6	4	16	8			1	1
$\boldsymbol{\sigma}_N$		1	1	1				
…			…			…		…
0	y'_3			1	3/32	$-1/16$	0	1/32
1	y'_1	1			1/112	10/112	$-1/28$	1/16
1	y'_2		1		$-11/224$	1/112	1/14	1/32
$\boldsymbol{\sigma}_N$					$-3/56$	$-1/28$	$-1/28$	

注意，这里的解法显然要求 $v'>0$，换言之，要求矩阵 $\boldsymbol{A}$ 的元素 $a_{ij}\geqslant 0(1\leqslant i\leqslant m,1\leqslant j\leqslant n)$ 即可. 若所给矩阵 $\boldsymbol{A}$ 无法满足此条件，我们可依据上一节的命题对 $\boldsymbol{A}$ 实施变换即可(详见习题 14 及注).

顺便讲一句，本例亦可用我们上一节介绍过的代数法来解，也较方便(式子皆取等号即可).

以上我们只是对"对策论"中的最简单情形 —— 矩阵对策进行了探讨，至于 3 人零和、n 人零和以及非零和对策和连续对策、无穷对策等诸多问题，这里不再介绍了，有兴趣的读者可参阅参考文献[27] ～ [29].

习　题

1. 战国时期，齐王要与大臣田忌赛马，规定每人各出上、中、下三等马各一匹进行比赛，每赛一场胜者得千金，输者付千金，相同等级的马里面，齐王的马要比田忌的好. 请按下面要求给出对策的支付矩阵：

(1) 齐王与田忌的三等马分别比赛(每等为一局)；

(2) 将齐王与田忌的三等马出场次序排定后，三等马全赛完为一局，如齐王的(上，中，下) 对田忌的(上，下，中) 为一局等.

2. 若矩阵对策 $G=\{S_1,S_2;\boldsymbol{A}\}$ 有鞍点(s'_{i^*},s''_{j^*})，试证

$$a_{ij^*}\leqslant a_{i^*j^*}\leqslant a_{i^*j}(1\leqslant i\leqslant m,1\leqslant j\leqslant n)$$

3. 证明第 8.2 节中命题 2 的结论.

4. 求解 $G=\{S_1,S_2;\boldsymbol{A}\}$，其中(式中 x 为任意实数)

(1) $\boldsymbol{A}=\begin{pmatrix}3&5&3\\4&-3&2\\3&2&3\end{pmatrix}$；　(2) $\boldsymbol{A}=\begin{pmatrix}8&6&2&x\\8&9&4&2\\7&5&3&5\end{pmatrix}$；

(3)* $\boldsymbol{A}=\begin{pmatrix}2&5&3\\3&-3&2\\3&2&3\end{pmatrix}$；　(4) $\boldsymbol{A}=\begin{pmatrix}-2&12&-4\\6&4&8\\-5&2&3\end{pmatrix}$；

(5) $\boldsymbol{A}=\begin{pmatrix}8&4&2\\2&8&4\\1&2&8\end{pmatrix}$；　(6) $\boldsymbol{A}=\begin{pmatrix}8&4&5&8\\8&3&4&x\\7&5&3&5\end{pmatrix}$.

[**提示**：(2) x 可能对应多解；(3) 用广义优超或用代数解法注意到算式必须取 $3y_1-3y_2+2y_3<v$；(4) 优超删去矩阵第 3 行后剩下 2×3 阵可求甲的最优混合策略，然后再用方程组求解乙的最优混合策略；**答**：甲：$\left(\frac{1}{8},\frac{7}{8},0;5\right)$，乙：$\left(\frac{1}{2},\frac{1}{2},0;5\right)$. (5) 用代数法解；**答**：$\boldsymbol{x}^*=\left(\frac{4}{9},\frac{11}{45},\frac{14}{45}\right)$，$\boldsymbol{y}^*=\left(\frac{14}{45},\frac{11}{45},\frac{4}{9}\right)$，$v^*=\frac{196}{45}$]

5. 求解 $G=\{S_1,S_2;\boldsymbol{A}\}$，其中 $\boldsymbol{A}=\begin{pmatrix}1&4\\3&-2\end{pmatrix}$. 并给出下面解法的一个道理说明：

将 $\boldsymbol{A}$ 的第 1 列元素减去第 2 列元素，得 $\begin{pmatrix}-3\\5\end{pmatrix}$，取绝对值后交换其次序有 $\begin{pmatrix}5\\3\end{pmatrix}$，则 5 : 3 即为局中人 Ⅰ 的最优策略，故 $\boldsymbol{x}^*=\left(\frac{5}{8},\frac{3}{8}\right)$.

将 $\boldsymbol{A}$ 的第 1 列元素减去第 2 列元素，得 $(-2,6)$，取绝对值后交换次序有 $(6,2)$，则 6 : 2 即为局中人 Ⅱ 的最优策略，故 $\boldsymbol{y}^*=\left(\frac{3}{4},\frac{1}{4}\right)$.

同时矩阵对策值：$v=\boldsymbol{y}^*\boldsymbol{A}\boldsymbol{x}^*=\frac{7}{4}$.

6. 利用第 8.2 节定理 8.2.1 验证 $\boldsymbol{x}^*=\left(\frac{1}{3},0,\frac{2}{3}\right)$，$\boldsymbol{y}^*=\left(\frac{1}{2},0,\frac{1}{2}\right)$ 亦为对策 $G=\{S_1,S_2;\boldsymbol{A}\}$ 的一个解，其中

$$\boldsymbol{A}=\begin{pmatrix}3&5&3\\4&-3&2\\3&2&3\end{pmatrix}$$

同时证明：若 $\boldsymbol{x}^*$ 和 $\boldsymbol{x}^{**}$ 是 G 的局中的两个最优解，则 $\alpha\boldsymbol{x}^*+(1-\alpha)\boldsymbol{x}^{**}$ 也是最优解($0\leqslant\alpha\leqslant1$).

7. 利用 LP 方法解上面习题 6，以验证其有多解.

8. 利用代数方法和 LP 方法解 $G=\{S_1,S_2;\boldsymbol{A}\}$，其中(这里的矩阵是例 10.3.8 优超后的矩

阵)

$$\boldsymbol{A}=\begin{pmatrix}4&2&3\\3&4&2\\4&0&8\end{pmatrix}$$

注:若矩阵 **A** 先行减去一个元素全为 4 的 3×3 矩阵后,新矩阵出现 3 个 0,这样再用代数方法或 LP 方法计算时,均较简便.(详见习题 15)

9. 甲乙两人各持一硬币,且同时展示其硬币的一面.规定:若均为正面,甲赢 2/3;均为反面,乙输$\frac{1}{3}$;一正一反,甲赢$\frac{1}{2}$,试写出甲的赢得矩阵,且求解此对策问题.又问此种规定是否公平?若不公允如何修改规则?

[**提示**:对策值(期望收益)为 0 时,对策对双方是公允的]

10. 甲乙两人可同时伸出 $1\sim3$ 个指头,若用 k 表示两人所伸指头数和.规定:若 k 是奇数,则甲赢 k 元;若 k 是偶数,则甲输 k 元,试写出甲的赢得矩阵,且解之.

[**提示**:用代数法解较简.答:$\left(\frac{1}{4},\frac{1}{2},\frac{1}{4};0\right)$]

11*. 甲乙两人进行一种游戏,两人在平面直角坐标系的坐标轴上分别选数(均在[0,1]区间内),选定后乙对甲的支付为

$$f(x,y)=\frac{1}{2}y^2-2x^2-2xy+\frac{7}{2}x+\frac{5}{4}y$$

求两人各自的最优策略及对策值.

[**提示**:解$\frac{\partial f}{\partial x}=0,\frac{\partial f}{\partial y}=0$,得 $x=\frac{3}{4},y=\frac{1}{4}$.注意到 $f(x,\frac{1}{4})\leqslant f\left(\frac{3}{4},\frac{1}{4}\right)\leqslant f\left(\frac{3}{4},y\right)$,并且 $0\leqslant x\leqslant1$,以及 $0\leqslant y\leqslant1$,则$\left(\frac{3}{4},\frac{1}{4}\right)$为 $f(x,y)$ 的鞍点]

12. 对策 $G=\{S_1,S_2;\boldsymbol{A}\}$,其中 $\boldsymbol{A}=\begin{pmatrix}a_{11}&a_{12}\\a_{21}&a_{22}\end{pmatrix}$,不存在鞍点 $\Leftrightarrow$ **A** 的某对角线上每一元素均大于另一对角线上的每一元素.

13. 以 $\boldsymbol{A}=(a_{ij})_{m\times m}$ 为支付矩阵的对策 $G=\{S_1,S_2;\boldsymbol{A}\}$,其中 $a_{ij}=1(i\neq j$ 时$)$;$a_{ij}=-1$ $(i=j$ 时$)$.证明 G 的最优策略为 $\boldsymbol{x}^*=\boldsymbol{y}^*=\left(\frac{1}{m},\frac{1}{m},\cdots,\frac{1}{m}\right)$,且 $v=\frac{m-2}{m}$.

14. 设有红黄两支游泳队,拟举行包括蝶泳、仰泳和蛙泳 3 个项目的对抗赛,每队出 3 名运动员,其中一名为健将(红队为 L,黄队为 W).规定健将只参加两项比赛,其他运动员其 3 项比赛皆可参加.各运动员对每种泳式平时成绩见表 1.

表 1

	红队			红队		
	A_1	A_2	L	W	B_1	B_2
100 m 蝶泳	59.7	63.2	57.1	58.6	61.4	64.8
100 m 仰泳	67.2	68.4	63.4	61.5	64.7	66.5
100 m 蛙泳	74.1	75.5	70.3	72.6	73.4	76.9

比赛时取前 3 名分别得 5 分、3 分、1 分.各队参赛名单不公开,且一旦确定后不得更改.问如何安排自己队的比赛,才能使本队得分最多?

[**提示**:红、黄队各以 L、W 不参加蝶、仰、蛙泳为 3 个策略,以红队得分去掉黄队得分为红队赢得矩阵 $\boldsymbol{A}=(a_{ij})_{3\times 3}$,然后分别讨论 a_{ij} $(1\leqslant i\leqslant 3,1\leqslant j\leqslant 3)$.最后可有

$$\boldsymbol{A}=\begin{pmatrix}1 & -1 & -3\\ -1 & -3 & -3\\ -3 & -3 & -1\end{pmatrix}$$

从而 $\boldsymbol{x}^*=\left(\frac{1}{2},0,\frac{1}{2}\right)$,$\boldsymbol{y}^*=\left(0,\frac{1}{2},\frac{1}{2}\right)$,$v=-2$.知红队 L 不参加仰泳,黄队 W 不参加蝶泳]

注:用 LP 方法解元素有负值的矩阵对策问题,为了保证 $v'>0$,须将矩阵 $\boldsymbol{A}$ 各元素均加上一个数 $\varepsilon>\min\limits_{i,j}\{c_{ij}\}$,这样得到的新矩阵 $\widetilde{\boldsymbol{A}}$ 与 $\boldsymbol{A}$ 同解,不同的是原矩阵对策值须从新矩阵解的对策值中再减去 ε,关于这一点可参考第 8.4 节中命题.

15*.若 (s'_{i_1},s''_{j_1})、(s'_{i_2},s''_{j_2}) 均为 $G=\{S_1,S_2;\boldsymbol{A}\}$ 的两个纯策略解,则 (s'_{i_1},s''_{j_2})、(s'_{i_2},s''_{j_1}) 亦为 G 的纯策略解.

[**提示**:由题设 $a_{ij_1}\leqslant a_{i_1j_1}\leqslant a_{i_1j}$,$1\leqslant i\leqslant m$,$1\leqslant j\leqslant n$;特别地 $a_{i_2j_1}\leqslant a_{i_1j_1}\leqslant a_{i_1j_2}$;同样地 $a_{i_1i_2}\leqslant a_{i_2j_2}\leqslant a_{i_2j_1}$.综上有 $a_{i_1j_1}\leqslant a_{i_1j_2}\leqslant a_{i_2j_2}\leqslant a_{i_2j_1}\leqslant a_{i_1j_1}$,从而 $a_{i_1j_1}=a_{i_2j_2}=a_{i_1i_2}=a_{i_2j_1}$.故而对任意的 i,j,有 $a_{ij_2}\leqslant a_{i_2j_2}=a_{i_1i_2}=a_{i_1j_1}\leqslant a_{i_1j}$,即 $a_{ij_2}\leqslant a_{i_1j_2}\leqslant a_{i_1j}$]

16.若对策问题 $G=\{S_1,S_2;\boldsymbol{A}\}$ 的解分别为 $\boldsymbol{x}^*=\left(0,\frac{11}{14},\frac{3}{14}\right)$,$\boldsymbol{y}^*=\left(0,\frac{13}{14},\frac{1}{14}\right)$,$v^*=\frac{59}{14}$,其中

$$\boldsymbol{A}=\begin{pmatrix}1 & 2 & 5\\ 8 & 4 & 7\\ -1 & 5 & -6\end{pmatrix}$$

求:(1)$G_1=\{S_1,S_2;\boldsymbol{A}\}$;(2)$G_2=\{S_1,S_2;\boldsymbol{C}\}$ 的解,这里

$$\boldsymbol{B}=\begin{pmatrix}5 & 6 & 9\\ 12 & 8 & 11\\ 3 & 9 & -2\end{pmatrix},\boldsymbol{C}=\begin{pmatrix}8 & 10 & 16\\ 22 & 14 & 20\\ 4 & 16 & -6\end{pmatrix}$$

[提示:(1)$\boldsymbol{B}=(a_{ij}+4)_{3\times3}$;(2)$\boldsymbol{C}=(2a_{ij}+6)_{3\times3}$]

17*. 若 $\boldsymbol{A}=(a_{ij})_{m\times m}$ 为非奇异方阵,则对策问题 $G=\{S_1,S_2;\boldsymbol{A}\}$ 的解为

$$\boldsymbol{x}^*=\frac{\boldsymbol{e}\boldsymbol{A}^{-1}}{(\boldsymbol{e},\boldsymbol{A}^{-1}\boldsymbol{e})},\boldsymbol{y}^*=\frac{\boldsymbol{A}^{-1}\boldsymbol{e}}{(\boldsymbol{e},\boldsymbol{A}^{-1}\boldsymbol{e})},v^*=\frac{1}{(\boldsymbol{e},\boldsymbol{A}^{-1}\boldsymbol{e})},\text{这里 } \boldsymbol{e}=(1,1,\cdots,1)$$

18. 用几何方法讨论有鞍点的矩阵对策问题 $G=\{S_1,S_2;\boldsymbol{A}\}$,其中

$$\boldsymbol{A}=\begin{pmatrix}3&5&3\\4&-3&2\\3&2&3\end{pmatrix}$$

19. 若矩阵对策问题 $G=\{S_1,S_2;\boldsymbol{A}\}$,其中

$$(1)\boldsymbol{A}=\begin{pmatrix}1&q&6\\p&5&10\\6&2&3\end{pmatrix},(2)\boldsymbol{A}=\begin{pmatrix}2&4&5\\10&7&q\\4&p&6\end{pmatrix}$$

如果在(s'_1,s''_2)交叉处有鞍点,求 p,q 的范围.

20*. 若矩阵对策问题$G=\{S_1,S_2;\boldsymbol{A}\}$无鞍点,且$\boldsymbol{A}^{\mathrm{T}}=-\boldsymbol{A}$,求二人最优;混合策略间的关系及对策值.

[答:二人策略同,且 $v=0$]

21*. 求矩阵对策问题 $G=\{S_1,S_2;\boldsymbol{A}\}$,其中 $\boldsymbol{A}$ 是 n 阵拉丁方阵(每行每列皆为 $1\sim n$ 这 n 个自然数组成的 $n\times n$ 方阵),求 v.

[提示:$\boldsymbol{x}^*=\boldsymbol{y}^*=(\frac{1}{h},\frac{1}{h},\cdots,\frac{1}{h}),E(\boldsymbol{x}^*,\boldsymbol{y}^*)=\sum\limits_{i=1}^{n}\sum\limits_{j=1}^{n}a_{ij}x_ix_j=\frac{1}{h^2}(\sum\limits_{k=1}^{n}k)=\frac{1}{2}(n+1)$]

22*. 若矩阵对策问题 $G=\{S_1,S_2;\boldsymbol{A}\}$ 中,$\boldsymbol{A}=(a_{ij})_{m\times n}$,且 $a_{ij}=1(i\neq j),a_{ii}=-1$. 则对策二人最优混合策略为$\left(\frac{1}{n},\frac{1}{n},\cdots,\frac{1}{n}\right)$,且对策值 $v=\frac{n-2}{n}$.

注:对于若 $a_{ij}=1(i\neq j),a_{ii}=-a$ 的情形,只是本问题的推广.

23*. 若矩阵对策 $G=\{S_1,S_2;\boldsymbol{A}\}$,(1) 若 $\boldsymbol{A}=\mathrm{diag}\{a_1,a_2,\cdots,a_n\}$,$a_i\neq0(i=1,2,\cdots,n)$,则 $v^*=\left(\sum\limits_{i=1}^{n}a_i^{-1}\right)^{-1}$,且 $\boldsymbol{x}^*=\boldsymbol{y}^*=\left(\frac{v^*}{a_1},\frac{v^*}{a_2},\cdots,\frac{v^*}{a_n}\right)$;(2) 若 $\boldsymbol{A}=(a_{ij})_{n\times n}$,其中$\sum\limits_{i=1}^{n}a_{ij}=\sum\limits_{j=1}^{n}a_{ij}=b$,则 $v^*=\frac{b}{n}$,且 $\boldsymbol{x}^*=\boldsymbol{y}^*=\left(\frac{1}{n},\frac{1}{n},\cdots,\frac{1}{n}\right)$.

24. 甲乙两人玩猜子游戏,每次甲出子数为 1,2 或 3,由乙猜,若猜中,则甲所出之子归乙;否则乙将付给甲 1 个子,试求两人的最优策略及对策值.

[提示:设甲出 1,2,3 子的概率分别为 p_1,p_2,p_3,乙猜 1,2,3 子的概率分别为 q_1,q_2,q_3. 则乙赢得子数 X 的概率分布为

X	-1	1	2	3
$p(x)$	$1-(p_1q_1+p_2q_2+p_3q_3)$	p_1q_1	p_2q_2	p_3q_3

故 $E(X)=2p_1q_1+3p_2q_2+4p_3q_3-1$，注意到 $q_3=1-q_1-q_2$，$p_3=1-p_1-p_2$，再由 $\dfrac{\partial E}{\partial p_1}=\dfrac{\partial E}{\partial p_2}=0$，$\dfrac{\partial E}{\partial q_1}=\dfrac{\partial E}{\partial q_2}=0$，由此可求得其鞍点 $(p_1,p_2,p_3)=\left(\dfrac{6}{13},\dfrac{4}{13},\dfrac{3}{13}\right)$，且 $(q_1,q_2,q_3)=\left(\dfrac{6}{13},\dfrac{4}{13},\dfrac{3}{13}\right)$，又 $v=-\dfrac{1}{13}$]

注：此游戏规则不公允.且对甲每次出子个数满足 $1\leqslant k\leqslant n$ 时，有

n 值	$n=1$	$n=2$	$n\geqslant 3$
甲赢得的期望值	-1	$-\dfrac{1}{5}$	$1-\left(\sum\limits_{k=1}^{n}\dfrac{1}{k+1}\right)^{-1}$

第 9 章　决策分析

决策是人们在政治、经济、技术及社会活动甚至日常生活中普遍存在一种选择方案的行为，也是管理中经常发生的一种活动.

决策就是决定、拍板. 即为了最优地达到目标，对若干备选行动方案进行的选择. 为解决当前或未来可能发生的问题，据当前和未来的环境、条件，从多种可能方案中选取最优或最满意的方案过程，即为决策过程.

决策是人类的固有行为，在人类几千年历史记载中，决策方面的典例数不胜数. 然而将它作为一门科学研究，却只是近几十年的事.

20 世纪初决策理论才从“对策论”中分离出来：对策论研究人与智能对手间的对抗，而对策论则是处理人与非智能对手(即自然界及社会)间的关系.

1926 年，Ramsay 利用效用函数及概率知识提出决策理论.

1937 年，De Finettj 研究了决策过程中的主观概率构造问题.

1944 年，Vo Neamann 和 O. Morgensten 建立了效用公理体系，为形成和完善不确定对策的效用理论奠定了基础.

20 世纪 50 年代，Wold 利用对策理论解决了统计决策问题.

1954 年，L. J. Savage 建立了统计决策的理论体系.

20 世纪 60 年代，又出现了实用统计决策与最优统计决策的理论和方法. 将现代的科学(尤其是数学)、技术(包括计算机)应用于决策过程，称为决策科学.

决策理论主要是通过对各种客观条件可能出现的概率进行调查分析(也可进行估计)，并对各种方案的经济效益进行综合评估，以研究方案的合理选择，使之获得最佳经济效益.

9.1　决策过程和分类

决策行为模型通常有两类：① 面向决策结果的方法；② 面向决策过程的方法.

对于后者，决策过程的程序大致如图 9.1.1 所示.

决策问题包含：决策者、可能出现的状态、可供选择的策略、某种状态下选取某一策略的结果、判断策略好坏的数量或价值标准.

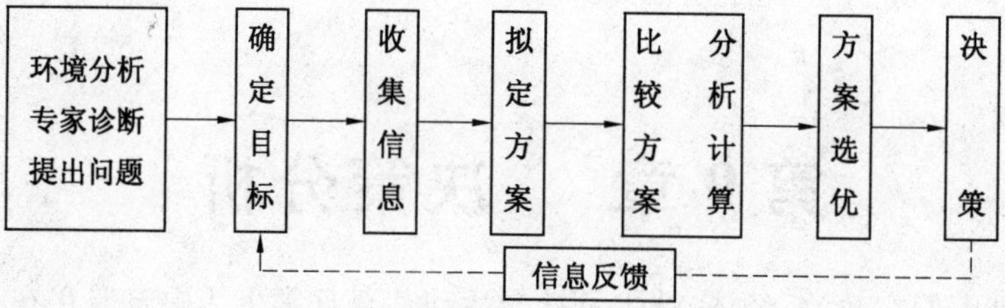

图 9.1.1

决策分析按决策者获得信息的确定程度可分下面三类：

决策	确定型决策	
	风险型决策	往往又据事件状态或后果度量的变元不同分为连续与离散两种类型
	不确定型决策	

确定型决策　决策者获得完全确定的信息，做选择（方案）的结果也是确定的.

风险型决策　指决策环境（信息）不是完全确定的，但知道每种选择方案（状态）出现的事件可能性即概率的大小.

不确定型决策　决策者对于需要选择的方案出现的结果（事件）一无所知，只能凭决策者主观推断的决策.

决策还可按下面不同角度去分类：

决策	按性质的重要性	战略决策、策略（管理）决策、执行（业务）决策
	按决策的结构	程序决策、非程序决策
	按定量、定性	定量决策、定性决策
	按环境（信息分析）	确定型决策、不确定型决策、风险决策
	按决策过程性	单项决策、序贯决策

这里我们主要介绍不确定型决策和风险决策. 其实，对于确定型决策来讲，本书前面介绍的一些内容如 LP 问题、网络分析问题、多目标规划问题等皆可视为确定型决策问题. 处理这类确定型决策分析的方法常有：① 一般计量法（制定适当的数量标准分析法：盈亏平衡分析、专家评估分析法或称计分模型法）、经济计量法等；② 运筹学方法（这一点前文已述）. 下面我们将介绍后者.

9.2　不确定型决策

这是对于一种没有掌握信息且又缺乏经验的决策者面临的选择方法或原则.

假设决策者已具备以下条件：① 目标明确；② 存在多种自然状态(事件)；③ 存在多种不同策略；④ 对于不同策略下不同事件发生的损益情况知晓.

某决策者有 m 种策略可供选择，记 $S=\{s_1,s_2,\cdots,s_m\}$，对每个策略 s_i 来讲，均有 n 种不同事件或状态可能发生，记 $E=\{e_1,e_2,\cdots,e_n\}$. 当决策者选择策略 s_i 时，若事件 e_j 发生得到损益为 a_{ij}，这样可有表 9.2.1.

表 9.2.1　决策及事件损益表

s_j \ a_{ij} \ e_i	e_1	e_2	$\cdots$	e_n
s_1	a_{11}	a_{12}	$\cdots$	a_{1n}
s_2	a_{21}	a_{22}	$\cdots$	a_{2n}
$\vdots$	$\vdots$	$\vdots$		$\vdots$
s_m	a_{m1}	a_{m2}	$\cdots$	a_{mn}

我们常将 $\boldsymbol{A}=(a_{ij})_{m\times n}$ 称为收益矩阵(或损益矩阵).

对于其决策准则通常有悲观主义、乐观主义、等可能、最小机会损失、折中主义等准则. 决策可依据这些准则，再据自己的情况(资产、学识、性格、好恶等) 进行选择.

下面我们举例说明.

例 9.2.1　某厂批量生产一种产品，月产量为 0，10，20，30 或 40 等 5 种方案，每件产品成本为 30，售价为 35；若当月售不出则每件损失 1. 试用各种决策准则给出决策者的最优决策.

解　先依据题意写出收益矩阵(这里显然没有考虑缺货损失)，见表 9.2.2.

表 9.2.2

s_j \ a_{ij} \ e_i		事件(销量)				
		0	10	20	30	40
策略(产量)	0	0	0	0	0	0
	10	−10	50	50	50	50
	20	−20	40	100	100	100
	30	−30	30	90	150	150
	40	−40	20	80	140	200

决策者可依下面几种决策准则进行决策.

(1) 悲观主义(max min) 决策准则(Wald 准则)

它亦称保守主义决策准则，当决策者面临环境不清，又担心一旦失策而引起重大经济损失，且决策者经济实力较脆弱时，往往会采用此举.

方法是:先从诸策略相应的收益中挑选最坏的可能结果,然后从中选择最好者所对应的策略,具体做法见表 9.2.3.

表 9.2.3

		事件					行选 $\min_j \{a_{ij}\}$	
		0	10	20	30	40		
策略	0						0	← max
	10						−10	(从中选最大者)
	20			a_{ij}			−20	
	30						−30	
	40						−40	

即策略 s_1 或产量为 0 是其选择的策略. 它可记为 $\max_i \min_j (a_{ij}) \rightarrow s_k^*$.

(2) 乐观主义(max max) 决策准则

当决策者即使面临环境不详的情况,也不愿放弃任何一个可获得最好结果的机会,以争取好中之好.

方法是:先从诸策略相应的收益中挑选最好的结果,再从这些结果中挑选最大的一个所对应的策略,具体做法见表 9.2.4.

表 9.2.4

		事件					行选 $\max_j \{a_{ij}\}$	
		0	10	20	30	40		
策略	0						0	
	10						50	
	20			a_{ij}			100	
	30						150	(从中选最大者)
	40						200	← max

即策略 s_5 或产量为 40 是其选择的策略. 它又可记为 $\max_i \min_j (a_{ij}) \rightarrow s_k^*$.

(3) 等可能(Laplace) 准则

等可能性准则是 19 世纪法国数学家拉普拉斯(P. S. Laplace) 提出的. 拉普拉斯认为,一个人面临将要发生的某事件集合,而又当他无理由确切判定集合中这一事件比那一事件有更多的发生机会时，应认为各事件发生的机会均等.

决策者可从每种策略收益的算术平均值(即期望值) 挑选最大的.

方法是：决策者可计算各策略收益的期望值(算术平均值)，然后选择其中最大者所对应的策略. 具体做法见表 9.2.5.

表 9.2.5

		事件					$E(s_i)=\sum p_j a_{ij}$	
		0	10	20	30	40		
策略	0						0	
	10						38	
	20			a_{ij}			64	
	30						78	(从中选最大者)
	40						80	← max

即决策者可选择 s_5，即生产 40 的策略，它又可记为 $\max\limits_i \{E(s_i)\} \rightarrow s_k^*$.

(4) 最小机会损失准则

该准则由美国人 L. J. Savage 给出，它又称为最小遗憾决策或 Savage 决策，该决策分析法亦称为后悔值法.

这首先将每种“策略－事件”对应的机会损失值，即当一事件发生后，决策者没有选用收益最大的策略而造成的损失值求出来，设其为 $\tilde{a}_{ij}$

$$\tilde{a}_{ij}=\{\max_i (a_{ij})-a_{ij}\} \quad i=1,2,\cdots,m;j=1,2,\cdots,n$$

且称 $\tilde{\boldsymbol{A}}=(\tilde{a}_{ij})_{m\times n}$ 为机会损失矩阵.

具体做法为：先构造 $\boldsymbol{B}=(b_{ij})_{m\times n}$，其中 $b_{ij}=\max\limits_j (a_{ij})$，$i=1,2,\cdots,m$.

在本例中，$b_{ij}=\max\limits_i (a_{ij})=\max\limits_j (a_{ij})$，$i,j=1,2,\cdots,n$. 但一般情况下不真.

即

$$\boldsymbol{B}=\begin{pmatrix} 0 & 50 & 100 & 150 & 200 \\ 0 & 50 & 100 & 150 & 200 \\ 0 & 50 & 100 & 150 & 200 \\ 0 & 50 & 100 & 150 & 200 \\ 0 & 50 & 100 & 150 & 200 \end{pmatrix}$$

称之为机会(收益) 矩阵.

证矩阵

$$\widetilde{\boldsymbol{A}}=\boldsymbol{B}-\boldsymbol{A}=\begin{pmatrix}0 & 50 & 100 & 150 & 200\\ 10 & 0 & 50 & 100 & 150\\ 20 & 10 & 0 & 50 & 100\\ 30 & 20 & 10 & 0 & 50\\ 40 & 30 & 20 & 10 & 0\end{pmatrix}$$

它称为**机会损失矩阵**,再根据表 9.2.6 来选择.

表 9.2.6

		事件					行选 $\max\limits_j(\tilde{a}_{ij})$	
		0	10	20	30	40		
	0						200	
策	10						150	
	20			$\tilde{a}_{ij}$			100	
略	30						50	(从中选最小者)
	40						40	← min

决策者选择 s_5,即生产 40 者,它又可记为

$$\min_i \max_j \tilde{a}_{ij} \to s_k^*$$

(5) 折中主义准则(Hurwicz 准则)

悲观、乐观主义决策处理问题时有些偏颇,人们提出将两种准则折中给予综合,这便是折中主义准则,此准则由美国人 L. Hurwicz 提出.

对于 $\boldsymbol{A}=(a_{ij})_{m\times n}$ 来讲,若 $\max\{s_i\}$ 决策的收益值记为 a'_i,将 $\min\{s_i\}$ 决策的收益值记为 a''_i,令 $\alpha\in[0,1]$,则取

$$\max_i\ \{\alpha a'_i+(1-\alpha)a''_i\}$$

为决策的准则称为折中主义准则.

具体做法(这里取 $\alpha=1/3$) 见表 9.2.7.

表 9.2.7

		事件					$\alpha a'_i+(1-\alpha)a''_i$	
		0	10	20	30	40		
策略	0						0	
	10						10	
	20			a_{ij}			20	
	30						30	（从中选最大者）
	40						40	← max

故选 s_5，即生产 40 者，此法可记为 $\max\limits_i\{\alpha a'_i+(1-\alpha)a''_i\}\rightarrow s_k^*$.

其实，α 取得偏大（比 0.5 大），决策倾向乐观主义，否则决策倾向悲观主义.

这里想再重申一点：以上诸决策准则孰最合理？这些决策皆有一定主观随意性，而这些准则只反映了不同决策者的心态，决策者自身状况，主观意愿，决策偏好等等不同会有不同选择，换言之这要根据具体情况由决策者敲定，理论上无法证明孰优孰劣.

另外，此处所讨论的是收益问题，对于费用问题，以上有些准则需做相应调整（亦可先把问题化为收益，即考虑 $-\boldsymbol{A}$ 为效益矩阵的最大问题）. 具体可见表 9.2.8.

表 9.2.8

准则 \ 目标	收益问题（max）	费用问题（min）
悲观主义准则	max{min}	min{max}
乐观主义准则	max{max}	min{min}
等可能准则（Laplace）	$\max\left\{\frac{1}{n}\sum\limits_j a_{ij}\right\}$	$\min\left\{\frac{1}{n}\sum\limits_j a_{ij}\right\}$
最小机会损失准则（Savage）	min{max}	min{max}
折中主义准则（Hurwicz）	$\max\limits_i\{\alpha a'_i+(1-\alpha)a''_i\}$	$\min\limits_i\{\alpha a'_i+(1-\alpha)a''_i\}$

这里有一点要强调，对于费用最小的最小机会损失决策准则来讲，最小机会损失矩阵求法与收益问题不同，它是收益矩阵 $\boldsymbol{A}$ 与该矩阵每列最小元素为列元素的

矩阵 $\boldsymbol{B}$(亦可称为机会矩阵)之差,即

$$\widetilde{\boldsymbol{A}}=\boldsymbol{A}-\boldsymbol{B}$$

9.3 风险决策及信息分析

当决策者不仅知道决策问题中未来可能出现的状态,还知道出现这些状态的概率分布.换言之,状态是一种随机变量,当其概率分布已知时,决策为风险型.

当概率分布为离散型时,决策为离散型风险决策;当概率分布为连续型时,决策为连续型风险决策,这里主要介绍前者.

1. 风险决策准则

风险型决策也往往有不同的决策准则.对于离散型风险决策而言,常用以下决策准则:

决策者不仅知道策略集合 $S=\{s_1,s_2,\cdots,s_m\}$ 和事件(状态)集合 $E=\{e_1,e_2,\cdots,e_n\}$,又知道"策略－事件"对应的收益值:当选取策略 s_i 出现事件 e_j 时,收益值为 a_{ij},同时还知道事件 e_j 出现的概率 p_j,即 $P(e_j)=p_j(1\leqslant j\leqslant n)$.

(1) 最大可能准则

采用最大可能准则决策,即从该事件集中考虑出现可能(概率)最大者所对应的收益值最大者.

例 9.3.1 若例 9.2.1 中事件 e_1,e_2,e_3,e_4,e_5 出现的概率分别为 0.1,0.2,0.4,0.2,0.1,求其最大可能准则决策.

解 问题的收益见表 9.3.1.

表 9.3.1

		事件及概率					$\max\limits_j\{p_j\}$ 列的收益	
		0	10	20	30	40		
		0.1	0.2	0.4	0.2	0.1		
策略	0	0	0	0	0	0	0	
	10	－10	50	50	50	50	50	
	20	－20	40	100	100	100	100	(从中选最大者)
	30	－30	30	90	150	150	90	← max
	40	－40	20	80	140	200	80	

此即说应选策略 s_3，即生产 20 者.

注：这里想指出一点：此准则有时会遇到麻烦，即决策的不一致性.

Lindley 曾给出一个有趣的例子，考虑表 9.3.2 所示的收益表.

表 9.3.2

		事件及概率			$\max_j \{p_j\}$ 列的收益
		e_1	e_2	e_3	
		2/9	3/9	4/9	
策	s_1	5	5	8	8
略	s_2	3	3	9	9 ← max

注意到：在任何决策中，e_1，e_2 事件均有同样的收益，这样两事件可以合并，便有表 9.3.3.

表 9.3.3

		事件及概率		$\max_j \{p_j\}$ 列的收益
		e_1	e_3	
		5/9	4/9	
策	s_1	5	8	5
略	s_2	3	9	3 ← max

上面显然给出一个相悖的事实：因为前表决策应选策略 s_2，而后表则应选策略 s_1.

这个事实类似于数理统计中数据分组对于"众数"的敏感程度. 比如：

某 100 人中每天饮水杯数的统计见表 9.3.4，这时的众数为 0.

表 9.3.4

每天饮杯数	0	1	2	3	4	5	6	7	大于 8
人　　数	20	10	15	16	12	8	5	9	5

但在另一种统计(表 9.3.5) 中，众数在"少饮者"(1－3 杯 / 天) 处.

表 9.3.5

类型	数量(杯 / 天)	人数
不饮	0	20
少饮	1－3	41
适中	4－6	25
大量	大于 7	14

(2) 最大期望收益值(EMV) 准则

我们先来计算一下各策略收益的期望值

$$\mathrm{EMV}(S_i)=\sum_j p_j a_{ij}\quad(1\leqslant i\leqslant m)$$

然后从中选取最大者其对应的策略为决策应选策略，即

$$\max_i\left\{\sum_j p_j a_{ij}\right\}\to s_k^*$$

(消耗问题、开支、花费等策略为$\{\min_i \sum_j p_j a_{ij}\}\to s_k^*$)

我们举例说明.

例 9.3.2 在例 9.3.1 中，若事件 e_1,e_2,e_3,e_4,e_5 出现概率仍分别为 0.1,0.2,0.4,0.2,0.1,求其最大收益期望值决策.

解 先来求以 EMV 为准则的决策，见表 9.3.6.

表 9.3.6

		事件及概率					$\mathrm{EMV}(S_i)=\sum_j p_j a_{ij}$ (期望收益)		$\mathrm{EOL}(S_i)=\sum_j p_j \tilde{a}_{ij}$ (期望亏损)	
		0	10	20	30	40				
		0.1	0.2	0.4	0.2	0.1				
策略	0	a_{ij}					0	(从中选最大者)	100	(从中选最小者)
	10						44		56	
	20						76		24	
	30						84	← max	16	← min
	40						80		20	

(注意到表每行两种决策值之和均为 100)

从表中可看出应选策略 s_4 或生产 30 者.

下面的例子是一个经典问题，它是将离散问题化为连续问题去处理的.

例 9.3.3(报童问题) 报童为报社卖报，售出一份可获利 a_j，若卖不出，则损

失 b. 又每天可卖出 k 份报的概率为 p_k. 求报童获利期望值最大的报纸份数.

解　若报童每天订 n 份报，顾客每天需 x 份，且 $P\{x=k\}=p_k$，则报童每天收益函数

$$f(x)=\begin{cases}an, & x\geqslant n\\ ax-(n-x)b, & x<n\end{cases}$$

其期望值

$$E[f(x)]=\sum_{k=0}^{\infty}p_kf(x)=\sum_{k=0}^{n-1}[ak-(n-k)b]p_k+\sum_{k=n}^{\infty}a_kp_k$$

这样我们只需求 $\max E[f(x)]$.

比如

$$a=3,b=1,P\{x=k\}=1/2\ 000,k=2\ 001,2\ 002,\cdots,4\ 000$$

今将 x 视为[2 000,4 000]上均匀分布的连续型随机变量，其概率密度为

$$p(x)=\begin{cases}1/2\ 000, & 2\ 000\leqslant x\leqslant 4\ 000\\ 0, & \text{其他}\end{cases}$$

因而

$$E[f(x)]=\int_{-\infty}^{+\infty}p(x)f(x)\mathrm{d}x=$$

$$\frac{1}{2\ 000}\left[\int_{2\ 000}^{n}(4x-n)\mathrm{d}x+\int_{n}^{4\ 000}3n\mathrm{d}x\right]=$$

$$\frac{1}{1\ 000}(-n^2+7\ 000n-4\times10^6)$$

$$\frac{\mathrm{d}}{\mathrm{d}n}E[f(x)]=0,n=3\ 500,E[f(x)]=82.50$$

这时将离散问题连续化处理有时是方便的，当然要视问题具体情况而定. 关于连续(不确定) 随机问题我们不做介绍.

注：对于 EMV 决策准则，Allais 给出一个有趣的悖论：

有策略 $s_1\sim s_4$，其中收益情况可见表 9.3.7.

表 9.3.7

s_1	稳获 100
s_2	0.89 概率获 100，有 0.01 概率获 500，有 0.1 概率获 0
s_3	0.89 的概率获 0，有 0.11 的概率获 100
s_4	有 0.99 的概率获 0，有 0.01 概率获 500

四策略期望收益分别是：$E_1=100, E_2=94, E_3=11, E_4=5$.

但大多数人会从 s_1, s_2 中选 s_1，且从 s_3, s_4 选 s_4.

(3) 最小机会损失期望值(EOL) 准则

此决策系在机会损失矩阵 $\widetilde{\mathbf{A}}=(\widetilde{a}_{ij})_{m\times n}$ 基础上，添加概率信息综合而成，其方法是：

先计算各策略的期望机会损失值

$$\sum_j p_j\widetilde{a}_{ij} \quad (i=1,2,\cdots,n)$$

然后，从这些期望损失值中挑选最小的

$$\min_i \left\{\sum_j p_j\widetilde{a}_{ij}\right\} \to s_k^*$$

下面我们来看看 EMV 准则与 EOL 准则的关系.

本质上讲，EMV 准则决策与 EOL 准则决策是相同的. 事实上：

若 $\mathbf{A}=(a_{ij})_{n\times n}$ 中，$\max\limits_i (a_{ij})=a'_{ij}, j=1,2,\cdots,n$，则

$$\widetilde{\mathbf{A}}=(a'_{ij}-a_{ij})_{n\times n}$$

这样 s_i 的机会损失期望值为

$$\mathrm{EOL}(s_i)=\min\sum_j p_j(a'_{ij}-a_{ij})=\sum_j p_j a'_{ij}-\max\sum_j p_j a_{ij}=$$
$$\mathrm{const}(\text{常数})-\mathrm{EMV}(s_i)$$

显然 $\mathrm{EMV}(s_i)$ 最大时，$\mathrm{EOL}(s_i)$ 最小，故它们的决策相同.

前例中 EOL 决策情况见表 9.3.6，注意到对每种策略来讲，两者之和(每行)为常数(该例中它们的和是 100).

为了消除前面我们指出的 Lindley 悖论，我们提出一种新的决策准则 —— 最小风 险决策准则.

(4) 最小风险决策准则

最小风险决策准则的决策思想：首先着眼于未来的状态(事件)，分析未来状态对应不同策略的收益后为其选择最为有利的策略，但由于未来状态出现的不确定性(随机性) 而带来了选择策略的风险性，因此结合未来状态出现的概率提出了刻画选择策略风险性的一个数量指标 —— 策略风险，使用此指标来评价策略，进而选择风险最小策略作为决策策略.

定义 9.3.1 在风险型决策问题中，若 $P(e_j)=p_j$，将 $1-p_j$ 称为事件 e_j 的风险，简称为事件风险.

定理 9.3.1 事件的最小风险(决策)＝事件的最大可能(决策).

证明　因为事件 e_j 发生的概率为 $p_j(j=1,2,\cdots,n)$. 显然有

$$\min_{1\leqslant j\leqslant n}\{1-p_j\}=\max_{1\leqslant j\leqslant n}\{p_j\}$$

定义 9.3.2　在风险型决策问题中，称集合

$$E_i=\{e_j \mid a_{ij}<\max_{1\leqslant i\leqslant m}a_{ij}, j=1,2,\cdots,n\}$$

为策略 s_i 的风险事件集，简称为风险事件集.

定义 9.3.3　策略 s_i 的风险事件集 E_i 中所有事件的概率和称为选择策略 s_i 的风险，记作 $r(s_i)$，简称 $r(s_i)$ 为策略风险，简记为 r_i，即

$$r_i=r(s_i)=\sum_{e_j\in E_i}P(e_j)\quad(i=1,2,\cdots,n)$$

在实际计算策略风险时，可以这样处理：将每一事件 e_j 相应的最大收益（记为 a_{kj}）打上"*". 对策略 s_i 来讲，所有带"*"的 a_{ij}，相应的事件发生的概率（P_j）之和与 1 的差就是策略 s_j 的风险 r_j.

注：在风险型决策问题中，如果矩阵 $(a_{ij})_{m\times n}$ 表示费用矩阵，则应将事件 e_j 相应的最小费用打上"*"。

最小风险决策准则　在所有策略的策略风险中，选择其中最小者的策略.

具体算法如下：

(1) 计算每个策略的策略风险；

(2) 选择其中最小者进行决策.

定理 9.3.2　在风险型决策问题中，若损益矩阵 $\mathbf{A}=(a_{ij})_{m\times n}(m\geqslant n)$，对于任意两不同事件 e_j 与 e_l 相应的收益不全相同，且相应的最大收益分别为 a_{kj} 与 a_{il}，且 $i\neq k$. 则此时最小风险决策准则下的决策与最大可能决策准则下的决策是相同的.

证明　首先，由于事件 e_j 与 e_l 相应的收益不全相同，所以事件 e_j 与 e_l 不能合并. 又据命题中题设，不妨设事件 e_j 相应的最大收益为 $a_{il}(j=1,\cdots,n)$，则策略 s_i 的风险为

$$r_i=\begin{cases}1-p_i, & 1\leqslant i\leqslant n\\ 1, & n+1\leqslant i\leqslant m\end{cases}$$

此时最小风险为

$$\min_{1\leqslant i\leqslant m}\{r_i\}=\min_{1\leqslant i\leqslant n}\{r_i\}\triangleq r_{i_0}=1-p_{i_0}\quad(\triangleq\text{即定义为})$$

根据最小风险决策准则应选择策略 s_{i_0}.

另一方面，未来状态（事件）的最大概率为

$$\max_{1\leqslant j\leqslant n}\{p_j\}=\min_{1\leqslant i\leqslant n}\{p_i\}=\max_{1\leqslant i\leqslant n}\{1-r_i\}=1-(1-p_{i_0})=p_{i_0}$$

根据最大可能决策准则：最大可能事件 e_{i_0} 对应的最大收益为 $a_{i_0i_0}$，因此 $a_{i_0i_0}$ 相应的策略 S_{i_0} 为选择策略.

综上，依照最小风险决策准则和最大可能决策准则的决策均为策略 S_{i_0}，命题得证.

定理 9.3.3 在风险型决策问题中：如果两不同事件 e_k 与 e_l 相应的收益向量完全相同(即 $a_{ik}=a_{il}, i=1,\cdots,m$)，那么事件 e_k 与 e_l 可以合并为一个事件 e_0(显然有 $P\{e_0\}=P\{e_{n-1}\cup e_n\}=p_{n-1}+p_n$). 则有结论：事件 e_k 与 e_l 合并前后依照最小风险决策准则的结果是完全一致的.

证明 为了证明的方便，不妨设事件 e_{n-1} 与 e_n 相应的收益向量完全相同，即 $a_{i,n-1}=a_{in}(i=1,\cdots,m)$. 记事件 e_{n-1} 与 e_n 合并前后策略 s_i 的风险事件集分别为 E_i 和 $\bar{E}_i$，由于事件 e_{n-1} 与 e_n 相应的收益向量完全相同，因此有结论：事件 e_{n-1} 与 e_n 同时属于集合 E_i 或同时不属于集合 E_i.

如果 $e_{n-1}\notin E_i, e_n\notin E_i$，则 $(e_{n-1}\cup e_n)=e_0\notin E_i$. 此时有 $E_i=\bar{E}_i$，相应地有

$$\sum_{e_j\in E_i}P\{e_j\}=\sum_{e_j\in \bar{E}_i}P\{e_j\}$$

如果 $e_{n-1}\in E_i, e_n\in E_i$，则 $(e_{n-1}\cup e_n)=e_0\notin \bar{E}_i$. 此时有

$$E_i\backslash\{e_{n-1},e_n\}=\bar{E}_i\backslash\{e_0\}$$

相应地有

$$\begin{aligned}\sum_{e_j\in E_i}P\{e_j\}=&\sum_{e_j\in E_i\backslash\{e_{n-1},e_n\}}P\{e_j\}+P\{e_{n-1}\}+P\{e_n\}=\\&\sum_{e_j\in E_i\backslash\{e_{n-1},e_n\}}P\{e_j\}+P\{e_0\}=\\&\sum_{e_j\in \bar{E}_i\backslash\{e_0\}}P\{e_j\}+P\{e_0\}=\sum_{e_j\in \bar{E}_i}P\{e_j\}\end{aligned}$$

综上所证可得：$\sum\limits_{e_j\in E_i}P\{e_j\}=\sum\limits_{e_j\in \bar{E}_i}P\{e_j\}(i=1,2,\cdots,m)$，即事件 e_{n-1} 与 e_n 合并前后选择策略 s_i 的风险不变，因此最小风险策略不变. 所以依照最小风险决策准则选择的策略是完全相同的. 命题得证，回到前面的例子，来看：

例 9.3.4 已知风险型决策问题如表 9.3.8，并求其最小风险决策准则的决策和最大可能决策准则的决策.

表 9.3.8

		事件及概率					最小风险准则	最大可能准则
		0	10	20	30	40	策略风险 r_i	$\max_j \{p_j\}$ 列的收益
		0.1	0.2	0.4	0.2	0.1		
策略	s_1	0^*	0	0	0	0	0.9	0
	s_2	−10	50^*	50	50	50	0.8	50
	s_3	−20	40	100^*	100	100	0.6 ← min	100 ← max
	s_4	−30	30	90	150^*	150	0.8	90
	s_5	−40	20	80	140	200^*	0.9	80

根据最小风险决策准则和最大可能决策准则求解可得所选策略均为 s_3. 与前文决策内容同.

例 9.3.5　利用最小风险决策准则求解例 9.3.1 注的问题.

解　依据最小风险决策准则分别求解如表 9.3.9 和表 9.3.10 所示.

表 9.3.9

		事件及概率			策略风险 r_i
		e_1	e_2	e_3	
		2/9	3/9	4/9	
策略	s_1	9^*	8	4/9 ← min	
	s_2	8	9^*	5/9	

表 9.3.10

		事件及概率		策略风险 r_i
		e_1	e_3	
		5/9	4/9	
策略	s_1	9^*	8	4/9 ← min
	s_2	8	9^*	5/9

则据最小风险决策准则所选策略均为 s_1. 这样它避免了前文所谓的 Lindley 悖论.

2. 信息分析

(1) 贝叶斯公式及后验概率

在风险决策问题中，事件发生的概率如何求得？为此，我们先来回顾一下所谓主观概率与修正概率.

上面讨论的几种决策方法是依据事件 $E=\{e_i\}$ 及其概率 $P\{e_i\}$ 来计算期望值的，然而大多数情况下这些概率是据过去经验所作的估计，这种概率称为主观概率，又称先验概率，其准确性如何？不得而知.

因而期望值决策方法是一种无预报信息的决策方法.

所谓贝叶斯决策是先根据调查研究所得到的预报信息，借助概率论中贝叶斯公式来修正先验概率的估计，然后再根据各策略效应期望值来进行决策，说得具体点：

① 先由专家依据过去经验估计将要发生事件的事前(先验) 概率；

② 依据调查或试验，再去计算得到条件概率，然后利用贝叶斯公式

$$P\{B_i \mid A\}=\frac{P\{B_i\}P\{A \mid B_i\}}{\sum\limits_{1\leqslant j\leqslant n} P\{B_j\}P\{A \mid B_j\}} \quad (i=2,3,\cdots,n)$$

计算出各事件的事后(后验) 概率，它又称为修正概率.

对于先验(主观) 概率一般采用专家估计办法，大抵有两种方法：

① 直接估计法：即参加估计者直接给出概率的估计值的方法；

② 间接估计法：通过对估计者的权威性进行排队(赋权) 或相互比较等间接途径给出概率的估计方法.

下面来看一个例子.

例 9.3.6 某工厂对一产品日需求量进行估计的主观概率值如表 9.3.11 所示.

表 9.3.11

日需求量	0	100	200	300	400
主观概率	0.08	0.25	0.33	0.17	0.17

经一个月试销后发现该产品日销量实际所占比例为表 9.3.12 所示的数字.

表 9.3.12

日需求量	0	100	200	300	400
试销所占比例	0.10	0.20	0.35	0.15	0.20

若设 $P\{B\}$ 为上述销售事件 B 的主观先验概率，表 9.3.12 中数据为 $P\{B\}$ 条件下的一个样本值，记作 $P\{A \mid B\}$，求修正(后验) 概率(即样本条件下事件 B 出现的概率) $P\{B \mid A\}$.

解　由上面贝叶斯公式，我们可有表 9.3.13.

表 9.3.13

B_i (日需求量)	$P(B_i)$ ①	$P(A \mid B_i)$ ②	$P(B_i)P(A \mid B_i)$ ③	$P(B_i \mid A)$ ④
0	0.08	0.10	0.008	0.034 4
100	0.25	0.20	0.05	0.215 1
200	0.33	0.35	0.115	0.494 6
300	0.17	0.15	0.025 5	0.109 7
400	0.17	0.20	0.034	0.146 2
			$\sum = 0.232$	

上表中各列数据间的关系为：① × ② = ③，③ ÷ 0.232 = ④.

(2) 信息的价值

当决策者耗费了一定经费进行调研获得各事件发生的概率信息，这无疑对他的决策有着至关重要的影响，此时所得期望收益称为全情报的期望收益记作 EPPL. 这种收益不小于最大期望收益，即

$$\text{EPPL} \geqslant \text{EMV}$$

我们称 EPPL − EMV = EVPI 称为全情报的价值.

显然，获取情报(信息) 的代价(费用) 不能超过全情报的价值 EVPI，否则将不值得.

下面简单介绍熵与信息量概念.

若系统处于 k 种状态，又事件状态 A_i 发生的概率为 $p_i(i=1,2,\cdots,k)$，$0 \leqslant p_i \leqslant 1$，$\sum p_i = 1$，则 $H = -\sum_{i=1}^{k} p_i \ln p_i$ 称为系统的熵，又若已获情报的信息 I 的熵为

H_I，且 $H_I \leqslant H$（否则信息无价值），则 $H-H_I$ 称信息量.

说得直白些熵是用来刻画一个离散随机变量或分布的不确性程度（大小），或者是说刻画知道此随机变量取值所获信息量大小的.

(3) 收益分布

其实最大收益期望值准则还可通过每种策略收益分布来描述，比如表 9.3.14 所示的收益表.

表 9.3.14

		事件及概率			s_i 的期望收益 $EV(s_i)$
		e_1	e_2	e_3	
		0.2	0.7	0.1	
策略	s_1	18	20	40	21.6
	s_2	15	22	30	21.4
	s_3	19	19	20	19.1

今 $p_j(x)$ 表示选取策略 s_i 时，收益的概率分布，这样对 s_1,s_2,s_3 来讲可有表 9.3.15，表 9.3.16 和表 9.3.17.

表 9.3.15

a_{1j}	18	20	40
$p_1(x)$	0.2	0.7	0.1

表 9.3.16

a_{2j}	15	22	30
$p_2(x)$	0.2	0.7	0.1

表 9.3.17

a_{3j}	19	30
$p_3(x)$	0.9	0.1

注意：在策略 s_3 中对销售收益为 19 的事件概率进行了合并.

显然由 $\max\{EV(s_1),EV(s_2),EV(s_3)\}=21.6$，故选 s_1.

现在我们来研究上面 3 种概率分布，哪种最好？

若事件的概率为连续的随机变量，则对每一策略 s_i，有相应的收益概率密度函数 $f_i(x)$，现在的问题是如何确定最满意的 $f_i(x)$？对每一策略 s_i 来讲，计算

$$E\{f_i(x)\}=\int_{-\infty}^{+\infty} x f_i(x)\mathrm{d}x$$

然后选其最大的.

而离散型被认为是连续型的特例，即 $f_i(x)$ 仍在某些点上非零，我们为讨论方便，仅对连续型问题做直观介绍，对于离散的情形可仿此解决.

比如策略 s_1 和 s_2 的收益概率分布为 $f_1(x)$ 和 $f_2(x)$，它们的图像见图 9.3.1.

这里它们是有相同的期望值 y^* 的对称分布，但 s_2 的收益分布较 s_1 的分散，选取何种策略要视决策者素质而定，比如对于一个较保守的决策者来讲，选择策略 s_2 似乎更好.

然而对于图 9.3.2 所描绘的 $f_1(x)$，$f_2(x)$ 来讲，它们是有相同期望值 y^* 的对称与非对称分布，显然 $f_2(x)$ 是偏分布，这对不愿冒风险的决策者来讲，选择策略 s_1 似乎更有利(尽管收益期望值是相同的)，但在此图中，$f_2(x)$ 的众数比 $f_1(x)$ 要小，这时选策略 s_2 的大多数结果均不如选策略 s_1，在使用最大可能准则时选择的策略是 s_1.

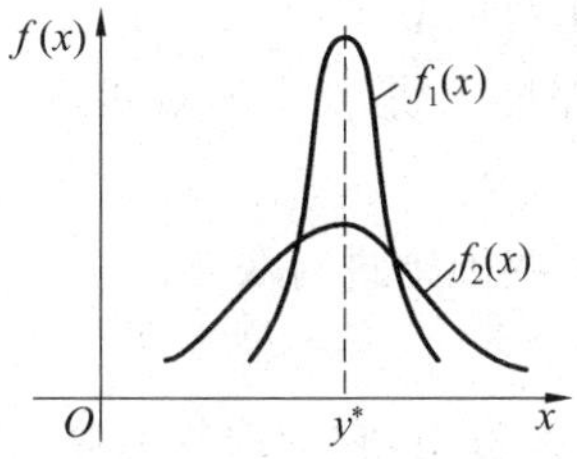

图 9.3.1

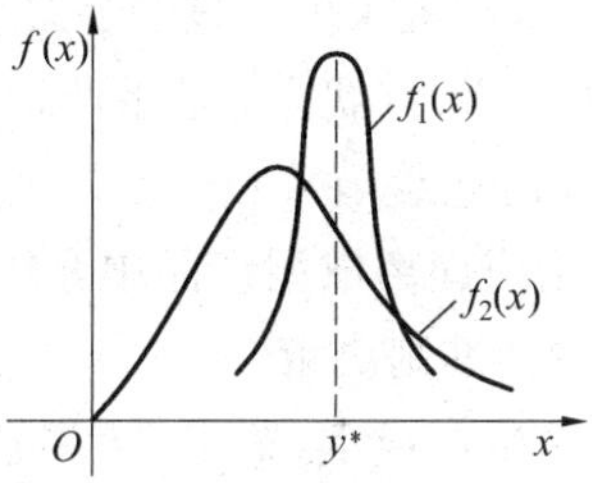

图 9.3.2

这里再强调一点：收益的最大可能和状态的最大可能是两个不同概念. 前者是关于 $f_i(x)$ 的众数，后者是关于事件出现的概率 $P_i(x)$ 的众数. 这方面的例子可参见本节例 9.3.1 后面的注.

9.4* 连续不确定型及风险型决策

1. 连续不确定型决策

对于连续型决策问题，离散型诸准则基本仍然适用.

下面先谈谈不确定型问题 —— 这里的关键是求其极(最) 大或极(最) 小值方法不同罢了.

我们来看一个例子.

例 9.4.1　某厂有四台不同型号机床，均可生产同一产品，但每台机器生产该产品成本(准备费和生产费) 不同，若第 i 台机床生产该产品准备费用为 k_i，单位生产费为 c_i，具体数据见表 9.4.1.

表 9.4.1

机床 i	1	2	3	4
k_i	100	40	150	90
c_i	5	12	3	8

产品产量 Q(它不一定是整数,即 $Q\in\mathbf{R}^+$)是未知的,但它满足 $100\leqslant Q\leqslant 400$,又第 i 台机床生产该产品的成本 z_i 与 Q 的关系是

$$z_i=k_i+c_iQ \quad (1\leqslant i\leqslant 4)$$

试问:安排哪台机床生产该产品最优(花费最节省)?

解 这里的事件(状态)是生产批量,策略 s_i 是采用哪台机床,效益值系生产成本 z_i(它是 Q 的连续函数).

下面我们用前面离散型产品中介绍的一些准则进行决策.

(1) 悲观主义准则决策

注意这里系生产成本(费用)为损益值,换言之,它的取优原则恰恰与利润收益取优原则相反,故原来的 max min 准则这里应改为 min max 准则(表 8.2.8).

由于 $c_i>0$,z_i 是 Q 的增函数,从而

$$\max_{100\leqslant Q\leqslant 400}\{k_i+c_iQ\}=k_i+400c_i$$

这样

$$V(s_k^*)=\min_{s_i}\{k_i+400c_i\}=\min\{2\ 100,4\ 810,1\ 350,3\ 290\}=1\ 350$$

则 $s_k^*=s_3$,即选用第 3 台机床最优.

(2) 乐观主义准则决策

同上道理,原来的 max max 准则这里应改为 min min 准则,则

$$\min_{100\leqslant Q\leqslant 400}\{k_i+c_iQ\}=k_i+100c_i$$

这样

$$V(s_k^*)=\min_{s_i}\{k_i+100c_i\}=\min\{600,1\ 240,450,890\}=450$$

则 $s_k^*=s_3$,即选用第 3 台机床最优.

(3) 等可能准则决策

生产批量 Q 是一个取值于[100,400]上的随机变量,据等可能性准则 Q 为[100,400]上的均匀分布的随机变量,其概率密度为

$$f(x)=\begin{cases}1/300, & 100\leqslant Q\leqslant 400\\ 0, & \text{其他}\end{cases}$$

故第 i 台机床生产成本 z_i 亦为一随机变量，其期望值

$$E(z_i)=\int_{100}^{400}\frac{(k_i+c_iQ)}{300}\mathrm{d}Q=k_i+250c_i\quad(1\leqslant i\leqslant 4)$$

则应选其最小期望值所对应的策略

$$E(z_i^*)=\min_{s_i}\{k_i+250c_i\}=\min\{1\,350,3\,040,900,2\,090\}=900$$

则选 s_3，即选第 3 台机床生产为优.

(4) 最小机会损失准则决策

在用此准则时，首先要确定机会损失函数，记 $r_i(Q)$ 为采用策略 s_i 的机会损失函数，则

$$r_i(Q)=k_i-c_iQ-\min_{s_i}\{k_i+c_iQ\}\quad(1\leqslant i\leqslant 4)$$

而

$$\min_{s_i}\{k_i+c_iQ\}=150+3Q=z_3$$

这一点亦可从图 9.4.1 中看出.

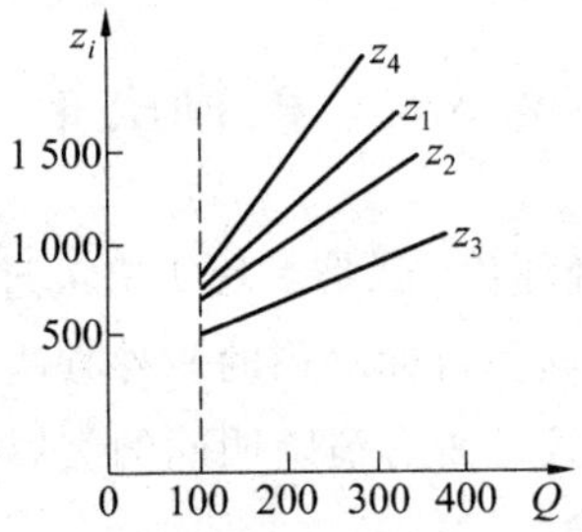

图 9.4.1

从而 $r_i(Q)=(c_i-3)Q+k_i-150$.

由

$$V(s_k^*)=\min_{s_i}\max_{100\leqslant Q\leqslant 400}\{(c_i-3)Q+k_i-150\}=$$
$$\min_{s_i}\{400(c_i-3)+k_i-150\}$$

注意到 $c_i-3>0$，故 $400(c_i-3)Q+k_i-150$ 系 Q 的单调函数，则

$$V(s_k^*)=\min\{750,3\,490,0,1\,940\}=0$$

知 $s_k^*=s_3$，即选第 3 台机床加工为优.

(5) 折中主义准则决策

取 $a=0.6$，仿前面分析有

$$V(s_k^*) = \min_{s_i} \{0.6 \cdot \min_{100 \leqslant Q \leqslant 400} (k_i + c_i Q) + 0.4 \cdot \max_{100 \leqslant Q \leqslant 400} (k_i + c_i Q)\} =$$
$$\min_{s_i} \{0.6(k_i + 100c_i) + 0.4(k_i + 400c_i)\} =$$
$$\min\{1\ 500, 3\ 400, 990, 2\ 330\} = 990$$

则 $s_k^* = s_3$，即选第 3 台机床加工为优.

2. 连续型风险型决策

对于连续型风险型决策，若事件（状态）发生的概率密度为 $f(\theta)$，则其相应策略期望值为

$$E(s_i) = \int_{-\infty}^{+\infty} a(s_i, \theta) f(\theta) \mathrm{d}\theta$$

这里 $a(s_i, \theta)$ 表示选用策略 s_i 在 θ 状态下的收益值.

这样只需把 $E(s_i)$ 换到风险决策各准则的相应收益期望值处，即可得到各种决策，这方面例子不举了.

9.5* 模糊决策

模糊决策（又称模糊综合评价）就是对现实决策过程中存在的模糊问题进行的决策. 从其本质上讲，它是处理多目标决策的一种方法.

世界上的事物和现象据其是否有清晰明确的类属特性，可以划分为两类：一类是清晰事物；一类是模糊事物.

清晰事物是指那些可以依据精确标准将它们划分为彼此界线分明的类别，要么属于这一类，要么属于另一类，非此即彼，概念的外延是明确的事物，它们都可以用传统的、精确的数学方法加以量化，其中的参数可以用精确手段测定，它们中的问题多可通过建立数学模型实现优化.

模糊事物是指人类目前尚无法找到精确的分类标准，对其类属还很难做明确的判断，亦此亦彼，概念的外延模糊不清的事物.

事物的模糊性是现实世界普遍存在的一种特征，决策分析所涉及问题的不确定性，多表现为模糊性，或者随机性与模糊性并存. 由于决策是在多种不同的、相互矛盾的因素中进行，决策过程中需要处理的大多是不精确的数据概念和要求，这样复杂而模糊的决策问题，用传统精确的数学方法无法处理，这也正反映出现代科学发展的总趋势，即以分析为主对确定性现象的研究进入到以综合为主，对不确定性

现象的研究.

随着科学技术的综合化、整体化，加之多种多样模糊对象的出现，要求一门新的学科来适应这种趋势的发展，这就是模糊决策产生的历史背景，而它的理论依据是模糊数学.

模糊数学是 1965 年美国系统科学家扎德(L. A. Zadeh) 发明的，它是一门描述和处理模糊问题的理论与方法的学科，已广泛应用于管理决策、电子技术、计算机理论等领域，有人认为模糊数学的研究与应用是科学思想和方法论的深刻变革.

1. 有关模糊数学中的几个基本概念

(1) 模糊集合

模糊集合是指具有某种性质的、界限不分明的事物和现象的集合，它是描述与分析模糊事物、建立模糊数学模型的基础.

由于该集合的边界并不明确，人们便以"～"作为模糊化记号，这样模糊集合常记作$\underset{\sim}{A}$,$\underset{\sim}{B}$,$\underset{\sim}{C}$ 等等.

模糊集合中的元素与元素之间的关系是用隶属函数来描述，承认论域上的不同元素对同一集合有不同的隶属程度.

(2) 隶属函数

模糊集合的特征函数称为隶属函数，并以 $\mu_{\underset{\sim}{A}}(x)$ 表示某元素 x 属于模糊集合 $\underset{\sim}{A}$ 的程度或称"隶属度"，隶属函数的值域为区间[0,1].

根据隶属函数的概念，模糊集合可以表示为：

给定有限论域 $U=\{X_1,X_2,\cdots,X_N\}$，$\underset{\sim}{A}$ 为 U 上的模糊集合，μ_i 表示 X_i 对$\underset{\sim}{A}$ 的隶属度，则$\underset{\sim}{A}$ 可表示为

$$\underset{\sim}{A}=\frac{\mu_1}{X_1}+\frac{\mu_2}{X_2}+\cdots+\frac{\mu_n}{X_n}$$

式中"+" 号表示集合运算，并非算术中的分式相加，$\frac{\mu_i}{X_i}$ 中的分母是论域中的元素，分子是该元素对$\underset{\sim}{A}$ 的隶属度.

隶属度是对事物模糊性的一种度量. 如何正确确定隶属度和构造隶属函数，是应用模糊数学方法解决问题的关键.

(3) 模糊矩阵

模糊矩阵又称模糊关系矩阵，所谓模糊关系是指事实上存在，但又不那么清晰确定、不能用普通有序去对集合描述的关系. 一般用$\underset{\sim}{\boldsymbol{R}}$ 表示模糊矩阵.

若$U=\{X_1,X_2,\cdots,X_n\}$，$V=\{V_1,V_2,\cdots,V_m\}$，并以r_{ij}代表X_i和V_j具有模糊关系$\underset{\sim}{\boldsymbol{R}}$的程度（即隶属度），则$\underset{\sim}{\boldsymbol{R}}$的隶属函数可用一个$n\times m$模糊矩阵表示

$$\underset{\sim}{\boldsymbol{R}}=\begin{pmatrix} r_{11} & r_{12} & \cdots & r_{1m} \\ r_{21} & r_{22} & \cdots & r_{2m} \\ \vdots & \vdots & & \vdots \\ r_{n1} & r_{n2} & \cdots & r_{nm} \end{pmatrix}$$

注意上面矩阵中所有元素r_{ij}都满足条件$0\leqslant r_{ij}\leqslant 1$.

模糊矩阵也可简写成：$\underset{\sim}{\boldsymbol{R}}=\{r_{ij}\}_{n\times m}(i=1,2,\cdots,n;j=1,2,\cdots,m)$.

2. 模糊综合评价法

应用模糊评价法进行系统的综合评价，其主要步骤为：

(1) 确定系统评价因素集$f=(f_1,f_2,\cdots,f_n)$和每一评价因素的评价尺度集$\boldsymbol{e}=(e_1,e_2,\cdots,e_m)$.

(2) 确定各评价因素的权重$\boldsymbol{w}=(w_1,w_2,\cdots,w_n)$.

(3) 按照已经制订的评价尺度，对各评价因素进行评定.

这种评定是一种模糊映射，即使对同一个评价因素的评定，由于不同评价人员可以做不同评定，所以评价结果只能用第f_i评价因素做第e_j评价尺度的可能程度的大小即为隶属度来表示，记作r_{ij}.

因为有m个评价尺度，所以第i个评价因素f_i有一个相应隶属度向量$\boldsymbol{r}_i=(r_{i1},r_{i2},\cdots,r_{ij},\cdots,r_{im})$，$i=1,2,\cdots,n$，则替代方案$A_k$的评价因素集的隶属度可以用隶属度模糊矩阵$\underset{\sim}{\boldsymbol{R}}_k$表示如下

$$\underset{\sim}{\boldsymbol{R}}_k=\begin{pmatrix} r_{11}^k & r_{12}^k & \cdots & r_{1j}^k & \cdots & r_{1m}^k \\ r_{21}^k & r_{22}^k & \cdots & r_{2j}^k & \cdots & r_{2m}^k \\ \vdots & \vdots & & \vdots & & \vdots \\ r_{i1}^k & r_{i2}^k & \cdots & r_{ij}^k & \cdots & r_{im}^k \\ \vdots & \vdots & & \vdots & & \vdots \\ r_{n1}^k & r_{n2}^k & \cdots & r_{nj}^k & \cdots & r_{nm}^k \end{pmatrix}=(r_{ij}^k)_{n\times m}(i=1,2,\cdots,n;j=1,2,\cdots,m)$$

在矩阵$\underset{\sim}{\boldsymbol{R}}_k$中，元素$r_{ij}^k=\dfrac{d_{ij}^k}{d}$，式中$d$表示参加评价的专家人数，$d_{ij}^k$指$A_k$替代方案第$i$评价因素$f_i$做第$j$评价尺度$e_j$的专家人数. 由此可见$r_{ij}$值大，说明对$f_i$做$e_j$评价的可能性就大.

(4) 计算替代方案 A_k 的综合评定向量 $\boldsymbol{s}$

根据模糊理论的综合评定概念，若已知 $\underset{\sim}{\boldsymbol{R}}_k=(r_{ij}^k)_{n\times m}$ 以及权向量 $\boldsymbol{w}=(w_1, w_2,\cdots,w_n)$，则 A_k 的综合评定向量 $\boldsymbol{s}_k=(s_1^k,s_2^k,\cdots,s_m^k)$ 可用权向量与模糊矩阵积（这里系模糊运算）表示，即

$$\boldsymbol{s}_k=\boldsymbol{w}\underset{\sim}{\boldsymbol{R}}_k=(w_1,w_2,\cdots,w_n)\begin{pmatrix} r_{11}^k & r_{12}^k & \cdots & r_{1j}^k & \cdots & r_{1m}^k \\ r_{21}^k & r_{22}^k & \cdots & r_{2j}^k & \cdots & r_{2m}^k \\ \vdots & \vdots & & \vdots & & \vdots \\ r_{i1}^k & r_{i2}^k & \cdots & r_{ij}^k & \cdots & r_{im}^k \\ \vdots & \vdots & & \vdots & & \vdots \\ r_{n1}^k & r_{n2}^k & \cdots & r_{nj}^k & \cdots & r_{nm}^k \end{pmatrix}=(s_1^k,s_2^k,\cdots,s_m^k)$$

式中 $s_j^k=\bigvee_{i=1}^{n}(w_i\bigwedge_{j=1}^{m}r_{ij}^k)$，这里符号“∧”表示从中取最小值，符号“∨”表示从中取最大值.

模糊综合评定向量 $\boldsymbol{s}_k$ 描述所有评价因素属于 e_j 评价尺度的加权和.

(5) 计算替代方案 A_k 的优先度 N_k

而 N_k 可用下式进行计算

$$N_k=\boldsymbol{s}_k\boldsymbol{e}^{\mathrm{T}}$$

根据各替代方案优先度 N_k 的大小，可对各替代方案进行优先顺序的排列，为决策者提供有用的信息.

例 9.5.1　为确定工程项目 A_1,A_2,A_3,A_4,A_5 的优先顺序，特邀请 9 名专家应用模糊评判法对其进行评价. 评价因素集 F 有 5 个，即立项必要性(f_1)，技术先进性(f_2)，实施可行性(f_3)，经济合理性(f_4)，社会效益(f_5) 等，并确定相应的权重如表 9.5.1 所示(这里仅给出课题 A_1 的资料).

表 9.5.1　课题 A_1 评价因素权重及评价尺度表

评价因素集 (F)		立项必要性 (f_1)	技术先进性 (f_2)	实施可行性 (f_3)	经济合理性 (f_4)	社会效益 (f_5)
权重(W)		0.15	0.20	0.10	0.25	0.30
评价尺度	0.9	0	5	0	0	4
	0.7	6	3	4	7	4
	0.5	3	1	4	2	1
	0.3	0	0	1	0	0
	0.1	0	0	0	0	0

同时,确定评价尺度为5级,如立项必要性有:非常必要(0.9分),很必要(0.7分),必要(0.5分),一般(0.3分),不太必要(0.1分)等.试给出问题的决策.

解 先按照评价尺度对项目 A_1 的各评价因素进行评价.

由表9.5.1可知,对 A_1 的立项必要性(f_1)有6位专家认为很必要,有3位专家认为必要,为此计算各评价尺度的隶属度如下

$$r_{11}^1=\frac{d_{11}^1}{d}=\frac{0}{9}=0, r_{12}^1=\frac{6}{9}\approx 0.67, r_{13}^1=\frac{3}{9}\approx 0.33$$

$$r_{14}^1=\frac{0}{9}=0, r_{15}^1=\frac{0}{9}=0$$

因而 $\boldsymbol{r}_{k1}=(0,0.67,0.33,0,0)$.

类似地据表9.5.1所示信息,可得项目 A_1 对各因素的隶属度矩阵 $\underset{\sim}{\boldsymbol{R}}_1$ 如下

$$\underset{\sim}{\boldsymbol{R}}_1=\begin{pmatrix} 0 & 0.67 & 0.33 & 0 & 0 \\ 0.56 & 0.33 & 0.11 & 0 & 0 \\ 0 & 0.44 & 0.44 & 0.12 & 0 \\ 0 & 0.78 & 0.22 & 0 & 0 \\ 0.44 & 0.44 & 0.12 & 0 & 0 \end{pmatrix}$$

依照模糊运算规则再计算综合评定向量 $\boldsymbol{s}_1$

$$\boldsymbol{s}_1=\boldsymbol{w}\underset{\sim}{\boldsymbol{R}}_1=\begin{pmatrix} 0.15 \\ 0.20 \\ 0.10 \\ 0.25 \\ 0.30 \end{pmatrix}^{\mathrm{T}}\begin{pmatrix} 0 & 0.67 & 0.33 & 0 & 0 \\ 0.56 & 0.33 & 0.11 & 0 & 0 \\ 0 & 0.44 & 0.44 & 0.12 & 0 \\ 0 & 0.78 & 0.22 & 0 & 0 \\ 0.44 & 0.44 & 0.12 & 0 & 0 \end{pmatrix}=$$

$$(0.3,0.3,0.22,0.10,0)$$

则项目 $\boldsymbol{A}_1$ 的优先度为

$$N_1=\boldsymbol{s}_1\boldsymbol{e}^{\mathrm{T}}=(0.3,0.3,0.22,0.10,0)(0.9,0.7,0.5,0.3,0.1)^{\mathrm{T}}=0.620$$

同样依上面方法,可求出项目 $A_2\sim A_5$ 的优先度(数据及计算过程略)比如假设为

$$N_2=0.470\,2, N_3=0.413\,7, N_4=0.563\,4, N_5=0.643\,6$$

据它们大小排列,5个项目的优先排序为:A_5, A_1, A_4, A_2, A_3.

例9.5.2 某企业面对家电产品市场激烈竞争状况,面临是继续维持老产品的生产,还是开拓新产品或转产的重大决策.老产品的好坏涉及很多因素,如可靠性、节能性、维修性、成本、寿命、环保性及销路等等.

综合评判决策涉及 3 个集合，即评价因素(指标)集合、评价指标的权重集合和评价级别集合，分别确定如下：

(1) 评价因素集合的确定，根据家电产品全面对比分析确定选择：可靠性 f_1，节能性 f_2，维修性 f_3，成本 f_4 为 4 个因素，故有

$$F=(\text{可靠性 } f_1,\text{节能性 } f_2,\text{维修性 } f_3,\text{成本或费用 } f_4)$$

(2) 评价因素权重集合的确定. 根据市场与社会的抽样调查结果，4 个评价因素重要程度的权重集合为

$$\begin{matrix} & \text{可靠性} & \text{节能性} & \text{维修性} & \text{成本} \\ W=(& 0.3, & 0.1, & 0.2, & 0.4) \end{matrix}$$

(3) 评价等级集合的确定. 根据产品评比的要求和产品销售及售后服务的信息反馈，对本企业家电产品划分为 4 个级别即好(w_1)、一般(w_2)、差(w_3)、极差(w_4). 聘请本厂有关科室、销售单位及用户评委共 20 名，分别进行无记名单因素评判，评判结果统计如表 9.5.2 所示，表内 r_{ij} 值(百分数)即为评价因素 f_i 中对 w_j 的模糊度.

表 9.5.2

级别 / 评价因素	好(w_1)		一般(w_2)		差(w_3)		极差(w_4)	
	评判人数	%	评判人数	%	评判人数	%	评判人数	%
可靠性 f_1	4	20	4	20	6	30	6	30
节能性 f_2	4	20	4	20	4	20	8	40
维修性 f_3	2	10	2	10	6	30	10	50
成　本 f_4	2	10	2	10	8	40	8	40

试据上述资料，给出该厂是停产、转产，还是开拓新产品的决策.

解　仿前例可建立模糊矩阵 $\underset{\sim}{\boldsymbol{R}}$，根据前表数据可列出 $\underset{\sim}{\boldsymbol{R}}$ 为

$$\underset{\sim}{\boldsymbol{R}}=\begin{pmatrix} 0.2 & 0.2 & 0.3 & 0.3 \\ 0.2 & 0.2 & 0.2 & 0.4 \\ 0.1 & 0.1 & 0.3 & 0.5 \\ 0.1 & 0.1 & 0.4 & 0.4 \end{pmatrix}$$

下面进行综合评价：由

$$\underset{\sim}{B}=\underset{\sim}{W}\cdot\underset{\sim}{R}=(0.3,0.1,0.2,0.4)\begin{pmatrix}0.2 & 0.2 & 0.3 & 0.3\\0.2 & 0.2 & 0.2 & 0.4\\0.1 & 0.1 & 0.3 & 0.5\\0.1 & 0.1 & 0.4 & 0.4\end{pmatrix}$$

及模糊数学运算规则，结果为 $\boldsymbol{B}=(0.2,0.2,0.4,0.4)$.

再经标准化(归一化) 处理后有

$$\boldsymbol{B}_0=\left(\frac{0.2}{1.2},\frac{0.2}{1.2},\frac{0.4}{1.2},\frac{0.4}{1.2}\right)\approx(0.17,0.17,0.33,0.33)$$

好　一般　差　极差

综上，有 66% 的人认为现有产品状况差、极差，故应采取对现有产品停产的决策.

9.6　决策树 —— 多级决策

离散的风险决策，在使用期望值决策时，对于一些复杂的决策问题特别是多级决策问题，使用所谓决策树较方便，所谓多级决策是指：

一个决策当选择 n_1 个策略中一个策略后将有 m_1 种不同事件发生；每种事件发生后，又要进行下一步决策，这时又会有 n_2 个策略可选择，且对每个策略有 m_2 种不同事件发生 …… 如此需要相继做一系列决策.

决策树是一个按逻辑关系画出的树形图即树图. 它直观形象，易于徒手操作(手算).

决策树一般由四部分组成，如图 9.6.1，具体地讲有：

(1) 决策点，常以 □ 表示，决策者应在此选取策略. 由此分出的分支上记着各策略名称及实施该策略后的损益期望值.

(2) 事件点，常以 ○ 表示，与每个策略相对应的不同事件或状态. 由此分出的分支上记着可能出现的事件名称及该事件出现的概率.

(3) 树(策略) 枝，即图中每条线段，它们分别代表一个策略或事件(决策点后的为策略，事件点后的为事件). 策略记 s_i 事件记 e_i.

(4) 结果(局) 点，它通常是决策树的树梢，常以 △ 表示，将每一方案在相应状况(策略对应的事件) 下的损益期望值 a_{ij} 记于此处(每项决策时的花费或收益值前也冠以 △).

对于求最优期望收益的问题，利用决策树进行决策的推算方向是从树梢到树

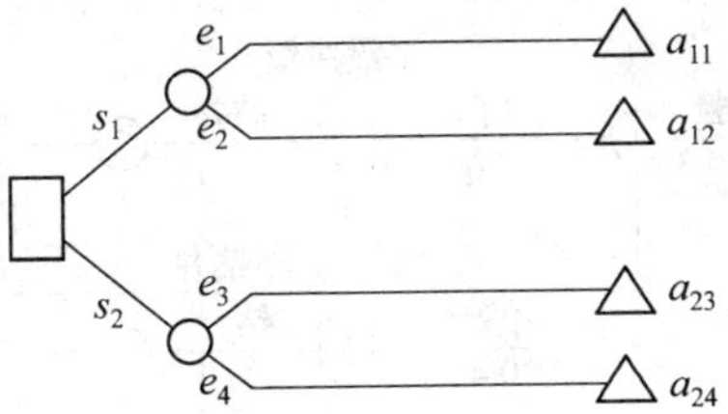

图 9.6.1

根反向倒推，其步骤大致如下：

(1) 从树梢开始逐个算出每个方案损益的期望值(依据事件分支概率及损益数据)；

(2) 比较优劣，从中选定最佳方案分支，同时剪去劣枝(据不同的决策准则)；

(3) 将最佳损益期望值写到上一级决策点分出的分支上；

(4) 重复上面步骤，直至决策树的树根(最终的决策点)为止.

利用决策树进行的决策常有下面几类：

① 单级决策问题，② 多级决策问题，③ 带补充信息的决策问题.

我们这里主要介绍 ②，对于 ③ 可仿之(结合概率公式). 下面来看例题.

例 9.6.1 石油公司欲在某地钻探石油，它有两个方案可供选择：先地震试验再决定钻井与否；另一方案是不试验而只凭经验决定钻井与否. 试验费每次为 0.3 百万元，钻井费为 1 百万元，直接钻井，出油的概率为 0.55，不出油的概率为 0.45. 若先试验，依地质情况估计，地质条件好的可能为 0.6，地质条件不好的可能为 0.4. 而好的地质条件出油与不出油的概率分别为 0.85 和 0.15；不好的地质条件出油与不出油的概率分别为 0.10 和 0.90，又若出油公司有 4 百万元收益，不出油收益为 0. 如何决策公司的期望收益最大？

解 此决策问题可用决策树来解，具体图形见图 9.6.2.

这里再强调一点，依据上面的方法利用决策树解决策问题，是用逆序推法(从树梢到树根)，且不断简化图形(剪枝)，边计算边进行(剪枝)，直至决策点 1 处仅剩下的树枝为止，此时可依计算结果进行决策.

具体地讲，可由下面步骤完成：

(1) 先计算树梢处各事件点收益期望值(加权平均)，见表 9.6.1.

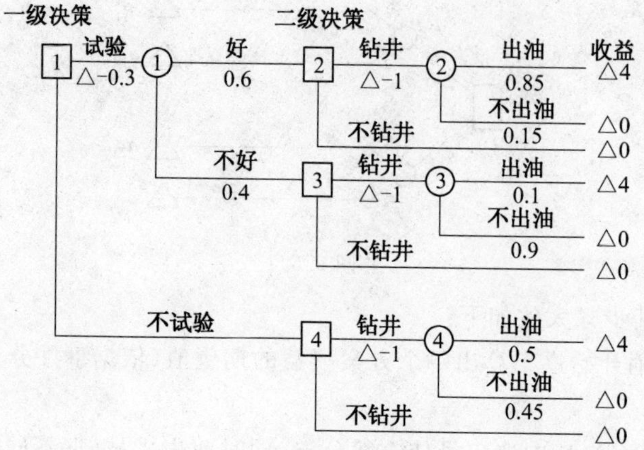

图 9.6.2

表 9.6.1

事件点	收益期望值
②	4·0.85＋0·0.15＝3.4
③	4·0.1＋0·0.90＝0.4
④	4·0.55＋0·0.45＝2.2

此时，将诸事件收益期望值写在树梢处. 图 9.6.2 可简化(二级决策已化简)为图 9.6.3.

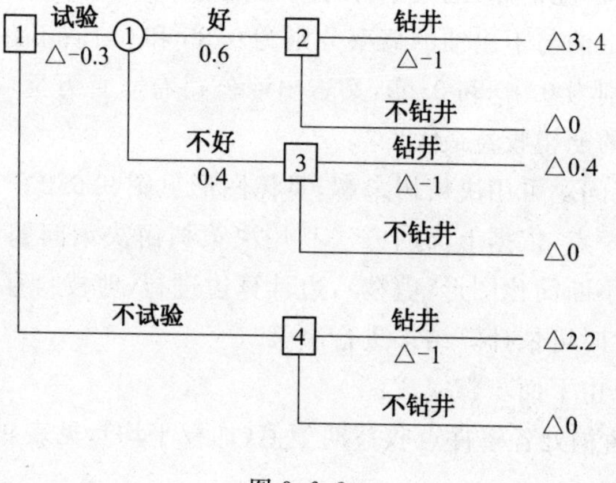

图 9.6.3

(2) 在决策点[2]，[3]，[4]处按最大收益期望值决策，则决策树又可简化为图

9.6.4 所示.

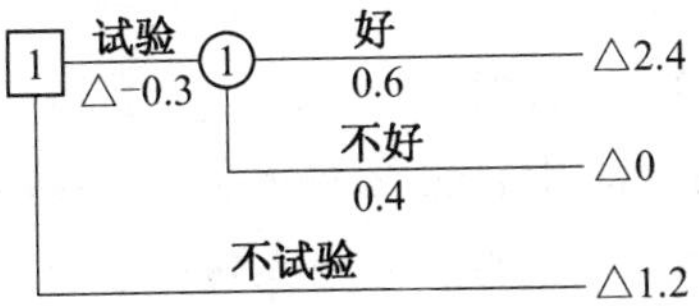

图 9.6.4

(3) 计算事件点 ① 的收入期望值：$2.4\cdot 0.6+0\cdot 0.4=1.44$，有图 9.6.5.

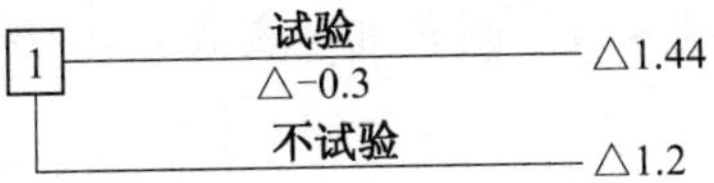

图 9.6.5

(4) 在决策点[1]进行选择 $\max\{(1.44-0.3),1.2\}=1.2$.

从而最优策略为不勘探即开采.

这里提出几个问题：① 采油收益为多少时需先试验再开采？② 采油收益与打井费、试验费之比为多少时需先试验？为多少时不必试验？

容易看出：对于有 k 级决策的问题而言，即使每个策略仅对应 2 个事件，则树梢至少有 2^k 条；每个策略对应 3 个事件，树梢至少有 3^k 条；这显然也存在维数障碍.

9.7　效用理论在决策分析中的应用

效用概念是最初由 D. Berneulli 提出的，他认为人们对钱财的真实价值的考虑与他的钱财拥有量之间存在对数关系(如图 9.7.1 所示，这里意味着效用随币值增加反应越来越平缓. 确切否？姑且不论).

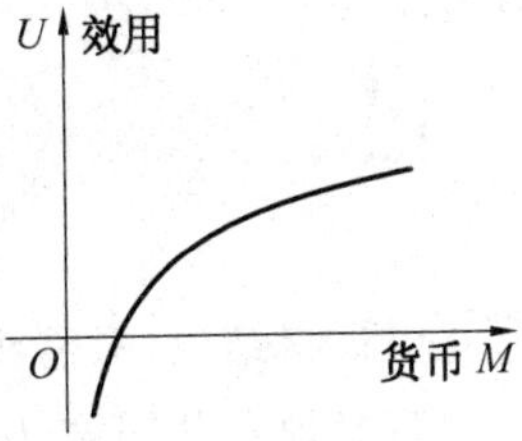

图 9.7.1

据说，他是从下面问题思考而来的：某人掷一枚均匀硬币进行博彩，规定若他第 k 次才掷出硬币正面可获收益 $x=2^k$，这样他的期望收益为

$$\frac{1}{2}\cdot 2+\frac{1}{2^2}\cdot 2^2+\frac{1}{2^3}\cdot 2^3+\cdots=\sum_{k=1}^{\infty}\frac{2^k}{2^k}=\infty$$

这显然有悖于事实，但是收益如改为 $\ln x$，这时他的期望收益是

$$\frac{1}{2}\ln 2+\frac{1}{2^2}\ln 2^2+\frac{1}{2^3}\ln 2^3+\cdots=\sum_{n=1}^{\infty}\frac{n}{2^n}\ln 2=4\ln 2$$

这个结果似乎可以接受，这启发 D. Berneulli 用 $\ln x$ 来衡量财富 x 的效用.

经济学家将效用作为指标，用它去衡量人们对某些事物的主观价值、态度、偏爱、倾向等（比如人们对保险、奖券的收益与支付的态度）.

如上介绍，效用本是"对策论"中的一个重要概念，如今已用到了决策分析中，严格的数学定义可由下面的叙述完成.

若空间Ω有如下性质：对于 $x_i\in\Omega(i=1,2,3)$ 规定"$\prec$"为优序（如"$A\succ B$"表示"A 优于 B"），若 $x_1\prec x_2\prec x_3$，则有唯一实数 $0<\rho<1$ 使

$$\rho x_1+(1-\rho)x_3\sim x_2$$

这里"$\sim$"表示等效或无差别之意.

而若 $y_1,y_2\in\Omega$ 且 $y_1\sim y_2$，记 $U(y_1)=U(y_2)$，且称 $U(y)$ 为效用函数.

粗略地看，x 增大 $U(x)$ 增大，知 $U'(x)>0$.

而 x 增大时，$\Delta U(x)$ 减小，知 $U''(x)<0$. 故 $U(x)$ 的图像差不多是如前面图 9.7.1 所示的曲线.

关于效用函数成立着下面的定理（证明略）：

定理 9.7.1 若 Ω 上的效用函数 U_1 存在，又有实数 α,β，其中 $\alpha>0$，则 $U_2=\alpha U_1+\beta$ 亦为效用函数.

定理 9.7.2 若 U_1,U_2 是 Ω 上两个效用函数，则有实数 α,β，其中 $\alpha>0$，使 $U_2=\alpha U_1+\beta$.

它的证明（详见习题）可大致述如：若 $\omega_i\in\Omega(i=1,2,3)$，则由上面$\Omega$的定义可有

$$\begin{vmatrix} 1 & 1 & 1 \\ U_1(\omega_1) & U_1(\omega_2) & U_1(\omega_3) \\ U_2(\omega_1) & U_2(\omega_2) & U_3(\omega_3) \end{vmatrix}$$

由此可证得结论（只需将行列式展开即可）.

广义地看此即说$(U_1(\omega_i),U_2(\omega_i))(i=1,2,3)$ 三点共线.

系 若 U_1,U_2 是 Ω 上两个效用函数，又 $\omega_1,\omega_2\in\Omega$ 且$\omega_1\prec\omega_2$，有 $U_1(\omega_1)=U_2(\omega_2)$，$U_1(\omega_2)=U_2(\omega_2)$，则对任意 $\omega\in\Omega$，总有 $U_1(\omega)=U_2(\omega)$.

效用值是对实际货币公值的一种效用度量标准，它是实际货币值的函数，又系一个相对指标. 通常规定：凡对表态（决策）者最爱好、最倾向、最喜欢的事物（件）的效用值赋 1，相反的最讨厌，最不愿意发生的事物（件）的效用值赋 0.

效用值通常可用所谓效用曲线来表示，绘制其方法有二：

(1) 直接提问法

向表态(决策) 者直接提出一系列问题，要求其进行主观衡量且回答.

通过一系列提问，可将表态(决策) 人的好恶用曲线描绘，当然它并不十分确切，因而不够精确.

(2) 对比提问法

若表态(决策) 者面临两种方案 A_1，A_2 可供选择：

A_1 表示他可无风险地得到 x_2；A_2 则表示他可以概率 p 得到 x_1 或以概率$(1-p)$ 损失 x_3，且 $x_3 < x_2 < x_1$.

若 $U(x_i)$ 表示 x_i 效用值$(i=1,2,3)$，在某种条件下决策者若认为 A_1，A_2 两方案等价时可表示为

$$pU(x_1) + (1-p)U(x_3) = U(x_2)$$

即表态(决策) 者认为，x_2 的效用值与 x_1，x_3 效用期望值等效.

这里有四个变元 x_1，x_2，x_3 和 p，若知其中之三，问表态(决策) 者第四个变元的取值，这样通过对比可确定被提问者的风险效用曲线.

提问的方式大致有以下三种：

(1) 每次固定 x_1，x_2，x_3，变动 p. 问题：p 取何值认为 A_1，A_2 等价？

(2) 每次固定 x_1，x_3，p，变动 x_2. 问题：x_2 取何值认为 A_1，A_2 等价？

(3) 每次固定 x_2，x_3(或 x_1)，p，变动 x_1(或 x_3). 问题：x_1(或 x_3) 取何值时 A_1，A_2 等价？

对于上面三种方式，人们多采用(2)，特别地取 $p=0.5$，此方法称为 V－M(Von Neumann-Morgenstern) 法.

这样可用关系式

$$0.5U(x_1) + 0.5U(x_3) = U(x_2)$$

固定 x_1，x_2 且确定 $U(x_1)=\alpha$，$U(x_2)=1-\alpha$. 这时让被问者先讲出使上式成立的 x_2，从而可以确定 x_2 的效用值 $U(x_2)$.

再分别以 $U(x_2)$ 代 $U(x_1)$ 和 $U(x_3)$，使被问者确定使

$$0.5U(x_1) + 0.5U(x_2) = U(x')$$

$$0.5U(x_2) + 0.5U(x_3) = U(x'')$$

成立的 x'，x''，便求得 $U(x')$，$U(x'')$ 值.

这样实际上已得出曲线上的五个点的坐标，依此我们可以绘制效用曲线.

此曲线由其形状不同，表达了决策者对待风险的不同态度. 一般来讲有三种类

型：

(1) 保守型：决策者对金钱损失越来越敏感，而对收入的增加较迟钝；

(2) 折中型：他认为收入的增长与效用值的增长成正比；

(3) 冒险型：他对金钱的损失不大在意，而对收入的增长十分敏感.

从图 9.7.2 上亦可看出：对同一个 x 而言，保守者甲的效用者 $U_1(x)$ 大于中间者乙的效用值 $U_2(x)$，而乙的效用值 $U_2(x)$ 又大于冒险者丙的效用值 $U_3(x)$.

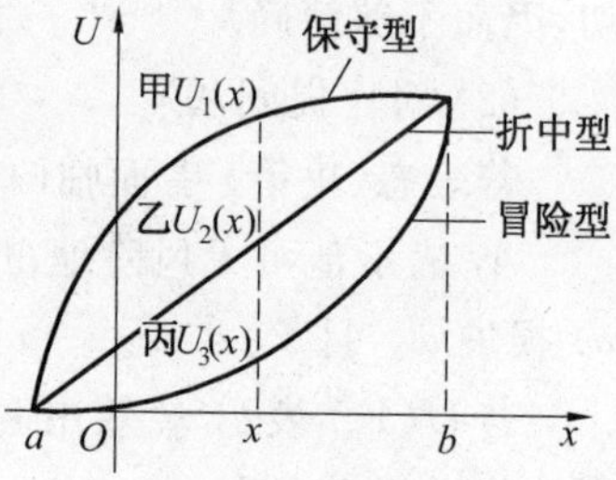

图 9.7.2

效用曲线常用函数曲线（通过电子计算机或结合计算方法）去拟合.

将效用值理论用于决策分析，基于下面所谓 D. Bernoulli 原理：

若一个面临着必须从某行动（策略）集 S 中做选择的决策问题，其中行动的后果由未来的自然状态（事件）e 确定，且未来状态出现的概率 $P(e)$ 已知或可估测，则他应选择一个将产生最高期望值的行动（策略），换言之，他将依据个人对可能后果的偏好程度，选择具有最大期望偏好值的那个行动（策略）.

例 9.7.1 若决策者的效用曲线如图 9.7.3 所示，试求例 9.6.1 问题的最优效用期望值决策.

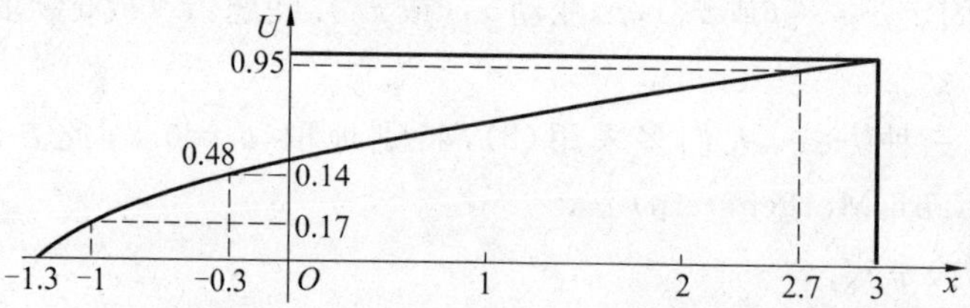

图 9.7.3

解 此投资者显然是个保守型，决策树仍如例 9.6.1 状，只是数据需做修改.

将原来的数（期望）值改为效用（期望）值，从图 9.7.3 上反查推算：

我们仍用逆推法反求，先算事件点 ②、③、④ 处的效用期望值：

事件点 ② 处

$$0.95 \cdot 0.85 + 0 \cdot 0.15 = 0.807$$

事件点 ③ 处

$$0.95 \cdot 0.10 + 0 \cdot 0.90 = 0.095$$

事件点 ④ 处

$$1 \cdot 0.55 + 0.17 \cdot 0.45 = 0.626$$

再在决策点[2],[3],[4]处择优，并剪枝（参考图 9.7.4，图中“‖”表示剪去的树枝），且将效用期望值 0.807，0.41，0.626 记于该决策点旁（图略）. 这里注意到：

对于[2]

$$\max\{0.807, 0.41\} = 0.807$$

对于[3]

$$\max\{0.095, 0.41\} = 0.41$$

对于[4]

$$\max\{0.626, 0.48\} = 0.626$$

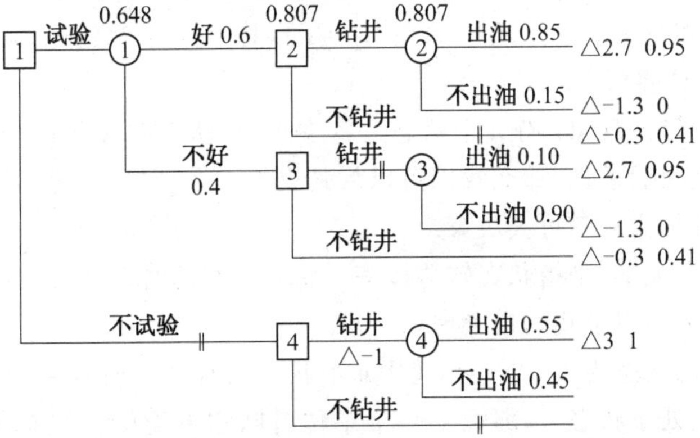

图 9.7.4

计算事件点 ① 处效用期望值：$0.807 \cdot 0.6 + 0.41 \cdot 0.4 = 0.648$，记在事件点 ① 旁（仿照例 9.6.1 进行）.

对于决策点[1]，由于 $\max\{0.648, 0.626\} = 0.648$，故选择先勘探后钻井的策略（不勘探的枝条被剪去）.

9.8* 多阶段随机决策——马尔可夫决策

这是一种带有随机过程的决策，为介绍该决策方法，先介绍几个概念.

1. 马尔可夫链、马尔可夫决策和随机(概率)矩阵

一个过程(或系统)在未来时刻 $t+\Delta t$ 的状态只依赖于现时刻 t 的状态,而与以往状态无关,其特性称为无后效性,亦称马尔可夫性.系统在时刻 $t+\Delta t$ 的状态概率,仅依赖于当前时刻 t 的状态概率,而与初始概率无关.

设随机变量序列 $\{X_1,X_2,\cdots,X_m,\cdots\}$ 的状态集合为 $S=\{s_1,s_2,\cdots,s_m\}$,若对任意的 k 和任意的正整数 $i_1,i_2,\cdots,i_k,i_{k+1}$,有下式成立

$$P\{X_{k+1}=s_{i,k+1} \mid X_1=s_{i1},X_2=s_{i2},\cdots,X_k=s_{ik}\}=$$
$$P\{X_{k+1}=s_{i,k+1} \mid X_k=s_{ik}\}$$

则称随机变量序列 $\{X_1,X_2,\cdots,X_m,\cdots\}$ 为一个马尔可夫链.

如果系统从状态 s_i 转移到状态 s_j,我们将条件概率 $P(s_j \mid s_i)$ 称为状态转移概率,并且记作 $P(s_j \mid s_i)=p_{ij}$,简称 p_{ij} 是从 i 到 j 的转移概率.

对于条件概率 $p_{ij}^{(k)}=P(X_{k+1}=s_j \mid X_k=s_i)$,其中 $i,j=1,2,\cdots,n$,称为状态 s_i 到状态 s_j 的 k 步转移概率.

如某策略(经济现象)有 n 个状态 $s_1,s_2,\cdots,s_n$,状态的转移是每隔单位时间才可能发生,且其无后效性,那么我们可以将其视为一个马尔可夫链对其进行预测和决策,此过程即称为马尔可夫决策.

齐次马尔可夫链,是指状态转移概率与状态所在的时刻无关(这里只考虑状态集是有限的情形),以下我们仅考虑该情形.

假设系统的状态为 $s_1,s_2,\cdots,s_n$(共 n 个状态),且任一时刻系统只能处于一种状态,若当前它处于状态 s_i,那么下一个单位时间它可能由 s_i 转向 $s_1,s_2,\cdots,s_n$ 之一;相应的转移概率为 $p_{i1},p_{i2},\cdots,p_{in}$,因此有

$$0\leqslant p_{ij}\leqslant 1,\quad \sum_{j=1}^{n} p_{ij}=1,i=1,2,\cdots,n \tag{$*$}$$

并称矩阵

$$\boldsymbol{P}=\begin{pmatrix} p_{11} & p_{12} & \cdots & p_{1n} \\ p_{21} & p_{22} & \cdots & p_{2n} \\ \vdots & \vdots & & \vdots \\ p_{n1} & p_{n2} & \cdots & p_{nn} \end{pmatrix}$$

为状态转移随机矩阵,简称随机矩阵.

对于 k 步转移矩阵 $\boldsymbol{P}^{(k)}=(p_{ij}^{(k)})_{m\times n}$,其中 $p_{ij}^{(k)}$ 也满足式($*$).

一般地,我们称满足式($*$)的矩阵 $\boldsymbol{P}$(或 $\boldsymbol{P}^{(k)}$)为随机矩阵(或概率矩阵).式

（$*$）表示矩阵各行和等于 1；如其各列和也等于 1 的矩阵也称为双随机矩阵. 不难证明：

命题 1　如果 $\boldsymbol{P}_1,\boldsymbol{P}_2$ 均为 $n\times n$ 的随机矩阵，则 $\boldsymbol{P}_1\cdot\boldsymbol{P}_2$ 及 $\boldsymbol{P}_1^k,\boldsymbol{P}_2^k$ 也是随机矩阵.

命题 2　若 $\boldsymbol{P}$ 为随机矩阵且 $\boldsymbol{P}\neq\boldsymbol{I}$（单位阵），则 $\lim\limits_{k\to\infty}\boldsymbol{P}^k=\bar{\boldsymbol{P}}$，其中 $\bar{\boldsymbol{P}}$ 的每行元素皆为 $\boldsymbol{p}=(p_1,p_2,\cdots,p_n)$，且称 $\bar{\boldsymbol{P}}$ 为 $\boldsymbol{P}$ 的平衡随机矩阵.

命题 3　若 $\boldsymbol{P}$ 随机矩阵，又 $\boldsymbol{t}=(t_1,t_2,\cdots,t_n)$，其中 $t_i\geqslant 0,i=1,2,\cdots,n$，且诸分量和 $\sum\limits_{i=1}^{n}t_i=1$ 的向量（亦称随机向量），则有

$$\lim_{k\to\infty}\boldsymbol{tP}^k=\boldsymbol{t}\bar{\boldsymbol{P}}=\boldsymbol{p}$$

注意到 $k\to\infty$ 时，$\boldsymbol{P}^k\to\bar{\boldsymbol{P}}$，再由向量矩阵乘法可验证上结论，注意这里

$$\boldsymbol{p}=\boldsymbol{t}\bar{\boldsymbol{P}}$$

由命题 3，我们可有 $\boldsymbol{tP}^k=\boldsymbol{tP}^{k-1}\cdot\boldsymbol{P}$，这样两边令 $k\to\infty$，有

$$\boldsymbol{t}\bar{\boldsymbol{P}}=\boldsymbol{t}\bar{\boldsymbol{P}}\cdot\boldsymbol{P},\text{令 }\boldsymbol{t}\bar{\boldsymbol{P}}=\boldsymbol{p},\text{则有 }\boldsymbol{p}=\boldsymbol{pP}\qquad(**)$$

（或为 $\boldsymbol{p}$ 可逆则 $\boldsymbol{t}=\boldsymbol{tP}$）

满足 $\boldsymbol{\pi}=\boldsymbol{\pi P}$ 式的向量 $\boldsymbol{\pi}$ 称为平衡状态随机向量.

2. 马尔可夫决策方法

马尔可夫决策方法目前已广泛用于市场需求的预测和销售市场的决策. 下面我们将讨论利用转移概率矩阵和它的收益（或利润）矩阵进行决策的方法步骤.

设某 n 种产品市场销售状态的转移情况如表 9.8.1 所示.

表 9.8.1

转向 \ 原用户使用	产品 1	产品 2	…	产品 n
产品 1	p_{11}	p_{12}	…	p_{1n}
产品 2	p_{21}	p_{22}	…	p_{2n}
⋮	⋮	⋮		⋮
产品 n	p_{n1}	p_{n2}	…	p_{nn}

由表 9.8.1 可知，题设问题的状态转移概率矩阵

$$P=\begin{pmatrix} p_{11} & p_{12} & \cdots & p_{1n} \\ p_{21} & p_{22} & \cdots & p_{2n} \\ \vdots & \vdots & & \vdots \\ p_{n1} & p_{n2} & \cdots & p_{nn} \end{pmatrix}$$

其中 p_{ij} 表示从状态 i 经过单位时间(比如一个月、一个季度、一年等)转移到状态 j 的概率,$i,j=1,2,\cdots,n$.

又设在经营过程中,从每一状态转移到另一状态时,用 r_{ij} 表示从销售状态 i 转移到销售状态 j 的收益.且记收益矩阵为

$$R=\begin{pmatrix} r_{11} & r_{12} & \cdots & r_{1n} \\ r_{21} & r_{22} & \cdots & r_{2n} \\ \vdots & \vdots & & \vdots \\ r_{n1} & r_{n2} & \cdots & r_{nn} \end{pmatrix}$$

这样,在现时销售状态 i 时,则下一步的销售期望收益为

$$q_i=p_{i1}r_{i1}+p_{i2}r_{i2}+\cdots+p_{in}r_{in}=\sum_{i=1}^{n} p_{ij}r_{ij} \quad i=1,2,\cdots,n$$

现设有 $k(k=1,2,\cdots,m)$ 个可能采取的措施(即策略),则在第 k 个措施下的转移概率矩阵 $\boldsymbol{P}_k$ 和收益矩阵 $\boldsymbol{R}_k$ 分别为

$$\boldsymbol{P}_k=\begin{pmatrix} p_{11}(k) & p_{12}(k) & \cdots & p_{1n}(k) \\ p_{21}(k) & p_{22}(k) & \cdots & p_{2n}(k) \\ \vdots & \vdots & & \vdots \\ p_{n1}(k) & p_{n2}(k) & \cdots & p_{nn}(k) \end{pmatrix}$$

$$\boldsymbol{R}_k=\begin{pmatrix} r_{11}(k) & r_{12}(k) & \cdots & r_{1n}(k) \\ r_{21}(k) & r_{22}(k) & \cdots & r_{2n}(k) \\ \vdots & \vdots & & \vdots \\ r_{n1}(k) & r_{n2}(k) & \cdots & r_{nn}(k) \end{pmatrix}$$

用 $f_i(N)$ 表示现在状态 i 经 N 个时刻后选择最优策略的总期望收益,则有

$$f_i(N+1)=\max_{1\leqslant k\leqslant m}\left\{\sum_{j=1}^{n} p_{ij}(k)\left[r_{ij}(k)+f_j(N)\right]\right\}$$

$$i=1,2,\cdots,n;N=1,2,\cdots$$

这样,在状态 i,采取第 k 个策略,经一步转移后的期望收益为

$$q_i(k)=\sum_{j=1}^{n} p_{ij}(k)r_{ij}(k)$$

由此便可进行下一步决策.下面我们来看一个例子.

例 9.8.1 今有甲、乙、丙三家公司,历史资料表明,它们的某产品市场占有率分别为 50%,30% 和 20%.丙公司日前制定了一项把甲、乙两公司的顾客吸引到本公司来的销售与服务策略,设三家公司的销售和服务是以季度为单位考虑的.市场调查表明,在丙公司新的经营方针的影响下,顾客的转移概率矩阵为

$$\boldsymbol{P}=\begin{pmatrix}0.70 & 0.10 & 0.20\\0.10 & 0.80 & 0.10\\0.05 & 0.05 & 0.90\end{pmatrix}$$

试用马尔可夫分析方法研究此销售问题,并分别求出三家公司在第一、二季度各拥有的市场占有率和最终的市场占有率.

解 设随机变量 $X_t(t=1,2,\cdots)=1,2,3$ 分别表示顾客在 t 季度购买甲、乙、丙公司的产品,显然 $\{X_t\}$ 是一个有限状态的马尔可夫链.已知 $P(X_0=1)=0.5$,$P(X_0=2)=0.3$,$P(X_0=3)=0.2$,则第一季度的销售份额为

$$(0.50,0.30,0.20)\begin{pmatrix}0.70 & 0.10 & 0.20\\0.10 & 0.80 & 0.10\\0.05 & 0.05 & 0.90\end{pmatrix}=(0.39,0.30,0.31)$$

同样第二季度的销售份额,有

$$(0.39,0.30,0.31)\begin{pmatrix}0.70 & 0.10 & 0.20\\0.10 & 0.80 & 0.10\\0.05 & 0.05 & 0.90\end{pmatrix}=(0.319,0.294,0.387)$$

设 π_1,π_2,π_3 为马尔可夫链处于状态 1,2,3 的稳态概率,因 P 是一个标准随机矩阵(即其元素均大于且不为 1 的随机矩阵)由

$$\boldsymbol{P}^n\boldsymbol{p}\to\bar{\boldsymbol{p}},\boldsymbol{P}^n\boldsymbol{p}=\boldsymbol{P}\boldsymbol{P}^{n-1}\boldsymbol{p}\Rightarrow\bar{\boldsymbol{p}}=\boldsymbol{P}\bar{\boldsymbol{p}}$$

从而

$$\begin{cases}0.70\pi_1+0.10\pi_2+0.05\pi_3=\pi_1\\0.10\pi_1+0.80\pi_2+0.05\pi_3=\pi_2\\\pi_1+\pi_2+\pi_3=1\end{cases}$$

解得 $\boldsymbol{\pi}=(\pi_1,\pi_2,\pi_3)=(0.176\,5,0.235\,3,0.588\,2)\approx(0.18,0.23,0.59)$.

故甲、乙、丙三家公司最终将分别占有 18%,23% 和 59% 的市场销售份额.

欲求均衡状态的年份可由矩阵方程

$$(0.18,0.23,0.59)=(0.5,0.3,0.2)\boldsymbol{P}^k$$

求得(即求 k),然而此非易事.

例 9.8.2 考虑例 9.8.1 的销售问题.为了对付日益下降的销售趋势,甲公司制定两种策略:

第一种是保留策略,即力图保留原有顾客所占的百分比,方法是对连续两期购货的顾客给予适当优惠,这使原有顾客保留率提高到 85%,这时新的转移概率矩阵为(仅第一行变化)

$$\boldsymbol{P}_1=\begin{pmatrix}0.85 & 0.10 & 0.05\\0.10 & 0.80 & 0.10\\0.05 & 0.05 & 0.90\end{pmatrix}\begin{matrix}\text{(此行变化)}\\ \\ \text{(第 2、第 3 行未变)}\end{matrix}$$

第二种是争取策略,即甲公司通过广告宣传、售后服务等来争取另外两家公司的顾客.这样一来新的转移概率矩阵为(仅第一行不变化)

$$\boldsymbol{P}_2=\begin{pmatrix}0.70 & 0.10 & 0.20\\0.15 & 0.75 & 0.10\\0.15 & 0.05 & 0.80\end{pmatrix}\begin{matrix}\text{(此行未变化)}\\ \\ \text{(第 2、第 3 行变化)}\end{matrix}$$

(1) 分别求出在甲公司的保留和争取策略下,三家公司最终分别占有市场的份额;

(2) 若两种策略的代价相当,甲公司应采取哪一种策略?

解 (1) 在保留策略下,由

$$\begin{cases}0.85\pi_1+0.10\pi_2+0.05\pi_3=\pi_1\\0.10\pi_1+0.80\pi_2+0.05\pi_3=\pi_2\\\pi_1+\pi_2+\pi_3=1\end{cases}$$

解得 $\boldsymbol{\pi}=(\pi_1,\pi_2,\pi_3)=(0.316,0.263,0.421)$.

在争取策略下,由

$$\begin{cases}0.70\pi_1+0.15\pi_2+0.15\pi_3=\pi_1\\0.15\pi_1+0.75\pi_2+0.10\pi_3=\pi_2\\\pi_1+\pi_2+\pi_3=1\end{cases}$$

解得 $\boldsymbol{\pi}=(\pi_1,\pi_2,\pi_3)=(0.333,0.222,0.445)$.

(2) 在保留策略下甲公司将占 31.6% 的市场份额,而在争取策略下将占 33.3% 的市场份额,故甲公司应采取争取策略.

那么还可提出问题:若甲公司对两种策略同时采用,各公司产品最终所占市场份额为多少?(此时转移概率矩阵 $\boldsymbol{P}_3$ 由 $\boldsymbol{P}_1$ 的第一行,$\boldsymbol{P}_2$ 的第 2、第 3 行组成)

9.9* 多目标决策

客观世界的多维性使得人类的需求也往往具有多样性，人类需求的多样性导致了为满足这些需求所进行的社会经济活动的多准则性(多目标性、多目的性). 人类社会活动的多重目标之间一般具有冲突性，这常表现在一个目标的改进会导致另一个甚至另一些目标的倒退.

正是由于这种多目标间的冲突性，才使得人们去研究协调它们的科学的决策理论和方法. 如此一来，人类决策活动正是为解决多目标间的冲突所进行的努力.

虽然多目标最优化(多目标决策)问题的起源可以追溯到 20 世纪中期，但是更深入、更有成效的研究则是近些年来的事. 这些研究涉及经济管理、系统工程、控制论和运筹学各个领域，且成功地提出了很多有效方法.

由于多目标问题的复杂性及本书的篇幅限制，我们这里只介绍多目标决策问题的几个基本概念和有着重要应用的层次分析法. 线性多目标规划方法(目标规划)，我们在前面章节已有讨论，其他多目标决策方法，有兴趣的读者可参阅有关文献.

1. 多目标最优化问题的基本概念

如前文所述，在单目标优化问题中的任务是寻找一个或一组变元 $\boldsymbol{x}$，使得目标函数 $f(\boldsymbol{x})$ 取极大(或极小)值. 对其任意两解，只要比较它们相应的目标值，即能确定优劣. 而在多目标优化问题中. 由于多目标问题中各个目标之间的冲突性，人们不可能使所有目标同时都达到最优，从而使得多目标问题的绝对最优解一般并不存在，这样看考虑以下几种解.

设多目标问题中，含有 m 个目标 $f_1, f_2, \cdots, f_m$，且假定目标均是寻求最大，并设多目标规划的可行解集 R 非空.

有效解 若解 $\bar{\boldsymbol{x}} \in R \subset \mathbf{E}^n$(这里 $\mathbf{E}^n$ 表示 n 维欧氏空间)，不存在 $\boldsymbol{e} \in R$，满足：$f_i(\boldsymbol{x}) \geqslant f_i(\bar{\boldsymbol{x}}), i=1,2,\cdots,m$；且至少有一个 $j \in \{1,2,\cdots,m\}$，使 $f_i(\boldsymbol{x}) > f_j(\bar{\boldsymbol{x}})$，则称 $\bar{\boldsymbol{x}}$ 为多目标规划的有效解(也称非劣解，或 parero 解).

据此，当 $\bar{\boldsymbol{x}}$ 为有效解时，我们将找不到一个可行解 $\boldsymbol{x}$ 使它的所有目标值均不比 $\bar{\boldsymbol{x}}$ 的目标值差，而其中至少有一个目标值 $f_j(\boldsymbol{x})$ 优于 $\bar{\boldsymbol{x}}$ 的目标值 $f_j(\bar{\boldsymbol{x}})$. 这就是说，当 $\bar{\boldsymbol{x}}$ 为有效解时，如果还想进一步改进 $\bar{\boldsymbol{x}}$ 的某一个或几个目标时，则其另外的目标中有些将会退化.

最优解也是有效解，但有效解不一定是最优解.

一般情况下多目标规划问题的绝对最优解不一定存在，这样，讨论非劣解或有效解（pareto 最优解）将显得重要.

pareto 最优是意大利经济学家 Pareto 提出的一个经济学概念：当一个国家的资源和产品是以这样一种方式配置时，即没有一种重新配置，能够在不使一个其他人的生活恶化的情况下改善任何人的生活，则可以说处于 pareto 最优.

弱有效解　设解 $\bar{\boldsymbol{x}} \in R$ 若不存在 $\boldsymbol{x} \in R$，满足：$f_i(\boldsymbol{x}) > f_i(\bar{\boldsymbol{x}})$，$i=1,2,\cdots,m$；则称 $\bar{\boldsymbol{x}}$ 为多目标规划的弱有效解.

此时说当 $\bar{\boldsymbol{x}}$ 是弱有效解时，我们将找不到一个可行解 $\boldsymbol{x}$，使它的所有目标值均不比 $\bar{\boldsymbol{x}}$ 相关的目标值严格地差.

最优解集 R^*、有效解集 R_P^*、弱有效解集 R_W^* 之间有关系

$$R^* \subseteq R_P^* \subseteq R_W^*$$

具体地它们还有以下性质：

①$R^* = \bigcap\limits_{i=1}^{m} R_i^*$，其中 R_i^* 为单目标 $f_i(x)$ 下的最优点集；

②$R_P^* \subseteq R_W^*$；

③$R_i^* \subseteq R_W^*$，$i=1,2,\cdots,m$；

④$R^* \subseteq R_P^*$；

⑤若 $R^* \neq \varnothing$，则 $R_P^* = \bigcap\limits_{i=1}^{m} R_i^* = R^*$，且 $R_W^* = \bigcap\limits_{i=1}^{m} R_i^*$.

满意解　对多目标规划的某个可行解 $\tilde{\boldsymbol{x}} \in R$，如能使决策者感到满意，则称 $\tilde{\boldsymbol{x}}$ 为多目标规划的满意解.

根据上述讨论可知，对于多目标决策问题，主要是在一定条件下寻找使决策者可以接受的满意解. 当最优解存在时，问题已获解；否则，我们须在有效或弱有效解中寻找满意. 在决策过程中，先寻找各种有效或弱有效解，而最终由决策者决定满意解. 在决策过程中，先寻找各种有效或弱有效解，而最终由决策者决定满意解.

一般地，人们常采用以下三种方式处理：

(1) 决策者与建立模型者事先商定一种原则和方法来确定满意解；

(2) 建立模型者只提供有效解或弱有效解，满意解由决策者来选择；

(3) 决策者和建立模型者不断交换信息，同时逐步改进有效解或弱有效解，直到最后找到满意解.

以上三种方法，第 1 种较简单，但原则不易把握；第 2 种比较现实；第 3 种越来越受到人们关注.

算法　为求多目标规划问题的有效解，常需要求解如下形式的加权问题 $P(\lambda)$

$$\begin{cases} \max \text{ 或 } \min \sum_{j=1}^{p} \lambda_j f_j(\boldsymbol{x}) \\ \boldsymbol{x} \in R \end{cases}$$

其中 $\boldsymbol{\lambda} \in \Lambda^+ = \{\boldsymbol{\lambda} \in \mathbf{E}^p \mid \lambda_j \geqslant 0, \sum_{j=1}^{p} \lambda_j = 1\}$，$\mathbf{E}^p$ 为 p 维欧氏空间.

加权问题 $P(\lambda)$ 的最优解和问题多目标规划的有效解之间有下列关系：

定理 9.9.1　设 $\bar{\boldsymbol{x}}$ 为问题 $P(\boldsymbol{\lambda})$ 的最优解，又下面两个条件：

(1)$\lambda_j > 0, j = 1, 2, \cdots, p$；

(2)$\bar{\boldsymbol{x}}$ 是 $p(\boldsymbol{\lambda})$ 的唯一解，若其中之一成立，则 $\bar{\boldsymbol{x}}$ 是多目标规划的有效解.

定理 9.9.2　设 $f_1(\boldsymbol{x}), f_2(\boldsymbol{x}), \cdots, f_p(\boldsymbol{x})$ 为凸函数，$g_1(\boldsymbol{x}), g_2(\boldsymbol{x}), \cdots, g_m(\boldsymbol{x})$ 为(向下)凹函数，若 $\bar{\boldsymbol{x}}$ 为多目标规划的有效解，则存在 $\boldsymbol{\lambda} \in \Lambda^+$ 使得 $\bar{\boldsymbol{x}}$ 是 $P(\boldsymbol{\lambda})$ 的最优解.

以上两定理提供了一种用数值优化求多目标规划有效解的方法.

至于权系数的确定我们在前面章节中已有叙述. 其他算法还可参见参考文献[63]. 下面我们来具体讨论多目标决策问题.

2. 多目标决策及常用方法

多目标决策问题的特点：① 目标多于一个；② 目标间不可公度(即无统一的衡量标准或计量单位)；③ 各目标间存在矛盾性.

解多目标规划问题方法有很多，比如德尔菲(Delphi)法(创始于1964年)、优劣系数法(Benayoun 等人提出)、层次分析法等. 下面我们着重介绍一下层次分析法.

层次分析法(简称 AHP)是美国运筹学家 T. L. Saaty 于20世纪70年代中期创立的一种定性与定量分析相结合的多目标决策方法. 方法的实质是试图使人的思维条理化、层次化，如图 9.9.1 所示. 它充分利用人的经验和判断，并予以量化，进而对决策方案优劣进行分层排序，形成一个有序递阶结构，其方法实用、简洁. 正因为如此，对那些目标(因素)结构复杂、并且缺乏必要的数据资料的问题(如社会经济系统)该方法更为实用，因此得以广泛应用.

(1)AHP 法的原理

用层次分析对于复杂的决策问题处理的方法是：先对问题所涉及的因素进行分类，然后构造一个各因素之间相互联结的层次结构模型，画出层次结构图(这可由第 6.4 节介绍的“图的结构分析”来完成).

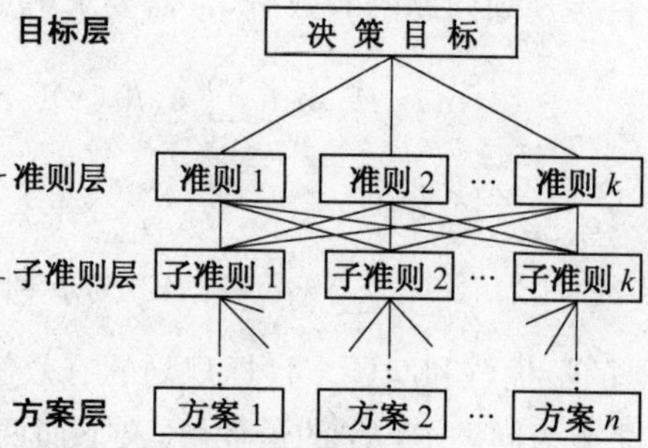

图 9.9.1

再据层次结构确定每层各因素相对重要性的权重，最终计算出方案层（措施层）各方案的相对权重，据此再给出各方案的优劣排序. 比如：

某项目有 n 项指标（元素）$C_1, C_2, \cdots, C_n$ 需考虑；它们的权重分别为 $w_1, w_2, \cdots, w_n$，若将它们的重要程度两两比较，比值可构成一个 $n \times n$ 的矩阵 $\boldsymbol{A}$

$$\boldsymbol{A} = \begin{pmatrix} w_1/w_1 & w_1/w_2 & \cdots & w_1/w_n \\ w_2/w_1 & w_2/w_2 & \cdots & w_2/w_n \\ \vdots & \vdots & & \vdots \\ w_n/w_1 & w_n/w_2 & \cdots & w_n/w_n \end{pmatrix}$$

它被称为**判断矩阵**，它表示指标（元素）间的相对重要程度.

若用判断矩阵左乘权重向量 $\boldsymbol{w} = (w_1, w_2, \cdots, w_n)^{\mathrm{T}}$，则有

$$\boldsymbol{A}\boldsymbol{w} = n\boldsymbol{w}$$

即 $(\boldsymbol{A} - n\boldsymbol{I})\boldsymbol{w} = \boldsymbol{0}$，其中 $\boldsymbol{I}$ 为单位阵.

显然，$\boldsymbol{w}$ 是 $\boldsymbol{A}$ 的特征向量，n 是 $\boldsymbol{A}$ 的相应特征值（根）.

当然，若 $\boldsymbol{w}$ 未知时，则可根据决策者对指标两两相比，主观地做比值判断，也可以用其他方法（如德尔菲法）来确定这些比值，去构造出判断矩阵 $\boldsymbol{A}$.

若 $\boldsymbol{A}$ 矩阵满足：① $a_{ij} > 0$；② $a_{ij} = \dfrac{1}{a_{ji}}$（互反性）；③ $a_{ii} = 1$；$i, j = 1, 2, \cdots, n$，称 $\boldsymbol{A}$ 为正互反矩阵.

若 $\boldsymbol{A}$ 还满足：④ $a_{ij} = a_{ik}/a_{jk}$（或 $a_{ij}a_{jk} = a_{ik}$），$i, j, k = 1, 2, \cdots, n$（传递性或一致性），这时 $\boldsymbol{A}$ 称为一致性矩阵了，可以证明：

命题 一致性矩阵 $\boldsymbol{A}$ 具有唯一的最大特征根 $\lambda_{\max} = n$.

(2) 层次结构模型和标度

① 层次结构模型 首先将问题分解为若干部分，称之为元素，然后再把这些

元素按不同属性分成若干组,以形成不同的层次.

以同一层次的元素作为准则,它将对下一层次的某些元素起支配作用,同时它又受上一层次元素的支配.这样从上到下的支配关系就形成一个递阶层次结构(不相邻的两个层次之间的元素不一定存在支配关系;同一层次的两个元素之间也不一定存在支配关系).

位于结构模型最上面的是目标层,通常只有一个元素,它是分析系统最终预定目标(复杂的问题可分为总目标层、子目标层).中间是准则、子准则层,它是衡量是否达到目标的各项准则.最下面的是方案(措施或策略)层.当然,构造一种问题、一项研究、一个项目等的层次结构图是件十分细致的工作,制定出好的层次结构对于问题解决至关重要.

② 标度　为使元(因)素之间进行两两比较相对重要性后得到最化的判断值和判断矩阵,引入了元素间以 H_s 为评价标准相对重要程度的 1－9 标度,它们的含义及度量见表 9.9.1.

表 9.9.1　元素间相对重要程度的 1－9 标度及含义

标度 a_{ij}	含　义
1	对于评价标准 H_s 而言,元素 i 与元素 j 同样重要
3	对于评价标准 H_s 而言,元素 i 比元素 j 略重要
5	对于评价标准 H_s 而言,元素 i 比元素 j 较重要
7	对于评价标准 H_s 而言,元素 i 比元素 j 非常重要
9	对于评价标准 H_s 而言,元素 i 比元素 j 绝对重要
2,4,6,8	为以上相邻判断之间的中间状态对应的标度值

若元素 j 与元素 i 比较,则 $a_{ji}=1/a_{ij}$,即 $a_{ij}a_{ji}=1$.因而 $n\times n$ 的判断矩阵由于其对称元素间关系只需要给出 $n(n-1)/2$ 个判断数值即可(注意 $a_{ii}=1, i=1,2,\cdots,n$).

在 AHP 的实际应用中,人们常常先按表 9.9.2 所列的改进标度定义给出判断矩阵.

与前面所述类同,若元素 i 与 j 比较得 a_{ij},则元素 j 与 i 比较得 $a_{ji}=1/a_{ij}$.

接下来,再给出相应的一致性检验(依据随机一致性指标 RI 值见表 9.9.3).

表 9.9.2　改进的标度定义表

元素 x_i 与 x_j 重要性比较	相等	较强	强	很强	绝对强	介于二者之间
a_{ij}	5/5	6/4	7/3	8/2	9/1	5.5/4.5;6.5/3.5;7.5/2.5;8.5/1.5

表 9.9.3　随机一致性指标 RI 值表

阶数	1	2	3	4	5	6	7	8	9
RI	0	0	0.169 0	0.259 8	0.328 7	0.369 4	0.400 7	0.416 7	0.437 0

为区分起见，我们把 T. L. Saaty 建立标度和一致检验法的 AHP 法记为 AHP_1，而把改进标度及相应的一致性检验法记为 AHP_2.

(3) 计算方法与步骤

这里我们主要介绍 T. L. Saaty 的 AHP 法的计算方法与步骤. 运用 AHP 解决多目标决策问题，一般步骤是：

① 对构成评价系统的目的、准则、方案等建立问题的递阶层次结构模型；

② 对同级元素或指标与上级元素间两两比较建立判断矩阵；

③ 通过计算进行层次排序，并进行一致性检验；

④ 通过综合重要度的计算，进行层次总排序，并进行一致性检验.

最大特征值的计算：最大特征根及其相应的特征向量最常用的求法(请见矩阵计算方面的文献)是：

(Ⅰ) 几何平均法

(Ⅱ) 算术平均法

(Ⅲ) 迭代法　计算相对权重向量 $\boldsymbol{w}=(w_1,w_2,\cdots,w_n)^{\mathrm{T}}$ 的方法，可由解 $\boldsymbol{A}\boldsymbol{w}=\lambda_{\max}\boldsymbol{w}$ 求得，其中 $\lambda_{\max}$ 是 $\boldsymbol{A}$ 的最大特征根.

下面再对层次总排序的计算进行说明，即如何利用层次单排序的结果进行层次总排序.

设有目标层 A、准则层 C 和方案层 P 构成的层次模型，如果已经求得目标层 A 对准则层元素(准则) $C_1,C_2,\cdots,C_k$ 的相对权重向量为

$$\bar{\boldsymbol{w}}=(\bar{w}_1,\bar{w}_2,\cdots,\bar{w}_k)^{\mathrm{T}}$$

准则层各准则 $C_i(i=1,2,\cdots,k)$ 对方案层 $P_1,P_2,\cdots,P_n$ 的相对权重向量为

$$\boldsymbol{w}_l=(w_{1l},w_{2l},\cdots,w_{nl})^{\mathrm{T}}\quad l=1,2,\cdots,k$$

那么各方案 $P_1,P_2,\cdots,P_n$ 对目标而言，其相对权重可通过 $\bar{\boldsymbol{w}}$ 与 $\boldsymbol{w}_l(l=1,2,\cdots,$

k) 计算而得

$$v_j = \sum_{i=1}^{k} \overline{w}_i w_{ij} \quad j = 1, 2, \cdots, n$$

此外,计算也可采用表格形式进行较为方便(表 9.9.4).

表 9.9.4

C 层 / 权重 / P 层	元素及权重				组合权重 $\bar{v}$
	C_1	C_2	$\cdots$	C_k	
	$\overline{w}_1$	$\overline{w}_2$	$\cdots$	$\overline{w}_k$	
P_1	w_{11}	w_{12}	$\cdots$	w_{1k}	$v_1 = \sum_{i=1}^{k} \overline{w}_i w_{1i}$
P_2	w_{21}	w_{22}	$\cdots$	w_{2k}	$v_2 = \sum_{i=1}^{k} \overline{w}_i w_{2i}$
$\vdots$	$\vdots$	$\vdots$		$\vdots$	$\vdots$
P_n	w_{n1}	w_{n2}	$\cdots$	w_{nk}	$v_n = \sum_{i=1}^{k} \overline{w}_i w_{ni}$

由上所得 $\boldsymbol{v} = (v_1, v_2, \cdots, v_n)^{\mathrm{T}}$ 即为 P 层各方案对目标的相对权重向量,这便完成了总排序.

对于层次更多的模型,计算方法同上. 最后再进行总排序的一致性检验. 总排序的指标 CI 为

$$\mathrm{CI} = \sum_{i=1}^{k} \overline{w}_i \mathrm{CI}_j \quad j = 1, 2, \cdots, k$$

这里 CI_j 为相应单排序的一致性指标,按前面方法计算 $\overline{w}_i$ 为 A 对 C_i 的相对权重.

此外,也可以由 $\mathrm{RI} = \sum_{i=1}^{k} \overline{w}_i \mathrm{RI}_j$,其中 RI_j 是相应单排序的一致性指标,而 $\mathrm{CR} = \dfrac{\mathrm{CI}}{\mathrm{RI}}$ 应不大于 0.1. 否则需重新审查判断矩阵的合理性.

例 9.9.1　某单位打算购买一台设备,希望它功能强、价格低、易维修. 现有 D_1, D_2, D_3 三种名牌可供选择(具体情况见下文),试用 AHP 方法进行决策.

解　(1) 通过专家咨询、仔细分析,得到图 9.9.2 所示的阶层次结构图.

(2) 通过两两比较建立判断矩阵.

若三种备选的品牌中:D_1 的性能较好,价格一般,维修水平一般;D_2 的性能最好,价格较贵,维修水平也一般;D_3 的性能差,价格便宜,易维修.

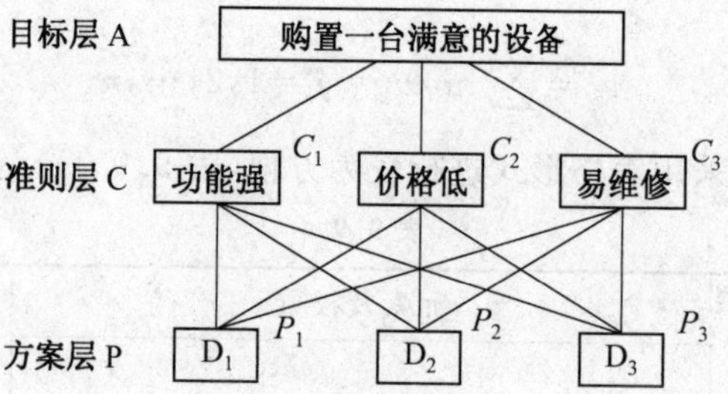

图 9.9.2

经过建模者(分析师)与决策者的协商,确定了各个准则的判断矩阵见表 9.9.5,表 9.9.6 和表 9.9.7.

三个准则对目标而言的优先顺序,需根据单位购置该设备的具体要求确定.现假定该单位的要求(可由前面章节介绍的优先因子法确定),首先是“功能强”,其次是“易维修”,最后是“价格低”,则得到判断矩阵表(表 9.9.8).

表 9.9.5　对准则 C_1(功能强)

C_1	P_1	P_2	P_3
P_1	1	$\frac{1}{4}$	2
P_2	4	1	8
P_3	$\frac{1}{2}$	$\frac{1}{8}$	1

表 9.9.6　对准则 C_2(价格低)

C_2	P_1	P_2	P_3
P_1	1	4	$\frac{1}{3}$
P_2	$\frac{1}{4}$	1	$\frac{1}{8}$
P_3	3	8	1

表 9.9.7　对准则 C_3(易维修)

C_3	P_1	P_2	P_3
P_1	1	1	$\frac{1}{3}$
P_2	1	1	$\frac{1}{5}$
P_3	3	5	1

表 9.9.8　判断矩阵

A	C_1	C_2	C_3
C_1	1	5	3
C_2	$\frac{1}{5}$	1	$\frac{1}{3}$
C_3	$\frac{1}{3}$	3	1

(3) 进行层次单排序,并进行一致性检验.

我们用几何平均法,对表 9.9.5 求得

$$m_1=0.5, m_2=32, m_3=0.625\ 5$$

$$\bar{w}_1=\sqrt[3]{0.5}\approx 0.793\ 7,\quad \bar{w}_2=\sqrt[3]{32}\approx 3.174\ 8$$

$$\bar{w}_3=\sqrt[3]{0.062\ 5}\approx 0.396\ 8$$

归一化后，得

$$w_{11}=\frac{0.793\ 7}{0.793\ 7+3.174\ 8+0.396\ 8}=\frac{0.793\ 7}{4.365\ 3}\approx 0.181\ 8$$

$$w_{12}=\frac{3.174\ 8}{4.365\ 3}\approx 0.727\ 2$$

$$w_{13}=\frac{0.396\ 8}{4.365\ 3}\approx 0.091\ 0$$

同样对表 9.9.6 求得

$$w_{21}=0.255\ 9, w_{22}=0.073\ 3, w_{23}=0.670\ 8$$

对表 9.9.7 求得

$$w_{31}=0.185\ 1, w_{32}=0.156\ 2, w_{33}=0.658\ 7$$

再对以上三准则表求得

$$\bar{w}_1=0.637, \bar{w}_2=0.105, \bar{w}_3=0.258$$

对以上判断矩阵进行了一致性检验，均达到满意的一致性（过程省略）.

(4) 进行层次总排序，并进行总排序的一致检验，得表到 9.9.9.

表 9.9.9

C 层 / 权重 / P 层	C_1	C_2	C_3	总排序
	0.637	0.105	0.258	
P_1	0.182	0.256	0.185	0.190
P_2	0.727	0.073	0.156	0.511
P_3	0.091	0.670	0.659	0.298

其中总排序的权重值计算过程如下

$$\begin{pmatrix}\boldsymbol{v}_1\\ \boldsymbol{v}_2\\ \boldsymbol{v}_3\end{pmatrix}=\begin{pmatrix}0.182 & 0.256 & 0.185\\ 0.727 & 0.073 & 0.156\\ 0.091 & 0.670 & 0.659\end{pmatrix}\begin{pmatrix}0.637\\ 0.105\\ 0.258\end{pmatrix}=\begin{pmatrix}0.190\\ 0.511\\ 0.298\end{pmatrix}$$

由此可知品牌 2 为最佳选择.

例 9.9.2　某单位拟从 3 名干部甲、乙、丙中选拔一人担任领导职务，选拔的标准有工作作风、政策水平、口才表达、写作能力、业务知识和健康状况. 把这 6 个标

准进行成对比较后，得到判断矩阵 **A**

$$
\boldsymbol{A}=\begin{pmatrix}
1 & 1 & 1 & 4 & 1 & 1/2 \\
1 & 1 & 2 & 4 & 1 & 1/2 \\
1 & 1/2 & 1 & 5 & 3 & 1/2 \\
1/4 & 1/4 & 1/5 & 1 & 1/3 & 1/3 \\
1 & 1 & 1/3 & 3 & 1 & 1 \\
2 & 2 & 2 & 3 & 1 & 1
\end{pmatrix}
\begin{matrix}\text{健康状况}\\ \text{业务知识}\\ \text{写作能力}\\ \text{口才表达}\\ \text{政策水平}\\ \text{工作作风}\end{matrix}
$$

试根据上面情况，给出一个合理的选人方案.

解　由题设及前面介绍的方法，可求得 **A** 的最大特征值为 6.35，相应的特征向量归一化后为

$$\bar{\boldsymbol{w}}=(0.16,0.19,0.19,0.05,0.12,0.30)^{\mathrm{T}}$$

类似地，可用特征向量法去求 3 名干部相对于上述 6 个标准中每一个的权系数. 若甲、乙、丙 3 名干部，依照规定的 6 种标准两两比较后得判断矩阵分别为

健康状况

$$
\begin{matrix} & \text{甲} & \text{乙} & \text{丙} \end{matrix}
$$
$$
\begin{matrix}\text{甲}\\ \text{乙}\\ \text{丙}\end{matrix}
\begin{pmatrix}
1 & 1/4 & 1/2 \\
4 & 1 & 3 \\
2 & 1/3 & 1
\end{pmatrix}
$$

业务知识

$$
\begin{matrix} & \text{甲} & \text{乙} & \text{丙} \end{matrix}
$$
$$
\begin{matrix}\text{甲}\\ \text{乙}\\ \text{丙}\end{matrix}
\begin{pmatrix}
1 & 1/4 & 1/5 \\
4 & 1 & 1/2 \\
5 & 2 & 1
\end{pmatrix}
$$

写作能力

$$
\begin{matrix} & \text{甲} & \text{乙} & \text{丙} \end{matrix}
$$
$$
\begin{matrix}\text{甲}\\ \text{乙}\\ \text{丙}\end{matrix}
\begin{pmatrix}
1 & 3 & 1/3 \\
1/3 & 1 & 1 \\
3 & 1 & 1
\end{pmatrix}
$$

口才表达

$$
\begin{matrix} & \text{甲} & \text{乙} & \text{丙} \end{matrix}
$$
$$
\begin{matrix}\text{甲}\\ \text{乙}\\ \text{丙}\end{matrix}
\begin{pmatrix}
1 & 1/3 & 5 \\
3 & 1 & 7 \\
1/5 & 1/7 & 1
\end{pmatrix}
$$

政策水平

$$
\begin{matrix} & \text{甲} & \text{乙} & \text{丙} \end{matrix}
$$
$$
\begin{matrix}\text{甲}\\ \text{乙}\\ \text{丙}\end{matrix}
\begin{pmatrix}
1 & 1 & 7 \\
1 & 1 & 7 \\
1/7 & 1/7 & 1
\end{pmatrix}
$$

工作作风

$$
\begin{matrix} & \text{甲} & \text{乙} & \text{丙} \end{matrix}
$$
$$
\begin{matrix}\text{甲}\\ \text{乙}\\ \text{丙}\end{matrix}
\begin{pmatrix}
1 & 7 & 9 \\
1/7 & 1 & 5 \\
1/9 & 1/5 & 1
\end{pmatrix}
$$

由此可求得各标准判断矩阵的最大特征值(表 9.9.10).

表 9.9.10　各属性的最大特征值

	健康状况	业务知识	写作能力	口才表达	政策水平	工作作风
$\lambda_{\max}$	3.02	3.02	3.56	3.05	3.00	3.21

再求出其相应特征向量且归一化后，按列组成的矩阵 **W**

$$
\boldsymbol{W}=\begin{pmatrix}
0.14 & 0.10 & 0.32 & 0.28 & 0.47 & 0.77 \\
0.63 & 0.33 & 0.22 & 0.65 & 0.47 & 0.17 \\
0.24 & 0.57 & 0.46 & 0.07 & 0.07 & 0.05
\end{pmatrix}
\begin{matrix}\text{甲}\\ \text{乙}\\ \text{丙}\end{matrix}
$$

从而有 $v=W\bar{w}=(0.40,0.34,0.26)^{\mathrm{T}}$，其第一个分量最大，即在 3 人中应选拔甲.

前文已述有限方案的多目标决策是一类较为简单、特殊的问题，其特点是：可行方案有限个，评价准则（或目标）多于一个. 下面我们给出该问题的一个简单解法.

前文已述对有限方案的多目标决策问题，把不同方案相对于不同属于（或因素）的隶属程度（隶属度）用矩阵来表示，该矩阵称为**决策矩阵**.

设 $\boldsymbol{X}=\{X_1,X_2,\cdots,X_m\}$ 为多目标决策问题的可行方案集，$\boldsymbol{Y}=\{Y_1,Y_2,\cdots,Y_n\}$ 为因素集，每个方案 X_i，关于因素 Y_j 的隶属程度记为

$$y_{ij}=f_j(X_i)\quad i=1,2,\cdots,m;j=1,2,\cdots,n$$

它们被称为隶属度，于是可得表 9.9.11.

表 9.9.11

		因素				
		Y_1	Y_2	Y_3	$\cdots$	Y_n
方案	X_1	y_{11}	y_{12}	y_{13}	$\cdots$	y_{1n}
	X_2	y_{21}	y_{22}	y_{23}	$\cdots$	y_{2n}
	$\vdots$	$\vdots$	$\vdots$	$\vdots$		$\vdots$
	X_m	y_{m1}	y_{m2}	y_{m3}	$\cdots$	y_{mn}

其实，它给出了决策矩阵 $(y_{ij})_{m\times n}$，该矩阵为各种有限方案的多目标决策分析提供了最基本的信息.

由于问题的各种因素隶属度背景和量纲常不一致，因而不易进行方案间的比较，需将各因素隶属度规范化，如限制在区间 [0,1] 内等，常用的方法还有以下几种：

① 向量单位化. 令

$$z_{ij}=\frac{y_{ij}}{\sqrt{\sum_{i=1}^{m}y_{ij}^2}}\quad j=1,2,\cdots,n$$

② 线性变换. 设

$$y_j^{*}=\max_i y_{ij},y_j^{**}=\min_i y_{ij}$$

若希望 y_j 大些，则令 $z_{ij}=\dfrac{y_{ij}}{y_j^{*}}$；若如果希望 y_j 小些，则令 $z_{ij}=1-\dfrac{y_{ij}}{y_j^{*}}$.

③ 其他变换. 如

$$z_{ij}=\frac{y_{ij}-y_j^{**}}{y_j^*-y_j^{**}} \text{ 或 } z_{ij}=\frac{y_j^*-y_{ij}}{y_j^*-y_j^{**}}$$

下面是一种形式上最简单的处理方法，它不仅适用于有限方案的情形，同时也适用于无限多方案甚至连续的多目标决策问题，其基本思想是：

设 R 为可行方案集(有限或无限)，$u_j(\cdot)$ 为第 j 个目标(或属性)的效用值，$\lambda_1,\lambda_2,\cdots,\lambda_n$ 为反映各目标间相对重要性的权系数. 通过求解问题

$$\max_{x\in R} u=\sum_{j=1}^{n}\lambda_j u_j(\boldsymbol{x})$$

选择使综合效用值 u 最大的方案作为最优方案，它被称为简单线性加权法.

不难看出，简单线性加权法的依据是多因素的效用函数理论，若能正确测算出有关单因素效用函数 $u_j(\cdot)$，并恰当地估计出反映决策者主观偏好的权系数 $\lambda_1,\lambda_2,\cdots,\lambda_n$，则在一定的独立性条件假设下，根据上式选择最优方案就是合理的.

然而，问题也正是在于独立性条件并非经常能满足，更重要的是，一般较难恰当地找到所需的权系数. 这样便使简单线性加权法在应用时具有一定的难度和局限性，此时应用层次分析法或许更为有效.

例 9.9.3 某人拟购买一套住房，有四处房源(方案)可供选择，有关信息如表 9.9.12 所示.

表 9.9.12

方案(地点)	Y_1/万元(价格)	Y_2/m^2(使用面积)	Y_3/km(距工作地点距离)	Y_4(水、暖、电设备)	Y_5(环境)
X_1	3.0	100	10	7	7
X_2	2.5	80	8	3	5
X_3	1.8	50	20	5	11
X_4	2.2	70	12	5	9

这是一个具有 5 个目标的决策问题，其中：使用面积、设备和环境为效益型目标，越大越好；价格、距离为成本型目标，越小越好. 显然所给的四个方案都是有效的(非劣的).

解　首先求权系数. 设决策者对各因素作比较后的判断矩阵

$$\boldsymbol{A}=\begin{pmatrix}1 & 1/3 & 1/2 & 1/4 & 1/5\\ 3 & 1 & 2 & 1 & 1/2\\ 2 & 1/2 & 1 & 1/2 & 1/2\\ 4 & 1 & 2 & 1 & 1\\ 5 & 2 & 2 & 1 & 1\end{pmatrix}\begin{matrix}\text{价格}\\ \text{面积}\\ \text{距离}\\ \text{水、暖、电设备}\\ \text{环境}\end{matrix}$$

注意到这个矩阵中的元素满足 $a_{ij}=1/a_{ji}$，但并不总满足 $a_{ik}a_{kj}=a_{ij}$.

采用特征向量法，用前面介绍的层次分析法的几何平均法得到权系数为

$$\bar{\boldsymbol{w}}=(0.0598,0.1942,0.1181,0.2363,0.3916)^{\mathrm{T}}$$

且由此可求出 $\boldsymbol{A}$ 的最大特征根 $\lambda_{\max}=5.1359$，再把表 9.9.12 所给的决策矩阵规范化（根据前面介绍的决策矩阵线性变换规范化方法）得到（注意各目标大小要求）

$$\boldsymbol{Z}=\begin{pmatrix}0 & 1.000 & 0.833 & 1.000 & 0.333\\ 0.417 & 0.600 & 0 & 0 & 0\\ 1.000 & 0 & 1.000 & 0.500 & 1.000\\ 0.667 & 0.400 & 0.667 & 0.500 & 0.667\end{pmatrix}$$

估计权系数为 $\lambda_i(i=1\sim5)$，计算每个方案 X_i 的综合效用 $u(X_i)=\sum_{j=1}^{5}\lambda_j z_{ij}$，得到

$$u(X_1)=0.6593,u(X_2)=0.2596,u(X_3)=0.5696,u(X_4)=0.5757$$

因此，根据简单线性加权法，第 1 个方案 X_1 为最优.

其实这类问题还可以用前面我们介绍过的优先因子排序法来解决.

习　题

1. 某商品销售策略及情况（事件）的收益表如表 1.

表 1

		e_1	e_2	e_3	e_4
策略	s_1	50	50	50	50
	s_2	47	55	55	55
	s_3	44	52	60	60
	s_4	41	49	67	65

试给出各种决策准则进行的决策，又对折中主义决策分别取 $\alpha=1/4$ 和 $\alpha=3/4$ 进行比较.

2. 某军事行动面临三种情况:敌机空袭、气候恶劣、道路不畅,针对每种情况的作战方案(四种)的成功率如表 2.

表 2

	敌机空袭	气候恶劣	道路不畅
方案 s_1	0.9	0.4	0.1
方案 s_2	0.5	0.3	0.7
方案 s_3	0.6	0.8	0.2
方案 s_4	0.5	0.5	0.5

试给出各种决策准则进行的方案(对折中主义决策取 $\alpha = 1/3$).

3. 某公司有四种投资方案 $s_1 \sim s_4$,每种投资将面临三种结果 e_1, e_2, e_3,它们出现的概率分别为$\frac{1}{2}, \frac{1}{3}, \frac{1}{6}$.其收益矩阵

$$\boldsymbol{A} = \begin{pmatrix} 4 & 7 & 3 \\ 5 & 4 & 4 \\ 8 & 6 & 10 \\ 3 & 1 & 9 \end{pmatrix}$$

试给出诸(期望值)决策准则的决策.

4. 某公司决策效用函数的部分值如表 3.

表 3

M	$-10\,000$	-200	-100	0	$10\,000$
$U(M)$	-800	-2	-1	0	250

他们在选择火灾保险时:每年付 100 元保 10 000 元潜在火险损失,据统计资料表明,该公司每年发生火灾的概率为 0.001 5.试问他们决定保险否?

注 1:通常效用值应为 $0 \leqslant U(M) \leqslant 1$,亦可取其他值(当然可化回到 $0 \leqslant U(M) \leqslant 1$ 区间),此处便是.

注 2:厂商原有资产为 A,发生火灾概率为 p,损失为 L,而厂商支付保险费为 pL.若火灾发生,厂商会得赔偿 L.若最高保险费为 R,则由公式

$$U(A-R) = U(A-L) \cdot p + U(A) \cdot (1-p)$$

可知,若 $R > pL$,厂商为保守型;若 $R < pL$,厂商为冒险型.

比如 $U(M) = \sqrt{M}$, $A = 90\,000$, $L = 80\,000$, $p = 0.05$.

由

$$\sqrt{90\,000-R}=0.05\cdot\sqrt{90\,000-80\,000}+0.95\cdot\sqrt{90\,000}$$

得 $R=5\,900$，而

$$pL=0.05\cdot 80\,000=4\,000$$

由此知厂商为保守型，即他会投保.

5*. 某机器生产 1 万个零件后，若对零件进行修整需费用 300 元，此时产品全部合格. 若不修整，次品率及其被发现的概率大致如表 4.

表 4

次品率	0.02	0.04	0.06	0.08	0.10
概　率	0.20	0.40	0.25	0.10	0.05

装配时若发现次品，则每件返工修理费为 0.5 元.

(1) 用 EMV 和 EOL 决策准则，对零件是否修整作出决策.

(2) 若从加工零件中抽取 130 件，发现有 9 件次品，试求修整先验概率，且重新按 EMV 和 EOL 准则对零件要否修整进行决策.

(3) 求 EVPI.

6*. 某公司计划对某项新产品研制提供资助. 若成功则公司可获 15 万收益；若部分成功，则公司可获收益 1 万元；若失败则公司损失 10 万元. 又据估计，该产品研制成功、部分成功和失败的概率分别为 0.15，0.45 和 0.40. (1) 若用期望值准则，给出该产品是否研制的决策；(2) 若公司拟请专家助研，但需花费 3 万元，此时成功、部分成功、失败的概率分别为 0.3，0.4，0.3. 问公司是否应聘请专家？

7. 某投资者面临收益 20 万元或损失 10 万元的一项投资项目. 投资者在该问题上的效用函数可由下面关系确定：

(1) 认为"以 0.5 概率获利 20 万，以 0.5 概率损失 10 万"与"稳获 0 元"等价；

(2) 认为"以 0.5 概率获利 20 万，以 0.5 概率获利 0 元"与"稳获 8 万"等价；

(3) 认为"以 0.5 概率获 0 元，以 0.5 概率损失 10 万"与"肯定损失 6 万"等价.

试计算投资者关于 20 万、8 万、0 元、－6 万、－10 万的效用值且画出投资者的效用曲线. 该投资者属何类型？

[**提示**：令 $U(20)=1, U(-10)=0$]

8. 某厂打算开发新产品，研制费为 7 万元. 估计其他企业与之竞争（投入市场）的概率为 0.6，无竞争的概率为 0.4. 在无竞争的情况下有大、中、小三种规模生产方案，其收益分别为 20 万元，16 万元，12 万元；在有竞争情况下，该厂与其竞争对手生产方案与收益见表 5.

表 5

竞争对手			大规模	中规模	小规模
某厂	大规模	概率	0.5	0.4	0.1
		收益	4	6	12
	中规模	概率	0.2	0.6	0.2
		收益	3	5	11
	小规模	概率	0.1	0.2	0.7
		收益	2	4	6

试用决策树进行新产品开发与否的决策.

[提示:依据图 1 进行决策]

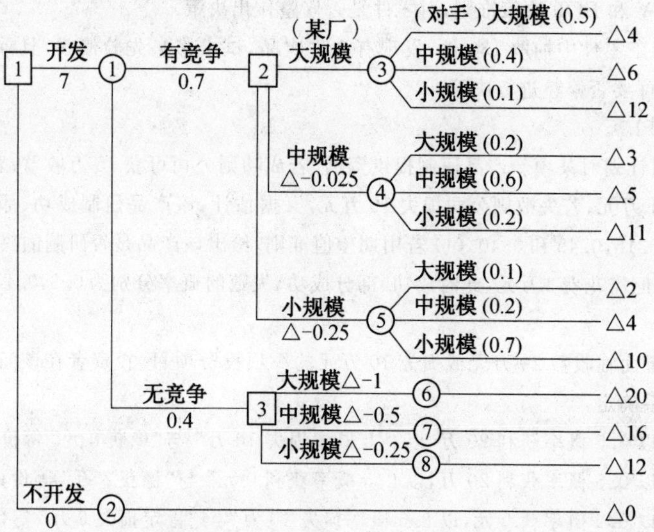

图 1

9*. 若 U_1, U_2 是 Ω 上两个效用函数,则对于 $\omega_i \in \Omega (i = 1,2,3)$,总有

$$\begin{vmatrix} 1 & 1 & 1 \\ U_1(\omega_1) & U_2(\omega_1) & U_3(\omega_1) \\ U_1(\omega_1) & U_2(\omega_2) & U_3(\omega_3) \end{vmatrix} = 0$$

[提示:若 $\omega_1 \prec \omega_2 \prec \omega_3$,则有 $\omega_2 \sim \rho\omega_1 + (1-\rho)\omega_3$,其中 $0 < \rho < 1$;注意到 $1 = \rho \cdot 1 + (1-\rho) \cdot 1$,且 $U_i(\omega_2) = \rho U_i(\omega_1) + (1-\rho) U_i(\omega_3)$,$i = 1,2$,再由行列式性质即可证得]

10. 某公司打算为某三种产品 A,B,C 进行广告促销,广告预算(总)费用 45 万元,经调查,各

产品的广告投入及收益情况见表 6.

表 6

投入与收益 \ 产品	A				B				C				
广告投入	10	15	20	30	10	15	20	30	10	15	20	25	30
预期收益	25	35	40	48	25	28	30	48	30	35	38	40	48

试设计三种产品广告促销方案,使总收益最大.

注:本问题亦可用“动态规划”方法去解.

11. 不确定型决策的损益(矩阵)表见表 7.

表 7

	e_1	e_2	e_3	e_4
s_1	x	3	4	6
s_2	2	2	2	4
s_3	3	2	1	9
s_4	6	6	1	3

(1) 讨论 x 对各种决策(其中折中主义准则 α 取 0.5) 的关系.

(2) 有无 x 值(除乐观主义决策准则外的其他各决策准则所取策略)?

第10章　动态规划

动态规划是研究多个阶段规划问题的数学方法,即它是一种将复杂问题转化为一系列较简单问题的最优化方法,它的基本特征是优化过程的多阶段性.

1951年美国数学家R. Bellman等人提出解决多阶段决策问题的“最优化原理”,从而创立了这门学科(其代表作《动态规划》一书于1957年出版).

近几十年来,动态规划除了在工程技术、经济管理、军事研究等许多领域均有重要应用外,还应用于变分法、马尔可夫过程等数学分支中.

动态规划模型可分确定和随机两种类型,而每一类型又可分为连续和离散两种.

10.1　多阶段决策问题

在生产和科学实验中有一类活动,其过程可分为若干相互联系的阶段,在每个阶段均需作出决策,以使整个过程达到最好的效果.

这样,各个阶段决策的选取均不是任意确定的,而是既依赖于前面的状态,又影响后面的发展,即瞻前顾后.

当各个阶段决策之后,这就形成一个决策序列.这种把一个问题看作是一个前后关联的链状结构的多阶段过程称为序贯决策过程,这类问题称为多阶段决策问题.

处理多阶段决策问题的数学方法称为动态规划.

因为在多阶段决策过程中,各个阶段的决策一般来说与时间有关:决策不仅依赖于当前的状态,又随即引起状态转移,这样决策序列在变化的状态中产生,这其中蕴含“动态”之意(也是此名称的来历).

应该指出:用动态规划方法有时也可解决一些与时间无关的静态最优化问题,这就要人为地将此问题分成若干阶段,如此可将其化为一个多阶段决策问题.

10.2　几个可用动态规划方法去解的著名问题(动态的或静态的)

下面是几个可用动态规划主法去解决的著名问题，这里面有动态的，也有静态的.

当然，这里只是粗略地将它们介绍一下，不进行更详细的讨论(我们后面也会涉及一些)，有兴趣的读者可参阅相应的文献.

1. 最短路问题

给定一个如图 10.2.1 所示的网络，其中任两节点间路长已知，求从一点到另一点的最短路. 注意这里从某一节点到另一节点的路不止一条，如图中从 A 到 B 有三条路：AB_1，AB_2 和 AB_3；而 B_1，B_2，B_3 到 C 又分别有 2，3，2 条路…… 今求 A 到 E 的最短路.(注意：这里 B_1，B_2，B_3 实则为同一节点. C_1，C_2，C_3 和 D_1，D_2 亦然)

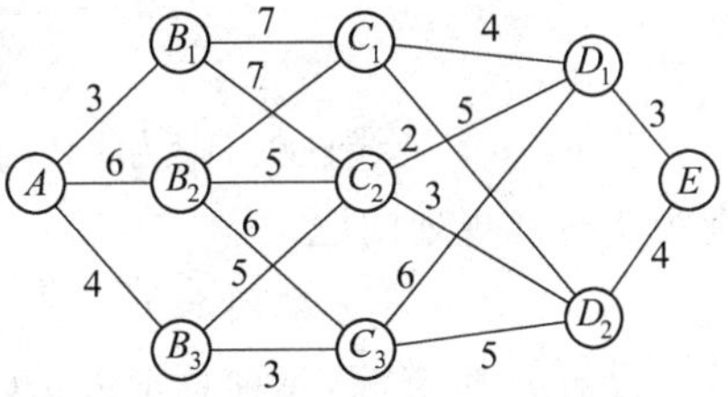

图 10.2.1

这个问题可用标号法(逆向，即自后向前) 去解，或称之为反向标号法.

2. 背包问题

某人用背包装物，最大容量 a kg，今有 n 种物品可供他选择，物品编号依次为 1，2，3，…，n，又第 i 种物品每件重 $w_i$kg，若携带 x_i 件的价值为 $c_i(x_i)$. 试求使其携带物品价值最大的选择，其数学模型为

$$V:\max z=\sum_{i=1}^{n} c_i(x_i)$$

$$\text{s.t.}\quad\begin{cases}\sum\limits_{i=1}^{n} w_i x_i \leqslant a\\ x_i \geqslant 0(i=1,2,\cdots,n)\text{，且为整数}\end{cases}$$

它是一个整数规划问题，也可视为动态规划问题，这个问题我们也曾在第 1 章的习题中遇到过.

3. 资源分配(投资)问题

将数量一定的一种或多种资源,恰当地分配给若干使用者(它们产生的收益不同),而使总收益最多 —— 这类问题称为资源分配问题,它常有下面几类:

(1) 一维资源分配问题

设资源总量为 a,用于 n 种产品生产,当分配 x_i 用于第 i 种产品时,收益为 $g_i(x_i)$,如何分配可使总收益最大?

其数学模型为

$$\mathrm{V}:\max z=\sum_{i=1}^{n} g_i(x_i)$$

$$\text{s.t.}\begin{cases}\sum\limits_{i=1}^{n} x_i=a\\ x_i\geqslant 0(1\leqslant i\leqslant n)\end{cases}$$

若 $g_i(x_i)$ 是线性的,则为 LP 问题,且与背包问题类同;若 $g_i(x_i)$ 是非线性的,则为非线性规划问题.

(2) 多维资源分配问题

设有 m 种资源,每种总量为 $a_i(1\leqslant i\leqslant m)$,分配用于生产 n 种产品,若分配给第 i 种产品的资源分别为 $x_{i1},x_{i2},\cdots,x_{im}$,且令 $\boldsymbol{x}_i=(x_{i1},x_{i2},\cdots,x_{im})$,其收入为 $g_i(\boldsymbol{x}_i)$(这是一个 m 元函数),问如何分配可使总收益最大?

其数学模型为

$$\mathrm{V}:\max z=\sum_{i=1}^{n} g_i(\boldsymbol{x}_i)$$

$$\text{s.t.}\begin{cases}\sum\limits_{j=1}^{n} x_{ij}=a_i\quad(1\leqslant i\leqslant m)\\ x_{ij}\geqslant 0(1\leqslant i\leqslant m,1\leqslant j\leqslant n),\text{且为整数}\end{cases}$$

4. 货郎担问题

这个问题我们在"整数规划"和"图与网络分析"两章中已有介绍(它实质上是属于整数规划问题,这里只是提供一个动态规划模型及解法). 其一般形式为:

设有 n 个城市 $A_1,A_2,\cdots,A_n$,又城市 A_i 到 A_j 的距离为 d_{ij},某推销员从城市 A_1 出发到其他各城均去且仅去一次,然后回到城市 A_1,问如何走可使他所经历的总路程最短?

5. 排序问题

设有 n 个工作要在 A，B 两机器上加工，但每个工作必须先在 A 上加工再在 B 上加工，又工作 $i(1\leqslant i\leqslant n)$ 在 A，B 机器上加工工时分别为 a_i，b_i，如何安排加工顺序，可使从 A 加工第 1 个工作至 B 加工完最后一个工作总加工时数最少（历时最少）.

1954 年 S. M. Johnson 给出该问题的一种解法，其主导思想是尽量减少在 B 上等待加工的时间，原则是：费工时者先加工，具体方法如下：

先写出加工工时矩阵

$$\boldsymbol{M}=\begin{pmatrix}a_1 & a_2 & \cdots & a_n\\ b_1 & b_2 & \cdots & b_n\end{pmatrix}$$

再从中找出最小元素（若其不止一个可任选其一），若它在上行，则将该元素列挪至前面；若它在下行，则将该元素列挪至最后面.

挪定位置后划去相应列，然后重复上面步骤（这时确定的前后顺序均在已划去的列之间排定），直至所有工作排完为止.

该方法原理是，由动态规划理论可以证明：若 $\min\{a_i,b_j\}\leqslant\min\{a_j,b_i\}$ 时，工件在 A 加工完成后，等待在 B 加工的时间 t 最少.

若 $\min\{a_{i1},a_{i2},\cdots,a_{ik};b_{j1},b_{j2},\cdots,b_{jk}\}=a_{i0}$，则对任何工件 j 均有

$$\min\{a_{i0},b_j\}\leqslant\min\{a_j,b_{i0}\}$$

故任何工件排在工件 i_0 后面加工最佳（妥）.

若 $\min\{a_{i1},a_{i2},\cdots,a_{ik};b_{j1},b_{j2},\cdots,b_{jk}\}=b_{i0}$，则对任何工件 i 均有

$$\min\{a_i,b_{j0}\}\leqslant\min\{a_{j0},b_i\}$$

故任何工件排在工件 j_0 前面加工最佳.

但对于 3 台及 3 台以上机床上加工问题的推广，却遭遇障碍. 直到 1977 年才有人证明：3 台机器加工排序是 NP－完备问题. 这类问题的更详细讨论参见参考文献[73].

不过当在 3 台机器 M_1，M_2，M_3 上加工零件问题在满足下面两个条件时，可将其转化为两台机器的情形：① 在 M_1 上最小加工时间不小于在 M_2 上最大加工时间；② 在 M_3 上最小加工时间不小于在 M_2 上最大加工时间.

做法是：先将在 M_1，M_2 上加工时间求和后视其为在同一机器 N_1 上的加工时间，然后在 M_2，M_3 上加工时间求得后，视其为在另外一个机器 N_2 上的加工时间，这样问题转化为在 N_1，N_2 两台机器上加工零件问题.

6. 设备更新问题

一台新机器工作时故障少，运转时间长，年维修费用相对较少，因而年收益较丰. 使用若干年后，收益会降低，同时维修费用却加大.

这样必须在适当的年份更新该机器，以提高收益.

但更新机器要花钱，这样频频更新需要较大花费亦不可取.

人们往往会提出：在一个固定周期（n 年）内，每年年初均面临继续使用旧机器或更新新机器问题，目标是 n 年内总的净收益最大，应如何安排？

（这个问题我们曾在"图与网络分析"一章的习题中遇到过）

7. 生产－存储问题

对于某种产品来讲，一定时期增大产品产量往往可以降低生产成本；但如果过量（超过市场需求）又会因积压加大存储费用；相反，若减少产量，存储费虽可能减少，但生产成本又会加大，这样问题就产生了：

如何正确地制订生产计划，使得一定时期生产产品总费用（成本费与存储费之和）最小？

这个问题我们还将在后面的"存储论初步"一章中介绍.

8. 复合系统的工作可靠性问题

知某系统由 n 个部件组成（它们系"串联"而成），若其之一失灵，整个系统就无法正常工作.

为提高系统工作的可靠性，就必须在每个主要部件上装备用件及自动投入装置. 显然：备用件越多，整个系统可靠性就越大，但这时费用相对也增加；备用件越少，整个系统可靠性就越低. 同时，如果备用件过多，除了费用大外，还会出现系统体积、重量上增大，工作精度降低等现象.

我们的问题是：在可靠性、总费用等条件限制下，如何选择各部件的备用件数量，以使整个系统可靠性最大.

如何解决以上这些问题？答案是：它们都可依赖动态规划方法，为了介绍这种方法，我们先谈谈与此方法有关的一些基本概念.

10.3　动态规划的基本概念

我们前面已经讲了多阶段决策问题，这个阶段数可以是有限的，也可以是无限的；它们又可能是确定的，还可能是随机的；此外还可分为定期的和不定期的，等等.

动态规划则是将一个多阶段决策问题按照后面将要叙述的“最优化原理”逐次寻求最佳决策序列，以达到整体优化的目的.

下面我们来介绍一些动态规划的基本概念.

1. 决策和阶段

对问题的处理做出的某种选择或行动称为决策.

对一个多次决策问题，往往划分成若干相互联系的阶段，而描述阶段数的变量叫做阶段变量.

若阶段变量是确定的、有限的，又在决策前便知其数值，称其为定期问题，否则称为不定期问题.

2. 状态和状态变量

在多阶段决策问题中，每一阶段的起始“位置”称为状态，用来描述状态的变量称为状态变量，常用 $x_k(k=1,2,\cdots,n)$ 表示它可以用一个数、一组数或一个向量来表示.

注意：状态还常应满足：① 能描述问题的变化过程；② 无后效性（给定某一阶段状态时，其后各阶段不受前面各阶段状态的影响）；③ 能直接或间接地计算出来.

3. 决策变量

描述每一阶段决策的变量称为决策变量，常用 $d_k(x_k)$ 表示. 它可用一个数、一组数或一个向量来描述，每阶段的所用（允许）决策的全体称为决策集合，常用 $D_k(x_k)$ 表示.

4. 策略

对一个多阶段决策问题，若各阶段决策变量均确定，则整个决策过程就确定，各阶段的决策构成的决策序列称为该过程的一个策略，常用 $p_{k,n}(x_k)$ 表示，这些策略的全体称为可行策略集,记 $P_{k,n}(x_k)$. 其中能满足预期目标的策略称为最优策略,即 $p_{k,n}^*(x_k)=\text{opt}P_{k,n}(x_k)$,这 opt 表示最优之意.

策略 $P_{k,n}(x_k)$ 多指从状态 x_k 至 x_n 的每段决策构成 $u_k(x_k)$ 的决策序列,故

$$P_{k,n}(x_k)=\{u_k(x_k),u_{k+1}(x_{k+1}),\cdots,u_n(x_n)\}$$

5. 状态转移方程

把过程从一种状态转移到另一种状态的变化叫状态转移,描述状态转移的函数称为状态转移方程.

比如从 x_k 到 x_{k+1} 的状态转移方程可记作 $x_{k+1}=T_k(x_k,u_k)$.

因描述转移的顺序正逆又分为顺序和逆序状态转移方程.

状态转移方程为确定多阶段决策问题称为确定型问题,否则称为随机型问题.

6. 指标函数

变量为阶段决策效果优劣的数量指标的表达式称为指标函数. 指标函数的最大值称为最优值函数.

指标函数可记为 $F_{k,n}(x_k,p_{k,n})$,表示从第 k 阶段状态 x_k 出发,采用 $p_{k,n}$ 到达终点 x_n 的按预定标准的效益值.

最大函数常记作

$$f_k(x_k)=\underset{F_{k,n}\in P_{k,n}}{\text{opt}}\ F_{k,n}(x_k,p_{k,n})$$

通常若 $F_{k,n}=\sum\limits_{i=1}^{n}d_i(x_i,u_i)$(和函数形式)时,有

$$f_k(x_k)=\underset{F_{k,n}\in P_{k,n}}{\text{opt}}\ \{d_k(x_k,u_k)+f_{k\pm1}(x_{k\pm1})\}$$ (按顺、逆序取"—"或"+")

若 $F_{k,n}=\prod\limits_{i=1}^{n}d_i(x_i,u_i)$(积函数形式)时,有

$$f_k(x_k)=\underset{F_{k,n}\in P_{k,n}}{\text{opt}}\ \{d_k(x_k,u_k)\cdot f_{k\pm1}(x_{k\pm1})\}$$ (按顺、逆序取"—"或"+")

它们常被称为动态规划问题的基本方程.

又 x_0 或 x_n 的值常称为边界条件,$f_0(x_0)$ 或 $f_n(x_n)$ 称为边界值.

10.4* 最优性(Bellman)原理

1958 年,美国的 R. Bellman 等人根据研究一类多阶段决策问题,提出所谓最

优性原理.长期以来,它一直作为动态规划的理论基础,解决了许多类型的决策过程的优化问题.

Bellman 原理　作为整个过程的最优策略具有以下性质:即无论过去的状态和决策如何,对前面的决策所形成的状态而言,余下的决策必须构成最优策略.

简言之:最优策略后部的子策略(即包括最后阶段决策的子策略)总是最优的.

关于它的证明我们稍后介绍,这里顺便讲一句,随着人们对动态规划问题研究的深入而发现:最优性原理并非对任何决策过程都是普适的,关于这一点在本章后面的注记中介绍.

最优化原理给出某些约定后,可以严格用数学方法去证明的,它基于以下定理.

动态规划基本定理　允许策略 $p_{1,n}^{*}=\{u_1(x_1),u_2(x_2),\cdots,u_n(x_n)\}\in P_{1,n}$ 为最优策略 $\Leftrightarrow$ 对任一满足 $1<k<n$ 的自然数 k 及初始状态 $x_1\in X_1$,有

$$F_{1,n}(x_1,p_{1,n}^{*})=\underset{p_{1,k-1}\in P_{1,k-1}}{\text{opt}}\{F_{1,k-1}(x_1)+\underset{F_{k,n}\in P_{k,n}}{\text{opt}}F_{k,n}(\tilde{x}_k,p_{k,n}(\tilde{x}_k))\}$$

其中 $\tilde{x}_k=T_{k-1}(x_{k-1},u_{k-1})$,而 opt 取 max 或 min.

据此可以证明下面最优原理.

最优(Bellman)原理　若 $p_{1,n}^{*}$ 为最优策略,则对任一满足 $1<k<n$ 的自然数 k,均有其子策略 $p_{k,n}^{*}$,对于以 $x_k^{*}=T_{k-1}(x_{k-1}^{*},p_{k-1}^{*})$ 为初始状态的 k 到 n 段子过程来讲,必定是最优的.

证　(用反证法)这里讨论 opt 为 max 情形,若结论不真,则有

$$F_{k,n}(x_k^{*},p_{k,n}^{*})<\max_{p_{k,n}\in P_{k,n}}F_{k,n}(x_k^{*},p_{k,n})$$

于是

$$\begin{aligned}&F_{1,n}(x_1,p_{1,n}^{*})=F_{1,k-1}(x_1,p_{1,k-1}^{*})+F_{k,n}(x_k^{*},P_{k,n}^{*})<\\&F_{1,k-1}(x_1,p_{1,k-1}^{*})+\max_{p_{k,n}\in P_{k,n}}F_{k,n}(x_k^{*},p_{k,n})\leqslant\\&\max_{p_{1,k-1}\in P_{1,k-1}}\{F_{1,k-1}(x_1,p_{1,k-1})+\max_{p_{k,n}\in P_{k,n}}F_{k,n}(x_k^{*},p_{k,n})\}\end{aligned}$$

与前面基本定理矛盾!而对于 opt 为 min 情形的讨论同此.

注　记

近年来有人对 Bellman 原理的普适性提出挑战,不久前,人们构造了反例说明该原理已不再适用,例子是这样的:

考虑下面的有向网络

$$\text{ⓢ} \underset{9}{\overset{1}{\rightrightarrows}} ① \underset{9}{\overset{1}{\rightrightarrows}} ② \underset{9}{\overset{1}{\rightrightarrows}} ③ \underset{9}{\overset{1}{\rightrightarrows}} \cdots ⑦ \underset{9}{\overset{1}{\rightrightarrows}} ⑧ \underset{9}{\overset{1}{\rightrightarrows}} \text{Ⓣ}$$

(数字表示该弧长)，定义：两点的路长 $\triangleq \sum$ 弧长(mod 10). 这里 $\sum$ 表示求和. 求 S 到 T 的最短路.

由定义，$S \to T$ 走上弧时：路长 $= \sum_{S}^{T}$ 上弧长(mod 10) = 9(mod 10) = 9.

$S \to T$ 走下弧时：路长 $= \sum_{S}^{T}$ 下弧长(mod 10) = 81(mod 10) = 1.

显然走下弧为最优，但真子路如 ⑦ $\to T$

$$上弧路长 = \sum_{⑦}^{T} 上弧长(\text{mod } 10) = 2(\text{mod } 10) = 2$$

$$下弧路长 = \sum_{⑦}^{T} 下弧长(\text{mod } 10) = 18(\text{mod } 10) = 8$$

这时下弧子路不优.

一般地，若定义：路长 $= \sum$ 弧长(mod m)，又 $m = pq$，且 $(p, q) = 1$(即 p, q 互质)，同时 $p < q$，考虑下面路的最短路

$$\text{Ⓢ} \underset{q}{\overset{p}{\rightrightarrows}} ① \underset{q}{\overset{p}{\rightrightarrows}} ② \underset{q}{\overset{p}{\rightrightarrows}} ③ \underset{q}{\overset{p}{\rightrightarrows}} \cdots \underset{q}{\overset{p}{\rightrightarrows}} \text{ⓟ}$$

$$下弧路长 = \sum 下弧长(\text{mod } m) = pq(\text{mod } m) = 0$$

$$上弧路长 = \sum 上弧长(\text{mod } m) = pp(\text{mod } m) = p^2 (注意到 \ p^2 < pq = m)$$

而下弧任一真子路皆非最优，这里注意 $p < q$ 即可.

10.5　动态规划的数学模型种类及解法

用动态规划解决多阶段决策问题的基本思路是依据 Bellman 原理建立动态规划的数学模型(动态规划方程)，然后设法解之.

动态规划模型的建立基本上有以下步骤：

(1) 将问题适当地区分成若干阶段(按时间或空间)；

(2) 选取恰当的状态变量(它满足前述的三个条件)；

(3) 确定决策变量及每阶段允许的决策集合；

(4) 写出状态转移方程；

(5) 确定各阶段指标函数及其相互关系；

(6) 据 Bellman 原理，写出动态规划方程.

求解该问题时又因寻优方向与过程的行进方向同、异而区分为顺序法和逆序法，而后者常用(这当然与 Bellman 原理的结论形式有关).

动态规划模型常依据下面方式分为：

- 动态规划
  - 依过程演变特征分
    - 确定型
    - 随机型
  - 依状态变量取值分
    - 离散型
    - 连续型
  - 依决策过程阶段数分
    - 定期
    - 不定期（无期）

这里仅讨论定期问题. 如此一来，我们将会遇到以下四类模型：

离散确定型、离散随机型；连续确定型、连续随机型.

限于篇幅，本书只能就前两类问题加以说明，对后两类问题有兴趣的读者可参阅参考文献[33]和[34].

10.6　离散确定型动态规划问题

我们先来举几个例子，通过它们的解法也许可以看到一般性.

例 10.6.1　求图 10.6.1 的 G 中 ① 到 ⑥ 的最短路，这里权数 d_{ij} 表示 i 到 j 的弧长(弧线上所标数字).

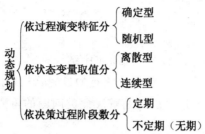

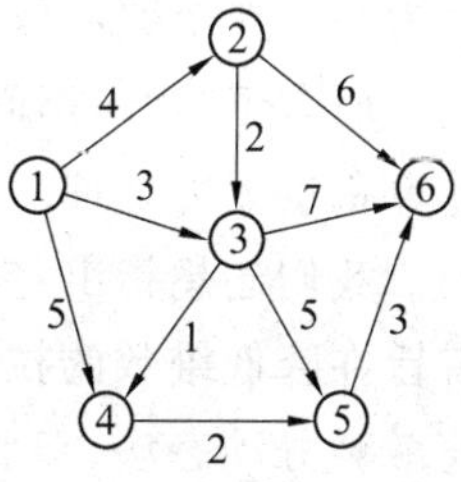

图 10.6.1

解　设 f_{ik} 表示结点 i 到结点 k 的最短路径，这样一来：

用顺序法，有 $f_{1,k}=\min\limits_{i<k}\{f_{1,i}+d_{ik}\}$，$i=2,3,\cdots,N$，且当 $(i,k)\notin G$ 时，有 $d_{ik}=\infty$，又 $f_{1,1}=0$.

用逆序法，有 $f_{k,N}=\min\limits_{i>k}\{d_{ki}+f_{i,N}\}$，$i=N-1,N-2,\cdots,1$，且当 $(k,i)\notin G$ 时，$d_{ki}=\infty$，又 $f_{N,N}=0$.

我们用顺序法解之

$$f_{1,1}=0$$

$$f_{1,2}=\min_{i=1,k=2}\{f_{1,i}+d_{ik}\}=\min\{f_{1,1}+d_{12}\}=0+4=4$$

$$f_{1,3}=\min_{i=1,2,k=3}\{f_{1,i}+d_{ik}\}=\min\{f_{1,1}+d_{13},f_{1,2}+d_{23}\}=\min\{0+3,4+2\}=3$$

$$f_{1,4}=\min_{i=1,2,3,k=4}\{f_{1,i}+d_{if}\}=\min\{f_{1,1}+d_{14},f_{1,2}+d_{24},f_{1,3}+d_{34}\}=$$

$$\min\{0+5,4+\infty,3+1\}=4(\text{这里无法直达的弧长记为 }\infty)$$

$$f_{1,5}=\min_{i=1,2,3,4,k=5}\{f_{1,i}+d_{if}\}=f_{1,4}+d_{45}=6$$

类似地，我们有

$$f_{1,6}=\min_{i=1,2,3,4,5,k=6}\{f_{1,i}+d_{if}\}=f_{1,5}+d_{56}=9$$

由此有 ① → ⑥ 的最优路线为

① → ② → ③ → ④ → ⑤ → ⑥

路长为 9，见图 10.6.2.

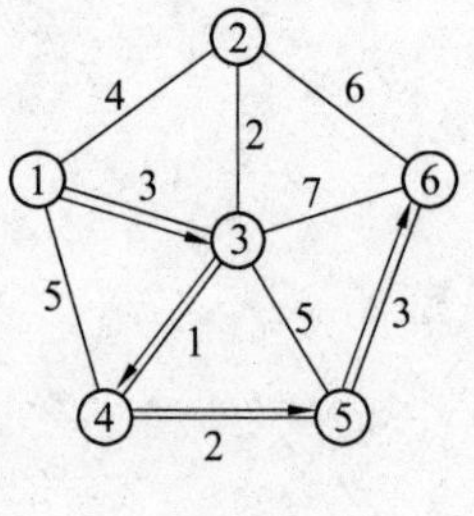

图 10.6.2

另外，我们还可以用逆序标号法（即逆序结合标号），自后（终点）向前（始点）标号（标上该点至终点的最短路长）求得 ① 到 ⑥ 的最短路，其实逆序法乃是解决此类问题的重要方法.

注　本例亦可用模拟方法给出最短路来（注意这里是将例中网络视为无向网络处理）：

用细铁线截成长分别为 4，3，2，5，1，7，5，6，2，3 这 10 段，绑成图 10.6.3 状. 用手握住 ① 和 ⑥ 将它使劲拉直，其中最直的一条即为所求的最短路.

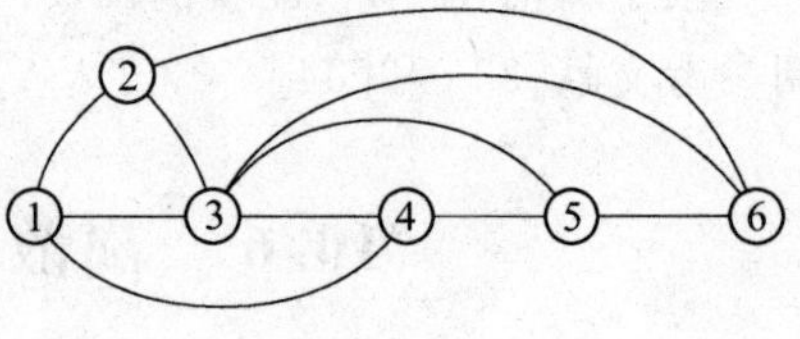

图 10.6.3

顺便讲一句：此方法如果通过计算机去模拟，那么解决最短路问题也许变得不再困难. 因为当结点个数 n 较大时，在数值计算求解中将会遇到"维数障碍".

而对于"货郎担问题"，原因是当城市数比较大时，计算量增长极快以至于电子计算机也无力处理.

我们还想指出：参考文献[42]提出了求解高维动态规划的试验选优方法（在此有旨在降低维数的拉格朗日乘子法、逐次渐近法、聚合法；旨在减少离散状态数的离散微分动态法、双状态动态法、状态增量动态法等；以及旨在减少计算量的微分动态规划法，还有旨在减少阶段数的渐近优化法等，但这些方法收效不大），有望使高维动态规划求解成为现实.

例 10.6.2（货郎担问题）　四乡村 $V_1 \sim V_4$ 间道路情况如图 10.6.4 所示（图中数字表示该弧长）. 求货郎从 V_1 出发（遍历）经各乡村后返回出发地的最短路径.

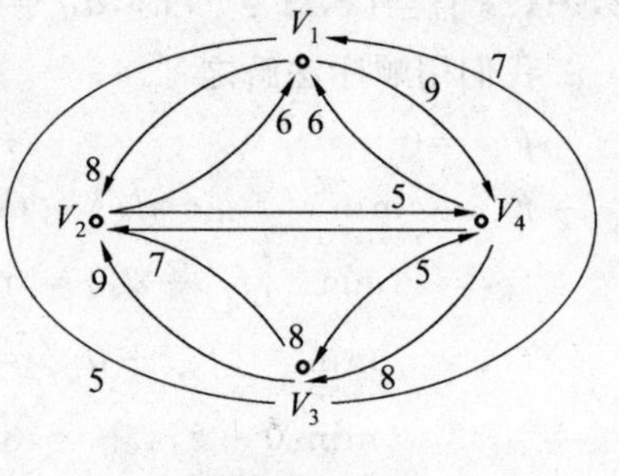

图 10.6.4

解　记距离矩阵 $\boldsymbol{D}=(d_{ij})=\begin{pmatrix}0&8&5&6\\6&0&8&5\\7&9&0&5\\6&7&8&0\end{pmatrix}$. 且用 $f_k(v_i,V)$ 表示从 v_i 出发经各点后回到 v_0(出发点)的最短路程. V 是顶点集,且顶点个数 $|V|=n$.

又 d_{ij} 表示 v_i 到 v_j 的弧长,则

$$\begin{cases}f_k(v_i,V)=\min\limits_{v_j\in V}\{d_{ij}+f_{k-1}(v_j,V\setminus\{v_j\})\},k=1,2,\cdots,n\\ f_0(v_i,\varnothing)=d_{i0},\varnothing=V\setminus\{v_1,v_2,\cdots,v_n\}\text{ 表示回到出发点}\end{cases}$$

这样

$$f_3(v_1,\{v_2,v_3,v_4\})=\min\{d_{12}+f_2(v_2,\{v_3,v_4\}),$$
$$d_{13}+f_2(v_3,\{v_2,v_4\}),d_{14}+f_2(v_4,\{v_2,v_3\})\}$$

类似地

$$f_2(v_2,\{v_3,v_4\})=\min\{d_{23}+f_1(v_3,\{v_4\}),d_{24}+f_1(v_4,\{v_3\})\}$$

同样可写出 $f_2(v_3,\{v_2,v_4\}),f_2(v_4,\{v_2,v_3\})$ 等.

同时还有 $f_1(v_3,\{v_4\})=\{d_{34}+f_0(v_4,\varnothing)\}$ 等.

用逆序法推演:$f_0(v_2,\varnothing)=d_{21}=6,f_0(v_3,\varnothing)=d_{31}=7,f_0(v_4,\varnothing)=d_{41}=9$,且 $f_0(v_1,v_1)=0$. 这样

$$f_1(v_2,\{v_3\})=d_{23}+f_0(v_3,\varnothing)=8+7=15$$
$$f_1(v_2,\{v_4\})=d_{24}+f_0(v_4,\varnothing)=5+9=14$$
$$f_1(v_3,\{v_2\})=d_{32}+f_0(v_2,\varnothing)=9+6=15$$
$$f_1(v_3,\{v_4\})=d_{34}+f_0(v_4,\varnothing)=5+9=14$$
$$f_1(v_4,\{v_2\})=d_{42}+f_0(v_2,\varnothing)=7+6=13$$
$$f_1(v_4,\{v_3\})=d_{43}+f_0(v_3,\varnothing)=8+7=15$$

进而我们可有

$$f_2(v_2,\{v_3,v_4\})=\min\{d_{23}+f_1(v_3,\{v_4\}),d_{24}+f_1(v_4,\{v_3\})\}=$$
$$\min\{8+14,5+15\}=20$$

则 $x_2(v_2)=v_4$,又

$$f_2(v_3,\{v_2,v_4\})=\min\{d_{32}+f_1(v_2,\{v_4\}),d_{34}+f_1(v_4,\{v_2\})\}=$$
$$\min\{9+14,5+13\}=18$$

则 $x_2(v_3)=v_4$,又

$$f_2(v_4,\{v_2,v_3\})=\min\{d_{42}+f_1(v_2,\{v_3\}),d_{43}+f_1(v_3,\{v_2\})\}=$$

$$\min\{7+15,8+15\}=22$$

则 $x_2(v_4)=v_2$，从而

$$f_3(v_1,\{v_2,v_3,v_4\})=\min\{d_{12}+f_2(v_2,\{v_3,v_3\}),d_{13}+f_2(v_3,\{v_2,v_4\}),$$
$$d_{14}+f_2(v_4,\{v_2,v_3\})\}=$$
$$\min\{8+20,5+18,6+22\}=23$$

故 $x_3(v_1)=v_3$.

由此得最短路径 $v_1\to v_3\to v_4\to v_2\to v_1$.

计算量估计：

(1) 为计算 $f_n(v_0,V)$ 需计算 $f_0(v_0,\varnothing),f_1(v_i,V),\cdots,f_{n-1}(v_i,V)$，共 n 个 f_0，nC_{n-1}^1 个 $f_1,\cdots,nC_{n-1}^k$ 个 $f_k,\cdots,nC_{n-1}^{n-1}$ 个 f_{n-1}.

计算 f_k 需 k 次加法，$k-1$ 次比较；计算 $f_n(v_0,V)$ 共需 n 次加法，$n-1$ 次比较.

故总计算量中加法量

$$T=n+\sum_{k=1}^{n-1}knC_{n-1}^k=n+n(n-1)2^{n-1}$$

这里由

$$(n-1)(1+x)^{n-2}=[(1+x)^{n-1}]'=\Big(\sum_{k=0}^{n-1}C_{n-1}^k x^k\Big)'=\sum_{k=1}^{n-1}kC_{n-1}^k x^{k-1}$$

取 $x=1$，有

$$\sum_{K=1}^{n-1}kC_{n-1}^k=(n-1)2^{n-2}$$

比较总计算量

$$S=(n-1)+\sum_{k=1}^{n-1}n(k-1)C_{n-1}^k=(n-1)+n(n-2)2^{n-2}$$

这样 $\sigma=S+T=2n-1+n(n-1)2^{n-1}+n(n-2)2^{n-2}$.

(2) 穷举法中要从 $n!$ 条路线进行比较，而每条路线要作 $n+1$ 次加法，这样：

加法总量

$$S_1=(n+1)n!$$

比较总量

$$T_1=n!-1$$

从而计算总量 $\sigma_1=S_1+T_1=(n+2)n!-1$，当 n 充分大时，$\sigma_1\gg\sigma$.

这类问题的另外一种近似解法，我们已在“0－1规划”及“图与网络分析”章节或注记中介绍了.

其实,“货郎担问题”仍是运筹中尚待解决的难题之一,动态规划中讲述的解法其计算量仍是指数次的(增加),因而它不是一个“好”算法.更有效的方法仍待人们去开发和研究.

例 10.6.3 某车间生产一种部件,在每月月底进行,但各月加工费用有变.如果当月部件使用不完,可存入仓库备用.设仓库容量为 $H=9$,开始时库存量为 2,又期终(6 月后)存量为 0.这段期间需求及单位工本见表 10.6.1.

表 10.6.1

月份 k	0	1	2	3	4	5	6
月需求 b_k	0	8	5	3	2	7	4
生产部件单位工本 a_k	11	18	13	17	20	10	

试给出满足上面题设又花费工本最少的生产计划.

解 按月划分阶段,则阶段变量 $k=0,1,2,\cdots,6$.

又设第 k 个月部件库存量为 x_k(状态变量);生产量为 u_k(决策变量),则有状态转移方程

$$x_{k+1}=x_k+u_k-b_k$$

且决策集合为

$$D_k(x_k)=\{u_k \mid u_k\geqslant 0,b_k\leqslant x_k\leqslant H\}$$

阶段指标 $d(x_k,u_k)=a_k u_k$,指标函数 $F_{k,6}=\sum\limits_{j=k}^{6}a_j u_j$.

令 $f_k(x_k)$ 为状态 x_k 下,从 k 月到 6 月止所生产部件累计最小工本,则有逆序方程

$$\begin{cases}f_k(x_k)=\min\limits_{x_k\in D_k}\{a_k u_k+f_{k+1}(x_k+u_k-b_k)\},k=0,1,2,\cdots,6\\ f_7(x_7)=0\end{cases}$$

用逆序法,因 $x_7=0$,知 $u_6=0$,又 $b_6=4$,由 $x_7=x_6+u_6-b_6$,得 $x_6=b_6=4$,从而

$$f_6(x_6)=\min_{u_6\in D_6}(a_6u_6+0),u_6^*=0$$

因 $4=b_6\leqslant x_5+u_5-b_5\leqslant H+7-x_5=9-x_5$,又 $b_5=7$,则

$$0\leqslant 11-x_5\leqslant u_5\leqslant 16-x_5$$

因而

$$f_5(x_5)=\min_{u_5\in D_5}\{a_5u_5+f_6(x_6)\}=\min_{11-x_5\leqslant u_5\leqslant 16-x_5}\{10u_5+0\}=110-10\cdot x_5$$

从而

$$u_5^* = 11 - x_5$$

类似地，有

$$f_4(x_4) = 220 - 20x_4, u_4^* = 9 - x_4$$

$$f_3(x_3) = 244 - 17x_3, u_3^* = 12 - x_3$$

$$f_2(x_2) = 273 - 13x_2, u_2^* = 14 - x_2$$

$$f_1(x_1) = 442 - 18x_1, u_1^* = 13 - x_1$$

$$f_0(x_0) = 393 - 18x_0, u_0^* = 7$$

又因为初始库存 $x_0 = 2$，故

$$f_0(x_0) = f_0(2) = 393 - 18 \cdot 2 = 357$$

依次回代可有

$$x_0 = 2, u_0^* = 7$$

其余计算见表 10.6.2(计算过程同上).

表 10.6.2

	$x_k = x_k - 1 + u_{k-1} - b_{k-1}$	u_k
$k=1$	9	$13 - x_1 = 4$
$k=2$	5	$14 - x_2 = 9$
$k=3$	9	$12 - x_3 = 3$
$k=4$	9	$9 - x_4 = 0$
$k=5$	7	$11 - x_5 = 4$

图中带箭头的线表示计算顺序，由此可得，各月最佳生产批量为 7，4，9，3，0，4.

注　本题可用下面简单办法推算，见表 10.6.3，从前向后推算，并注意箭头指向表示推算顺序.

表 10.6.3

月份 k	0	1	2	3	4	5	6
上月末：本月末	2 ∣ 9	9 ∣ 5	5 ∣ 9	9 ∣ 9		7 ∣ 4	
月需求 b_k	0	8	5	3	2	7	4
单位工本 a_k	11	18	13	17	20	10	
本月最佳产量 u_k^* 及分析	$11<18$ $H=9$ $u_0^*=7$	$18>13$ 当月余 1， 下月需 $u_1^*=4$	$13<17$ $13<20$ $H=9$ $u_2^*=9$	$17<20$ $17<10$ $H=9$ $u_4^*=3$		月末应剩 4 $u_5^*=3$	

(结合考虑)

这样 5 月初应余 7，而 4 月初应余 9，从而 $u_3^* = 3$.

接下去 4 月月初应为 9，月末应为 7，则 $u_4^* = 0$.

从上例注中可得：动态规划问题利用表解（对离散的情形）有时很方便.

例 10.6.4　今有 80 万元拟投资扩建三个工厂，每厂利润增长与投资数额关系见表 10.6.4（投资及利润以 10 万元为单位计）.

表 10.6.4

利润值 \ 投资 \ 工厂	0	10	20	30	40	50	60	70	80
甲	0	0.5	1.5	4.0	8.0	9.0	9.5	9.8	10
乙	0	0.5	1.5	4.0	6.0	7.0	7.3	7.4	7.5
丙	0	0.4	2.6	4.0	4.5	5.0	5.1	5.2	5.3

问如何投资可使总利润增长额最大.

解　用逆序法. 对甲、乙、丙三厂投资视为三个阶段 1，2，3，用 k 表示，每阶段可用的投资数额 x_k 表示状态变量，每厂投资数 u_k 表示决策变量，D_k 表示每阶段允许决策集合

$$D_k(x_k) = \{u_k \mid 0 \leqslant u_k \leqslant x_k\} \quad (k = 1,2,3)$$

且状态转移方程为

$$x_{k+1} = x_k - u_k \quad (k = 1,2)$$

又 $p_k(u_k)$ 表示 k 厂分得资金 u_k 后利润的增长额，故指标函数可写成

$$V_{k,3} = \sum_{i=k}^{3} p_i(u_i) = p_k(u_k) + \sum_{i=k+1}^{3} p_i(u_i) = p_k(u_k) + V_{k+1,3}$$

又 $f_k(x_k)$ 表示 k 阶段状态 x_k 采用最优策略的利润增长，则

$$f_k(x_k) = \max_{u_k \in D_k(x_k)} \{p_k(u_k) + f_{k+1}(x_{k+1})\}$$

先考虑对丙厂的投资由 $f_4(x_4) = 0$，则有

$$f_3(x_3) = \max_{u_3 \in D_3(x_3)} \{p_3(u_3)\}$$

又由题设，有表 10.6.5 所示的结果.

表 10.6.5

x_3	0	10	20	30	40	50	60	70	80
$f_3(x_3)$	0	0.4	2.6	4.0	4.5	5.0	5.1	5.2	5.3
u_3^*	0	10	20	30	40	50	60	70	80

下面考虑对乙、丙两厂投资($k=2$)情况，有表 10.6.6(x_2 系第 2 阶段乙、丙投资之和，u_2 系乙投资额，具体地讲，表 10.6.6 第 1 列为乙、丙两厂投资额，第 2 列为全投丙厂的资金额，第 2 至第 10 列表头为投资工厂资金额).

表 10.6.6

u_2 / x_2	$p_2(u_2)+f_3(x_2-u_2)$									$f_2(x_2)$	u_2^*
	0	10	20	30	40	50	60	70	80		
0	0	—								0	0
10	0.4	$0+0.5$	仿前可有							0.5	10
20	2.6	$0.4+0.5=0.9$	1.5							2.6	0
30	4.0	$2.6+0.5=3.1$	1.9	4.0						4.0	0,30
40	4.5	$4.0+0.5=4.5$	4.1	4.4	6.0					6.0	40
50	5.0	$4.5+0.5=5.0$	5.5	6.6	6.4	7.0				7.0	50
60	5.1	$5.0+0.5=5.5$	6.0	8.0	8.6	7.4	7.3			8.6	40
70	5.2	$5.1+0.5=5.6$	6.5	8.5	10.0	9.6	7.7	7.4		10.0	40
80	5.3	$5.2+0.5=5.7$	6.6	9.0	10.5	11.0	9.9	7.8	7.5	11.0	50

表中每列系由前一列数据(丙厂投资效益)下窜一格再加上乙厂相应(即除去投资丙厂后，再投乙厂的效益)投资利润数即得.

最后考虑对甲、乙、丙三厂投资，即 $k=1$ 的情形，仿前表有表 10.6.7.

表 10.6.7

u_1	0	10	20	30	40	50	60	70	80
x_1-u_1	80	70	60	50	40	30	20	10	0
$p_1(u_1)$	0	0.5	1.5	4.0	8.0	9.0	9.5	9.8	10.0
$f_2(x_1-u_1)$	11.0	10.0	8.6	7.0	6.0	4.0	2.6	0.5	0
p_1+f_2	11.0	10.5	10.1	11.0	14.0*	13.0	12.1	10.3	10.0

表中第 3 行即为题设表 10.6.4 除表头外第 1 行数字，即资金全部投甲厂收益.

由表 10.6.7 知，$f_1(x_1)=14.0$ 为最佳组合投资收益，此时 $u_1=40$，$x_2=40$.

再由 $x_2=40$ 及前表知，$u_2^*=40$，$u_3^*=0$.

故最佳投资方案是甲、乙、丙三厂分别投资 40 万元，40 万元，0 元.

显然,表解的最大优点是清晰、简洁(请你考虑如何处理 3 个以上工厂的投资问题). 当然利用它还可解其他动态规划问题,如最短路问题等(见习题).

注 1　一个值得研究的投资问题即"广告投入". 因为广告效益与其投入关系系一"S" 曲线,这一点是由 K. Longman 发现的(图10.6.5).

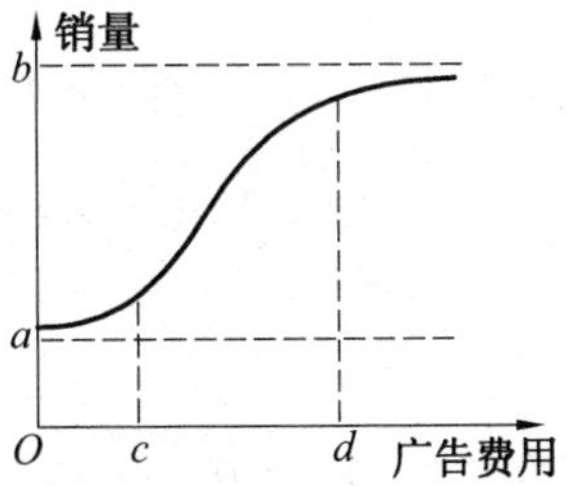

图 10.6.5

从图中可以看出:广告效益在$[c,d]$区间最佳,在$[0,c]$区间和$[d,+\infty)$区间效果不好,a 称为无广告销售量,b 为销售最大量.

与之相联的动态投资问题的讨论将是十分有益的.

顺便一提,美国广告学家赫勒·克鲁曼研究发现:广告刊播的次数为 6～8 次效果最佳,次数太少反应不大;次数过多,使人们产生厌烦甚至抗拒心理.

注 2　严格地讲,它服从逻辑斯蒂分布,这是一种接近(近似于)正态分布的随机分布(它的分布函数与正态分布的分布函数相差无几).

10.7* 离散随机型动态规划

动态规划问题的状态转移律是不确定的,即对于给定的状态和决策转至下一阶段的状态是具有确定概率分布的随机变量,这个概率分布由阶段的状态和决策完全确定. 这样考虑总效益问题时,只能依据其期望效益值,因而基本方程可写作(这 $E\{\cdot\}$ 表示期望值之意)

$$f_k(x_k)=\text{opt}E\{d_k(x_k,u_k)+f_{k+1}(x_{k+1})\}$$

或

$$f_k(x_k)=\text{opt}E\{d_k(x_k,u_k)\cdot f_{k+1}(x_{k+1})\}$$

(逆序或顺序推导时)

下面我们来看一个例子.

例 10.7.1　某厂试制一种产品合格率只有 0.5,每批产品中其合格品台数服从二项分布,已知每台产品成本为100元,每次试制准备费为300元. 由于交货期限制,该厂至多只能进行三次试制,如到时仍无合格品提供,则厂方损失 1 600 元,如何安排试制,方可使试制总费用的期望值最小.

解　仍按逆序法,以各次试制为阶段,则决策变量 $d_n(n=1,2,3)$ 为 n 阶段的生产批量,状态变量 x_n 为 n 阶段仍需试制的合格品的台数,取 0 或 1,则

$$f_n(x_n)=\min_{d_n=0,1,2,\cdots}\{F_n(x_n,d_n)\},\quad 其中\ f_n(0)=0$$

以 100 元作为货币单位时，不管下一种状态如何，阶段 n 的费用均为 $k+d_n$，这里

$$k=\begin{cases}0, d_n=0(\text{有成功的无须再试制})\\ 3, d_n>0(\text{再试制准备费用})\end{cases}$$

故当 $x_n=1$(下阶段仍需试制)时，有

$$F_n(1,d_n)=k+d_n+\left(\frac{1}{2}\right)^{d_n}f_{n+1}(1)+\left[1-\left(\frac{1}{2}\right)^{d_n}\right]f_{n+1}(0)=$$
$$k+d_n+\left(\frac{1}{2}\right)^{d_n}f_{n+1}(1)\quad(n=3,2,1)$$

其中 $f_4(1)=16$(三次实验均不成功，厂方损失 1 600)，这样就得到递推关系

$$f_n^*(1)=\min\left\{k+d_n+f_{n+1}(1)\cdot\left(\frac{1}{2}\right)^{d_n}\right\}\quad(n=3,2,1)$$

具体计算见表 10.7.1 至表 10.7.3(这里 d_3 取 0,1,2,3,4，当 $d_3>4$ 时，$f^*\nearrow$，即单升).

表 10.7.1　$n=3$ 时的情形

d_3 / x_2	$F_2(1,d_3)=k+d_3+16\cdot\left(\frac{1}{2}\right)^{d_3}$					f_3^*	d_3^*
	0	1	2	3	4		
0	0					0	0
1	16	12	9	8	8	8	3 或 4

表 10.7.2　$n=2$ 时的情形

d_2 / x_2	$F_2(1,d_2)=k+d_2+8\cdot\left(\frac{1}{2}\right)^{d_2}$					f_2^*	d_2^*
	0	1	2	3	4		
0	0					0	0
1	8	8	7	7	$7\frac{1}{2}$	7	2 或 3

表 10.7.3　$n=1$ 时的情形

d_1 / x_2	$F_1(1,d_1)=k+d_1+7\cdot\left(\frac{1}{2}\right)^{d_1}$					f_1^*	d_1^*
	0	1	2	3	4		
1	7	$7\frac{1}{2}$	$6\frac{3}{4}$	$6\frac{7}{8}$	$7\frac{1}{16}$	$6\frac{3}{4}$	2

综上所知,最优方案是:第 1 次试制 2 台;若无合格的,则第 2 次试制 2 台或 3 台;若仍无合格的,第 3 次试制 3 台或 4 台.

这里要强调,式

$$F_3=k+d_3+16\cdot\left(\frac{1}{2}\right)^{d_3}$$

中当 $d_3=0,1,2,3,4,\cdots$ 取值情况为 16,12,9,8,8,⋯ 接着 f_3 又上升,故 d_3 只取至 4 即可(见图 10.7.1,最小值已出现).

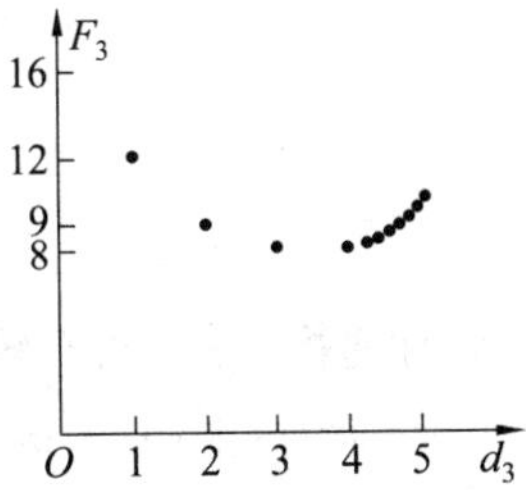

图 10.7.1

d_2,d_1 的取值情况类同.

这方面例子还有许多,这里不举了. 此外这里还可以看出:此例仍是利用了表解法,它的优点(特别是在解动态规划问题时)是不言而喻的.

其他类型的动态规划问题解法这里不多谈了(如连续确定、连续随机以及不定期动态规划等),我们前面提到的著名问题的解法,有兴趣的读者可以阅读有关文献.

10.8* 一般数学规划的动态规划解法

前面我们已经指出:一般数学规划模型(如 LP、非线性规划等)各有其自己的解法,但它们却可用动态规划解法去统一(或称转化为动态规划问题),具体地讲(详见本书"后记"):

它可以将依次决定各个变量的取值看成一个多阶段决策过程,因而模型中变量个数可视为阶段数,约束条件中的在分配过程变化的资源数可视为状态变量,约束条件的个数视为状态的维数.

这样,一般数学规划均可化为动态规划模型且可用其方法去解,此举从"统一"角度来看似乎有理论价值,然而随着变元个数增多,动态规划问题将面临"维数障碍"而变得无能为力.

一个自然的想法是:既然一般数学规划可化为动态规划问题,反过来(反问题)动态规划问题可否化为一般数学规划(如 LP 问题等)?

因为这其中有些解法相对动态规划方法而言似乎较简洁,这方面的问题留给读者去思考.

下面我们举个例子谈谈一般数学规划问题是如何化为动态规划问题去解答

的.对于非线性规划

$$\max F=\sum_{i=1}^{n} g_i(x_i) \quad (g_i(x_i)\text{ 为一般函数})$$

$$\text{s. t.}\begin{cases}\sum_{i=1}^{n} a_i x_i = b \quad (a_i,b\text{ 为给定常数})\\ x_i \geqslant 0, i=1,2,\cdots,n\end{cases}$$

我们有递推公式(状态转移方程)

$$\begin{cases}f_k(y)=\max\limits_{0\leqslant x_k\leqslant y}[g_k(x_k)+f_{k-1}(y-(a_k x_k))], k=2,3,\cdots,n\\ f_1(y)=\max\limits_{0\leqslant x_1\leqslant y} g_1(x_1)\end{cases}$$

例 10.8.1 利用动态规划方法求解非线性规划问题

$$\max F=4x_1^2-x_2^2+2x_3^2+12$$

$$\text{s. t.}\begin{cases}3x_1+2x_2+x_3=9\\ x_i\geqslant 0, i=1,2,3\end{cases}$$

解 由递推公式,我们有

$$f_1(y)=\max_{0\leqslant 3x_1\leqslant y} 4x_1^2=\frac{4}{9}y^2, x_1=\frac{y}{3}\text{ 时}$$

$$f_2(y)=\max_{0\leqslant 2x_2\leqslant y}\{-x_2^2+f_1(y-2x_2)\}=$$

$$\max_{0\leqslant 2x_2\leqslant y}\{-x_2^2+\frac{4}{9}(y-2x_2)^2\}=$$

$$\max_{0\leqslant 2x_2\leqslant y/2}\left\{\frac{1}{9}(7x_2^2-16yx_2+4y^2)\right\}=$$

$$\frac{4}{9}y^2, x_2=0\text{ 时}$$

$$f_3(y)=\max_{0\leqslant x_3\leqslant 9}\{2x_3^2+12+f_2(y-x_3)\}=$$

$$\max_{0\leqslant 2x_3\leqslant 9}\left\{2x_3^2+12+\frac{4}{9}(y-x_3)^2\right\}=$$

$$\max_{0\leqslant 2x_3\leqslant 9}\frac{1}{9}(22x_3^2-72x_3+432)=$$

$$174, x_3=9\text{ 时}$$

综上 $\boldsymbol{x}^*=(0,0,9)$ 时,$F_{\max}=174$.

这里我们将 $2x_3^2+12$ 视为 $g_3(x_3)$. 此外,在解题过程中要注意二次函数的约束极值问题,其解法可结合函数图像会更简便.

习　　题

1. 利用动态规划方法求下面(有向)网络中 ① → ⑥ 的最短路(图 1).

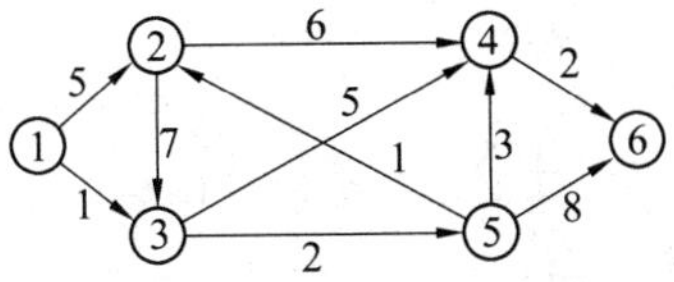

图 1

[**提示**:令 $f_{1,i}(j)$ 表示从结点 ① 到 ⓙ 的最短路长,$j \notin N_{i-1}(1)$,这里 $N_{i-1}(1)$ 表示与 1 相邻的顶点集,则有

$$f_{1,i}(j) = \begin{cases} f_{1,i-1}(j), & \text{当 } j \in N_i(1) \\ \min\{f_{1,i-1}(j), f_{1,i-1}(k_i) + d_{k_{i,j}}\}, & \text{当 } j \notin N_i(1) \end{cases}$$

这里 k_i 表示阶段 i 确定的结点,又 $N_1(1) = \{1\}, k_1 = 1$,且 $f_{1,1}(j) = d_{1j}$]

注:这与 Dijkstra 算法本质无异.

2. 某建筑公司决定向三个工区增派人员 8 名,各工区增添人员后的收益见表 1.

表 1

工区＼人力	0	1	2	3	4	5	6	7	8
1	0	5	15	40	80	90	95	98	100
2	0	5	15	40	60	70	73	74	75
3	0	4	26	40	45	50	51	52	53

试给出使公司收益增加最大的增员方案.

3. 用动态规划方法解背包问题:

货船载重为 W,今有 n 种货物,已知第 j 种货物的单位重为 w_j,价值为 v_j,试给出使货物总价最大的装船方案,其中

$$w = 5, n = 3, \text{且}(w_i, v_i) = (2,65),(3,80),(1,30)$$

注:其实此问题属于整数规划问题,今若设 x_i 为第 j 种货物装载件数,则问题归结为

$$\text{V}: \max z = \sum_{j=1}^{n} v_j x_j$$

$$\text{s.t.} \begin{cases} \sum\limits_{j=1}^{n} w_j x_j \leqslant W \\ x_j \geqslant 0, \text{且为整数} \end{cases}$$

这是一个仅有一个系统约束，n 个变元的整数规划问题，但用整数规划方法求解稍困难.

4. 将一个非负实数 q 分成 n 部分使它们的乘积最大.

[提示：设 $k=n$，且各部分分别为 $d_k \geqslant 0$，状态转移方程和边界条件分别为 $x_{k+1}=x_k-d_k(1\leqslant k\leqslant n)$，$x_n=q$，$x_0=0$，由此有 $d_i^*=\dfrac{q}{n}(1\leqslant i\leqslant n)$，$f_{n,1}(q)=\left(\dfrac{q}{n}\right)^n$]

注：由此可得著名的 Cauchy 不等式

$$\frac{1}{n}\sum_{k=1}^{n} d_k \geqslant \sqrt[n]{\prod_{k=1}^{n} d_k}$$

当然，反过来此问题亦可用 Cauchy 不等式(如果已知的话) 去解.

注意这里是连续的情形，若 q 为非负整数，且要求 d_k 亦为非负整数，则问题转化为离散的情形.

5. 利用(1) 表解方法；(2) 反向标号法，求下面网络中 A 到 E 的最短路(图 2).

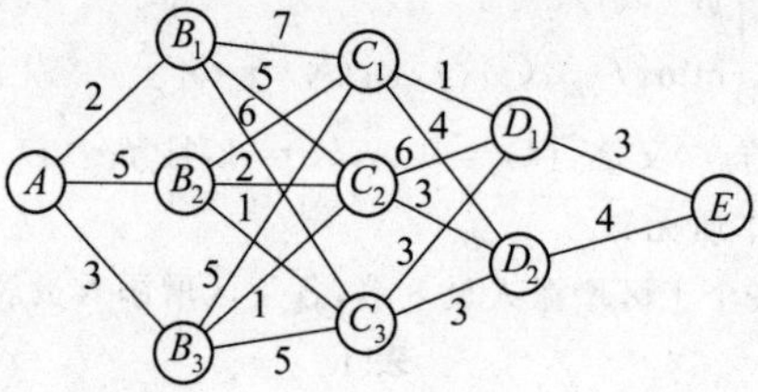

图 2

6. * 用动态规划方法解下面问题：

(1)

$$\text{V}: \max z = 2x_1 + 3x_2$$

$$\text{s.t.} \begin{cases} x_1 + 2x_2 \leqslant 8 \\ 4x_1 \leqslant 16 \\ 4x_2 \leqslant 12 \\ x_1, x_2 \geqslant 0 \end{cases}$$

(2)

$$\text{V}: \max z = x_1 x_2^2 x_3$$

$$\text{s.t.} \begin{cases} x_1 + x_2 + x_3 = c \quad (c > 0) \\ x_i \geqslant 0 \quad (i = 1,2,3) \end{cases}$$

7. *(排序问题) 某学术会上要有 n 篇论文宣读，关心第 i 篇论文的与会者有 a_i 个(这里假设每个与会者仅关心一篇论文)，论文宣读时间为 t_j，则若

$$\frac{t_{k_1}}{a_{k_1}} \leqslant \frac{t_{k_2}}{a_{k_2}} \leqslant \cdots \leqslant \frac{t_{k_n}}{a_{k_n}}$$

则依 $k_1, k_2, \cdots, k_n$ 顺序宣读论文，将使与会者在会场逗留时间和最少.

第 11 章　存储论初步

储存一些物品以供未来销售或使用，这是在各个部门都会遇到的问题，一旦缺少这些物品，部门将会受到损失，这样存储这些物品势必很重要；另一方面，若存储量过大，也会因保管费用过高或使用不完物品失效、变质，也同样会造成损失. 因而人们必须找到合理的存储量，以及何时补充库存、补充多少等问题.

存储论即研究有关存储问题的科学. 说得具体些：存储论是研究在一定的采购、运输、管理、需求条件下，使材料、资源或物质保持合理的库存水平，在保证生产或营销活动能继续的前提下，使总费用最小.

存储论又称库存论，它源于 1915 年，当时 Harris 首次建立经济批量公式，1934 年，R. H. Wilson 重新给出该公式.

20 世纪 50 年代以后，T. M. Whitin 的《存储管理理论》，K. I. Arrow 的《存储和生产数学理论研究》以及 A. P. Moran 等人的《存储理论》相继问世，存储论也真正成为一门应用数学分支而归入运筹学范畴.

简而言之，人们常会遇到产(供)销(需)不平衡情况(产大于销或销大于产)，为了调节它而加上存储这个中间环节. 这样便有图 11.0.1 所示的过程.

图 11.0.1

当然，这里的关键是存储的量与期的问题，存储论数学模型一般分为两大类：一类是确定型存储模型；另一类是随机型存储模型.

本教程仅讨论前者中的一些简单模型，对于后者仅举一例.

11.1　存储问题的基本概念

存储模型中一般包括下面一些基本概念(要素)：

(1) 需求　库存系统的输出称为需求，其量可通过供需渠道获得，它可以是确定的，也可以是随机的.

(2) 补充(订货或生产)　货物的补充称为库存系统的补充.

补充货源可通过生产或订货两种渠道实现.

从订货至物品入库常需一定时间,它称为滞后时间.没有滞后时间的称瞬时进货,否则称为非瞬时进货.

为不使物品暂缺,往往要提前订货,这段时间称为提前时间.

(3) 存储策略　存储论研究的基本问题是物品补充的时间(期)与数量(量),任何一个满足上述要求的方案均称为一个存储策略.

(4) 费用　任何物品的存储都需支付一定的费用,费用通常是衡量存储策略优劣的直接标准.费用通常包括:

① 订货费　它又包括两部分:一是每次订货费用(用 c 表示);二是货物成本费(单价为 k,数量为 Q,则费用为 kQ) 即货款.

② 保管费　包括货物库存费用及物品变质而受到的损失.

③ 缺货费　由于供不应求造成缺货而带来的损失费用.

(5) 目标函数　区分存储策略好坏而建立的衡量标准(常用函数形式表示)称为目标函数.

通常存储策略的平均费用或利润被当做目标函数.

11.2　确定型存储模型

对于存储模型中期与量的参数均确定的类型称为确定型存储模型.下面介绍其中的几个模型.

模型 1　不允许缺货,瞬时进货(E.O.Q 公式)

此模型假设:物品需求均匀,且订货可以即订即到.今设需求率 R,一次订货满足时间 t,则订货量 $Rt=Q$.又每次订货费(或每批货物的工装调整费)为 c,货物单价为 k,则订货费是 $c+kRt$,c_1 是单位时间单位货物的保管费.

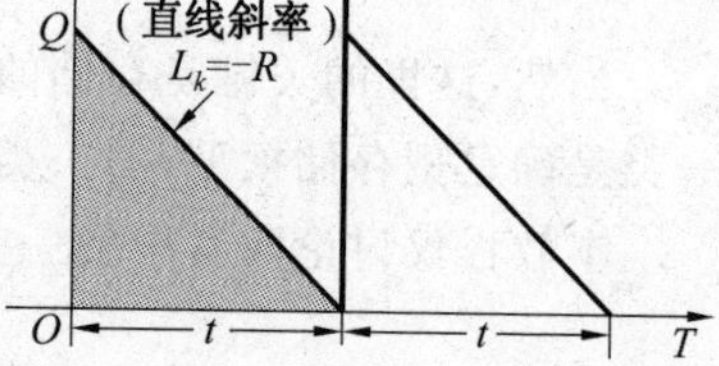

图 11.2.1

又 t 时间内平均订货费为 $(c+kRt)/t$,且 t 时间内平均存储量即为图 11.2.1 中阴影三角形高的一半,即 $Rt/2$,这也可用积分求得

$$\frac{1}{t}\int_0^t RT\,\mathrm{d}T=\frac{1}{2}Rt$$

注意到 $f(x)$ 在区间$[a,b]$的平均值为$\frac{1}{b-a}\int_a^b f(x)\mathrm{d}x$.

单位(单位时间,单位货物)存储费为 c_1,则单位时间内平均存储费为 $c_1Rt/2$. 这样 t 时间内单位时间平均总费用为

$$C(t)=\frac{c}{t}+kR+\frac{1}{2}c_1Rt$$

当然,我们也可以设总时间 $T=1$,然后以每个周期 t 建立总费用表达式为

$$\widetilde{C}(t)=c+kRt+\frac{1}{2}c_1Qt$$

这样在时间 T 内的总费用为(注意 $T=1$,而$\frac{T}{t}=\frac{1}{t}=n$)

$$C(t)t=\frac{c}{t}+kR+\frac{1}{2}c_1Q$$

注意到 $Q=Rt$,故上式与前面的式子等价.

由算术－几何平均值不等式有单位时间内最小费用满足

$$C(t)\geqslant 2\sqrt{\frac{c}{t}\cdot\frac{1}{2}c_1Rt}+kR=\sqrt{2c_1cR}+kR$$

当且仅当$\frac{c}{t}=\frac{1}{2}c_1Rt$,即 $t^*=\sqrt{\frac{2c}{c_1R}}$ 时等式成立. 此时

$$Q^*=Rt^*=\sqrt{\frac{2cR}{c_1}}\quad(t^*\text{ 时间内})\qquad(*)$$

式(*)即为著名的**经济批量公式**,简称 E. O. Q 公式,系 1915 年由美国经济学家 Harris 给出,至今仍有用.

由于 Q^*,t^* 与 k 无关,通常在 $C(t)$ 公式中略去 kR 项.

公式的推导亦可由微积分来完成,只是略繁(请读者自行推导完成).

上面事实,也为费用曲线(图 11.2.2)寻找最低点找到数学解释:

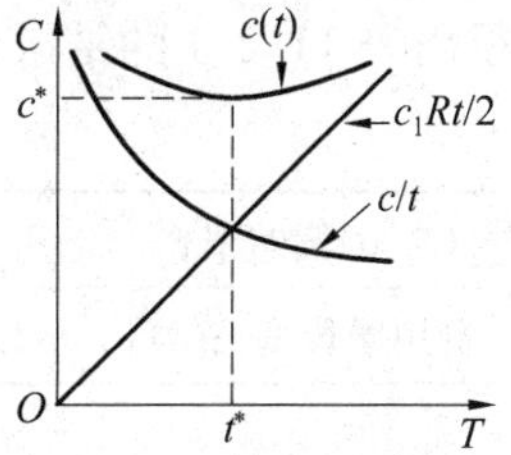

图 11.2.2

存储费用曲线

$$C_1(t)=\frac{1}{2}c_1Rt$$

订货费用曲线

$$C_2(t)=\frac{c}{t}$$

总费用曲线

$$C(t)=\frac{c}{t}+\frac{1}{2}c_1Rt$$

当 $C_1(t)=C_2(t)$ 时,$C(t)$ 的值最小.

例 11.2.1 某公司一物资平均每天销售 2 吨,订货费 100 元 / 次,存储费 60 元 / 吨 · 月. 求该公司一年(按 306 天计算)订货最佳次数、批量及时间间隔.

解 $R=2$ 吨 / 天,$c=100$ 元 / 次,$c_1=2$ 元 / 吨 · 天.

由
$$Q^*=\sqrt{\frac{2cR}{c_1}}=\sqrt{\frac{2\cdot 100\cdot 2}{2}}\approx 14.1(\text{吨 / 次})$$

且
$$t^*=\sqrt{\frac{2c}{c_1R}}=\sqrt{\frac{2\cdot 100}{2\cdot 2}}\approx 7.07(\text{天})$$

又 $n^*=\lceil\frac{T}{t^*}\rceil=\lceil\frac{306}{7.07}\rceil=\lceil 43.27\rceil=44$(次),这里$\lceil x\rceil$表示上取整,即不小于 x 的最小整数.

我们还想说明一点,若最佳订货批量为 Q^*,但实际需求往往会有偏差,这时需考虑偏差对总订购费用的影响程度:

当偏差较大,但总费用增加并不明显的问题称为不太灵敏(并非不精确);反之则称其为灵敏. 人们当然期望是前者.

我们想指出:E. O. Q 公式属不太灵敏类型.

设实际偏差率为 δ,则订购批量应是 $Q=(1+\delta)Q^*$,这时总费用为(这里 $C\left(\frac{Q}{R}\right)$ 表示函数关系)

$$C(t)=C\left(\frac{Q}{R}\right)=\sqrt{2c_1cR}+\frac{\delta^2}{2(1+\delta)}\sqrt{2c_1cR} \qquad (**)$$

上式第二项即为实际批量偏差而增加的费用,记 $\Delta(\delta)=\delta^2/2(1+\delta)$,可以计算得出表 11.2.1 的结果(证明见本章习题及提示).

表 11.2.1

Q^* 的偏差率 δ	-0.5	-0.2	-0.1	0.1	0.2	0.3	0.5	1
费用增长率 $\Delta(\delta)$	0.25	0.25	0.006	0.0045	0.017	0.035	0.083	0.25

表 11.2.1 说明:实际批量较最佳批量多 10% 以内,总费用仅增加 4.5‰;而当实际批量较最佳批量多 100% 或少 50% 时,费用仅增加 25‰,即偏差引起敏感,这是此公式的一大优点,它的图像见图 11.2.3.

模型 2　不允许缺货、非瞬时进货

模型需求是均匀的，进货非瞬时即购进或生产一定量的产品需一些时间，但一旦需要可立即生产或陆续进货.

设生产批量为 Q，所需时间为 T，生产速率为 $P=Q/T$，需求率为 R.

其存储、销售过程如图 11.2.4 所示.

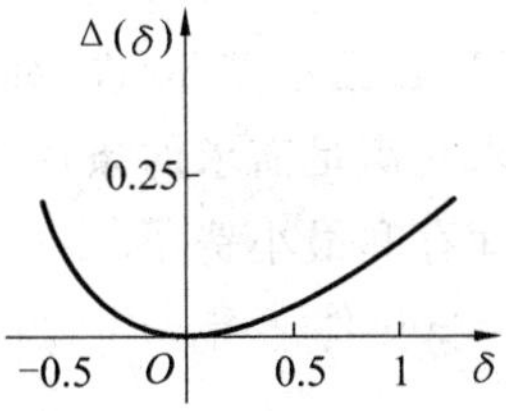

图 11.2.3

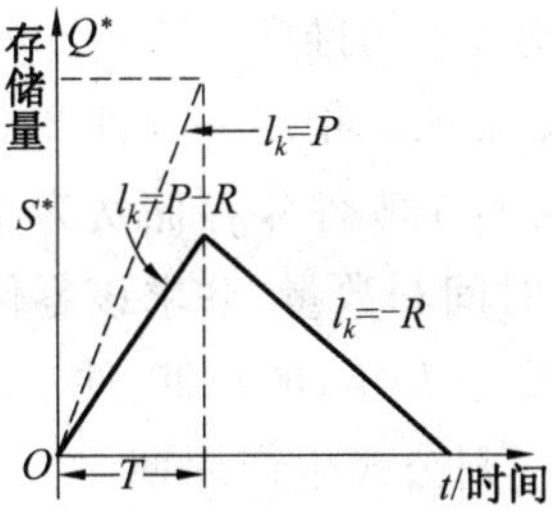

图 11.2.4

由于需求率为 R，生产速率为 P，则在 $[0,T]$ 时间段内，存储以 $P-R$ 速率增长，而后停止生产，故在 $[T,t]$ 时间段内，存储以 R 速率减少，这里 T,t 待定.

由图及几何定理，知

$$(P-R)T=R(t-T)$$

有 $PT=Rt$，得 $T=Rt/P$.

t 时间内平均存储量为 $\frac{1}{2}(P-R)T$，存储费 $\frac{1}{2}c_1(P-R)Tt$，生产准备费 c，则单位时间平均总费用

$$C(t)=\frac{1}{t}\left[\frac{1}{2}c_1(P-R)Tt+c\right]$$

利用微积分知识可求其极小值（它是 t,T 的二元函数）：

当 $t^*=\sqrt{\frac{2cP}{c_1R(P-R)}}$ 时，$C^*(t)=\sqrt{\frac{2c_1cR(P-R)}{P}}$，且

$$Q^*=Rt^*=\sqrt{\frac{2cRP}{c_1(P-R)}}\quad(\text{E. O. Q 公式})$$

此外，我们还可求得最佳生产时间

$$T^*=\frac{Rt^*}{P}=\sqrt{\frac{2cR}{c_1P(P-R)}}$$

及最高库存量

$$S^* = Q^* - RT^* = \sqrt{\frac{2cR(P-R)}{c_1 P}} \quad \text{(见习题)}$$

同时我们还可看出：与不允许缺货瞬时进货的模型 1 比较，上述诸公式中仅相差$\sqrt{P/(P-R)}$ 因子.

当 $P \gg R$ 时，$\frac{P}{P-R} \to 1$，以上公式即化为模型 1 中的公式（模型 1 系模型 2 的特例，模型 2 系模型 1 的推广）.

例 11.2.2 某工厂年产一零件 200 个，工厂自己年需 80 件，如果一次装配准备费为 360 元，又每个零件年存储费为 40 元.求在满足需求的条件下，该产品周期以及每次生产的时间和数量，并求该零件最大库存和最小费用.

解 由设 $T = 1$ 年，$R = 80$ 件 / 年，$P = 200$ 件 / 年，$c = 360$ 元 / 次，$c_1 =$ 40 元 /（件 · 年），则公式生产周期

$$t^* = \sqrt{\frac{2cR}{c_1 R(P-R)}} = \sqrt{\frac{2 \cdot 360 \cdot 200}{40 \cdot 80 \cdot (200-80)}} \approx 0.612\text{(年)}$$

生产时间和数量分别为

$$T^* = \frac{Rt^*}{P} = \frac{80}{200} \cdot 0.612 \approx 0.245\text{(年)}$$

$$Q^* = PT^* = 200 \cdot 0.245 = 49\text{(件)}$$

又最大库存、最小年份分别为

$$S^* = \sqrt{\frac{2cR(P-R)}{c_1 P}} = \sqrt{\frac{2 \cdot 360 \cdot 80 \cdot (200-80)}{40 \cdot 200}} \approx 29\text{(件)}$$

$$C^* = T \cdot \sqrt{\frac{2c_1 cR(P-R)}{P}} = \sqrt{\frac{2 \cdot 40 \cdot 360 \cdot 80 \cdot (200-80)}{200}} \approx 1\,175.755\text{(元)}$$

模型 3　允许缺货（要补充）、瞬时进货

模型需求均匀，但允许缺货，且进货瞬时.

设单位存储费为 c_1，每次订货费为 c，缺货损失费为 c_2，需求率是 R，求其最佳存储策略.

如图 11.2.5 所示，在 $(t - t_1)$ 时间段存储量为 0，同时平均缺货量为

$$\frac{1}{2}R(t - t_1)$$

这样 t 时间内存储费

$$c_1 \cdot \frac{1}{2}st_1 = \frac{1}{2}c_1 \frac{s^2}{R}$$

t 时间内缺货费

$$c_2 \cdot \frac{1}{2}R(t-t_1)^2=\frac{1}{2}c_2\frac{(Rt-s)^2}{R}$$

则 t 时间内平均总费用为

$$C(t,s)=\frac{1}{t}\left[c_1\frac{s^2}{2R}+c_3\frac{(Rt-s)^2}{2R}+c\right]$$

用多元函数求极值方法可求得(过程略)：

当 $t^*=\sqrt{\dfrac{2c(c_1+c_2)}{c_1c_2R}}$，$s^*=\sqrt{\dfrac{2c_2cR}{c_1(c1+c_2)}}$ 时，$C(t,s)$ 最小，且最小值

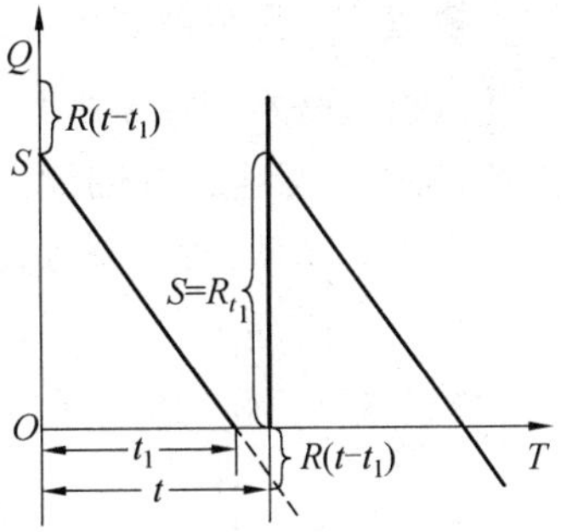

图 11.2.5

$$C^*(t^*,s^*)=\sqrt{\frac{2c_1c_2cR}{c_1+c_2}}$$

同时 $Q^*=\sqrt{\dfrac{2Rc(c_1+c_2)}{c_1c_2}}$，最大缺货量 $q=Q^*-s^*=\sqrt{\dfrac{2Rc_1c}{c_2(c_1+c_2)}}$.

注意，当 c_2(缺货损失费)很大时，注意到 $\dfrac{c_2}{c_1+c_2}\to 1(c_2\to\infty)$，这时以上各公式可化为

$$t^*=\sqrt{\frac{2c}{c_1R}},\quad s^*=\sqrt{\frac{2cR}{c_1}},\quad Q^*=\sqrt{2c_1cR}$$

此即模型 1 的公式，由此看来模型 1 亦为此模型的特例(特殊情形).

模型中有时亦遇到"允许缺货但缺货不补，瞬时进货"模型，此时 $s^*=Q^*$，$q=0$，但 t^* 求法不变.

此外，对于模型 1～3 来讲，它们的公式之间实质上仅相差一个因子而已：

若令 $\xi=\sqrt{\dfrac{P}{P-R}}$，$\eta=\sqrt{\dfrac{c_1+c_2}{c_2}}$，则三个模型间关系如表 11.2.2(表中 s^* 系最大存储量)所示.

表 11.2.2

模型 1	$t_1^*=\sqrt{2c/c_1R}$	$Q_1^*=\sqrt{2cR/c_1}$	$s_1^*=Q_1^*$
模型 2	$t_2^*=\xi t_1^*$	$Q_2^*=\xi t_1^*$	$s_2^*=s_1^*/\xi$
模型 3	$t_3^*=\eta t_1^*$	$Q_3^*=\eta t_1^*$	$s_3^*=s_1^*/\eta$

此外，在以上三个模型中皆存在关系

$$\frac{1}{2}s_1^*t_1^*=\frac{1}{2}Q_1^*t_1^*=\frac{c}{c_1},\frac{1}{2}s_2^*t_2^*=\frac{c}{c_1},\frac{1}{2}s_3^*t_3^*=\frac{c}{c_1}$$

模型 4　允许缺货要补充、非瞬时进货

该模型基本与模型 3 类同，相异之处在于其进货方式与模型 2 类同(边生产、边消耗，每次批量生产或陆续进货至一定数量).

为建立模型，我们来考察一个周期的情形(图 11.2.6).

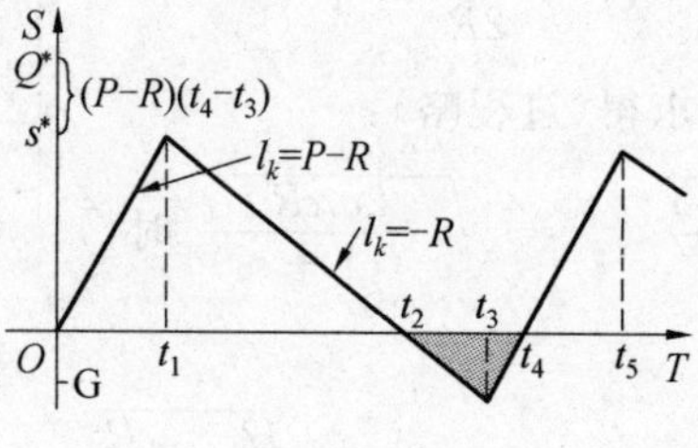

图 11.2.6

时刻 t_1 存储量最大，在(t_1,t_2)内以 R 速率减少，到时刻 t_2 库存为 0，再到 t_3 时刻达最大缺货量 G.

t_3 时刻开始生产，注意除满足需求外还要补充原来的缺货.

到时刻 t_4 以后除满足全部需求外，还有部分存储(以 $P-R$ 的速率)，到时刻 t_5 时已达最大存储量 s^*，同时停止生产.

仿前分析及解法可求得最佳批量、最大库存、最佳生产周期，及计划期 T(取 $T=1$) 内最小费用公式

$$Q^*=\sqrt{\frac{2c(c_1+c_2)}{c_1+c_2}\cdot\frac{P}{(P-R)R}},s^*=\sqrt{\frac{2c_2c}{c_1(c_1+c_2)}\cdot\frac{(P-R)R}{P}}$$

$$t^*=\sqrt{\frac{2c(c_1+c_2)}{c_1c_2}\cdot\frac{P}{(P-R)R}},C^*=\sqrt{\frac{2c_1c_2c}{c_1+c_2}\cdot\frac{(P-R)R}{P}}$$

同样我们有图 11.2.7 所示的四种模型间的关系图.

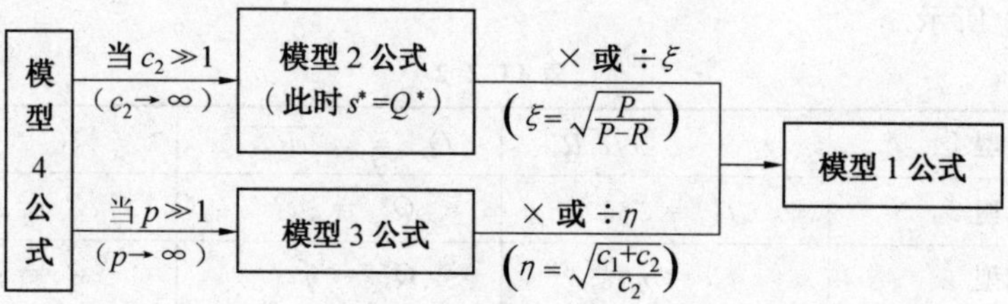

图 11.2.7

从图中可知，模型 4 是一般和普适的公式，如果记住它，其他模型公式可从上

面关系中推出(亦可记住模型 1 公式去反向推导其他公式,显然依箭线方向进行下去为推广,依箭线反向进行下去即为特例).

此外,我们还可以讨论在该模型条件下“允许缺货”但“无须补充缺货”的模型,公式是(推导过程略)

$$Q^* = \frac{P}{P-R}\sqrt{\frac{2c_2cR(P-R)}{c_1[(c_1+c_2)P-c_1R]}},\ t^* = \sqrt{\frac{2[(c_1+c_2)P-c_1R]c}{c_1c_2R(P-R)}}$$

$$s^* = \sqrt{\frac{2c_2cR(P-R)}{c_1[(c_1+c_2)P-c_1R]}},\ C^* = \sqrt{\frac{2c_1c_2cR(P-R)}{(c_1+c_2)P-c_1R}}$$

显然它与“允许缺货、补充缺货”的模型 4 比较知:

订货时间 t^* 多 θ 倍,费用 C^* 缩小 θ 倍,其中 $\theta = \sqrt{\dfrac{(c_1+c_2)P-c_1R}{c_2P}}$.

最后我们简单提一下有批发折扣的问题.这类问题与订购数量多寡给一定优惠折扣,这无疑影响订货批量.请看

若规定:订货量 Q 满足 $Q_i \leqslant Q \leqslant Q_{i+1}$ 时,货物单价为 $k_i(i=1,2,\cdots,n)$,显然,一般情况下,有 $k_1 > k_2 > k_3 > \cdots > k_n$.

在利用前述模型求得 Q^* 后,若 $Q^* \in (Q_i, Q_{i+1})$,这时总费用为 $c^* + k_iR$.如此一来,订货批量不应小于 Q^*,原因在于总费用(单位时间)函数的性质及批发价格因数量而异的事实.若 $Q > Q_{i+1}$(这时存储费用 c 上升,但 k_iR 下降),这时应由

$$\min_{i \leqslant j \leqslant n} \{c(Q_j) + k_jR\}$$

定出 $Q^* = Q$ 来,这类问题这里不多讲了.

11.3　随机型存储模型

前一节我们讨论了确定型存储模型,但在大多数情况下,需求量是不确定的,且这在事前难以了解其变化,换言之它是随机的.

这类模型又分为单阶段(时期)模型和多阶段(时期)模型.

所谓单阶段(单周期)模型是指:将一个存储周期视为时间最小单位,而在周期开始时作一次决策,确定订货量或生产量.

这类模型又根据需求量是离散或连续的分为随机离散型和随机连续型.

而多阶段(多周期)模型是指订货机会周期地出现,即在一个阶段开始时存储量为 I,订货量为 Q,若供应不足,则 I 便承担缺货;若供应有余,则将多余部分存储起来(这时存储量达 $I+Q$).

当然问题讨论的核心仍是总费用最小的问题(这与第 9 章介绍的"决策分析"内容有关).

这类问题我们这里不打算多讲了,详请见参考文献[53].不过一个总的粗略存储策略可从下面三种方式择取:

(1) 定期订货　这主要视上一周期剩余货物多少而决定.

(2) 定点订货　可约定当存储量降到某一数量 s 时即行订货(而不考虑时间间隔).

(3) (s,S) 存储(定期与定点综合又称二库法)　将以上两种方法综合起来,隔一段时间检查一次存储,当存储量小于 s 时,则订货补充已达到 S.

当然,这里考虑的问题,将势必要与"概率论"知识结合,如费用最小,是指期望费用值最小;允不允许缺货,是指以多大概率发生,如:不允许缺化的概率为 $\alpha(0 \leqslant \alpha \leqslant 1)$ 等.

此外,对离散的随机存储问题,人们还运用了处理随机问题的常用工具处理该问题,比如蒙特卡罗法,下面我们简单介绍一下该方法.

蒙特卡罗法是研究随机事件规律的具有独立风格的一种仿真技术,又叫**随机模拟**或**随机抽样方法**.这种方法的基本思想是:为了求解各种数学、物理、工程技术及生产管理方面的问题,先建立一个概率模型或随机过程,使其参数等于问题的解,然后通过对模型或过程的观察或抽样试验来计算所求参数的统计特征,最后给出所求问题的近似解.

比如企业为制订某重要原材料的保险库存量计划,需要掌握该原材料自订货开始至到货的所需时间,而当人们分析了以往的统计资料,得其所需时间变化情况以及发生次数的统计情况,再计算由到货所需周数的概(频)率.

再以随机数 01,02,…,98,99,00 代表上述事件发生的概率分配.

然后用随机方法产生这些数,再由这些随机数可得到它们所代表的到货所需周数.

随机数产生有不少方法,但常用的大致有以下 3 种.

(1) 随机数表法　由人们在事前先用某种方法产生出一批随机数,并将其排列成一张有序表格,当需要时可以从这张随机数表中调用(可从任何一个随机数开始).

(2) 随机数发生器法　在计算机上附加一个产生随机数的装置,再由计算机运算产生随机数.

(3) 利用数学公式产生随机数　由于真正的随机数只能从客观的真实随机现

象本身产生出来,从该意义上讲,人们把用数学方法产生的随机数,称作“伪随机数”.

产生伪随机数的方法很多,例如自乘取中、倍积取中、同余数法等.

此外,人们亦可取 π,e,⋯ 常数若干位后的数字作为伪随机数.

下面举例(例子选自[91],文字略有改动删节)说明应用蒙特卡罗法建立仿真模型以寻求最优库存策略.

例 11.3.1　某企业为降低生产成本,加强库存控制,以降低库存总费用.根据以往的库存统计资料可知,该企业某种原料的需求量和订货到达时间均属随机变量,即每单位时间(以周为单位)的需求量和订货后的交货周期(也以周为单位)长短不一.故拟用蒙特卡罗法建立仿真模型(仿真表)以决定最佳订货点和订货批量及最佳初始库存量.据以往经验,制定 5 种库存订货策略(方案)见表 11.3.1.

表 11.3.1

策略序号	订货点(单位)	订货批量(单位)	初始库存(单位)
1	15	20	20
2	15	15	20
3	15	10	15
4	20	20	15
5	20	15	15

以策略 1 为例,由表 11.3.1 可知,其初始库存量为 20 个单位,当库存量降低到 15 个单位时开始订货(即订货点为 15),每次订货批量为 20 个单位.

分析以往统计资料得知,该原料每周需求量的变化情况(在统计了 100 周后所得)见表 11.3.2.

表 11.3.2

每周需求(单位)	发生次数	累计概率	代表随机数
0	2	0.02	01 ～ 02
1	8	0.10	03 ～ 10
2	22	0.32	11 ～ 32
3	34	0.66	33 ～ 66
4	18	0.84	67 ～ 84
5	9	0.93	85 ～ 93
6	7	1.00	94 ～ 00

此外，还得到该原料到货所需时间的情况（频率）见表 11.3.3.

表 11.3.3

到货所需周数	发生次数	累计概率	代表随机数
1	23	0.23	01 ～ 23
2	45	0.68	24 ～ 63
3	17	0.85	69 ～ 85
4	9	0.94	86 ～ 94
5	6	1.00	95 ～ 00

根据库存管理部门估算可知，该原料每单位库存费 C_1 为每周 20 万元，订货费 C_2 为每批 50 万元，缺货损失费每单位 200 万元.

现以策略 1 为例进行仿真，即在初始库存量 20 个单位，订货点为 15 单位，每次订货批量为 20 单位的条件下开始仿真，仿真步长（即时间坐标）以周为单位. 今仿真 20 次（从随机数表中依次抽取 20 个随机数），即可将材料 20 周的需求量、到货时间、库存量及库存总费用的情况以仿真表形式描述.（过程略）最后得平均总费用为 320.

将其余 4 个库存策略按上述方法进行仿真，其每周平均库存总费用见表 11.3.4.

表 11.3.4

策略序号	订货点	订货批量	期初库存	每周平均库存总费用
1	15	20	20	320
2	15	15	20	302
3	15	10	15	388
4	20	20	15	406
5	20	15	15	398

由表 11.3.4 可知，在这 5 种库存策略中，以第 2 种策略，即订货点为 15 单位，订货批量为 15 单位，期初库存量为 20 单位的策略，其每周平均库存总费用 $\bar{C}=302$ 万元为最小，故采用第 2 种策略为最佳策略.

一般说来，仿真结果的精度与仿真次数多少有关. 仿真次数过少，不足以反映总体情况，这样精度就较低，所以应尽可能增加仿真试验的次数，其结果才能较准确地反映实际情况.为此,可借助计算机仿真试验的工具,以满足大量试验次数的需求.

注　记

对于存储问题的研究,这里想给出以下几点说明:

1. 多阶段存储与动态规划

对于多阶段存储问题(实际问题中常会遇到),通常是用动态规划方法求解的(可见本书前面的章节),因而,某些存储问题则可视为(化成)动态规划问题.

2. 随机库存系统与排队系统

随机库存系统和排队系统(详见第 12 章)通常有一定的联系:

若将货物视为顾客,把需求的发生(或订货的到达)看成顾客的到达,把生产(或销售)看作对顾客的服务,把任何时刻尚未交付的需求量(或订货量)看作系统队长,则随机库存系统可作为一个排队系统处理.因而随机库存系统求解可借助排队论的有关理论和方法来完成.

当然,由于随机库存系统本身的特征,它又与一般的排队系统有所不同.这样,如何应用排队论的理论和方法来解决某些随机库存问题是人们研究的重要课题.这方面内容请看"排队论"或"存储论"的一些专著.

3. 随机库存系统求解的计算机模拟方法

对于随机库存系统有其专门的数学方法(如微积分、马氏决策、排队论等)求解,然而当该系统较为复杂时,上述方法则显得无能为力,这使得人们转而考虑另一类方法:计算机模拟.

原则上讲,只要随机库存系统的各种随机因素的概率特性已知(或通过人们试验判断或经统计检验而得到),则可运用计算机模拟的有关理论和相应的模拟算法来进行仿真处理,从而可求得其解(当然,这仅是近似解).

多阶段情形,前文已有介绍,对于单阶段情形我们举例(该例前文已有述)来说明.

(报童问题) 报童每天从报社购得一定数量报纸出售,若报童每卖出一份可赚 a 元,如报纸每剩一份则赔 b 元,报童每天卖报份数 n 是一个随机变量,它的概率 p_n 由经验得知,求报童最佳订报份数.

用解析法解.设报童每天订报 Q 份,报纸卖出份数 ξ 的分布为

$$P(\xi = k) = p_k (k = 0, 1, 2, \cdots), \text{且} \sum_{k=0}^{\infty} p_k = 1$$

则报童每天将面临两种情形:

(1) 供过于求　其平均损失 $c_1 = bE(\eta_1)$,其中 $E(\eta_1)$ 为平均退货数,即有

$$E(\eta_1) = \sum_{k=0}^{\theta} (\theta - k) p_k$$

(2) 供不应求　因缺货造成的平均损失 $c_2 - aE(\eta_2)$,其中 $E(\eta_2)$ 为平均缺货数,则有

$$E(\eta_2)=\sum_{k=\theta+1}^{\infty}(k-\theta)p_k$$

则报童每天期望损失为

$$c(\theta)=c_1+c_2=b\sum_{k=0}^{\theta}(\theta-k)p_k+a\sum_{k=\theta+1}^{\infty}(k-\theta)p_k$$

可以证明 $c(\theta)$ 为一凸函数，则它存在极小值 θ^*，这可通过从 $c(k)(k=0,1,2,3,\cdots)$ 的比较中求得，它也可用计算机模拟法来求解，如：

对给定的每一 θ 值，利用离散型随机变量的一般模拟法可得到其概率分布的随机数 r，则 r 为报童每天卖报份数的样本值，这样可计算出报童每天损失样本及期望，经 $\theta=1,2,3,\cdots$ 的比较，以确定其最佳订报份数 θ^*.

这仅是计算机模拟法的求解思想，读者可借助于计算机模拟技术自行设计算法以求得其解.

4. **存储论与市场预测**

存储论中有一个重要数据即需求(率)，这往往凭借经验或以往数据或专家估计，其误差是显然的.

一个自然的想法：这个需求量若通过市场预测的理论来校准，显然将会更仿真，这方面的工作将留给读者去考虑.

市场预测就是据市场历史资料数据，采用科学方法和逻辑推理，对未来市场发展做出判断，其主要是建立数学模型，通过数学运算推测市场未来发展趋势.

预测数学模型有下面几种：

(1) 回归分析模型

其又分一元线性回归模型、多元线性回归模型等.

(2) 时间序列模型

它是一组按时间顺序排列的观测值，再利用数理统计方法加以处理后，来预测未来发展趋势的方法. 其又分指数平滑模型、季节性预测模型、生长曲线模型等.

(3) 马尔可夫分析模型

它是按马尔可夫链来预测随机事件未来趋势变化的方法(该方法前几章曾介绍过).

显然，使用这些方法预测的未来需求若再与存储论结合，则存储研究势必更为有效、合理，也更加仿真.

习　题

1. 某商店每日需饮料 50 箱，每次订货费为 60 元，又每箱饮料每月存储费为4 元. 若不允许缺货，求最佳订货批量及每月订货次数.

2. 某厂有甲、乙两车间，甲车间年生产原料 20 万吨，乙车间年需该原料 8 千吨(不允许缺货). 每次调拨费为 36 元,存储费为 0.4 元 /(吨 · 年). 求乙车间最佳调拨批量及时间间隔.

3. 习题 1 中,若允许缺货,但无须补充,又每月缺货损失费每箱为 40 元. 试求最佳经济批量及订货间隔.

[**提示:**因缺货不补,故其属模型 3 中 $Q^* = s^*$ 的情形,t^* 求法不变]

4. 某车间年生产一种零件 2 万个,年需求量为 8 000 个,知每个零件每月存费为 0.1 元,每批零件生产准备费用为 350 元. 允许缺货但要补充,又每个零件月缺货损失费为 0.2 元,求最佳存储策略.

5. 试验证:模型 2 中最佳生产时间 $T^* = \sqrt{\dfrac{2cR}{c_1P(P-R)}}$,且最高存储量为 $s^* = \sqrt{\dfrac{2cR(P-R)}{c_1P}}$.

[**提示:**$T^* = Rt^*/P, s^* = Q^* - RT^*$]

6. * 某出租汽车公司月需汽油 1.8 万升,若汽油每升价格为 1.5 元,订货费每次为 100 元,存储费为每月每升 0.1 元,缺货损失是每月每升 0.5 元. 试确定最佳订货周期及订货量.

又若不允许缺货,且汽油每次订购量在 5 万升以上时,每月价格降至 1.3 元,求此时最佳订货策略.

7. * 设某单位对于一种原料需求量具有概率密度

$$\varphi(\xi) = \begin{cases} 1/20, & 0 \leqslant \xi \leqslant 20 \\ 0, & \text{其他} \end{cases}$$

存储费用是每件 100 元(单位时间),缺货损失费为每件 300 元,订货费为每次 100 元,试求最佳订货批量.

8. 在模型 3 中,由于允许缺货的最佳周期 t^* 为不允许缺货周期 t 的 $\sqrt{\dfrac{c_2+c_1}{c_2}}$ 倍,又 $\dfrac{c_1+c_2}{c_2} > 1$,显然两次订货间隔延长. 在不允许缺货情况下,为满足 t^* 时间内的需求,订货量为 $Q^* = Rt^*$. 而在允许缺货情况下存储量为 s^*.

试证:$Q^* - s^* = \sqrt{\dfrac{2Rc_1c}{c_2(c_1+c_2)}}$($t^*$ 时间内最大缺货量).

9. 试验证:在模型 1 ~ 模型 3 中皆有以下关系式:$\dfrac{1}{2}s^*t^* = \dfrac{c}{c_1}$.

10. 试比较具有相同存储费、订货费的允许缺货与不允许缺货的最佳订货策略的费用大小.

11. 试用极限观点验证下面各模型公式间的关系:

$$\boxed{\text{模型 4 公式}} \xrightarrow{\text{若 } P \gg R} \boxed{\text{模型 3 公式}} \xrightarrow{\text{若 } C_2 \gg 1} \boxed{\text{模型 4 公式}}$$

并给出实际意义上的解释,这里 $x \gg y$ 表示 x 远大于 y.

12. 试推导第 11.2 节公式(* *).

[**提示:**由

$$Q=(1+\delta)Q^*$$

$$C\left(\frac{Q}{R}\right)=\frac{cR}{(1+\delta)Q^*}+\frac{1}{2}c_1(1+\delta)Q^*\sqrt{\frac{c_1cR}{2}}\frac{1}{1+\delta}=$$

$$\frac{cR}{(1+\delta)\sqrt{\frac{2cR}{c_1}}}+\frac{1}{2}c_1(1+\delta)\sqrt{\frac{2cR}{c_1}}=$$

$$\sqrt{2c_1cR}+\frac{\sigma^2}{2(c_1+\delta)}\sqrt{2c_1cR}=$$

$$\sqrt{\frac{c_1cR}{2}}\left(\frac{1}{1+\delta}+1+\delta\right)=\sqrt{\frac{c_1cR}{2}}\left(2+\frac{\delta^2}{1+\delta}\right)$$

其实计算至倒数第 2 个等号即可]

第 12 章　排队论初步

排队现象司空见惯,不仅人、事,物也有排队问题.

如何在保证服务质量前提下使服务设施费用经济合理,是排队论(更广泛地讲是随机服务系统)所要研究的问题,讲得具体点:即用数学方法研究如何确定最适当的服务人员及设施配备数目,达到服务质量最佳、服务费用最少.

此问题源于20纪初(1909年)丹麦电话工程师A. K. Erlang的开创性论文"概率论和电话通话",尔后不少人,如法国数学家F. Pollaczek和前苏联数学家A. Я. Хинчин等(在20世纪50年代出版了《公共事业理论的数学方法》一书阐述此问题)从事此项研究,且取得早期的成果. 20世纪50年代初英国人D. G. Kendall系统地阐述了排队问题. 随后排队论陆续应用于交通、管理、服务系统等方面. 电子计算机的出现和发展,它又被用于通信、计算机网络的最优设计中. 短短几十年发展,今天它已成为一门全新的应用数学学科. 又由于计算机数字模拟技术的产生,排队论已成为解决工程设计和管理问题等的有力工具.

12.1　排队系统的基本概念

在排队系统中,接受服务的人、事、物称为顾客;而给予顾客服务的人、事、物(系统)称为服务台.

排队系统如图12.1.1所示.

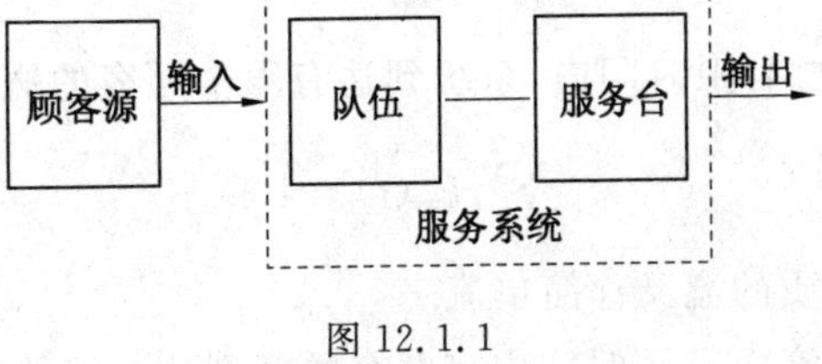

图 12.1.1

具体地讲对于排队系统要经过:顾客到达、排队等待、接受服务、离去这些过程. 排队系统运行是一个生灭过程:顾客到达意味着"生",顾客离去意味着"灭".

对于一个 t 时间系统内有 $N(t)$ 个顾客的排队系统来讲, $\{N(t), t \geqslant 0\}$ 构成一个随机过程，若它满足：

(1) 若 $N(t)=n(n=0,1,2,\cdots)$，则从 t 时刻到下一位顾客到达时刻时间内服从参数为 λ_n 的负指数分布；此时间内顾客离去时间服从参数为 n 的负指数分布；

(2) 同一时间只有一位顾客到达或离去.

则称 $\{N(t),t\geqslant 0\}$ 为一个生灭过程.

排队系统运行过程由三个基本部分组成：顾客到达规律（输入过程）、顾客排队与接受服务规则和服务机构形式、服务台数、服务速率等，具体如下.

1. 输入过程

顾客总体可分有限，无限两种，到达方式分单个或成批到达. 刻画顾客到达规律的数学描述. 通常它用下面几种随机过程来描述.

(1) 定长输入（简记为 D）：顾客规则地等间隔到达，其分布函数

$$A(t)=P\{\tau_n\leqslant t\}=\begin{cases}0, & t<c\\ 1, & t\geqslant c\end{cases}$$

(2) 泊松（Poisson）流输入（简记为 M）：系统的输入过程为泊松流，即它满足：

① 平稳性. 系指时间轴 OT 上任何时间段内到达系统的任何数量的顾客（事件）的概率，仅与时间段的长度有关，而与位置无关.

故在 t 时刻，在 $(t,t+\Delta t)$ 时间内有 k 个顾客到达系统的概率可记为 $P_k(\Delta t)$.

② 无后效性. 指时间轴 OT 上，在两个互不相交的时间段内，来到系统的顾客数是相对独立的.

③ 普遍性. 系同一时间内，同时有两个或两个以上的顾客来到系统的概率 $\psi(\Delta t)$，比有一个顾客来到系统的概率小到忽略不计，即

$$\lim_{\Delta t\to 0}\frac{\psi(\Delta t)}{\Delta t}=0$$

④ 有限性. 在任意有限时间内，系统到达有限个顾客的概率为 1. 即

$$\sum_{k=0}^{\infty}P_k(t)=1$$

具有上述四种性质的流又称简单流.

命题 1 对泊松流而言，t 时间内有 k 个顾客到达系统的概率为

$$P_k(t)=\frac{(\lambda t)^k}{k!}e^{-\lambda t}\quad \lambda \text{ 系单位时间系统平均到达顾客数}, k=1,2,3,\cdots$$

命题 2 若 $N(t)$ 为 $[0,t]$ 时间内顾客到达数，则 $\{N(t),t\geqslant 0\}$ 为参数 λ 的泊松

过程 ⇔ 相继到达间隔服从相互独立的参数为 λ 的负指数分布.

(3) k 阶 Erlang 输入(简记为 E_k):顾客到达过程是独立同分布的随机变量系列,其密度函数为

$$a(t)=\frac{\lambda(\lambda t)^{k-1}}{(k-1)!}e^{-\lambda t}\quad t\geqslant 0,\lambda>0$$

(4) 一般随机输入(简记 G).

2. 排队与服务规则

排队规则有损失制(当服务设施满员,顾客即离去且永不再来)和等待制(服务设施满员,顾客即等待,其亦有系统无限和有限两种情况,对于后者,顾客数超过一定限度,顾客自动离去) 两种.

对于服务次序一般有下面几种:

(1) 先到先服务;(按到达次序服务)

(2) 带优先权服务;(医疗急重病人服务)

(3) 后到先服务;(仓库出入货物、电梯上下顾客服务)

(4) 随机服务.(服务台随机地选取顾客服务,如摇奖等)

3. 服务机构与模式

服务机构通常包括服务台数、服务机构的模式(结构形式)、服务过程等.

关于顾客排队接受服务的队列情况有如下几种,如图 12.1.2 所示.

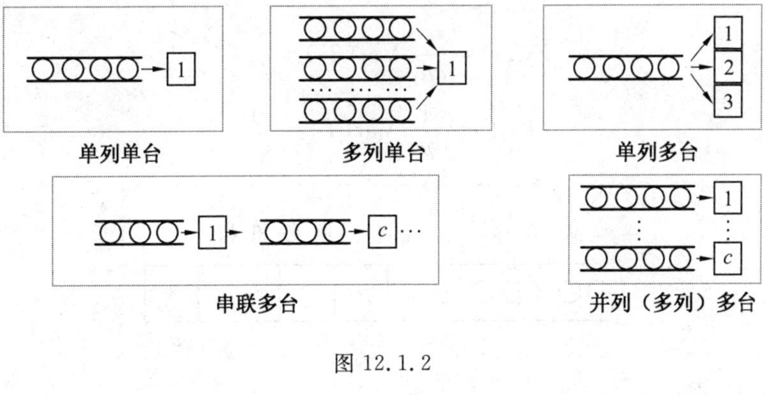

图 12.1.2

关于服务过程,若设 v_n 表示到达系统的第 n 个顾客在系统接受服务的时间,则序列 $\{v_n,n=1,2,\cdots\}$ 称为服务过程,服务过程可分如下几类.

(1) 定长服务分布(简记为D):每个顾客服务时间为正常数 c,即有分布函数

$$P\{v_n \leqslant t\} = \begin{cases} 0, & 当\ t < c \\ 1, & 当\ t \geqslant c \end{cases}$$

(2) 负指数分布(简记为M):设每个顾客服务时间 $v_i(i=1,2,\cdots)$ 相互独立,且有相同负指数分布,其分布函数为

$$P\{v_n \leqslant t\} = 1 - e^{-\mu t} \quad (t \geqslant 0, \mu > 0)$$

(3) k 阶 Erlang 分布(简记为 E_k):其密度函数为

$$b_k(t) = \frac{k\mu(k\mu t)^{k-1}}{(k-1)!} \quad (t \geqslant 0, \mu > 0)$$

(μ 表示单位时间系统平均服务的顾客数).

(4) 一般独立分布(简记为G):$v_i(i=1,2,\cdots)$ 相互独立,且有相同的分布函数.

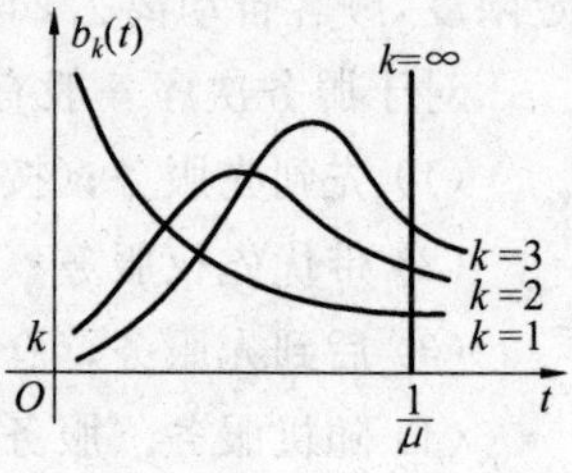

图 12.1.3

这里顺便指出:从图12.1.3可知,k 阶 Erlang 分布是一类较为广泛的数学模型.

$k=1$ 时化指数分布;k 增大,图像变得越来越对称;$k \geqslant 30$ 时,可近似看成正态分布;$k \to \infty$ 时,化为确定型定长分布.综上,k 阶 Erlang 分布能对现实世界提供更广泛的普适性.

若 k 个服务台串列,每个台服务时间为 T_i 服务负指数分布(参数为 $k\mu$),且相互独立(图12.1.4),则 $T = \sum_{i=1}^{k} T_i$ 服从 k 阶 Erlang 分布,同时

$$E(T_i) = \frac{1}{k\mu}, \mathrm{Var}(T_i) = \frac{1}{k^2\mu^2}$$

$$E(T) = \frac{1}{\mu}, \mathrm{Var}(T) = \frac{1}{k\mu^2}$$

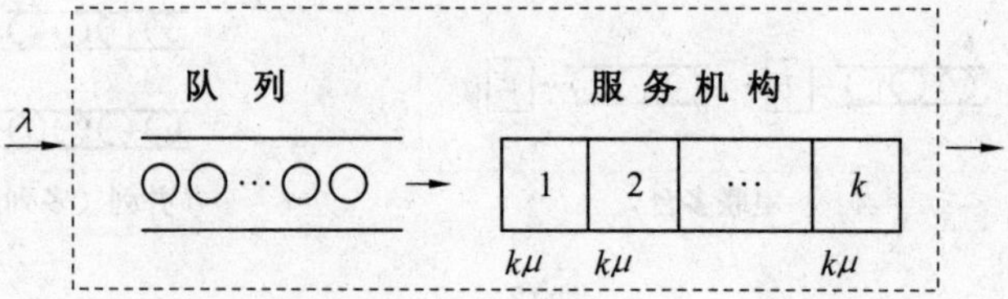

图 12.1.4

4. 排队系统的分类与记号

下面介绍一下排队系统的分类与记号.

1953 年 D. G. Kendall 提出排队系统分类的记号,得到国际上同仁的认可. 1971 年经排队论符号国际化会议决定,将 Kendall 记号扩充为

$$A/B/C/D/E/F$$

A 代表输入过程类别,B 代表服务时间分布类别,C 代表服务台个数,D 代表系统容量,E 代表顾客数,F 为服务规则.

通常人们多用前三个字母表示:A/B/C(它们是特征中最主要的且影响最大的三个因素),这便是起初的 Kendall 记号.

(1) 对于输入过程而言,常见输入及分布简记,有:

① 定长输入,简记 D;

② 泊松流负指数分布,简记 M;

③ 泊松流 k 阶 Erlang 分布,简记 E_k;

④ 一般分布,简记为 G.

(2) 对服务机构的服务时间分布,有:

① 定长分布,简记 D;

② 负指数分布,简记 M;

③k 阶 Erlang 分布,简记 E_k;

④ 一般分布,简记为 G.

(3) 服务规则有:

① 先到先服务,记 FCFS;

② 后到先服务,记 LCFS;

③ 随机服务,记 SIRO;

④ 带优先权服务,记 PR.

5. 基本问题

由于上述各方面的组合不同,可派生出许多不同的排队模型,一般而言,采用不同的服务规则,不会影响系统的主要运行指标(如系统平均顾客数、平均逗留时间等),但会影响其方差. 如无特别说明,本教程中排队问题的服务规则均指先到先服务. 排队问题的求解一般有下面几个问题:

(1) 数量指标在瞬时或稳定状态下概率分布及数字特征. 主要有:

① 队长　排队系统（每个服务台）的顾客数，其期望值记作 L_s.

② 排队长　系统等待服务的顾客数，其期望值记作 L_q.

③ 逗留时间　一个顾客在系统内停留的时间，其期望值记作 W_s.

④ 等待时间　一个顾客在系统内排队等待的时间，其期望值记作 W_q.

(2) 统计推断问题，即检验系统平衡状态下，随机变量的独立性，分布状况及相关参数.

(3) 系统优化问题.

12.2 M/M/1 系统

1. M/M/1/∞ 系统

我们先考虑最简单的模型 M/M/1/∞，其有下述特征：

(1) 输入过程为泊松流，顾客平均到达率（单位时间顾客到达数）为 λ；

(2) 服务时间服从负指数分布，平均服务率（单位时间服务的顾客数）为 μ；

(3) 一个服务台（单台）；

(4) 系统容量为 ∞.（故系统可记为 M/M/1/∞）

令 $\rho=\frac{\lambda}{\mu}$ 称之为服务强度，显然 $\rho<1$，否则排队队长会趋于无穷大. 由随机过程理论可推得：

系统恰好空闲的概率

$$P_0=1-\rho \quad \rho<1 \tag{1}$$

系统恰好有 n 个顾客的概率

$$P_n=(1-\rho)\rho^n \quad n\geqslant 1 \tag{2}$$

对于 $P_0=1-\rho$，我们可以略加证明（或说明）如下：

由泊松分布的有限性条件，即 $\sum\limits_{k=0}^{\infty} P_k=1$ 可知

$$\sum_{k=0}^{\infty} P_k=\sum_{k=0}^{\infty}\left(\frac{\lambda}{\mu}\right)^k P_0=P_0\sum_{k=0}^{\infty}\left(\frac{\lambda}{\mu}\right)^k=1$$

又 $\rho=\frac{\lambda}{\mu}<1$，知 $\sum\limits_{k=0}^{\infty}\left(\frac{\lambda}{\mu}\right)^k=\rho\sum\limits_{k=0}^{\infty}\rho^k=\frac{1}{1-\rho}$，即 $P_0\cdot\frac{1}{1-\rho}=1$，从而 $P_0=1-\rho$.

对于 $P_n=\left(\frac{\lambda}{\mu}\right)^k P_0=\rho^n P_0$ 的推导，可由随机过程的理论得到. 由此等式，我们

容易推导得到公式(2).

这样我们可以推导得到队长(注意队长恰好有 n 人的概率为 P_n) 和排队长(排队长恰好有$(n-1)$ 人的概率为 P_n) 的数学期望分别为

$$L_s=\sum_{n=0}^{\infty} nP_n=\sum_{n=0}^{\infty} n\rho^n(1-\rho)=\sum_{n=0}^{\infty} n\rho^n-\sum_{n=0}^{\infty} n\rho^{n+1}=$$

$$\sum_{n=1}^{\infty} n\rho^n-\sum_{n=1}^{\infty} n\rho^{n+1}=\sum_{n=0}^{\infty} (n+1)\rho^{n+1}-\sum_{n=1}^{\infty} n\rho^{n+1}=$$

$$\rho+\sum_{n=1}^{\infty} n[(n+1)-n]\rho^{n+1}=\sum_{n=1}^{\infty} \rho_n=$$

$$\rho\sum_{n=0}^{\infty} \rho^n=\frac{\rho}{1-\rho}=\frac{\lambda}{\mu-\lambda} \tag{3}$$

$$L_q=\sum_{n=1}^{\infty} (n-1)P_n=\rho\sum_{n=1}^{\infty} (n-1)\rho^{n-1}(1-\rho)=\rho L_s \tag{4}$$

系统中每一位顾客的平均逗留时间恰好是顾客来到系统的平均间隔时间$(1/\lambda)$ 和系统内平均顾客数(L_s) 的乘积,即

$$W_s=\frac{L_s}{\lambda}=\frac{\rho}{\lambda(1-\rho)}=\frac{1}{\mu-\lambda} \tag{5}$$

系统中每一位顾客的平均排队(等待) 时间,恰好是顾客来到系统的平均间隔$(1/\lambda)$ 和系统内平均排队的顾客数(L_q) 的乘积,即

$$W_q=\frac{L_q}{\lambda}=\frac{\rho}{\mu(1-\rho)}=\frac{\rho}{\mu-\lambda}\quad (\text{或 } W_q=W_s-\frac{1}{\mu}) \tag{6}$$

注意,这里的“平均” 显然是指数学期望而言.

当然,我们也可以从 $L_q=L_s-\frac{\lambda}{\mu}$ 推导得到式(4),从 $W_q=W_s-\frac{1}{\mu}$ 得式(6). 推导过程留给读者练习.

上述四种数字指标之间有图 12.2.1 所示的关系.

人们把系统忙期长 d 的数学期望称为平均忙期长度,记 $T=E(d)$,记算得 $T=\frac{1}{\mu(1-\rho)}$,同时一个忙期内服务顾客数的期望值 $L=\frac{1}{1-\rho}$.

2. M/M/1/N/∞ 系统

对于 M/M/1 模型中有单个服务台的系统容量为 N,输入为泊松流,服务时间为负指数分布的系统,可以推得下面各式(λ,μ 的含义同前面的模型)

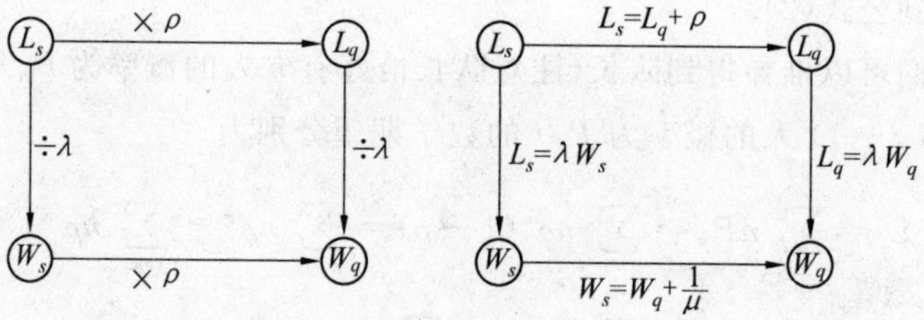

图 12.2.1

$$P_0=\frac{1-\rho}{1-\rho^{N+1}}\quad (这里\ \rho=\frac{\lambda}{\mu}<1)$$

$$P_n=\frac{1-\rho}{1-\rho^{N+1}}\quad (这里\ \rho<1, n\leqslant N)(N\to\infty\ 化为\ M/M/1/N/\infty/\infty\ 模型)$$

此外我们还有

$$L_s=\sum_{n=0}^{N} nP_n=\frac{\rho}{1-\rho}-\frac{(N+1)\rho^{N+1}}{1-\rho^{N+1}}\quad (这里\ \rho\neq 1)$$

$$L_q=\sum_{n=0}^{N}(n-1)P_n=L_s-(1-P_0)$$

$$W_s=\frac{L_s}{\mu(1-P_0)}=\frac{L_q}{\lambda(1-P_N)}+\frac{1}{\mu},\quad W_q=W_s-\frac{1}{\mu}$$

3. M/M/1/∞/*m* 系统

对于 M/M/1 模型中，系统容量无限、顾客源有限(m) 的模型，我们有

$$P_0=\left[\sum_{i=0}^{m}\frac{m!}{(m-i)!}\left(\frac{\lambda}{\mu}\right)^i\right]^{-1}\quad (我们约定\ 0!\ =1)$$

$$P_n=\frac{m!}{(m-n)!}\left(\frac{\lambda}{\mu}\right)^n P_0\quad (这里\ 1\leqslant n\leqslant m)$$

$$L_s=m-\frac{\mu}{\lambda}(1-P_0), L_q=L_s-(1-P_0)$$

$$W_s=\frac{m}{\mu(1-P_0)}-\frac{1}{\lambda}, W_q=W_s-\frac{1}{\mu}$$

从“转化”角度来看，M/M/1 模型(系统) 只是 $M/M/1/N/\infty$ 和 $M/M/1/\infty/m$ 模型(系统) 的特例($N\to\infty, m\to\infty$)，而后两个系统可视为前一模型的推广.

例 12.2.1 在 M/M/1/∞ 系统中，已知平均每 5 分钟到达一位顾客，且对每位顾客平均服务 4 分钟，求 P_0, L_s, L_q, W_s, W_q.

解　由题设知 $\lambda=\frac{1}{5}$(人 / 分)，$\mu=\frac{1}{4}$(人 / 分)，则 $\rho=\frac{\lambda}{\mu}=\frac{4}{5}$. 故有

$$P_0=1-\rho=1-\frac{4}{5}=\frac{1}{5}\quad(\text{系统空闲概率})$$

$$L_s=\frac{\rho}{1-\rho}=4(\text{人}),L_q=\rho L_s=\frac{\rho^2}{1-\rho}=\frac{16}{5}(\text{人})$$

$$W_s=\frac{L_s}{\lambda}=20(\text{分}),W_q=\frac{L_q}{\lambda}=16(\text{分})$$

例 12.2.2　在一个 M/M/1/7 系统中，$\lambda=3$ 人 / 小时，$\mu=4$ 人 / 小时，求 P_0，L_s,L_q,W_s. 又问第一个顾客来后会遭拒绝(满员) 的百分率?

解　由题设及公式，有 $\lambda=3,\mu=4$，且

$$P_0=\frac{1-\rho}{1-\rho^{N+1}}=\frac{1-3/4}{1-(3/4)^8}=0.2778\quad\left(\rho=\frac{\lambda}{\mu}=\frac{3}{4}\right)$$

$$L_s=\frac{\rho}{1-\rho}-\frac{(N+1)\rho^{N+1}}{1-\rho^{N+1}}=2.11(\text{人})$$

$$L_q=L_s-(1-P_0)=1.39(\text{人})$$

$$W_s=\frac{L_s}{\mu(1-P_0)}=0.73(\text{小时})$$

顾客遭到拒绝的百分比为 P_7(系统仅容 7 个顾客，且仅此情况下顾客被拒)，由公式

$$P_7=\rho^7\frac{1-\rho}{1-\rho^8}\approx 3.7\%(P_n\text{ 公式中},n\leqslant N,\text{而且 }n>N\text{ 时},P_n=0)$$

如果将上述结果与无限容量模型(系统) 比较，有表 12.2.1.

表 12.2.1

$\lambda=3,\mu=4$	L_s	L_q	W_s	W_q	P_0	顾客遭拒百分率
$N=7$	2.11	1.39	0.73	0.48	0.278	3.7%
$N=\infty$	3	3.25	1.0	0.75	0.25	0

显然，由于 M/M/1/7 系统拒绝了第 8 位顾客，因而相应的队长、排队长、顾客在系统内逗留时间、排队时间等较 M/M/1/∞ 系统的数据小.

12.3　M/M/c 系统

这里规定 c 个服务台相互独立，且平均服务率相同，即 $\mu_1=\mu_2=\cdots=\mu_c=\mu$，则

系统服务率为 $c\mu$(顾客数 $n \geqslant c$ 时). 或 $n\mu$(顾客数 $n < c$ 时) 令 $\rho = \frac{\lambda}{c\mu}$,今讨论 $\rho < 1$(此时称之为该系统的服务强度,有时也记作 r) 的情形

$$P_0 = \left[\sum_{k=0}^{c-1} \frac{1}{k!}\left(\frac{\lambda}{\mu}\right)^k + \frac{1}{c!}\frac{1}{1-\rho}\left(\frac{\lambda}{\mu}\right)^c\right]^{-1}$$

$$P_n = \begin{cases} \dfrac{1}{n!}\left(\dfrac{\lambda}{\mu}\right)^n P_0 & (n \leqslant c) \\ \dfrac{1}{c!\ c^{n-c}}\left(\dfrac{\lambda}{\mu}\right)^n P_0 & (n > c) \end{cases}$$

$$L_q = \sum_{n=c+1}^{\infty} (n-c)P_n = \frac{(c\rho)^c \rho}{c!\ (1-\rho)^2} P_0, L_s = L_q + \frac{\lambda}{\mu}$$

$$W_s = \frac{L_s}{\lambda}, W_q = \frac{L_q}{\lambda}$$

对于某些 λ, μ 而言,一般地 M/M/c 系统较 c 个 M/M/1 系统相对优越(见例 12.3.1).

对于 M/M/c/N 和 M/M/c/∞/m 系统中各数据公式,这里不做介绍,如需要可查阅有关参考文献[21],[22].

例 12.3.1 在 M/M/3 系统,$\lambda = 0.9$,$\mu = 0.4$. 求 P_0, L_s, L_q, W_s, W_q,并求顾客到达后必须等待的概率.

解 由题设有 $c = 3, \rho = \frac{\lambda}{c\mu} = \frac{2.25}{3}, \frac{\lambda}{\mu} = 2.25$,则有

$$P_0 = \left[\frac{(2.25)^0}{0!} + \frac{(2.25)^1}{1!} + \frac{(2.25)^2}{2!} + \frac{(2.25)^3}{3!} \cdot \frac{1}{1-2.25/3}\right]^{-1} = 0.0748$$

$$L_q = \frac{(c\rho)^c \rho}{c!\ (1-\rho)^2} P_0 = \frac{(2.25)^3 \cdot 3/4}{3!\ (1/4)^2} \cdot 0.0748 = 1.70$$

$$L_s = L_q + \frac{\lambda}{\mu} = 3.95, W_q = \frac{L_q}{\lambda} = 1.89, W_s = \frac{L_s}{\lambda} = 4.39$$

顾客到后需等待的概率即求 $P\{n > 3\}$,有

$$P\{n > 3\} = 1 - P\{n \leqslant 3\} = 1 - (P_0 + P_1 + P_2 + P_3) = 0.432$$

上例中单列三服务台与三个单列单服务台的比较情况如表 12.3.1 所示.

注意:这里的每个子系统中 $\lambda_1 = \lambda_2 = \lambda_3 = 0.3$.

又表 12.3.1 中右列前三行对每个子系统而言.

表 12.3.1

	M/M/3	M/M/1
P_0	0.074 8	0.25(每个子系统)
L_s	3.95	3(每个子系统)
L_q	1.70	2.25(每个子系统)
W_s	4.39	10
W_q	1.89	7.5

从表中可看出:就此例而言,若将 M/M/3 系统转换成三个 M/M/1 系统,则失去优势,这依$\frac{\lambda}{\mu}$而定.换言之,单列三台(服务台)较三个单列单台有利.

12.4* M/G/1 系统

对于一般泊松输入而服务时间是一般随机分布的系统(M/G/1)有关系式

$$L_s = L_q + L_{se}, W_s = W_q + E(T)$$

这里 L_{se} 表示服务机构(接受服务)的顾客数的数学期望,$E(T)$ 表示服务时间的数学期望,同时还可有

$$L_s = \lambda W_s, L_q = \lambda W_q$$

除此之外,还可以证明 P－X(Pollaczek-Хинчин) 公式

$$L_s = \rho + \frac{\rho^2 + \lambda^2 \mathrm{Var}(T)}{2(1-\rho)}$$

这里 Var(T) 表示服务时间的方差,$\rho = \lambda E(T)$.它的证明可参考有关文献,比如[22],[26].(显然在 M/M/1 系统,此公式亦成立,请验证)

同时还有

$$L_q = L_s - \rho$$

由此,我们可以得到表 12.4.1 所示的一些公式.

表 12.4.1

系统模型	$E(T)$	Var(T)	L_s
M/D/1	$E(T)=1/\mu$	$\mathrm{Var}(T)=0$	$L_s=\rho+\frac{\rho^2}{2(1-\rho)}$
M/E_k/1	$E(T)=1/\mu$	$\mathrm{Var}(T)=1/k\mu^2$	$L_s=\rho+\frac{(k+1)\rho^2}{2k(1-\rho)}$

可以证明,在M/G/1中以M/D/1的L_q和W_q最小,这也可以告诉人们:服务时间越有规律,顾客等候时间就越短.

这显然也是对"流水作业"可提高效率的一种解释(特别是某些流水线更是如此).

顺便再讲一句:在M/M/1系统中,公式$L_s=\lambda W_s$,λW_q可合作并写作

$$L=\lambda W$$

这个公式被称为Little公式.它是1961年由J.D.Little首次给出严格证明的(以往人们只是凭直觉认为此公式正确).这个公式在M/M/c系统亦成立.

1974年S.Slidnan对这种关系进行了证明,详见[25].

这个公式的特殊情况,我们在M/M/1系统的一些数据推导中已有发现,在一般情况M/G/1系统中,公式仍成立.

12.5 排队系统的优化

排队系统的优化问题通常可以分为两类:

(1) 系统设计最优化——静态问题.

(2) 系统控制最优化——动态问题.

这类优化问题的目标往往是多目标,比如系统服务水平最优、系统费用最少(显然这二者是相违的)……

限于篇幅,我们仅对问题(1)的某些简单模型做介绍.

1. M/M/1系统的最优服务率

M/M/1系统中,λ已知,且若$\mu=1$时系统单位时间服务费用为c_s,每个顾客在系统停留单位时间的费用为c_w,这样系统单位时间服务成本与顾客在系统中逗留费用之和期望值为

$$z=c_s\mu+c_wL_s\text{(其中 }c_s\mu\text{ 为顾客服务费用,}c_wL_s\text{ 为顾客等待费用)}$$

将$L_s=\dfrac{\lambda}{\mu-\lambda}$代入上式得:$z=c_s\mu+c_w\dfrac{\lambda}{\mu-\lambda}$.

我们的目标是:在λ,c_s,c_w已知情况下,求总费用最小的最优服务率.

通常可对μ求导,以求驻点;然后检验二阶导数这里我们使用一个初等证法,这个方法我们已在"存储论初步"一章中求E.O.Q公式时使用过,即使用公式$x+$

$y \geqslant 2\sqrt{xy}\ (x \geqslant 0, y \geqslant 0)$，注意到

$$z = c_s(\mu - \lambda) + c_w \frac{\lambda}{\mu - \lambda} + c_s\lambda \geqslant 2\sqrt{c_s c_w \lambda} + c_s\lambda$$

上式等号当且仅当 $c_s(\mu - \lambda) = c_w \dfrac{\lambda}{\mu - \lambda}$ 时，即

$$\mu^* = \lambda + \sqrt{\frac{c_w}{c_s}\lambda}$$

时成立(这里根式前取"+"号为保证 $\rho < 1$，即 $\mu > \lambda$ 之故).

此处 $\mu^* = \lambda + \sqrt{\dfrac{c_w}{c_s}\lambda}$ 即为最优服务率，系统的最小费用为

$$z^* = 2\sqrt{c_s c_w \lambda} + c_s\lambda$$

上面的初等证法，为图 12.5.1 所示费用与服务水平关系曲线做了较好的解释与说明：总费用极少在服务与等待费用曲线交点处.

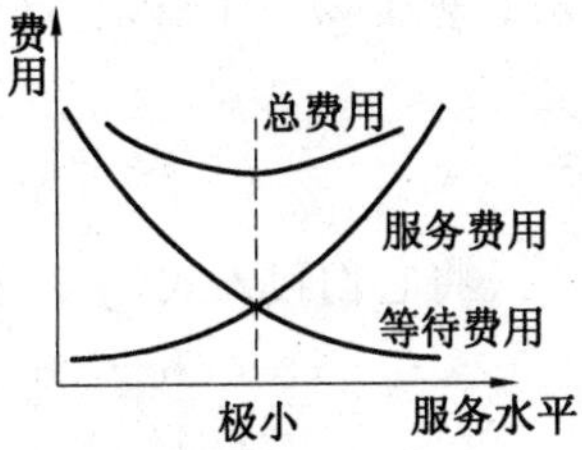

图 12.5.1

这里是对 M/M/1/∞/∞ 系统讨论的，对于 M/M/1/N/∞ 系统，同上我们可以建立(c_u 为单位顾客利润，r 为顾客平均到达强度，rP_N 为单位时间平均失去的顾客数)

$$z(\mu) = c_s + c_u r P_N = c_s\mu + c_u r \rho^N \left(\frac{1-\rho}{1-\rho^{N+1}}\right) = c_s\mu + c_u r \frac{r^N\mu - r^{N+1}}{\mu^{N+1} - r^{N+1}}$$

由 $z'(\mu) = 0$，可得

$$\frac{\rho^{N+1}[(N+1)\rho - N - \rho^{N+1}]}{(1-\rho^{N+1})^2} = \frac{c_s}{c_u}$$

由此我们可以求得 μ^*.

而在 M/M/1/∞/N 系统，同上建立的 $z(\mu)$ 表达式求导后令其为 0，所得结果为

$$\left\{\frac{N}{\rho}\left[E_{N-1}^2\left(\frac{N}{\rho}\right) - E_N\left(\frac{N}{\rho}\right)E_{N-2}\left(\frac{N}{\rho}\right)\right] - E_{N-1}\left(\frac{N}{\rho}\right)E_N\left(\frac{N}{\rho}\right)\right\} \Big/ E_N^2\left(\frac{N}{\rho}\right) = \frac{c_s r}{r_\omega}$$

这里 $E_N(x) = \sum\limits_{k=0}^{N} \dfrac{x^k}{k!}\rho^{-x}$ 称为泊松部分和，据上式亦可算得 μ^*.

顺便指出：在 M/E_k/1/∞/∞ 系统中，可以建立关系式

$$z(\mu) = c_s\mu + c_\omega\left[\frac{\lambda}{\mu - \lambda} - \frac{(k-1)\lambda^2}{2k\mu(\mu - \lambda)}\right]$$

由 $z'(\mu)=0$,可得到

$$c_s-\frac{c_\omega\lambda}{(\mu-\lambda)^2}\left\{1+\frac{\lambda}{2k\mu}\left[2-\frac{\lambda}{\mu}(1-k)\right]\right\}=0$$

利用计算方法(数值计算)的结论从上式可求得 μ^*.

2. M/M/c 系统中最优服务台数

若设 c_s 为系统中每个服务台单位时间费用,c 为服务台数,c_ω 意义同上,则系统单位时间即费用期望值为

$$z=cc_s=L_sc_w \tag{*}$$

我们的目标是,求使式子或 $z=z(c)$ 最小的 c(这里 c_s,c_w 已知).由于这个 c 是整数(非连续),这往往使用边际分析法.具体地讲:

若使 $z(c^*)$ 最小,显然应有

$$\begin{cases}z(c^*)\leqslant z(c^*-1)\\ z(c^*)\leqslant z(c^*+1)\end{cases}$$

将它们代入式(*),有

$$\begin{cases}c_sc^*+c_wL_s(c^*)\leqslant c_s(c^*-1)+c_wL_s(c^*-1)\\ c_sc^*+c_wL_s(c^*)\leqslant c_s(c^*+1)+c_wL_s(c^*+1)\end{cases}$$

化简后,有

$$\boxed{L_s(c^*)-L_s(c^*+1)\leqslant\frac{c_s}{c_s}\leqslant L_s(c^*-1)-L_s(c^*)}$$

由于 c_s/c_w 是已知的,则可令 $c=1,2,3,\cdots$,再依据上式便可定出 c^*.

例 12.5.1 某系统顾客到来服从泊松流,$\lambda=48$ 人/天,服务时间服从负指数分布且 $\mu=25$ 人/天.又知顾客在系统逗留费用为 12 元/天,且单位服务台每天服务费 5 元,试求该系统最佳服务台数.

解 由设 $\lambda=48,\mu=25$,设服务台数为 c.

则由 $\rho=\frac{\lambda/\mu}{c}=\frac{48/25}{c}=\frac{1.92}{c}<1$,应有 $c>1$.由

$$P_0=\left[\sum_{n=0}^{c-1}\frac{48^n}{25^n n!}+\frac{1}{c!}\left(\frac{48}{25}\right)^c\left(\frac{1}{1-\rho}\right)\right]^{-1}$$

又 $L_s\{c\}=\frac{48^c\rho P_0}{25^c(1-\rho)^2c!}+\frac{48}{25}$.取 $c=2,3,4,5$ 可得表 12.5.1.

表 12.5.1

c	$L_s\{c\}$	$L_s\{c\}-L_s\{c+1\}$	$L_s\{c-1\}-L_s\{c\}$
2	23.490	21.845	∞
3	2.645	0.582	21.845
4	2.063	0.111	0.582
5	1.952		0.111

因$\frac{c_s}{c_w}=\frac{5}{12}=0.417$,由上表及公式($*$)知 $c_s^*=4$.

对于最佳服务台问题,除了上面要求费用最省的类型外,有时还会遇到别的一些问题,如例 12.5.2.

例 12.5.2　在一个 M/M/c/k 系统中,λ,μ 已知,D 表示c 个服务台中空闲台数所占的百分比,即 $D=(1-\bar{c}/c)\cdot 100$,其中 $\bar{c}=\rho(1-P_k)$ 为系统达到稳态后,正在忙(服务)中的服务台期望数,若给常数α,β,试求满足 $W_q\leqslant\alpha$ 与 $D\leqslant\beta$ 的最优服务台数.

如图 12.5.2,从直观意义上讲,W_q 与 D 是两个互相冲突的指标,一般来讲:若顾客等待时,W_q 越大,证明系统越忙,从而 D 就越小;反之,若 W_q 越小,则 D 就越大.

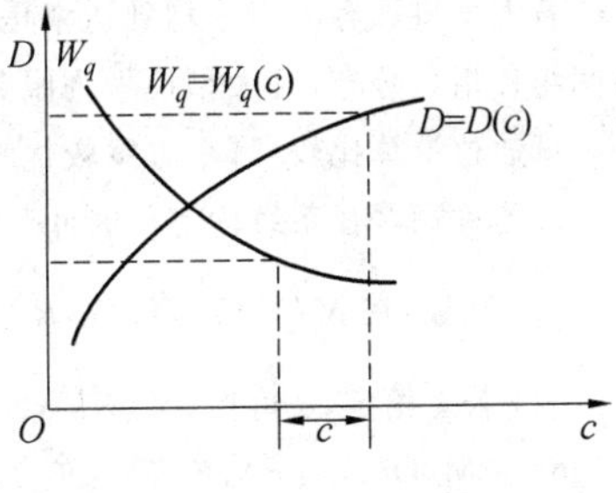

图 12.5.2

这样我们可用图解法求得不等式组的解:

先在同一坐标系下画出 $W_q=W_q(c)$ 与 $D=D(c)$ 的函数图像,然后据 α,β 可定出 c 的范围.

当然,若不等式组无解时,往往可放松一些条件求得.

在 M/M/c/∞/∞ 系统中,有时要同时考虑两个因素即 μ 和 c 的最优问题,它一般有以下两种情况.

(1)μ 的费用是线性的,其系统总费用函数为

$$z(c,\mu)=c_sc_\mu+c_wL_s\{c\}$$

这里 $L_s\{c\}$ 为有 c 个服务台时系统队长,这可用局部变动法(两个变元先固定其一):

先固定 μ,然后求最优的 c,接着令 μ 逐一改变,再求相应的 c.

考虑所有的 μ 和 c,则可得到系统最优的 c^* 和 μ^*.

(2)μ 的费用是非线性的,这时费用函数为

$$z(c,\mu)=c_s\{\mu,c\}+c_wL_s\{c\}$$

此时算法较复杂,即需对全部 c,μ 逐个计算后才能求得最优的 c^* 和 μ^*.

习　题

1. 在 M/M/1 系统中,$\lambda=24$ 人 / 小时,$\mu=30$ 人 / 小时,求 P_0,L_s,L_q,W_s,W_q 及顾客到达系统后须等待的概率.

[提示:求顾客到后须等待的概率,即求 $P(n>0)=1-P_0$]

2. 在 M/M/1 系统中,$\lambda=1/5$(人 / 分),$\mu=1/4$(人 / 分).求 L_s,L_q,W_s,W_q,且求:(1) 顾客无须等待的概率.(2) 系统内恰有 5 个顾客的概率.(3) 若使顾客在系统内逗留时间减少一半,求 μ.(4) 若顾客在系统逗留时间超过 40 分钟,则需增加服务台,求此时的 λ.

3. 在 M/M/2 系统中,$\lambda=24,\mu=30$.求 P_0,L_s,L_q,W_s,W_q 及顾客到后须等待的概率,请与习题 1 结果列表比较.

4. 某单位计算中心欲购计算机设备,今有两种方案可供选择:(甲) 购一台大型机集中使用;(乙) 购 n 台小型微机分散使用.这里分散使用系指将大型机用户平均分配给 n 台小型机.

若大型机顾客流为平均到达率是 λ 的泊松流(而小型机平均到达率是 λ/n),又计算机服务时间为负指数分布,且大型机平均服务概率为 μ(小型机为 μ/n).

试通过计算比较,哪个方案较优?

5. 若称顾客在系统内等待时间与服务时间之比"顾客损失率",且以 R 表示.

(1) 试证:在 M/M/1 系统中,$R=\dfrac{\mu}{\mu-\lambda}$.

(2) 若 λ 给定,μ 可控,又若 $R<4$,求 μ.

6. 在 M/D/1,$\lambda=4,E(T)=0.1$,求 L_s,L_q,W_s,W_q.请与 M/M/1 系统中当 $\lambda=4,\mu=10$ 时的上述四则数字比较.

7. 在 M/M/1 模型中,试证:$L_q=L_s-\rho,W_q=W_s-\dfrac{1}{\mu}$.

后　　记

运筹学是一门应用数学，因而它具备了数学的某些特征，然而它又有别于一般抽象数学.

运筹学又是一种方案选优（简言之，即多、快、好、省）的学科，由于求优（或极值、最值）问题千变万化，因而产生许多分支 —— 它们往往是从不同角度研究各种问题的结果.

不同分支的出现，相应地会产生不同的模型，而不同问题的解决，相应地又会出现不同的方法. 这样一来往往使人（特别是初学者）产生认识的偏颇：运筹学的方法（分支）过于零乱、庞杂（这是一个不争的事实）而难以掌握，这里面一个重要的原因是他们没能很好地掌握运筹学中的转化思想.

转化思想在数学中司空见惯（尽管它并不为所有人熟悉），比如：

$$\left.\begin{array}{l}\text{多元方程组}\\\text{一元高次方程}\end{array}\right\}\xrightarrow{\text{转化}}\text{一元一次方程}$$

$$\left.\begin{array}{l}\text{多重积分}\\\text{曲线积分}\\\text{曲面积分}\end{array}\right\}\xrightarrow{\text{转化}}\text{一重积分}$$

这个思想，数学家 G. Polya、徐利治等均有过精辟的阐述. 如徐先生曾提出过 RMI 原则（即关系 — 映射 — 反演原则）：

给定一个含有目标原象 x 的关系结构系统 S，如能找到一个可定映映射 φ，将 S 映入或映满 S^*，则可从 S^* 通过一定的数学方法把目标映象 $x^*=\varphi(x)$ 确定出来，从而通过反演即逆映射 φ^{-1} 便可把 $x=\varphi^{-1}(x^*)$ 确定出来. 这个过程可用框图表示，如图 1.

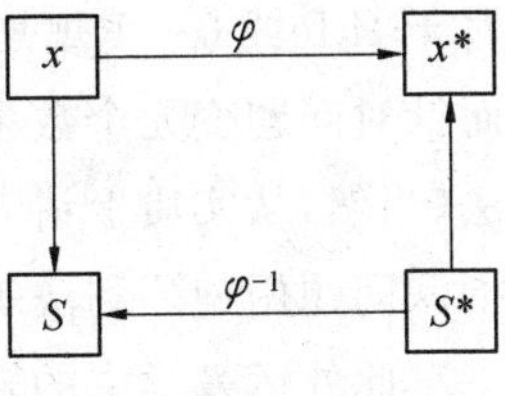

图 1

这个过程简言之，即：关系 — 映射 — 定映 — 反演 — 得解.

其实运筹学中不少问题也存在这种转化，一旦掌握它，你便会对其深刻的内涵有所了解,对其中的方法有更深的领会.

下面我们先给出一个运筹学诸分支间的转化关系图,如图 2.

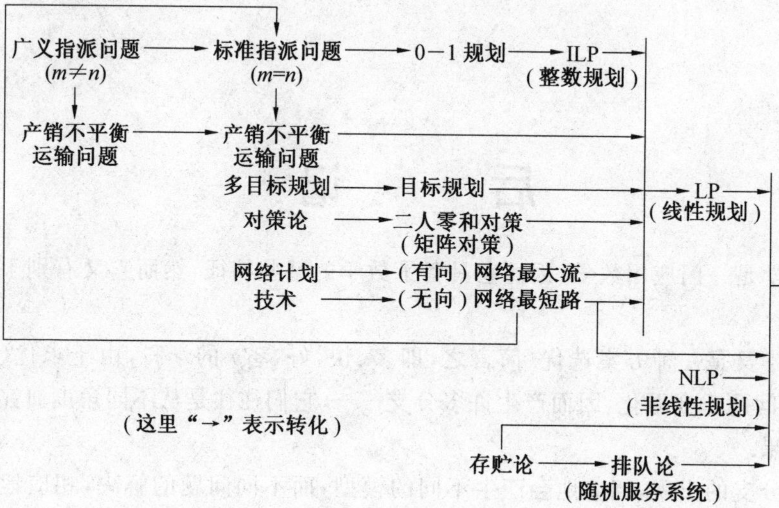

图 2

图 2 对运筹学中大部分内容间的横向关系及最终化归有所诠释(是从运筹学问题整体上分析的). 当然,我们也想再强调一点,图 2 只是给出这些分支间的转化关系,但并非是说每个问题都要化成终结问题,然后再去解,因为针对每个分支特点,往往会有更为简单且有效的解法. 换言之,上述图只是对运筹学中这些分支间的关系给以梳理,从而更清楚地了解这些分支,即它们的归属.

我们还想指出:运筹学中转化思想的寻求,首先基于对运筹学各分支数学模型的建立,从这些模型中一方面寻求共同的东西,同时也找出它们间的差异,然后"求同存异",所谓"求同",即把它们共同的属性设法用数学方法进行转化或统一;"存异",即针对各个分支间差异寻找各自有效的方法.

比如运输问题、指派问题等,从模型上看,它们属于 LP(更确切地讲指派问题属于 ILP 或 0－1 规划) 问题,当然可用解 LP 问题的各种方法(如单纯形法等). 然而针对问题变元个数多、约束系数矩阵稀疏等特点,人们已找到这类问题的简便解法(当然,从实质上讲,它们仍属于单纯形法). 例如,解运输问题用表上作业法,解指派问题用匈牙利法等.

此外运筹学中的转化也借助于数学方法或技巧,如"矩阵对策"(二人零和) 中策略较多的情形,常转化为拟 LP 问题,而这类问题正是通过数学变换而将它转化为 LP 问题的.

将未知转化为已知,将复杂(问题) 转化为简便(问题) 是数学研究的主题与核心,也是运筹学工作者研讨的目标.

我们还想指出一点:有些转化的逆过程便是推(拓) 广(更确切地讲,特例的逆过程才是推广),这个关系可见图 3.

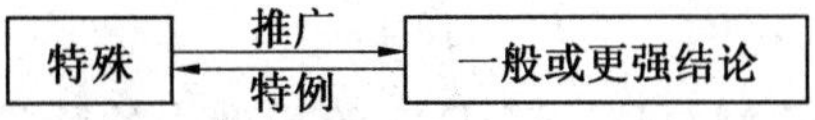

图 3

显然,这里的特例推广均蕴含着转化思想且转化的含义更广.

这种寻求推广或特例的思想在数学中有着广泛应用,在运筹学中同样常常遇到(它们多出现在一些分支或局部问题上).

在"存储论"中,有下面的模型及公式(设 R 为需求率,P 为生产率,c 为订货费,c_1 为单位货物单位时间存储费,c_2 为缺货损失费):

(1) 不允许缺货瞬时进货模型的最佳批量公式

$$Q^* = \sqrt{\frac{2cR}{c_1}} \quad (\mathrm{E.\,O.\,Q}) \qquad ①$$

(2) 不允许缺货非瞬时进货(边生产边消耗) 模型的最佳经济批量公式

$$Q^* = \sqrt{\frac{2cRP}{c_1(P-Q)}} \qquad ②$$

(3) 允许缺货要补充瞬时进货模型的最佳批量公式

$$Q^* = \sqrt{\frac{2cR(c_1+c_2)}{c_1c_2}} \qquad ③$$

(4) 非瞬时进货(边生产边消耗) 允许缺货要补充的一般模型的最佳批量公式

$$Q^* = \sqrt{\frac{2cR(c_1+c_2)}{c_1c_2(1-R/P)}} \qquad ④$$

它们之间的关系可用图 4 表示,其中 $\xi = \sqrt{\frac{P}{P-R}}$,$\eta = \sqrt{\frac{c_1+c_2}{c_2}}$.

当然图中"⟶"表示特例,而"⟵"表示推(拓) 广,"⟶"和"⟵"均可视为转化.

说到这里,我们自然还会想起"排队论" 一章里模型 M/G/1 中的 P－K 公式

$$L_s = \rho + \frac{\rho^2 + \lambda^2 \mathrm{var}[T]}{2(1-\rho)}$$

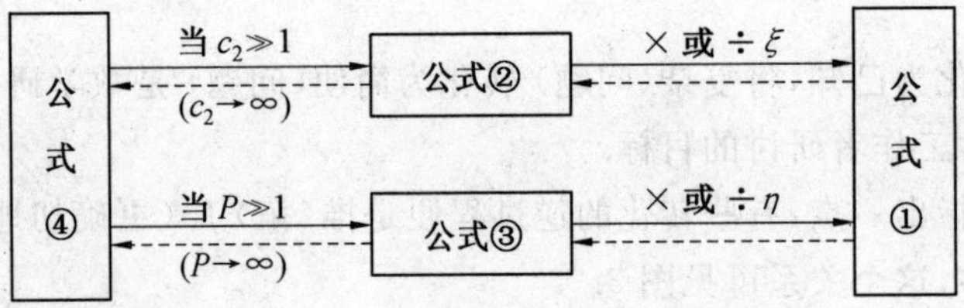

图 4

这个队长公式显然囊括了 M/M/1,M/D/1 等模型中的队长公式.

此外,所谓 Little 公式

$$L_s = \lambda W_s, L_q = \lambda W_q$$

不仅适用于 M/M/1 模型,对于 M/M/C/K,M/M/C/∞,M/G/1 等模型同样适用.

对于这些,人们往往只需记住一般的公式,然后再据某些特例的特殊条件推得它们即可.显然,这些应视为另一种形式的转化.

我们还想指出一点,在数学转化中有时还会遇到另一类即所谓"反问题",这在运筹学中亦有体现,如 LP 问题的对偶问题,它与原问题可视为另一类问题的"反问题","反问题"(也是一种转化)的研究也越来越为数学家们关注,因而在运筹学问题研究中也不例外.

总之,转化思想在运筹学中有着深刻的运用,人们应该了解它、重视它,这些对于运筹学的教与学、乃至整个数学,甚至整个自然科学研究都是至关重要的.

参考文献

[1] 张建中,许绍吉.线性规划[M].北京:科学出版社,1990.

[2] COLKE W P. Two-dimensional graphical solution of higher-dimensional linear programming problem[J]. Math, Magazine, 1973.

[3] 魏国华,王芬.线性规划[M].北京:高等教育出版社,1990.

[4] BONDY J A, MURTY U S R. Graph Theory with Applications[M]. London: Macmillan press LTD, 1976.

[5] CHARNES A, KLINGMAN D. The more-for-less paradox in the distribution model cahiers de centre d'Etudes Recharche Operationelie[J]. European Journal of O. R. ,1971,1(13),11-22.

[6] 周奇.运输问题悖论[J].运筹学杂志,1982,1(1).

[7] 林耘.关于一般线性规划的悖论[J].运筹学杂志,1986,5(1).

[8] CHARNES A, DUFFUAA S, RYAN M. The more-for-less Paradox in linear programming[J]. European Journal of O. R. ,1987,31.

[9] КОНТОРОВИЧ Л В. Математические Методы орянизации и планироная производсва[M]. Л. Изд во Ленингр. УН－ТА,1939.(中译本:中科院运筹室译.生产组织与计划中的数学方法.北京:科学出版社,1959)

[10] JAMES P I.单目标和多目标系统线性规划[M].闵仲求,等,译.上海:同济大学出版社,1996.

[11] 吴振奎.一类广义指派问题及解法[J].天津:天津商学院学报,1995(4).

[12] 吴振奎.指派问题的一个解法[C].中国运筹学第五届年会论文集.

[13] 吴振奎.LP问题中的人工变元[J].天津商学院学报,1993(2).

[14] 吴振奎.存储论中E. O. Q.公式的一个初等证法[J].天津商学院学报,1987(2).

[15] 吴振奎.运筹学教学札记[J].高教研究,1990(1－2).

[16] 吴振奎.运筹学教学的几个问题[J].高教研究,1995(1).

[17] 吴振奎.运筹学教学中启发学生思维一例[J].高教研究,1993(1).

[18] 赵司培.目标规划及其应用[M].上海:同济大学出版社,1987.
[19] 管梅谷.奇偶点图上作业法[J].数学学报,1960(10):263-266.
[20] EDMONDS J, JOHNSON E L. Matching Euler tours and Chinese Postman[J]. Math. Programining, 1973(5):88-124.
[21] 运筹学教材编写组.运筹学[M].北京:清华大学出版社,1990.
[22] 赵玮,王荫清.随机运筹学[M].北京:高等教育出版社,1993.
[23] PETER KALL. Stochastic Linear Programming[H]. Berlin: Spriger-Verlag,1976.(中译本:王金德译.上海科学技术出版社,1988)
[24] 田丰,马仲蕃.图与网络流理论[M].北京:科学出版社,1987.
[25] 华兴.排队论与随机服务系统[M].上海:上海翻译出版公司,1987.
[26] 徐光辉.随机服务系统[M].北京:科学出版社,1980.
[27] 王建华.对策论[M].北京:清华大学出版社,1986.
[28] 王荫清,张华安.对策论[M].成都:成都科技大学出版社,1987.
[29] 张盛开.对策论及其应用[M].武汉:华中工学院出版社,1985.
[30] JACOBSON D H, MAYNE D Q. Differential Dynamilc Programming, Amer[M]. New York: Elsevier Publ. Comp. Inc.,1970.
[31] 吴沧浦.微分动态规划.原北京工业学院讲义.
[32] 卢开澄.组合数学——算法及分析[M].北京:清华大学出版社,1983.
[33] 姜衍智.动态规划原理及应用[M].西安:西安交通大学出版社,1988.
[34] 雍炯敏.动态规划方法与 HAMILTON-JACOBI-BELLMAN 方程[M].上海:上海科学技术出版社,1992.
[35] CHARNES A, COORER W, HENDERSON A. An Introduction to Liner Programming[M]. New York: Wiley,1953.
[36] 吴振奎,王全文,刘根航.运筹学中的转化思想[J].运筹与管理,2003(1).
[37] 吴振奎.关于两篇文章的一点注记[J].运筹与管理,2004(1).
[38] 吴振奎.关于指派问题匈牙利解法的一点注记[J].运筹与管理,1996(3).
[39] 赵民义.关于 Steiner 树问题[J].运筹学杂志,1995(1).
[40] 张新辉.有无穷多最优解的线性规划问题[J].运筹与管理,1995(1).
[41] 冯尚友.多目标决策理论方法与应用[M].武汉:华中理工大学出版社,1990.
[42] 程吉林.高维动态规划的试验选优方法[J].系统工程理论与实践,1996(2).
[43] 吴振奎.关于指派问题匈牙利解法的又两个注记[J].运筹与管理,1998(1).

[44] 吴振奎.线性规划问题中一个避免人工变元的解法[J].运筹与管理,1998(2).
[45] 堵丁柱,黄光明.也谈 Steiner 树[J].运筹学杂志,1996(1):65-70.
[46] 越民义.对于赌、黄的“也谈 Steiner 树问题”一文的答复[J].运筹学杂志,1996(1):71-72.
[47] 孔佩娟,胡奇英.线性规划对偶问题的一个注记[J].运筹与管理,1999(4):88-90.
[48] 袁亚湘,孙文瑜.最优化理论与方法[M].北京:科学出版社,1997.
[49] 马仲蕃.线性整数规划的数学基础[M].北京:科学出版社,1995.
[50] 徐克绍,崔晓明.运筹学[M].北京:世界图书出版公司,1998.
[51] 陈国权.模糊数学在经济管理中的应用[M].合肥:安徽科学技术出版社,1987.
[52] 胡运权.运筹学基础及应用[M].哈尔滨:哈尔滨工业大学出版社,1993.
[53] 陶谦坎.运筹学[M].西安:西安交通大学出版社,1988.
[54] 傅家良.运筹学教程[M].成都:西南交通大学出版社,1994.
[55] 张维迎.博弈论与信息经济学[M].上海:上海三联书店,1996.
[56] 张守一.现代经济对策论[M].北京:高等教育出版社,1998.
[57] 谢识予.经济博弈论[M].上海:复旦大学出版社,1997.
[58] 张光庭,陈慧玉.效用函数及优化[M].北京:科学出版社,2000.
[59] 潘介人.决策分析中的效用理论[M].上海:上海交通大学出版社,2000.
[60] 施锡铨.博弈论[M].上海:上海财经大学出版社,2000.
[61] 吴振奎.数学方法选讲(数学中的推广、反倒及不可能问题)[M].沈阳:辽宁教育出版社,1993.
[62] 吴振奎,吴旻.数学中的美[M].哈尔滨:哈尔滨工业大学出版社,2012.
[63] 吴育华,付永进.决策、对策与冲突分析[M].海口:南方出版社,2001.
[64] 王全文,吴振奎.矩阵对策问题的两个注记[M].天津商学院学报,2003(3).
[65] 王全文,刘振航,吴振奎.优超方法解矩阵对策问题失解的补救[J].天津商学院学报,2003(6).
[66] 吴振奎,王全文,刘振航.线性规划多解通解表示的注记[J].运筹与管理,2004(1).
[67] 刘振航,吴振奎,王全文.割平面法的一种改进[J].天津轻工业学院学报,2003(12).

[68] 吴振奎,王全文,刘振航. 中国邮路问题的一个解法[J]. 运筹与管理,2004(3).
[69] 吴振奎,王金文,刘振航. 网络理论解决城市交通拥堵问题的探索[J]. 中国科学学报,2007(12).
[70] 宫泽光一. 博弈论[M]. 张毓椿,译. 上海:上海科学技术出版社,1963.
[71] 朱·弗登博格,让·梯若尔. 博弈论[M]. 北京:中国人民大学出版社,2003.
[72] 杜瑞甫. 运筹图论[M]. 北京:北京航空航天大学出版社,1990.
[73] 唐恒永,赵传立. 排序引论[M]. 北京:科学出版社,2003.
[74] 杨录恩,金大勇. 线性规划与非线性规划中的"多反而少"现象[J]. 系统工程,1991(2).
[75] 王志江. 线性规划中人工变量的作用不应忽视[J]. 运筹与管理,1999(1).
[76] 柯召,孙琦. 谈谈不定方程[M]. 上海:上海教育出版社,1980.
[77] 王全文,吴育华,吴振奎. 整数规划的一种线性规划解法[J]. 系统工程,2005(7).
[78] 吴振奎,吴旻. 数学的创造[M]. 哈尔滨:哈尔滨工业大学出版社,2012.
[79] 森口繁一,宫下藤太郎. 线性规划[M]. 刘源张,译. 上海:上海科学技术出版社,1963.
[80] 李宗元. 运筹学 ABC[M]. 北京:经济管理出版社,2000.
[81] 陈景良,等. 特殊矩阵[M]. 北京:清华大学出版社,2001.
[82] 薛嘉庆. 线性规划[M]. 北京:高等教育出版社,1989.
[83] 刘家学,陈世国. 一种寻求退化型运输问题最优解方法研究[J]. 系统工程与电子技术,1987(1):1-6.
[84] 张鸣龙. 在最优解上挖潜－运输问题研究[J]. 系统工程理论与实践,1987(1):1-6.
[85] 郭强. 运输问题的多重最优解[J]. 系统工程理论与实践,1991,5(3):63-65.
[86] 郭鹏. 关于运输问题最优解的进一步讨论[J]. 数学实践与认识,2006,36(5):140-146.
[87] 高旅端,等. 线性规划[M]. 北京:北京工业大学出版社,1989:127-128.
[88] 吴振奎,王全文,等. 运筹学[M]. 北京:中国人民出版社,2006.
[89] 吴振奎,唐文广,谭彬. 运筹学两个问题的注记[J]. 运筹与管理,2007(6).
[90] 吴振奎,唐文广,王全文. 网络最小树的一种矩阵算法[J]. 运筹学管理,2008(3).

[91] 汪应洛，等. 系统工程理论方法与应用[M]. 北京：高等教育出版社，1994.
[92] COLKE W P. Two-dimensional graphical solution of higher-dimensional linear programming problem[J]. Math, Magazine, 1987.
[93] 文平，王生喜. 运输问题的悖论与研究[J]. 数学的实践与认识，2005:35(9):129-133.
[94] 文平. 运输问题悖论及其出现的条件[J]. 新疆师范大学学报，2001:20(1):16-19.
[95] 朱玲珊. 数学规划中多反而少和少反而多现象研究[J]. 兰州理工大学学报，2004,30(1):126-129.
[96] 高随祥. 线性规划的"多反而少"现象及线性规划模型的改进[J]. 系统工程理论与实践，1994,9:44-48.
[97] 高随祥，高丽丽. 最少费用流中的多反而少现象[J]. 系统工程，1993,12(4):11-15.
[98] ISHIBUCHI H, TANAKA H. Multiobjective programming in optimization of the interval objective function[J]. European Journal of Operational Research, 1990, 48:219-225.
[99] CHANAS S, KUCHTA D. Multiobjective programming in optimization of the interval objective functions-Agene-ralized approach[J]. European Journal of Operational Research, 1996, 94:594-598.
[100] 郭均鹏，吴育华. 区间规划的标准型及其求解[J]. 系统工程，2003,21(3):79-82.
[101] TONG S. Interval number and fuzzy number linear programming[J]. Fuzzy Sets and Systems, 1194, 14:123-128.
[102] 刘新旺，达庆利. 一种区间数线性规划的满意解[J]. 系统工程学报，1999,14(2):123-128.
[103] 刘荣钧. 综合模糊线性规划分析[J]. 运筹与管理，2002:11(2).
[104] BELLMAN R E, ZADEH L A. Decision making in a fuzzy environment[J]. Management Science, 1970(17B):141-164.
[105] BUCKLEY J J. Solving possibilistic linear programming problems[J]. Fuzzy Sets and Systems, 1989(31):329-341.
[106] JULIEN B. An extension to possibilistic linear programming[J]. Fuzzy Sets and Systems, 1994(64):195-206.

[107] VERDEGAY J L. Fuzzy mathematical programming[A]. in: M. M. Gupta and E. Sanchez(eds.), Fuzzy Information and Decision process [C]. 1982:231-23.
[108] 钱智华.绿化工程审计中的“扣除让利法”[J].常州工程造价信息，2010(12).
[109] 钱智华.处处当心皆“签证”[J].常州工程造价信息，2011(9).
[110] 于亚秀，李欣，刘丹.元数据 OPEN API 开发与应用[J].图书与情报，2013(4).